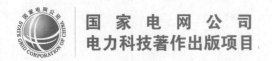

国家电网公司
电力科技著作出版项目

U0191882

汽轮机传热设计原理与计算方法

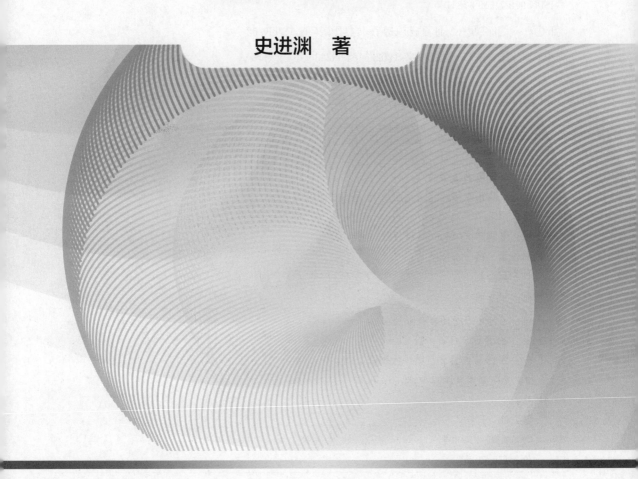

史进渊 著

中国电力出版社
CHINA ELECTRIC POWER PRESS

内 容 提 要

本书是一本关于汽轮机传热设计领域的学术专著，全面阐述了汽轮机传热的设计原理和计算方法。

本书系统地介绍了汽轮机部件的传热设计与计算方法，主要内容包括汽轮机传热基础知识、汽轮机转动与静止部件传热计算方法、汽轮机汽封传热计算方法、汽轮机管道传热计算方法、汽轮机叶片传热计算方法、汽轮机转子传热计算方法、汽轮机蒸汽腔室传热计算方法、汽轮机静叶片与隔板传热计算方法、汽轮机汽缸传热计算方法、汽轮机冷却结构设计方法。

本书是一本汽轮机设计人员的必备参考书，也可供高等院校相关专业师生阅读。

图书在版编目（CIP）数据

汽轮机传热设计原理与计算方法/史进渊著．—北京：中国电力出版社，2023.8

ISBN 978-7-5198-7817-7

Ⅰ.①汽…　Ⅱ.①史…　Ⅲ.①蒸汽透平-传热计算　Ⅳ.①TK262

中国国家版本馆 CIP 数据核字（2023）第 082236 号

出版发行：中国电力出版社
地　　址：北京市东城区北京站西街 19 号（邮政编码 100005）
网　　址：http：//www.cepp.sgcc.com.cn
责任编辑：娄雪芳（010－63412375）　董艳荣
责任校对：黄　蓓　常燕昆
装帧设计：郝晓燕
责任印制：吴　迪

印　　刷：三河市万龙印装有限公司
版　　次：2023 年 8 月第一版
印　　次：2023 年 8 月北京第一次印刷
开　　本：787 毫米×1092 毫米　16 开本
印　　张：22.5
字　　数：501 千字
印　　数：0001—1000 册
定　　价：136.00 元

谨以此书献给

上海发电设备成套设计研究院有限责任公司

成立64周年!

前言

汽轮机是一种将高温高压蒸汽的热能转换为机械功的旋转式动力机械，广泛应用于煤电机组、核电机组、燃气轮机联合循环发电机组、太阳能光热发电机组与舰船动力等领域。基于我国能源结构的特点，汽轮机是21世纪乃至更长时期内我国能源高效转换和洁净利用系统的核心动力装备。

汽轮机的热力设计以工程热力学和流体力学为基础，汽轮机原理给出了汽轮机热力设计的具体方法。汽轮机的结构强度设计以理论力学和材料力学为基础，汽轮机强度给出了汽轮机结构强度设计的具体方法。汽轮机的传热设计以传热学为基础，但目前工程上急需一本“汽轮机传热设计原理与计算方法”学术专著，以给出汽轮机传热设计的具体方法。

随着汽轮机参数提高到超临界和超超临界，以及汽轮机的快速起动、常态化深度调峰和灵活运行，汽轮机材料强度接近使用极限，需要开展精准的汽轮机传热设计。而且，国内外汽轮机部件表面传热系数的设计与计算公式尚未统一，缺少汽轮机部件传热设计理论与计算方法。

在汽轮机部件的传热与冷却、结构强度与寿命的设计中，人们首先要知道汽轮机部件的表面传热系数。在汽轮机部件稳态与瞬态温度场和热应力场的有限元计算分析中，建立有限元计算的力学模型时，需要给出汽轮机部件的表面传热系数，以确定传热边界条件。国内外由汽轮机部件传热试验得出的传热计算经验公式，公开发表的论文还不多见。有关单位采用的汽轮机部件的表面传热系数的计算公式差异很大，其计算值直接影响汽轮机的传热与冷却的结构设计、温度场与应力场的有限元分析和汽轮机结构强度与寿命设计的安全性与准确性。

随着科学技术的不断发展，汽轮机的进汽参数呈增长趋势，以提高发电机组的热效率。汽轮机进口温度的不断提高，需要开展汽轮机部件传热和冷却的设计与计算。伴随着可再生能源发电机组装机容量的持续快速增长，为满足电站汽轮机快速起动、深度调峰与灵活运行要求，保证汽轮机的寿命与安全性，需要精准设计汽轮机部件的传热与冷却结构，精细分析汽轮机部件的温度场与应力场，精确评定汽轮机部件的结构强度与寿命。考虑汽轮机部件结构复杂，开展汽轮机部件的温度场、应力场的有限元数值计算和寿命设计，急需汽轮机传热设计原理与计算方法。

上海发电设备成套设计研究院有限责任公司从20世纪80年代初起步，开展汽轮机传热的基础理论研究和工程应用，为我国电站汽轮机的研制和安全服役做出了积极贡献。著者所在单位有一批技术人员，长期从事汽轮机的传热技术研究，20世纪80年代，承担完成了125MW汽轮机高压汽缸与转子的表面传热系数试验研究工作。经过40多年的技术研究工作，先后完成了十几种机型的300MW、600MW和1000MW火电与核电汽轮机部件的传热与冷却、温度场与应力场、结构强度与寿命的技术研究工作，对汽轮机传热设计原理与计算方法进行了系统深入的研究。

为了满足汽轮机的高参数、快速起动、深度调峰、灵活运行、长寿命与安全服役的要求，著者在借鉴国内外已有资料和前人成果的基础上，主要结合研究团队长期以来在此领域研究所取得的科研成果以及开展大量汽轮机传热理论分析和工程应用经验，撰写了本学术专著。目标是推动汽轮机传热学分支学科的发展，建立汽轮机传热设计的分析理论和技术体系，给出汽轮机传热设计的具体方法，为汽轮机传热与冷却设计以及温度场与应力场分析提供理论基础和技术支撑。期盼本书的出版有助于汽轮机传热设计技术的推广应用。

本书从开始到完成历时3年，利用业余时间撰写与修改书稿是一项艰苦的工作。著者所在研究团队的谢岳生、徐佳敏和邓志成完成了部分应用实例的计算工作，王思远、王建业和徐望人完成了部分插图的绘制工作，感谢他们付出的辛勤劳动，感谢诸多同事的大力支持。

本书的研究工作与撰写，得到了上海发电设备成套设计研究院有限责任公司有关领导和专家的指导和帮助，在此深表谢意。感谢西安交通大学丰镇平教授、上海交通大学杜朝晖教授和哈尔滨工业大学王松涛教授的大力支持。谨向书中所引用参考文献的作者们致以衷心的感谢！

尽管著者在撰写过程中利用了汽轮机传热技术的最新研究成果，并结合工程实践，尽可能做到理论联系实际，着力解决汽轮机传热的关键技术问题，但汽轮机传热设计与计算的内容广泛，且极为复杂，很多问题目前尚未得到解决，因此本书中不少内容仍属于探索性的。限于著者水平有限，书中疏漏与不妥之处在所难免，恳请专家和读者批评指正。

著者

2023年1月

目录

前言

第一章　汽轮机传热基础知识 …… 1

第一节　汽轮机传热术语与特征数 …… 1

第二节　汽轮机传热设计基础数据 …… 11

第三节　汽轮机传热计算模型 …… 28

参考文献 …… 43

第二章　汽轮机转动与静止部件传热计算方法 …… 45

第一节　转轴与静止套筒传热计算方法 …… 45

第二节　转盘与静止环形板传热计算方法 …… 48

参考文献 …… 55

第三章　汽轮机汽封传热计算方法 …… 56

第一节　汽封孔口流速计算方法 …… 56

第二节　曲径汽封传热计算方法 …… 64

第三节　少齿数汽封传热计算方法 …… 67

参考文献 …… 71

第四章　汽轮机管道传热计算方法 …… 73

第一节　旋转流道内表面传热计算方法 …… 73

第二节　管道内表面传热计算方法 …… 79

第三节　管道外表面传热计算方法 …… 85

参考文献 …… 97

第五章　汽轮机叶片传热计算方法 …… 98

第一节　静叶片流道传热计算方法 …… 98

第二节　动叶片流道传热计算方法 …… 100

第三节　叶根间隙传热计算方法 …… 106

第四节　叶根接触热阻计算方法 …… 108

第五节　叶根槽传热计算方法 …… 110

参考文献 …… 123

第六章　汽轮机转子传热计算方法 …… 125

第一节　光轴与轴颈传热计算方法 …… 125

第二节　汽封部位传热计算方法 …… 129

第三节　叶轮表面传热计算方法 …… 132
第四节　叶轮轮缘传热计算方法 …… 136
参考文献 …… 150
第七章　汽轮机蒸汽腔室传热计算方法 …… 151
第一节　抽汽腔室传热计算方法 …… 151
第二节　进排汽腔室传热计算方法 …… 154
第三节　主汽调节阀内表面传热计算方法 …… 156
第四节　主汽调节阀外表面传热计算方法 …… 160
参考文献 …… 180
第八章　汽轮机静叶片与隔板传热计算方法 …… 181
第一节　静叶片传热计算方法 …… 181
第二节　隔板传热计算方法 …… 189
参考文献 …… 199
第九章　汽轮机汽缸传热计算方法 …… 200
第一节　内缸内表面传热计算方法 …… 200
第二节　内缸外表面传热计算方法 …… 220
第三节　外缸内表面传热计算方法 …… 233
第四节　外缸外表面传热计算方法 …… 250
参考文献 …… 289
第十章　汽轮机冷却结构设计方法 …… 290
第一节　高温部件冷却结构设计 …… 290
第二节　高温转子冷却结构设计 …… 297
第三节　高温管道冷却结构设计 …… 305
第四节　部件冷却流量计算方法 …… 328
参考文献 …… 348

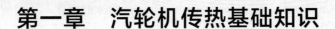

第一章　汽轮机传热基础知识

本章介绍了汽轮机传热设计的基础知识，包括汽轮机传热术语与特征数、汽轮机传热设计基础数据、汽轮机传热计算模型，应用于汽轮机部件的传热与冷却设计以及温度场与应力场研究。

第一节　汽轮机传热术语与特征数

本节主要介绍汽轮机传热与冷却设计以及强度分析与寿命设计常用传热术语与特征数，给出了汽轮机传热的 22 组 62 个常用术语[1-3]，以及汽轮机传热设计使用的努塞尔数、雷诺数、旋转雷诺数、旋转数、格拉晓夫数、旋转格拉晓夫数和普朗特数 7 个常用特征数的定义式与物理意义。

一、汽轮机传热常用术语

1. 物性参数和物理性能

（1）流体的物性参数（physical parameters）：指的是与流体热物理现象有关的宏观性质，包括流体的热力学性质、传热性质、传质性质、流动性质等，如流体的密度 ρ、流体热导率 λ、流体比热容 c、流体动力黏度 η、流体运动黏度 ν 等，流体的物性参数也称为流体的热物理性质（thermophysical property）或热物性参数（thermophysical parameters）。

（2）材料的物理性能（physical property）：指的是能表征材料在力、热、光、电等物理作用下所反映的各种特性，在材料的物理性能中，与流体物性参数相同的物理量是材料的密度 ρ、材料的比热容 c、材料的热导率 λ，与流体物性参数不同的物理量是弹性模量 E、泊松比 μ、线膨胀系数 α 等。

2. 温度场、稳态温度场与瞬态温度场

（1）温度场（temperature field）：某一时刻物体各点温度分布的总称，导热物体的温度场是空间坐标和时间的函数。

（2）稳态温度场（steady temperature field）：如果物体各点的温度随时间的变化而不变化，此时的温度场为稳态温度场。稳态就是温度场内任意一点的温度不随时间变化而变化，从数学角度上讲，就是温度对时间的偏导数为 0。

（3）瞬态温度场（transient temperature field）：对某一时刻的温度场，用数学描述为物体各点的温度为时间的函数。其实与稳态相对应的应该为非稳态，不过有时候把瞬态和非稳态不是严格区分使用，国内在流场数值计算中还经常用定常与非定常的术语。

3. 热传导、稳态导热与非稳态导热

（1）热传导（heat conduction）：又称导热，指的是物体各部分之间不发生相对位移时，依靠分子、原子及自由电子等微观粒子的热运动而产生的热能传递。

（2）稳态导热（steady-state heat conduction）：物体的温度不随时间发生变化的导热过程。

（3）非稳态导热（unsteady heat conduction）：物体的温度随时间而变化的导热过程。

4. 热流量与热流密度

（1）热流量（heat transfer rate）：单位时间内通过某一给定面积的热量称为热流量，用符号 Φ 表示，单位为 W。

（2）热流密度（heat flux）：通过单位面积的热流量称为热流密度，用符号 q 表示，单位为 W/m^2。

5. 热导率与热扩散率

（1）热导率（thermal conductivity）：又称热导系数，是热流密度矢量与温度梯度的比值，表示在单位温度梯度作用下物体内所产生的热流密度，是表征材料或流体的热传导性能优劣的物理量。材料热导率是材料的物理性能，它取决于材料牌号与工作温度。流体热导率是流体的物性参数，它取决于流体的种类和热力状态（即压力、温度或干度等）。

（2）热扩散率（thermal diffusivity）：又称热扩散系数，定义为 $a=\lambda/(\rho c)$，表示物体被加热或冷却时物体内各部分温度趋于均匀一致的能力。考虑热导率 λ、密度 ρ 和比热容 c 均为材料的物理性能或流体的物性参数，故热扩散率 a 也是材料的物理性能或流体的物性参数。在材料手册中[4]，材料物理性能给出了热扩散率。在非稳态导热过程分析和瞬态温度场计算中，热扩散率是一个重要的参数。

6. 热对流、对流传热、强制对流、自然对流、大空间自然对流、有限空间自然对流与混合对流

（1）热对流（heat convection）：由于流体的宏观运动而引起的流体各部分之间发生相对位移，冷、热流体相互掺混所导致的热量传递过程。

（2）对流传热（convection heat transfer）：流体流过一个物体表面时，流体与物体表面间的热量传递过程。

（3）强制对流（forced convection）：流体的流动是由于水泵、风机或其他压差作用所产生的流动。

（4）自然对流（natural convection）：由于流体冷、热各部分的密度不同而引起的流动，即由于流体自身温度场不均匀所引起的流动。

（5）大空间自然对流（natural convection in infinite space）：传热面上边界层的形成和发展不受周围物体的干扰时的自然对流。

(6) 有限空间自然对流（natural convection in enclosures）：又称内部自然对流，在有限空间发生自然对流，流体运动受到限制，流体的加热与冷却在腔体内同时进行。

(7) 混合对流（mixed convection）：强制对流与自然对流并存的流动。

7. 沸腾传热与凝结传热

(1) 沸腾传热（boiling heat transfer）：液体在热表面上沸腾的对流传热。

(2) 凝结传热（condensation heat transfer）：蒸汽在冷表面上凝结的对流传热。

8. 特征数、特征数方程、特征尺寸与特征速度

(1) 特征数（characteristic number）：表征努塞尔数、雷诺数、旋转雷诺数、旋转数、格拉晓夫数、旋转格拉晓夫数、普朗特数等某一类物理现象或物理过程特征的无量纲数，又称准则数。

(2) 特征数方程（characteristic number equation）：以特征数表示的对流传热计算的关系式，又称对流传热的关联式或准则方程（correlation 或 criterion equation）。

(3) 特征尺寸（characteristic length）：出现在雷诺数、努塞尔数、格拉晓夫数等特征数定义中的几何尺寸，反映了流场的几何特征。

(4) 特征速度（characteristic velocity）：计算雷诺数时用到的速度，一般取流道截面平均流速或转动部件某一半径处圆周速度，反映了流场的流动特征。

9. 定性温度、壁面温度与绝热壁面温度

(1) 定性温度（reference temperature）：确定特征数中流体物性参数的温度，一般取流体的平均温度。

(2) 壁面温度（wall temperature）：又称壁温或表面温度，指的是物体的表面温度（分布）。

(3) 绝热壁面温度（adiabatic wall temperature）：特指壁面绝热时气流黏性（在壁面边界层内部）耗散作用产生的壁面温度（分布）。

10. 表面传热系数、传热过程与传热系数

(1) 表面传热系数（convection heat transfer coefficient）：又称对流换热系数，指的是单位面积上、流体与壁面之间在单位温差下及单位时间内传递的热流量，用符号 h 表示，单位为 $W/(m^2 \cdot K)$。

(2) 传热过程（overall heat transfer process）：热量从壁面一侧的高温流体通过壁面传到另一侧低温流体的过程。

(3) 传热系数（overall heat transfer coefficient）：又称总传热系数，是表征传热过程的强烈程度，数值上等于单层或多层壁面两侧冷、热流体间温差 $\Delta t=1℃$、传热面积 $A=1m^2$ 时的热流量的值，用符号 k 表示，单位为 $W/(m^2 \cdot K)$。传热过程越强烈，传热系数越大；反之，则越小。

11. 体胀系数与线膨胀系数

(1) 体胀系数（volume coefficient of expansion）：又称流体的体积膨胀系数，指的是流体在定压下温度变化相对应的密度相对变化量，用符号 β 表示，单位为 K^{-1}。体胀系数 β[2] 的定义式为

$$\beta=\frac{\rho_\infty-\rho}{\rho(T-T_\infty)} \tag{1-1}$$

式中 ρ_∞——周围环境的流体密度；

ρ——物体表面的流体密度；

T——物体表面的流体热力学温度；

T_∞——周围环境的流体热力学温度。

（2）线膨胀系数（coefficient of linear expansion）：材料的线膨胀系数，指的是当温度梯度为1℃时，所增加的长度与原来长度的比值，是衡量材料热膨胀性大小的性能指标，用符号 α 表示，单位为 K^{-1}。

12. 辐射、热辐射、辐射传热与辐射传热系数

（1）辐射（radiation）：物体通过电磁波来传递能量的方式。

（2）热辐射（thermal radiation）：一种通过电磁波实现的热量传递方式。与导热和对流传热不同，热辐射不需要传播介质。除非物体间是真空，否则物体间热辐射还要考虑中间介质的影响。

（3）辐射传热（radiation heat transfer）：又称辐射换热，指的是辐射与吸收过程的综合结果就造成了以辐射方式进行的物体间的热量传递。

（4）辐射传热系数（radiation heat transfer coefficient）：单位传热面积上、流体与壁面之间或两个固体表面之间在单位温差下及单位时间内辐射的热流量，用符号 h_r 表示，单位为 $W/(m^2 \cdot K)$。

13. 吸收比、反射比与穿透比

（1）吸收比（absorptivity）：又称吸收率，指的是外界投射到物体表面的总能量 Φ 中被物体吸收的部分 Φ_α 与 Φ 的比值，用符号 α 表示。当 $\alpha=1$ 时，称为绝对黑体。

（2）反射比（reflectivity）：又称反射率，指的是外界投射到物体表面的总能量 Φ 中被物体反射的部分 Φ_ρ 与 Φ 的比值，用符号 ρ 表示。当 $\rho=1$ 时，称为绝对白体。

（3）穿透比（transmissivity）：又称穿透率，指的是外界投射到物体表面的总能量 Φ 中被物体穿透的部分 Φ_τ 与 Φ 的比值，用符号 τ 表示。当 $\tau=1$ 时，称为绝对透明体。

14. 黑体、灰体、辐射力与黑度

（1）黑体（black body）：又称绝对黑体，指的是吸收比 $\alpha=1$ 的物体。

（2）灰体（gray body）：光谱吸收比与波长无关的物体。

（3）辐射力（emissive power）：单位时间内单位面积的辐射表面向半球空间的所有方向所发射的全部波长范围内的总能量，用符号 E 表示，单位为 W/m^2。

（4）黑度（emissivity）：又称发射率，指的是实际物体的辐射力 E 与相同温度下黑体的辐射力 E_b 的比值，即物体辐射力接近黑体的程度，用符号 ε 表示。

15. 黑体辐射常数与黑体辐射系数

（1）黑体辐射常数（black body radiation constant）：用符号 σ 表示，$\sigma=5.67\times10^{-8}$ $W/(m^2 \cdot K^4)$。

（2）黑体辐射系数（black body radiation coefficient）：用符号 C_0 表示，$C_0=$

5.67W/(m^2·K^4)。

16. 热阻与接触热阻

(1) 热阻(thermal resistance):热量传递路径上的阻力,反映了热量传递过程中热量与温差的关系。

(2) 接触热阻(contact thermal resistance):由于固体表面有一定的粗糙度使两个互相接触的固体表面之间存在间隙,实际上接触面出现点接触或不完全的面接触,与完全的面接触相比就会给导热过程带来额外的热阻。

17. 保温材料与遮热罩

(1) 保温材料(insulating material):又称隔热材料或绝热材料,指的是热导率小的材料,GB 50264—2013 规定保温材料在平均温度为 70℃ 时,其热导率不得大于 0.08W/(m·K)[5]。

(2) 遮热罩(thermal shell):插入两个辐射传热表面之间用以削弱辐射传热的薄板。

18. 传热边界条件与初始条件

(1) 传热边界条件(thermal boundary condition):规定导热物体边界上温度或换热情况的边界条件。

(2) 初始条件(initial condition):物体稳态导热或非稳态导热初始时刻的温度分布。

19. 第一类边界条件、第二类边界条件、第三类边界条件和第四类边界条件

(1) 第一类边界条件(first thermal boundary condition):规定了导热物体边界上的温度值。此类边界条件最简单的典型例子就是规定边界温度保持常数,即 t_w=常数。对于非稳定导热,这类边界条件要求给出以下关系式

$$\tau > 0 \text{ 时 } t_w = f_1(\tau) \tag{1-2}$$

(2) 第二类边界条件(second thermal boundary condition):规定了导热物体边界上的热流密度值。此类边界条件最简单的典型例子就是规定边界上的热流密度保持定值,即 q_w=常数。对于非稳定导热,这类边界条件要求给出以下关系式

$$\tau > 0 \text{ 时 } -\lambda\left(\frac{\partial t}{\partial n}\right)_w = f_2(\tau) \tag{1-3}$$

式中 n——表面 A 的法线方向。

(3) 第三类边界条件(third thermal boundary condition):规定了导热物体边界上物体与周围流体间的表面传热系数 h 及周围流体的温度 t_f,称为第三类边界条件。以物体被冷却的场合为例,第三类边界条件可表示为

$$-\lambda\left(\frac{\partial t}{\partial n}\right)_w = h(t_w - t_f) \tag{1-4}$$

对非稳态导热,式中 h 及 t_f 均为时间的已知函数。式(1-4)中 n 为换热表面的外法线,t_w 及 $\left(\frac{\partial t}{\partial n}\right)_w$ 都是未知的,但是它们之间的联系由式(1-4)所规定。式(1-4)无论对固体被加热还是被冷却都适用。

(4) 第四类边界条件(forth thermal boundary condition):规定了导热物体边界上接触边界条件[6,7]。根据能量守恒原则,两个物体在接触面上不仅温度一样,热流密度也

必须保持一致[7]，其数学表达式为

$$t_1|_{\mathrm{w}}=t_2|_{\mathrm{w}},\quad \lambda_1\frac{t_1}{\partial n}|_{\mathrm{w}}=\lambda_2\frac{t_2}{\partial n}|_{\mathrm{w}} \tag{1-5}$$

式中　n——物体接触面的公共法线方向。

20. 热载荷与力载荷

（1）热载荷（thermal load）：导热物体表面与流体的对流传热、两个物体之间接触导热与辐射传热等，又称传热边界条件。

（2）力载荷（force load）：导热物体承受的流体压力、旋转离心力、外加力矩、重力等，又称力边界条件。

21. 复合传热与复合传热系数

（1）复合传热（combined convection radiation heat transfer）：对流传热与辐射传热同时存在的传热过程。

（2）复合传热系数（combined convection radiation heat transfer coefficient）：单位面积上、流体与壁面之间在单位温差下及单位时间内复合传热的热流量，复合传热系数为表面传热系数与辐射传热系数之和，单位为 $\mathrm{W/(m^2 \cdot K)}$。

22. 热管理与热管理系统

（1）热管理（thermal management）：热管理是根据具体对象的要求，利用加热或冷却手段对其温度或温差进行调节和控制的过程。顾名思义就是对“热量”进行管理，热管理包括具体的对象、实现手段、热管理参数等。

（2）热管理系统（thermal management system）：从系统集成角度出发，统筹热量与设备之间的关系，采用综合手段控制和优化热量传递的系统。热管理系统控制着系统中热量的冷却、分散、存储与转换，广泛应用于国民经济以及国防等各个领域。

二、汽轮机传热常用特征数

1. 努塞尔数

（1）努塞尔数（Nusselt number）Nu 的定义：努塞尔数 Nu 的定义式为

$$Nu=\frac{hL}{\lambda} \tag{1-6}$$

式中　h——表面传热系数；

L——特征尺寸；

λ——流体热导率。

（2）努塞尔数 Nu 的物理意义：表示壁面上流体的无量纲温度梯度的大小，主要用在对流传热，表征对流传热的强弱。努塞尔数越大，对流传热越强；反之，对流传热越弱。

2. 雷诺数

（1）雷诺数（Reynolds number）Re 的定义：雷诺数 Re 的定义式为

$$Re=\frac{wL}{\nu} \tag{1-7}$$

式中　w——特征速度；

L——特征尺寸；

ν——流体运动黏度。

（2）雷诺数 Re 的物理意义：表示流体的惯性力与黏性力之比的一种度量，表征流体的流动状态，影响强制对流传热。流体流动的雷诺数小，表示流体的黏性力大；相反雷诺数大，则表示流体的惯性力起主要作用。管内流动的临界雷诺数 $Re_{cr}=2300$，把流体流动的层流与湍流两种流动状态区分开来。

3. 旋转雷诺数

（1）旋转雷诺数（Rotational Reynolds number）Re_ω的定义：旋转雷诺数 Re_ω的定义式为

$$Re_\omega=\frac{uL}{\nu} \tag{1-8}$$

式中　u——特征速度，半径 r 处圆周速度；

L——特征尺寸；

ν——流体运动黏度。

（2）旋转雷诺数 Re 的物理意义：表示流体旋转的离心力与黏性力之比；与常规雷诺数 Re 的计算式（1-7）相比，旋转雷诺数计算式（1-8）采用半径 r 处圆周速度 u 作为特征速度。

4. 旋转数

（1）旋转数（Rotation number）Rt 的定义：旋转数 Rt 的定义式为

$$Rt=\frac{u_m H_{b2}}{w_2 D_m} \tag{1-9}$$

式中　u_m——动叶片叶型平均直径处圆周速度；

H_{b2}——动叶片叶高；

w_2——动叶片出口相对速度；

D_m——级的平均直径。

（2）旋转数 Rt 的物理意义：表示流体旋转的哥氏力与惯性力之比，反映了旋转离心力与哥氏力对流体传热的影响。

5. 格拉晓夫数

（1）格拉晓夫数（Grashof number）Gr 的定义：格拉晓夫数 Gr 的定义式为

$$Gr=\frac{g\beta\Delta tL^3}{\nu^2} \tag{1-10}$$

式中　g——重力加速度，9.8m/s^2；

β——体胀系数；

Δt——部件壁温 t_w与流体温度 t_f之差；

L——特征尺寸；

ν——流体运动黏度。

（2）格拉晓夫数 Gr 的物理意义：表示流体各部分温度不同而引起的浮升力与黏性力

之比的一种度量，与流体的热浮升力作用相关，表征自然对流的流动状态，影响自然对流传热。流体流动的格拉晓夫数 Gr 增大，表明流体的浮升力的作用相对增大。

6. 旋转格拉晓夫数

（1）旋转格拉晓夫数（Rotating Grashof number）Gr_{ω}的定义：旋转格拉晓夫数 Gr_{ω} 的定义式为

$$Gr_{\omega}=\frac{R\omega^{2}\beta\Delta tL^{3}}{\nu^{2}} \tag{1-11}$$

式中 R——旋转半径；

ω——旋转角速度；

β——体胀系数；

Δt——部件壁温 t_w 与流体温度 t_f 之差；

L——特征尺寸；

ν——流体运动黏度。

（2）旋转格拉晓夫数 Gr_{ω}的物理意义：表示流体在离心力场作用下浮升力与黏性力之比，与常规格拉晓夫数 Gr 的计算式（1-10）相比，旋转格拉晓夫数 Gr_{ω}的计算式（1-11）用离心加速度 $R\omega^2$ 代替了常规格拉晓夫数 Gr 的重力加速度 g。

7. 普朗特数

（1）普朗特数（Prandtl number）Pr 的定义：普朗特数 Pr 的定义式为

$$Pr=\frac{\eta c}{\lambda} \tag{1-12}$$

式中 η——流体动力黏度；

c——流体比热容；

λ——流体热导率。

（2）普朗特数 Pr 的物理意义：表示流体的动量扩散与热量扩散之比，表征流体的物性参数，反映流体的物性参数对流体传热的影响。考虑 η、c 和 λ 均为流体的物性参数，普朗特数 Pr 也是流体的物性参数。

8. 气体的普朗特数 Pr

水蒸气与 CO_2 分别在 0.101 325MPa、1.8MPa 和 25MPa 压力下 0～1200℃的普朗特数 Pr 列于表 1-1。空气分别在 0.101 325MPa、1.4MPa、1.8MPa 和 2.3MPa 压力下的普朗特数 Pr 列于表 1-2，空气组成的质量分数[8,9]：N_2 为 75.042%、O_2 为 22.996%、CO_2 为 0.048%、H_2O 为 0.631%、Ar 为 1.283%。

表 1-1　　水蒸气与 CO_2 的普朗特数 Pr

气体	水蒸气			CO_2		
温度（℃）＼压力（MPa）	0.101 325	1.8	25	0.101 325	1.8	25
0	13.4643	13.3847	12.486	0.772 55	0.935 75	1.9212
100	1.035 40	1.751 60	1.736 00	0.742 51	0.773 81	1.576 10

续表

气体 \ 压力（MPa）\ 温度（℃）	水蒸气			CO_2		
	0.101 325	1.8	25	0.101 325	1.8	25
200	0.957 44	0.916 60	0.904 80	0.729 83	0.740 98	0.997 13
300	0.939 11	0.983 81	0.823 14	0.725 66	0.730 76	0.831 70
400	0.926 18	0.944 41	2.314 20	0.724 30	0.727 00	0.778 44
500	0.915 63	0.925 12	1.159 60	0.723 61	0.725 18	0.755 27
600	0.907 28	0.911 44	0.987 54	0.722 88	0.723 85	0.743 01
700	0.900 76	0.901 18	0.911 52	0.721 96	0.722 58	0.735 48
800	0.895 49	0.893 30	0.866 64	0.720 87	0.721 27	0.730 30
900	0.890 90	0.886 95	0.838 19	0.719 68	0.719 95	0.726 43
1000	0.886 56	0.881 46	0.819 27	0.718 48	0.718 65	0.723 38
1100	0.882 16	0.876 37	0.806 29	0.717 32	0.717 42	0.720 92
1200	0.877 54	0.871 39	0.797 11	0.716 25	0.716 31	0.718 90

表 1-2　　空气的普朗特数 *Pr*

气体 \ 压力（MPa）\ 温度（℃）	空　气			
	0.101 325	1.4	1.8	2.3
0	0.713	0.725	0.728	0.732
100	0.700	0.704	0.705	0.706
200	0.696	0.697	0.698	0.698
300	0.698	0.698	0.698	0.699
400	0.703	0.703	0.703	0.703
500	0.709	0.709	0.709	0.709
600	0.716	0.716	0.716	0.716
700	0.722	0.721	0.721	0.721
800	0.726	0.726	0.726	0.726
900	0.730	0.730	0.730	0.730
1000	0.733	0.733	0.732	0.732
1100	0.735	0.735	0.735	0.735
1200	0.736	0.736	0.736	0.736

本章参考文献[9]给出了标准烟气的动力黏度、比热容、热导率和普朗特数 Pr 的计算方法和计算结果，标准烟气组成的质量分数：N_2 为 76%、CO_2 为 13%、H_2O 为 11%。标准烟气在压力分别为 0.1MPa、1.33MPa、1.71MPa 和 2.19MPa 下 0～1500℃ 的普朗特数 Pr 列于表 1-3，不同压力下标准烟气的普朗特数 Pr 随温度的变化趋势如图 1-1 所示。由图 1-1 知，随着温度升高，压力为 2.19MPa 时标准烟气普朗特数随温度先

升高后逐渐降低，在温度为100℃左右达到峰值，其余3组压力下，普朗特数随温度的升高均逐渐降低；同时可以发现，当温度超过200℃后，4种压力下的普朗特数曲线几乎重合，表明温度高于200℃后，在0.1～2.19MPa范围内，压力对普朗特数的影响可忽略不计。

表1-3　　标准烟气的普朗特数 *Pr*

压力（MPa）/ 温度（℃）	0.1	1.33	1.71	2.19
0	0.7344	0.6967	0.6964	0.6676
100	0.6996	0.6906	0.6916	0.6802
200	0.6765	0.6757	0.6765	0.6726
300	0.6598	0.6608	0.6612	0.6604
400	0.6468	0.6478	0.6480	0.6481
500	0.6357	0.6364	0.6366	0.6367
600	0.6256	0.6260	0.6262	0.6262
700	0.6159	0.6160	0.6161	0.6159
800	0.6063	0.6061	0.6060	0.6058
900	0.5966	0.5960	0.5959	0.5956
1000	0.5867	0.5860	0.5857	0.5854
1100	0.5768	0.5760	0.5757	0.5754
1200	0.5669	0.5662	0.5659	0.5656
1300	0.5572	0.5566	0.5565	0.5561
1400	0.5478	0.5473	0.5472	0.5467
1500	0.5387	0.5378	0.5376	0.5372

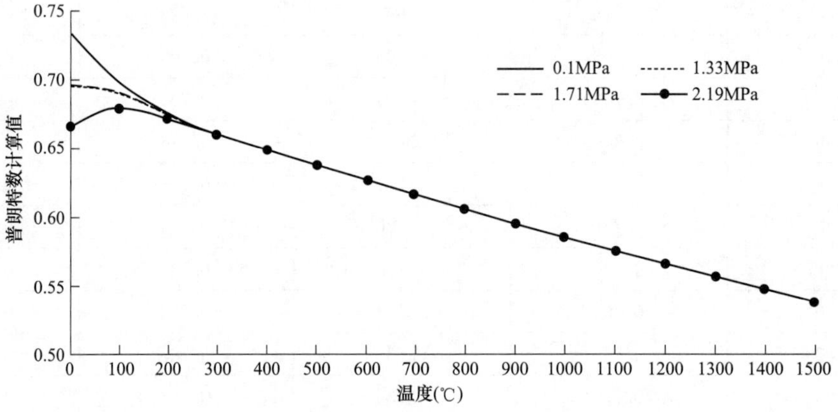

图1-1　标准烟气的普朗特数 *Pr* 随温度的变化趋势

9. 对流传热常用特征数方程

（1）强制对流：常用幂函数表示强制对流传热的特征数方程为

$$Nu = CRe^{n}Pr^{m} \tag{1-13}$$

式中　C、n、m——试验常数。

（2）自然对流：常用幂函数表示自然对流传热的特征数方程为

$$Nu = B\,(GrPr)^{m} \tag{1-14}$$

式中　B、m——试验常数。

（3）简化特征数方程：从表 1-2 和表 1-3 知，对于空气和标准烟气，在某些压力与温度下 Pr 几乎是常数，变化很小，工程上表示流体为空气和标准烟气强制对流传热与自然对流传热的简化特征数方程分别为

$$Nu = C_1 Re^{n} \tag{1-15}$$

$$Nu = B_1 Gr^{m} \tag{1-16}$$

式中　C_1、B_1——试验常数，$C_1 = CPr^{n}$，$B_1 = BPr^{m}$。

第二节　汽轮机传热设计基础数据

本节介绍了汽轮机部件传热计算分析所需的基础数据，包括汽轮机传热计算所需设计数据、传热系数计算所需物性参数、材料物理性能与力学性能，给出了汽轮机润滑油系统 3 种透平油的物性参数、汽轮机部件辐射传热计算分析所需的水蒸气与二氧化碳的发射率和吸收比以及汽轮机部件温度场计算所需 58 种常用材料的密度 ρ、比热容 c、热导率 λ 和线膨胀系数 α 等物理性能，应用于汽轮机部件的传热与冷却设计、传热边界条件计算、温度场与应力场的有限元数值计算。

一、传热计算所需汽轮机设计数据

汽轮机部件的结构图纸、几何尺寸或三维模型，用来建立汽轮机部件有限元数值计算的力学模型。汽轮机部件的工作压力、工作转速、叶片离心力等数据，用来确定汽轮机部件的力载荷或力边界条件。

汽轮机轴封、叶顶汽封和隔板汽封等汽封的型式、齿数和间隙，在额定工况、部分负荷工况下汽轮机的汽封、汽缸夹层和通流部分各级蒸汽的温度、压力、流量等热力参数的计算数据与热平衡图，静叶片与动叶片的结构数据等，用来确定汽轮机部件的热载荷或传热边界条件。

汽轮机转速，用来计算汽轮机部件的旋转雷诺数。

二、传热计算所需流体物性参数

1. 计算表面传热系数所需物性参数

汽轮机部件的表面传热系数 h 与流体的努塞尔数 Nu 有关，努塞尔数 Nu 与流体的雷诺数 Re、格拉晓夫数 Gr 和普朗特数 Pr 有关。如果没有特别强调，本书各章给出的汽轮机各部件的表面传热系数与传热过程的传热系数的计算方法中，通常流体指的就是蒸汽、空气或润滑油。计算汽轮机部件的表面传热系数 h 以及流体的努塞尔数 Nu、雷诺数 Re 或格拉晓夫数 Gr 时，需要确定流体的物性参数有普朗特数 Pr、密度 ρ、热导率 λ、比热容 c、动力黏度 η、运动黏度 ν 等。

2. 汽轮机部件与蒸汽传热

在汽轮机起动过程、带负荷运行过程、停机过程中，在汽轮机的通流部分、动叶片、叶轮与转子表面、汽封部位、蒸汽管道、蒸汽腔室、静叶片或隔板、内缸内表面、汽缸夹层等部位，汽轮机部件与蒸汽传热。

使用水蒸气性质计算专用软件或查水蒸气性质表[10]，可以确定蒸汽的普朗特数 Pr、密度 ρ、热导率 λ、比热容 c、动力黏度 η、流体运动黏度 ν 等物性参数。

3. 汽轮机部件与空气传热

在汽轮机的低压外缸外表面、超高压缸保温结构外表面、高压缸保温结构外表面、中压缸保温结构外表面、进汽管道保温结构外表面、主汽阀与调节阀的保温结构外表面、联轴器、汽轮机靠近轴承侧的最外一段轴封以及该段轴封与轴承之间的转子外表面等部位，汽轮机部件与空气传热。

由于大功率汽轮机的汽缸普遍采用了硅酸铝棉制品等优质保温材料，造成汽轮机停机后汽缸自然冷却速度比较慢，延长了汽轮机的开缸时间和检修时间。大功率汽轮机停机后汽轮机调节级金属监视温度达到停盘车条件的 150℃，滑参数停机需要自然冷却 120～168h，事故停机需要自然冷却 210～240h。汽轮机停机后，利用加热的压缩空气进入汽轮机进行强迫通风快速冷却，只要 40～60h，就可以使调节级金属监视温度达 150℃，缩短汽轮机停机检修时间 80～150h[11-13]，给发电厂带来良好的经济效益。

根据冷却空气与汽轮机通流部分蒸汽流动方向的异同，可分为逆流和顺流两种空气快速冷却方式。顺流冷却方式是高压缸冷却空气由高压主汽阀前疏水管引入，流经高压缸，从高压缸排汽缸止回阀前疏水管排出；中压缸冷却空气由中压调节阀前（后）疏水管引入，流经中压缸，从中压缸与低压缸之间导汽管的孔口或中压缸末级抽汽管止回阀前疏水管排出。逆流冷却方式的冷却空气流动方向与汽轮机通流部分蒸汽流动方向相反，高压缸与中压缸冷却空气的进口和出口与顺流冷却方式相反。在汽轮机空气快速冷却过程中，汽轮机部件与空气传热。

使用空气性质计算专用软件或查空气性质表[14]，可以确定空气的密度 ρ、热导率 λ、比热容 c、动力黏度 η、运动黏度 ν、普朗特数 Pr 等物性参数。

4. 汽轮机转子与润滑油传热

汽轮机转子的支承是轴承，用于确定转子与其他零件相对运动位置，起支承或导向作用。汽轮机轴承按其能承受的载荷方向不同，可以分为径向支承轴承、推力轴承以及推力与径向联合轴承（也称为推力与轴颈联合轴承）三类，均为动压滑动轴承。径向支承轴承是承受汽轮机转子径向载荷的滑动轴承。推力轴承的作用则是承受转子的轴向载荷，确定转子的轴向位置，使汽轮机动静部分之间保持正常的轴向间隙，推力与径向联合轴承可以同时承受径向和轴向载荷。

汽轮机轴承能够使转子轴心运动轨迹稳定，保证转子的径向位置。径向轴承承受转子径向载荷，包括转子的质量以及由于转子质量不平衡、不对称的部分进汽度、汽流激振和机械原因引起的振动和冲击等因素产生的附加载荷（动载荷），并保证转子相对静子的径向对中。

汽轮机轴承采用润滑油，润滑油在轴承中可以形成稳定的承载油膜，能够起到润滑和冷却的作用。在汽轮机转子的轴承部位，转子的轴颈表面与轴承润滑油传热。查润滑油物理性质表[15]，可以确定汽轮机润滑油的密度 ρ、比热容 c、热导率 λ、动力黏度 η 等物性参数。采用式（1-12），可以确定汽轮机润滑油的普朗特数 Pr。确定汽轮机润滑油的运动黏度 ν 的计算公式为

$$\nu=\frac{\eta}{\rho} \tag{1-17}$$

式中　η——流体动力黏度；

　　　ρ——流体密度。

汽轮机常用的22号透平油、30号透平油和46号透平油的物性参数[15,16]分别列于表1-4～表1-6。

表 1-4　　22 号透平油的物性参数

序号	温度 t (℃)	密度 ρ (kg/m³)	比热容 c [J/(kg·K)]	热导率 λ [W/(m·K)]	运动黏度 ν (×10⁶m²/s)	动力黏度 η (×10²Pa·s)	普朗特数 Pr
1	10	902.0	1810	0.1291	209.53	18.900	2649.8
2	20	895.5	1850	0.1288	95.48	8.550	1228.1
3	30	888.5	1880	0.1280	53.46	4.750	697.7
4	40	882.5	1920	0.1270	36.03	3.180	480.8
5	50	876.5	1960	0.1265	21.38	1.874	290.4
6	60	869.5	2000	0.1258	14.66	1.275	202.7
7	70	863.0	2030	0.1250	10.49	0.905	147.0
8	80	856.5	2060	0.1242	7.88	0.675	112.0
9	90	850.0	2100	0.1235	6.04	0.513	87.2
10	100	843.5	2140	0.1230	4.74	0.400	69.6

表 1-5　　30 号透平油的物性参数

序号	温度 t (℃)	密度 ρ (kg/m³)	比热容 c [J/(kg·K)]	热导率 λ [W/(m·K)]	运动黏度 ν (×10⁶m²/s)	动力黏度 η (×10²Pa·s)	普朗特数 Pr
1	10	905.0	1800	0.1292	332.15	30.060	4187.9
2	20	899.0	1830	0.1282	161.29	14.500	2069.8
3	30	893.0	1870	0.1279	82.87	7.400	1081.9
4	40	886.0	1900	0.1270	48.76	4.320	646.3
5	50	880.0	1930	0.1261	30.91	2.720	416.3
6	60	873.0	1970	0.1235	20.50	1.790	285.5
7	70	867.0	2010	0.1250	14.59	1.265	203.4
8	80	861.0	2040	0.1241	10.69	0.920	151.2
9	90	854.0	2080	0.1235	7.96	0.680	114.5
10	100	848.0	2120	0.1225	5.97	0.506	87.6

表 1-6　46 号透平油的物性参数

序号	温度 t（℃）	密度 ρ（kg/m^3）	比热容 c [J/(kg·K)]	热导率 λ [W/(m·K)]	运动黏度 ν（$\times10^6$m^2/s）	动力黏度 η（$\times10^2$Pa·s）	普朗特数 Pr
1	10	901.0	1817	0.1301	650.00	58.64	8220.0
2	20	895.0	1853	0.1294	280.00	25.056	3590.0
3	30	888.0	1888	0.1286	140.00	12.435	1820.0
4	40	882.0	1922	0.1279	75.00	6.610	995.0
5	50	876.0	1955	0.1272	45.00	3.942	602.0
6	60	869.5	1993	0.1265	28.40	2.461	388.0
7	70	863.0	2026	0.1258	19.50	1.682	271.0
8	80	856.5	2064	0.1251	14.00	1.196	198.0
9	90	850.0	2100	0.1244	10.20	0.865	146.0
10	100	844.0	2135	0.1237	7.80	0.657	113.4

三、水蒸气与二氧化碳的发射率和吸收比

1. 水蒸气发射率和吸收比

在汽轮机的汽缸夹层，内缸外表面与蒸汽发生辐射传热，外缸内表面也与蒸汽发生辐射传热。依据水蒸气温度 T_g和平均射线程长 s（内缸外表面的平均射线程长 s_1 或外缸内表面的平均射线程长 s_2）与汽缸夹层水蒸气压力 p_{H_2O}的乘积 $p_{H_2O}s$，查图 1-2 可以确定把水蒸气压力外推到零的理想情况下水蒸气的发射率[1,6] $\varepsilon^*_{H_2O}=f(T_g,p_{H_2O}s)$。

引进水蒸气压力修正系数 C_{H_2O}，查图 1-3 可以确定水蒸气压力的修正系数 C_{H_2O}[1,6]，得出工作压力下水蒸气的发射率 $\varepsilon_{H_2O}=C_{H_2O}\varepsilon^*_{H_2O}$。

2. 二氧化碳发射率和吸收比

二氧化碳透平的工质为二氧化碳，在二氧化碳透平的汽缸夹层，内缸外表面与二氧化碳发生辐射传热，外缸内表面也与二氧化碳发生辐射传热。依据二氧化碳温度 T_g和平均射线程长 s（内缸外表面的平均射线程长 s_1 或外缸内表面的平均射线程长 s_2）与汽缸夹层二氧化碳压力 p_{CO_2}的乘积 $p_{CO_2}s$，查图 1-4 可以确定把二氧化碳压力外推到零的理想情况下二氧化碳的发射率[1,6] $\varepsilon^*_{CO_2}=f(T_g,p_{CO_2}s)$。

二氧化碳的情况与水蒸气基本相同，引进二氧化碳压力修正系数 C_{CO_2}，查图 1-5 可以确定二氧化碳压力的修正系数 C_{CO_2}[1,6]，得出工作压力下二氧化碳的发射率 $\varepsilon_{CO_2}=C_{CO_2}\varepsilon^*_{CO_2}$。

3. 水蒸气与二氧化碳的发射率和吸收比

在燃烧产物中，一般二氧化碳和水蒸气并存。在烟气透平的进气室，进气室内表面与烟气发生辐射传热。在燃气轮机的燃烧室，燃烧室内表面与燃气发生辐射传热。当烟气或燃气等混合气体中同时存在水蒸气与二氧化碳两种成分时[1,6]，计算混合气体的发射率 ε_g 与吸收比 α_g 经验公式分别为

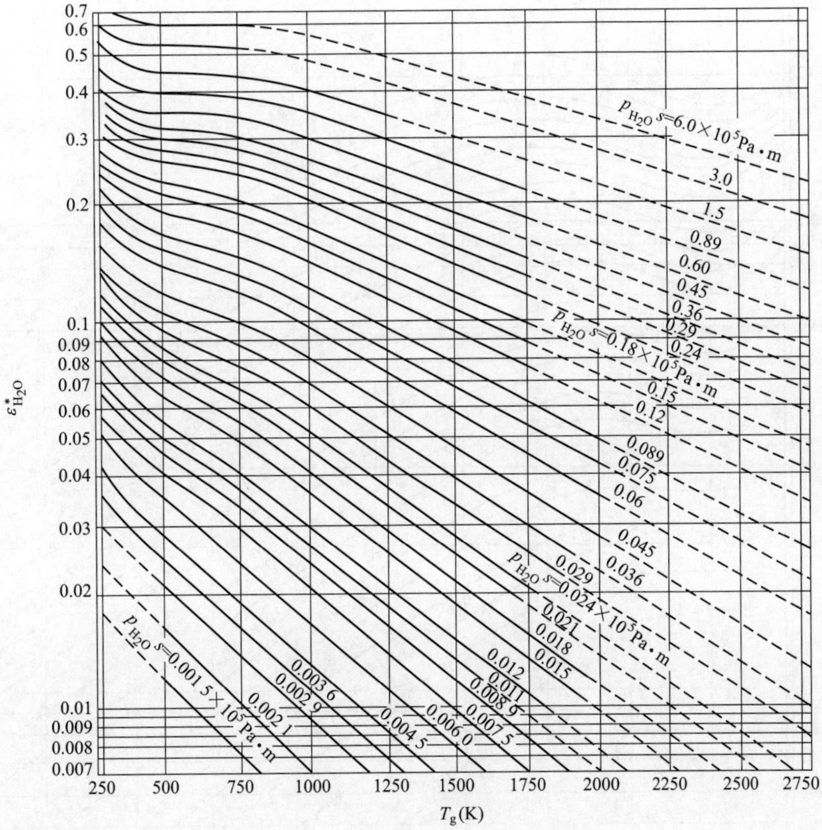

图 1-2　水蒸气的发射率曲线

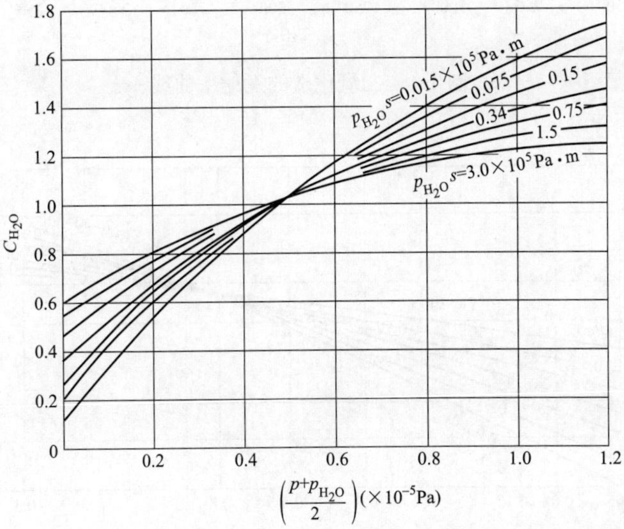

图 1-3　水蒸气的压力修正系数

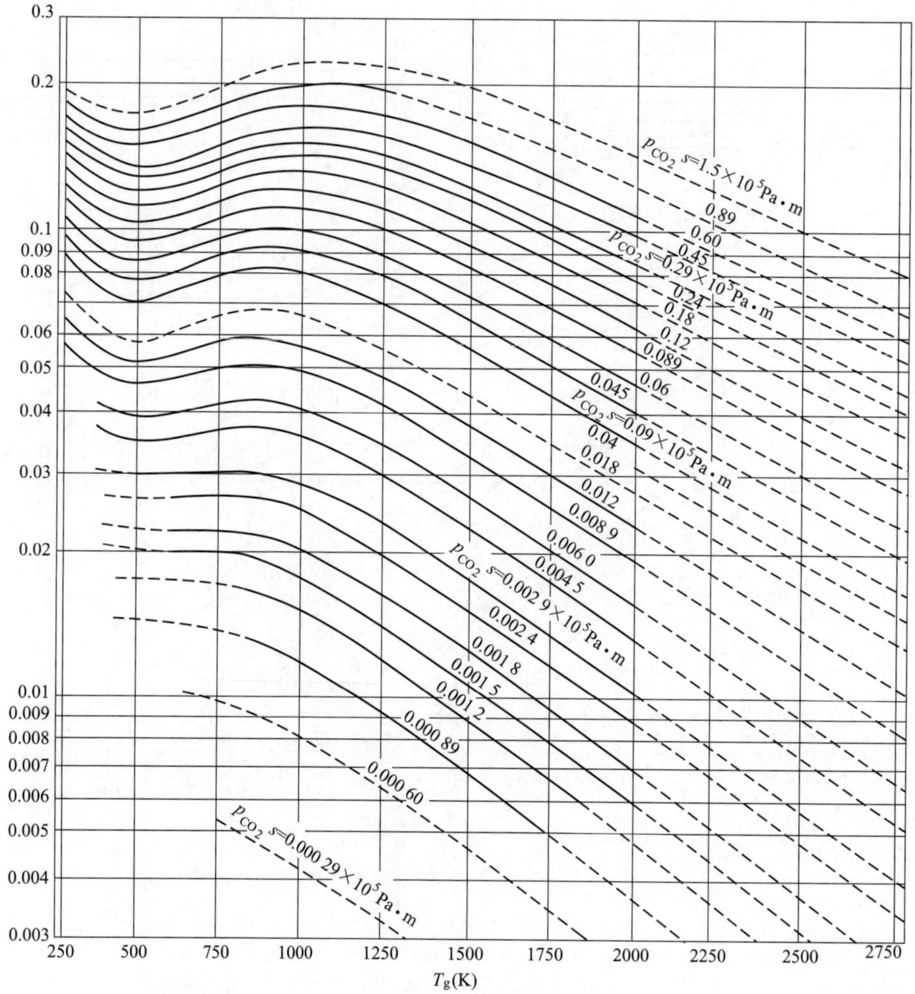

图 1-4　二氧化碳的发射率曲线

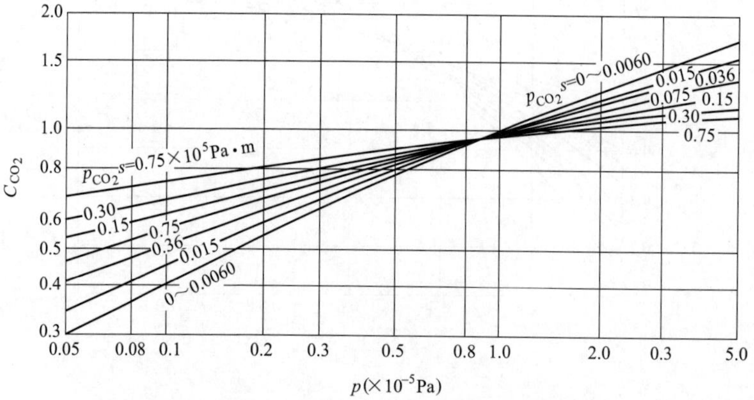

图 1-5　二氧化碳的压力修正系数

$$\varepsilon_g = C_{H_2O}\varepsilon^*_{H_2O} + C_{CO_2}\varepsilon^*_{CO_2} - \Delta\varepsilon \tag{1-18}$$

$$\alpha_g = C_{H_2O}\alpha^*_{H_2O} + C_{CO_2}\alpha^*_{CO_2} - \Delta\alpha \tag{1-19}$$

$$\alpha^*_{H_2O} = \left(\frac{T_g}{T_w}\right)^{0.45} \varepsilon^*_{H_2O}\left(T_w, p_{H_2O}s\frac{T_w}{T_g}\right) \tag{1-20}$$

$$\alpha^*_{CO_2} = \left(\frac{T_g}{T_w}\right)^{0.65} \varepsilon^*_{CO_2}\left(T_w, p_{CO_2}s\frac{T_w}{T_g}\right) \tag{1-21}$$

$$\Delta\alpha = \Delta\varepsilon(T_w) \tag{1-22}$$

式中　C_{H_2O}——水蒸气压力修正系数；

$\varepsilon^*_{H_2O}$——气体总压力为 10^5 Pa 且水蒸气分压力外推到零的理想情况下水蒸气的发射率；

C_{CO_2}——二氧化碳压力修正系数；

$\varepsilon^*_{CO_2}$——气体总压力为 10^5 Pa 且二氧化碳分压力外推到零的理想情况下二氧化碳的发射率；

$\Delta\varepsilon$——考虑水蒸气和二氧化碳的光带部分重叠而引入的修正量，按照图 1-6 确定；

T_g——气体温度；

T_w——壳体壁温；

$\varepsilon^*_{H_2O}\left(T_w,\ p_{H_2O}s\frac{T_w}{T_g}\right)$——由壁温 T_w 以及 $p_{H_2O}\times s\times\frac{T_w}{T_g}$三者乘积代替图 1-2 的 $p_{H_2O}s$，从图 1-2 确定的 $\varepsilon^*_{H_2O}$；

$\varepsilon^*_{CO_2}\left(T_w,\ p_{CO_2}s\frac{T_w}{T_g}\right)$——由壁温 T_w 以及 $p_{CO_2}\times s\times\frac{T_w}{T_g}$三者乘积代替图 1-4 的 $p_{CO_2}s$，从图 1-4 确定的 $\varepsilon^*_{CO_2}$；

$\Delta\varepsilon(T_w)$——由壁温 T_w 按照图 1-6 确定的修正量。

4. 水蒸气吸收比

当汽轮机汽缸夹层只充满蒸汽或只有流过蒸汽时，根据式（1-19）和式（1-20），可以得出计算水蒸气吸收比 α_{H_2O}的经验公式为

$$\alpha_{H_2O} = C_{H_2O}\alpha^*_{H_2O} \tag{1-23}$$

$$\alpha^*_{H_2O} = \left(\frac{T_g}{T_w}\right)^{0.45} \varepsilon^*_{H_2O}\left(T_w, p_{H_2O}s\frac{T_w}{T_g}\right) \tag{1-24}$$

5. 二氧化碳吸收比

当二氧化碳透平的汽缸夹层只充满二氧化碳或只有流过二氧化碳时，根据式（1-19）和式（1-21），可以得出计算二氧化碳吸收比 α_{CO_2} 的经验公式为

$$\alpha_{CO_2} = C_{CO_2}\alpha^*_{CO_2} \tag{1-25}$$

$$\alpha^*_{CO_2} = \left(\frac{T_g}{T_w}\right)^{0.65} \varepsilon^*_{CO_2}\left(T_w, p_{CO_2}s\frac{T_w}{T_g}\right) \tag{1-26}$$

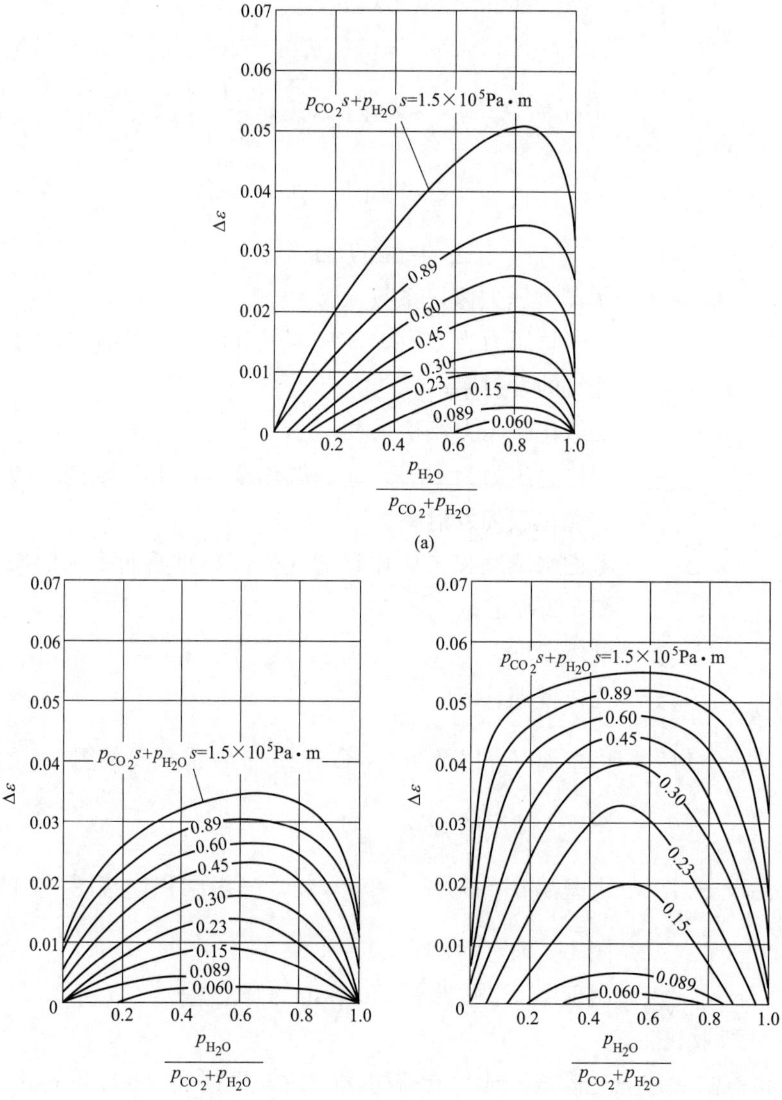

图 1-6　水蒸气与二氧化碳混合气体发射率修正曲线

(a) $T=400$K；(b) $T=811$K；(c) $T=1200$K

四、材料物理性能与力学性能

1．材料物理性能

汽轮机部件材料的密度 ρ、比热容 c、热导率 λ 等物理性能，应用于汽轮机部件温度场的有限元数值计算。汽轮机部件材料的弹性模量 E、泊松比 μ、线膨胀系数 α 等物理性能，应用于汽轮机部件应力场的有限元数值计算。

汽轮机部件材料的热导率 λ，用来计算汽轮机的管道、静叶片、动叶片、叶根槽、阀壳、汽缸等部件传热过程的传热系数。

汽轮机材料的物理性能除密度 ρ 之外，其他物理性能需要给出室温 20℃、在 100～600℃之间每隔 100℃，以及高于工作温度的试验值。

2. 材料室温和高温力学性能

汽轮机部件材料的屈服强度 $\sigma_{0.2}^{t}$、抗拉强度 σ_{b}^{t} 等室温和高温力学性能，用来评定汽轮机部件稳态额定工况与瞬态变工况的多工况强度设计以及应力腐蚀强度设计的安全性[17]。

汽轮机材料的室温和高温力学性能，需要给出 20℃、100℃、200℃和 300℃以上间隔 50℃的试验值。

3. 高温长时力学性能

汽轮机部件材料的持久强度 σ_{10^4} 与 σ_{10^5}、蠕变极限 $\sigma_{1\times10^{-4}}$ 与 $\sigma_{1\times10^{-5}}$ 等高温长时力学性能，用来分析汽轮机高温部件稳态额定工况结构强度设计的安全性[17]，确定汽轮机高温部件的蠕变裂纹萌生寿命[18]以及汽轮机部件材料蠕变方程的试验常数[19]。

汽轮机材料的高温长时力学性能，需要给出汽轮机部件材料蠕变温度至汽轮机进汽温度的范围内，间隔 10℃的试验值或拟合值。

工程上，碳钢的蠕变温度约为 350℃，合金钢的蠕变温度约为 420℃，耐热钢的蠕变温度约为 480℃[17]，镍基合金的蠕变温度约为 650℃。

4. 疲劳与断裂力学性能

汽轮机部件材料的脆性转变温度 FATT、疲劳极限 σ_{-1}、断裂韧性 K_{IC}、疲劳裂纹扩展门槛值 $\Delta K_{\mathrm{th}}^{R}$、低周疲劳与高周疲劳裂纹萌生的试验常数、疲劳裂纹扩展公式试验常数等疲劳与断裂力学性能，用来计算汽轮机部件的低周疲劳裂纹萌生寿命、高周疲劳裂纹萌生寿命、低周疲劳裂纹扩展寿命、高周疲劳裂纹扩展寿命[17]。蠕变裂纹扩展公式试验常数，用来计算汽轮机高温部件的蠕变裂纹扩展寿命[18]。

汽轮机材料的疲劳与断裂力学性能，需要分别给出汽轮机的进汽温度、汽轮机部件工作温度以及室温 20℃与 100℃的试验数据。蠕变裂纹扩展公式试验常数，需要分别给出汽轮机的进汽温度与汽轮机部件工作温度的试验数据。

5. 材料物理性能与力学性能试验温度

亚临界汽轮机的进汽温度为 538℃，需给出 550℃试验值；超临界汽轮机的进汽温度为 566℃，需给出 600℃与 550℃试验值；超超临界汽轮机的进汽温度为 600℃/620℃，需给出 600℃与 650℃试验值；700℃等级超超临界汽轮机的进汽温度为 700℃/720℃，需给出 700℃与 750℃试验值。

对于汽轮机锻件与铸件，需要给出母材的试验数据。对于汽轮机的焊接转子、焊接汽缸等焊接部件，需要分别给出母材、焊缝、热影响区的试验数据。

五、常用材料密度、热导率、比热容和线膨胀系数

1. 常用材料密度

与流体不同，通常金属材料的密度随工作温度变化不大。14 种静叶片与动叶片材料、14 种转子与叶轮材料、12 种螺栓材料、8 种汽缸与阀壳材料、10 种蒸汽管道材料等

汽轮机部件58种常用材料的密度，分别列于表1-7～表1-11[4,20-24]。

表1-7　汽轮机静叶片与动叶片的材料密度　kg/m³

材料牌号	密度ρ	材料牌号	密度ρ
1Cr13	7750	1Cr12Mo(403)	7650
2Cr13	7750	1Cr11MoV	7810
1Cr12W1MoV(ЭИ802)	7850	2Cr12NiMo1W1V(C-422)	7780
2Cr12Ni1W1Mo1V(802T)	7820	1Cr12Ni2W1Mo1V	7840
0Cr17NiCu4Nb(17-4PH)	7810	GH80A(Nimonic80A)	8150
K438(IN738)	8160	DZ4	8150
DZ22	8560	DD3	8200

表1-8　汽轮机转子与叶轮的材料密度　kg/m³

材料牌号	密度ρ	材料牌号	密度ρ
40CrA	7820	35CrMoV	7840
30Cr2MoV(P2)	7820	28CrMoNiV	7840
30Cr1MoV	7760	34CrNi3Mo	7830
25Cr2NiMoV	7890	30Cr2Ni4MoV	7860
X12CrMoWVNbN10-1-1	7641～7824	X13CrMoCoVNbNB9-2-1	7619～7799
GH163(Nimonic263)	8350	GH617(IN617)	8360
GH706(IN706)	8060	GH4169(IN718)	8240

表1-9　汽轮机螺栓的材料密度　kg/m³

材料牌号	密度ρ	材料牌号	密度ρ
45	7810-7890	35CrMo	7870
42CrMo	7830	40CrNiMoA	7850
40CrMoV	7830	25Cr2MoV(ЭИ10)	7840
25Cr2Mo1V(ЭИ723)	7800	20Cr1Mo1VNbTiB(1号螺栓钢)	7880
20Cr1Mo1VTiB(2号螺栓钢)	7880	GH145(IN X-750)	8303
GH2026(R-26)	8190	GH6783(IN783)	7810

表1-10　汽轮机汽缸与阀壳的材料密度　kg/m³

材料牌号	密度ρ	材料牌号	密度ρ
ZG20、Q235B等碳钢	7800	ZG20CrMo	7800
ZG15Cr1Mo	7830	ZG15Cr2Mo1	7820
ZG20CrMoV	7820	ZG15Cr1Mo1V	7820
ZG1Gr10MoVNbN	7759	GH3625(IN625)	8440

表 1-11　　汽轮机蒸汽管道的材料密度　　kg/m³

材料牌号	密度 ρ	材料牌号	密度 ρ
10、15、20G、Q235、Q245	7800	15CrMo	7870
12Cr2Mo(P22)	7800	12Cr1MoV	7860
10Cr9Mo1VNb(P91)	7780	10Cr9MoW2VNbBN(P92)	7850
08Cr9W3Co3VNbCuBN(G115)	7897	0Cr17Ni12Mo2(P316)	8000
GH4770(IN740)	8050	GH984G	8000

2. 常用材料热导率

汽轮机部件材料的热导率指的是当金属温度升高 1℃时单位时间内通过垂直于热传导方向的单位面积传递的热量，又称为该材料的导热系数，是表征金属材料热传导速度的物理量，符号为 λ，单位为 W/(m·K)。14 种静叶片与动叶片材料、14 种转子与叶轮材料、12 种螺栓材料、8 种汽缸与阀壳材料、10 种蒸汽管道材料等汽轮机部件 58 种常用材料的热导率，分别列于表 1-12～表 1-16[4,20-24]。

表 1-12　　汽轮机静叶片与动叶片的热导率　　W/(m·K)

材料牌号	20℃	100℃	200℃	300℃	400℃	500℃	600℃	700℃	800℃	900℃	1000℃	1100℃
1Cr13		25.1	26.0	26.8	28.1	28.9						
1Cr12Mo(403)		25.7	27.2	28.5	28.7	29.0						
2Cr13		22.2	23.4	24.7	25.5	26.4						
1Cr11MoV		94℃	195℃	295℃	394℃	494℃	591℃					
		27.0	29.2	29.5	29.5	29.5	29.7					
1Cr12W1MoV(ЭИ802)		24.7	25.5	26.0	26.4	26.8	27.2	27.2	27.6			
2Cr12NiMo1W1V(C-422)		27.2	28.1	29.1	29.1	29.7						
2Cr12Ni2W1Mo1V(802T)		20.2	22.8	24.2	25.0	25.7	26.0					
1Cr12Ni2W1Mo1V		20.18	22.82	24.16	25.04	25.67	26.04					
0Cr17NiCu4Nb(17-4PH)	15.9	17.2	18.8	20.1	21.4	23.0	15.9					
GH80A(Nimonic80A)		12.11	13.83	15.48	16.75	18.39	20.93	23.48	25.57	27.66		
K438(IN738)			11.85	14.03	15.91	17.67	20.39	23.15	26.63	30.10	33.08	
DZ4		13.39	15.07	16.32	17.58	19.25	20.51	21.77	23.02	24.70		
DZ22	7.09	8.09	9.53	11.59	14.06	16.92	19.88	22.09	24.09	25.63	26.77	27.35
DD3		10.19	11.82	13.94		18.07	20.16	22.14	24.62	27.23	30.04	33.24

表 1-13　　汽轮机转子与叶轮的热导率　　W/(m·K)

材料牌号	20℃	100℃	200℃	300℃	400℃	500℃	600℃	650℃	700℃	800℃	900℃	1000℃
40CrA			44.0	42.3	39.6	37.4	34.8		32.9			
35CrMoV		41.9	41.4	41.0	40.6							
30Cr2MoV(P2)		35.6					26.4					

续表

材料牌号	20℃	100℃	200℃	300℃	400℃	500℃	600℃	650℃	700℃	800℃	900℃	1000℃
28CrMoNiV	10℃	110℃	210℃	310℃	410℃	510℃	610℃					
	66.0	59.5	53.0	46.5	40.1	33.6	27.1					
30Cr1MoV		38.9	38.1	33.9	33.1	30.1	26.4					
34CrNi3Mo		41.0	37.7	33.9	30.6							
25Cr2NiMoV		38.5	37.3	36.4	35.2	33.9	33.5					
30Cr2Ni4MoV		34.6	39.6	38.2	36.4	34.4	32.1					
X12CrMoWVNbN10-1-1	23.1	24.6	25.8	26.2	27.3	28.4	30.0	31.1				
X13CrMoCoVNbNB9-2-1	28.1	28.0	27.9	27.8	27.9	28.1	28.6	29.0				
GH163(Nimonic263)		12.56	14.69	16.74	19.26	21.35	23.44		25.53	27.63	30.14	
GH617(IN617)	13.4	14.7	16.3	17.7	19.3	20.9	22.5		23.9	25.5	27.1	28.7
GH706(IN706)	12.5	14.0	15.9	17.6	19.2	20.6	22.1					
GH4169(IN718)	13.4	14.7	15.9	17.6	18.8	20.1	21.8		23.0	24.3	26.0	27.6

表 1-14　　汽轮机螺栓的热导率　　W/(m·K)

材料牌号	20℃	100℃	200℃	300℃	400℃	500℃	600℃	700℃	871℃
45	18.2	48.1	46.5	44.0	41.4	38.1	35.2	31.8	
35CrMo		47.7	47.7	44.0	41.0	38.1	35.6	33.1	
42CrMo	43.2								
40CrNiMoA		46.0	44.0	41.9	39.8	37.7	36.7		
40CrMoV	43.3								
25Cr2MoV(ЭИ10)		41.9	41.4	41.1	39.5				
25Cr2Mo1V(ЭИ723)		27.2	26.0	21.8	20.1	19.3	17.2		
20Cr1Mo1VNbTiB(1 号螺栓钢)		35.0	37.8	37.1	35.7	34.3	33.1		
20Cr1Mo1VTiB(2 号螺栓钢)		36.0	38.6	38.1	37.1	36.2	34.7		
GH145(IN X-750)		93℃	204℃	316℃	427℃	538℃	649℃	760℃	871℃
		12.84	14.13	15.72	17.30	18.89	20.62	22.21	23.65
GH2026(R-26)		129℃						748℃	
		11.3						41.2	
GH6783(IN783)	21℃	93℃	204℃	316℃	427℃	538℃	649℃	760℃	
	10.1	11.4	13.0	14.8	15.4	19.1	22.0	24.2	

表 1-15　　汽轮机汽缸与阀壳的热导率　　W/(m·K)

材料牌号	20℃	100℃	200℃	300℃	400℃	500℃	550℃	600℃	760℃	871℃	982℃
ZG20、Q235B 等碳钢	60.4	58.0	53.6	49.2	44.9	40.5	38.2	35.8			
ZG20CrMo		47.1	45.2	43.4	41.5	39.7		37.7			
ZG15Cr1Mo		38.7	41.7	40.3	37.6	35.9	34.9				

续表

材料牌号	20℃	100℃	200℃	300℃	400℃	500℃	550℃	600℃	760℃	871℃	982℃
ZG15Cr2Mo1		38.7	42.5	40.9	39.8	38.3	37.7				
ZG20CrMoV		43.1	46.2	44.0	41.8	39.0	37.4				
ZG15Cr1Mo1V		42.2	46.1	43.5	41.6	39.0	38.3				
ZG1Gr10MoVNbN		22.7	25.2	27.1	28.0	27.7		26.2			
GH3625 (IN625)		21℃	93℃	204℃	316℃	427℃	538℃	649℃	760℃	871℃	982℃
		9.8	10.8	12.5	14.1	15.7	17.5	19.0	20.8	22.8	25.2

表 1-16 **汽轮机蒸汽管道的热导率** W/(m·K)

材料牌号	20℃	100℃	200℃	300℃	400℃	500℃	600℃	700℃	800℃	900℃
10、15、20G、Q235、Q245	60.4	58.0	53.6	49.2	44.9	40.5	35.8			
15CrMo	44.4	44.4	44.4	41.9	39.4	37.3	38.8			
12Cr2Mo(P22)	35.0	37.0	38.0	38.0	37.0	35.0	33.0			
12Cr1MoV			45.2	42.7	40.5	37.7	35.5	34.4		
10Cr9Mo1VNb(P91)							29.2	29.1	29.1	29.2
10Cr9MoW2VNbBN(P92)		28.3	29.1	30.0	30.7	30.9	28.9	24.5		
08Cr9W3Co3VNbCuBN(G115)		25.7	27.3	29.0	30.2	30.5	29.1	25.9		
0Cr17Ni12Mo2(P316)	21℃		204℃		427℃		649℃		871℃	
	13.4		15.5		18.8		21.8		24.3	
GH4740(IN740)		11.7	13.0	14.5	15.7	17.1	18.4	20.2	22.1	23.8
GH984G			14.7	16.2	17.7	19.1	20.3	21.4	22.3	23.1

3. 常用材料比热容

汽轮机部件材料的比热容指的是单位质量的物体每升高 1℃所吸收的热量，或每降低 1℃所放出的热量，符号为 c，单位为 J/(kg·K)。14 种静叶片与动叶片材料、14 种转子与叶轮材料、12 种螺栓材料、8 种汽缸与阀壳材料、10 种蒸汽管道材料等汽轮机部件 58 种常用材料的比热容，分别列于表 1-17～表 1-21[4,20-24]。

表 1-17 **汽轮机静叶片与动叶片的比热容** J/(kg·K)

材料牌号	20℃	100℃	200℃	300℃	400℃	500℃	600℃	700℃	800℃	900℃	1000℃	1100℃
1Cr13		473	515	553	607	682	779					
1Cr12Mo(403)		479	498	517	536	555						
2Cr13				511	532	548	574					
1Cr11MoV		447	498	515	531	548	565					
1Cr12W1MoV(ЭИ802)		477.3	498.2	544.3	623.8	741.1	895.9					
2Cr12NiMo1W1V(C-422)		529	549	627	663	721	860					
2Cr12Ni1W1Mo1V(802T)		529	549	627	663	721	860					

续表

材料牌号	20℃	100℃	200℃	300℃	400℃	500℃	600℃	700℃	800℃	900℃	1000℃	1100℃
1Cr12Ni2W1Mo1V			514.9	522.0	533.7	553.4	583.9	621.6				
0Cr17NiCu4Nb(17-4PH)	21℃	93℃	204℃	427℃		600℃	760℃	871℃		1028℃		
	502.4	456	519		666		804	553	599		670	
GH80A(Nimonic80A)	448	469	494	519	548	573	599	628	653	678	703	
K438(IN738)			465	477	494	515	557	611	682	766	833	
DZ4		658	661	668	654		662	668	673	721		
DZ22	385	393	398	423	456	494	540	573	599	624	645	666
DD3		481	484	490	494	507	525	557	603	662	733	821

表 1-18　　汽轮机转子与叶轮的比热容　　J/(kg·K)

材料牌号	20℃	100℃	200℃	300℃	400℃	500℃	600℃	650℃	700℃	800℃	900℃	1000℃
40CrA			553	599	636	704						
35CrMoV			221℃									
			434									
30Cr2MoV(P2)		481.5	498.2	519.2	538.0	556.8						
28CrMoNiV		510.4	538.8	576.5	635.6	708.0	850.8					
30Cr1MoV	422.9		599	624	666	720	804					
34CrNi3Mo				364℃								
				233								
25Cr2NiMoV		475	491	509	530	552	576					
30Cr2Ni4MoV	423											
X12CrMoWVNbN10-1-1	457	494	522	553	602	681	796	867				
X13CrMoCoVNbNB9-2-1	500	511	530	567	619	686	782	855				
GH163(Nimonic263)		413.2	443.1	470.6	501.4	517.6	526.7		593.7	581.5	589.8	
GH617(IN617)	419	440	465		515		561			611		662
GH706(IN706)	444	461	490	515	536	565	595	607	620			
GH4169(IN718)				481.4	493.9	514.8	539.0		573.4	615.3	657.2	707.4

表 1-19　　汽轮机螺栓的比热容　　J/(kg·K)

材料牌号	20℃	100℃	200℃	300℃	400℃	500℃	600℃	760℃	871℃
45			578	624	649	716	804		
35CrMo		561	599	611	657	716	779		
42CrMo	461	482	498	511	526	540			
40CrNiMoA			582	607	670	724			
40CrMoV	460								
25Cr2MoV(ЭИ10)		519			523				
25Cr2Mo1V(ЭИ723)		535.9	573.6	598.7	632.2	674.1	732.7		

续表

材料牌号	20℃	100℃	200℃	300℃	400℃	500℃	600℃	760℃	871℃
20Cr1Mo1VNbTiB(1 号螺栓钢)		467	490	511	530	544	552		
20Cr1Mo1VTiB(2 号螺栓钢)		473	502	519	536	553	561		
GH145(IN X-750)		93℃	204℃	316℃	427℃	538℃	649℃	760℃	871℃
		456.4	485.7	502.4	523.4	544.3	573.6	632.2	715.9
GH2026(R-26)		452							
GH6783(IN783)	25℃								
	455								

表 1-20　　汽轮机汽缸与阀壳的比热容　　J/(kg·K)

材料牌号	100℃	200℃	300℃	400℃	500℃	550℃	600℃	650℃	760℃	871℃	982℃
ZG20、Q235B 等碳钢	469	481.8		523	569						
ZG20CrMo	480.5	498.8	517.1	535.4	553.8		572.1				
ZG15Cr1Mo	481	507	519	536	557	569	586				
ZG15Cr2Mo1	447	502	514	527	535	552	569				
ZG20CrMoV	448	502	515	527	552	560	572				
ZG15Cr1Mo1V	440	498	507	515	532	553	578				
ZG1Gr10MoVNbN	494	522	553	602	681	734	796	867			
GH3625(IN625)	93℃	204℃	316℃	427℃	538℃			649℃	760℃	871℃	982℃
	427	456	481	511	536			565	590	620	645

表 1-21　　汽轮机蒸汽管道的比热容　　J/(kg·K)

材料牌号	20℃	100℃	200℃	300℃	400℃	500℃	600℃	650℃	700℃
10、15、20G、Q235、Q245			620	628	674	695			
15CrMo	461	502	502	544	544	628	795		
12Cr2Mo(P22)	460	490	520	560	610	680	760		
12Cr1MoV			588	611	653	682	729		
10Cr9Mo1VNb(P91)		463	493	509.5	528.2	551.8	581.3		598.4
10Cr9MoW2VNbBN(P92)	420	430	460	480	510	580	630	640	
08Cr9W3Co3VNbCuBN(G115)		518	586	655	716	768	817	841	843
0Cr17Ni12Mo2(P316)	21℃		204℃		427℃			649℃	871℃
	444		515		561			82	628
GH4740(IN740)	449	476	489	496	503	513	519		542
GH984G			489	502	515	527	539		549

4. 常用材料线膨胀系数

汽轮机部件材料的线膨胀系数是衡量材料热膨胀性大小的性能指标，用符号 α 表示，

单位为 K^{-1}。14 种静叶片与动叶片材料、14 种转子与叶轮材料、12 种螺栓材料、8 种汽缸与阀壳材料、10 种蒸汽管道材料等汽轮机部件 58 种常用材料的线膨胀系数分别列于表 1-22～表 1-26[4,20-24]。

表 1-22　汽轮机静叶片与动叶片的线膨胀系数 α　$\times 10^6$/K

材料牌号	20℃	100℃	200℃	300℃	400℃	500℃	600℃	700℃	800℃	850℃	900℃	950℃
1Cr13		10.1	10.45	11.1	11.4	11.5	11.8	12.0	12.1			
1Cr12Mo(403)		10.4	10.6	10.9	11.3	11.6						
2Cr13		10.5	11.0	11.5	12.0	12.0						
1Cr11MoV		10.7	11.0	11.4	11.7	11.9	12.1					
1Cr12W1MoV(ЭИ802)		9.7	10.5	10.7	11.0	11.2	11.6					
2Cr12NiMo1W1V(C-422)		10.38	10.82	11.21	11.49	11.82	12.06					
2Cr12Ni2W1Mo1V(802T)		9.8	10.2	10.5	11.1	11.4	11.7					
1Cr12Ni2W1Mo1V		9.9	10.4	10.8	11.3	11.7	11.9					
0Cr17NiCu4Nb(17-4PH)		11.10	11.50	11.78	12.20	12.58	12.74					
GH80A(Nimonic80A)		12.18	12.86	13.69	14.08	14.50	14.94	15.36				
K438(IN738)			10.7	12.6	14.2	14.6	15.0	15.4	15.6		16.1	
DZ4		108℃	208℃	298℃	400℃	498℃	603℃	704℃	798℃	907℃	950℃	
		9.17	10.68	11.48	12.22	12.81	13.07	13.53	14.09	14.81	15.20	
DZ22				11.37	12.57	12.85	13.01	13.63	14.08	14.60	15.44	16.58
DD3	13.9				14.48	14.50	14.84	15.30		16.19		17.60

表 1-23　汽轮机转子与叶轮的线膨胀系数 α　$\times 10^6$/K

材料牌号	20℃	100℃	200℃	300℃	400℃	500℃	600℃	650℃	700℃	800℃	900℃	1000℃
40CrA		11.99	12.79	13.40	13.86	14.19	14.42		14.60			
35CrMoV		11.8	12.5	12.7	13.0	13.4	13.7					
30Cr2MoV(P2)		10.90	12.00	12.70	13.65	13.72	13.82		14.00			
28CrMoNiV		12.0	12.4	12.9	13.4	13.8	14.0					
30Cr1MoV		11.8	12.4	12.9	13.5	13.9	14.0		14.3			
34CrNi3Mo		10.8	11.6	13.3	13.7							
25Cr2NiMoV		11.92	12.47	12.91	13.46	13.97	14.29					
30Cr2Ni4MoV		11.7	12.3	12.7	13.1	13.3	13.5					
X12CrMoWVNbN10-1-1	10.20	11.07	11.63	11.90	12.09	12.29	12.52	12.62				
X13CrMoCoVNbNB9-2-1		10.3	11.1	11.4	11.7	12.0	12.4		12.6			
GH163(Nimonic263)		11.6	12.2	13.0	13.4	14.1	14.6		15.4	16.2	17.4	18.0
GH617(IN617)		11.6	12.6		13.6		14.0			15.4		16.3
GH706(IN706)		13.46	14.53	15.08	15.39	15.59	15.97	16.20	16.42			
GH4169(IN718)		11.8	13.0	13.5	14.1	14.4	14.8		15.4	17.0	18.4	18.7

表 1-24　　**汽轮机螺栓的线膨胀系数 α**　　$\times 10^{6}$/K

材料牌号	100℃	200℃	300℃	400℃	500℃	600℃	700℃	800℃
45	11.70	12.43	13.13	13.67	14.10	14.47	14.76	
35CrMo	12.5	13.1	13.6	14.0	14.4	14.6	14.8	
42CrMo	11.8	12.0	12.3	12.9	13.4	13.8		
40CrNiMoA	12.8	13.4	14.6	14.8		14.7		
40CrMoV	12.41	12.77	12.94	13.83	14.26	14.62		
25Cr2MoV(ЭИ10)	11.5	12.3	12.8	13.4	13.9	14.2		
25Cr2Mo1V(ЭИ723)	11.5	12.1	12.6	13.0	13.4	13.8		
20Cr1Mo1VNbTiB(1 号螺栓钢)	11.5	12.2	12.6	12.9	13.6	13.8		
20Cr1Mo1VTiB(2 号螺栓钢)	12.16	12.68	13.04	13.40	13.72	13.92		
GH145(IN X-750)	12.7	13.1	13.5	14.1	14.4	15.0	15.6	16.2
GH2026(R-26)	10.99			13.20	13.87	14.42	15.15	
GH6783(IN783)	93℃	204℃	316℃	427℃	538℃	649℃		
	10.08	10.26	10.39	10.94	11.83	12.87		

表 1-25　　**汽轮机汽缸与阀壳的线膨胀系数 α**　　$\times 10^{6}$/K

材料牌号	100℃	200℃	300℃	400℃	500℃	550℃	600℃	760℃	871℃	927℃
ZG20、Q235B 等碳钢	11.5	12.9	13.0	13.2	13.5		13.8			
ZG20CrMo	10.86	12.43	12.78	13.12	13.57		13.94			
ZG15Cr1Mo	12.30	12.72	13.13	13.54	13.83	13.96	14.03			
ZG15Cr2Mo1	12.08	12.54	12.92	13.32	13.64	13.77	13.88			
ZG20CrMoV	12.18	12.58	13.18	13.60	13.96	14.10	14.20			
ZG15Cr1Mo1V	12.21	12.52	12.24	13.54	13.88	14.00	14.12			
ZG1Gr10MoVNbN	10.3	10.8	11.3	11.7	12.0		12.2			
GH3625(IN625)	93℃	204℃	316℃	427℃	538℃		649℃	760℃	871℃	927℃
	12.8	13.1	13.3	13.7	14.0		14.8	15.3	15.8	16.2

表 1-26　　**汽轮机蒸汽管道的线膨胀系数 α**　　$\times 10^{6}$/K

材料牌号	100℃	200℃	300℃	400℃	500℃	600℃	650℃	700℃	800℃
10、15、20G、Q235、Q245	12.39	12.95	13.56	14.02	14.42	14.65		14.54	
15CrMo	13.38	13.38	13.70	14.06	14.36	14.63		14.81	
12Cr2Mo(P22)	12	13	13	14	14	14			
12Cr1MoV	10.92	12.27	13.03	13.46	13.89	19.24		14.59	
10Cr9Mo1VNb(P91)	10.42	11.15	11.88	11.85	12.30	12.55		121.69	
10Cr9MoW2VNbBN(P92)	11.4	11.8	12.1	12.6	12.9	13.1	13.1		
08Cr9W3Co3VNbCuBN(G115)	10.3	10.8	11.3	11.7	12.0	12.2	12.3	12.4	
0Cr17Ni12Mo2(P316)	93℃	204℃		427℃		649℃		871℃	
	15.7	16.3		17.5		18.3		18.9	
GH4740(IN740)	12.38	13.04	13.50	13.93	14.27	14.57		15.03	15.72
GH984G	10.0	12.5	13.9	14.9	15.4	15.7		16.1	16.6

第三节 汽轮机传热计算模型

本节介绍了汽轮机部件表面传热系数计算模型与温度场计算模型，分析了汽轮机传热设计技术背景，给出了汽轮机部件温度场有限元数值计算内容及用途、应力场有限元数值计算内容及用途、转子与阀壳和汽缸的温度场与应力场有限元数值计算的力学模型与边界条件，以及汽轮机部件传热基本方式和汽轮机部件传热过程计算模型，应用于汽轮机转子、阀壳与汽缸等部件的稳态和瞬态温度场与应力场的有限元数值计算。

一、部件传热设计技术背景

在能源转型中伴随着可再生能源发电机组装机容量的增长，要求电站汽轮机快速起动、深度调峰与灵活运行，以作为平抑可再生能源发电功率波动的稳定器。在汽轮机快速起动、快速降参数停机和快速负荷变动的瞬态工况，汽轮机部件径向温度差增大，导致热应力增大，影响汽轮机的低周疲劳寿命和服役安全性，这就需要精准设计部件的传热与冷却的结构、精细分析部件的温度场与应力场、高精度设计部件的结构强度与寿命。

随着汽轮机参数提高到超临界和超超临界，以及汽轮机的快速起动、常态化深度调峰和灵活运行，材料强度接近使用极限，这就需要开展精准的汽轮机部件的传热与冷却设计以及结构强度与寿命设计。汽轮机部件的表面传热系数的计算值，直接影响汽轮机的传热与冷却的结构设计、温度场与应力场的有限元数值计算以及汽轮机部件寿命设计的精度。

考虑汽轮机部件结构复杂，在汽轮机部件的传热与冷却、温度场和热应力场的有限元计算以及结构强度与寿命的设计中，在建立有限元计算的力学模型时，需要给出部件表面传热系数的计算结果，以确定传热边界条件。国内外汽轮机部件表面传热系数的计算公式尚未统一，尚缺少汽轮机关键部件传热计算相关的理论与方法。高参数、大容量汽轮机的研制以及在役汽轮机的安全服役和灵活运行，急需汽轮机传热设计理论及计算方法。

二、部件传热系数与温度场计算模型

1. 部件表面传热系数计算模型

汽轮机的转子与汽缸的光滑表面传热系数，采用本书第二章第一节给出的转轴与静止套筒的传热计算方法。汽轮机的叶轮与隔板或汽缸垂直端面的表面传热系数，采用本书第二章第二节给出的转盘与静止环形板的传热计算方法。

汽轮机转子与汽缸的安装汽封的表面传热系数，采用本书第三章第二节给出的曲径汽封的传热计算方法。汽轮机的动叶片顶部汽封部位、内缸对应叶顶汽封部位、转子对应静叶片或隔板汽封部位以及静叶片或隔板汽封部位，采用本书第三章第三节给出的少齿数汽封的传热计算方法。

汽轮机叶轮或转子上管道的表面传热系数，采用本书第四章第一节给出的旋转流道

内表面的传热计算方法。汽轮机动叶片的内部冷却流道的表面传热系数，采用本书第四章第一节给出的旋转水平流道和旋转径向流道的表面传热计算方法。汽轮机进汽管道、导汽管道和抽汽管道以及静叶片冷却流道的表面传热系数，采用本书第四章第二节给出的管道内强制对流的传热计算方法。汽轮机管道外表面传热系数，采用本书第四章第三节给出的管道外自然对流的传热计算方法。

汽轮机静叶片的叶型与流道壁面的表面传热系数，采用本书第五章第一节给出的静叶片流道传热计算方法。汽轮机动叶片的叶型与流道壁面的表面传热系数，采用本书第五章第二节给出的动叶片流道传热计算方法。汽轮机静叶片与动叶片的叶根间隙的表面传热系数，采用本书第五章第三节给出的叶根间隙的传热计算方法。汽轮机静叶片与动叶片的叶根接触热阻，采用本书第五章第四节给出的叶根接触热阻的计算方法。汽轮机动叶片的叶根承力齿面与转子叶根槽传热过程的传热系数，采用本书第五章第五节给出的叶根槽的传热计算方法。

汽轮机转子的表面传热系数，采用本书第六章给出的汽轮机转子的传热计算方法。汽轮机抽汽腔室、进汽腔室、排汽腔室和进汽阀壳的表面传热系数，采用本书第七章给出的汽轮机蒸汽腔室的传热计算方法。反动式汽轮机的静叶片与冲动式汽轮机隔板的表面传热系数，采用本书第八章给出的汽轮机静叶片与隔板传热计算方法。汽轮机内缸内表面、内缸外表面、外缸内表面与外缸外表面的表面传热系数，采用本书第九章给出的汽轮机汽缸传热的计算方法。

2. 部件温度场计算模型

汽轮机的叶根和轮缘可以采用两维或三维有限元计算模型，汽轮机的转子和蒸汽管道通常采用轴对称有限元计算模型，汽轮机的叶片、隔板、阀壳、喷嘴室、弯管、内缸、外缸和轴承座等部件通常采用三维有限元计算模型。

汽轮机部件的温度场计算分析，通常采用大型多物理场仿真商用软件。汽轮机部件稳态温度场分析属于求解稳态导热问题，汽轮机部件瞬态温度场分析属于求解非稳态导热问题。汽轮机部件的传热与冷却结构设计、结构强度与寿命设计，需要开展稳态温度场、瞬态温度场、稳态应力场和瞬态应力场的计算分析。

三、部件温度场计算内容及用途

1. 温度场有限元数值计算内容

汽轮机转子、阀壳、汽缸等部件温度场的有限元数值计算，主要包括以下 12 项内容：

（1）额定负荷工况稳态温度场计算。

（2）部分负荷工况稳态温度场计算。

（3）冷态起动过程瞬态温度场计算。

（4）温态起动过程瞬态温度场计算。

（5）热态起动过程瞬态温度场计算。

（6）极热态起动过程瞬态温度场计算。

（7）滑参数停机过程瞬态温度场计算。

（8）正常停机过程瞬态温度场计算。

（9）事故停机过程瞬态温度场计算。

（10）负荷变动升负荷过程瞬态温度场计算。

（11）负荷变动降负荷过程瞬态温度场计算。

（12）超速试验过程瞬态温度场计算。

2. 温度场有限元数值计算结果的用途

（1）汽轮机部件额定负荷稳态温度场有限元数值计算中使用额定或长期运行负荷时的蒸汽参数，计算得出额定工况下汽轮机部件的工作温度的分布。稳态温度场的有限元数值计算结果应用于额定工况应力场、蠕变应力场和蠕变寿命的计算，以及在稳态额定负荷下汽轮机部件的结构强度的安全性校核。

（2）额定负荷工况稳态温度场有限元数值计算结果，用作为汽轮机部件滑参数停机、正常停机、事故停机和负荷变动降负荷过程温度场计算的初始温度分布。部分负荷工况稳态温度场有限元数值计算结果，用作为汽轮机部件负荷变动升负荷过程瞬态温度场计算的初始温度分布。

（3）汽轮机部件瞬态温度场的计算包括 10 种过程，即冷态起动、温态起动、热态起动、极热态起动、滑参数停机、正常停机、事故停机、负荷变动升负荷（负荷突增）、负荷变动降负荷（负荷突减，包括抛负荷及抛负荷后再次起动）以及超速试验。汽轮机部件瞬态温度场的有限元数值计算分别使用不同类型起动过程、停机过程或负荷变动过程的蒸汽参数，计算得出对应这 10 种过程每一时刻汽轮机部件的工作温度的分布。各瞬态温度场的有限元数值计算结果应用于瞬态应力场和低周疲劳寿命的计算，以及在瞬态变工况下汽轮机部件的结构强度的安全性校核。

四、部件应力场计算内容及用途

1. 应力场有限元数值计算内容

汽轮机转子、阀壳、汽缸等部件应力场的有限元数值计算，主要包括以下 12 项内容：

（1）额定负荷工况稳态应力场计算。

（2）额定负荷蠕变应力场计算。

（3）冷态起动过程瞬态应力场计算。

（4）温态起动过程瞬态应力场计算。

（5）热态起动过程瞬态应力场计算。

（6）极热态起动过程瞬态应力场计算。

（7）正常停机过程瞬态应力场计算。

（8）滑参数停机瞬态应力场计算。

（9）事故停机过程瞬态应力场计算。

（10）负荷变动升负荷过程瞬态应力场计算。

（11）负荷变动降负荷过程瞬态应力场计算。

（12）超速试验过程瞬态应力场计算。

2.应力场有限元数值计算结果的用途

（1）汽轮机部件在力载荷和热载荷作用下，计算得出的应力场为综合应力场，即为力载荷引起的载荷应力与热载荷引起的热应力之和。

（2）稳态应力场有限元数值计算得出汽轮机额定工况下部件综合应力的分布，计算结果应用于汽轮机部件的高周疲劳寿命计算，以及在稳态额定负荷下汽轮机部件的结构强度的安全性校核。

（3）蠕变应力场有限元数值计算得出承受额定工况力载荷和热载荷时汽轮机高温部件蠕变应力的分布，计算结果应用于汽轮机高温部件的蠕变寿命计算，以及在额定负荷下汽轮机部件的蠕变变形与蠕变强度的安全性校核。

（4）瞬态应力场有限元数值计算得出汽轮机起动过程、停机过程、负荷变动过程或超速试验过程中汽轮机部件瞬态应力的分布。在起动过程、停机过程、负荷变动过程或超速试验过程中，有限元数值计算得出汽轮机部件的强度或寿命薄弱部位出现峰值应力或峰值应变时刻的汽轮机部件综合应力分布的计算结果，应用于汽轮机部件的低周疲劳寿命计算，以及在瞬态变工况下汽轮机部件的结构强度的安全性校核。

五、转子温度场与应力场计算模型

1.力学模型

（1）汽轮机转子通常采用二维轴对称有限元分析力学模型，转子承受的力载荷主要为转子和叶片的离心力等，转子承受的热载荷为转子表面与蒸汽、空气和润滑油的强制对流传热。

（2）计算汽轮机转子枞树型叶根槽、联轴器螺孔或转子上套装叶轮键槽的温度场和应力场时，采用三维有限元分析力学模型，转子承受的力载荷主要为转子、叶片的离心力、联轴器螺孔传递的扭矩等，转子承受的热载荷为转子表面与蒸汽、空气和润滑油的强制对流传热。

（3）在计算汽轮机转子的高周疲劳寿命时，建立汽轮机转子三维有限元模型，计算汽轮机转子温度场与应力场，转子承受的力载荷主要为转子和叶片的离心力与重力，转子承受的热载荷为转子表面与蒸汽、空气和润滑油的强制对流传热。

（4）根据转子力学模型的差异以及承受的力载荷，取相应的力边界条件。

2.传热边界条件

（1）汽轮机转子中心孔和联轴器端面取热流密度为零的第二类边界条件（即绝热边界条件），也可以处理为表面传热系数为零的第三类边界条件。

（2）汽轮机转子外表面取为与蒸汽强制对流传热的第三类边界条件。

（3）汽轮机转子轴颈部位外表面取为与润滑油强制对流传热的第三类边界条件。

（4）汽轮机转子外侧轴封以及轴封与轴颈之间的光轴，取为与空气强制对流传热的第三类边界条件。

3. 初始条件

汽轮机部件瞬态温度场计算的初始时刻的温度分布称为初始条件，初始条件的不同对汽轮机部件的温度场和热应力场的有限元计算结果影响比较大。对于汽轮机冷态起动，若转子初始温度偏高，则热应力有限元计算结果偏小；若转子初始温度偏低，则热应力有限元计算结果偏大[17]。根据汽轮机转子的实际工作条件，科学、合理地确定汽轮机转子的初始温度分布，是汽轮机转子温度场有限元数值计算的一项关键技术。

（1）汽轮机高压转子冷态起动过程温度场计算的初始温度分布，取汽轮机冲转时刻高压内缸金属测点温度；汽轮机中压转子冷态起动过程温度场计算的初始温度分布，取汽轮机冲转时刻中压内缸金属测点温度；汽轮机高中压转子冷态起动过程温度场计算的初始温度分布，取汽轮机冲转时刻高压内缸金属测点温度；汽轮机低压转子冷态起动过程温度场计算的初始温度分布，取汽轮机冲转时刻凝汽器真空对应的蒸汽饱和温度。

（2）汽轮机转子温态起动过程温度场计算的初始温度分布。按汽轮机正常停机后的盘车状态，转子两端轴封部位为轴封供汽的第三类边界条件，转子其他表面处理为绝热边界条件，计算停机 24～72h 转子的温度分布作为转子的初始温度分布。

（3）汽轮机转子热态起动过程温度场计算的初始温度分布。按汽轮机正常停机后的盘车状态，转子两端轴封部位为轴封供汽的第三类边界条件，转子其他表面处理为绝热边界条件，计算停机 10h 转子的温度分布作为转子的初始温度分布。

（4）汽轮机转子极热态起动过程温度场计算的初始温度分布。按汽轮机事故停机后的盘车状态，转子两端轴封部位为轴封供汽的第三类边界条件，转子其他表面处理为绝热边界条件，计算停机 1h 转子的温度分布作为转子的初始温度分布。

（5）汽轮机转子滑参数停机、正常停机、事故停机和负荷变动降负荷过程温度场计算的初始温度分布，取汽轮机额定负荷下转子的稳态温度场作为初始温度分布。

（6）汽轮机转子负荷变动升负荷过程温度场计算的初始温度分布，取汽轮机部分负荷下转子的稳态温度场作为初始温度分布。

六、阀壳温度场与应力场计算模型

1. 力学模型

（1）汽轮机阀壳采用三维有限元分析力学模型，所承受的力载荷为蒸汽压力，以及阀门与管道连接部位的盲板力，这里管道的盲板力为管道流通部分的横截面积与管内流体压力的乘积。所承受的热载荷为其内表面与蒸汽的强制对流传热，以及外表面的热流密度。

（2）根据阀壳力学模型的差异以及承受的蒸汽压力，取相应的力边界条件。

2. 传热边界条件

（1）汽轮机阀壳的外表面取为给定热流密度的第二类边界条件。

（2）阀壳内表面取为与蒸汽强制对流传热的第三类边界条件。

（3）所有与蒸汽接触的阀壳金属表面，原则上在其温度尚未达到当时当地与蒸汽压力对应的蒸汽饱和温度之前，都应取蒸汽饱和温度作为当时的表面温度。

3. 初始条件

（1）汽轮机阀壳冷态起动过程的瞬态温度场计算的初始温度分布。取汽轮机冲转蒸汽压力对应的饱和温度。

（2）汽轮机阀壳温态起动过程的瞬态温度场计算的初始温度分布。按汽轮机正常停机后的盘车状态，内表面和外表面处理为绝热边界条件，计算停机 24～72h 阀壳的温度分布作为阀壳的初始温度分布。

（3）汽轮机阀壳热态起动过程的瞬态温度场计算的初始温度分布。按汽轮机正常停机后的盘车状态，内表面和外表面处理为绝热边界条件，计算停机 10h 阀壳的温度分布作为阀壳的初始温度分布。

（4）汽轮机阀壳极热态起动过程温度场计算的初始温度分布。按汽轮机事故停机后的盘车状态，内表面和外表面处理为绝热边界条件，计算停机 1h 阀壳的温度分布作为阀壳的初始温度分布。

（5）汽轮机阀壳滑参数停机、正常停机、事故停机和负荷变动降负荷过程的瞬态温度场计算的初始温度分布，取汽轮机额定负荷下阀壳的稳态温度场作为初始温度分布。

（6）汽轮机阀壳负荷变动升负荷过程温度场计算的初始温度分布，取汽轮机部分负荷下阀壳的稳态温度场作为初始温度分布。

七、汽缸温度场与应力场计算模型

1. 力学模型

（1）汽轮机内缸采用三维有限元分析力学模型，所承受的力载荷为内表面和外表面上的蒸汽压力，以及内缸连接管道的盲板力，所承受的热载荷为内缸内表面与蒸汽的强制对流传热，以及内缸外表面与蒸汽的强制对流传热或（和）自然对流传热与辐射传热。

（2）汽轮机外缸采用三维有限元分析力学模型，所承受的力载荷为内表面上的蒸汽压力，所承受的热载荷为其内表面与蒸汽的强制对流传热或（和）自然对流传热与辐射传热，而高中压外缸外表面为给定热流密度，低压外缸外表面为与空气自然对流传热与辐射传热。

（3）根据汽缸力学模型的差异以及承受的蒸汽压力，取相应的力边界条件。

2. 传热边界条件

（1）汽轮机内缸的内表面处理为与蒸汽强制对流传热的第三类边界条件，汽轮机内缸安装静叶片和隔板部位处理为与蒸汽对流传热的热流量传导到汽缸内表面有接触热阻的第四类边界条件，工程上习惯近似处理为与蒸汽对流传热的第三类边界条件。

（2）内缸外表面传热考虑三部分，内缸外表面与蒸汽的强制对流传热或自然对流传热、内缸外表面与蒸汽的辐射传热、内缸外表面与外缸内表面的辐射传热。

（3）外缸内表面传热考虑三部分，外缸内表面与蒸汽的强制对流传热或自然对流传热、外缸内表面与蒸汽的辐射传热、外缸内表面与内缸外表面的辐射传热。

（4）超高压缸、高压缸与中压缸的外表面取给定热流密度的第二类边界条件。

（5）低压外缸的外表面处理为与汽轮机厂房空气自然对流与辐射传热的复合传热边界条件。

（6）所有与蒸汽接触的汽缸金属表面，原则上在其温度尚未达到当时当地与蒸汽压力对应的蒸汽饱和温度之前，都应取蒸汽饱和温度作为当时的表面温度。

3. 初始条件

（1）汽轮机高压内缸冷态起动过程温度场计算的初始温度分布，取汽轮机冲转时刻高压内缸金属测点温度；汽轮机中压内缸冷态起动过程温度场计算的初始温度分布，取汽轮机冲转时刻中压内缸金属测点温度；汽轮机高中压内缸冷态起动过程温度场计算的初始温度分布，取汽轮机冲转时刻高压内缸金属测点温度；汽轮机低压内缸与低压外缸冷态起动过程温度场计算的初始温度分布，取汽轮机冲转时刻凝汽器真空对应的蒸汽饱和温度。

（2）汽轮机高压外缸与中压外缸冷态起动过程温度场计算的初始温度分布，取汽轮机冲转时刻汽缸排汽压力对应的蒸汽饱和温度。

（3）汽轮机内缸温态起动过程温度场计算的初始温度分布。按汽轮机正常停机后的盘车状态，内缸内外表面处理为绝热边界条件，计算停机 24～72h 内缸的温度分布作为初始温度分布。

（4）汽轮机内缸热态起动过程温度场计算的初始温度分布。按汽轮机正常停机后的盘车状态，内缸内外表面处理为绝热边界条件，计算停机 10h 内缸的温度分布作为初始温度分布。

（5）汽轮机内缸极热态起动过程温度场计算的初始温度分布。按汽轮机事故停机后的盘车状态，内缸内外表面处理为绝热边界条件，计算停机 1h 内缸的温度分布作为初始温度分布。

（6）汽轮机高压和中压外缸温态起动过程温度场计算的初始温度分布。按汽轮机正常停机后的盘车状态，外缸两端轴封部位为轴封供汽的第三类边界条件，外缸其他表面处理为绝热边界条件，计算停机 24～72h 外缸的温度分布作为初始温度分布。

（7）汽轮机高压和中压外缸热态起动过程温度场计算的初始温度分布。按汽轮机正常停机后的盘车状态，外缸两端轴封部位为轴封供汽的第三类边界条件，外缸其他表面处理为绝热边界条件，计算停机 10h 外缸的温度分布作为初始温度分布。

（8）汽轮机高压和中压外缸极热态起动过程温度场计算的初始温度分布。按汽轮机事故停机后的盘车状态，外缸两端轴封部位为轴封供汽的第三类边界条件，外缸表面处理为绝热边界条件，计算停机 1h 外缸的温度分布作为初始温度分布。

（9）汽轮机低压外缸温态起动、热态起动与极热态起动过程温度场计算的初始温度分布，与高中压外缸类似，只是低压外缸外表面处理为与汽轮机厂房空气自然对流与辐射传热的复合传热边界条件。

（10）汽轮机内缸和外缸滑参数停机、正常停机、事故停机和负荷变动降负荷过程温度场计算的初始温度分布，取汽轮机额定负荷下部件的稳态温度场作为初始温度分布。

（11）汽轮机内缸和外缸负荷变动升负荷过程温度场计算的初始温度分布，取汽轮机部分负荷下部件的稳态温度场作为初始温度分布。

八、汽轮机部件传热基本方式

1. 热传导的傅里叶定律

对于一维稳态导热问题，假定物体温度沿 x 方向发生变化，根据傅里叶导热定律（Fourier's law of heat conduction），单位时间内导热的热流量 Φ 与温度沿 x 方向变化率 $\mathrm{d}t/\mathrm{d}x$ 及垂直于 x 方向的面积 A 成正比，计算热流量 Φ 和热流密度 q 的傅里叶定律的数学表达式分别为

$$\Phi = -\lambda A \frac{\mathrm{d}t}{\mathrm{d}x} \tag{1-27}$$

$$q = -\lambda \frac{\mathrm{d}t}{\mathrm{d}x} \tag{1-28}$$

式中 λ——材料的热导率，负号表示热量传递的方向与温度升高的方向相反。

【算例 1】 平壁稳态导热，已知平壁厚度 $\delta=1.2\mathrm{mm}$，平壁材料热导率 $\lambda=17\mathrm{W/(m\cdot K)}$，平壁高温侧表面温度 $t_{\mathrm{w1}}=870℃$，平壁导热的热流密度 $q=369\ 200\mathrm{W/m^2}$，求平壁低温侧表面温度 t_{w2}。

对于平壁稳态导热，根据傅里叶导热定律，有

$$q = \lambda \frac{t_{\mathrm{w1}} - t_{\mathrm{w2}}}{\delta}$$

$$t_{\mathrm{w2}} = t_{\mathrm{w1}} - \frac{q\delta}{\lambda} = 870 - \frac{369\ 200 \times 0.0012}{17} \approx 844(℃)$$

2. 热对流的牛顿冷却定律

根据牛顿冷却定律（Newton's law of cooling），表面温度对时间的变化率与流体和物体表面之间的温差 Δt 成正比，使用牛顿冷却定律计算热流量 Φ 和热流密度 q 的数学表达式分别为

$$\Phi = hA\Delta t \tag{1-29}$$

$$q = h\Delta t \tag{1-30}$$

式中 h——表面传热系数；

Δt——流体和物体表面之间的温差，当流体被加热时 $\Delta t=t_{\mathrm{w}}-t_{\mathrm{f}}$，当流体被冷却时 $\Delta t=t_{\mathrm{f}}-t_{\mathrm{w}}$；

t_{w}——物体表面温度；

t_{f}——流体温度。

【算例 2】 燃气轮机透平的空心叶片简化为厚度 $\delta=1.2\mathrm{mm}$ 的平壁[25]，高温燃气温度 $t_{\mathrm{f1}}=1000℃$，高温燃气与叶片外表面的表面传热系数 $h_1=2840\mathrm{W/(m^2\cdot K)}$，平壁低温侧受燃气轮机压气机排出的空气冷却，冷却空气与叶片内壁面的表面传热系数 $h_2=1420\mathrm{W/(m^2\cdot K)}$，叶片母合金材料的热导率 $\lambda=17\mathrm{W/(m\cdot K)}$。为了使叶片母合金的工作温度不超过 $t_{\mathrm{w1}}=870℃$，需要确定叶片冷却空气的温度 t_{f2}。

根据牛顿冷却定律，计算高温燃气对叶片外壁面的强制对流传热的热流密度为

$$q = h_1 \Delta t = h_1 (t_{f1} - t_{w1}) = 2840 \times (1000 - 870) = 369\ 200 (W/m^2)$$

由本节［算例 1］知，该平壁低温侧表面温度 $t_{w2}=844℃$，使用牛顿冷却定律，有

$$q = h_2 \Delta t = h_2 (t_{w2} - t_{f2})$$

$$t_{f2} = t_{w2} - \frac{q}{h_2} = 844 - \frac{369\ 200}{1420} = 584(℃)$$

3. 热辐射的斯特藩-玻尔兹曼定律

根据斯特藩-玻尔兹曼定律（Stefen-Boltzmann law），黑体在单位时间内辐射的热流量与黑体的热力学温度（绝对温度）T 的 4 次方成正比，计算辐射热流量 Φ 的斯特藩-玻尔兹曼定律的数学表达式为

$$\Phi = A\sigma T^4 \tag{1-31}$$

式中 σ——斯特藩-玻尔兹曼常量，也称黑体辐射常数，$\sigma=5.67\times10^{-8}W/(m^2\cdot K)$。

采用斯特藩-玻尔兹曼定律，计算实际物体的辐射热流量的经验修正公式为

$$\Phi = \varepsilon A\sigma T^4 \tag{1-32}$$

式中 ε——实际物体的发射率（黑度）。

对于汽轮机内缸与外缸的汽缸夹层，如果内缸外表面积 A_1 与外缸内表面积 A_2 相差很小，$A_1 \div A_2 \approx 1$，内缸外表面对外缸内表面的辐射热流量 Φ、热流密度 q 和辐射传热系数 h_r 的计算公式分别为

$$\Phi = \frac{A_1 C_0 \left[\left(\frac{273+t_{w1}}{100}\right)^4 - \left(\frac{273+t_{w2}}{100}\right)^4\right]}{\frac{1}{\varepsilon_1} - \frac{1}{\varepsilon_2} - 1} \tag{1-33}$$

$$q = \frac{C_0 \left[\left(\frac{273+t_{w1}}{100}\right)^4 - \left(\frac{273+t_{w2}}{100}\right)^4\right]}{\frac{1}{\varepsilon_1} - \frac{1}{\varepsilon_2} - 1} \tag{1-34}$$

$$h_r = \frac{q}{t_{w1} - t_{w2}} = \frac{C_0 \left[\left(\frac{273+t_{w1}}{100}\right)^4 - \left(\frac{273+t_{w2}}{100}\right)^4\right]}{(t_{w1} - t_{w2})\left(\frac{1}{\varepsilon_1} - \frac{1}{\varepsilon_2} - 1\right)} \tag{1-35}$$

式中 A_1——内缸外表面积；

C_0——黑体辐射系数，$C_0=5.67W/(m^2\cdot K)$；

t_{w1}——内缸外表面温度；

t_{w2}——外缸内表面温度；

ε_1——内缸外表面的发射率（黑度）；

ε_2——外缸内表面的发射率（黑度）。

对于汽轮机厂房内的低压汽缸，汽轮机厂房的内表面积 A_a 比汽轮机低压汽缸的外表面积 A_3 大很多，$A_3 \div A_a \approx 0$，外缸外表面对汽轮机厂房内表面的辐射热流量 Φ、热流密度 q 和辐射传热系数 h_r 的计算公式分别为

$$\Phi = \varepsilon A_3 C_0 \left[\left(\frac{273+t_{w3}}{100}\right)^4 - \left(\frac{273+t_a}{100}\right)^4\right] \tag{1-36}$$

$$q=\varepsilon C_0\left[\left(\frac{273+t_{w3}}{100}\right)^4-\left(\frac{273+t_a}{100}\right)^4\right] \tag{1-37}$$

$$h_r=\frac{q}{t_{w3}-t_a}=\frac{\varepsilon C_0}{t_{w3}-t_a}\left[\left(\frac{273+t_{w3}}{100}\right)^4-\left(\frac{273+t_a}{100}\right)^4\right] \tag{1-38}$$

式中　ε——低压缸外表面的发射率（黑度）；

t_{w3}——低压缸外表面温度；

t_a——汽轮机厂房环境温度。

【算例3】　某型号汽轮机，汽缸保温结构外表面温度 $t_{w4}=50℃$，汽轮机厂房环境环境温度 $t_a=25℃$，保温层的保护层选用不锈钢板，保温结构外表面材料发射率（黑度）取 $\varepsilon=0.3$，汽缸保温结构外表面辐射传热系数 h_r的计算为

$$h_r=\frac{\varepsilon C_0}{t_{w4}-t_a}\left[\left(\frac{273+t_{w4}}{100}\right)^4-\left(\frac{273+t_a}{100}\right)^4\right] \tag{1-39}$$

式（1-39）与 GB 50264[5] 给出的公式一致。代入具体数据，得出该型号汽轮机汽缸保温结构外表面辐射传热系数 h_r的计算结果为

$$h_r=\frac{0.3\times5.67}{50-25}\times\left[\left(\frac{273+50}{100}\right)^4-\left(\frac{273+25}{100}\right)^4\right]=2.04[\mathrm{W/(m^2\cdot K)}]$$

4. 部件主要传热方式

在汽轮机运行期间，汽轮机的汽封、管道、静叶片与动叶片、叶轮与转子、阀壳、隔板、汽缸等部件均存在导热与对流传热。

在汽轮机的汽封、管道内表面、静叶片与动叶片表面、叶轮与转子表面、阀壳内表面、隔板表面、内缸内表面等部位，存在强制对流传热。

汽轮机超高压汽缸保温结构外表面、高压汽缸保温结构外表面、中压汽缸保温结构外表面、低压汽缸外表面、阀壳保温结构外表面、蒸汽管道保温结构外表面等部位，存在自然对流传热与辐射传热。

对于汽轮机汽缸夹层，若汽缸夹层有比较大的流量流体流过，则内缸外表面和外缸内表面存在强制对流传热，还需要考虑内缸外表面和外缸内表面与夹层蒸汽的辐射传热，以及内缸外表面和外缸内表面的辐射传热；若汽缸夹层只有比较小的流量流体流过，则内缸外表面和外缸内表面存在强制对流传热与自然对流传热，还需要考虑内缸外表面和外缸内表面与夹层蒸汽的辐射传热，以及内缸外表面和外缸内表面的辐射传热；若汽缸夹层充满流体而没有流体流过，则内缸外表面和外缸内表面存在自然对流传热，还需要考虑内缸外表面和外缸内表面与夹层蒸汽的辐射传热，以及内缸外表面和外缸内表面的辐射传热。

九、汽轮机部件传热过程计算模型

1. 平壁传热过程计算模型

应用多层平壁传热过程的计算模型，确定汽轮机枞树型叶根及转子叶根槽传热过程的传热系数。

（1）单层平壁传热过程的计算模型。假设平两侧面积相等[1,2]，热量由壁面一侧高温

流体通过单层平壁传递到壁面另一侧低温流体，单层平壁传热过程的传热系数 k 的计算公式为

$$k=\frac{1}{\dfrac{1}{h_2}+\dfrac{\delta}{\lambda}+\dfrac{1}{h_3}} \tag{1-40}$$

式中 h_2——高温侧流体的表面传热系数；

δ——平壁厚度；

λ——平壁材料的热导率；

h_3——低温侧流体的表面传热系数。

（2）多层平壁传热过程的计算模型。对于通过无内热源的 n 层平壁组成的多层平壁的稳态传热过程[1,2]，假设各层厚度分别为 δ_1，δ_2，…，δ_n，各层材料热导率 λ_1，λ_2，…，λ_n 均为常数，各层之间接触良好，无接触热阻，热量由壁面一侧高温流体通过多层平壁传递到壁面另一侧低温流体，多层平壁传热过程的传热系数 k 的计算公式为

$$k=\frac{1}{\dfrac{1}{h_2}+\sum\limits_{i=1}^{n}\dfrac{\delta_i}{\lambda_i}+\dfrac{1}{h_3}} \tag{1-41}$$

式中 δ_i——第 i 层平壁的厚度；

λ_i——第 i 层平壁材料的热导率。

2. 球壁传热过程计算模型

应用双层球壁传热过程的计算模型，确定汽轮机阀壳球壁传热过程的传热系数。

（1）单层球壁传热过程的计算模型。假设球壁内侧为高温流体，热量由内侧高温流体通过球壁传递到外侧低温流体，计算单层球壁的导热热阻，以球壁外表面积 πd_3^2 为基准的单层球壁传热过程的传热系数 k_3 的计算公式为

$$k_3=\frac{1}{\dfrac{\pi d_3^2}{\pi d_2^2 h_2}+\dfrac{\pi d_3^2}{2\pi\lambda_1}\left(\dfrac{1}{d_2}-\dfrac{1}{d_3}\right)+\dfrac{1}{h_3}}=\frac{1}{\dfrac{d_3^2}{d_2^2 h_2}+\dfrac{d_3^2}{2\lambda_1}\left(\dfrac{1}{d_2}-\dfrac{1}{d_3}\right)+\dfrac{1}{h_3}} \tag{1-42}$$

式中 d_3——球壁外直径；

d_2——球壁内直径；

h_2——高温侧流体的表面传热系数；

λ_1——球壁材料的热导率；

h_3——低温侧流体的表面传热系数。

以球壁内表面积 πd_2^2 为基准的单层球壁传热过程的传热系数 k_2 的计算公式为

$$k_2=\frac{1}{\dfrac{1}{h_2}+\dfrac{\pi d_2^2}{2\pi\lambda_1}\left(\dfrac{1}{d_2}-\dfrac{1}{d_3}\right)+\dfrac{\pi d_2^2}{\pi d_3^2 h_3}}=\frac{1}{\dfrac{1}{h_2}+\dfrac{d_2^2}{2\lambda_1}\left(\dfrac{1}{d_2}-\dfrac{1}{d_3}\right)+\dfrac{d_2^2}{d_3^2 h_3}} \tag{1-43}$$

（2）双层球壁传热过程的计算模型。假设球壁内侧为高温流体，热量由壁面内侧高温流体通过双层球壁传递到壁面外侧低温流体，双层球壁之间接触良好，无接触热阻，以双层球壁外表面积 πd_4^2 为基准的双层球壁传热过程的传热系数 k_4 的计算公式为

$$k_4=\frac{1}{\dfrac{d_4^2}{d_2^2h_2}+\dfrac{d_4^2}{2\lambda_1}\left(\dfrac{1}{d_2}-\dfrac{1}{d_3}\right)+\dfrac{d_4^2}{2\lambda_2}\left(\dfrac{1}{d_3}-\dfrac{1}{d_4}\right)+\dfrac{1}{h_4}} \tag{1-44}$$

式中 d_4——外层球壁外直径；

d_2——内层球壁内直径；

h_2——内层球壁内表面传热系数；

λ_1——内层球壁材料的热导率；

d_3——双层球壁接触面直径，即内层球壁外直径、外层球壁内直径；

λ_2——外层球壁材料的热导率；

h_4——外层球壁外表面传热系数。

以双层球壁中间接触面积 πd_3^2 为基准的双层球壁传热过程的传热系数 k_3 的计算公式为

$$k_3=\frac{1}{\dfrac{d_3^2}{d_2^2h_2}+\dfrac{d_3^2}{2\lambda_1}\left(\dfrac{1}{d_2}-\dfrac{1}{d_3}\right)+\dfrac{d_3^2}{2\lambda_2}\left(\dfrac{1}{d_3}-\dfrac{1}{d_4}\right)+\dfrac{d_3^2}{d_4^2h_4}} \tag{1-45}$$

以双层球壁内表面积 πd_2^2 为基准的双层球壁传热过程的传热系数 k_2 的计算公式为

$$k_2=\frac{1}{\dfrac{1}{h_2}+\dfrac{d_2^2}{2\lambda_1}\left(\dfrac{1}{d_2}-\dfrac{1}{d_3}\right)+\dfrac{d_2^2}{2\lambda_2}\left(\dfrac{1}{d_3}-\dfrac{1}{d_4}\right)+\dfrac{d_2^2}{d_4^2h_4}} \tag{1-46}$$

3. 圆筒壁传热过程计算模型

应用双层圆筒壁传热过程的计算模型，确定汽轮机超高压外缸、高压外缸、中压外缸与蒸汽管道以及主汽调节阀的进汽与排汽管道等部件传热过程的传热系数。应用多层圆筒壁传热过程的计算模型，确定汽轮机T型与叉型叶根及转子叶根槽传热过程的传热系数。

(1) 单层圆筒壁传热过程的计算模型。假设热量由内侧高温流体通过圆筒壁传递到外侧低温流体，以圆筒壁外表面积 $\pi d_3 l$ 为基准的单层圆筒壁传热过程的传热系数 k_3 的计算公式为

$$k_3=\frac{1}{\dfrac{\pi d_3 l}{\pi d_2 l h_2}+\dfrac{\pi d_3 l}{2\pi\lambda_1 l}\ln\dfrac{d_3}{d_2}+\dfrac{1}{h_3}}=\frac{1}{\dfrac{d_3}{d_2h_2}+\dfrac{d_3}{2\lambda_1}\ln\dfrac{d_3}{d_2}+\dfrac{1}{h_3}} \tag{1-47}$$

式中 d_3——圆筒壁外直径；

l——圆筒壁长度；

d_2——圆筒壁内直径；

h_2——高温侧流体的表面传热系数；

λ_1——圆筒壁材料的热导率；

h_3——低温侧流体的表面传热系数。

以圆筒壁内表面积 $\pi d_2 l$ 为基准的单层圆筒壁传热过程的传热系数 k_2 的计算公式为

$$k_2=\frac{1}{\dfrac{\pi d_2 l}{\pi d_2 l h_2}+\dfrac{\pi d_2 l}{2\pi\lambda_1 l}\ln\dfrac{d_3}{d_2}+\dfrac{\pi d_2 l}{\pi d_3 l h_3}}=\frac{1}{\dfrac{1}{h_2}+\dfrac{d_2}{2\lambda_1}\ln\dfrac{d_3}{d_2}+\dfrac{d_2}{d_3h_3}} \tag{1-48}$$

（2）多层圆筒壁传热过程的计算模型。假设热量由内侧高温流体通过圆筒壁传递到外侧低温流体，n 层圆筒壁之间接触良好，无接触热阻。以圆筒壁外表面积 $\pi d_{n+2}l$ 为基准的多层圆筒传热过程的传热系数 k_{n+2} 的计算公式为

$$k_{n+2}=\frac{1}{\frac{d_{n+2}}{d_2h_2}+\frac{d_{n+2}}{2}\sum_{i=1}^{n}\frac{1}{\lambda_i}\ln\frac{d_{i+2}}{d_{i+1}}+\frac{1}{h_{n+2}}} \tag{1-49}$$

式中 d_{n+2}——第 n 层圆筒壁外直径；

h_2——高温侧流体的表面传热系数；

λ_i——第 i 层圆筒壁材料的热导率；

d_{i+2}——第 i 层圆筒壁外直径；

d_{i+1}——第 i 层圆筒壁内直径；

h_{n+2}——低温侧流体的表面传热系数。

以第 i 层圆筒壁外表面积 $\pi d_{i+2}l$ 为基准的多层圆筒传热过程的传热系数 k_{i+2} 的计算公式为

$$k_{i+2}=\frac{1}{\frac{d_{i+2}}{d_2h_2}+\frac{d_{i+2}}{2}\sum_{i=1}^{n}\frac{1}{\lambda_i}\ln\frac{d_{i+2}}{d_{i+1}}+\frac{d_{i+2}}{d_{n+2}h_{n+2}}} \tag{1-50}$$

以圆筒壁内表面积 $\pi d_2 l$ 为基准的多层圆筒传热过程的传热系数 k_2 的计算公式为

$$k_2=\frac{1}{\frac{1}{h_2}+\frac{d_2}{2}\sum_{i=1}^{n}\frac{1}{\lambda_i}\ln\frac{d_{i+2}}{d_{i+1}}+\frac{d_2}{d_{n+2}h_{n+2}}} \tag{1-51}$$

（3）双层圆筒壁传热过程的计算模型。假设热量由内侧高温流体通过圆筒壁传递到外侧低温流体，双层圆筒壁之间接触良好，无接触热阻。根据式（1-49），以外表面积 $\pi d_4 l$ 为基准的双层圆筒壁传热过程的传热系数 k_4 的计算公式为

$$k_4=\frac{1}{\frac{d_4}{d_2h_2}+\frac{d_4}{2\lambda_1}\ln\frac{d_3}{d_2}+\frac{d_4}{2\lambda_2}\ln\frac{d_4}{d_3}+\frac{1}{h_4}} \tag{1-52}$$

式中 d_4——外层圆筒壁外直径；

d_2——双层圆筒壁内直径；

h_2——内层圆筒壁内表面传热系数；

λ_1——内层圆筒壁（第 1 层圆筒壁）材料的热导率；

d_3——双层圆筒壁接触面直径，即内层圆筒壁外直径、外层圆筒壁内直径；

λ_2——外层圆筒壁（第 2 层圆筒壁）材料的热导率；

h_4——外层圆筒壁外表面传热系数。

根据式（1-50），以中间接触面积 $\pi d_3 l$ 为基准的双层圆筒壁传热过程的传热系数 k_3 的计算公式为

$$k_3=\frac{1}{\frac{d_3}{d_2h_2}+\frac{d_3}{2\lambda_1}\ln\frac{d_3}{d_2}+\frac{d_3}{2\lambda_2}\ln\frac{d_4}{d_3}+\frac{d_3}{d_4h_4}} \tag{1-53}$$

根据式（1-51），以内表面积 $\pi d_2 l$ 为基准的双层圆筒壁传热过程的传热系数 k_2 的计算公式为

$$k_2=\frac{1}{\frac{1}{h_2}+\frac{d_2}{2\lambda_1}\ln\frac{d_3}{d_2}+\frac{d_2}{2\lambda_2}\ln\frac{d_4}{d_3}+\frac{d_2}{d_4 h_4}} \tag{1-54}$$

（4）热流密度与热流量的计算公式。外层圆筒壁外表面热流密度 q_4 与内层圆筒壁外表面热流密度 q_3 的计算公式分别为

$$q_4=k_4(t_g-t_a) \tag{1-55}$$

$$q_3=k_3(t_g-t_a) \tag{1-56}$$

式中　t_g——内层圆筒壁内侧高温流体温度；

t_a——外层圆筒壁外侧低温流体温度。

假设管道长度为 l，双层圆筒壁传热的热流量 Φ 的计算公式为

$$\Phi=\pi d_4 l q_4=\pi d_4 l k_4(t_g-t_a) \tag{1-57}$$

由式（1-57），得出每米长度外层圆筒壁外表面热损失 q_l 的计算公式为

$$q_l=\frac{\Phi}{l}=\pi d_4 k_4(t_g-t_a) \tag{1-58}$$

4. 应用实例

（1）已知参数：某型号超超临界一次再热 1000MW 汽轮机有两根主蒸汽管道，在 100％TMCR（汽轮机最大连续功率）工况的主蒸汽温度 $t_g=600$℃，管道材料为 10Cr9MoW2VNbBN(P92)，主蒸汽管道内表面传热系数 $h_{p5}=7584.56$W/(m^2·K)。主蒸汽管道内径 $d_2=380$mm$=0.38$m，主蒸汽管道外径 $d_3=580$mm$=0.58$m。选取硅酸铝棉制品作为保温材料，保温层厚度为 280mm，外面用厚度为 0.7mm 不锈钢板作为保护层，保温结构外表面材料发射率（黑度）取 $\varepsilon=0.3$，忽略保护层的厚度，保温结构外径 $d_4=1140$mm$=1.14$m。保温结构外表面的环境温度 $t_a=25$℃，同时考虑辐射传热与自然对流传热的保温结构外表面的复合传热系数 $h_{p7}=12.60$W/(m^2·K)。该主蒸汽管道内壁面温度 $t_{w2}=599.94$℃，主蒸汽管道与保温材料中间接触面温度 $t_{w3}=598.66$℃，主蒸汽管道保温结构外表面温度 $t_{w4}=37.21$℃。求以该主蒸汽管道外表面积为基准的传热系数 k_3 与热流密度 q_3、以保温结构外表面积为基准的传热系数 k_4 与热流密度 q_4 和通过每米长度保温结构的热损失 q_l。

（2）计算模型与方法：假设该主蒸汽管道与保温层之间以及保温层与保护层之间接触良好，无接触热阻；把该主蒸汽管道与保温结构处理为双层圆筒壁传热过程的计算模型。在硅酸铝棉制品作保温材料的内外表面温度平均值 $t_{m2}\leqslant400$℃时，硅酸铝棉材料热导率 $\lambda_2=0.056+0.0002\times(t_{m2}-70)$W/(m·K)[5]。

（3）传热系数 k_3 与热流密度 q_3 的计算结果：已知 $t_{w2}=599.94$℃，$t_{w3}=598.66$℃，$t_{w4}=37.21$℃，有

$$t_{m1}=\frac{t_{w2}+t_{w3}}{2}=\frac{599.94+598.66}{2}=599.30(℃)$$

管道材料为 10Cr9MoW2VNbBN(P92)，查表 1-16，有 $t=500$℃，$\lambda=30.9$W/(m·

K)；$t=600$℃，$\lambda=28.9$W/(m·K)，采用插值法计算，得

$$\lambda_1=30.9+\frac{28.9-30.9}{100}\times(599.30-500)=28.914[\mathrm{W/(m\cdot K)}]$$

$$t_{\mathrm{m2}}=\frac{t_{\mathrm{w3}}+t_{\mathrm{w4}}}{2}=\frac{598.66+37.21}{2}=317.935(℃)$$

保温材料热导率计算结果为

$$\lambda_2=0.056+0.0002(t_{\mathrm{m2}}-70)=0.056+0.0002(317.935-70)$$
$$=0.105\,587[\mathrm{W/(m\cdot K)}]$$

按照式（1-53），得出以主蒸汽管道外表面积 $\pi d_3 l$ 为基准的双层圆筒壁传热过程的传热系数 k_3 的计算结果为

$$k_3=\left(\frac{d_3}{d_2h_{\mathrm{p5}}}+\frac{d_3}{2\lambda_1}\ln\frac{d_3}{d_2}+\frac{d_3}{2\lambda_2}\ln\frac{d_4}{d_3}+\frac{d_3}{d_4h_{\mathrm{p7}}}\right)^{-1}$$
$$=\left(\frac{0.58}{0.38\times7584.56}+\frac{0.58}{2\times28.914}\ln\frac{0.58}{0.38}+\frac{0.58}{2\times0.105\,587}\ln\frac{1.14}{0.58}+\frac{0.58}{1.14\times12.60}\right)^{-1}$$
$$=0.526\,089\,468\,8[\mathrm{W/(m^2\cdot K)}]$$

确定双层圆筒壁传热过程的传热系数 k_3 后，根据式（1-56），主蒸汽管道双层圆筒壁的 q_3 的计算结果为

$$q_3=k_3(t_{\mathrm{g}}-t_{\mathrm{a}})=0.526\,089\,468\,8\times(600-25)\approx302.50(\mathrm{W/m^2})$$

（4）传热系数 k_4、热流密度 q_4 和通过每米长保温结构的热损失 q_l 的计算结果：已知 $t_{\mathrm{w2}}=599.94$℃，$t_{\mathrm{w3}}=598.66$℃，$t_{\mathrm{w4}}=37.21$℃，有 $t_{\mathrm{m1}}=599.30$℃，$\lambda_1=28.914$W/(m·K)，$t_{\mathrm{m2}}=317.935$℃，$\lambda_2=0.105\,587$W/(m·K)。

按照式（1-52），以保温结构外表面积 $\pi d_4 l$ 为基准的双层圆筒壁传热过程的传热系数 k_4 的计算结果为

$$k_4=\left(\frac{d_4}{d_2h_{\mathrm{p5}}}+\frac{d_4}{2\lambda_1}\ln\frac{d_3}{d_2}+\frac{d_4}{2\lambda_2}\ln\frac{d_4}{d_3}+\frac{1}{h_{\mathrm{p7}}}\right)^{-1}$$
$$=\left(\frac{1.14}{0.38\times7584.56}+\frac{1.14}{2\times28.914}\ln\frac{0.58}{0.38}+\frac{1.14}{2\times0.105\,587}\ln\frac{1.14}{0.58}+\frac{1}{12.60}\right)^{-1}$$
$$=0.267\,659\,554\,3[\mathrm{W/(m^2\cdot K)}]$$

根据式（1-55），以保温结构外表面积为基准的热流密度 q_4 的计算结果为

$$q_4=k_4(t_{\mathrm{g}}-t_{\mathrm{a}})=0.267\,659\,554\,3\times(600-25)\approx153.90(\mathrm{W/m^2})$$

根据式（1-58），得出每米长度保温结构的热损失 q_l 的计算结果为

$$q_l=\frac{\Phi}{l}=\pi d_4k_4(t_{\mathrm{g}}-t_{\mathrm{a}})=\pi\times1.14\times0.267\,659\,554\,3\times(600-25)\approx551.20(\mathrm{W/m})$$

（5）最终计算结果：以该主蒸汽管道外面积为基准传热过程的传热系数 $k_3=0.53$ W/(m²·K)、热流密度 $q_3=302.50\mathrm{W/m^2}$；以保温结构外表面积为基准传热过程的传热系数 $k_4=0.27$W/(m²·K)、热流密度 $q_4=153.90\mathrm{W/m^2}$，通过每米长保温结构的热损失 $q_l=551.20$W/m。

参 考 文 献

[1] 陶文铨．传热学．5版．北京：高等教育出版社，2019.

[2] Holman J P. Heat transfer. 10th ed. Boston：McGraw-Hill Higher Education，2010.

[3] [德] 海恩茨．赫尔威格．传热词汇 A－Z——基本概念与详尽诠释．彭晓峰，张扬，译．北京：机械工业出版社，2007.

[4] 张瑞．锅炉受压元件用钢性能手册．上海发电设备成套设计研究所研究报告，1995.

[5] 中华人民共和国住房和城乡建设部．工业设备及管道绝热工程设计规范：GB 50264—2013. 北京：中国计划出版社，2013.

[6] 赵镇南．传热学．北京：高等教育出版社，2003.

[7] 王补宣．工程传热传质学．北京：科学出版社，1982.

[8] 邬田华，王晓墨，许国良．工程传热学．2版．武汉：华中科技大学出版社，2020.

[9] 徐望人，谢岳生，史进渊．燃气轮机工质普朗特数的计算方法．热力透平，2022（4）：254-260，273.

[10] [德] W. 瓦格纳，A. 克鲁泽．水和蒸汽的性质．项红卫，译．北京：科学出版社，2003.

[11] 徐贞禧，张正海，焦建清，等．大型汽轮机强迫通风逆流快速冷却技术的应用．中国电力，1994，27（4）：13-16.

[12] 杨忠彪．停机后汽轮机快速冷却几种方式比较．全国火电机组（300MW 级）竞赛第 36 届年会论文集，2007，352-357.

[13] 朱苏里，魏君衡，于达仁，等．600MW 汽轮机快速冷却系统及其应用．300～600MW 汽轮机学术研讨会论文集，1997，209-213.

[14] 张家荣，赵廷元．工程常用物质的热物理性质手册．北京：新时代出版社，1987.

[15] [苏] B. A. 沃斯克列辛斯基，B. И. 杰雅科夫．滑动轴承计算和设计．陈金宝，包传福，译．北京：国核工业出版社，1986.

[16] 汽轮机行业技术手册联合工作组．汽轮机行业技术手册．机械工业部上海发电设备成套设计研究所研究报告，1983.

[17] 史进渊，杨宇，邓志成，等．大功率电站汽轮机寿命预测与可靠性设计．北京：中国电力出版社，2011.

[18] 史进渊．汽轮机高温部件总寿命的计算方法及工程验证．动力工程学报，38（11）：886-894.

[19] 史进渊，杨宇，汪勇，等．大型发电机组可靠性预测与安全服役的理论及方法．北京：中国电力出版社，2014.

[20] 林富生，陈孝方．汽轮机用钢性能数据集．上海发电设备成套设计研究所研究报告，1995.

[21] 火力发电厂金属材料手册编委会．火力发电厂金属材料手册．北京：中国电力出版社，2001.

[22] 宋小龙，安继儒．新编中外金属材料手册．北京：化学工业出版社，2007.

[23] 岳珠峰，于庆民，温志勋，等．镍基单晶涡轮叶片结构强度设计．北京：科学出版社，2008.

[24] 瓦卢瑞克·曼内斯曼钢管公司 . T92/P92 钢手册 . 超（超）临界锅炉用钢及焊接技术论文集 . 苏州，2005，285-232.
[25] [美] 杰姆斯·苏赛克 . 传热学 . 俞佐平，裘烈钧，等译 . 北京：人民教育出版社，1980.

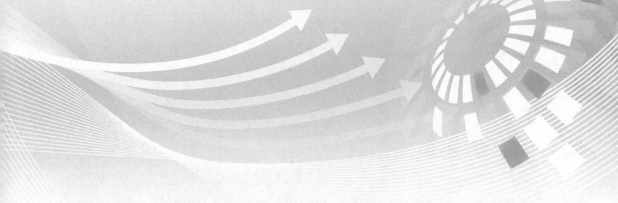

第二章　汽轮机转动与静止部件传热计算方法

本章介绍了汽轮机转动与静止部件表面传热系数的计算方法，给出了汽轮机转轴与静止套筒、转盘与静止环形板的表面传热系数的计算公式，应用于汽轮机转子与汽缸、叶轮与隔板的传热与冷却设计以及温度场与应力场研究。

第一节　转轴与静止套筒传热计算方法

本节介绍了汽轮机转轴与静止套筒的表面传热系数的计算方法，给出了小空间转轴与静止套筒以及大空间转轴与静止套筒的表面传热系数的计算公式，以及特征尺寸、特征速度与定性温度的取值和流体物性参数的确定方法，应用于汽轮机转子、汽缸的表面传热系数计算和这些部件稳态温度场、瞬态温度场与应力场的有限元数值计算。

一、转轴与静止套筒的分类

对于汽轮机的转轴与同中心线静止套筒，按照汽轮机转轴外表面与同中心线静止套筒内表面之间径向尺寸的不同，把汽轮机转轴与静止套筒的结构划分为小空间转轴与静止套筒以及大空间转轴与静止套筒两种类型。如图 2-1 所示，汽轮机转轴外半径用 r_1 表示，汽轮机静止套筒内半径用 r_2 表示。

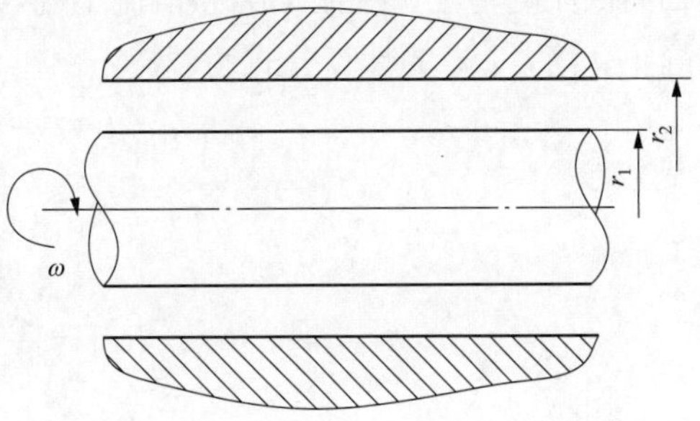

图 2-1　转轴与静止套筒径向尺寸的示意图

1. 小空间转轴与静止套筒

当 $(r_2-r_1)/r_1\leqslant 0.3$ 时，称为小空间转轴与静止套筒，如图 2-2 所示。通常情况下，汽轮机轴承与轴封之间的光轴与壳体、反动式汽轮机首级叶轮与轴封之间的光轴与汽缸、反动式汽轮机静叶片与动叶片之间的光轴与汽缸等结构，属于小空间转轴与静止套筒。

2. 大空间转轴与静止套筒

当 $(r_2-r_1)/r_1>0.3$ 时，称为大空间转轴与静止套筒，如图 2-3 所示。冲动式汽轮机叶轮与隔板汽封之间的光轴与汽缸、反动式汽轮机末级叶轮后的光轴与汽缸等结构，属于大空间转轴与静止套筒。

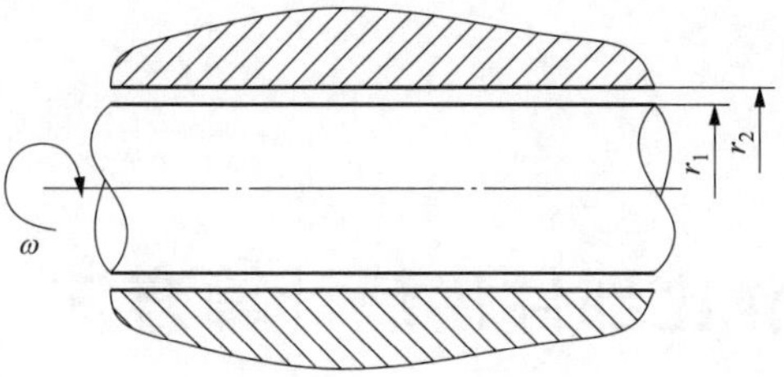

图 2-2　小空间转轴与静止套筒径向尺寸的示意图

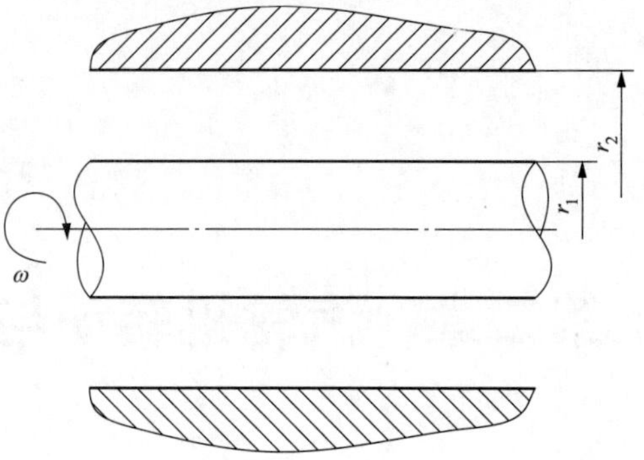

图 2-3　大空间转轴与静止套筒径向尺寸的示意图

二、转轴与静止套筒对流传热

汽轮机转轴与静止套筒具有相同的中心线，转轴在静止套筒内旋转，在本章参考文献［1-4］研究结果的基础上，经公式推导与计算分析，得出转轴外表面与静止套筒内表面的表面传热系数的计算公式。

1. 转轴与静止套筒特征数方程

汽轮机转轴外表面与静止套筒内表面的努塞尔数 Nu，指的是适用于有轴向汽流和没有轴向汽流的情况、层流工况和紊流工况，适用小空间转轴与静止套筒以及大空间转轴与静止套筒，Nu 的计算公式为

$$Nu=(A_1+A_2)Re^{0.8}Pr^{0.33} \tag{2-1}$$

$$Re=Re_z\left(1+A^2\frac{Re_\omega^2}{Re_z^2}\right)^{0.5} \tag{2-2}$$

$$Re_z=\frac{2(r_2-r_1)c_z}{\nu} \tag{2-3}$$

$$Re_\omega=\frac{2(r_2-r_1)u}{\nu} \tag{2-4}$$

$$A=C_1\left(\frac{r_2-r_1}{r_1}\right)^{-0.3} \tag{2-5}$$

$$A_1=\frac{C_2}{\left(1+A^2\frac{Re_\omega^2}{Re_z^2}\right)^{0.4}} \tag{2-6}$$

$$A_2=\frac{C_3\left(\frac{r_2-r_1}{r_1}\right)^{0.4}}{\left(A^2+\frac{Re_\omega^2}{Re_z^2}\right)^{0.4}} \tag{2-7}$$

$$u=r_1\omega \tag{2-8}$$

式中　Nu——转轴外表面与静止套筒内表面对流传热的努塞尔数；

Re——同流体流动与转轴旋转有关的雷诺数；

Pr——流体普朗特数；

Re_z——流体雷诺数；

Re_ω——旋转雷诺数；

r_2——静止套筒内半径；

r_1——转轴外半径；

c_z——流体轴向流动流速；

ν——流体运动黏度；

u——转轴表面圆周速度；

C_1、C_2、C_3——试验常数；

ω——转轴旋转角速度。

在以上计算公式中，特征尺寸取转轴外表面与静止套筒内表面之间径向尺寸的两倍，即两倍静止套筒内表面半径与转轴外表面半径之差 $2(r_2-r_1)$，流体雷诺数的特征速度取流体轴向流速 c_z，旋转雷诺数的特征速度取转轴外表面的圆周速度 u，定性温度取环形空间沿轴向流体平均温度 t_f，依据定性温度 t_f 和环形空间沿轴向流体平均压力 p_f 来确定流体的 Pr、λ、ν 等物性参数。

2. 流体轴向流动速度远远超过旋转圆周速度

当环形空间流体轴向流动速度远远超过转轴旋转的表面圆周速度时，有 $Re_z \gg Re_\omega$，$\left(\dfrac{Re_\omega}{Re_z}\right)^2=0$，$\left(\dfrac{Re_z}{Re_\omega}\right)^2=\infty$，$A_1=C_2$，$A_2=0$，$Re=Re_z$，汽轮机转轴外表面与静止套筒内表面的努塞尔数 Nu 简化公式可以表示为

$$Nu=C_2Re^{0.8}Pr^{0.33} \tag{2-9}$$

3. 旋转圆周速度远远超过轴向流动速度

当转轴旋转的表面圆周速度远远超过环形空间流体轴向流动速度时，有 $Re_\omega \gg Re_z$，$\left(\dfrac{Re_\omega}{Re_z}\right)^2=\infty$，$\left(\dfrac{Re_z}{Re_\omega}\right)^2=0$，$A_1=0$，$A_2=C_3\left(\dfrac{r_2-r_1}{r_1}\right)A^{-0.8}$，还有

$$Re=Re_z\left(1+A^2\frac{Re_\omega^2}{Re_z^2}\right)^{0.5}=(Re_z^2+A^2Re_\omega^2)^{0.5}=ARe_\omega \tag{2-10}$$

把 A_1、A_2 和 Re 代入式（2-1），汽轮机转轴与静止套筒的光滑表面的努塞尔数 Nu 简化公式可以表示为

$$\begin{aligned}Nu&=(A_1+A_2)Re^{0.8}Pr^{0.33}\\&=\left[0+C_3\left(\frac{r_2-r_1}{r_1}\right)^{0.4}A^{-0.8}\right]A^{0.8}Re_\omega^{0.8}Pr^{0.33}\\&=C_3\left(\frac{r_2-r_1}{r_1}\right)^{0.4}Re_\omega^{0.8}Pr^{0.33}\end{aligned} \tag{2-11}$$

4. 转轴与静止套筒表面传热系数

汽轮机转轴外表面的表面传热系数 h_{r1} 与静止套筒内表面的表面传热系数 h_{s1} 的计算公式分别为

$$h_{r1}=\frac{C_4 Nu\lambda}{2(r_2-r_1)} \tag{2-12}$$

$$h_{s1}=\frac{C_5 Nu\lambda}{2(r_2-r_1)} \tag{2-13}$$

$$\frac{C_5}{C_4}\approx\left(\frac{r_1}{r_2}\right)^2 \tag{2-14}$$

式中 C_4、C_5——试验常数；

λ——流体热导率。

5. 应用场景

对于小空间与大空间的转轴与静止套筒，都可以使用式（2-1）、式（2-9）和式（2-11）来计算转轴与静止套筒的表面传热系数。这几个公式的应用场景，区分如下：

（1）按照式（2-3）和式（2-4）分别计算流体雷诺数 Re_z 和旋转雷诺数 Re_ω，如果 $Re_z \gg Re_\omega$，则按照式（2-9）来计算转轴与静止套筒的表面传热系数；如果 $Re_\omega \gg Re_z$，则按照式（2-11）来计算转轴与静止套筒的表面传热系数。如果不满足 $Re_z \gg Re_\omega$ 或 $Re_\omega \gg Re_z$，则按照式（2-1）来计算转轴与静止套筒的表面传热系数。

（2）对于汽轮机轴封两侧的转子光轴与汽缸，考虑轴封齿数比较多，轴封孔口漏汽轴向流速比较小，推荐采用式（2-11）来计算转子光轴与汽缸的表面传热系数。

（3）对于反动式汽轮机静叶片汽封和冲动式汽轮机隔板汽封两侧转子光轴，在汽轮机21%～100%TMCR工况，不满足 $Re_z \gg Re_\omega$ 或 $Re_\omega \gg Re_z$，推荐采用式（2-1）来计算转子光轴与汽缸的表面传热系数。

（4）对于汽轮机冲转、升速、并网和20%TMCR以下的低负荷工况，汽轮机通流部分参数比较难确定且通流部分、静叶片汽封和隔板汽封的流体轴向流速均比较小，推荐采用式（2-11）来计算反动式汽轮机静叶片汽封和冲动式汽轮机隔板汽封两侧转子光轴表面传热系数。

（5）对于静叶片与动叶片之前的内缸内表面，在汽轮机21%～100%TMCR工况，不满足 $Re_z \gg Re_\omega$ 或 $Re_\omega \gg Re_z$，推荐采用式（2-1）来计算转子光轴与汽缸的表面传热系数。

（6）对于静叶片与动叶片之前的内缸内表面，由于冲动式汽轮机的转轴半径 r 比较小，旋转雷诺数 Re_ω 也比较小，在汽轮机21%～100%TMCR工况，分别计算流体雷诺数 Re_z 和旋转雷诺数 Re_ω，如果 $Re_z \gg Re_\omega$，则按照式（2-9）来计算转轴与静止套筒的表面传热系数。

（7）对于静叶片与动叶片之前的内缸内表面，汽轮机冲转、升速、并网和20%TMCR以下的低负荷工况，汽轮机通流部分参数比较难确定且通流部分的流体轴向流速均比较小，推荐采用式（2-11）来计算静叶片与动叶片之前的内缸内表面传热系数。

第二节　转盘与静止环形板传热计算方法

本节介绍了汽轮机转盘与静止环形板的表面传热系数的计算方法，给出了小空间转盘与静止环形板、大空间转盘与静止环形板、有冷却流体的转盘与静止环形板以及旋转端面与静止环板的表面传热系数的计算公式，以及特征尺寸、特征速度与定性温度的取值和流体物性参数的确定方法，应用于汽轮机叶轮与隔板、转子与汽缸的表面传热系数计算和这些部件稳态温度场、瞬态温度场与应力场的有限元数值计算。

一、转盘与静止环形板的分类

汽轮机转盘与静止环形板的类型，可以划分为三类，小空间转盘与静止环形板、大空间转盘与静止环形板、旋转端面与静止环形板。

1. 小空间转盘与静止环形板

转盘与静止环形板的对流传热，工程上又称为在壳体中转盘的对流传热，重点关注转盘与静止环形圆板的表面传热系数的计算方法。当转盘与静止环形板轴向尺寸 $S \ll$ 转盘半径 r_2 时，工程上处理为小空间转盘与静止环形板。对于汽轮机的压力级，叶轮与隔板轴向尺寸比较小，属于小空间转盘与静止环形板，如图 2-4 所示。

2. 大空间转盘与静止环形板

汽轮机调节级叶轮与前后静止部件的轴向尺寸比较大，调节级叶轮前后轮面属于大空间转盘，如图 2-5 所示。调节级静叶片、调节级后面的隔板、抽汽口与补汽口后面的隔板或静叶片，属于大空间静止环形板。冲动式汽轮机超高压缸、高压缸、中压缸与低压缸的最后一级叶轮出汽侧轮面与外缸垂直表面的轴向尺寸比较大，属于大空间转盘与静止环形板。

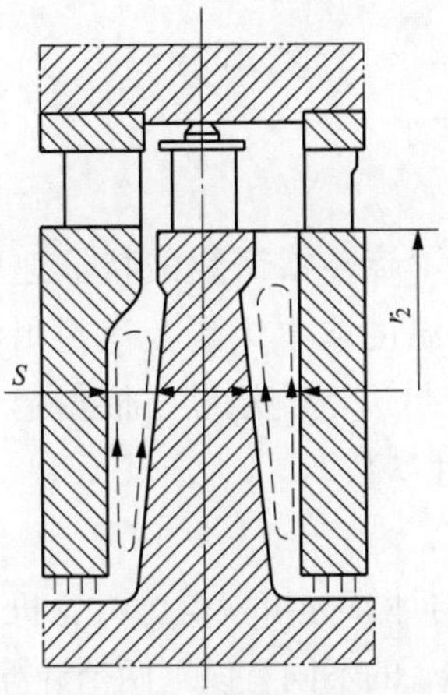

图 2-4　小空间转盘与静止环形板的示意图

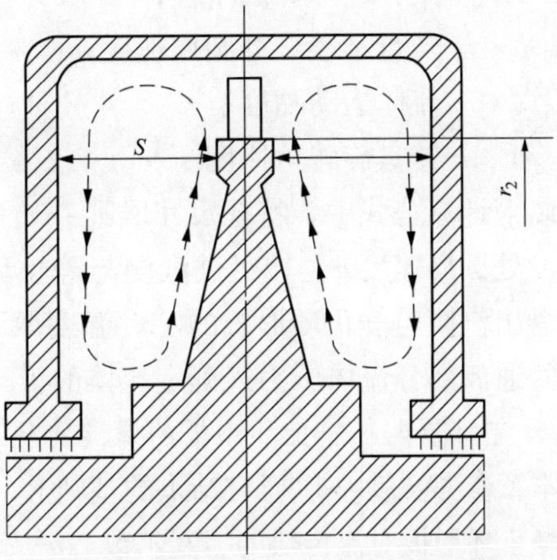

图 2-5　大空间转盘与静止环形板的示意图

3. 旋转端面与静止环形板

反动式汽轮机平衡活塞与汽缸垂直端面、转子排汽侧端面与汽缸垂直端面，属于旋转端面与静止环形板。如果旋转端面与静止环形板轴向尺寸 $S \ll r_2$，也可以处理为小空间转盘与的静止环形板，如图 2-6 所示。

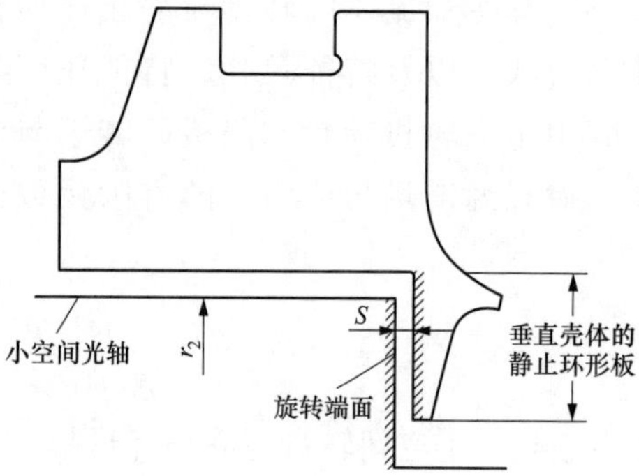

图 2-6 反动式汽轮机转子排汽侧端面与汽缸垂直端面示意图

二、转盘与静止环形板对流传热

1. 小空间转盘与静止环形板的对流传热

在本章参考文献[3-5]研究结果的基础上，经公式推导与计算分析，得出汽轮机小空间转盘与静止环形板对流传热的努塞尔数 Nu 按旋转雷诺数 Re_ω 的不同有以下两个计算公式。

(1) $Re_\omega<2\times10^5$ 为

$$Nu=C_6Re_\omega^{0.5}Pr^{0.6}\left(\frac{S}{r}\right)^{-0.25} \tag{2-15}$$

(2) $Re_\omega>2\times10^5$ 为

$$Nu=C_7Re_\omega^{0.75}Pr^{0.6}\left(\frac{S}{r}\right)^{-0.25} \tag{2-16}$$

$$Re_\omega=\frac{ru}{\nu}=\frac{r^2\omega}{\nu} \tag{2-17}$$

$$u=r\omega \tag{2-18}$$

式中 Nu——小空间转盘与静止环形板表面对流传热的努塞尔数；
C_6、C_7——试验常数；
Re_ω——旋转雷诺数；
Pr——流体普朗特数；
S——转盘与静止环形板的轴向尺寸；
r——某一环形外圆半径；
u——转盘半径 r 处圆周速度；
ν——流体运动黏度；
ω——转盘旋转角速度。

在以上计算公式中，特征尺寸取某一环形外圆半径 r，旋转雷诺数的特征速度取转盘半径 r 处圆周速度 u，转盘进汽侧与静止环形板的定性温度取本级隔板汽封出汽侧温度，转盘出汽侧与静止环形板的定性温度取下一级隔板汽封进汽侧温度，依据定性温度和对应的通流部分流体压力来确定流体的 Pr、λ、ν 等物性参数。

2. 大空间转盘与静止环形板的对流传热

在本章参考文献[3-5]研究结果的基础上，经公式推导与计算分析，得出汽轮机大空间转盘与静止环形板对流传热的努塞尔数 Nu 按旋转雷诺数 Re_ω 的不同有以下两个计算公式。

(1) $Re_\omega<2\times10^5$ 为

$$Nu=C_8Re_\omega^{0.5}Pr^{0.6} \tag{2-19}$$

(2) $Re_\omega>2\times10^5$ 为

$$Nu=C_9Re_\omega^{0.8}Pr^{0.6} \tag{2-20}$$

$$Re_\omega=\frac{ru}{\nu}=\frac{r^2\omega}{\nu} \tag{2-21}$$

$$u = r\omega \tag{2-22}$$

式中　C_8、C_9——试验常数。

在以上计算公式中，特征尺寸取某一环形外圆半径 r，旋转雷诺数的特征速度取转盘半径 r 处圆周速度 u，转盘进汽侧的定性温度取本级动叶片进汽温度，转盘出汽侧的定性温度取本级动叶片出汽侧温度，依据定性温度和对应的汽轮机通流部分流体压力来确定流体的 Pr、λ、ν 等物性参数。

三、流体冷却转盘与静止环形板的对流传热

在本章参考文献[4-6]研究结果的基础上，经公式推导与计算分析，得出具有流体冷却的转盘与静止环形板的对流传热的努塞尔数 Nu 按雷诺数 Re 的不同计算公式。

1. 冷却流体向内流动对流传热

冷却流体向内流动的汽轮机叶轮转盘示意图如图 2-7 所示，叶轮前轮面的冷却流体沿转盘表面从轮缘流向叶轮下部，冷却流体由外向内流动，努塞尔数 Nu 与雷诺数 Re 的计算公式分别为

$$Nu = C_{10} Re^{1.3} Pr^{0.4} \left[\frac{1-\left(\dfrac{r}{r_0}\right)^2}{2\dfrac{S}{r_0} \times \dfrac{r}{r_0}} \right]^{0.6} \tag{2-23}$$

$$Re = \frac{wr}{\nu} \tag{2-24}$$

$$w = (u^2 + c_r^2)^{0.5} \tag{2-25}$$

$$u = r\omega \tag{2-26}$$

$$c_r = \frac{G_z}{2\pi r \times S} \tag{2-27}$$

式中　Nu——转盘与静止环形板表面对流传热的努塞尔数；
C_{10}——试验常数；
Re——流体雷诺数；
Pr——流体普朗特数；
r——某一环形外圆半径；
r_0——冷却孔轴线的半径；
S——转盘与静止环形板的轴向尺寸；
w——转盘半径 r 处冷却流体的合成速度；
ν——流体运动黏度；
u——转盘半径 r 处圆周速度；
ω——转盘旋转角速度；
c_r——转盘半径 r 处冷却流体的径向速度；
G_z——转盘半径 r 处转盘与静止环形板之间冷却流体的流量。

在以上计算公式中，特征尺寸取某一环形外圆半径 r，雷诺数的特征速度取转盘半

径 r 处合成速度 w，定性温度取转盘与静止环形板之间的流体温度，据定性温度和对应的流体压力来确定流体的 Pr、λ、ν 等物性参数。

2. 冷却流体向外流动对流传热

冷却流体向外流动的汽轮机叶轮转盘示意图如图 2-8 所示，流经冷却通道的冷却流体沿转盘表面从叶轮下部流向轮缘，冷却流体由内向外流动，努塞尔数 Nu 与雷诺数 Re 的计算公式分别为

$$Nu = C_{11} Re^{0.75} Pr^{0.4} \left[\frac{2 \frac{S}{r_0} \times \frac{r}{r_0}}{\left(\frac{r}{r_0}\right)^2 - 1} \right]^{0.3} \tag{2-28}$$

$$Re = \frac{wr}{\nu} \tag{2-29}$$

$$w = (u^2 + c_r^2)^{0.5} \tag{2-30}$$

$$u = r\omega \tag{2-31}$$

$$c_r = \frac{G_z}{2\pi r \times S} \tag{2-32}$$

式中　C_{11}——试验常数。

在以上计算公式中，各符号说明、特征尺寸、特征速度、定性温度取值与式（2-23）~式（2-27）的冷却流体向内流动对流传热相同，据定性温度和对应的流体压力来确定流体的 Pr、λ、ν 等物性参数。

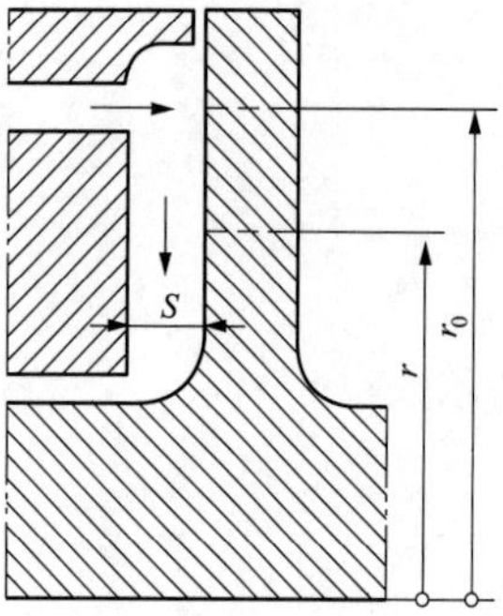

图 2-7　冷却流体向内流动的汽轮机叶轮转盘示意图

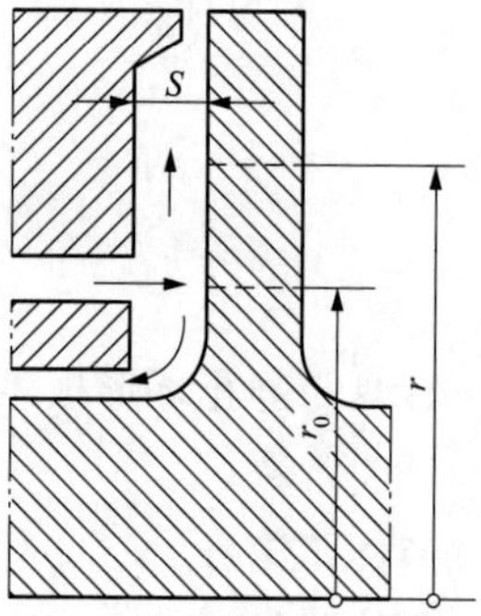

图 2-8　冷却流体向外流动的汽轮机叶轮转盘示意图

3. 环形间隙冷却流体对流传热

汽轮机高压缸的排汽用来冷却中压缸第一级叶轮进汽侧的表面，属于环形间隙冷却流体的叶轮转盘，如图 2-9 所示，流经环形间隙的冷却流体由内向外流动，努塞尔数 Nu 与雷诺数 Re 的计算公式分别为

$$Nu = C_{12} Re^{0.67} Pr^{0.4} \tag{2-33}$$

$$Re = \frac{wr}{\nu} \tag{2-34}$$

式中　Nu——转盘与静止环形板表面对流传热的努塞尔数；

C_{12}——试验常数；

Re——流体雷诺数；

Pr——流体普朗特数；

w——环形间隙冷却流体速度；

r——某一环形外圆半径；

ν——流体运动黏度。

在以上计算公式中，特征尺寸取某一环形外圆半径 r，雷诺数的特征速度取环形间隙冷却流体速度 w，定性温度取转盘与静止环形板之间的流体温度，据定性温度和对应的流体压力来确定流体的 Pr、λ、ν 等物性参数。

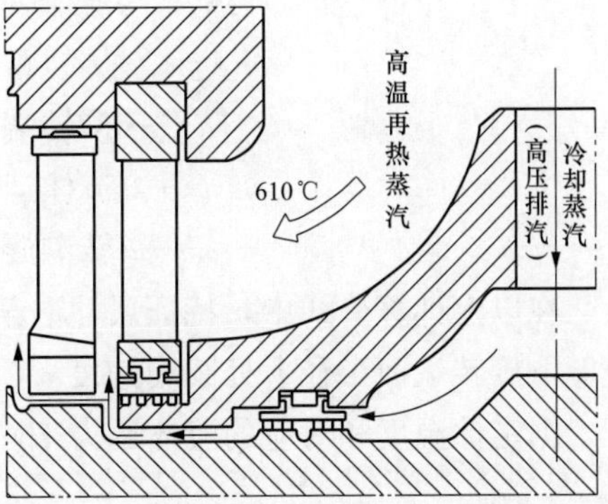

图 2-9 冷却流体流经环形间隙的叶轮转盘

四、旋转端面与静止环形板的对流传热

在本章参考文献[3-7]研究结果的基础上，经公式推导与计算分析，依据旋转端面与静止环形板轴向尺寸 S 与旋转端面外半径 r_2 之比以及旋转雷诺数的不同，得出汽轮机旋转端面与静止环形板以下 5 个的 Nu 计算公式。

（1）$0.01\leqslant S/r_2\leqslant 0.04$，$Re_\omega<3\times10^5$，则

$$Nu=C_{13}\left(\frac{S}{r}\right)^{-1}Pr \tag{2-35}$$

（2）$0.01\leqslant S/r_2\leqslant 0.04$，$Re_\omega\geqslant 3\times10^5$，则

$$Nu=C_{14}Re_\omega^{0.75}Pr\left(\frac{S}{r}\right)^{-0.25} \tag{2-36}$$

（3）$S/r_2\geqslant 0.04$，$3\times10^5<Re_\omega\leqslant 2\times10^6$，则

$$Nu=C_{15}Re_\omega^{0.5} \tag{2-37}$$

（4）$S/r_2\geqslant 0.04$，$2\times10^6<Re_\omega<3\times10^6$，则

$$Nu=C_{16}Re_\omega^{0.75}Pr\left(\frac{S}{r}\right)^{-0.25} \tag{2-38}$$

（5）$S/r_2\geqslant 0.04$，$Re_\omega\geqslant 3\times10^6$，则

$$Nu=C_{17}\left(Re_\omega^{0.8}+\frac{60\times10^6}{Re_\omega}\right) \tag{2-39}$$

$$Re_\omega=\frac{ru}{\nu}=\frac{r^2\omega}{\nu} \tag{2-40}$$

$$u=r\omega \tag{2-41}$$

式中 S——旋转端面与静止环形板的轴向尺寸；

r_2——旋转端面（转盘）外半径；

Nu——旋转端面与静止环形板表面对流传热的努塞尔数；

C_{13}、C_{14}、C_{15}、C_{16}、C_{17}——试验常数；

r——某一环形旋转端面外圆半径；

Pr——流体普朗特数；
Re_ω——旋转雷诺数；
u——旋转端面半径 r 处圆周速度；
ν——流体运动黏度；
ω——转盘旋转角速度。

在以上计算公式中，特征尺寸取某一环形旋转端面外圆半径 r，旋转雷诺数的特征速度取旋转端面半径 r 处圆周速度 u，定性温度取旋转端面与静止环形板之间的流体温度，据定性温度和对应的流体压力来确定流体的 Pr、λ、ν 等物性参数。

五、转盘与静止环形板表面传热系数

对于转盘与静止环形板的没有冷却流体或有冷却流体的两种情况，汽轮机转盘或旋转端面的表面传热系数 h_{r2} 与静止环形板表面的表面传热系数 h_{s2} 的计算公式分别为

$$h_{r2}=\frac{C_{18}Nu\lambda}{r} \tag{2-42}$$

$$h_{s2}=\frac{C_{19}Nu\lambda}{r} \tag{2-43}$$

$$C_{19}<C_{18} \tag{2-44}$$

式中　C_{18}、C_{19}——试验常数；
λ——流体热导率。

六、应用实例

（1）已知参数：某型号超超临界一次再热 1000MW 汽轮机的高压转子是反动式汽轮机的转鼓式转子，高压转子排汽侧端面与汽缸垂直端面如图 2-6 所示，高压转子最后一级动叶片出汽侧转子端面与高压转子平衡活塞外侧端面均为旋转端面。汽轮机工作转速 $n=3000\text{r/min}$，转子旋转端面的角速度 $\omega=2\pi n/60\text{rad/s}$。把这两个旋转端面划分为 3 部分，即端面上部、端面中部和端面下部。某一环形旋转端面外圆半径 r 和旋转端面与汽缸的轴向尺寸 S 列于表 2-1。

表 2-1　　高压转子旋转端面设计数据

序号	名称	高压转子出汽侧旋转端面			平衡活塞外侧旋转端面		
		上部	中部	下部	上部	中部	下部
1	汽轮机工作转速 n(r/min)	3000	3000	3000	3000	3000	3000
2	旋转角速度 ω(rad/s)	314.16	314.16	314.16	314.16	314.16	314.16
3	环形外圆半径 r(m)	0.4500	0.3600	0.2400	0.5325	0.4425	0.2400
4	旋转端面与汽缸轴向尺寸 S(m)	0.0175	0.0175	0.0175	0.0210	0.0210	0.0210

（2）计算结果：该型号超超临界汽轮机在 100%TMCR 工况、75%TMCR 工况和 50%TMCR 工况下，高压转子最后一级动叶片出汽侧转子端面与高压转子平衡活塞外侧端面的表面传热系数的计算结果列于表 2-2。

表 2-2　　　　　　高压转子旋转端面的表面传热系数计算结果

序号	名称	高压转子出汽侧旋转端面			平衡活塞外侧旋转端面		
		上部	中部	下部	上部	中部	下部
1	100%TMCR 工况表面传热系数 h_{r2} [W/(m^2·K)]	2270.21	1910.25	1368.57	6520.81	5748.43	3633.06
2	75%TMCR 工况表面传热系数 h_{r2} [W/(m^2·K)]	1628.80	1372.70	1081.48	6505.46	5734.89	3624.51
3	50%TMCR 工况表面传热系数 h_{r2} [W/(m^2·K)]	1106.61	933.69	79.26	6495.32	5725.95	3618.86

（3）分析与讨论：从表 2-2 的计算结果知，在同一负荷工况，同一处旋转端面的流体参数与流体物性参数相同，旋转端面上部的旋转雷诺数大，对应的表面传热系数比较大；在不同负荷工况，同一处旋转端面的流体参数与流体物性参数不同，高负荷工况的流体参数比较大，对应的表面传热系数也比较大；在同一负荷工况，高压转子最后一级动叶片出汽侧转子端面与高压转子平衡活塞外侧端面的流体参数有差异，流体参数比较高的高压转子平衡活塞外侧端面的表面传热系数比较大。

参 考 文 献

[1] Швец И. Т., Дыбан Е. П. Воэдушное охлаждение деталей гаэовых турбин. Киев: Наукова думка，1974.

[2] 史进渊，杨宇，邓志成，等．超临界和超超临界汽轮机汽缸传热系数的研究．动力工程，2006，26（1）：1-5.

[3] 史进渊，杨宇，邓志成，等．大功率电站汽轮机寿命预测与可靠性设计．北京：中国电力出版社，2011.

[4] Жаров Г. Г., Венцюлис Л. С. Судовые выскотемпературные газотурбиные установки. Издателвъство《Судостроение》，Ленигрaд，1973.

[5] РТМ 24. 020. 16-73. Турбины паровые стационарные. Расчет температурных полей роторов и цилиндров паровых турбин методом злектромоделирования. М.: М-во тяжелого，знерг. и трансп. матиностроеня，1974.

[6] Walter Taupel. Thermische Turbomaschinen. Spring-Verlang Berlin Heidelberg New York，1982.

[7] Зысина-Моложен Л. М.， Зысин Л. В.， Поляк М. Л. Теплообмен в турбомашинах. Л.: Машиностроение，1974.

第三章　汽轮机汽封传热计算方法

本章介绍了汽轮机汽封表面传热系数的计算方法，给出了高低齿曲径汽封、光轴平齿汽封和少齿数曲径汽封的表面传热系数计算公式，应用于汽轮机静叶片、动叶片、转子、隔板与汽缸的传热与冷却设计以及温度场与应力场研究。

第一节　汽封孔口流速计算方法

本节介绍了汽轮机汽封分类和汽封孔口流速计算方法、汽封流量系数取值以及汽封流阻计算方法，汽封孔口流速用作为汽轮机汽封传热计算的雷诺数特征速度，汽封流阻应用于汽轮机高温部件的冷却结构设计和冷却流量计算。

一、按汽封安装部位分类

汽轮机汽封设置在汽轮机动、静部分之间，是减少或防止蒸汽从动、静部件之间的间隙处过量泄漏或空气从轴端处漏入汽缸的密封装置。汽封设计应考虑以下三点：首先，封汽阻力尽量大，使漏汽在形成的蒸汽曲道及膨胀室中能量消耗尽量充分；其次，动静部件之间的径向间隙尽量小，但不能相互碰磨，还要考虑如一旦碰磨，使其接触面积尽量小，产生的摩擦热量尽量少，且加大传热热阻，不使周围部件受热变形；第三，动静部件之间的轴向间隙应保证在汽轮机的起动与停机的过程中，动静部件之间轴向不致碰磨，且留有其热膨胀差及相对机械位移余量。

根据安装部位的不同，汽轮机汽封主要分为轴端汽封、高中压合缸汽轮机中间汽封、平衡活塞汽封、隔板汽封和静叶片汽封及动叶片叶顶汽封。

1. 轴端汽封

为减少和防止转子两端穿过汽缸部位处漏汽和空气漏入汽缸，在转子两端穿过汽缸的部位设置适合不同压降的成组汽封称为轴端汽封，简称轴封。汽轮机高压缸轴端汽封如图 3-1 所示，汽轮机中压缸轴端汽封如图 3-2 所示，汽轮机低压缸轴端汽封如图 3-3 所示。

2. 中间轴封

对于高中压合缸的汽轮机结构，高压第一级与中压第一级的压差很大，为减少和防止因高压缸进汽侧蒸汽泄漏到中压缸进汽侧而造成能量损失，在高压缸与中压缸之间设计了中间轴封，也称过桥汽封。高中压合缸汽轮机的中间轴封如图 3-4 所示。

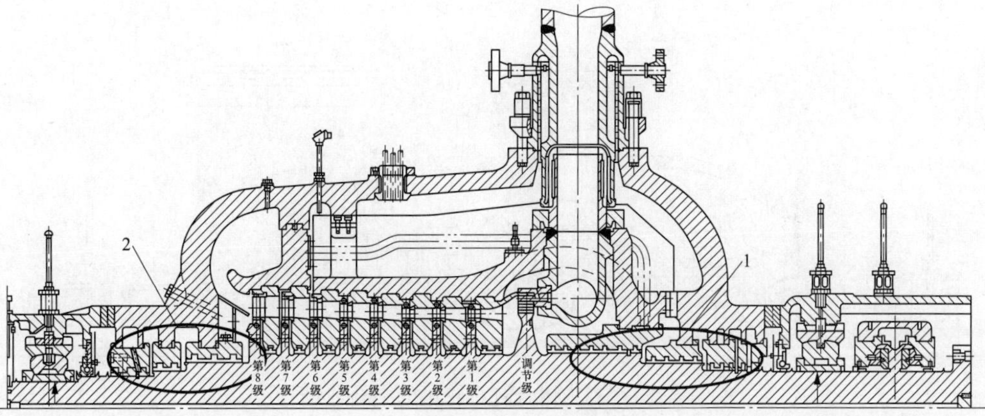

图 3-1　汽轮机高压缸轴端汽封

1—高压缸进汽侧轴端汽封；2—高压缸排汽侧轴端汽封

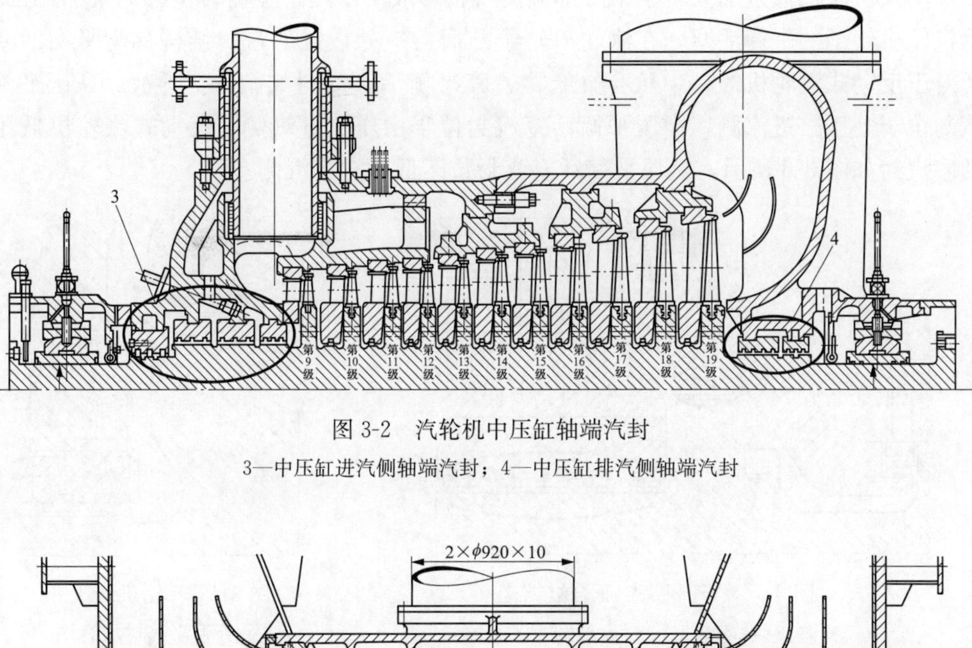

图 3-2　汽轮机中压缸轴端汽封

3—中压缸进汽侧轴端汽封；4—中压缸排汽侧轴端汽封

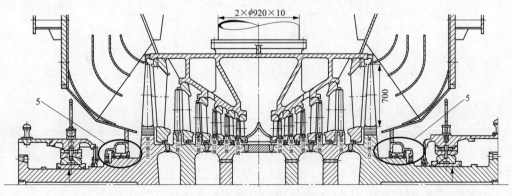

图 3-3　汽轮机低压缸轴端汽封

5—低压缸排汽侧轴端汽封

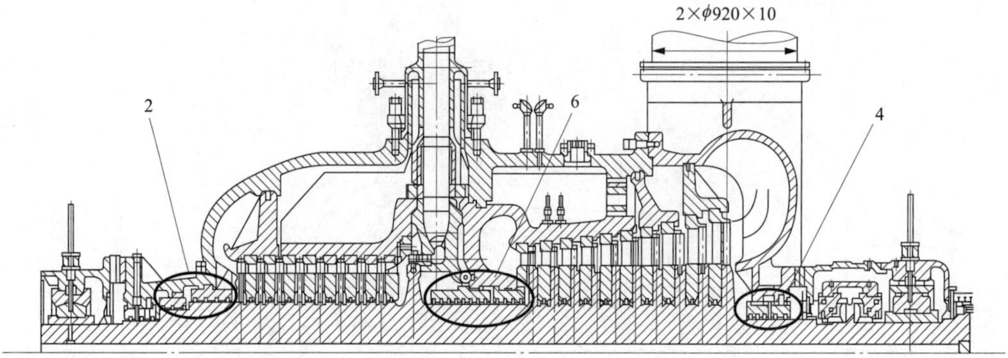

图 3-4　高中压合缸汽轮机的中间轴封

2—高压缸排汽侧轴端汽封；4—中压缸排汽侧轴端汽封；6—高中压合缸汽轮机中间轴封

3. 平衡活塞汽封

反动式汽轮机通过加大转子某一部分的直径形成一个用于平衡转子轴向推力的凸肩，称为汽轮机转子的平衡活塞，在汽轮机转子凸肩对应处设置的汽封结构称为平衡活塞汽封。对于反动式汽轮机的高中压合缸结构，其平衡活塞汽封如图 3-5 所示，高压平衡活塞汽封位于高压缸进汽侧，中压平衡活塞汽封位于中压缸进汽侧。反动式汽轮机低压平衡活塞汽封如图 3-6 所示，低压平衡活塞汽封位于低压缸排汽侧。

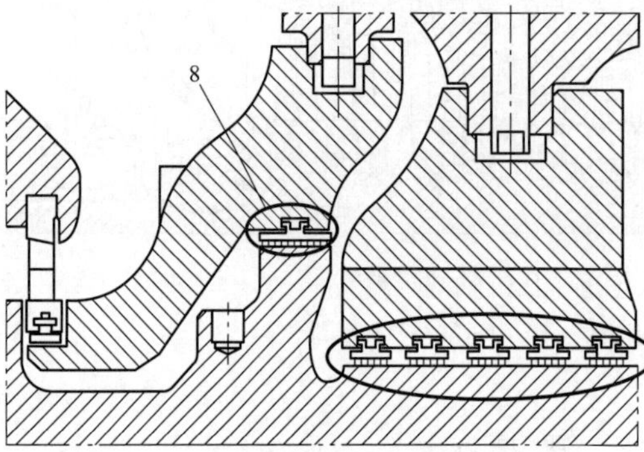

图 3-5　汽轮机高中压合缸结构平衡活塞汽封示意图

7—高压平衡活塞汽封；8—中压平衡活塞汽封

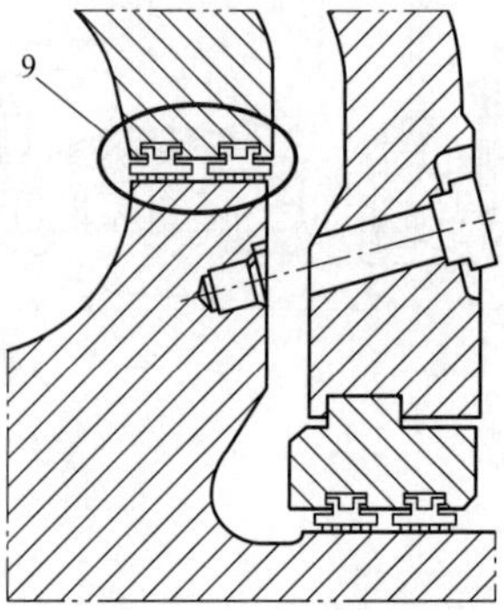

图 3-6　汽轮机低压缸平衡活塞汽封示意图

9—低压平衡活塞汽封

4. 隔板汽封和静叶片汽封

冲动式汽轮机的隔板汽封如图 3-7 所示，隔板板体内圆面与转子轮毂外圆面之间设置汽封，用来减少级前蒸汽通过隔板与转子之间的间隙漏入叶片级的动静之间。反动式汽轮机的静叶片汽封如图 3-8 所示，静叶片围带内圆面与转子外圆面之间设置汽封，用来减少级前蒸汽通过静叶片与转子之间的间隙漏入叶片级的动静之间。

5. 动叶片叶顶汽封

冲动式汽轮机的动叶片叶顶汽封如图 3-7 所示，反动式汽轮机的动叶片叶顶汽封图 3-8 所示。动叶片顶部与内缸内表面之间设置汽封，可以减少动叶片顶部与汽缸之间漏汽，以降低叶片级的漏汽损失。

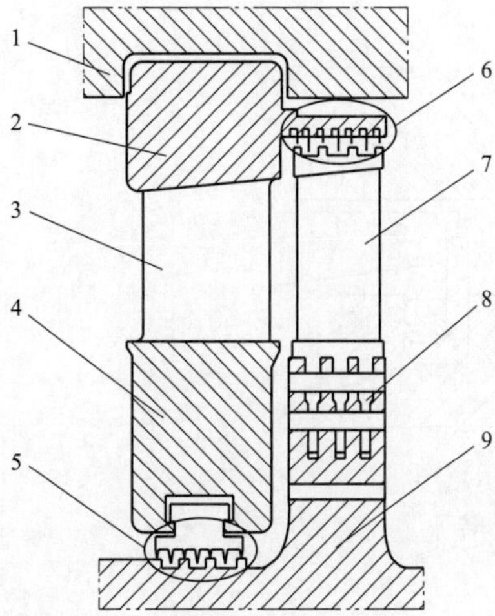

图 3-7 冲动式汽轮机隔板汽封与动叶片叶顶汽封示意图

1—汽缸；2—隔板外环；3—静叶片；4—隔板板体；5—隔板汽封；6—动叶片叶顶汽封；7—动叶片；8—叶根；9—转子

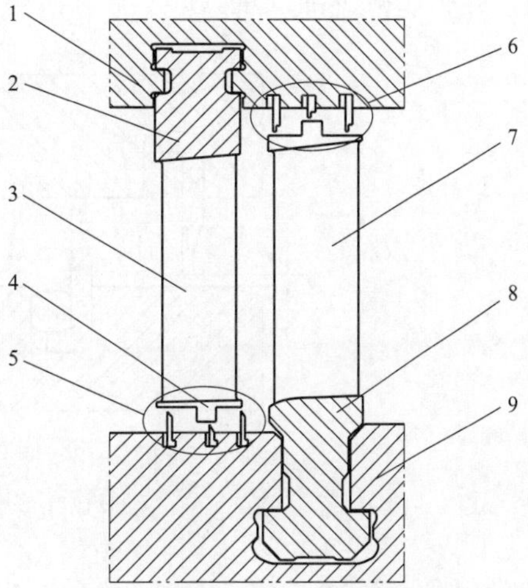

图 3-8 反动式汽轮机静叶片汽封与动叶片叶顶汽封示意图

1—汽缸；2—静叶片中间体；3—静叶片；4—静叶片围带；5—静叶片汽封；6—动叶片叶顶汽封；7—动叶片；8—叶根；9—转子

二、按汽封形式分类

按汽封形式的不同，汽轮机汽封又分为曲径汽封、蜂窝气封及可调式汽封，曲径汽封的结构也可以设计成可调式汽封。常用的曲径汽封，包括高低齿曲径汽封、镶片式汽封、光轴平齿汽封三种。

1. 高低齿曲径汽封

汽轮机转子上有凸肩的曲径汽封称为高低齿曲径汽封，如图 3-9 所示。图 3-9 所示的高低齿汽封形式，每组由 1 个低齿和 2 个高齿组成，在任何胀差位置，每 3 个齿中至少有 2 个齿始终可以起到封汽的作用。

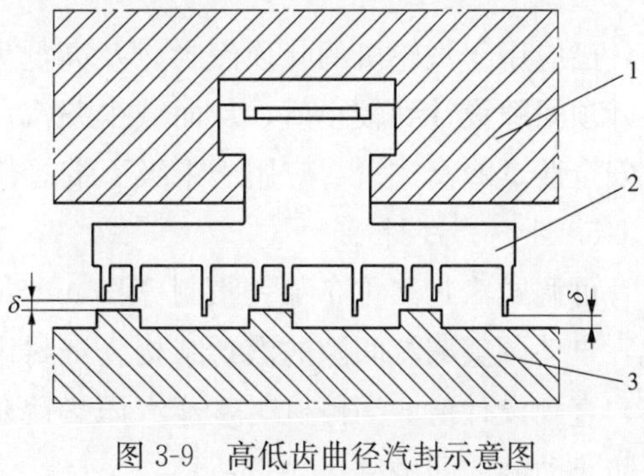

图 3-9 高低齿曲径汽封示意图

1—汽缸；2—汽封；3—转子

2. 镶片式汽封

汽轮机转子上无凸肩、转子或（和）汽缸镶嵌汽封片的汽封称为镶片式汽封，镶片式汽封有两种，单侧镶片式汽封和双侧镶片式汽封。转子或汽缸的一侧镶嵌汽封片，另一侧为凸台或光滑表面的镶片式汽封为单侧镶片式汽封，图 3-8 所示的反动式汽轮机静叶片汽封与动叶片叶顶汽封均为单侧镶片式汽封。转子和汽缸均镶嵌汽封片的镶片式汽封为双侧镶片式汽封，如图 3-10 所示。镶片式汽封的特点是结构简单，汽封片薄而且软，即使动静部分发生摩擦，产生热量不多，容易被蒸汽带走，安全性好。另外，在轴向距离相同的情况下，镶片式汽封的齿数相对比较多，有利于减少漏气量。

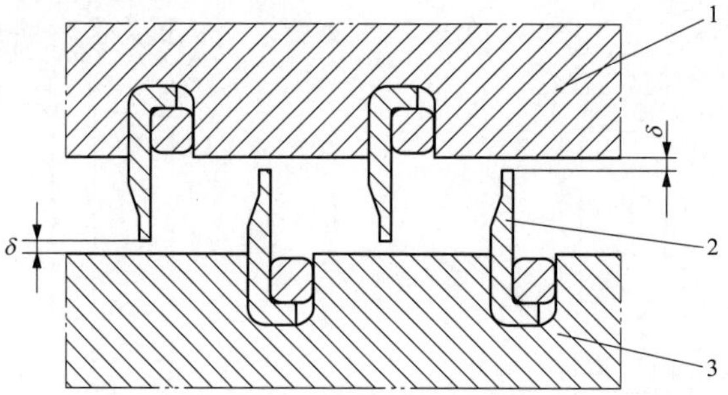

图 3-10　镶片式汽封示意图

1—汽缸；2—汽封；3—转子

3. 光轴平齿汽封

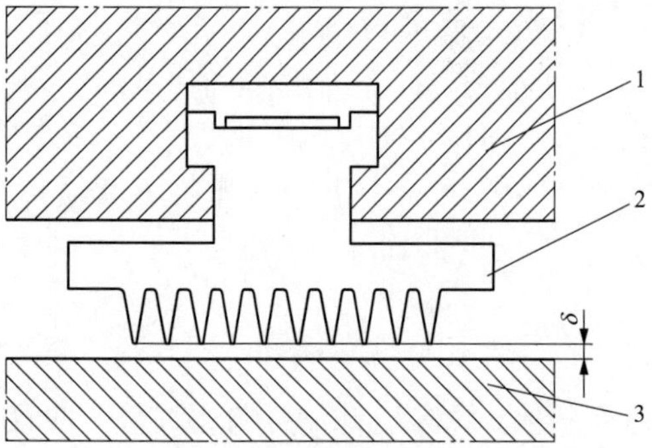

图 3-11　光轴平齿汽封示意图

1—汽缸；2—汽封；3—转子

汽轮机转子上无凸肩、无镶嵌汽封片的曲径汽封称为光轴平齿汽封，如图 3-11 所示。平齿汽封的泄漏量比高低齿曲径汽封大，但光轴平齿汽封受胀差限制小，在汽轮机胀差大的低压汽缸与低压转子上应用得比较多。

4. 蜂窝式汽封

蜂窝式汽封如图 3-12 所示，利用蜂窝状元件减少漏汽。蜂窝式汽封由高温合金蜂窝与背板组成，通过高温真空钎焊连接，是实现叶顶间隙密封的典型的封严结构之一，已应用于汽轮机的叶顶汽封以及高低齿汽封的低齿。蜂窝结构是可磨损材料，可以将叶顶间隙设计到较小值，从而减少漏汽，又可保证动静部件不会产生摩擦而影响汽轮机安全性。蜂窝式汽封应用于末级不带冠长叶片，可以减少漏汽损失并去湿。

5. 可调式汽封

可调式汽封又称布莱登汽封（Brandon packing），如图 3-13 所示，利用蒸汽压差变化，自动调整漏汽间隙的汽封结构。汽封齿与转子之间的间隙可随着蒸汽压力增加而减小，直到设计值。当停机时，蒸汽压力降低，由弹簧力的作用使汽封间隙回到最大值，以防止动静之间碰磨。

三、汽封孔口流速

依据曲径汽封的出口压力 p_z 与进口压力 p_0 之比，判定最后一个汽封孔口流速是否达到临界速度，来计算汽轮机曲径汽封孔口漏气的质量流量[1]。漏气流量除以汽封环形漏气孔口面积以及汽封进口的流体密度，得出汽封的孔口流速。

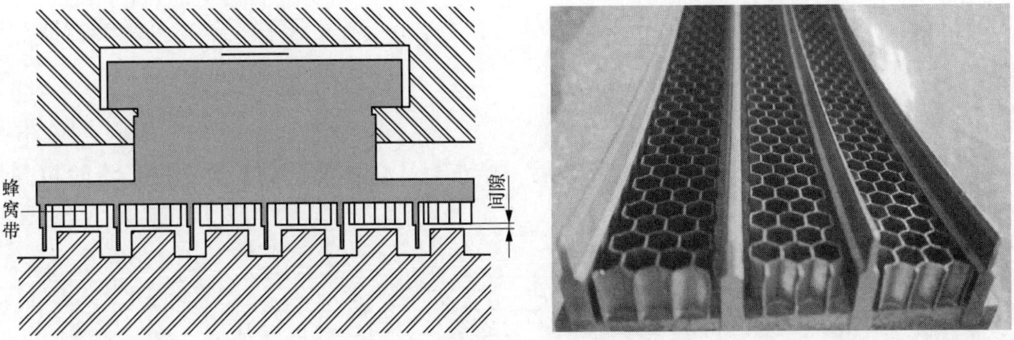

(a)　　(b)

图 3-12　蜂窝式汽封示意图

(a) 蜂窝式汽封结构图；(b) 蜂窝式汽封实物照片

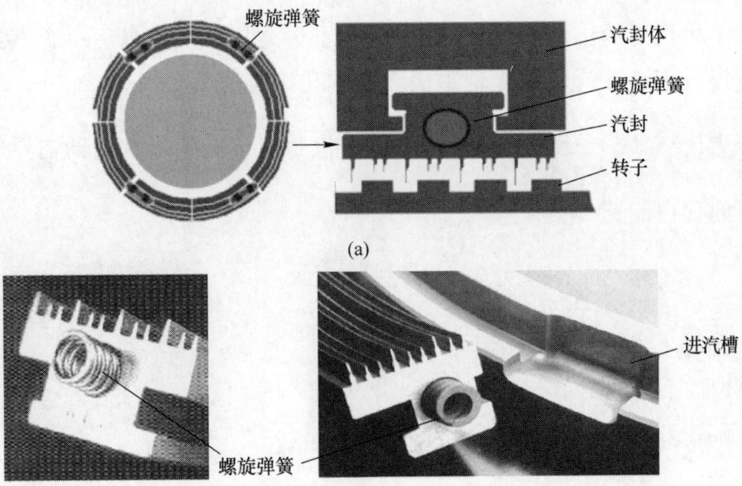

(a)

(b)

图 3-13　可调式汽封示意图

(a) 可调式汽封结构图；(b) 可调式汽封的螺旋弹簧与进汽槽

1. 高低齿曲径汽封孔口流速

(1) 当压力比$\frac{p_z}{p_0}>\frac{0.82}{\sqrt{z+1.25}}$时，最后一个汽封孔口流速没有达到临界速度，汽轮机高低齿曲径汽封的孔口流速 w 的计算公式为

$$w=\mu_1\frac{G}{A_\delta\rho_0}=\mu_1\sqrt{\frac{(p_0^2-p_z^2)v_0}{zp_0}}=\mu_1\sqrt{\frac{p_0^2-p_z^2}{zp_0\rho_0}} \tag{3-1}$$

式中　w——汽封孔口流速；

μ_1——高低齿曲径汽封的流量系数；

G——汽封孔口漏汽的质量流量；

A_δ——汽封环形漏汽孔口面积；

p_0——汽封进口压力；

p_z——汽封出口压力；

v_0——汽封进口比体积；

z——汽封齿数；

ρ_0——汽封进口密度。

(2) 当压力比$\dfrac{p_z}{p_0}\leqslant\dfrac{0.82}{\sqrt{z+1.25}}$时，最后一个汽封孔口流速达到临界速度，汽轮机高低齿曲径汽封的孔口流速 w 的计算公式为

$$w=\mu_1\frac{G_{cr}}{A_\delta\rho_0}=\mu_1\sqrt{\frac{p_0v_0}{z+1.25}}=\mu_1\sqrt{\frac{p_0}{(z+1.25)\rho_0}} \tag{3-2}$$

式中 G_{cr}——汽封孔口漏汽的临界流量。

高低齿曲径汽封孔口流速的计算方法，也适用于双侧镶片式汽封、一侧为凸台与另一侧镶汽封片的单侧镶片式汽封和可调式汽封。

2. 光轴平齿汽封孔口流速

依据光轴平齿汽封的出口压力 p_z与进口压力 p_0之比，判定最后一个汽封孔口流速是否达到临界速度，来计算汽轮机光轴平齿汽封的孔口流速 w。

(1) 当压力比$\dfrac{p_z}{p_0}>\dfrac{0.82}{\sqrt{z+1.25}}$时，最后一个汽封孔口流速没有达到临界速度，汽轮机光轴平齿汽封的孔口流速 w 的计算公式为

$$w=\mu_2\frac{G}{A_\delta\rho_0}=\mu_2\sqrt{\frac{(p_0^2-p_z^2)v_0}{zp_0}}=k_2\mu_1\sqrt{\frac{p_0^2-p_z^2}{zp_0\rho_0}} \tag{3-3}$$

式中 μ_2——光轴平齿汽封的流量系数；

k_2——光轴平齿汽封的修正系数；

μ_1——高低齿曲径汽封的流量系数。

(2) 当压力比$\dfrac{p_z}{p_0}\leqslant\dfrac{0.82}{\sqrt{z+1.25}}$时，最后一个汽封孔口流速达到临界速度，汽轮机光轴平齿汽封的孔口流速 w 的计算公式为

$$w=\mu_2\frac{G_{cr}}{A_\delta\rho_0}=\mu_2\sqrt{\frac{p_0v_0}{z+1.25}}=k_2\mu_1\sqrt{\frac{p_0}{(z+1.25)\rho_0}} \tag{3-4}$$

光轴平齿汽封孔口流速的计算方法，也适用于一侧为光滑表面与另一侧镶汽封片的单侧镶片式汽封。

3. 汽封流量系数

工程上，通常针对不同结构形式和不同汽封间隙，对接近实际尺寸的整段曲径汽封，通过试验确定汽封的流量系数。不同几何形状汽封齿的流量系数[2]如图 3-14 所示，在图 3-14 中，纵坐标为高低齿曲径汽封的流量系数 μ_1，横坐标为汽封孔口径向间隙 δ 与两个汽封齿之间轴向距离 S 之比。从图 3-14 知，汽封进汽侧为圆弧形状时汽封的流量系数比较大，汽封进汽侧为尖锐边缘时汽封的流量系数比较小。

高低齿曲径汽封流量系数 μ_1 和光轴平齿汽封流量系数 μ_2 如图 3-15 所示，光轴平齿汽封的流量系数比高低齿曲径汽封的流量系数高 20%～30%[1]。

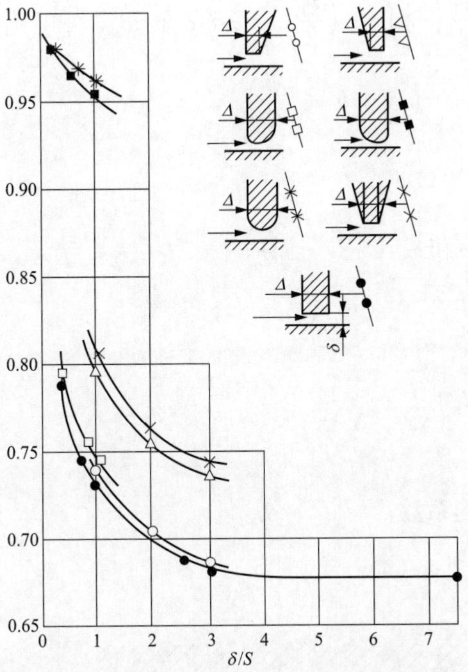

图 3-14 不同几何形状汽封齿的流量系数

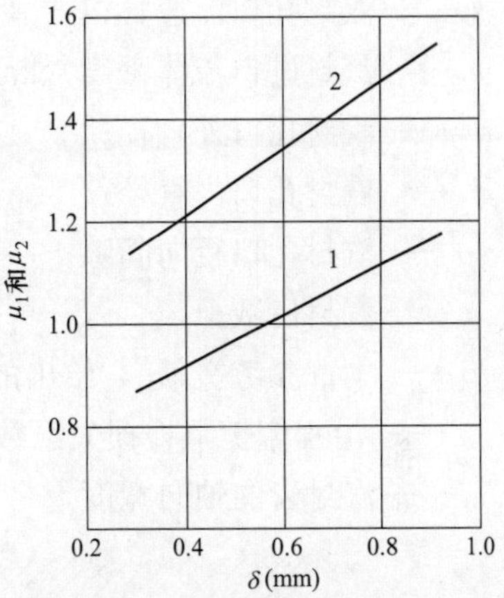

图 3-15 高低齿曲径汽封和光轴平齿汽封流量系数

1—高低齿曲径汽封流量系数 μ_1；

2—光轴平齿汽封流量系数 μ_2

光轴平齿汽封的修正系数[3]如图 3-16 所示，在图 3-16 中，纵坐标为光轴平齿汽封的修正系数 k_2，横坐标为汽封孔口径向间隙 δ 与两个汽封齿之间轴系距离 S 之比。在确定高低齿曲径汽封的流量系数 μ_1 的前提下，乘以修正系数 k_2，就可以按照式（3-3）和式（3-4）来计算光轴平齿汽封的孔口流速 w。

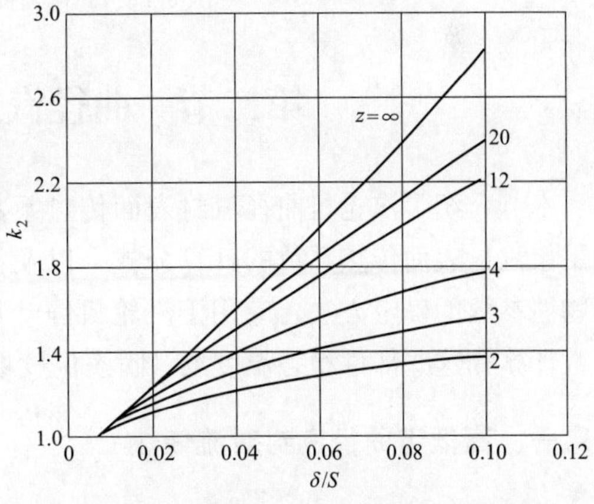

图 3-16 光轴平齿汽封的修正系数

四、高低齿曲径汽封压损与流阻

汽流在曲径汽封缝隙内压缩后作 90° 转弯，并流到汽封齿底部。随后在汽封槽内回转流到下一个缝隙，汽流在汽封槽内流动形成涡流区，流动阻力比较大，如图 3-17 所示。汽封压损 Δp 和流阻 Z[4]的计算公式分别为

$$\Delta p = ZQ^2 = Z\,(Aw)^2 \tag{3-5}$$

$$Z = \frac{\zeta \rho_0}{2A^2} \tag{3-6}$$

$$A=\pi\frac{d_2^2}{4}-\pi\frac{d_1^2}{4}=\pi\left(\frac{d_1}{2}+\delta\right)^2-\left(\frac{d_1}{2}\right)^2=\pi d_1\delta+\pi\delta^2 \tag{3-7}$$

$$\zeta=1+0.5+z\left(a_1+b_1+\frac{\lambda l}{2\delta}\right) \tag{3-8}$$

式中 Q——体积流量；

A——流道面积；

w——汽封孔口流速，按式（3-1）和式（3-2）计算；

ρ_0——汽封进口流体密度，kg/m^3；

d_2——汽封孔口外直径；

d_1——汽封孔口内直径；

δ——汽封孔口径向间隙；

z——汽封齿数；

a_1、b_1——本章参考文献[4]给出的结构系数；

λ——沿程摩擦阻力损失系数；

l——汽封齿的轴向宽度。

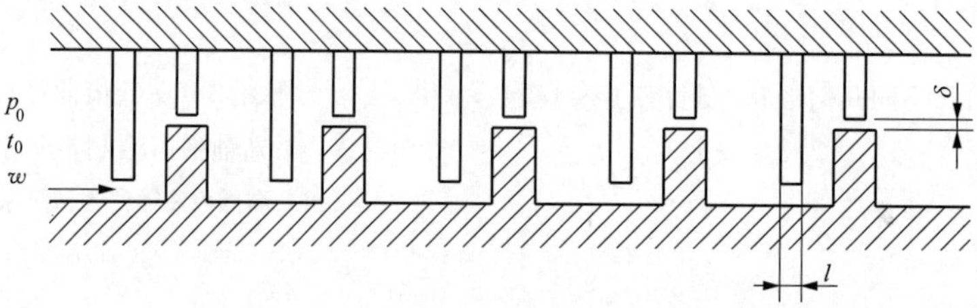

图 3-17　高低齿曲径汽封的示意图

第二节　曲径汽封传热计算方法

本节介绍了汽轮机曲径汽封表面传热系数的计算方法，给出了高低齿曲径汽封与光轴平齿汽封表面传热系数的计算公式，以及特征尺寸、特征速度与定性温度的取值和流体物性参数的确定方法，应用于汽轮机静叶片、动叶片、转子、隔板与汽缸的表面传热系数计算和这些部件稳态温度场、瞬态温度场与应力场的有限元数值计算。

一、高低齿曲径汽封对流传热

高低齿曲径汽封的示意图如图 3-18 所示。

在汽轮机高低齿曲径汽封的传热计算方法中，雷诺数 Re 的计算公式为

$$Re=\frac{2\delta\times w}{\nu} \tag{3-9}$$

式中 δ——汽封径向间隙；

w——汽封孔口的流体流速；

ν——流体运动黏度。

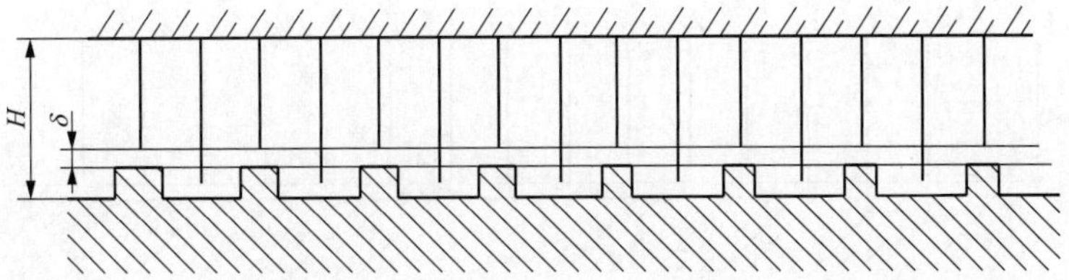

图 3-18　高低齿曲径汽封的示意图

在本章参考文献[5-7]研究结果的基础上，经公式推导和计算分析，得出高低齿曲径汽封对流传热的努塞尔数 Nu 按雷诺数 Re 的不同有以下三个计算公式。

(1) $Re<2\times10^2$，则

$$Nu=C_{g1}Re^{0.5}Pr^{0.43}\left(\frac{\delta}{H}\right)^{0.56} \tag{3-10}$$

(2) $2\times10^2\leqslant Re<6\times10^3$，则

$$Nu=C_{g2}Re^{0.5}Pr^{0.43}\left(\frac{\delta}{H}\right)^{0.56} \tag{3-11}$$

(3) $Re\geqslant6\times10^3$，则

$$Nu=C_{g3}Re^{0.5}Pr^{0.43}\left(\frac{\delta}{H}\right)^{0.56} \tag{3-12}$$

式中　Nu——汽封对流传热的努塞尔数；

C_{g1}、C_{g2}、C_{g3}——试验常数；

Re——流体雷诺数；

Pr——流体普朗特数；

δ——汽封径向间隙；

H——汽封室高度。

流体流过汽封是节流过程，已知汽封进口流体的压力 p_0、温度 t_0 和出口压力 p_z，按照等焓过程确定汽封出口的流体温度 t_z。在汽轮机高低齿曲径汽封的表面传热系数的计算公式中，特征尺寸取两倍汽封径向间隙 2δ，流体雷诺数的特征速度取汽封孔口的流体流速 w，定性温度取汽封进口流体温度 t_0 与汽封出口流体温度 t_z 的算术平均值 $t_f=(t_0+t_z)/2$，依据定性温度 t_f 和汽封进口流体的压力 p_0 来确定流体的 Pr、λ、ν 等物性参数。

高低齿曲径汽封的传热计算方法，也适用于转子和汽缸均镶嵌汽封片的镶片式汽封和可调式汽封。

二、光轴平齿汽封对流传热

光轴平齿汽封的示意图如图 3-19 所示。在汽轮机光轴平齿汽封的传热计算方法中，雷诺数 Re 的计算公式与式（3-9）相同。

在本章参考文献[5-7]研究结果的基础上，经公式推导和计算分析，得出光轴平齿汽封对流传热的努塞尔数 Nu 按雷诺数 Re 的不同有以下两个计算公式。

(1) $2.4\times10^2\leqslant Re<8.7\times10^3$，则

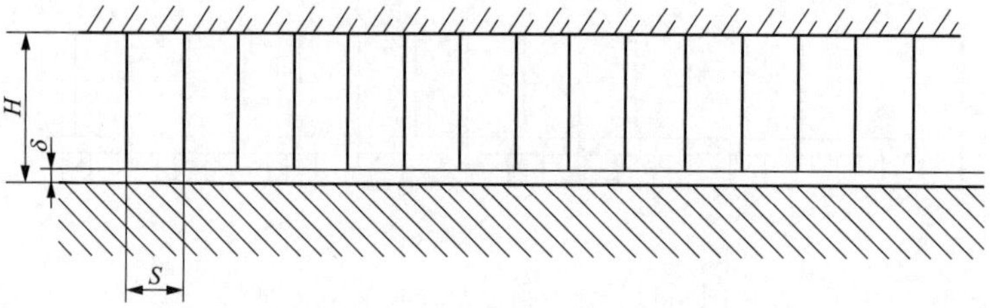

图 3-19　光轴平齿汽封的示意图

$$Nu = C_{g4} Re^{0.6} Pr^{0.43} \left(\frac{\delta}{S}\right)^{0.085} \left(\frac{\delta}{H}\right)^{0.075} \tag{3-13}$$

（2）$8.7\times10^3 \leqslant Re < 1.7\times10^5$，则

$$Nu = C_{g5} Re^{0.8} Pr^{0.43} \left(\frac{\delta}{S}\right)^{0.1} \left(\frac{\delta}{H}\right)^{0.1} \tag{3-14}$$

式中　Re——流体雷诺数；

Nu——汽封对流传热的努塞尔数；

C_{g4}、C_{g5}——试验常数；

Pr——流体普朗特数；

δ——汽封径向间隙；

S——两个汽封齿之间的轴向尺寸；

H——汽封室高度。

汽轮机光轴平齿汽封出口的流体温度 t_z的确定方法，与高低齿曲径汽封相同。在汽轮机光轴平齿汽封的表面传热系数的计算公式中，特征尺寸取两倍汽封径向间隙 2δ，流体雷诺数的特征速度取汽封孔口的流体流速 w，定性温度取汽封进口流体温度 t_0与汽封出口流体温度 t_z的算术平均值 $t_f=(t_0+t_z)/2$，依据定性温度 t_f和汽封进口流体的压力 p_0 来确定流体的 Pr、λ、ν 等物性参数。

光轴平齿汽封的传热计算方法，也适用于转子侧为光滑表面与汽缸单侧镶嵌汽封片的镶片式汽封。

三、曲径汽封表面传热系数

汽轮机高低齿曲径汽封、光轴平齿汽封的转轴外表面对流传热的表面传热系数 h_{r3}与静止汽封体内表面的表面传热系数 h_{s3}的计算公式分别为

$$h_{r3} = \frac{C_{g6} Nu\lambda}{2\delta} \tag{3-15}$$

$$h_{s3} = \frac{C_{g7} Nu\lambda}{2\delta} \tag{3-16}$$

$$C_{g7} < C_{g6} \tag{3-17}$$

式中　C_{g6}、C_{g7}——试验常数；

λ——流体热导率。

四、应用实例

（1）已知参数：某型号超超临界汽轮机的高压转子，轴端汽封均采用高低齿曲径汽封，如图 3-18 所示。高压缸进汽侧与排汽侧均采用 4 段轴封，从汽轮机通流部分至转子轴承的 4 段轴分别编号为第 1 段轴封、第 2 段轴封、第 3 段轴封和第 4 段轴封。第 1 段轴封、第 2 段轴封和第 3 段轴封的汽封齿数 z、汽封径向间隙 δ 与汽封室高度 H 列于表 3-1。

表 3-1　　高压转子轴端汽封设计数据

序号	名称	高压进汽侧轴封			高压排汽侧轴封		
		第 1 段	第 2 段	第 3 段	第 1 段	第 2 段	第 3 段
1	汽封齿数 z（个）	39	19	7	39	11	13
2	汽封径向间隙 δ（mm）	0.6	0.6	0.6	0.6	0.6	0.6
3	汽封室高度 H（mm）	3	3	3	4	4	4

（2）计算结果：该型号超超临界汽轮机在 100%TMCR 工况、75%TMCR 工况和 50%TMCR 工况下，第 1 段轴封、第 2 段轴封和第 3 段轴封的表面传热系数的计算结果列于表 3-2。

表 3-2　　高压转子轴端汽封的表面传热系数计算结果

序号	名称	高压进汽侧轴封			高压排汽侧轴封		
		第 1 段	第 2 段	第 3 段	第 1 段	第 2 段	第 3 段
1	100%TMCR 工况表面传热系数 h_{r3} [W/(m^2·K)]	13 826.4	32 218.2	12 746.2	2677.3	29 902.7	3036.9
2	75%TMCR 工况表面传热系数 h_{r3} [W/(m^2·K)]	13 806.5	32 171.9	12 745.6	2073.8	29 536.4	2500.7
3	50%TMCR 工况表面传热系数 h_{r3} [W/(m^2·K)]	13 793.5	32 141.4	12 745.2	1536.4	20 767.4	1974.3

（3）分析与讨论：从表 3-2 的计算结果知，在同一负荷工况，高压进汽侧轴封的表面传热系数比高压排汽侧轴封大，原因在于高压进汽侧轴封的蒸汽参数比较高；高压进汽侧轴封与高压排汽侧轴封的第 1 段轴封的表面传热系数比第 2 段轴封小，原因在于第 1 段轴封的汽封齿数比较多，第 1 段轴封的汽封孔口的流体流速比较小，对应的雷诺数 Re 和表面传热系数也比较小；不同负荷工况下，同一段轴封的表面传热系数变化不大，原因在于汽轮机轴封系统配置汽封加热器，不同负荷工况对应的同一段轴封的进出口蒸汽参数变化比较小。

第三节　少齿数汽封传热计算方法

本节介绍了汽轮机少齿数曲径汽封表面传热系数的计算方法，给出了少齿数曲径汽封的表面传热系数的计算公式，以及特征尺寸、特征速度与定性温度的取值和流体物性参数的确定方法，应用于汽轮机静叶片、动叶片、隔板、转子与汽缸的表面传热系数计算和这些部件稳态温度场、瞬态温度场与应力场的研究。

一、少齿数曲径汽封对流传热

少齿数汽轮机曲径汽封指的是齿数少于 8 的动叶片叶顶汽封、静叶片汽封、隔板汽封，少齿数曲径汽封的结构形式，可以是高低齿曲径汽封，也可以是光轴平齿汽封或镶片式汽封。某型号反动式汽轮机静叶片汽封与动叶片叶顶汽封的示意图如图 3-20 所示，静叶片汽封与动叶片叶顶汽封均为单侧镶嵌汽封片，而一侧为凸台与另一侧镶汽封片的高低齿曲径汽封（单侧镶片式高低齿汽封）。

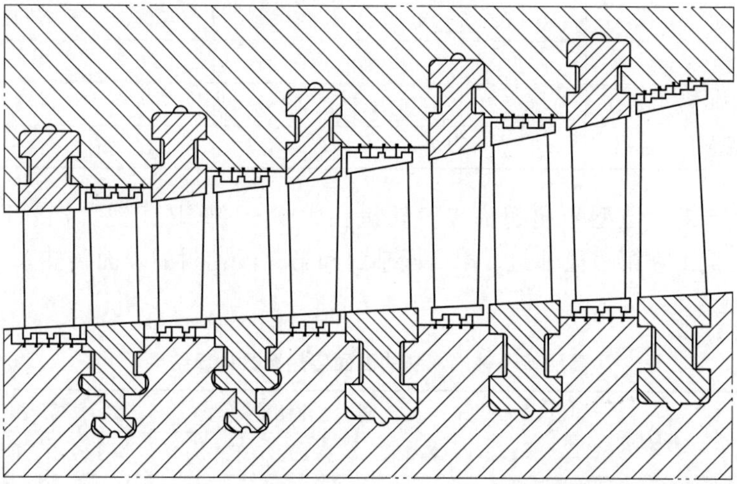

图 3-20　反动式汽轮机静叶片汽封与动叶片叶顶汽封的示意图

在汽轮机的少齿数曲径汽封对流传热的计算公式，雷诺数 Re 的使用范围是 $2.5\times10^3\sim2.5\times10^4$，在本章参考文献[8，9]研究结果的基础上，经公式推导和计算分析，得出少齿数曲径汽封对流传热的努塞尔数 Nu 的计算公式为

$$Nu=\frac{C_{g8}}{k}Re^{0.9}Pr^{0.43}\left(\frac{\delta}{H}\right)^{-0.7} \tag{3-18}$$

$$Re=\frac{2H\times w}{\nu} \tag{3-19}$$

式中　Nu——汽封对流传热的努塞尔数；

C_{g8}——试验常数；

k——汽封传热修正系数；

Re——流体雷诺数；

Pr——流体普朗特数；

δ——汽封径向间隙；

H——汽封室高度；

w——汽封腔室的流体平均流速；

ν——流体运动黏度。

汽封传热修正系数 $k=0.63\sim1.27$，高低齿曲径汽封取 $k=0.63$，光轴平齿汽封取 $k=1.27$。

汽轮机少齿数曲径汽封出口的流体温度 t_z 的确定方法，与高低齿曲径汽封相同。在汽轮机少齿数曲径汽封的表面传热系数的计算公式中，特征尺寸取两倍汽封室高度 $2H$，这区别于多齿数曲径汽封的特征尺寸 2δ；流体雷诺数的特征速度取汽封腔室的流体平均流速 w，区别于多齿数汽封的孔口流速；定性温度取汽封进口流体温度 t_0 与汽封出口流体温度 t_z 的算术平均值 $t_f=(t_0+t_z)/2$，依据定性温度 t_f 和汽封进口流体的压力 p_0 来确定流体的 Pr、λ、ν 等物性参数。

二、少齿数曲径汽封表面传热系数

汽轮机少齿数曲径汽封的转轴外表面对流传热的表面传热系数 h_{r4} 与静止汽封体表面的表面传热系数 h_{s4} 的计算公式分别为

$$h_{r4}=\frac{C_{g9}Nu\lambda}{2H} \tag{3-20}$$

$$h_{s4}=\frac{C_{g10}Nu\lambda}{2H} \tag{3-21}$$

$$C_{g9}<C_{g10} \tag{3-22}$$

式中　C_{g9}、C_{g10}——试验常数；

λ——流体热导率。

当雷诺数 $Re>2.5\times10^4$ 时，式（3-18）就不能使用。对于雷诺数 Re 的范围超出 $2.5\times10^3\sim2.5\times10^4$ 大多数汽轮机的动叶片叶顶汽封、静叶片汽封、隔板汽封，仍然按照式（3-10）～式（3-16）来计算少齿数曲径汽封的表面传热系数。

三、应用实例

（1）已知参数：某型号超超临界汽轮机的高压转子与中压转子，静叶片汽封均采用高低齿曲径汽封，如图 3-8 和图 3-16 所示。高压缸静叶片汽封设计数据列于表 3-3，中压缸静叶片汽封设计数据列于表 3-4。

表 3-3　高压缸静叶片汽封设计数据

级号	汽封齿数 z（个）	汽封径向间隙 δ（mm）	汽封室高度 H（mm）
2	5	0.75	11.6
3	5	0.75	10.6
4	5	0.70	10.4
5	4	0.70	11.6
6	5	0.75	12.2
7	5	0.75	11.6
8	5	0.75	11.6
9	4	0.75	10.8

续表

级号	汽封齿数 z(个)	汽封径向间隙 δ(mm)	汽封室高度 H(mm)
10	4	0.75	11.0
11	4	0.75	5.2
12	5	0.85	14.0
13	4	0.85	14.0
14	4	0.85	14.0

表 3-4　　中压缸静叶片汽封设计数据

级号	汽封齿数 z(个)	汽封径向间隙 δ(mm)	汽封室高度 H(mm)
2	6	0.75	11.6
3	6	0.75	10.6
4	6	0.70	10.4
5	5	0.70	11.6
6	5	0.75	12.2
7	5	0.75	11.6
8	5	0.75	11.6
9	5	0.75	10.8
10	5	0.75	11.0
11	5	0.75	5.2
12	5	0.85	14.0
13	5	0.85	14.0

(2) 计算结果：该型号超超临界汽轮机在 100%TMCR 工况、75%TMCR 工况和 50%TMCR 工况下，高压转子对应静叶片汽封部位的表面传热系数的计算结果列于表 3-5，中压转子对应静叶片汽封部位的表面传热系数的计算结果列于表 3-6。

(3) 分析与讨论：从表 3-5 和表 3-6 的计算结果知，在同一负荷工况，高压转子对应静叶片汽封部位的表面传热系数比中压转子对应静叶片汽封部位的表面传热系数大；对于高压转子或中压转子对应静叶片汽封的同一部位，高负荷工况的表面传热系数比较大。

表 3-5　　高压转子对应静叶片汽封部位的表面传热系数 h_{r4} 的计算结果

级号	100%TMCR 工况 h_{r4} [W/(m²·K)]	75%TMCR 工况 h_{r4} [W/(m²·K)]	50%TMCR 工况 h_{r4} [W/(m²·K)]
2	37 036.9	26 984.9	18 700.9
3	40 088.5	29 219.0	20 286.0
4	38 277.8	27 950.0	19 421.7
5	33 309.6	24 871.1	17 340.0
6	27 650.9	20 603.0	14 367.4
7	28 547.9	21 265.0	14 847.4

续表

级号	100%TMCR 工况 h_{r4} [W/(m² · K)]	75%TMCR 工况 h_{r4} [W/(m² · K)]	50%TMCR 工况 h_{r4} [W/(m² · K)]
8	26 993.2	20 104.4	15 065.5
9	28 321.7	21 091.4	14 781.2
10	26 147.2	19 485.3	13 658.3
11	37 326.8	27 842.4	19 554.1
12	18 994.4	14 190.2	9960.2
13	19 078.1	14 334.2	10 144.5
14	17 208.5	12 848.3	9056.7

表 3-6　　　　中压转子对应静叶片汽封部位表面传热系数的计算结果

级号	100%TMCR 工况 h_{r4} [W/(m² · K)]	75%TMCR 工况 h_{r4} [W/(m² · K)]	50%TMCR 工况 h_{r4} [W/(m² · K)]	35%TMCR 工况 h_{r4} [W/(m² · K)]
2	10 602.7	6794.2	5067.1	3998.3
3	9002.7	6631.3	4955.6	3932.8
4	9201.9	6112.7	4556.0	3019.3
5	8560.9	5651.1	4228.5	3333.3
6	7802.0	5130.7	3839.6	3035.2
7	7102.3	4813.7	3595.9	2843.7
8	6479.8	4362.3	3255.3	2578.2
9	6114.3	4060.8	3048.6	2407.0
10	5313.6	3629.3	2826.9	2770.2
11	6495.7	4961.8	3849.3	3076.6
12	3534.2	2562.1	1982.8	1585.8
13	2982.0	789.6	612.6	509.0

参 考 文 献

[1] 康松，杨建明，胥建群．汽轮机原理．北京：中国电力出版社，2000.

[2] [苏] A.Г. 卡斯丘克，B.B. 福罗洛夫．汽轮机和燃气轮机．夏同棠，刘英哲，唐致实，等译．北京：水利电力出版社，1991.

[3] 机械工程手册，电机工程手册编辑委员会．机械工程手册　第二版　通用设备卷．北京：机械工业出版社，1997.

[4] 华少曾，杨学宁，等．实用流体阻力手册．北京：国防工业出版社，1985.

[5] PTM 24.020.16-73. Турбины паровые стационарные. Расчет температурных полей роторов и цилиндров паровых турбин методом злектромоделирования. М.：М-во тяжелого，знерг. и трансп. матиностроеня，1974.

[6] 史进渊，杨宇，邓志成，等．超临界和超超临界汽轮机汽缸传热系数的研究．动力工程，2006，26（1）：1-5.

[7] 史进渊，杨宇，邓志成，等．大功率电站汽轮机寿命预测与可靠性设计．北京：中国电力出版社，2011.

[8] Зысина-Моложен Л. М.， Зысин Л. В.， Поляк М. Л. Теплообмен в турбомашинах. Л.：Машиностроение，1974.

[9] Швец И. Т.， Дыбан Е. П. Воэдушное охлаждение деталей гаэовых турбин. Киев：Наукова думка，1974.

第四章　汽轮机管道传热计算方法

本章介绍了汽轮机管道表面传热系数的计算方法，给出了旋转流道内表面对流传热、管道内表面强制对流传热与管道保温结构外表面的复合传热系数以及管道外表面的等效表面传热系数的计算公式，应用于汽轮机的静叶片、动叶片、叶轮、转子、蒸汽管道、阀壳与汽缸的传热与冷却设计以及温度场与应力场研究。

第一节　旋转流道内表面传热计算方法

本节介绍了汽轮机转动部件的旋转流道内表面传热系数的计算方法，给出了旋转水平流道与旋转径向流道的管内自然对流与管内强制对流的表面传热系数计算公式，以及特征尺寸、特征速度与定性温度的取值和流体物性参数的确定方法，应用于汽轮机动叶片与转子的冷却通道以及叶轮平衡孔的表面传热系数计算和这些部件稳态温度场、瞬态温度场与应力场的有限元数值计算。

一、旋转水平流道自然对流传热

1. 旋转水平流道自然对流传热特征数方程

汽轮机部件旋转时，离心力超过重力的几千倍，冷热流体引起的升力与对流，在水平旋转管状结构内是相当大的。例如，转速为 3000r/min，半径 $R=0.5$m，离心加速度 $f=R\omega^2$ 与重力加速度 g 之比，$R\omega^2/g=0.5\times(100\pi)^2\div 9.8=5036$，离心加速度是重力加速度的 5036 倍，这就大大加强了旋转流道内的传热与冷却。汽轮机转子、动叶片和叶轮上的轴向孔可以处理为旋转水平流道，其中心线平行于转子中心线，如图 4-1 所示。在一些确定的条件下，汽轮机的旋转水平流道的自然对流，可以达到与强制对流传热相同的效果。在本章参考文献[1-2]研究结果的基础上，经公式推导与计算分析，得出绕转子中心旋转的旋转水平流道自然对流传热的努塞尔数 Nu 的计算公式为

$$Nu=C_{p1}(Gr_{\omega}Pr)^{0.25} \tag{4-1}$$

$$Gr_{\omega}=\frac{f\beta\Delta t r_0^3}{\nu^2}=\frac{R\omega^2\beta\Delta t r_0^3}{\nu^2} \tag{4-2}$$

$$f=R\omega^2 \tag{4-3}$$

$$\Delta t=t_{\omega}-t_{f} \tag{4-4}$$

$$t_{\omega}=\frac{1}{2}(t_{wH}+t_{wL}) \tag{4-5}$$

式中 Nu——旋转水平流道自然对流传热的努塞尔数；
C_{p1}——试验常数；
Gr_{ω}——旋转格拉晓夫数；
Pr——流体普朗特数；
f——离心加速度；
β——体胀系数；
r_0——旋转水平流道当量直径的一半，$r_0=\frac{1}{2}d_e$；
ν——流体运动黏度；
R——旋转水平流道截面形心至转子中心的距离；
ω——旋转角速度；
t_{ω}——平均温度；
t_f——流道进口侧流体温度；
t_{wH}——旋转水平流道高温区内表面温度；
t_{wL}——旋转水平流道低温区内表面温度。

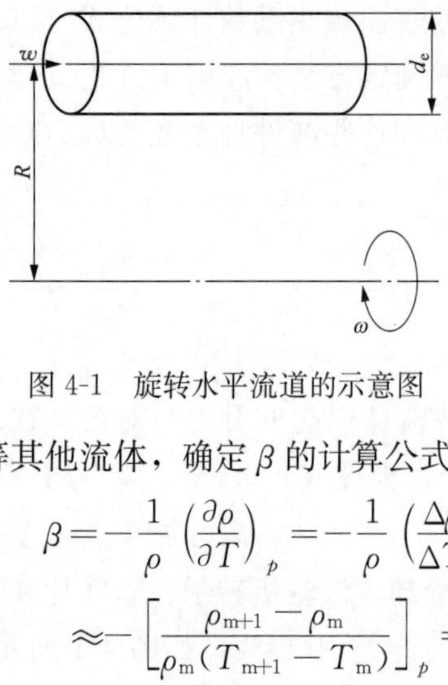

图 4-1 旋转水平流道的示意图

在绕转子中心旋转的旋转水平流道自然对流的表面传热系数的计算公式中，特征尺寸取流道当量直径 d_e，定性温度取流道高温区内表面温度 t_{wH} 与流道低温区内表面温度 t_{wL} 的算术平均值 $t_{\omega}=(t_{wH}+t_{wL})/2$，依据定性温度 t_{ω} 和流道进口侧流体压力 p_1 来确定流体的 Pr、λ、ν 等物性参数。

对于符合理想气体性质的气体，如空气、过热蒸汽等，体胀系数 $\beta\approx 1/T_{\omega}=1/(273+t_{\omega})$。对于饱和蒸汽等其他流体，确定 β 的计算公式为

$$\beta=-\frac{1}{\rho}\left(\frac{\partial\rho}{\partial T}\right)_p=-\frac{1}{\rho}\left(\frac{\Delta\rho}{\Delta T}\right)_p$$
$$\approx-\left[\frac{\rho_{m+1}-\rho_m}{\rho_m(T_{m+1}-T_m)}\right]_p=-\left(\frac{\rho_{m+1}-\rho_m}{\rho_m}\right)_p=\left(1-\frac{\rho_{m+1}}{\rho_m}\right)_p=\left(1-\frac{\nu_m}{\nu_{m+1}}\right)_p \tag{4-6}$$

式中 ρ_{m+1}——压力 p 和温度 T_{m+1} 的流体密度；
ρ_m——压力 p 和温度 T_m 的流体密度；
T_{m+1}——T_m 温度再升高 1K，$T_{m+1}=T_m+1$；
T_m——平均热力学温度，$T_m=t_m+273$；
ν_m——压力 p 和温度 T_m 的流体比体积；
ν_{m+1}——压力 p 和温度 T_{m+1} 的流体比体积。

2. 旋转水平流道自然对流内表面传热系数

对于汽轮机转动部件的旋转水平流道，管状结构内表面自然对流的表面传热系数 h_{p1}

的计算公式为

$$h_{\mathrm{p1}} = \frac{Nu\lambda}{d_{\mathrm{e}}} \tag{4-7}$$

式中　d_{e}——旋转流道当量直径；

λ——流体热导率。

采用式（4-1）计算旋转水平流道自然对流的努塞尔数 Nu 时，需要先假定旋转水平流道高温区内表面温度 t_{wH} 与旋转水平流道低温区内表面温度 t_{wL}，得到表面传热系数 h_{p1} 后，再计算出 t_{wH} 与 t_{wL}，并与假定值进行比较。当其与假定值不等时，利用前一次计算得出的 t_{wH} 与 t_{wL} 作为已知值，重新计算表面传热系数 h_{p1}、t_{wH} 与 t_{wL}。如此反复迭代，直至前后两次 t_{wH} 与 t_{wL} 相等或差值小于某一规定值时，计算结束，得出旋转水平流道内表面传热系数 h_{p1}。

二、旋转水平流道强制对流传热

1. 旋转水平流道强制对流特征数方程

依据旋转流道中心线与转子中心线夹角 α 的不同，经公式推导与计算分析，得出以下三个旋转流道强制对流传热的努塞尔数 Nu 的计算公式[2]。

（1）当 $\alpha=0$ 时，水平流动，有

$$Nu = C_{\mathrm{p2}} Re^{0.8} Pr^{0.43} \left(1 + 0.6\frac{u}{w}\right)\varepsilon_l \tag{4-8}$$

（2）当 $\alpha=3^\circ \sim 6^\circ$ 时，离心流动，有

$$Nu = C_{\mathrm{p2}} Re^{0.8} Pr^{0.43} \left(1 + 0.75\frac{u}{w}\right)\varepsilon_l \tag{4-9}$$

（3）当 $\alpha=-3^\circ \sim -6^\circ$ 时，向心流动，有

$$Nu = C_{p2} Re^{0.8} Pr^{0.43} \left(1 + 0.9\frac{u}{w}\right)\varepsilon_l \tag{4-10}$$

$$u = R \times \omega \tag{4-11}$$

$$Re = \frac{d_{\mathrm{e}} \times w}{\nu} \tag{4-12}$$

式中　Nu——湍流强制对流传热的努塞尔数；

C_{p2}——试验常数；

Re——流体雷诺数；

Pr——流体普朗特数；

u——旋转流道形心处圆周速度；

w——管内流体的平均流速；

ε_l——流道长度修正系数，按照表 4-1 取值；

R——旋转流道截面形心至转子中心的距离；

ω——转轴旋转角速度；

d_{e}——旋转流道当量直径；

ν——流体运动黏度。

表 4-1　　　　层流工况和湍流工况的ε_l数值

流动工况	Re	l/d 或 l/d_e								
		1	2	3	10	15	20	30	40	50
层流工况	$<2.2\times10^3$	1.9	1.7	1.44	1.28	1.18	1.13	1.05	1.02	1
紊流工况	1×10^4	1.65	1.50	1.34	1.23	1.17	1.13	1.07	1.03	1
	2×10^4	1.51	1.40	1.27	1.18	1.13	1.10	1.05	1.02	1
	5×10^4	1.34	1.27	1.18	1.13	1.10	1.08	1.04	1.02	1
	1×10^5	1.28	1.22	1.15	1.10	1.08	1.06	1.03	1.02	1
	1×10^6	1.14	1.11	1.08	1.05	1.04	1.03	1.02	1.01	1

在式（4-8）～式（4-10）给出的旋转水平流道强制对流的表面传热系数的计算公式中，特征尺寸取旋转流道当量直径 d_e，流体雷诺数的特征速度取管内流体的平均流速 w，定性温度取流道进口截面流体平均温度 t_1 与出口截面流体平均温度 t_2 的算术平均值 $t_f=(t_1+t_2)/2$，依据定性温度 t_f和流道进口流体的压力 p_1 来确定流体的 Pr、λ、ν 等物性参数。

2. 旋转水平流道强制对流内表面传热系数

对于汽轮机转动部件的旋转水平流道，流道内表面强制对流的表面传热系数 h_{p2}的计算公式为

$$h_{p2}=\frac{Nu\lambda}{d_e} \tag{4-13}$$

式中　d_e——旋转流道当量直径；

λ——流体热导率。

三、旋转径向流道自然对流传热

1. 旋转径向流道自然对流特征数方程

汽轮机转动部件的旋转径向流道，由于离心力与哥氏力的影响，旋转径向流道内表面对流传热同旋转格拉晓夫数 Gr_ω与流体普朗特数 Pr 有关。依据 $Gr_\omega\times Pr$ 的不同，经公式推导与计算分析，得出以下两个公式来计算旋转径向流道内表面自然对流传热的努塞尔数 Nu[1]。

（1）$Gr_\omega\times Pr\leqslant10^9$时，有

$$Nu=\frac{C_{p3}}{\varepsilon_f}(Gr_\omega Pr)^{0.25} \tag{4-14}$$

（2）$Gr_\omega\times Pr>10^9$时，有

$$Nu=C_{p4}(Gr_\omega Pr)^{0.4} \tag{4-15}$$

$$Gr_\omega=\frac{f\beta\Delta t\delta^3}{\nu^2}=\frac{R_1\omega^2\beta\Delta t\delta^3}{\nu^2} \tag{4-16}$$

$$f = R_1 \omega^2 \tag{4-17}$$

$$\Delta t = t_\omega - t_f \tag{4-18}$$

$$t_\omega = \frac{1}{2}(t_{wH} + t_{wL}) \tag{4-19}$$

式中　Gr_ω——旋转格拉晓夫数；

Pr——流体普朗特数；

Nu——旋转径向流道自然对流传热的努塞尔数；

C_{p3}、C_{p4}——试验常数；

ε_f——与流体普朗特数有关的试验常数，当 $Pr=2\sim10$ 时 $\varepsilon_f=1.15$，当 $Pr=1$ 时 $\varepsilon_f=1.3$，当 $Pr<1$ 时 ε_f 非常快地增加[1]；

f——离心加速度；

β——体胀系数；

ν——流体运动黏度；

R_1——旋转径向流道中部截面形心至转子中心的距离；

ω——旋转角速度；

δ——旋转流道径向尺寸；

t_ω——平均温度；

t_f——流道进口侧流体温度；

t_{wH}——旋转径向流道高温区内表面温度；

t_{wL}——旋转径向流道低温区内表面温度。

在旋转径向流道自然对流的表面传热系数的计算公式中，特征尺寸取旋转流道的当量直径 d_e，定性温度取流道高温区内表面温度 t_{wH} 与流道低温区内表面温度 t_{wL} 的算术平均值 $t_\omega=(t_{wH}+t_{wL})/2$，依据定性温度 t_ω 和流道进口侧流体的压力 p_1 来确定流体的 Pr、λ、ν 等物性参数。

对于符合理想气体性质的气体，如空气、过热蒸汽等，体胀系数 $\beta\approx1/T_\omega=1/(273+t_\omega)$。对于饱和蒸汽等其他流体，可以采用式（4-6）确定 β。

2. 旋转径向流道自然对流内表面传热系数

对于汽轮机转动部件的旋转径向流道，流道内表面自然对流的表面传热系数 h_{p3} 的计算公式为

$$h_{p3} = \frac{Nu\lambda}{d_e} \tag{4-20}$$

式中　d_e——旋转流道当量直径；

λ——流体热导率。

采用迭代法计算旋转径向流道内表面对流的表面传热系数。先假定流道高温区内表面温度 t_{wH} 与流道低温区内表面温度 t_{wL}，采用式（4-14）或式（4-15）计算旋转径向流道的努塞尔数 Nu，采用式（4-20）计算出表面传热系数 h_{p3} 后，再计算 t_{wH} 与 t_{wL}，并与假定值进行比较。当 t_{wH} 和 t_{wL} 与假定值不等时，重新计算表面传热系数 h_{p3}、t_{wH} 与 t_{wL}。如此反复多次迭代，直至前后两次 t_{wH} 与 t_{wL} 相等或差值小于某一规定值时，计算结束，

得出旋转径向管道内自然对流的表面传热系数 h_{p3}。

四、旋转径向流道强制对流传热

1. 旋转径向流道强制对流特征数方程

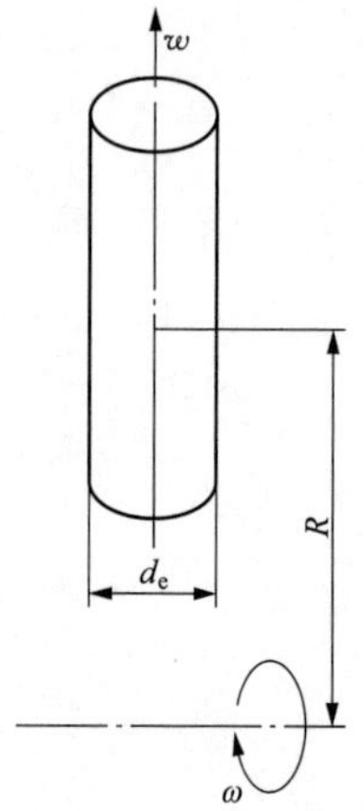

图 4-2 径向外流的旋转径向流道的示意图

汽轮机动叶片上的径向孔可以处理为旋转径向流道，旋转径向流道的中心线垂直于转子中心线，径向外流的旋转径向流道的示意图如图 4-2 所示，径向内流的旋转径向流道的示意图如图 4-3 所示。在本章参考文献[1]研究结果的基础上，经公式推导与计算分析，得出径向外流和径向内流的旋转径向流道内表面强制对流传热的 Nu 的计算公式。

（1）径向外流为

$$Nu = Nu_0\left[1+\left(\frac{Gr_\omega Pr}{Re^2}\right)^{-0.118}\left(\frac{\omega d_e}{w}\right)^{0.23}\right] \tag{4-21}$$

（2）径向内流为

$$Nu = Nu_0\left[1+\left(\frac{Gr_\omega Pr}{Re^2}\right)^{-0.112}\left(\frac{\omega d_e}{w}\right)^{-0.089}\right] \tag{4-22}$$

$$Gr_\omega = \frac{f\beta\Delta t r_0^3}{\nu^2} = \frac{R_1\omega^2\beta\Delta t r_0^3}{\nu^2} \tag{4-23}$$

$$Re = \frac{d_e w}{\nu} \tag{4-24}$$

$$f = R_1\omega^2 \tag{4-25}$$

$$\Delta t = t_\omega - t_f \tag{4-26}$$

$$t_\omega = \frac{1}{2}(t_{wH} + t_{wL}) \tag{4-27}$$

式中 Nu——旋转径向流道强制对流传热的努塞尔数；
Nu_0——静止流道中的努塞尔数；
Gr_ω——旋转格拉晓夫数；
Pr——流体普朗特数；
Re——流体雷诺数；
ω——转轴旋转角速度；
d_e——旋转流道当量直径；
w——管内流体的平均流速；
f——离心加速度；
β——体胀系数；
r_0——旋转径向流道当量直径的一半，$r_0=\frac{1}{2}d_e$；
ν——流体运动黏度；
R_1——旋转径向流道中部截面形心至转子中心的距离；

t_ω——平均温度；

t_f——流道进口侧流体温度；

t_{wH}——流道高温区内表面温度；

t_{wL}——流道低温区内表面温度。

在旋转径向流道强制对流的表面传热系数的计算公式中，特征尺寸取旋转流道当量直径 d_e，流体雷诺数的特征速度取管内流体的平均流速 w，定性温度取流道高温区内表面温度 t_{wH} 与流道低温区内表面温度 t_{wL} 的算术平均值 $t_\omega=(t_{wH}+t_{wL})/2$，依据定性温度 t_ω 和流道进口侧流体压力 p_1 来确定流体的 Pr、λ、ν 等物性参数。

对于符合理想气体性质的气体，如空气、过热蒸汽等，体胀系数 $\beta\approx 1/T_\omega=1/(273+t_\omega)$。对于饱和蒸汽等其他流体，可以采用式（4-6）确定 β。

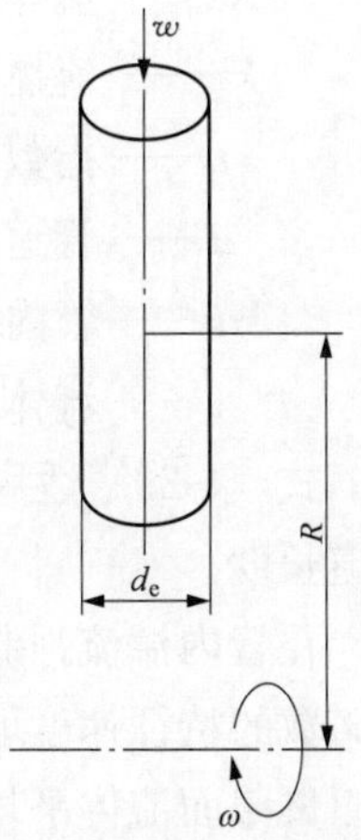

图 4-3　径向内流的旋转径向流道的示意图

2. 旋转径向流道强制对流内表面传热系数

对于汽轮机转动部件的旋转径向流道，流道内表面强制对流的表面传热系数 h_{p4} 的计算公式为

$$h_{p4}=\frac{Nu\lambda}{d_e} \tag{4-28}$$

式中　d_e——旋转流道当量直径；

λ——流体热导率。

采用迭代法计算旋转径向流道内表面对流的表面传热系数。先假定流道高温区内表面温度 t_{wH} 与流道低温区内表面温度 t_{wL}，采用式（4-21）或式（4-22）计算旋转径向流道的努塞尔数 Nu，采用式（4-28）计算出表面传热系数 h_{p4} 后，再计算 t_{wH} 与 t_{wL}，并与假定值进行比较。当 t_{wH} 和 t_{wL} 与假定值不等时，重新计算表面传热系数 h_{p4}、t_{wH} 与 t_{wL}。如此反复多次迭代，直至前后两次 t_{wH} 与 t_{wL} 相等或差值小于某一规定值时，计算结束，得出旋转径向流道内表面传热系数 h_{p4}。

第二节　管道内表面传热计算方法

本节介绍了汽轮机管道与管槽内表面强制对流表面传热系数的计算方法，给出了管道内表面强制对流传热的表面传热系数计算公式，以及特征尺寸、特征速度与定性温度的取值和流体物性参数的确定方法，应用于汽轮机进汽管道、抽汽管道、排汽管道、中压缸与低压缸连接管道、阀壳与汽缸的连接管道的表面传热系数计算和这些部件稳态温度场、瞬态温度场与应力场的有限元数值计算。

一、管道内表面强制对流传热

1. 湍流强制对流特征数方程

管道内湍流强制对流传热（$Re>10^4$）的努塞尔数 Nu 的计算公式[3]为

$$Nu=0.023Re^{0.8}Pr^{n} \tag{4-29}$$

$$Re=\frac{d\times w}{\nu} \tag{4-30}$$

式中 Nu——管道内湍流强制对流传热的努塞尔数；
Re——流体雷诺数；
Pr——流体普朗特数；
n——指数，加热流体时 $n=0.4$，冷却流体时 $n=0.3$；
d——管道内径；
w——管内流体的平均流速；
ν——流体运动黏度。

式（4-29）适用范围，$Re=10^4\sim1.2\times10^5$，$Pr=0.7\sim120$，$l/d\geqslant10$，这里，l 为管道长度。

在管内湍流强制对流的表面传热系数的计算公式中，特征尺寸取管道内径 d，流体雷诺数的特征速度取管内流体的平均流速 w，定性温度取管道进口截面流体平均温度 t_1 与出口截面流体平均温度 t_2 的算术平均值 $t_f=(t_1+t_2)/2$，依据定性温度 t_f 和管道进口流体的压力 p_1 来确定流体的 Pr、λ、ν 等物性参数。

2. 层流强制对流特征数方程

管内层流强制对流传热（$Re<2200$）的努塞尔数 Nu 的计算公式[3,4]为

$$Nu=1.86\left(RePr\frac{d}{l}\right)^{\frac{1}{3}}\left(\frac{\eta_f}{\eta_w}\right)^{0.14} \tag{4-31}$$

$$Re=\frac{d\times w}{\nu} \tag{4-32}$$

式中 Nu——管内层流强制对流传热的努塞尔数；
Re——流体雷诺数；
Pr——流体普朗特数；
d——管道内径；
l——管道长度；
η_f——流体的动力黏度；
η_w——按管内表面温度确定的动力黏度；
w——管内流体的平均流速；
ν——流体运动黏度。

式（4-31）适用范围，$Re<2200$，$Pr=0.48\sim16\ 700$，$\left(\frac{\eta_f}{\eta_w}\right)=0.0044\sim9.75$，$\left(RePr\frac{d}{l}\right)^{\frac{1}{3}}\left(\frac{\eta_f}{\eta_w}\right)^{0.14}\geqslant2$，$RePr\frac{d}{l}>10$。

在管内层流强制对流的表面传热系数的计算式（4-31）中，特征尺寸取管道内径 d，流体雷诺数的特征速度取管内流体的平均流速 w，定性温度取管道进口截面流体平均温度 t_1 与出口截面流体平均温度 t_2 的算术平均值 $t_f=(t_1+t_2)/2$，依据定性温度 t_f 和管道

进口流体的压力 p_1 来确定流体的 Pr、λ、η_f、ν 等物性参数。

3. 非圆形截面槽道当量直径

对于非圆形截面的蒸汽槽道，可以采用式（4-29）和式（4-31）近似计算蒸汽管道的管内强制对流传热的努塞尔数 Nu，特征速度、定性温度与物性参数取值方法相同，特征尺寸取非圆形截面槽道的当量直径，当量直径 d_e 也称水力直径，其计算公式为

$$d_e = \frac{4F_c}{P} \tag{4-33}$$

式中　d_e——当量直径；

F_c——流道截面积；

P——湿润周长，即槽道壁与流体接触面的长度。

由同心套管构成的筒状环形通道，也称环形夹层空间，其当量直径的计算公式为

$$d_e = \frac{4F_c}{P} = \frac{\pi(d_2^2 - d_1^2)}{\pi(d_2 + d_1)} = d_2 - d_1 = 2\delta \tag{4-34}$$

$$\delta = \frac{d_2 - d_1}{2} \tag{4-35}$$

式中　d_2——外管道内表面直径；

d_1——内管道外表面直径；

δ——夹层间隙尺寸。

对于不同形状槽道截面积，表 4-2 给出当量直径的计算结果。

二、管状结构内表面强制对流传热

1. 管状结构内表面强制对流特征数方程

对于汽轮机的进汽、抽汽、导汽、排汽等管状结构，依据雷诺数的不同[5]，经公式推导与计算分析，得出以下公式计算沿长度方向管状结构内表面强制对流传热的平均努塞尔数 Nu。

表 4-2　不同形状槽道当量直径的计算结果

序号	槽道名称	槽道截面形状	当量直径 d_e
1	圆形管道	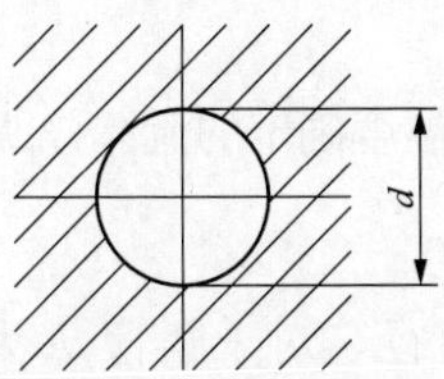	d
2	正方形管道	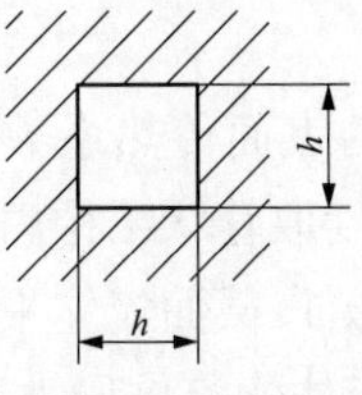	h

续表

序号	槽道名称	槽道截面形状	当量直径 d_e
3	矩形管道	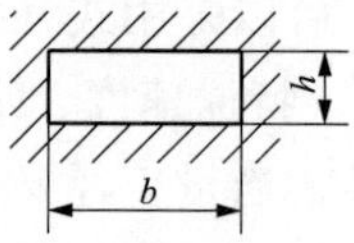	$\frac{2hb}{h+b}$
4	三角形管道	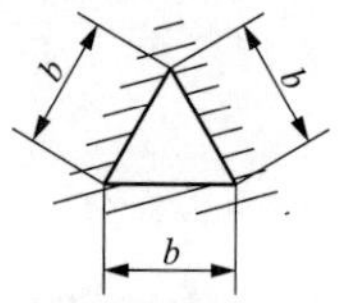	$\frac{b}{\sqrt{3}}$
5	筒状环形夹层	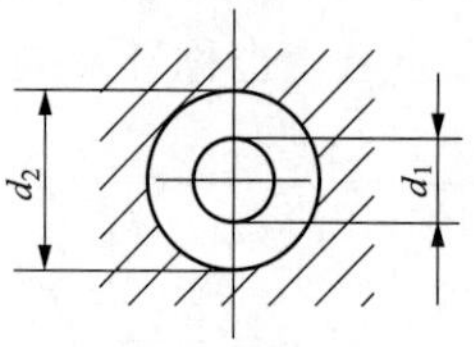	d_2-d_1
6	竖夹层	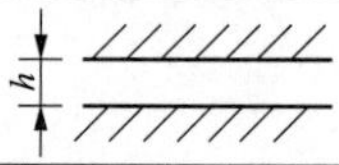	h

（1）$Re<2200$（层流工况）为

$$Nu=C_{p5}Re^{0.8}Pr^{0.43}\left(\frac{Pr}{Pr_w}\right)^{0.25}\varepsilon \tag{4-36}$$

（2）$Re>2\times10^4$（湍流工况）为

$$Nu=C_{p6}Re^{0.8}Pr^{0.43}\left(\frac{Pr}{Pr_w}\right)^{0.25}\varepsilon \tag{4-37}$$

$$Re=\frac{d_e\times w}{\nu} \tag{4-38}$$

式中 Re——流体雷诺数；

Nu——管状结构内部强制对流传热的努塞尔数；

C_{p5}、C_{p6}——试验常数；

Pr——流体普朗特数；

Pr_w——按管状结构内表面温度确定的流体普朗特数，对于汽轮机，通常$\left(\frac{Pr}{Pr_w}\right)^{0.25}\approx1$；

ε——修正系数；

d_e——管状结构的当量直径，对于圆管 d_e为管道直径 d；

w——管状结构内部流体的平均流速；

ν——流体运动黏度。

在管状结构内表面强制对流的表面传热系数的计算公式中，特征尺寸取管状结构当量直径 d_e，流体雷诺数的特征速度取管状结构内部流体的平均流速 w，定性温度取管状结构进口截面流体平均温度 t_1 与出口截面流体平均温度 t_2 的算术平均值 $t_f=(t_1+t_2)/2$，依据定性温度 t_f和管状结构进口流体的流体压力 p_1 来确定流体的 Pr、λ、ν 等物性参数，依据管状结构内表面温 t_w 和管状结构的进口流体的压力 p_1 来确定 Pr_w。

式（4-37）可以用来计算复杂形状管状结构的表面传热系数，如汽轮机的进汽管道、排汽缸和连接管状结构。

2. 修正系数 ε 取值

（1）对于比较长的直管，当 $l/d \geqslant 50$ 或 $l/d_e \geqslant 50$，在式（4-36）和式（4-37）中，$\varepsilon=1$，这里 l 为管道或管状结构的长度，d 为管道内径，d_e 为管状结构的当量直径。

（2）对于比较短的管道与管状结构，当 $l/d < 50$ 或 $l/d_e < 50$，在式（4-36）和式（4-37）中，$\varepsilon=\varepsilon_l$。$\varepsilon_l$ 为管道长度修正系数，取决于雷诺数 Re 和从进口截面起算的相对距离 $l/d \geqslant 50$ 或 l/d_e，数值列于表 4-1。

（3）对于弯曲管道或螺旋管，由于流体在向前运动过程中连续地改变方向，在横截面产生二次环流而强化了传热[3]，对流传热的表面传热系数有所增加。式（4-37）应用于弯曲管道或螺旋管时，修正系数 ε 的计算公式为

$$\varepsilon = 1 + 1.77\frac{d}{R} \tag{4-39}$$

式中　d——管道直径；

　　　R——管道中心线弯曲半径。

3. 管内强制对流表面传热系数

对于汽轮机蒸汽管道与管状结构，管内强制对流的表面传热系数 h_{p5} 的计算公式为

$$h_{p5} = \frac{Nu\lambda}{d_e} \tag{4-40}$$

式中　λ——流体热导率；

　　　d_e——管状结构当量直径。

三、应用实例

1. 100%TMCR 工况

（1）已知参数：某型号超超临界一次再热 1000MW 汽轮机有两根主蒸汽管道，在 100%TMCR（汽轮机最大连续功率）工况的主蒸汽压力 $p_g=25$MPa、主蒸汽温度 $t_g=600$℃，主蒸汽管道内径 $d_2=380$mm$=0.38$m，管道内平均流速 $w=51.49$m/s。求在汽轮机 100%TMCR 工况的主蒸汽管道管内的表面传热系数。

（2）蒸汽物性参数：采用水蒸气物性参数计算软件，计算得出在额定负荷工况的主蒸汽压力 $p_g=25$MPa 和主蒸汽温度 $t_g=600$℃下，水蒸气的运动黏度 $\nu=0.877\times10^{-6}$、普朗特数 $Pr=0.9832$、热导率 $\lambda=0.104\ 114\ 3$W/(m·K)。

（3）计算雷诺数：依据式（4-30），主蒸汽管道管内流体雷诺数的计算结果为

$$Re = \frac{d_2 \times w}{\nu} = \frac{0.38 \times 51.49}{0.4877 \times 10^{-6}} = 40\ 119\ 335.66$$

（4）计算努塞尔数：管内蒸汽被冷却，依据式（4-29），努塞尔数的计算结果为

$$Nu=0.023Re^{0.8}Pr^{0.3}=0.023\times(40\ 119\ 335.66)^{0.8}\times0.9832^{0.3}=27\ 682.377\ 28$$

(5) 计算表面传热系数：依据式 (4-40)，主蒸汽管道管内的表面传热系数的计算结果为

$$h_{p5}=\frac{Nu\lambda}{d_2}=\frac{27\ 682.377\ 28\times0.104\ 114\ 3}{0.38}=7584.56[W/(m^2\cdot K)]$$

2. 75%TMCR 工况

(1) 已知参数：某型号超超临界一次再热 1000MW 汽轮机有两根主蒸汽管道，在 75%TMCR 工况的主蒸汽压力 $p_g=19.369MPa$、主蒸汽温度 $t_g=590℃$，主蒸汽管道内径 $d_2=380mm=0.38m$，管道内平均流速 $w=44.85m/s$。求在汽轮机 75%TMCR 工况的主蒸汽管道管内的表面传热系数。

(2) 蒸汽物性参数：采用水蒸气物性参数计算软件，计算得出在额定负荷工况的主蒸汽压力 $p_g=19.369MPa$ 与主蒸汽温度 $t_g=590℃$下，水蒸气的运动黏度 $\nu=0.6170\times10^{-6}$、普朗特数 $Pr=0.9731$、热导率 $\lambda=0.095\ 731\ 6\ W/(m\cdot K)$。

(3) 计算雷诺数：依据式 (4-30)，主蒸汽管道管内流体雷诺数的计算结果为

$$Re=\frac{d_2\times w}{\nu}=\frac{0.38\times44.85}{0.6179\times10^{-6}}=27\ 582\ 133.03$$

(4) 计算努塞尔数：管内蒸汽被冷却，依据式 (4-29)，努塞尔数的计算结果为

$$Nu=0.023Re^{0.8}Pr^{0.3}=0.023\times(27\ 582\ 133.03)^{0.8}\times0.9731^{0.3}=20\ 449.2487$$

(5) 计算表面传热系数：依据式 (4-40)，主蒸汽管道管内的表面传热系数的计算结果为

$$h_{p5}=\frac{Nu\lambda}{d_2}=\frac{20\ 449.2487\times0.095\ 731\ 6}{0.38}=5151.68[W/(m^2\cdot K)]$$

3. 50%TMCR 工况

(1) 已知参数：某型号超超临界一次再热 1000MW 汽轮机有两根主蒸汽管道，在 50%TMCR 工况的主蒸汽压力 $p_g=12.848MPa$、主蒸汽温度 $t_g=580℃$，主蒸汽管道内径 $d_2=380mm=0.38m$，管道内平均流速 $w=45.08m/s$。求在汽轮机 50%TMCR 工况的主蒸汽管道管内的表面传热系数。

(2) 蒸汽物性参数：采用水蒸气物性参数计算软件，计算得出在额定负荷工况的主蒸汽压力 $p_g=12.848MPa$ 与主蒸汽温度 $t_g=580℃$下，水蒸气的运动黏度 $\nu=0.9271\times10^{-6}$、普朗特数 $Pr=0.9542$、热导率 $\lambda=0.087\ 384\ 7\ W/(m\cdot K)$。

(3) 计算雷诺数：依据式 (4-30)，主蒸汽管道管内流体雷诺数的计算结果为

$$Re=\frac{d_2\times w}{\nu}=\frac{0.38\times45.08}{0.9271\times10^{-6}}=18\ 477\ 402.65$$

(4) 计算努塞尔数：管内蒸汽被冷却，依据式 (4-29)，努塞尔数的计算结果为

$$Nu=0.023Re^{0.8}Pr^{0.3}=0.023\times(18\ 477\ 402.65)^{0.8}\times0.9542^{0.3}=14\ 754.768\ 44$$

(5) 计算表面传热系数：依据式 (4-40)，主蒸汽管道管内的表面传热系数的计算结果为

$$h_{p5}=\frac{Nu\lambda}{d_2}=\frac{14\ 754.768\ 44\times 0.087\ 384\ 7}{0.38}=3393.00[\mathrm{W/(m^2\cdot K)}]$$

4．35%TMCR 工况

（1）已知参数：某型号超超临界一次再热 1000MW 汽轮机有两根主蒸汽管道，在 35%TMCR 工况的主蒸汽压力 $p_g=11.45$MPa、主蒸汽温度 $t_g=570$℃，主蒸汽管道内径 $d_2=380$mm$=0.38$m，管道内平均流速 $w=36.55$m/s。求在汽轮机 35%TMCR 工况的主蒸汽管道管内的表面传热系数。

（2）蒸汽物性参数：采用水蒸气物性参数计算软件，计算得出在额定负荷工况的主蒸汽压力 $p_g=11.45$MPa 与主蒸汽温度 $t_g=570$℃下，水蒸气的运动黏度 $\nu=1.0167\times 10^{-6}$、普朗特数 $Pr=0.9536$、热导率 $\lambda=0.084\ 836\ 1$W/(m·K)。

（3）计算雷诺数：依据式（4-30），主蒸汽管道管内流体雷诺数的计算结果为

$$Re=\frac{d_2\times w}{\nu}=\frac{0.38\times 36.55}{1.0167\times 10^{-6}}=13\ 660\ 863.58$$

（4）计算努塞尔数：管内蒸汽被冷却，依据式（4-29），努塞尔数的计算结果为

$$Nu=0.023Re^{0.8}Pr^{0.3}=0.023\times(13\ 660\ 863.58)^{0.8}\times 0.9542^{0.3}=11\ 585.645\ 41$$

（5）计算表面传热系数：依据式（4-40），主蒸汽管道管内的表面传热系数的计算结果为

$$h_{p5}=\frac{Nu\lambda}{d_2}=\frac{11\ 585.645\ 41\times 0.084\ 836\ 1}{0.38}=2586.53[\mathrm{W/(m^2\cdot K)}]$$

第三节　管道外表面传热计算方法

本节介绍了汽轮机管道外表面的复合传热系数计算方法，给出了管道外表面自然对流传热、筒状夹层环形空间表面自然对流传热、管道保温结构外表面的复合传热系数和管道外表面的等效表面传热系数的计算公式，以及特征尺寸、特征速度与定性温度的取值和流体物性参数的确定方法，应用于汽轮机的蒸汽管道、阀壳、汽缸与保温结构的表面传热系数计算和这些部件稳态温度场、瞬态温度场与应力场的有限元数值计算。

一、管道外表面大空间自然对流传热

具有均匀表面温度边界条件的管道外表面大空间自然对流传热的努塞尔数 Nu 的计算公式[3]为

$$Nu=C_{p7}\ (GrPr)^n \tag{4-41}$$

$$Gr=\frac{g\beta\Delta tl^3}{\nu^2} \tag{4-42}$$

$$\Delta t=t_w-t_a \tag{4-43}$$

$$t_m=\frac{1}{2}(t_a+t_w) \tag{4-44}$$

式中　Nu——大空间自然对流传热的努塞尔数；

C_{p7}——试验常数；

Gr——格拉晓夫数；

Pr——流体普朗特数；

n——指数；

g——重力加速度，9.8m²/s；

β——体胀系数；

l——管道长度；

ν——流体运动黏度；

t_w——管道外表面温度，对于有保温结构的管道，t_w为保温结构外表面温度 t_{w4}，对于没有保温结构的管道，t_w为管道外表面温度 t_{w3}；

t_a——环境温度；

t_m——平均温度。

在管道外表面大空间自然对流的表面传热系数的计算公式中，特征尺寸取管道外径 d，定性温度取管道外表面温度 t_w与大空间环境温度 t_a的算术平均值 $t_m=(t_a+t_w)/2$，依据定性温度 t_m和大空间环境压力 p_a来确定流体的 Pr、λ、ν 等物性参数。

对于空气、过热蒸汽等符合理想气体性质的气体，$\beta\approx 1/T_m=1/(273+t_m)$。对于湿蒸汽等不符合理想气体性质的气体，建议按式（4-6）确定 β。

对于垂直管道和水平管道，系数 C_{p7} 和指数 n 的取值[3]列于表 4-3。

表 4-3　式（4-41）中系数 C_{p7} 和指数 n 的取值

管道放置形式	流态	Gr 范围	系数 C_{p7}	指数 n
垂直管道	层流过渡湍流	$1.43\times10^4\sim3\times10^9$	0.59	1/4
		$3\times10^9\sim2\times10^{10}$	0.0292	0.39
		$>2\times10^{10}$	0.11	1/3
水平管道	层流过渡湍流	$1.43\times10^4\sim5.76\times10^8$	0.48	1/4
		$5.76\times10^8\sim4.65\times10^9$	0.0165	0.42
		$>4.65\times10^9$	0.11	1/3

二、筒状夹层环形空间自然对流传热

在有限空间发生自然对流时，流体运动受到腔体限制，流体的加热与冷却在腔体内同时进行。对于同心套管构成的筒状夹层环形空间，当内管道外表面温度高于外管道内表面温度时，自然对流努塞尔数 Nu 的计算公式[4]为

$$Nu=C_{p8}\ (Gr_{\Delta}Pr)^{\frac{1}{4}} \tag{4-45}$$

$$Gr_{\Delta}=\frac{g\beta\Delta t d_e^3}{\nu^2} \tag{4-46}$$

$$\Delta t=t_{w1}-t_{w2} \tag{4-47}$$

$$t_{\delta}=\frac{1}{2}(t_{w1}+t_{w2}) \tag{4-48}$$

式中　Nu——筒状夹层环形空间自然对流传热的努塞尔数；

C_{p8}——试验常数；

Gr_{Δ}——格拉晓夫数；

Pr——流体普朗特数；

g——重力加速度，9.8m/s^2；

β——体胀系数；

d_e——筒状夹层等效直径，按式（4-34）计算；

ν——流体运动黏度；

t_{w1}——内管道外表面温度；

t_{w2}——外管道内表面温度；

t_{δ}——平均温度。

在筒状夹层环形空间自然对流的表面传热系数的计算公式中，特征尺寸取筒状夹层环形空间的当量直径 $d_e=2\delta=(d_2-d_1)$，定性温度取筒状夹层内管道外表面温度 t_{w1}与外管道内表面温度 t_{w2}的算术平均值 $t_{\delta}=(t_{w1}+t_{w2})/2$，依据定性温度 t_{δ}和筒状夹层环形空间的流体压力 p_f来确定流体的 Pr、λ、ν 等物性参数。

对于符合理想气体性质的气体，如空气、过热蒸汽等，体胀系数 $\beta\approx 1/T_{\delta}=1/(273+t_{\delta})$。对于饱和蒸汽等其他流体，可以采用式（4-6）确定 β。

三、自然对流表面传热系数

对于汽轮机蒸汽管道，管道外表面与筒状夹层环形空间自然对流的表面传热系数 h_{p6} 的计算公式为

$$h_{p6}=\frac{Nu\lambda}{d_e} \tag{4-49}$$

式中　λ——流体热导率；

d_e——当量直径。

采用式（4-41）计算管道外表面大空间自然对流对流的努塞尔数 Nu 时，管道或保温结构外表面温度 t_w是未知数。需要先假定管道外表面温度 t_w，使用式（4-49）得到表面传热系数 h_{p6}后，再计算出管道外表面温度 t_w，并与假定值进行比较。当其与假定值不等时，利用前一次计算得出的 t_w，重新计算表面传热系数 h_{p6}和管道外表面温度 t_w。如此反复多次迭代，直至前后两次管道外表面温度 t_w相等或差值小于某一规定值时，计算结束，得出管道外表面大空间自然对流的表面传热系数 h_{p6}。

采用式（4-45）计算筒状夹层环形空间自然对流的努塞尔数 Nu 时，也需要先假定内管道外表面表面温度 t_{w1}与外管内表面温度 t_{w2}，使用式（4-49）得到表面传热系数 h_{p6}后，再计算出 t_{w1}和 t_{w2}，并与假定值进行比较。当其与假定值不等时，利用前一次计算得出的 t_{w1}和 t_{w2}，重新计算表面传热系数 h_{p6}、t_{w1}与 t_{w2}。如此反复多次迭代，直至前后两次 t_{w1}和 t_{w2}相等或差值小于某一规定值时，计算结束，得出筒状夹层环形空间自然对流的表面传热系数 h_{p6}。

四、管道保温结构表面复合传热

在电站汽轮机厂房，同时存在管道保温结构外表面与空气的对流传热与辐射传热，需要计算保温结构外表面复合传热系数。GB 50264—2013《工业设备及管道绝热工程设计规范》[6]和DL/T 5072—2019《火力发电厂保温油漆设计规程》[7]，给出了蒸汽管道保温设计方法。依据这两个标准，经公式推导与计算分析，得出汽轮机蒸汽管道保温结构外表面的复合传热系数计算方法。

汽轮机蒸汽管道保温结构外表面的复合传热系数 h_{p7} 为辐射传热系数 h_{p8} 与对流传热的表面传热系数 h_{p9} 之和，其计算公式为

$$h_{p7}=h_{p8}+h_{p9} \tag{4-50}$$

式中 h_{p7}——管道保温结构外表面的复合传热系数；

h_{p8}——管道保温结构外表面的辐射传热系数；

h_{p9}——管道保温结构外表面对流传热的表面传热系数。

汽轮机蒸汽管道保温结构外表面辐射传热系数 h_{p8} 的计算公式为

$$h_{p8}=\frac{5.67\varepsilon}{t_{w4}-t_a}\left[\left(\frac{273+t_{w4}}{100}\right)^4-\left(\frac{273+t_a}{100}\right)^4\right] \tag{4-51}$$

式中 ε——保温结构外表面材料发射率（黑度）；

t_{w4}——保温结构外表面温度；

t_a——环境温度。

依据GB 50264—2013[6]，保温结构外表面材料发射率（黑度）按表4-4取值。

表4-4　材料发射率（黑度）

材　料	发射率（黑度）
铝合金薄板	0.15～0.30
不锈钢薄板	0.20～0.40
有光泽的镀锌薄钢板	0.23～0.27
已氧化的镀锌薄钢板	0.28～0.32
纤维织物	0.70～0.80
水泥砂浆	0.69
铝粉漆	0.41
有光泽的黑漆	0.88
无光泽的黑漆	0.96
油漆	0.80～0.90

汽轮机蒸汽管道保温结构外表面对流的表面传热系数 h_{p9}，按照以下三种情况计算。

(1) 无风时，风速 W 与保温结构外径 d_4 的乘积 $Wd_4=0\mathrm{m^2/s}$，汽轮机蒸汽管道保温结构外表面对流传热的表面传热系数 h_{p9} 的计算公式为

$$h_{p9}=\frac{26.4}{\sqrt{297-0.5(t_{w4}+t_a)}}\left(\frac{t_{w4}-t_a}{d_4}\right)^{0.25} \tag{4-52}$$

式中 d_4——保温结构外径，m。

(2) 有风且 $Wd_4 \leqslant 0.8\text{m}^2/\text{s}$ 时，汽轮机蒸汽管道保温结构外表面对流传热的表面传热系数 h_{p9} 的计算公式为

$$h_{p9}=\frac{0.08}{d_4}+4.2\times\frac{W^{0.618}}{d_4^{0.382}} \tag{4-53}$$

式中　W——年均风速，m/s。

(3) 有风且风速 W 与保温结构外径 d_4 的乘积 $Wd_4>0.8\text{m}^2/\text{s}$ 时，汽轮机蒸汽管道保温结构外表面对流传热的表面传热系数 h_{p9} 的计算公式为

$$h_{p9}=4.53\frac{W^{0.805}}{d_4^{0.195}} \tag{4-54}$$

五、管道双层圆筒壁传热过程

1. 双层圆筒壁传热过程

把蒸汽管道与保温结构处理为双层圆筒壁传热过程的计算模型，假设蒸汽管道外表面与保温层之间以及保温层与保护层之间接触良好，无接触热阻。按照式（1-53），得出以蒸汽管道外表面积 $\pi d_3 l$ 为基准的双层圆筒壁传热过程的传热系数 k_3 的计算公式为

$$k_3=\left(\frac{d_3}{d_2 h_{p5}}+\frac{d_3}{2\lambda_1}\ln\frac{d_3}{d_2}+\frac{d_3}{2\lambda_2}\ln\frac{d_4}{d_3}+\frac{d_3}{d_4 h_{p7}}\right)^{-1} \tag{4-55}$$

确定双层圆筒壁传热过程的传热系数 k_3 后，按照式（1-56），主蒸汽管道外表面热流密度 q_3 的计算公式为

$$q_3=k_3(t_g-t_a) \tag{4-56}$$

式中　t_g——蒸汽管道内侧高温流体温度；

t_a——保温结构外侧低温流体温度。

2. 外表面等效表面传热系数

对于设计有保温结构的汽轮机管道，不考虑保温结构的影响，管道外表面的热流密度 q_3 可以表示为

$$q_3=h_{e0}(t_{w3}-t_a) \tag{4-57}$$

式中　h_{e0}——汽轮机管道内层壁外表面的等效表面传热系数；

t_{w3}——管道内层壁外表面温度。

汽轮机蒸汽管道等高温部件内层壁外表面的等效表面传热系数用符号 h_{e0} 表示，单位为 $\text{W}/(\text{m}^2\cdot\text{K})$。从式（4-57）知，汽轮机管道内层壁外表面的等效表面传热系数 h_{e0}，可以表示为管道内层壁外表面热流密度 q_3 除以（$t_{w3}-t_a$）（管道外表面温度 t_{w3} 与管道保温结构外侧低温流体温度 t_a 之差）的商。依据式（4-56）和式（4-57），经公式推导与计算分析，得出设计有保温结构的汽轮机管道等高温部件内层壁外表面的等效表面传热系数 h_{e0} 的计算公式为

$$h_{e0}=\frac{q_3}{t_{w3}-t_a}=\frac{k_3(t_g-t_a)}{t_{w3}-t_a} \tag{4-58}$$

从式（4-58）知，当管道内层壁外表面温度 t_{w3} 与管道内侧高温流体温度 t_g 近似相等时，管道内层壁外表面的等效表面传热系数 h_{e0} 与管道双层圆筒壁传热过程的传热系数 k_3

近似相等。

采用单层壁和多层壁模型计算得出的以内层壁外表面积为基准的传热过程的传热系数 k_3，与该表面的等效表面传热系数 h_{e0} 相等。汽轮机管道内层壁外表面，可以近似处理为与空气对流传热的第三类边界条件。双层圆筒壁传热过程的传热系数 k_3 可以作为汽轮机管道内层壁外表面传热第三类边界条件的等效表面传热系数。

六、应用实例

1. 100％TMCR 工况

(1) 已知参数：某型号超超临界一次再热 1000MW 汽轮机有两根主蒸汽管道，在 100％TMCR 工况的主蒸汽温度 $t_g = 600℃$，主蒸汽管道内表面传热系数 $h_{p5} = 7584.56W/(m^2 \cdot K)$。管道材料为 10Cr9MoW2VNbBN(P92)，查表 1-16，在 600℃工作温度下管道材料热导率 $\lambda_1 = 28.9W/(m \cdot K)$，在 500℃工作温度下管道材料热导率 $\lambda_1 = 30.9W/(m \cdot K)$。该主蒸汽管道的纵剖面示意图如图 4-4 所示、横截面示意图如图 4-5 所示。主蒸汽管道内径 $d_2 = 380mm = 0.38m$，主蒸汽管道外径 $d_3 = 580mm = 0.58m$。选取硅酸铝棉制品作为保温材料，保温层厚度为 280mm，保温层外面用厚度为 0.7mm 不锈钢板作为保护层，保护层的主要功能是防水、防潮与抗大气腐蚀，保温结构外表面材料发射率（黑度）取 $\varepsilon = 0.3$，忽略保护层的厚度，保温结构外径 $d_4 = 1140mm = 1.14m$，保温结构外表面的环境温度 $t_a = 25℃$。

求该主蒸汽管道内表面温度 t_{w2}、主蒸汽管道外表面温度 t_{w3}、主蒸汽管道保温结构外表面温度 t_{w4}、以主蒸汽管道外表面积为基准传热过程的传热系数 k_3 和热流密度 q_3。

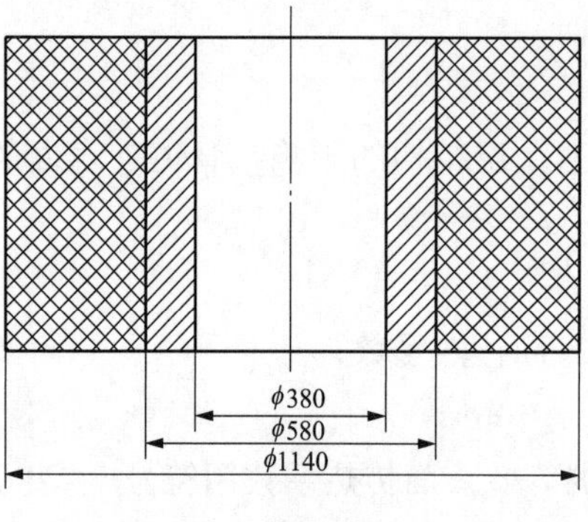

图 4-4　主蒸汽管道的纵剖面示意图

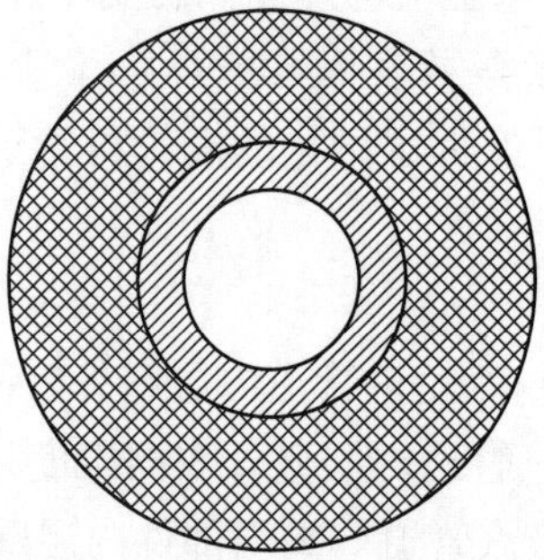

图 4-5　主蒸汽管道的横截面示意图

(2) 计算模型与方法：该主蒸汽管道的计算模型示意图如图 4-6 所示，假设主蒸汽管道外表面与保温层之间以及保温层与保护层之间接触良好，无接触热阻；把主蒸汽管道与保温结构处理为双层圆筒壁传热过程的计算模型。在硅酸铝棉制品作保温材料内外表面温度平均值 $t_m \leqslant 400℃$时，硅酸铝棉制品材料热导率 $\lambda_2 = 0.056 + 0.0002 \times (t_m - 70) W/(m \cdot K)$[6]。由于主蒸汽管道内壁面温度 t_{w2}、主蒸汽管道外表面温度 t_{w3} 和保温结构外表面温度 t_{w4} 均是待定温度，故采用迭代法确定 t_{w2}、t_{w3}、t_{w4}、k_3 和 q_3。

(3) 第一次计算：求 k_3、q_3、t_{w2}、t_{w3} 和 t_{w4}。

1）主蒸汽管道的热导率 λ_1 和保温材料的热导率 λ_2 的计算结果。假设 $t_{w2}=t_{w3}=t_g=600℃$，$t_{w4}=50℃$，则

$$t_{m1}=\frac{t_{w2}+t_{w3}}{2}=\frac{600+600}{2}=600(℃)$$

管道材料为10Cr9MoW2VNbBN(P92)，查表1-16，在600℃工作温度下管道材料热导率 $\lambda_1=28.9\mathrm{W/(m\cdot K)}$。保温材料内外表面平均温度为

$$t_{m2}=\frac{t_{w3}+t_{w4}}{2}=\frac{600+50}{2}=325(℃)$$

保温材料热导率计算结果为

$$\lambda_2=0.056+0.0002\times(325-70)=0.107[\mathrm{W/(m\cdot K)}]$$

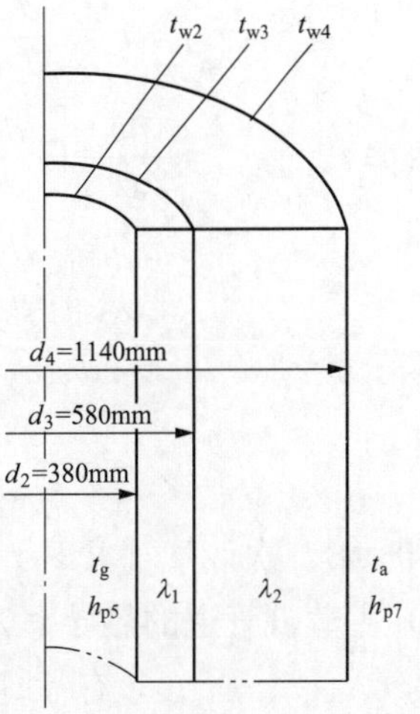

图4-6　主蒸汽管道的计算模型示意图

2）保温结构外表面的复合传热系数的计算结果。依据式（4-51），该主蒸汽管道保温结构外表面的辐射传热系数 h_{p8} 的计算结果为

$$h_{p8}=\frac{5.67\varepsilon}{t_{w4}-t_a}\left[\left(\frac{273+t_{w4}}{100}\right)^4-\left(\frac{273+t_a}{100}\right)^4\right]$$

$$=\frac{5.67\times0.3}{50-25}\times\left[\left(\frac{273+50}{100}\right)^4-\left(\frac{273+25}{100}\right)^4\right]=2.04[\mathrm{W/(m^2\cdot K)}]$$

室外风速取平均值 $W=3.0\mathrm{m/s}$，$d_4=1.14\mathrm{m}$，有 $Wd_4=3.0\times1.14=3.42\mathrm{m^2/s}>0.8\mathrm{m^2/s}$，按照式（4-54），该主蒸汽管道保温结构外表面对流传热的表面传热系数 h_{p9} 的计算结果为

$$h_{p9}=4.53\frac{W^{0.805}}{d_4^{0.195}}=4.53\times\frac{3.0^{0.805}}{1.14^{0.195}}=10.69[\mathrm{W/(m^2\cdot K)}]$$

根据式（4-50），该主蒸汽管道保温结构外表面的复合传热系数 h_{p7} 的计算结果为

$$h_{p7}=h_{p8}+h_{p9}=2.04+10.69=12.73[\mathrm{W/(m^2\cdot K)}]$$

3）k_3、q_3、t_{w2}、t_{w3} 和 t_{w4} 的计算结果。按照式（1-53）和式（4-55），得出以主蒸汽管道外表面积 $\pi d_3 l$ 为基准的双层圆筒壁传热过程的传热系数 k_3 的计算结果为

$$k_3=\left(\frac{d_3}{d_2h_{p5}}+\frac{d_3}{2\lambda_1}\ln\frac{d_3}{d_2}+\frac{d_3}{2\lambda_2}\ln\frac{d_4}{d_3}+\frac{d_3}{d_4h_{p7}}\right)^{-1}$$

$$=\left(\frac{0.58}{0.38\times7584.56}+\frac{0.58}{2\times28.9}\ln\frac{0.58}{0.38}+\frac{0.58}{2\times0.107}\ln\frac{1.14}{0.58}+\frac{0.58}{1.14\times12.73}\right)^{-1}$$

$$=0.533\,078\,162\,6[\mathrm{W/(m^2\cdot K)}]$$

确定双层圆筒壁传热过程的传热系数 k_3 后，可以计算主蒸汽管道双层圆筒壁的 q_3、t_{w2}、t_{w3} 和 t_{w4}。按照式（1-56）和式（4-56），主蒸汽管道外表面热流密度 q_3 的计算结果为

$$q_3=k_3(t_g-t_a)=0.533\,078\,162\,6\times(600-25)=306.52(\mathrm{W/m^2})$$

考虑主蒸汽管道热流量 $\Phi=\pi d_3lq_3=\pi d_2lq_2=\pi d_2lh_{p5}(t_g-t_{w2})$，有

$$t_{w2}=t_g-\frac{d_3q_3}{d_2h_{p5}}=600-\frac{0.58\times 306.52}{0.38\times 7584.56}=599.94(℃)$$

依据 $t_{w2}-t_{w3}=\frac{\Phi}{2\pi\lambda_1 l}\ln\frac{d_3}{d_2}=\frac{\pi d_3 lq_3}{2\pi\lambda_1 l}\ln\frac{d_3}{d_2}=\frac{d_3q_3}{2\lambda_1}\ln\frac{d_3}{d_2}$，得出

$$t_{w3}=t_{w2}-\frac{d_3q_3}{2\lambda_1}\ln\frac{d_3}{d_2}=599.94-\frac{0.58\times 306.52}{2\times 28.9}\ln\frac{0.58}{0.38}=598.64(℃)$$

鉴于 $\Phi=\pi d_3 lq_3=\pi d_4 lq_4=\pi d_4 lh_{p7}(t_{w4}-t_a)$，有

$$t_{w4}=t_a+\frac{d_3q_3}{d_4h_{p7}}=25+\frac{0.58\times 306.52}{1.14\times 12.73}=37.25(℃)$$

(4) 第二次计算：求 k_3、q_3、t_{w2}、t_{w3}和 t_{w4}。

1) 主蒸汽管道的热导率 λ_1 和保温层的热导率 λ_2 的计算结果。依据第一次迭代计算得出的 t_{w2}、t_{w3}和 t_{w4}，有

$$t_{m1}=\frac{t_{w2}+t_{w3}}{2}=\frac{599.94+598.64}{2}=599.29(℃)$$

管道材料为 10Cr9MoW2VNbBN(P92)，查表 1-16，有

$$\lambda_1=30.9+\frac{28.9-30.9}{100}\times(599.29-500)=28.9142[\mathrm{W/(m\cdot K)}]$$

$$t_{m2}=\frac{t_{w3}+t_{w4}}{2}=\frac{598.64+37.25}{2}=317.945(℃)$$

保温材料热导率计算结果为

$$\begin{aligned}\lambda_2&=0.056+0.0002(t_{m2}-70)\\&=0.056+0.0002\times(317.945-70)=0.105\,589[\mathrm{W/(m\cdot K)}]\end{aligned}$$

2) 保温结构外表面的复合传热系数的计算结果。依据式 (4-51)，该主蒸汽管道保温结构外表面的辐射传热系数 h_{p8}的计算结果为

$$\begin{aligned}h_{p8}&=\frac{5.67\varepsilon}{t_{w4}-t_a}\left[\left(\frac{273+t_{w4}}{100}\right)^4-\left(\frac{273+t_a}{100}\right)^4\right]\\&=\frac{5.67\times 0.3}{37.25-25}\times\left[\left(\frac{273+37.25}{100}\right)^4-\left(\frac{273+25}{100}\right)^4\right]=1.91[\mathrm{W/(m^2\cdot K)}]\end{aligned}$$

室外风速取平均值 $W=3.0\mathrm{m/s}$，$d_4=1.14\mathrm{m}$，有 $Wd_4=3.0\times 1.14=3.42\mathrm{m^2/s}>0.8\mathrm{m^2/s}$，按照式 (4-54)，该主蒸汽管道保温结构外表面对流传热的表面传热系数 h_{p9}的计算结果为

$$h_{p9}=4.53\frac{W^{0.805}}{d_4^{0.195}}=4.53\times\frac{3.0^{0.805}}{1.14^{0.195}}=10.69[\mathrm{W/(m^2\cdot K)}]$$

根据式 (4-50)，该主蒸汽管道保温结构外表面的复合传热系数 h_{p7}的计算结果为

$$h_{p7}=h_{p8}+h_{p9}=1.91+10.69=12.60[\mathrm{W/(m^2\cdot K)}]$$

3) k_3、q_3、t_{w2}、t_{w3}和 t_{w4}的计算结果。按照式 (1-53) 和式 (4-55)，得出以主蒸汽管道外表面积 $\pi d_3 l$ 为基准的双层圆筒壁传热过程的传热系数 k_3 的计算结果为

$$k_3=\left(\frac{d_3}{d_2h_{p5}}+\frac{d_3}{2\lambda_1}\ln\frac{d_3}{d_2}+\frac{d_3}{2\lambda_2}\ln\frac{d_4}{d_3}+\frac{d_3}{d_4h_{p7}}\right)^{-1}$$

$$=\left(\frac{0.58}{0.38\times 7584.56}+\frac{0.58}{2\times 28.9142}\ln\frac{0.58}{0.38}+\frac{0.58}{2\times 0.105\,589}\ln\frac{1.14}{0.58}+\frac{0.58}{1.14\times 12.60}\right)^{-1}$$

$$=0.526\,099\,207[\mathrm{W/(m^2\cdot K)}]$$

确定双层圆筒壁传热过程的传热系数 k_3 后，可以计算主蒸汽管道双层圆筒壁的 q_3、t_{w2}、t_{w3} 和 t_{w4} 的计算结果分别为

$$q_3=k_3(t_g-t_a)=0.526\,099\,207\times(600-25)=302.51(\mathrm{W/m^2})$$

$$t_{w2}=t_g-\frac{d_3q_3}{d_2h_{p5}}=600-\frac{0.58\times 302.51}{0.38\times 7584.56}=599.94(℃)$$

$$t_{w3}=t_{w2}-\frac{d_3q_3}{2\lambda_1}\ln\frac{d_3}{d_2}=599.94-\frac{0.58\times 302.51}{2\times 28.9142}\ln\frac{0.58}{0.38}=598.66(℃)$$

$$t_{w4}=t_a+\frac{d_3q_3}{d_4h_{p7}}=25+\frac{0.58\times 302.51}{1.14\times 12.60}=37.21(℃)$$

(5) 第三次计算：求 k_3、q_3、t_{w2}、t_{w3} 和 t_{w4}。

1) 主蒸汽管道的热导率 λ_1 和保温层的导热系数 λ_2 的计算结果。依据第二次迭代计算得出的 t_{w2}、t_{w3} 和 t_{w4}，有

$$t_{m1}=\frac{t_{w2}+t_{w3}}{2}=\frac{599.94+598.66}{2}=599.30(℃)$$

管道材料为 10Cr9MoW2VNbBN(P92)，查表 1-16，有

$$\lambda_1=30.9+\frac{28.9-30.9}{100}\times(599.30-500)=28.914[\mathrm{W/(m\cdot K)}]$$

$$t_{m2}=\frac{t_{w3}+t_{w4}}{2}=\frac{598.66+37.21}{2}=317.935(℃)$$

保温材料热导率计算结果为

$$\lambda_2=0.056+0.0002(t_{m2}-70)=0.056+0.0002\times(317.935-70)$$
$$=0.105\,587[\mathrm{W/(m\cdot K)}]$$

2) 保温结构外表面的复合传热系数计算结果。依据式 (4-51)，该主蒸汽管道保温结构外表面的辐射传热系数 h_{p8} 的计算结果为

$$h_{p8}=\frac{5.67\varepsilon}{t_{w4}-t_a}\left[\left(\frac{273+t_{w4}}{100}\right)^4-\left(\frac{273+t_a}{100}\right)^4\right]$$
$$=\frac{5.67\times 0.3}{37.21-25}\times\left[\left(\frac{273+37.21}{100}\right)^4-\left(\frac{273+25}{100}\right)^4\right]=1.91[\mathrm{W/(m^2\cdot K)}]$$

室外风速取平均值 $W=3.0\mathrm{m/s}$，$d_4=1.14\mathrm{m}$，有 $Wd_4=3.0\times 1.14=3.42\mathrm{m^2/s}>0.8\mathrm{m^2/s}$，按照式 (4-54)，该主蒸汽管道保温结构外表面对流传热的表面传热系数 h_{p9} 的计算结果为

$$h_{p9}=4.53\frac{W^{0.805}}{d_4^{0.195}}=4.53\times\frac{3.0^{0.805}}{1.14^{0.195}}=10.69[\mathrm{W/(m^2\cdot K)}]$$

根据式 (4-50)，该主蒸汽管道保温结构外表面的复合传热系数 h_{p7} 的计算结果为

$$h_{p7}=h_{p8}+h_{p9}=1.91+10.69=12.60[\mathrm{W/(m^2\cdot K)}]$$

3) k_3、q_3、t_{w2}、t_{w3} 和 t_{w4} 的计算结果。按照式 (1-53) 和式 (4-55)，得出以主蒸汽

管道外表面积 $\pi d_3 l$ 为基准的双层圆筒壁传热过程的传热系数 k_3 的计算结果为

$$k_3=\left(\frac{d_3}{d_2 h_{p5}}+\frac{d_3}{2\lambda_1}\ln\frac{d_3}{d_2}+\frac{d_3}{2\lambda_2}\ln\frac{d_4}{d_3}+\frac{d_3}{d_4 h_{p7}}\right)^{-1}$$

$$=\left(\frac{0.58}{0.38\times 7584.56}+\frac{0.58}{2\times 28.914}\ln\frac{0.58}{0.38}+\frac{0.58}{2\times 0.105\ 587}\ln\frac{1.14}{0.58}+\frac{0.58}{1.14\times 12.60}\right)^{-1}$$

$$=0.526\ 089\ 468\ 8[\mathrm{W/(m^2\cdot K)}]$$

确定双层圆筒壁传热过程的传热系数 k_3 后，可以计算主蒸汽管道双层圆筒壁的 q_3、t_{w2}、t_{w3} 和 t_{w4} 的计算结果分别为

$$q_3=k_3(t_g-t_a)=0.526\ 089\ 468\ 8\times(600-25)=302.50(\mathrm{W/m^2})$$

$$t_{w2}=t_g-\frac{d_3 q_3}{d_2 h_{p5}}=600-\frac{0.58\times 302.50}{0.38\times 7584.56}=599.94(℃)$$

$$t_{w3}=t_{w2}-\frac{d_3 q_3}{2\lambda_1}\ln\frac{d_3}{d_2}=599.94-\frac{0.58\times 302.50}{2\times 28.914}\ln\frac{0.58}{0.38}=598.66(℃)$$

$$t_{w4}=t_a+\frac{d_3 q_3}{d_4 h_{p7}}=25+\frac{0.58\times 302.50}{1.14\times 12.60}=37.21(℃)$$

鉴于该主蒸汽管道第三次 t_{w2}、t_{w3} 和 t_{w4} 的迭代计算值与输入值一致，迭代计算结束，第三次计算的结果为最终计算结果。

4）主蒸汽管道内层壁外表面的等效表面传热系数 h_{e0} 的计算结果。依据式（4-58），得出设计有保温结构的汽轮机主蒸汽管道内层壁外表面的等效表面传热系数 h_{e0} 的计算结果为

$$h_{e0}=\frac{q_3}{t_{w3}-t_a}=\frac{302.50}{598.66-25}=0.53[\mathrm{W/(m^2\cdot K)}]$$

5）以保温结构外表面积为基准的传热系数 k_4 和热流密度 q_4 的计算结果。已知 $t_{w2}=598.94℃$，$t_{w3}=598.66℃$，$t_{w4}=37.21℃$，有 $t_{m1}=599.30℃$，$\lambda_1=28.914\mathrm{W/(m\cdot K)}$，$t_{m2}=317.935℃$，$\lambda_2=0.105\ 587\mathrm{W/(m\cdot K)}$。

按照式（1-52），以保温结构外表面积 $\pi d_4 l$ 为基准的双层圆筒壁传热过程的传热系数 k_4 的计算结果为

$$k_4=\left(\frac{d_4}{d_2 h_{p5}}+\frac{d_4}{2\lambda_1}\ln\frac{d_3}{d_2}+\frac{d_4}{2\lambda_2}\ln\frac{d_4}{d_3}+\frac{1}{h_{p7}}\right)^{-1}$$

$$=\left(\frac{1.14}{0.38\times 7584.56}+\frac{1.14}{2\times 28.914}\ln\frac{0.58}{0.38}+\frac{1.14}{2\times 0.105\ 587}\ln\frac{1.14}{0.58}+\frac{1}{12.60}\right)^{-1}$$

$$=0.267\ 659\ 554\ 3[\mathrm{W/(m^2\cdot K)}]$$

按照式（1-55），保温结构外表面热流密度 q_4 的计算结果为

$$q_4=k_4(t_g-t_a)=0.267\ 659\ 554\ 3\times(600-25)=153.90(\mathrm{W/m^2})$$

6）最终计算结果：经过三次迭代计算，得出该主蒸汽管道表面温度与热流密度的最终计算结果，列于表 4-5，主蒸汽管道内表面温度 $t_{w2}=599.94℃$、主蒸汽管道外表面温

度 t_{w3}＝598.66℃、主蒸汽管道保温结构外表面温度 t_{w2}＝37.21℃，主蒸汽管道外表面积为基准传热过程的传热系数 k_3＝0.53W/(m²·K)、主蒸汽管道外表面热流密度 q_3＝302.50W/m²，主蒸汽管道内层壁外表面的等效表面传热系数 h_{e0}＝0.53 W/(m²·K)，以保温结构外表面积为基准传热过程的传热系数 k_4＝ 0.27W/(m²·K)、保温结构外表面热流密度 q_4＝153.90W/m²。

表 4-5　　100%TMCR 工况主蒸汽管道表面温度与热流密度的计算结果

序号	项　目	100%TMCR
1	主蒸汽温度 t_g(℃)	600
2	管道内表面温度 t_{w2}(℃)	599.94
3	管道外表面温度 t_{w3}(℃)	598.66
4	主蒸汽温度与管道内表面温度之差(t_g-t_{w2})(℃)	0.06
5	主蒸汽温度与管道外表面温度之差(t_g-t_{w3})(℃)	1.34
6	管道内外表面温度之差($t_{w2}-t_{w3}$)(℃)	1.28
7	保温结构外表面温度 t_{w4}(℃)	37.21
8	传热系数 k_3[W/(m²·K)]	0.53
9	热流密度 q_3 (W/m²)	302.50
10	等效传热系数 h_{e0}[W/(m²·K)]	0.53
11	等效传热系数与传热过程传热系数之差($h_{e0}-k_3$)[W/(m²·K)]	0
12	传热系数 k_4[W/(m²·K)]	0.27
13	热流密度 q_4(W/m²)	153.90

2. 部分负荷工况

(1) 已知参数：对于相同应用实例的超超临界一次再热 1000MW 汽轮机有两根主蒸汽管道，管道材料为 10Cr9MoW2VNbBN(P92)。主蒸汽管道内径 d_2＝380mm＝0.38m，主蒸汽管道外径 d_3＝580mm＝0.58m。选取硅酸铝棉制品作为保温材料，保温层厚度为 280mm，外面用厚度为 0.7mm 不锈钢板作为保护层，保温结构外表面材料发射率（黑度）取 ε＝0.3，忽略保护层的厚度，保温结构外径 d_4＝1140mm＝1.14m。主蒸汽管道室外风速取平均值 W＝3.0m/s，保温结构外表面的环境温度 t_a＝25℃。

在 75%TMCR 工况、50%TMCR 工况和 35%TMCR 工况下，依据本章第二节应用实例的计算结果，该主蒸汽管道内表面传热系数的计算结果列于表 4-6。

表 4-6　　主蒸汽管道内表面传热系数

序号	项　目	75%TMCR	50%TMCR	35%TMCR
1	主蒸汽温度 t_g(℃)	590	580	570
2	表面传热系数 h_{p5}[W/(m²·K)]	5155.68	3393.00	2586.53

(2) 计算结果：在 75%TMCR 工况、50%TMCR 工况和 35%TMCR 工况下，采用迭代法计算得出的主蒸汽管道的内表面温度 t_{w2}、外表面温度 t_{w3}、保温结构外表面温度 t_{w4} 和以该主蒸汽管道的外表面积 $\pi d_3 l$ 为基准的双层圆筒壁传热过程的传热系数 k_3 与热流密度 q_3 以及主蒸汽管道内层壁外表面等效传热系数 h_{e0} 的计算结果

列于表 4-7。

表 4-7　部分负荷下主蒸汽管道表面温度与热流密度的计算结果

序号	项　目	75%TMCR	50%TMCR	35%TMCR
1	主蒸汽温度 t_g(℃)	590	580	570
2	管道内表面温度 t_{w2}(℃)	589.91	579.87	569.84
3	管道外表面温度 t_{w3}(℃)	588.67	578.67	568.68
4	主蒸汽温度与管道内表面温度之差 (t_g-t_{w2})(℃)	0.09	0.13	0.16
5	主蒸汽温度与管道外表面温度之差 (t_g-t_{w3})(℃)	1.33	1.37	1.32
6	管道内外表面温度之差 $(t_{w2}-t_{w3})$(℃)	1.24	1.20	1.16
7	保温结构外表面温度 t_{w4}(℃)	36.88	36.56	36.25
8	传热系数 k_3[W/(m^2·K)]	0.52	0.52	0.51
9	热流密度 q_3(W/m^2)	294.40	286.36	278.46
10	等效传热系数 h_{e0}[W/(m^2·K)]	0.52	0.52	0.51
11	等效表面传热系数与传热过程传热系数之差 $(h_{e0}-k_3)$[W/(m^2·K)]	0	0	0

3. 分析与讨论

(1) 从表 4-5 和表 4-7 知，在汽轮机 35%～100%TMCR 的稳态工况，主蒸汽管道内表面温度与主蒸汽温度相差为 0.06～0.16℃，主蒸汽管道外表面温度与主蒸汽温度相差 1.32～1.37℃，主蒸汽管道内外壁面温差的范围为 1.16～1.28℃。表明在汽轮机 100%TMCR 工况和部分负荷工况的稳态运行过程中，主蒸汽管道内外表面温差很小，热应力也很小，主要损伤模式为蠕变损伤。工程上，在汽轮机的起动、停机与负荷变动的瞬态过程，主蒸汽管道内外表面温差很大，热应力也很大，主要损伤模式为低周疲劳损伤。

(2) 在汽轮机 35%～100%TMCR 的稳态工况，主蒸汽管道保温结构外表面温度 t_{w4} 的变化范围为 36.25～37.21℃，该型号汽轮机主蒸汽管道保温结构外表面温度均小于 DL/T 5072—2019 规定的 50℃的上限[7]，保温结构的材料与厚度的设计是合适的。

(3) 对于汽轮机部件的传热过程，传热系数 k_3 的计算公式为 $k_3=(AR)^{-1}$，这里 A 为传热系数计算的基准面积，R 为传热过程总热阻。在主蒸汽管道传热过程的传热系数的计算中，假设主蒸汽管道与保温层之间以及保温层与保护层之间接触良好，且无接触热阻。实际上，在主蒸汽管道的实际传热过程中，主蒸汽管道外壁与保温层内壁之间存在接触热阻，在保温层外表面与保护层之间也存在接触热阻。由于实际热阻大于该应用实例计算得出的热阻，实际传热过程的传热系数小于应用实例的计算结果。

(4) 在汽轮机 35%～100%TMCR 的稳态工况，主蒸汽管道外表面的热流密度 q_3 的变化范围为 278.46～302.50W/m^2，表明在汽轮机额定负荷工况和部分负荷工况，主蒸汽管道外表面的热流密度不为 0。传统方法认为主蒸汽管道外表面加装了保温结构，把主蒸汽管道外壁面处理为热流密度为 0 的第二类边界条件（即绝热边界条件）。计算结果表明，不同负荷工况，主蒸汽管道外表面的热流密度 q_3 的变化范围为 278.46～302.50W/m^2。因此，在汽轮机的起动、停机与负荷变动的瞬态过程计算主蒸汽管道的稳态和瞬态温度场的有限元数值计算中，把主蒸汽管道外表面处理为热流密度为 0 的方法不符合工程实际。

（5）从表 4-5 和表 4-7 的计算结果知，在汽轮机 35%～100%TMCR 的稳态工况，以主蒸汽管道内层圆筒壁外表面积为基准的双层圆筒壁传热过程的传热系数 k_3 分别为 0.51～0.53W/(m^2·K)。该主蒸汽管道内层壁外表面的等效表面传热系数 h_{e0} 与以内层壁外表面积为基准的双层壁传热过程的传热系数 k_3 之差（$h_{e0}-k_3$）为 0W/(m^2·K)，工程上可以认为 h_{e0} 与 k_3 相等。该型号汽轮机主蒸汽管道以内层壁外表面积为基准的双层圆筒壁传热过程的传热系数 k_3 不为 0，内层壁外表面的等效表面传热系数 h_{e0} 也不为 0。传统方法认为主蒸汽管道外表面加装了保温结构，把这些高温部件处理为表面传热系数为 0 的第三类边界条件不符合工程实际。

参 考 文 献

[1] 航空发动机设计手册总编委会．航空发动机设计手册　第 16 册　空气系统及传热分析．北京：航空工业出版社，2001.

[2] А. И. Бориссенко，В. Г. Данько，А. И. Яковлевм. Аэродинамика и теплолередачав электрических машинах. энергия，1974.

[3] 陶文铨．传热学．5 版．北京：高等教育出版社，2019.

[4] 魏永田，孟大伟，温嘉斌．电机内热交换．北京：机械工业出版社，1998.

[5] РТМ 24.020.16-73. Турбины паровые стационарные. Расчет температурных полей роторов и цилиндров паровых турбин методом злектромоделирования. М.：М-во тяжелого，знерг. и трансп. матиностроеня，1974.

[6] 中华人民共和国住房和城乡建设部．工业设备及管道绝热工程设计规范：GB 50264—2013. 北京：中国计划出版社，2013.

[7] 国家能源局．发电厂保温油漆设计规程：DL/T 5072—2019. 北京：中国计划出版社，2019.

第五章　汽轮机叶片传热计算方法

本章介绍了汽轮机叶片表面传热系数的计算方法，包括静叶片流道表面传热系数、动叶片流道表面传热系数、叶根间隙表面传热系数、叶根接触热阻和叶根槽传热系数的计算方法，给出了汽轮机静叶片与动叶片的叶型表面、叶片流道端面、叶顶平面、叶根间隙的表面传热系数以及叶根接触热阻与叶根槽传热系数的计算公式，应用于汽轮机静叶片、动叶片、叶轮、转子、隔板与汽缸的传热与冷却设计以及温度场与应力场研究。

第一节　静叶片流道传热计算方法

本节介绍了汽轮机静叶片流道传热系数的计算方法，包括静叶片叶型（也称叶身）表面和静叶片流道端面的对流传热的表面传热系数计算公式，给出了特征尺寸、特征速度与定性温度的取值和流体物性参数的确定方法，应用于汽轮机的隔板、静叶片和内缸的表面传热系数计算和这些部件稳态温度场、瞬态温度场与应力场的有限元数值计算。

一、静叶片叶型对流传热

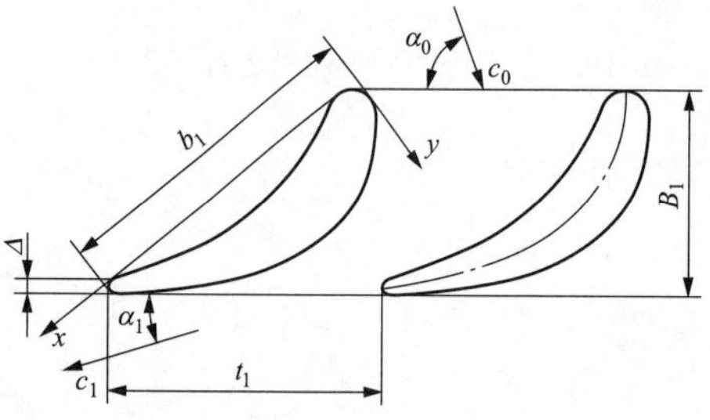

图 5-1　汽轮机静叶片的示意图

汽轮机静叶片的示意图如图 5-1 所示，静叶片进口流速为 c_0，静叶片出口流速为 c_1，静叶片进口气流角为 α_0，静叶片出口气流角为 α_1，静叶片轴向宽度为 B_1，静叶片叶栅弦长为 b_1，静叶片节距为 t_1。

在本章参考文献[1，2]研究结果的基础上，经公式推导与计算分析，得出汽轮机静叶片叶型对流传热的平均表面传热系数 h_{b1} 为

$$h_{b1}=\frac{Nu_{b1}\lambda}{b_1} \tag{5-1}$$

$$Nu_{b1}=C_{b1}Re^{0.66}Sr^{-0.58}Pr \tag{5-2}$$

$$Re=\frac{c_1 b_1}{\nu} \tag{5-3}$$

$$Sr=\frac{\sin\alpha_0}{\sin\alpha_1}\left[\frac{2B_1}{t_1\sin(\alpha_0+\alpha_1)\cos^2\left(\frac{\alpha_0-\alpha_1}{2}\right)}-1\right]^{\frac{1}{2}} \tag{5-4}$$

$$Pr = \frac{\eta c_p}{\lambda} \tag{5-5}$$

式中　Nu_{b1}——静叶片叶型表面平均努塞尔数；

λ——流体热导率；

b_1——静叶片叶栅弦长；

C_{b1}——试验常数；

Re——流体雷诺数；

Pr——流体普朗特数；

c_1——静叶片出口速度；

ν——流体运动黏度；

α_0——静叶片进口汽流角；

α_1——静叶片出口汽流角；

B_1——静叶片轴向宽度；

t_1——静叶片节距；

η——流体动力黏度；

c——流体比热容。

在汽轮机静叶片叶型对流传热的平均表面传热系数的计算公式中，特征尺寸取静叶片叶栅弦长 b_1，流体雷诺数的特征速度取静叶片出口速度 c_1，定性温度取静叶片出口温度 t_1。汽轮机静叶片进口和出口的平均压力 p_{m1} 的计算公式为

$$p_{m1} = \frac{p_0 + p_1}{2} \tag{5-6}$$

式中　p_0——静叶片进口流体压力；

p_1——静叶片出口流体压力。

依据定性温度 t_1 和静叶片进口与出口的平均压力 p_{m1} 来确定流体的 Pr、λ、ν 等物性参数。

二、静叶片流道端面对流传热

汽轮机静叶片的流道端面包括静叶片流道的上端面和下端面。在汽轮机的静叶片流道中，叶型底部靠近转子侧的端面为下端面，叶型顶部靠近内缸侧的端面为上端面。在本章参考文献[1，2]研究结果的基础上，经公式推导与计算分析，得出汽轮机静叶片之间流道的上端面和下端面的对流传热的表面传热系数 h_{b2} 的计算公式为

$$h_{b2} = \frac{Nu_{b2}\lambda}{b_1} \tag{5-7}$$

$$Nu_{b2} = C_{b2} Re^{0.8}(1 + 0.7Sr^{-0.54})Pr^{0.43} \tag{5-8}$$

式中　Nu_{b2}——静叶片流道端面平均努塞尔数；

C_{b2}——试验常数。

在式（5-8）中，Re、Sr 和 Pr 的计算公式与式（5-3）、式（5-4）和式（5-5）相同，特征尺寸、特征速度、定性温度与流体物性参数的确定方法与汽轮机静叶片的叶型相同。

三、应用实例

（1）已知参数：某型号超超临界一次再热汽轮机的高压缸，反动式汽轮机，第 1 级静叶片、第 5 级静叶片和第 10 级静叶片采用反动式叶型，静叶片如图 3-8 和图 3-20 所示。对于这三级静叶片，静叶片轴向宽度 B_1、静叶片叶栅弦长 b_1、静叶片节距 t_1 等部分设计数据列于表 5-1。在汽轮机 100%TMCR 工况，对于这三级静叶片，静叶片进口汽流角 α_0、静叶片出口汽流角 α_1、静叶片出口速度 c_1 等部分设计数据也列于表 5-1。

表 5-1　　高压缸静叶片设计数据

序号	名　　称	第 1 级	第 5 级	第 10 级
1	静叶片轴向宽度 B_1(mm)	79.7	45.0	46.9
2	静叶片叶栅弦长 b_1(mm)	120.0	48.7	53.0
3	静叶片节距 t_1(mm)	78.7	36.9	40.2
4	100%TMCR 工况静叶片进口汽流角 α_0(°)	90.0	90.0	74.4
5	100%TMCR 工况静叶片出口汽流角 α_1(°)	16.5	22.8	20.2
6	100%TMCR 工况静叶片出口速度 c_1(m/s)	259.4	192.5	205.6

（2）计算结果：该型号超超临界汽轮机在 100%TMCR 工况下，第 1 级静叶片、第 5 级静叶片和第 10 级静叶片的叶型对流传热的平均表面传热系数 h_{b1} 和静叶片流道端面对流传热的表面传热系数 h_{b2} 的计算结果列于表 5-2。

表 5-2　　高压缸静叶片表面传热系数的计算结果

序号	名　　称	第 1 级	第 5 级	第 10 级
1	100%TMCR 工况静叶片叶型对流传热的平均表面传热系数 h_{b1}[W/(m^2·K)]	6744.0	6647.9	5188.9
2	100%TMCR 工况静叶片流道端面对流传热的表面传热系数 h_{b2}[W/(m^2·K)]	33 141.3	24 266.6	17 702.2

（3）分析与讨论：从表 5-2 的计算结果知，在同一负荷工况，随着叶片级数增大，静叶片叶型对流传热的平均表面传热系数和静叶片流道端面对流传热的表面传热系数呈减小趋势，原因在于叶片级数增大通流部分蒸汽参数降低；对于同一级静叶片，静叶片流道端面对流传热的表面传热系数比叶型对流传热的平均表面传热系数大，原因有可能是静叶片上下端面流动阻力增大导致对流传热强化。

第二节　动叶片流道传热计算方法

本节介绍了汽轮机动叶片流道传热系数的计算方法，包括动叶片叶型（也称叶身）表面、动叶片叶型局部、动叶片流道端面、自由动叶片叶顶和动叶片叶顶汽封的对流传热的表面传热系数计算公式，给出了特征尺寸、特征速度与定性温度的取值和流体物性参数的确定方法，应用于汽轮机的动叶片、转子叶根槽、叶轮轮缘和转子的表面传热系数计算和这些部件稳态温度场、瞬态温度场和应力场的有限元数值计算。

一、动叶片叶型对流传热

汽轮机动叶片的示意图如图 5-2 所示，动叶片进口流速为 w_1，动叶片出口流速为 w_2，动叶片进口气流角为 β_1，动叶片出口气流角为 β_2，动叶片轴向宽度为 B_2，动叶片叶栅弦长为 b_2，动叶片节距为 t_2。

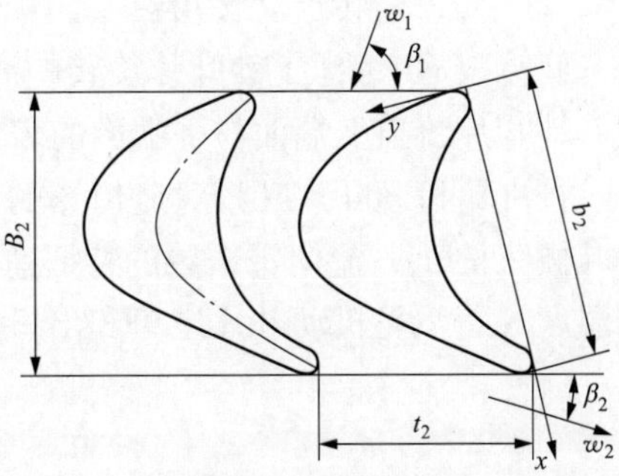

图 5-2　汽轮机动叶片的示意图

在本章参考文献[2，3]研究结果的基础上，经公式推导与计算分析，得出汽轮机动叶片叶型对流传热的平均表面传热系数 h_{b3} 的计算公式为

$$h_{b3}=\frac{Nu_{b3}\lambda}{b_2} \tag{5-9}$$

$$Nu_{b3}=C_{b3}Re^{0.66}Sr^{-0.58}Pr(1+0.8Rt^{0.42}) \tag{5-10}$$

$$Re=\frac{w_2 b_2}{\nu} \tag{5-11}$$

$$Sr=\frac{\sin\beta_1}{\sin\beta_2}\left[\frac{2B_2}{t_2\sin(\beta_1+\beta_2)\cos^2\left(\frac{\beta_1-\beta_2}{2}\right)}-1\right]^{\frac{1}{2}} \tag{5-12}$$

$$Rt=\frac{u_m H_{b2}}{w_2 D_m} \tag{5-13}$$

$$u_m=\frac{D_m\omega}{2} \tag{5-14}$$

式中　Nu_{b3}——动叶片叶型表面平均努塞尔数；

λ——流体热导率；

b_2——动叶片叶栅弦长；

C_{b3}——试验常数；

Re——流体雷诺数；

Pr——流体普朗特数；

Rt——旋转数；

w_2——动叶片出口相对速度；

ν——流体运动黏度；

β_1——动叶片进口汽流角；

β_2——动叶片出口汽流角；

B_2——动叶片轴向宽度；

t_2——动叶片叶栅节距；

u_m——动叶片叶型平均直径处圆周速度；

H_{b2}——动叶片叶高；

D_m——级的平均直径；

ω——转子旋转角速度。

旋转数 Rt 考虑了动叶片旋转的离心力与哥氏力对流体传热的影响，应用于动叶片叶型、动叶片流道上端面与下端面的表面传热系数计算。

在汽轮机动叶片叶型对流传热的平均表面传热系数的计算公式中，特征尺寸取动叶片叶栅弦长 b_2，流体雷诺数的特征速度取动叶片出口相对速度 w_2，定性温度取动叶片出口温度 t_2。汽轮机动叶片进口和出口的平均压力 p_{m2} 的计算公式为

$$p_{m2}=\frac{p_1+p_2}{2} \tag{5-15}$$

式中 p_1——动叶片进口流体压力；

p_2——动叶片出口流体压力。

依据定性温度 t_2 和动叶片进口与出口的平均压力 p_{m2} 来确定流体的 Pr、λ、ν 等物性参数。

二、动叶片叶型局部对流传热

在本章参考文献[2，3]研究结果的基础上，经公式推导与计算分析，得出汽轮机动叶片叶型局部对流传热的表面传热系数 h_{b4} 的计算公式为

$$h_{b4}=\frac{Nu_{b4}\lambda}{b_2} \tag{5-16}$$

$$Nu_{b4}=C_{b3}Re^{0.66}Sr^{-0.58}Pr(1+kRt^q) \tag{5-17}$$

式中 Nu_{b4}——动叶片叶型局部表面努塞尔数；

k——动叶片叶型表面不同部位旋转数 Rt 的系数；

q——动叶片叶型表面不同部位旋转数 Rt 的指数。

在式（5-17）中，Re、Sr 和 Rt 的计算公式与式（5-11）、式（5-12）和式（5-13）相同，特征尺寸、特征速度、定性温度与流体物性参数的确定方法与汽轮机动叶片叶型相同。

旋转因素对汽轮机动叶片表面不同部位的表面传热系数有不同的影响。对动叶片前缘影响较小，对动叶片尾缘影响较大。在转速 $n\leqslant 9000\text{r/min}$ 的情况下，动叶片不同部位 k 和 q 的试验值[4]列于表 5-3。

表 5-3　　动叶片叶型不同部位 k 和 q 的试验值

叶型部位	k	q
进口前缘	0.2	0.17
叶型出气边	0.87	0.37
背弧	1.8	0.56
内弧	0.4	0.17
叶片流道的上端面和下端面	1.1	0.59

三、动叶片流道端面对流传热

在汽轮机的动叶片流道中，叶型根部靠近转子中心侧的端面为下端面。对于自带冠

整体围带或其他围带成组的动叶片，叶型顶部靠近内缸侧的端面为上端面。对于自由动叶片组成的动叶片流道，只有动叶片流道的下端面。在本章参考文献[2，3]研究结果的基础上，经公式推导与计算分析，得出动叶片之间流道上端面（靠近内缸侧）或下端面（靠近转子侧）对流传热的表面传热系数 h_{b5} 的计算公式为

$$h_{b5}=\frac{Nu_{b5}\lambda}{b_2} \tag{5-18}$$

$$Nu_{b5}=C_{b4}(1+1.1Rt^{0.59})(1+0.7Sr^{-0.54})Re^{0.8}Pr^{0.43} \tag{5-19}$$

式中 Nu_{b5}——动叶片流道端面平均努塞尔数；

C_{b4}——试验常数。

在式（5-19）中，Re、Sr 和 Rt 的计算公式与式（5-11）、式（5-12）和式（5-13）相同，特征尺寸、特征速度、定性温度与流体物性参数的确定方法与汽轮机动叶片叶型相同。

四、自由动叶片叶顶对流传热

对于没有围带与汽封片的自由动叶片叶顶平面，由于汽轮机动叶片叶顶与内缸内表面之间，有轴向流体泄漏，也有周向流体泄漏，流体流动十分复杂。在本章参考文献[5，6]研究结果的基础上，并考虑蒸汽的普朗特数 $Pr\neq0.7$，经公式推导与计算分析，得出汽轮机动叶片叶顶的表面传热系数 h_{b6} 的计算公式为

$$h_{b6}=\frac{Nu_{b6}\lambda}{d_H} \tag{5-20}$$

$$Nu_{b6}=C_{b5}Re^{0.8}Pr^{0.33}(1+Re_\omega)^{0.025}(1+Gr_\omega)^{-0.0015} \tag{5-21}$$

$$Re=\frac{wd_H}{\nu} \tag{5-22}$$

$$Re_\omega=\frac{ud_H}{\nu} \tag{5-23}$$

$$Gr_\omega=\frac{R\omega^2\beta(t_f-t_w)d_H^3}{\nu^2} \tag{5-24}$$

$$u=R\omega \tag{5-25}$$

$$d_H=2h \tag{5-26}$$

式中 Nu_{b6}——动叶片叶顶平面的平均努塞尔数；

λ——流体热导率；

d_H——叶顶平面与内缸内表面之间的水力直径；

C_{b5}——试验常数；

Re——流体雷诺数；

Pr——流体普朗特数；

Re_ω——旋转雷诺数；

Gr_ω——旋转格拉晓夫数；

w——叶顶平面与内缸内表面之间流体速度；

ν——流体运动黏度；

u——叶顶平面的圆周速度；

R——叶顶平面的半径；

ω——转子旋转角速度，$R\omega^2$ 为旋转离心加速度；

β——体胀系数；

t_f——叶顶平面与内缸内表面之间流体温度；

t_w——叶顶平面壁温；

h——叶顶平面与内缸内表面之间的间隙高度。

在汽轮机动叶片叶顶的表面传热系数的计算公式中，特征尺寸取叶顶平面与内缸内表面之间的水力直径 d_H，流体雷诺数的特征速度取叶顶平面与内缸内表面之间流体速度 w，旋转雷诺数的特征速度取叶顶平面旋转的圆周速度，定性温度取叶顶平面与内缸内表面之间流体温度 t_f，依据定性温度 t_f和叶顶外表面与内缸内表面之间流体压力 p_f来确定流体的 Pr、λ、ν 等物性参数。

对于空气、过热蒸汽等符合理想气体性质的气体，$\beta \approx 1/T_f = 1/(273+t_f)$。对于湿蒸汽等不符合理想气体性质的气体，建议按式（4-6）确定 β。

五、动叶片叶顶汽封对流传热

对于汽轮机的自带冠或围带成组动叶片，为了减少漏气损失，通常设计动叶片叶顶汽封。动叶片叶顶汽封的齿数少于 8，属于少齿数曲径汽封，反动式汽轮机动叶片叶顶汽封结构示意图如图 3-20 所示。对于雷诺数 Re 的范围为 $2.5\times10^3 \sim 2.5\times10^4$ 的汽轮机叶顶汽封，根据式（3-18）～式（3-20），经公式推导与计算分析，得出汽轮机自带冠或围带成组动叶片的叶顶汽封对流传热的表面传热系数 h_{b7}的计算公式为

$$h_{b7} = \frac{C_{g8} C_{g9} Re^{0.9} Pr^{0.43} \left(\frac{\delta}{H}\right)^{-0.7} \lambda}{2kH} = \frac{C_{b6} Re^{0.9} Pr^{0.43} \left(\frac{\delta}{H}\right)^{-0.7} \lambda}{2kH} \tag{5-27}$$

$$Re = \frac{2H \times w}{\nu} \tag{5-28}$$

$$C_{b6} = C_{g8} \times C_{g9} \tag{5-29}$$

式中 C_{g8}、C_{g9}——试验常数；

Re——流体雷诺数；

Pr——流体普朗特数；

δ——汽封径向间隙；

H——汽封室高度；

λ——流体热导率；

k——汽封传热修正系数，高低齿曲径汽封取 $k=0.63$，光轴平齿汽封取 $k=1.27$；

w——汽封腔室的流体平均流速；

ν——流体运动黏度。

在汽轮机自带冠或围带成组动叶片叶顶汽封的传热计算公式中，特征尺寸取两倍汽封室高度 $2H$，流体雷诺数的特征速度取汽封腔室的流体平均流速 w，定性温度取汽封进口流体温度 t_0 与汽封出口流体温度 t_z 的算术平均值 $t_f=(t_0+t_z)/2$，依据定性温度 t_f 和汽封进口流体的压力 p_0 来确定流体的 Pr、λ、ν 等物性参数。

对于雷诺数 Re 的范围超出 $2.5\times10^3\sim2.5\times10^4$ 大多数汽轮机的叶顶汽封，按照式（3-10）～式（3-15）来计算动叶片叶顶曲径汽封的表面传热系数，不再赘述。

六、应用实例

（1）已知参数：某型号超超临界一次再热汽轮机的高压转子，反动式汽轮机，第 1 级动叶片、第 5 级动叶片和第 10 级动叶片采用反动式叶型，动叶片如图 3-8 和图 3-20 所示。对于这三级动叶片，动叶片轴向宽度 B_2、动叶片叶栅弦长 b_2、动叶片节距 t_2 等部分设计数据列于表 5-4。在汽轮机 100%TMCR 工况，对于这三级动叶片，动叶片进口汽流角 β_1、动叶片出口汽流角 β_2、动叶片出口相对速度 w_2 等部分设计数据也列于表 5-4。

表 5-4　　高压转子动叶片设计数据

序号	名　称	第 1 级	第 5 级	第 10 级
1	动叶片轴向宽度 B_2(mm)	56.0	56.3	60.5
2	动叶片叶栅弦长 b_2(mm)	50.0	62.8	64.1
3	动叶片节距 t_2(mm)	33.1	45.9	47.6
4	100%TMCR 工况动叶片进口汽流角 β_1(°)	37.7	75.8	67.2
5	100%TMCR 工况动叶片出口汽流角 β_2(°)	23.7	24.6	22.4
6	100%TMCR 工况动叶片出口速度 w_2(m/s)	160.5	175.4	182.3

（2）计算结果：该型号超超临界汽轮机在 100%TMCR 工况下，第 1 级动叶片、第 5 级动叶片和第 10 级动叶片的叶型对流传热的平均表面传热系数 h_{b3} 和动叶片流道端面对流传热的表面传热系数 h_{b5} 的计算结果列于表 5-5。

表 5-5　　高压转子动叶片表面传热系数的计算结果

序号	名　称	第 1 级	第 5 级	第 10 级
1	100%TMCR 工况动叶片叶型对流传热的平均表面传热系数 h_{b3}[W/(m^2·K)]	11 384.3	16 121.1	12 045.6
2	100%TMCR 工况动叶片流道端面对流传热的表面传热系数 h_{b5}[W/(m^2·K)]	62 912.0	56 543.0	38 806.8

（3）分析与讨论：从表 5-5 的计算结果知，在 100%TMCR 工况，对于同一级动叶片，动叶片流道端面对流传热的表面传热系数比叶型对流传热的平均表面传热系数大，原因有可能是动叶片上下端面流动阻力增大导致对流传热强化。表 5-5 给出的动叶片的表面传热系数均大于表 5-2 给出的静叶片的表面传热系数，原因在于动叶片的旋转数 Rt 强化了动叶片的对流传热。

第三节　叶根间隙传热计算方法

本节介绍了汽轮机动叶片叶根与转子之间装配间隙对流传热的表面传热系数计算公式，给出了特征尺寸、特征速度与定性温度的取值以及流体物性参数的确定方法，应用于有流体冷却的汽轮机动叶片叶根与转子叶根槽的表面传热系数计算和这些部件稳态温度场、瞬态温度场和应力场的有限元数值计算。

一、叶根与转子装配间隙流体冷却

汽轮机转子叶根槽与动叶片叶根之间流过冷却蒸汽的间隙也称为蒸汽冷却通道，冷却流体流过冷却通道，对汽轮机动叶片叶根和转子叶根槽有冷却作用，以降低转子叶根槽与动叶片叶根的工作温度，以保证汽轮机转子与动叶片的服役安全性。在转子叶根槽与动叶片叶根的装配间隙中，通过试验研究得出的冷却蒸汽与动叶片叶根和转子叶根槽对流传热的表面传热系数的经验公式，可以应用于汽轮机转动部件的结构设计与新产品研制。

对于采用枞树型叶根槽的汽轮机高温转子，通过设计蒸汽冷却通道，将冷却流体引入汽轮机动叶片叶根与转子叶根槽之间的装配间隙。冷却流体从叶轮轮缘的进汽侧（即动叶片的进汽侧）进入动叶片叶根与转子装配间隙，冷却流体从叶轮轮缘的出汽侧（即动叶片的出汽侧）流出，以冷却汽轮机高温转子的动叶片叶根、转子叶根槽和叶轮轮缘。

超临界和超超临界汽轮机的中压转子大多数采用枞树型叶根，来自高压抽汽或高压排汽的冷却蒸汽通过中压前两级的静叶汽封和枞树型叶根与转子叶根槽的间隙，使中压转子前两级叶轮轮缘高温部位得到了冷却。通常超临界和超超临界汽轮机的中压转子没有调节级，中压前两级转子叶根槽的工作温度比较高，为了降低中压前两级转子叶根槽的工作温度，需要在转子叶根槽与枞树型叶根之间的空隙中通过冷却蒸汽来降低中压转子的工作温度[7]，这就需要转子叶根槽蒸汽冷却的表面传热系数的计算方法和计算公式。

二、流体冷却叶根间隙对流传热

叶轮机械转子枞树型叶根槽与动叶片叶根之间的装配间隙如图 5-3 所示，本章参考文献[8]给出了叶轮机械转子枞树型叶根槽空气冷却的表面传热系数的计算公式，该公式没有考虑普朗特数 Pr 的影响和冷却通道旋转的影响。

考虑到汽轮机的水蒸气普朗特数变化范围比较大的特点，以及动叶片根部蒸汽冷却通道旋转的特点，在本章参考文献[8，9]研究结果的基础上，参照式（4-8）～式（4-13），经公式推导和计算分析，得出汽轮机中压转子枞树型叶根槽或采用其他叶根形式的叶轮轴向蒸汽冷却通道对流传热的表面传热系数 h_{b8} 的计算公式为

$$h_{b8}=\frac{Nu_{b7}\lambda}{d_e} \tag{5-30}$$

$$Re=\frac{wd_e}{\nu} \tag{5-31}$$

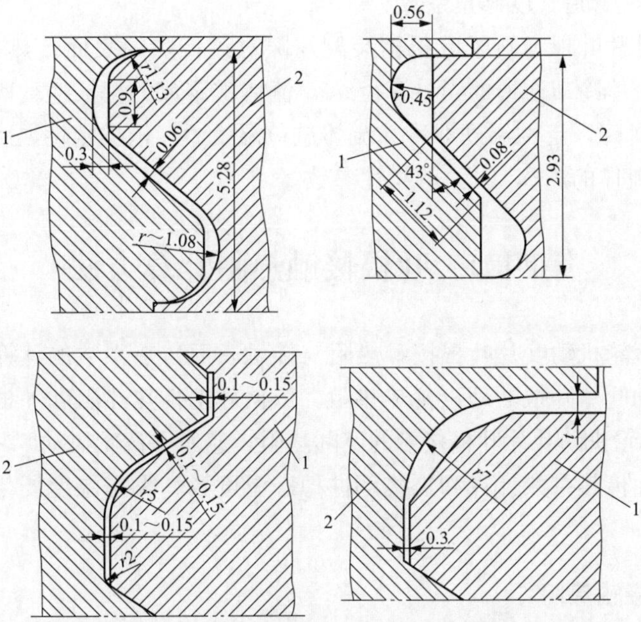

图 5-3　枞树型叶根槽与动叶片叶根之间的装配间隙

1—叶根；2—转子

$$d_e = \frac{4F_c}{P} \tag{5-32}$$

(1) 对于层流工况，$Re < 2500$

$$Nu_{b7} = C_{b7} Re^{0.8} Pr^{0.43} \left(1 + 0.6 \frac{u}{w}\right) \varepsilon_l \tag{5-33}$$

(2) 对于过渡区工况，$Re = 2500 \sim 4000$

$$Nu_{b7} = C_{b8} Re^{1.10} Pr^{0.43} \left(1 + 0.6 \frac{u}{w}\right) \varepsilon_l \tag{5-34}$$

(3) 对于湍流工况，$Re = 4000 \sim 16\,000$

$$Nu_{b7} = C_{b9} Re^{0.8} Pr^{0.43} \left(1 + 0.6 \frac{u}{w}\right) \varepsilon_l \tag{5-35}$$

式中　λ——流体热导率；

d_e——流体冷却通道当量直径（水力直径）；

w——冷却流体轴向流速；

ν——流体运动黏度；

F_c——蒸汽冷却通道的截面积；

P——润湿周长，即流体冷却通道壁与流体接触面的长度；

Re——流体雷诺数；

C_{b7}、C_{b8}、C_{b9}——试验常数；

Pr——流体普朗特数；

u——冷却通道的平均圆周速度；

ε_l——管道长度修正系数。

在汽轮机动叶片叶根与转子叶根槽装配间隙对流传热的表面传热系数计算公式中，特征尺寸取冷却流体冷却通道的当量直径 d_e，流体雷诺数的特征速度取冷却流体冷却通道的进口流体速度 w，定性温度取冷却流体进口温度 t_f，依据定性温度 t_f和冷却流体进口压力 p_f来确定流体的 Pr、λ、ν 等物性参数。

第四节　叶根接触热阻计算方法

本节介绍了汽轮机动叶片叶根接触热阻与接触表面传热系数的计算方法，采用多层圆筒壁模型计算动叶片叶根的理论传热热阻。依据理论传热热阻和叶根接触热阻试验常数 $C_{b10\text{-}12}$来确定汽轮机动叶片叶根接触的实际热阻，应用于汽轮机动叶片叶根与转子叶根槽传热过程的表面传热系数计算和这些部件稳态温度场、瞬态温度场与应力场的有限元数值计算。

一、叶根槽接触热阻

汽轮机动叶片叶根与转子叶根槽相互接触导热时，交界面不能完全贴合，交界面两侧表面温度 $T_{w1} \neq T_{w2}$，原因在于动叶片叶根与转子叶根槽接触表面存在接触热阻。汽轮机动叶片叶根与转子叶根槽接触面之间的导热示意图如图 5-4 所示，实际热阻 R 为叶根热阻 R_{b1}、接触热阻 R_{b2}和转子热阻 R_{b3}之和。

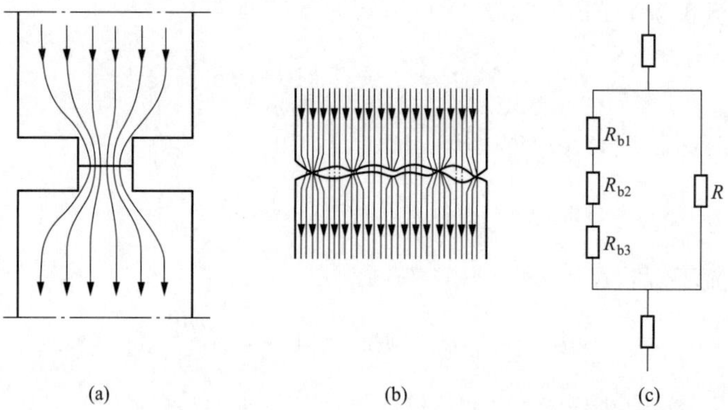

图 5-4　动叶片叶根与转子叶根槽接触面之间的导热示意图

(a) 单一接触区段；(b) 多点接触区段；(c) 接触区实际热阻

对于一维导热，叶根 1 与转子 2 接触面上的热流密度为 q 和实际热阻 R 的计算公式分别为

$$q = h_{b9}(T_{w1} - T_{w2}) = \frac{T_{w1} - T_{w2}}{\dfrac{1}{h_{b9}}} \tag{5-36}$$

$$R = \frac{1}{h_{b9}} = \frac{T_{w1} - T_{w2}}{q} = R_{b1} + R_{b2} + R_{b3} \tag{5-37}$$

式中　q——热流密度；

h_{b9}——接触传热系数；

T_{w1}——叶根接触表面热力学温度；

T_{w2}——转子接触表面热力学温度；

R——实际热阻；

R_{b1}——叶根热阻；

R_{b2}——接触热阻；

R_{b3}——转子热阻。

二、叶根槽接触表面传热系数

由式（5-37）知，接触传热系数是接触热阻的倒数，接触热阻主要取决于接触表面粗糙度、材料硬度、非接触区内介质性质、接触压力、表面氧化程度等，接触热阻的数据主要依靠试验获得。在忽略接触面之间气体的导热与辐射时[10]，接触传热系数 h_{b9} 的计算公式为

$$h_{b9}=\frac{1}{R}=\frac{Nu_{b8}d_e}{\lambda} \tag{5-38}$$

$$Nu_{b8}=1+85\left(\frac{\sigma}{\sigma_b}\right)^{0.8} \tag{5-39}$$

$$\lambda=\frac{2\lambda_1\lambda_2}{\lambda_1+\lambda_2} \tag{5-40}$$

$$d_e=\frac{4R_a}{\pi} \tag{5-41}$$

$$R_a=\frac{R_{a1}+R_{a2}}{2} \tag{5-42}$$

式中　Nu_{b9}——接触传热平均努塞尔数；

d_e——当量直径；

λ——平均热导率；

σ——接触表面接触应力；

σ_b——叶根抗拉强度与转子抗拉强度的较小者；

λ_1——叶根材料的热导率；

λ_2——转子材料的热导率；

R_a——平均粗糙度；

R_{a1}——叶根接触表面粗糙度；

R_{a2}——转子接触表面粗糙度。

三、计入接触热阻叶根导热

汽轮机动叶片叶根与转子叶根槽的两个接触表面粗糙度影响接触热阻，由于动叶片离心力的作用，叶根接触面的接触应力比较大，有利于减小动叶片叶根与转子叶根槽的

接触热阻。通过计算分析来确定汽轮机动叶片叶根的实际接触热阻，工程上有一定技术难度。

汽轮机某一级动叶片的全部叶根与转子叶根槽的接触，可以处理为单层圆筒壁的接触，在不考虑叶根接触热阻的情况下，单层圆筒壁的外半径为轮缘半径 r_w、内半径为叶根槽承力齿面半径 r_2，单层圆筒壁的长度为叶根槽颈部轴向宽度 l_1，该单层圆筒壁理论传热热阻 R_t的计算公式为

$$R_t = \frac{1}{2\pi l_1 \lambda_{b2}} \ln \frac{r_w}{r_2} \tag{5-43}$$

式中 l_1——叶根槽颈部轴向宽度；

λ_{b2}——动叶片材料热导率；

r_w——轮缘半径；

r_2——叶根槽承力齿面半径。

依据汽轮机动叶片的进口流体温度和动叶片出口流体温度的算术平均值 $t_m=(t_1+t_2)/2$，查表 1-12，确定动叶片材料热导率 λ_{b2}。

工程上，在汽轮机叶轮与转子叶根槽的温度场计算中，为了简化计算，通常不计算局部接触热阻，而是在试验研究的基础上考虑总体接触热阻。通过试验确定动叶片不同形式叶根的接触热阻试验常数 $C_{b10\text{-}12}$后，计入接触热阻的汽轮机动叶片叶根导热热阻 R 的计算公式为

$$R = C_{b10\text{-}12} R_t = \frac{C_{b10\text{-}12}}{2\pi l_1 \lambda_{b2}} \ln \frac{r_w}{r_2} \tag{5-44}$$

式中 $C_{b10\text{-}12}$——动叶片不同形式叶根的接触热阻试验常数，$C_{b10\text{-}12}$可以取 C_{b10}、C_{b11} 或 C_{b12}；

C_{b10}——倒 T 型叶根的接触热阻试验常数；

C_{b11}——叉型叶根的接触热阻试验常数；

C_{b12}——枞树型叶根的接触热阻试验常数。

第五节　叶根槽传热计算方法

本节介绍了汽轮机转子叶根槽的传热系数计算方法，采用单层圆筒壁、多层圆筒壁与多层平壁模型计算汽轮机动叶片叶根的传热热阻。采用串联热阻叠加原则，计算叶根传热过程的总热阻，并依据动叶片叶根的总热阻和转子叶根槽承力齿的面积来计算汽轮机转子叶根槽传热过程的传热系数。给出了汽轮机转子倒 T 型叶根、双倒 T 型叶根、叉型叶根和枞树型叶根的传热过程的转子叶根槽传热系数计算方法，应用于汽轮机动叶片与转子的稳态温度场、瞬态温度场与应力场的有限元数值计算。

一、转子叶根槽传热计算模型

开展汽轮机转子叶根槽的温度场和应力的有限元数值计算，需要知道蒸汽与动叶片表面的对流传热的热流量通过动叶片叶根传递到转子叶根槽的传热过程的传热系数计算

方法和计算公式[2]。汽轮机动叶片叶根和转子叶根槽的传热系数是汽轮机转子叶根槽的温度场和热应力场的有限元数值计算的传热边界条件，其数值直接影响转子叶根槽温度场和热应力场的有限元数值计算结果的准确性。国内外公开的汽轮机转子叶根槽的传热系数的研究文献还不多[11]，工程上急需转子叶根槽的传热系数的计算方法与计算公式。

在转子叶根槽的传热计算方法中，考虑在动叶片离心力的作用下，动叶片叶根与转子叶根槽承力齿面紧密接触。已知动叶片流道的等效传热系数 h_{e2}，在计算中假定汽轮机通流部分蒸汽与动叶片流道、动叶片围带（或动叶片叶顶）和动叶片中间体的对流传热的总热流量，全部通过动叶片叶根的承力齿面传递到转子叶根槽。在动叶片叶根部位没有蒸汽冷却的情况下，转子叶根槽的非承力表面与叶根表面有一定间隙，该间隙的导热热阻很大，可近似处理为热流密度 $q=0$（绝热）的第二类边界条件。在转子叶根槽的非承力表面与叶根表面之间的间隙有蒸汽冷却的情况下，把转子叶根槽非承力表面处理为同冷却蒸汽对流传热的第三类边界条件。不论叶根槽是否有蒸汽冷却，假定动叶片流道、动叶片围带（或动叶片叶顶）和动叶片中间体的对流传热的全部热流量，通过动叶片叶根传热过程传热到转子叶根槽的承力齿面上，并把转子叶根槽的承力齿面近似处理为与蒸汽对流传热的第三类边界条件[11]。

假设动叶片流道、动叶片围带（或动叶片叶顶）和动叶片中间体的对流传热的总热流量，通过动叶片传热过程，均匀传递到转子叶根槽的各承力齿面上。对于只有一对承力齿面的倒 T 型叶根槽，该对承力齿面上传递动叶片流道、动叶片围带（或动叶片叶顶）和动叶片中间体的对流传热的总热流量 Φ_0，通过动叶片传热过程，传热到转子倒 T 型叶根槽一对承力齿面上传热系数 k_0 的计算公式

$$k_0=\frac{1}{F_0R_0} \tag{5-45}$$

$$k_0F_0=\frac{1}{R_0} \tag{5-46}$$

式中　k_0——倒 T 型叶根槽一对承力齿面上传热系数；

F_0——叶根槽承力齿传热总面积；

R_0——叶根传热总热阻。

对于有两对承力齿面的双倒 T 型叶根槽，可以近似认为每对承力齿面平均分担动叶片的离心力[12,13]，即每对承力齿面承受 1/2 动叶片的离心力；同样，可以假设每对承力齿面上传递 1/2 动叶片流道、动叶片围带（或动叶片叶顶）和动叶片中间体的对流传热的总热流量[2,11]，有

$$\Phi_1=\frac{\Phi_0}{2} \tag{5-47}$$

$$k_1F_1\Delta t=k_0F_0\,\frac{\Delta t}{2} \tag{5-48}$$

$$k_1F_1=\frac{k_0F_0}{2}=\frac{1}{2R_0}\approx\frac{1}{2R_{01}} \tag{5-49}$$

$$k_1\approx\frac{1}{2F_1R_{01}}=\frac{(F_1R_{01})^{-1}}{2} \tag{5-50}$$

$$\Phi_2=\frac{\Phi_0}{2} \tag{5-51}$$

$$F_2=F_0-F_1 \tag{5-52}$$

$$k_2F_2\Delta t=k_0F_0\frac{\Delta t}{2} \tag{5-53}$$

$$k_2F_2=\frac{k_0F_0}{2}=\frac{1}{2R_0}\approx\frac{1}{2R_{02}} \tag{5-54}$$

$$k_2\approx\frac{1}{2F_2R_{02}}=\frac{(F_2R_{02})^{-1}}{2} \tag{5-55}$$

式中 Φ_1——第一对承力齿面传递的热流量；

Φ_0——动叶片流道、动叶片围带（或动叶片叶顶）和动叶片中间体的对流传热的总热流量，已假定每对承力齿面热流量为热流量 Φ_0 的一半，即有 $\Phi_1=\Phi_2=\frac{\Phi_0}{2}$；

k_1——第一对承力齿面的传热系数；

F_1——第一对承力齿面的面积；

Δt——转子叶根槽承力齿面与流体温度之差；

k_2——第二对承力齿面的传热系数；

R_{01}——第一对承力齿面的叶根传热总热阻；

Φ_2——第二对承力齿面传递的热流量；

F_2——第二对承力齿面的面积；

R_{02}——第二对承力齿面的叶根传热总热阻。

汽轮机动叶片叶根安装在转子叶根槽中，考虑动叶片叶根轴向尺寸与转子叶根槽轴向尺寸十分接近，在叶根与转子叶根槽的传热计算中假设两者相等。

在上述假设下汽轮机转子叶根槽承力齿面的传热计算中，把转子叶根槽承力齿面近似处理为与蒸汽对流传热的第三类边界条件，采用本章参考文献[2，11]给出的单层圆筒壁、多层圆筒壁与多层平壁的传热模型与串联热阻叠加法，可以确定动叶片叶根传热过程的转子叶根槽的传热系数。

采用多层壁模型计算得出的以某一外表面积为基准的传热过程的传热系数 k_3，与该表面的等效表面传热系数 h_{e0} 相等。汽轮机转子叶根槽承力齿面，可以近似处理为与蒸汽对流传热的第三类边界条件。多层壁传热过程的传热系数，可以作为汽轮机转子叶根槽承力齿面传热第三类边界条件的等效表面传热系数。

倒 T 型叶根槽、双倒 T 型叶根槽与叉型叶根槽采用多层圆筒壁导热模型计算传热总热阻和传热过程的传热系数，叉型叶根槽的简化模型采用单层圆筒壁导热模型计算传热总热阻和传热过程的传热系数，枞树型叶根槽采用多层平壁导热模型计算传热总热阻和传热过程的传热系数。

二、倒T型叶根导热

汽轮机动叶片与转子倒T型叶根槽的结构示意图如图5-5所示，采用多层圆筒壁导热模型来计算倒T型叶根传热过程的热阻，以及转子倒T型叶根槽承力齿面的传热系数。在图5-5中，在汽轮机动叶片的叶型底部半径 r_{b2} 与叶轮轮缘半径 r_w 之间的动叶片部分称为动叶片中间体。

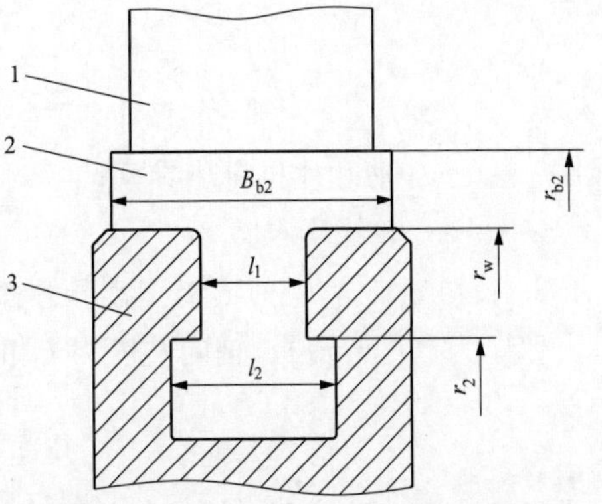

图5-5　倒T型叶根槽的结构示意图

1—动叶片叶型；2—动叶片中间体；3—叶轮

1. 动叶片中间体圆筒壁对流传热的热阻

动叶片中间体圆筒壁对流传热的热阻由3部分组成，第1部分为动叶片中间体圆筒壁外侧对流传热热阻 R_{1a}，第2部分为动叶片中间体圆筒壁进汽侧表面对流传热热阻 R_{1b}，第3部分为动叶片中间体圆筒壁出汽侧对流传热热阻 R_{1c}。

对于如图5-5所示的外径为 r_{b2}、内径为 r_w 的圆筒壁，动叶片中间体外侧对流传热热阻 R_{1a} 的计算公式为

$$R_{1a}=\frac{1}{2\pi r_{b2}B_{b2}h_{e2}} \tag{5-56}$$

式中　r_{b2}——动叶片叶型底部半径；

B_{b2}——动叶片间中间体轴向宽度；

h_{e2}——围带与动叶片流道或叶顶与自由动叶片流道的等效传热系数。

动叶片中间体进气侧表面对流传热热阻 R_{1b} 的计算公式为

$$R_{1b}=\frac{1}{\pi(r_{b2}^2-r_w^2)h_{r11\text{-}12}} \tag{5-57}$$

式中　r_w——叶轮轮缘半径；

$h_{r11\text{-}12}$——小空间动叶片中间体进汽侧表面的表面传热系数。

动叶片中间体出汽侧表面对流传热热阻 R_{1c} 的计算公式为

$$R_{1c}=\frac{1}{\pi(r_{b2}^2-r_w^2)h_{r11\text{-}14}} \tag{5-58}$$

式中　$h_{r11\text{-}14}$——动叶片中间体壁厚为（$r_{b2}-r_w$）圆筒壁出汽侧的表面传热系数，对于小空间动叶片中间体出汽侧表面 $h_{r11\text{-}14}$ 取 $h_{r11\text{-}12}$，对于大空间动叶片中间体出汽侧表面 $h_{r11\text{-}14}$ 取 $h_{r13\text{-}14}$。

汽轮机动叶片中间体圆筒壁的3部分对流传热热阻之和 R_1 的计算公式为

$$R_1=R_{1a}+R_{1b}+R_{1c}=\frac{1}{2\pi r_{b2}B_{b2}h_{e2}}+\frac{1}{\pi(r_{b2}^2-r_w^2)h_{r11\text{-}12}}+\frac{1}{\pi(r_{b2}^2-r_w^2)h_{r11\text{-}14}} \tag{5-59}$$

2. 动叶片中间体圆筒壁导热热阻

壁厚为（$r_{b2}-r_w$）、轴向宽度为 B_{b2} 的动叶片中间体圆筒壁的导热热阻 R_2 的计算公式为

$$R_2=\frac{1}{2\pi B_{b2}\lambda_{b2}}\ln\frac{r_{b2}}{r_w} \tag{5-60}$$

式中 λ_{b2}——动叶片材料热导率；

r_w——轮缘半径。

3. 轴向宽度为 l_1 的圆筒壁的导热热阻

壁厚为（r_w-r_2）、轴向宽度为 l_1 的圆筒壁的导热热阻 R_3 的计算公式为

$$R_3=\frac{C_{b10}}{2\pi l_1\lambda_{b2}}\ln\frac{r_w}{r_2} \tag{5-61}$$

式中 C_{b10}——倒 T 型叶根接触热阻修正系数的试验常数；

r_2——叶根槽承力齿面半径。

4. 倒 T 型叶根传热总热阻

采用串联热阻叠加原则，汽轮机倒 T 型叶根传热总热阻 R_0 的计算公式为

$$\begin{aligned}R_0&=R_1+R_2+R_3\\&=\frac{1}{2\pi r_{b2}B_{b2}h_{e2}}+\frac{1}{\pi(r_{b2}^2-r_w^2)h_{r11\text{-}12}}+\frac{1}{\pi(r_{b2}^2-r_w^2)h_{r11\text{-}14}}\\&\quad+\frac{1}{2\pi B_{b2}\lambda_{b2}}\ln\frac{r_{b2}}{r_w}+\frac{C_{b10}}{2\pi l_1\lambda_{b2}}\ln\frac{r_w}{r_2}\end{aligned} \tag{5-62}$$

5. 倒 T 型叶根槽承力齿面的面积

转子倒 T 型叶根槽承力齿面的总面积 F_0 的计算公式为

$$F_0=2\pi r_2(l_2-l_1) \tag{5-63}$$

式中 l_2——叶根槽底部轴向宽度；

l_1——叶根槽颈部轴向宽度。

6. 倒 T 型叶根槽承力齿面的传热系数

通过动叶片叶根传热过程的转子倒 T 型叶根槽承力齿面的传热系数 k_0 的计算公式为

$$\begin{aligned}k_0=(F_0R_0)^{-1}=\Bigg[&\frac{r_2(l_2-l_1)}{r_{b2}B_{b2}h_{e2}}+\frac{2r_2(l_2-l_1)}{(r_{b2}^2-r_w^2)h_{r11\text{-}12}}+\frac{2r_2(l_2-l_1)}{(r_{b2}^2-r_w^2)h_{r11\text{-}14}}\\&+\frac{r_2(l_2-l_1)}{B_{b2}\lambda_{b2}}\ln\frac{r_{b2}}{r_w}+\frac{C_{b10}r_2(l_2-l_1)}{l_1\lambda_{b2}}\ln\frac{r_w}{r_2}\Bigg]^{-1}\end{aligned} \tag{5-64}$$

三、双倒 T 型叶根导热

汽轮机动叶片双倒 T 型叶根与转子双倒 T 型叶根槽的结构示意图如图 5-6 所示，假设每对承力齿面承受 1/2 动叶片的离心力，且动叶片流道、动叶片围带（或动叶片叶顶）和动叶片中间体的对流传热的总热流量均匀传递到转子叶根槽的两对承力齿面上，即每对承力齿面只传递动叶片流道、动叶片围带（或动叶片叶顶）和动叶片中间体的对流传热的总热流量的 1/2，采用多层圆筒壁导热模型计算双倒 T 型叶根传热过程的热阻，以

及转子双倒 T 型叶根槽承力齿面的传热系数。

1. 第一对承力齿面的传热总热阻

参照倒 T 型叶根槽传热热阻的计算公式 (5-56)～式 (5-62)，得出从动叶片流道至转子双倒 T 型叶根槽的第一对承力齿面的传热过程总热阻 R_{01}的计算公式为

$$R_{01}=\frac{1}{2\pi r_{b2}B_{b2}h_{e2}}+\frac{1}{\pi(r_{b2}^2-r_w^2)h_{r11\text{-}12}}+\frac{1}{\pi(r_{b2}^2-r_w^2)h_{r11\text{-}14}}+\frac{1}{2\pi B_{b2}\lambda_{b2}}\ln\frac{r_{b2}}{r_w}+\frac{C_{b10}}{2\pi l_1\lambda_{b2}}\ln\frac{r_w}{r_2} \tag{5-65}$$

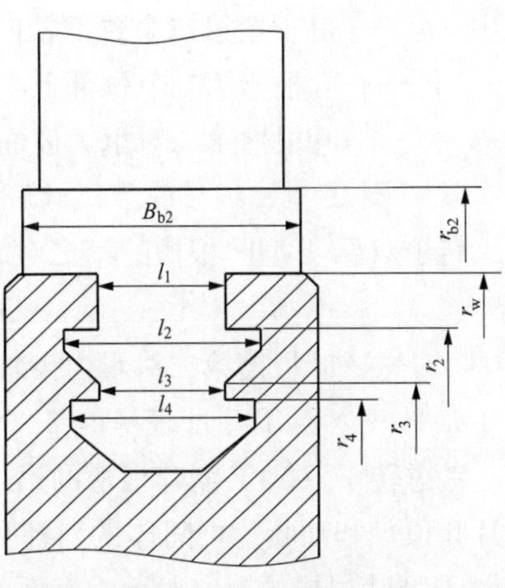

图 5-6 双倒 T 型叶根槽结构示意图

式中 r_{b2}——动叶片叶型底部半径；

B_{b2}——动叶片中间体轴向宽度；

h_{e2}——围带与动叶片流道或叶顶与自由动叶片流道的等效传热系数；

r_w——轮缘半径；

C_{b10}——倒 T 型叶根接触热阻修正系数的试验常数；

l_1——叶根槽第一个颈部轴向宽度；

λ_{b2}——动叶片材料热导率；

r_2——叶根槽第一对承力齿面半径。

2. 双倒 T 型叶根槽的第一对承力齿面的面积

转子双倒 T 型叶根槽的第一对承力齿面的面积 F_1 的计算公式为

$$F_1=2\pi r_2(l_2-l_1) \tag{5-66}$$

式中 l_2——叶根槽第一对承力齿轴向宽度。

3. 双倒 T 型叶根槽的第一对承力齿面的传热系数

考虑转子双倒 T 型叶根槽的第一对承力齿面只传递动叶片流道、动叶片围带（或动叶片叶顶）和动叶片中间体的对流传热的总热流量的 1/2，通过动叶片传热过程的转子双倒 T 型叶根槽的第一对承力齿面的传热系数 k_1 的计算公式为

$$k_1=\frac{1}{2}(F_1R_{01})^{-1}=\frac{1}{2}\left[\frac{r_2(l_2-l_1)}{r_{b2}B_{b2}h_{e2}}+\frac{2r_2(l_2-l_1)}{(r_{b2}^2-r_w^2)h_{r11\text{-}12}}+\frac{2r_2(l_2-l_1)}{(r_{b2}^2-r_w^2)h_{r11\text{-}14}}+\frac{r_2(l_2-l_1)}{B_{b2}\lambda_{b2}}\ln\frac{r_{b2}}{r_w}+\frac{C_{b10}r_2(l_2-l_1)}{l_1\lambda_{b2}}\ln\frac{r_w}{r_2}\right]^{-1} \tag{5-67}$$

4. 双倒 T 型叶根槽的第二对承力齿面的传热总热阻

采用串联热阻叠加原则，计算从动叶片至转子双倒 T 型叶根槽的第二对承力齿面的传热过程总热阻 R_{02}的计算公式为

$$R_{02}=\frac{1}{2\pi r_{b2}B_{b2}h_{e2}}+\frac{1}{\pi(r_{b2}^2-r_w^2)h_{r11\text{-}12}}+\frac{1}{\pi(r_{b2}^2-r_w^2)h_{r11\text{-}14}}+\frac{1}{2\pi B_{b2}\lambda_{b2}}\ln\frac{r_{b2}}{r_w}+\frac{1}{2\pi l_1\lambda_{b2}}\ln\frac{r_w}{r_2}+\frac{1}{2\pi l_2\lambda_{b2}}\ln\frac{r_2}{r_3}+\frac{C_{b10}}{2\pi l_3\lambda_{b2}}\ln\frac{r_3}{r_4} \tag{5-68}$$

式中 l_3——叶根槽第二个颈部轴向宽度；

r_3——叶根槽第二个颈部上半径；

r_4——叶根槽第二对承力齿面半径。

5. 双倒 T 型叶根槽的第二对承力齿面的面积

转子双倒 T 型叶根槽的第二对承力齿面的面积 F_2 的计算公式为

$$F_2 = 2\pi r_4 (l_4 - l_3) \tag{5-69}$$

式中 l_4——叶根槽第二对承力齿轴向宽度。

6. 转子双倒 T 型叶根槽的第二对承力齿面的传热系数

考虑转子双倒 T 型叶根槽的第二对承力齿面只传递动叶片流道、动叶片围带（或动叶片叶顶）和动叶片中间体的对流传热的总热流量的 1/2，通过动叶片传热过程的转子双倒 T 型叶根槽的第二对承力齿面的传热系数 k_2 的计算公式为

$$k_2 = \frac{1}{2}(F_2 R_{02})^{-1} = \frac{1}{2}\left[\frac{r_4(l_4 - l_3)}{r_{b2} B_{b2} h_{e2}} + \frac{2r_4(l_4 - l_3)}{(r_{b2}^2 - r_w^2) h_{r11\text{-}12}} + \frac{2r_4(l_4 - l_3)}{(r_{b2}^2 - r_w^2) h_{r11\text{-}14}} + \frac{r_4(l_4 - l_3)}{B_{b2}\lambda_{b2}} \ln\frac{r_{b2}}{r_w} + \frac{r_4(l_4 - l_3)}{l_1 \lambda_{b2}} \ln\frac{r_w}{r_2} + \frac{r_4(l_4 - l_3)}{l_2 \lambda_{b2}} \ln\frac{r_2}{r_3} + \frac{C_{b10} r_4(l_4 - l_3)}{l_3 \lambda_{b2}} \ln\frac{r_3}{r_4}\right]^{-1} \tag{5-70}$$

四、叉型叶根导热

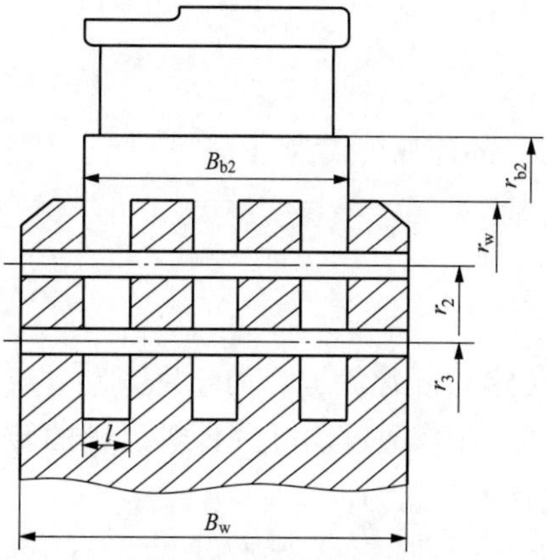

图 5-7 叉型叶根与叉型叶根槽的结构示意图

汽轮机动叶片叉型叶根与转子叉型叶根槽的结构示意图如图 5-7 所示，通常动叶片叉型叶根有两排销钉孔，外排销钉孔指的是叶型侧的销钉孔，内排销钉孔指的是转子中心侧销钉孔。外排销钉孔的数目为 n_1，内排销钉孔的数目为 n_2。假设动叶片流道、动叶片围带（或动叶片叶顶）和动叶片中间体的对流传热的总热流量，均匀传递到转子叶根槽的（$n_1 + n_2$）销钉孔的外侧半个圆柱面上，则外排销钉孔传递动叶片流道、动叶片围带（或动叶片叶顶）和动叶片中间体的对流传热的总热流量的 $n_1/(n_1 + n_2)$，内排销钉孔传递动叶片流道、动叶片围带（或动叶片叶顶）和动叶片中间体的对流传热的总热流量的 $n_2/(n_1 + n_2)$。采用单层与多层圆筒壁导热模型计算叉型叶根传热过程的热阻，以及转子叉型叶根槽的传热系数。

（一）三维有限元计算模型

在汽轮机转子叉型叶根槽的温度场的三维有限元数值计算中，考虑动叶片流道、动叶片围带（或动叶片叶顶）和动叶片中间体的对流传热的总热流量，均匀传递到转子叶根槽的（$n_1 + n_2$）销钉孔的外侧半个圆柱面上，采用多层圆筒壁导热模型来计算叉型叶

根的传热热阻，以及转子叉型叶根槽的传热系数。

1. 轴向宽度为 B_{b2} 的圆筒壁对流传热的热阻

如图 5-5 所示，对于外径为 r_{b2}、内径为 r_w 的圆筒壁，由式（5-59）知，汽轮机动叶片中间体圆筒壁共 3 部分对流传热热阻之和 R_1 的计算公式为

$$R_1=\frac{1}{2\pi r_{b2}B_{b2}h_{e2}}+\frac{1}{\pi(r_{b2}^2-r_w^2)h_{r11\text{-}12}}+\frac{1}{\pi(r_{b2}^2-r_w^2)h_{r11\text{-}14}} \tag{5-71}$$

式中　B_{b2}——动叶片中间体轴向宽度；

h_{e2}——围带与动叶片流道或叶顶与自由动叶片流道的等效传热系数。

2. 轴向宽度为 B_{b2} 的圆筒壁的导热热阻

壁厚为（$r_{b2}-r_w$）、轴向宽度为 B_{b2} 的动叶片中间体圆筒壁的导热热阻 R_2 的计算公式为

$$R_2=\frac{1}{2\pi B_{b2}\lambda_{b2}}\ln\frac{r_{b2}}{r_w} \tag{5-72}$$

式中　λ_{b2}——动叶片材料热导率；

r_w——轮缘半径。

3. 叉型叶根的 m 个叉的轴向宽度为 ml 的圆筒壁的导热热阻

壁厚为（r_w-r_2）、轴向宽度为 ml 的圆筒壁的导热热阻 R_3 的计算公式为

$$R_3=\frac{C_{b11}}{2\pi ml\lambda_{b2}}\ln\frac{r_w}{r_2} \tag{5-73}$$

式中　C_{b11}——叉型叶根接触热阻修正系数的试验常数；

m——叶根叉的数目；

l——每个叉的轴向尺寸；

r_w——轮缘半径；

r_2——外排销钉孔的圆心在叶轮的半径。

4. 叉型叶根槽的外排销钉孔的传热总热阻

采用串联热阻叠加原则，从动叶片叶根至转子叉型叶根槽的外排销钉孔的传热过程总热阻 R_{01} 的计算公式为

$$\begin{aligned}R_{01}&=R_1+R_2+R_3\\&=\frac{1}{2\pi r_{b2}B_{b2}h_{e2}}+\frac{1}{\pi(r_{b2}^2-r_w^2)h_{r11\text{-}12}}+\frac{1}{\pi(r_{b2}^2-r_w^2)h_{r11\text{-}14}}+\frac{1}{2\pi B_{b2}\lambda_{b2}}\ln\frac{r_{b2}}{r_w}+\frac{C_{b11}}{2\pi ml\lambda_{b2}}\ln\frac{r_w}{r_2}\end{aligned} \tag{5-74}$$

5. 外排销钉孔外侧半个圆柱面的面积

转子叉型叶根槽的外排 n_1 个销钉孔外侧半个圆柱面的面积 F_3 的计算公式为

$$F_3=n_1\pi r_0(B_w-ml) \tag{5-75}$$

式中　n_1——外排销钉孔的数目；

r_0——叉型叶根两排销钉（铆钉）孔的半径；

B_w——叶轮轴向宽度。

6. 叉型叶根槽的外排销钉孔外侧半个圆柱面的传热系数

考虑转子叉型叶根槽的外排销钉孔只传递动叶片流道、动叶片围带（或动叶片叶顶）和动叶片中间体的对流传热的总热流量的 $n_1/(n_1+n_2)$，通过动叶片叶根传热过程的转子叉型叶根槽的外排销钉孔外侧半个圆柱面的传热系数 k_1 的计算公式为

$$k_1=\frac{n_1}{n_1+n_2}(F_3R_{01})^{-1}=\frac{n_1}{n_1+n_2}\left[\frac{n_1r_0(B_w-ml)}{2r_{b2}B_{b2}h_{e2}}+\frac{n_1r_0(B_w-ml)}{(r_{b2}^2-r_w^2)h_{r11\text{-}12}}+\frac{n_1r_0(B_w-ml)}{(r_{b2}^2-r_w^2)h_{r11\text{-}14}}\right.$$
$$\left.+\frac{n_1r_0(B_w-ml)}{2B_{b2}\lambda_{b2}}\ln\frac{r_{b2}}{r_w}+\frac{C_{b11}n_1r_0(B_w-ml)}{2ml\lambda_{b2}}\ln\frac{r_w}{r_2}\right]^{-1} \tag{5-76}$$

7. 叉型叶根槽的内排销钉孔的传热总热阻

采用串联热阻叠加原则，计算从动叶片至转子叉型叶根槽的内排销钉孔的传热过程总热阻 R_{02} 的计算公式为

$$R_{02}=\frac{1}{2\pi r_{b2}B_{b2}h_{e2}}+\frac{1}{\pi(r_{b2}^2-r_w^2)h_{r11\text{-}12}}+\frac{1}{\pi(r_{b2}^2-r_w^2)h_{r11\text{-}14}}$$
$$+\frac{1}{2\pi B_{b2}\lambda_b}\ln\frac{r_{b2}}{r_w}+\frac{1}{2\pi ml\lambda_{b2}}\ln\frac{r_w}{r_2}+\frac{C_{b11}}{2\pi ml\lambda_{b2}}\ln\frac{r_2}{r_3} \tag{5-77}$$

式中　r_3——内排销钉孔的圆心在叶轮的半径。

8. 内排销钉孔外侧半个圆柱面的面积

转子叉型叶根槽的内排 n_2 个销钉孔外侧半个圆柱面的面积 F_4 的计算公式为

$$F_4=n_2\pi r_0(B_w-ml) \tag{5-78}$$

式中　n_2——内排销钉孔的数目。

9. 叉型叶根槽的内排销钉孔外侧半个圆柱面的传热系数

考虑转子叉型叶根槽的内排销钉孔只传递动叶片流道、动叶片围带（或动叶片叶顶）和动叶片中间体的对流传热的总热流量的 $n_2/(n_1+n_2)$，通过动叶片叶根传热过程的转子叉型叶根槽的内排销钉孔外侧半个圆柱面的传热系数 k_2 的计算公式为

$$k_2=\frac{n_2}{n_1+n_2}(F_4R_{02})^{-1}=\frac{n_2}{n_1+n_2}\left[\frac{n_2r_0(B_w-ml)}{2r_{b2}B_{b2}h_{e2}}+\frac{n_2r_0(B_w-ml)}{(r_{b2}^2-r_w^2)h_{r11\text{-}12}}+\frac{n_2r_0(B_w-ml)}{(r_{b2}^2-r_w^2)h_{r11\text{-}14}}\right.$$
$$\left.+\frac{n_2r_0(B_w-ml)}{2B_{b2}\lambda_{b2}}\ln\frac{r_{b2}}{r_w}+\frac{n_2r_0(B_w-ml)}{2ml\lambda_{b2}}\ln\frac{r_w}{r_2}+\frac{n_2r_0(B_w-ml)}{2ml\lambda_{b2}}\ln\frac{r_2}{r_3}\right]^{-1} \tag{5-79}$$

（二）有限元近似计算模型

在汽轮机转子叉型叶根槽的温度场的二维有限元近似计算中，通常把叉型叶根简化，把叶轮中销钉视为叶轮的一部分，把叶根中销钉也视为叶根的一部分，近似把两排销钉孔传递到轮缘的热量均匀分布在轮缘半径 r_w 的外表面上，采用轴对称力学模型来计算转子叶根槽的温度场，采用圆筒壁导热模型来计算转子叉型叶根槽轮缘的传热系数。

1. 叉型叶根槽的轮缘表面的传热总热阻

从动叶片至转子叉型叶根槽的轮缘表面的传热总热阻 R_0 的计算公式为

$$R_0=\frac{1}{2\pi r_{b2}B_{b2}h_{e2}}+\frac{1}{\pi(r_{b2}^2-r_w^2)h_{r11\text{-}12}}+\frac{1}{\pi(r_{b2}^2-r_w^2)h_{r11\text{-}14}}+\frac{C_{b11}}{2\pi B_{b2}\lambda_{b2}}\ln\frac{r_{b2}}{r_w} \tag{5-80}$$

2. 转子叉型叶根槽的轮缘外表面的面积

如图 5-7 所示，转子叉型叶根槽的轮缘外表面的面积 F_5 的计算公式为

$$F_5 = 2\pi r_w (B_w - ml) \tag{5-81}$$

式中　r_w——轮缘半径；

B_w——轮缘轴向宽度；

m——叶根叉的数目；

l——每个叉的轴向尺寸。

3. 叉型叶根槽的轮缘外表面的传热系数

考虑动叶片叶根传热动叶片流道、动叶片围带（或动叶片叶顶）和动叶片中间体的对流传热的总热流量，通过动叶片叶根传热过程的转子叉型叶根槽的轮缘外表面的传热系数 k_0 的计算公式为

$$k_0 = (F_5 R_0)^{-1}$$
$$= \left[\frac{r_w(B_w - ml)}{r_{b2} B_{b2} h_{e2}} + \frac{2r_w(B_w - ml)}{(r_{b2}^2 - r_w^2) h_{r11\text{-}12}} + \frac{2r_w(B_w - ml)}{(r_{b2}^2 - r_w^2) h_{r11\text{-}14}} + \frac{C_{b11} r_w (B_w - ml)}{B_{b2} \lambda_{b2}} \ln \frac{r_{b2}}{r_w}\right]^{-1} \tag{5-82}$$

五、枞树型叶根导热

汽轮机动叶片枞树型叶根与转子枞树型叶根槽的结构示意图如图 5-8 所示，假设动叶片三对承力齿枞树型叶根与转子叶根槽的外侧一对齿承受动叶片离心力的 40%，中间一对齿与内侧一对齿均承受动叶片离心力的 30%[12,13]。假设三对承力齿面分别传导动叶片流道、动叶片围带（或动叶片叶顶）和动叶片中间体的对流传热的总热流量的 40%，30%和 30%[11]，采用多层平壁导热模型来计算枞树型叶根传热过程的热阻与转子枞树型叶根槽的传热系数。

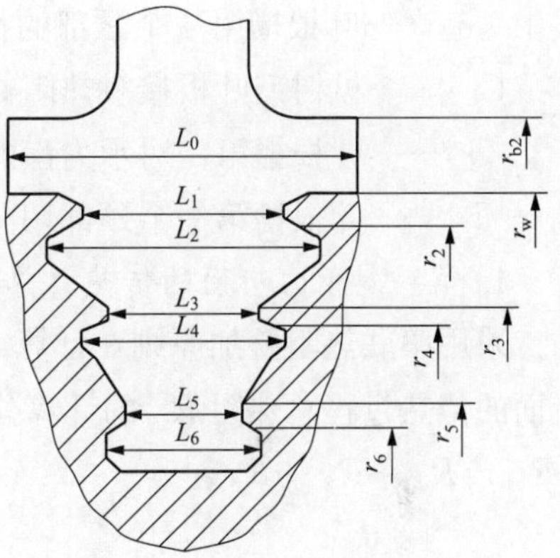

图 5-8　枞树型叶根槽结构示意图

1. 动叶片中间体对流传热阻

如图 5-8 所示，Z_2 个动叶片中间体外侧面积为 $F_6 = Z_2 L_0 B_w$ 且动叶片中间体的进气侧和出汽侧的面积均为 $F_7 = \pi(r_{b2}^2 - r_w^2)$，动叶片中间体对流传热热阻 R_1 的计算公式为

$$R_1 = \frac{1}{F_6 h_{e2}} + \frac{1}{F_7 h_{r11\text{-}12}} + \frac{1}{F_7 h_{r11\text{-}14}} = \frac{1}{Z_2 L_0 B_w h_{e2}} + \frac{1}{\pi(r_{b2}^2 - r_w^2) h_{r11\text{-}12}} + \frac{1}{\pi(r_{b2}^2 - r_w^2) h_{r11\text{-}14}} \tag{5-83}$$

式中　h_{e2}——围带与动叶片流道或叶顶与自由动叶片流道的等效传热系数；

$h_{r11\text{-}12}$——动叶片中间体进汽侧的表面传热系数；

$h_{r11\text{-}14}$——动叶片中间体出汽侧的表面传热系数；

Z_2——动叶片数目；

L_0——叶型与叶根之间中间体的切向尺寸；

B_w——叶轮轴向宽度；

r_{b2}——动叶片叶型底部半径；

r_w——轮缘半径。

2. 厚度为（$r_{b2}-r_w$）的平壁的导热热阻

面积为 $F_6=Z_2L_0B_w$、厚度为 $\delta_1=r_{b2}-r_w$ 的平壁的导热热阻 R_2 的计算公式为

$$R_2=\frac{\delta_1}{F_6\lambda_{b2}}=\frac{r_{b2}-r_w}{Z_2L_0B_w\lambda_{b2}} \tag{5-84}$$

式中　δ_1——叶型与叶根之间中间体的径向厚度；

λ_{b2}——动叶片材料热导率；

r_{b2}——动叶片叶型底部半径；

r_w——轮缘半径。

3. 厚度为（r_w-r_2）平壁的导热热阻

面积为 $F_8=Z_2L_1B_w$、厚度为 $\delta_2=r_w-r_2$ 的平壁的导热热阻 R_3 的计算公式分别为

$$R_3=\frac{\delta_2C_{b12}}{F_8\lambda_{b2}}=\frac{(r_w-r_2)C_{b12}}{Z_2L_1B_w\lambda_{b2}} \tag{5-85}$$

式中　δ_2——叶根槽第一个颈部的径向厚度；

C_{b12}——枞树型叶根接触热阻修正系数的试验常数；

r_2——叶根槽第一对承力齿的平均半径；

L_1——叶根槽第一个颈部切向尺寸。

4. 第一对承力齿面的传热总热阻

采用串联热阻叠加原则，计算 Z_2 个动叶片从叶片至转子枞树型叶根槽的第一对承力齿面的传热过程总热阻 R_{01} 的计算公式为

$$\begin{aligned}R_{01}&=R_1+R_2+R_3\\&=\frac{1}{Z_2L_0B_wh_{e2}}+\frac{1}{\pi(r_{b2}^2-r_w^2)h_{r11\text{-}12}}+\frac{1}{\pi(r_{b2}^2-r_w^2)h_{r11\text{-}14}}+\frac{r_{b2}-r_w}{Z_2L_0B_w\lambda_{b2}}+\frac{(r_w-r_2)C_{b12}}{Z_2L_1B_w\lambda_{b2}}\end{aligned} \tag{5-86}$$

5. 第一对承力齿面的传热面积

如图 5-8 所示，转子 Z_2 个动叶片枞树型叶根槽的第一对承力齿面的传热面积 F_9 的计算公式为

$$F_9=Z_2(L_2-L_1)B_w \tag{5-87}$$

式中　L_2——叶根槽第一对承力齿切向尺寸。

6. 第一对承力齿面的传热系数

考虑转子 Z_2 个动叶片枞树型叶根的第一对承力齿面只传递 40%动叶片流道、动叶片围带（或动叶片叶顶）和动叶片中间体的对流传热的总热流量，通过动叶片叶根传热过程的转子枞树型叶根槽的第一对承力齿面的传热系数 k_1 的计算公式为

$$\begin{aligned}k_1=\frac{4}{10}(F_9R_{01})^{-1}=\frac{2}{5}\Bigg[&\frac{L_2-L_1}{L_0h_{e2}}+\frac{Z_2(L_2-L_1)B_w}{\pi(r_{b2}^2-r_w^2)h_{r11\text{-}12}}+\frac{Z_2(L_2-L_1)B_w}{\pi(r_{b2}^2-r_w^2)h_{r11\text{-}14}}\\&+\frac{(L_2-L_1)(r_{b2}-r_w)}{L_0\lambda_{b2}}+\frac{(L_2-L_1)(r_w-r_2)C_{b12}}{L_1\lambda_{b2}}\Bigg]^{-1}\end{aligned} \tag{5-88}$$

7. 第二对承力齿面的传热总热阻

参照式（5-83）～式（5-86），采用串联热阻叠加原则，计算 Z_2 个动叶片从叶片至转子枞树型叶根槽的第二对承力齿面的传热过程总热阻 R_{02} 的计算公式为

$$R_{02}=\frac{1}{Z_2L_0B_wh_{e2}}+\frac{1}{\pi(r_{b2}^2-r_w^2)h_{r11\text{-}12}}+\frac{1}{\pi(r_{b2}^2-r_w^2)h_{r11\text{-}14}}+\frac{r_{b2}-r_w}{Z_2L_0B_w\lambda_{b2}}+\frac{r_w-r_2}{Z_2L_1B_w\lambda_{b2}}+\frac{r_2-r_3}{Z_2L_2B_w\lambda_{b2}}+\frac{(r_3-r_4)C_{b12}}{Z_2L_3B_w\lambda_{b2}} \tag{5-89}$$

式中　r_3——叶根槽第二个颈部外半径；

r_4——叶根槽第二对承力齿的平均半径；

L_3——叶根槽第二个颈部切向尺寸。

8. 第二对承力齿面的传热面积

如图 5-8 所示，转子 Z_2 个动叶片枞树型叶根槽的第二对承力齿面的传热面积 F_{10} 的计算公式为

$$F_{10}=Z_2(L_4-L_3)B_w \tag{5-90}$$

式中　L_4——叶根槽第二对承力齿切向尺寸。

9. 第二对承力齿面的传热系数

考虑转子 Z_2 个动叶片枞树型叶根的第二对承力齿面只传递 30% 动叶片流道、动叶片围带（或动叶片叶顶）和动叶片中间体的对流传热的总热流量，通过动叶片叶根传热过程的转子枞树型叶根槽的第二对承力齿面的传热系数 k_2 的计算公式为

$$\begin{aligned}k_2&=\frac{3}{10}(F_{10}R_{02})^{-1}\\&=\frac{3}{10}\left[\frac{L_4-L_3}{L_0h_{e2}}+\frac{Z_2(L_4-L_3)B_w}{\pi(r_{b2}^2-r_w^2)h_{r11\text{-}12}}+\frac{Z_2(L_4-L_3)B_w}{\pi(r_{b2}^2-r_w^2)h_{r11\text{-}14}}+\frac{(L_4-L_3)(r_{b2}-r_w)}{L_0\lambda_{b2}}\right.\\&\left.\quad+\frac{(L_4-L_3)(r_w-r_2)}{L_1\lambda_{b2}}+\frac{(L_4-L_3)(r_2-r_3)}{L_2\lambda_{b2}}+\frac{(L_4-L_3)(r_3-r_4)C_{b12}}{L_3\lambda_{b2}}\right]^{-1}\end{aligned} \tag{5-91}$$

10. 第三对承力齿面的传热总热阻

采用串联热阻叠加原则，计算 Z_2 个动叶片从叶片至转子枞树型叶根槽的第三对承力齿面的传热总热阻 R_{03} 的计算公式为

$$R_{03}=\frac{1}{Z_2L_0B_wh_{e2}}+\frac{1}{\pi(r_{b2}^2-r_w^2)h_{r11\text{-}12}}+\frac{1}{\pi(r_{b2}^2-r_w^2)h_{r11\text{-}14}}+\frac{r_{b2}-r_w}{Z_2L_0B_w\lambda_b}+\frac{r_w-r_2}{Z_2L_1B_w\lambda_b}+\frac{r_2-r_3}{Z_2L_2B_w\lambda_b}+\frac{r_3-r_4}{Z_2L_3B_w\lambda_b}+\frac{r_4-r_5}{Z_2L_4B_w\lambda_b}+\frac{(r_5-r_6)C_{b12}}{Z_2L_5B_w\lambda_b} \tag{5-92}$$

式中　r_5——叶根槽第三个颈部的外半径；

r_6——叶根槽第三对承力齿的平均半径；

L_5——叶根槽第三个颈部切向尺寸。

11. 第三对承力齿面的传热面积

如图 5-8 所示，考虑转子 Z_2 个动叶片枞树型叶根槽的第三对承力齿面的传热面积

F_{11}的计算公式为

$$F_{11}=Z_2(L_6-L_5)B_w \tag{5-93}$$

式中　L_6——叶根槽第三对承力齿切向尺寸。

12. 第三对承力齿面的传热系数

考虑转子枞树型叶根的第三对承力齿面只传递30%动叶片流道、动叶片围带（或动叶片叶顶）和动叶片中间体的对流传热的总热流量，通过动叶片叶根传热过程的转子枞树型叶根槽的第三对承力齿面的传热系数k_3的计算公式为

$$\begin{aligned}k_3&=\frac{3}{10}(F_{11}R_{03})^{-1}\\&=\frac{3}{10}\left[\frac{L_6-L_5}{L_0h_{e2}}+\frac{Z_2(L_6-L_5)B_w}{\pi(r_{b2}^2-r_w^2)h_{r11\text{-}12}}+\frac{Z_2(L_6-L_5)B_w}{\pi(r_{b2}^2-r_w^2)h_{r11\text{-}14}}\right.\\&\quad+\frac{(L_6-L_5)(r_{b2}-r_w)}{L_0\lambda_{b2}}+\frac{(L_6-L_5)(r_w-r_2)}{L_1\lambda_{b2}}+\frac{(L_6-L_5)(r_2-r_3)}{L_2\lambda_{b2}}\\&\quad\left.+\frac{(L_6-L_5)(r_3-r_4)}{L_3\lambda_{b2}}+\frac{(L_6-L_5)(r_4-r_5)}{L_4\lambda_{b2}}+\frac{(L_6-L_5)(r_5-r_6)C_{b12}}{L_5\lambda_{b2}}\right]^{-1}\end{aligned} \tag{5-94}$$

六、应用实例

（1）计算模型：应用汽轮机转子叶根槽的传热系数的计算方法与计算公式，来确定转子叶根槽的温度场与热应力场的有限元数值计算的传热边界条件。对于转子的倒T型、双倒T型的叶根槽，采用轴对称力学模型；对于转子枞树型叶根槽，采用三维力学模型；对于转子叉型叶根槽，可采用三维力学模型，也可近似采用轴对称力学模型。对于无蒸汽冷却，承力齿面处理为第三类边界条件，动叶片叶根传热过程的传热系数可采用本节给出的计算方法；非承力表面，处理为绝热边界条件，即给定热流密度$q=0$的第二类边界条件。

（2）计算结果：某型号超临界600MW汽轮机的高压转子，第1级～第4级叶根为双倒T型叶根，第5级～第11级叶根为倒T型叶根，叶根槽没有蒸汽冷却。该汽轮机高压转子叶根槽传热系数的计算结果列于表5-6。

（3）分析与讨论：从表5-6知，对于不同叶根形式，汽轮机转子双倒T型叶根槽的传热系数比倒T型叶根槽的传热系数小，原因在于热流量传递到转子的两对承力齿面；对于同一级转子叶根槽，随着功率减小，转子叶根槽的传热系数呈减小趋势，原因在于低负荷工况，动叶片流道与蒸汽对流传热的热流量小；对于同一负荷工况，同一种叶根形式（如倒T型叶根），随着级数增大，转子叶根槽的传热系数呈减小趋势，原因在于级数增大后，通流部分蒸汽参数比较低，动叶片流道与动叶片中间体同蒸汽对流传热的热流量减小。

表 5-6 汽轮机高压转子叶根槽传热系数的计算结果 W/(m²·K)

级号	叶根形式	部位	100%TMCR 工况	50%TMCR 工况
高压第 1 级	双倒 T 型	第一对承力齿	491.9	476.4
		第二对承力齿	422.4	409.8
高压第 2 级	双倒 T 型	第一对承力齿	497.7	482.0
		第二对承力齿	423.7	411.1
高压第 3 级	双倒 T 型	第一对承力齿	496.1	480.3
		第二对承力齿	421.3	408.8
高压第 4 级	双倒 T 型	第一对承力齿	492.4	476.6
		第二对承力齿	417.9	405.4
高压第 5 级	倒 T 型	承力齿	705.3	689.0
高压第 6 级	倒 T 型	承力齿	704.2	683.8
高压第 7 级	倒 T 型	承力齿	698.8	679.2
高压第 8 级	倒 T 型	承力齿	692.9	674.1
高压第 9 级	倒 T 型	承力齿	686.5	669.0
高压第 10 级	倒 T 型	承力齿	679.2	663.4
高压第 11 级	倒 T 型	承力齿	673.0	657.3

汽轮机转子叶根槽承力齿面传热系数的计算方法，考虑了蒸汽与动叶片流道、动叶片围带（或动叶片叶顶）和动叶片中间体的强制对流传热、动叶片叶根导热、动叶片叶根与转子叶根槽承力齿面的接触热阻以及不同负荷下通流部分蒸汽参数变化的影响，考虑问题更为全面。使用汽轮机转子叶根槽的传热系数的计算方法，可以计算亚临界、超临界和超超临界汽轮机具有不同叶根结构型式的转子叶根槽的传热系数，为汽轮机转子叶根槽的温度场和热应力场的有限元数值计算提供了传热边界条件。汽轮机转子叶根槽承力齿面的传热系数的计算方法，原则上也可以应用于燃气轮机、航空发动机和轴流压气机的转子叶根槽的传热系数计算，工程上是实用的。

参 考 文 献

[1] 史进渊，杨宇，邓志成，张兆鹤．超临界和超超临界汽轮机汽缸传热系数的研究．动力工程，2006，26 (1)：1-5.

[2] 史进渊，杨宇，邓志成，等．大功率电站汽轮机寿命预测与可靠性设计．北京：中国电力出版社，2011.

[3] 史进渊，邓志成，杨宇，等．大功率汽轮机叶轮轮缘传热系数的研究．动力工程，2007，27 (2)：153-156.

[4] Зысина-Моложен Л. М.， Зысин Л. В.， Поляк М. Л. Теплообмен в турбомашинах. Л.：

Машиностроение，1974.
[5] 杨汇涛．旋转叶片端部气膜冷却效率及其换热系数的研究．北京航空航天大学动力系，1999.
[6] 吴宏伟，丁水汀，曹玉璋，等．旋转平板型叶端部气膜冷却实验研究．北京航空航天大学学报，2001，27（5）：569-572.
[7] 史进渊，杨宇，孙庆，等．超超临界汽轮机零部件冷却技术的研究 动力工程，2003，23（6）：2735-2739.
[8] Под редакчцей А. И. Леонтьева. Теплообменные чстройства. машиностроение，1985.
[9] 葛永乐，吕建成．涡轮机高温零件温度场专题文集第一集．北京：国防工业出版社，1979.
[10] 航空发动机设计手册总编委会．航空发动机设计手册 第16册 空气系统及传热分析．北京：航空工业出版社，2001.
[11] 史进渊，邓志成，杨宇．超临界和超超临界汽轮机转子叶根槽传热系数的研究．动力工程学报，2010，30（7）：478-484.
[12] 吴厚钰．透平零件结构和强度计算．北京：机械工业出版社，1982.
[13] 丁有宇．汽轮机强度计算手册．北京：中国电力出版社，2010.

第六章　汽轮机转子传热计算方法

本章介绍了汽轮机转子表面传热系数的计算方法，给出了光轴与轴颈、叶轮轮面、转子汽封部位以及叶轮轮缘的表面传热系数计算公式，应用于汽轮机转子传热与冷却设计以及温度场与应力场研究。

第一节　光轴与轴颈传热计算方法

本节介绍了汽轮机转子光轴与轴颈部位对流传热的表面传热系数的计算方法，给出了轴封两侧光轴、静叶片汽封与隔板汽封两侧光轴与轴承轴颈的表面传热系数计算公式，以及特征尺寸、特征速度与定性温度的取值和流体物性参数的确定方法，应用于汽轮机转子的表面传热系数计算和稳态温度场、瞬态温度场和应力场的有限元数值计算。

一、轴封两侧光轴对流传热

在汽轮机转子上，轴承与轴封之间的光轴、反动式汽轮机首级静叶片与轴封之间的光轴，由于$(r_2-r_1)/r_1 \leqslant 0.3$，属于小空间转轴，这里，$r_1$ 为转轴外半径，r_2 为汽缸（静止套筒）内半径。反动式汽轮机平衡活塞与轴封之间光轴、末级旋转端面与轴封之间光轴，以及冲动式汽轮机首级叶轮与轴封之间光轴、末级叶轮与轴封之间光轴，由于$(r_2-r_1)/r_1>0.3$，属于大空间转轴。

对于汽轮机轴封两侧的转子光轴，考虑轴封齿数比较多，轴封孔口漏汽轴向流速比较小，满足 $Re_\omega \gg Re_z$，推荐采用式（2-11）和式（2-12）来计算转子轴封两侧光轴的表面传热系数。根据式（2-11）和式（2-12），经公式推导与计算分析，得出转子轴封两侧光轴表面的表面传热系数 h_{r1} 的计算公式为

$$h_{r1}=\frac{C_3C_4\left(\dfrac{r_2-r_1}{r_1}\right)^{0.4}Re_\omega^{0.8}Pr^{0.33}\lambda}{2(r_2-r_1)}=\frac{C_{r1}\left(\dfrac{r_2-r_1}{r_1}\right)^{0.4}Re_\omega^{0.8}Pr^{0.33}\lambda}{2(r_2-r_1)} \tag{6-1}$$

$$Re_\omega=\frac{2(r_2-r_1)u}{\nu} \tag{6-2}$$

$$C_{r1}=C_3\times C_4 \tag{6-3}$$

式中　C_3、C_4——试验常数；

　　　r_2——汽缸或静止套筒的内半径；

r_1——转轴外半径；

λ——流体热导率；

Re_ω——旋转雷诺数；

Pr——流体普朗特数；

u——转轴表面圆周速度；

ν——流体运动黏度。

在汽轮机轴封两侧光轴的表面传热系数的计算公式中，特征尺寸取转轴外表面与汽缸（静止套筒）内表面之间径向尺寸的两倍，即两倍汽缸内表面半径与转轴外表面半径之差 $2(r_2-r_1)$，旋转雷诺数的特征速度取转轴外表面的圆周速度，定性温度取环形空间沿轴向流体平均温度 t_f，依据定性温度 t_f和环形空间沿轴向流体平均压力 p_f来确定流体的 Pr、λ、ν 等物性参数。

二、静叶片汽封与隔板汽封两侧光轴对流传热

反动式汽轮机静叶片汽封两侧光轴属于小空间光轴，冲动式汽轮机隔板汽封两侧光轴属于大空间光轴。

1. 21%～100%TMCR 工况

在汽轮机 21%～100%TMCR 工况，旋转雷诺数和流体雷诺数相差不多，不满足 $Re_z \gg Re_\omega$或$Re_\omega \gg Re_z$。根据式（2-1）～式（2-8）和式（2-12），经公式推导与计算分析，得出汽轮机静叶片汽封与隔板汽封两侧转子光轴的表面传热系数 h_{r2}的计算公式为

$$h_{r2}=\frac{C_4(A_1+A_2)Re^{0.8}Pr^{0.33}\lambda}{2(r_2-r_1)} \tag{6-4}$$

$$Re=Re_z\left(1+A^2\frac{Re_\omega^2}{Re_z^2}\right)^{0.5} \tag{6-5}$$

$$Re_z=\frac{2(r_2-r_1)c_z}{\nu} \tag{6-6}$$

$$Re_\omega=\frac{2(r_2-r_1)u}{\nu} \tag{6-7}$$

$$A=C_1\left(\frac{r_2-r_1}{r_1}\right)^{-0.3} \tag{6-8}$$

$$A_1=\frac{C_2}{\left(1+A^2\frac{Re_\omega^2}{Re_z^2}\right)^{0.4}} \tag{6-9}$$

$$A_2=\frac{C_3\left(\frac{r_2-r_1}{r_1}\right)^{0.4}}{\left(A^2+\frac{Re_\omega^2}{Re_z^2}\right)^{0.4}} \tag{6-10}$$

$$u=r_1\omega \tag{6-11}$$

式中 C_1、C_2、C_3、C_4——试验常数；

Re——同流体流动与转轴旋转有关的雷诺数；

Pr——流体普朗特数；

λ——流体热导率；

r_2——汽缸内半径；

r_1——转轴外半径；

Re_z——流体雷诺数；

Re_ω——旋转雷诺数；

c_z——流体轴向流速；

ν——流体运动黏度；

u——转轴表面圆周速度；

ω——转轴旋转角速度。

在汽轮机21%～100%TMCR工况的静叶片汽封与隔板汽封两侧光轴的表面传热系数的计算公式中，特征尺寸取两倍汽缸内表面半径与转轴外表面半径之差$2(r_2-r_1)$，流体雷诺数的特征速度取流体轴向流速c_z，旋转雷诺数的特征速度取转轴外表面的圆周速度，定性温度取环形空间沿轴向流体平均温度t_f，依据定性温度t_f和环形空间沿轴向流体平均压力p_f来确定流体的Pr、λ、ν等物性参数。

2.冲转至20%TMCR工况

对于汽轮机冲转、升速、并网至20%TMCR低负荷工况，汽轮机通流部分蒸汽参数比较难确定且通流部分、静叶片汽封和隔板汽封的流体轴向流速均比较小，满足$Re_\omega \gg Re_z$，推荐采用式（2-11）和式（2-12）来计算静叶片汽封与隔板汽封两侧光轴的表面传热系数。

在汽轮机冲转、升速、并网至20%TMCR低负荷工况，根据式（2-11）和式（2-12），经公式推导与计算分析，得出转子静叶片汽封和隔板汽封两侧光轴的表面传热系数h_{r3}的计算公式为

$$h_{r3}=\frac{C_3C_4\left(\dfrac{r_2-r_1}{r_1}\right)^{0.4}Re_\omega^{0.8}Pr^{0.33}\lambda}{2(r_2-r_1)}=\frac{C_{r1}\left(\dfrac{r_2-r_1}{r_1}\right)^{0.4}Re_\omega^{0.8}Pr^{0.33}\lambda}{2(r_2-r_1)} \tag{6-12}$$

$$Re_\omega=\frac{2(r_2-r_1)u}{\nu} \tag{6-13}$$

$$C_{r1}=C_3\times C_4 \tag{6-14}$$

式中　C_3、C_4——试验常数；

r_2——汽缸内半径；

r_1——转轴外半径；

Re_ω——旋转雷诺数；

Pr——流体普朗特数；

λ——流体热导率；

u——转轴表面圆周速度；

ν——流体运动黏度。

在汽轮机冲转至20%TMCR低负荷工况的转子静叶片汽封和隔板汽封两侧光轴的表

面传热系数的计算公式中，特征尺寸取汽缸内表面半径与转轴外表面半径之差 $2(r_2-r_1)$，旋转雷诺数的特征速度取转轴外表面的圆周速度，定性温度取环形空间沿轴向流体平均温度 t_f，依据定性温度 t_f 和环形空间沿轴向流体平均压力 p_f 来确定流体的 Pr、λ、ν 等物性参数。

三、转子轴承轴颈对流传热

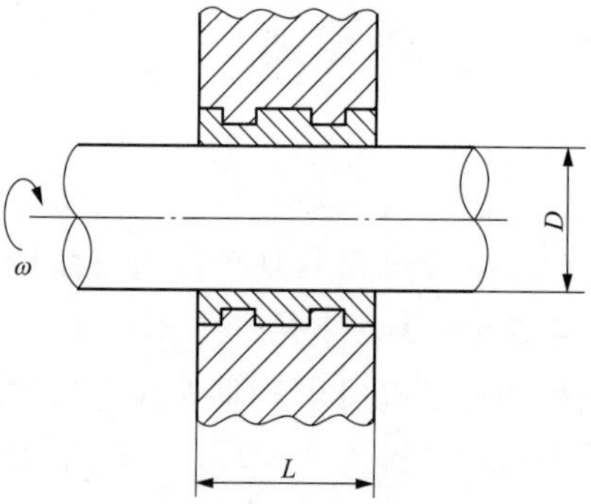

图 6-1　滑动轴承示意图

汽轮机轴承按其能承受的载荷方向不同，可以分为径向支承轴承、推力轴承以及推力径向联合轴承三类，均为滑动轴承，汽轮机滑动轴承示意图如图 6-1 所示。汽轮机转子的滑动轴承部位占据转子轴向长度并不大，但对汽轮机转子温度场有比较大的影响。在汽轮机转子轴承轴颈部位受到润滑油冷却，在本章参考文献［1，2］研究结果的基础上，经公式推导与计算分析，得出汽轮机转子轴承轴颈与润滑油对流传热的表面传热系数 h_{r4} 的计算公式为

$$h_{r4}=\frac{C_{r2}Re_{\omega}^{0.23}Pr^{0.23}\left(\frac{D}{L}\right)\lambda}{D} \tag{6-15}$$

$$Nu=C_{r2}Re_{\omega}^{0.23}Pr^{0.23}\left(\frac{D}{L}\right) \tag{6-16}$$

$$Re_{\omega}=\frac{Du}{\nu} \tag{6-17}$$

式中　C_{r2}——试验常数；

Re_{ω}——旋转雷诺数；

Pr——润滑油普朗特数；

D——轴颈直径；

L——轴颈轴向长度；

λ——润滑油热导率；

Nu——轴承轴颈表面对流传热的润滑油努塞尔数；

u——轴颈表面圆周速度；

ν——润滑油运动黏度。

在汽轮机转子轴承轴颈的表面传热系数的计算公式中，特征尺寸取轴颈直径 D，旋转雷诺数的特征速度取轴颈外表面的圆周速度 u，定性温度取轴承进口润滑油温度和出口润滑油温度的算术平均值 t_f，依据定性温度 t_f 和润滑油进口压力 p_f 来确定润滑油的 Pr、λ、ν 等物性参数。

第二节　汽封部位传热计算方法

本节介绍了汽轮机转子汽封部位的表面传热系数的计算方法，给出了高压转子与中压转子轴封部位、低压转子轴封部位与隔板汽封（或静叶片汽封）部位的表面传热系数的计算公式以及流体物性参数的确定方法，应用于汽轮机转子的表面传热系数计算和稳态温度场、瞬态温度场与应力场的有限元数值计算。

一、高压转子与中压转子轴封部位对流传热

汽轮机超高压转子、高压转子和中压转子的轴封部位，包括外缸两侧轴封与平衡活塞汽封。高压转子轴封如图 3-1 所示，中压转子轴封如图 3-2 所示，高中压合缸结构的平衡活塞汽封示意图如图 3-5 所示。对于高中压合缸的转子，轴封部位还包括了高压转子与中压转子之间的中间轴封，也称过桥汽封，如图 6-2 所示。通常，高压转子与中压转子轴封采用高低齿曲径汽封，高低齿曲径汽封示意图如图 3-9 所示。

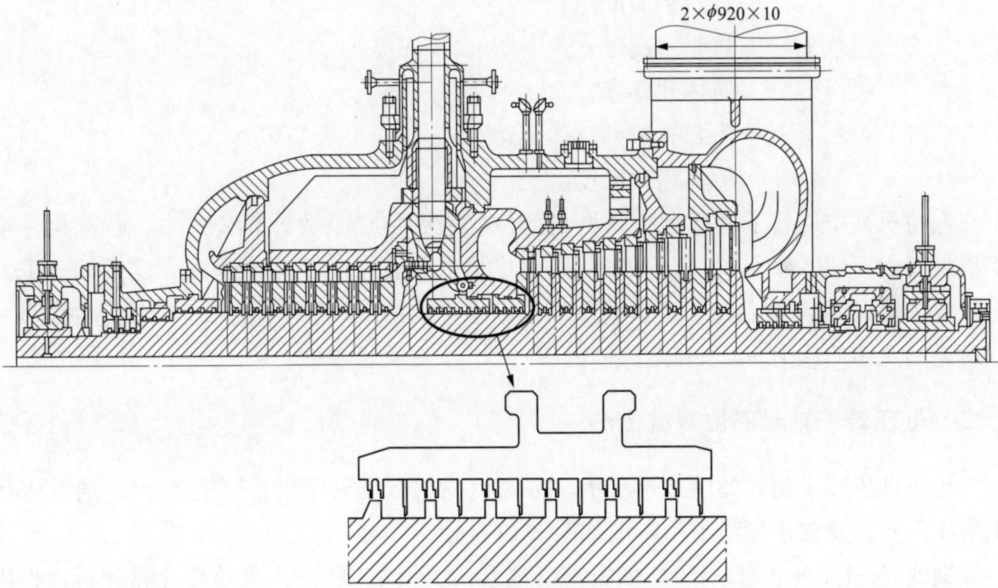

图 6-2　汽轮机中间轴封示意图

根据式（3-9）～式（3-12）和式（3-15），依据雷诺数 Re 的不同，经公式推导与计算分析，得出汽轮机高压转子与中压转子轴封部位的表面传热系数 h_{r5}、h_{r6} 和 h_{r7} 的计算公式。

（1）$Re<2\times10^2$，则

$$h_{r5}=\frac{C_{g1}C_{g6}Re^{0.5}Pr^{0.43}\left(\dfrac{\delta}{H}\right)^{0.56}\lambda}{2\delta}=\frac{C_{r3}Re^{0.5}Pr^{0.43}\left(\dfrac{\delta}{H}\right)^{0.56}\lambda}{2\delta} \tag{6-18}$$

（2）$2\times10^2\leqslant Re<6\times10^3$，则

$$h_{r6}=\frac{C_{g2}C_{g6}Re^{0.5}Pr^{0.43}\left(\frac{\delta}{H}\right)^{0.56}\lambda}{2\delta}=\frac{C_{r4}Re^{0.5}Pr^{0.43}\left(\frac{\delta}{H}\right)^{0.56}\lambda}{2\delta} \tag{6-19}$$

（3）$Re\geqslant 6\times 10^3$，则

$$h_{r7}=\frac{C_{g3}C_{g6}Re^{0.5}Pr^{0.43}\left(\frac{\delta}{H}\right)^{0.56}\lambda}{2\delta}=\frac{C_{r5}Re^{0.5}Pr^{0.43}\left(\frac{\delta}{H}\right)^{0.56}\lambda}{2\delta} \tag{6-20}$$

$$Re=\frac{2\delta\times w}{\nu} \tag{6-21}$$

$$C_{r3}=C_{g1}\times C_{g6} \tag{6-22}$$

$$C_{r4}=C_{g2}\times C_{g6} \tag{6-23}$$

$$C_{r5}=C_{g3}\times C_{g6} \tag{6-24}$$

式中 Re——流体雷诺数；

C_{g1}、C_{g2}、C_{g3}、C_{g6}——试验常数；

Pr——流体普朗特数；

δ——汽封径向间隙；

H——汽封室高度；

λ——流体热导率；

w——汽封孔口的流体流速；

ν——流体运动黏度。

在汽轮机高中压转子高低齿曲径汽封部位的表面传热系数计算公式中，特征尺寸取两倍汽封径向间隙 2δ，流体雷诺数的特征速度取汽封孔口的流体流速 w，定性温度取汽封进口流体温度 t_0 与汽封出口流体温度 t_z的算术平均值 $t_f=(t_0+t_z)/2$，依据定性温度 t_f 和汽封进口流体的压力 p_0 来确定流体的 Pr、λ、ν 等物性参数。

二、低压转子轴封部位对流传热

汽轮机低压转子轴封如图 3-3 所示，考虑汽轮机低压转子的胀差比较大，通常采用光轴平齿汽封。光轴平齿汽封示意图如图 3-11 所示。

根据式（3-13）～式（3-15），依据雷诺数 Re 的不同，经公式推导与计算分析，得出汽轮机低压转子轴封部位的表面传热系数 h_{r8} 和 h_{r9} 的计算公式。

（1）$2.4\times 10^2\leqslant Re<8.7\times 10^3$，则

$$h_{r8}=\frac{C_{g4}C_{g6}Re^{0.6}Pr^{0.43}\left(\frac{\delta}{S}\right)^{0.085}\left(\frac{\delta}{H}\right)^{0.075}\lambda}{2\delta}=\frac{C_{r6}Re^{0.6}Pr^{0.43}\left(\frac{\delta}{S}\right)^{0.085}\left(\frac{\delta}{H}\right)^{0.075}\lambda}{2\delta} \tag{6-25}$$

（2）$8.7\times 10^3\leqslant Re<1.7\times 10^5$，则

$$h_{r9}=\frac{C_{g5}C_{g6}Re^{0.8}Pr^{0.43}\left(\frac{\delta}{S}\right)^{0.1}\left(\frac{\delta}{H}\right)^{0.1}\lambda}{2\delta}=\frac{C_{r7}Re^{0.8}Pr^{0.43}\left(\frac{\delta}{S}\right)^{0.1}\left(\frac{\delta}{H}\right)^{0.1}\lambda}{2\delta} \tag{6-26}$$

$$Re=\frac{2\delta\times w}{\nu} \tag{6-27}$$

$$C_{r6}=C_{g4}\times C_{g6} \tag{6-28}$$

$$C_{r7}=C_{g5}\times C_{g6} \tag{6-29}$$

式中　Re——流体雷诺数；
C_{g4}、C_{g5}、C_{g6}——试验常数；
Pr——流体普朗特数；
δ——汽封径向间隙；
S——两个汽封齿的轴向尺寸；
H——汽封室高度；
λ——流体热导率；
w——汽封孔口的流体流速；
ν——流体运动黏度。

在汽轮机低压转子光轴平齿汽封部位的表面传热系数的计算公式中，特征尺寸取两倍汽封径向间隙 2δ，流体雷诺数的特征速度取汽封孔口的流体流速 w，定性温度取汽封进口流体温度 t_0 出口的流体温度 t_z的算术平均值 $t_f=(t_0+t_z)/2$，依据定性温度 t_f和汽封进口流体的压力 p_0 来确定流体的 Pr、λ、ν 等物性参数。

三、隔板汽封与静叶片汽封对流传热

在汽轮机转子上，冲动式汽轮机的隔板汽封与反动式汽轮机的静叶片汽封所对应的转子部位比较多，这些汽封部位的表面传热系数也比较大。工程上，通常隔板汽封与静叶片汽封的齿数少于8，属于少齿数曲径汽封，其结构如图 3-7、图 3-8 和图 3-20 所示。对于雷诺数 Re 的范围为 $2.5\times10^3\sim2.5\times10^4$ 的汽轮机隔板汽封或静叶片汽封，根据式（3-18）～式（3-20），经公式推导与计算分析，得出汽轮机转子上隔板汽封与静叶片汽封部位的表面传热系数 h_{r10}的计算公式为

$$h_{r10}=\frac{C_{g8}C_{g9}Re^{0.9}Pr^{0.43}\left(\frac{\delta}{H}\right)^{-0.7}\lambda}{2kH}=\frac{C_{r8}Re^{0.9}Pr^{0.43}\left(\frac{\delta}{H}\right)^{-0.7}\lambda}{2kH} \tag{6-30}$$

$$Re=\frac{2H\times w}{\nu} \tag{6-31}$$

$$C_{r8}=C_{g8}\times C_{g9} \tag{6-32}$$

式中　C_{g8}、C_{g9}——试验常数；
Re——流体雷诺数；
Pr——流体普朗特数；
δ——汽封径向间隙；
H——汽封室高度；
λ——流体热导率；
k——汽封传热修正系数，高低齿曲径汽封取 $k=0.63$，光轴平齿汽封取

$k=1.27$；

w——汽封腔室的流体平均流速；

ν——流体运动黏度。

在汽轮机转子对应隔板汽封与静叶片汽封部位的表面传热系数计算公式中，特征尺寸取两倍汽封室高度 $2H$，流体雷诺数的特征速度取汽封腔室的流体平均流速 w，定性温度取汽封进口流体温度 t_0 与汽封出口流体温度 t_z 的算术平均值 $t_f=(t_0+t_z)/2$，依据定性温度 t_f 和汽封进口流体的压力 p_0 来确定流体的 Pr、λ、ν 等物性参数。

对于雷诺数 Re 超出 $2.5\times10^3\sim2.5\times10^4$ 范围的大多数汽轮机的隔板汽封与静叶片汽封对应的转子部位，按照式（3-10）～式（3-15）来计算隔板汽封与静叶片汽封的表面传热系数，不再赘述。

第三节　叶轮表面传热计算方法

本节介绍了汽轮机转子叶轮表面对流传热的表面传热系数的计算方法，给出了小空间叶轮表面、大空间叶轮表面与转子旋转端面的表面传热系数计算公式以及流体物性参数的确定方法，应用于汽轮机转子的表面传热系数计算和稳态温度场、瞬态温度场与应力场的有限元数值计算。

一、小空间叶轮对流传热

在汽轮机转子上，压力级两侧的叶轮表面以及超高压转子、高压转子、中压转子和低压转子的最后一级叶轮进汽侧的叶轮表面，叶轮与隔板（或静叶片）的轴向尺寸 $S\ll$ 轮缘半径 r_2，属于小空间叶轮表面。

根据式（2-15）、式（2-16）和式（2-42），依据旋转雷诺数的不同，经公式推导与计算分析，得出以下两个小空间叶轮的表面传热系数 h_{r11} 的和 h_{r12} 的计算公式。

（1）$Re_\omega<2\times10^5$，则

$$h_{r11}=\frac{C_6C_{18}Re_\omega^{0.5}Pr^{0.6}\left(\frac{S}{r}\right)^{-0.25}\lambda}{r}=\frac{C_{r9}Re_\omega^{0.5}Pr^{0.6}\left(\frac{S}{r}\right)^{-0.25}\lambda}{r} \tag{6-33}$$

（2）$Re_\omega>2\times10^5$，则

$$h_{r12}=\frac{C_7C_{18}Re_\omega^{0.75}Pr^{0.6}\left(\frac{S}{r}\right)^{-0.25}\lambda}{r}=\frac{C_{r10}Re_\omega^{0.75}Pr^{0.6}\left(\frac{S}{r}\right)^{-0.25}\lambda}{r} \tag{6-34}$$

$$Re_\omega=\frac{ru}{\nu}=\frac{r^2\omega}{\nu} \tag{6-35}$$

$$u=r\omega \tag{6-36}$$

$$C_{r9}=C_6\times C_{18} \tag{6-37}$$

$$C_{r10}=C_7\times C_{18} \tag{6-38}$$

式中　Re_ω——旋转雷诺数；

C_6、C_7、C_{18}——试验常数；

Pr——流体普朗特数；

S——叶轮与隔板或静叶片的轴向尺寸；

r——某一环形外圆半径；

λ——流体热导率；

u——转盘半径 r 处圆周速度；

ν——流体运动黏度；

ω——转盘旋转角速度。

在小空间叶轮的表面传热系数计算公式中，特征尺寸取某一环形外圆半径 r，旋转雷诺数的特征速度取转盘半径 r 处圆周速度 u，叶轮进汽侧的定性温度取本级隔板汽封出汽侧温度，叶轮出汽侧表面的定性温度取下一级隔板汽封进汽侧温度，依据定性温度和对应的通流部分压力来确定流体的 Pr、λ、ν 等物性参数。

二、大空间叶轮对流传热

若不满足叶轮与隔板（或静叶片）的轴向尺寸 $S \ll$ 轮缘半径 r_2 的要求，则为大空间叶轮表面。在汽轮机转子上，调节级两侧的叶轮表面、抽汽口与补汽口前面的叶轮轮面以及超高压转子、高压转子、中压转子和低压转子的最后一级叶轮出汽侧的叶轮表面属于大空间叶轮表面。

根据式（2-19）、式（2-20）和式（2-42），依据旋转雷诺数的不同，经公式推导与计算分析，得出以下两个大空间叶轮的表面传热系数 h_{r13} 的和 h_{r14} 的计算公式。

（1）$Re_\omega < 2\times10^5$，则

$$h_{r13} = \frac{C_8 C_{18} Re_\omega^{0.5} Pr^{0.6} \lambda}{r} = \frac{C_{r11} Re_\omega^{0.5} Pr^{0.6} \lambda}{r} \tag{6-39}$$

（2）$Re_\omega > 2\times10^5$，则

$$h_{r14} = \frac{C_9 C_{18} Re_\omega^{0.8} Pr^{0.6} \lambda}{r} = \frac{C_{r12} Re_\omega^{0.8} Pr^{0.6} \lambda}{r} \tag{6-40}$$

$$Re_\omega = \frac{ru}{\nu} = \frac{r^2 \omega}{\nu} \tag{6-41}$$

$$u = r\omega \tag{6-42}$$

$$C_{r11} = C_8 \times C_{18} \tag{6-43}$$

$$C_{r12} = C_9 \times C_{18} \tag{6-44}$$

式中　C_8、C_9、C_{18}——试验常数。

在汽轮机转子大空间叶轮的表面传热系数计算公式中，特征尺寸取某一环形外圆半径 r，旋转雷诺数的特征速度取转盘半径 r 处圆周速度 u，叶轮进汽侧的定性温度取本级动叶片进汽温度，叶轮出汽侧的定性温度取本级动叶片出汽侧温度，依据定性温度和对应的汽轮机通流部分流体压力来确定流体的 Pr、λ、ν 等物性参数。

三、转子旋转端面对流传热

反动式汽轮机平衡活塞两侧端面与转子排汽侧端面，属于旋转端面。依据旋转端面

与汽缸垂直端面轴向距离 S 与旋转端面外半径 r_2 以及 Re_ω 的不同，采用式（2-35）～式（2-42），经公式推导与计算分析，得出汽轮机转子旋转端面的表面传热系数 h_{r15} 的计算公式为

$$h_{r15}=\frac{C_{r13}Nu\lambda}{r} \tag{6-45}$$

$$Nu=C_iRe_\omega^mPr^n\left(\frac{S}{r}\right)^l \tag{6-46}$$

$$Re_\omega=\frac{ru}{\nu}=\frac{r^2\omega}{\nu} \tag{6-47}$$

$$u=r\omega \tag{6-48}$$

$$C_{r13}=C_{18} \tag{6-49}$$

式中 C_i、C_{18}、m、n、l——试验常数；

Nu——转子旋转端面对流传热的努塞尔数；

λ——流体热导率；

r——某一环形外圆半径；

Re_ω——旋转雷诺数；

Pr——流体普朗特数；

S——旋转端面与静止环形板的轴向尺寸；

u——旋转端面半径 r 处圆周速度；

ν——流体运动黏度；

ω——转盘旋转角速度。

在汽轮机转子旋转端面的表面传热系数计算公式中，特征尺寸取某一环形外圆半径 r，旋转雷诺数的特征速度取旋转端面半径 r 处圆周速度 u，定性温度取旋转端面与汽缸垂直端面之间的流体温度，据定性温度和对应的流体压力来确定流体的 Pr、λ、ν 等物性参数。

四、环形外圆半径分段

对于反动式汽轮机的叶轮表面，由于环形面积比较小，可以取一个环形外圆半径，计算叶轮的表面传热系数。对于反动式汽轮机平衡活塞两侧端面、转子排汽侧端面以及冲动式汽轮机的叶轮表面，由于环形面积比较大，建议分成几个不同外圆半径的环形，取不同的叶轮环形外圆半径，分别计算对应的叶轮旋转雷诺数和叶轮表面传热系数。

五、应用实例

（1）已知参数：某型号超超临界一次再热汽轮机的高压转子，8 级动叶片均采用冲动式叶型，叶轮表面的环形面积比较大，建议分成 2 个不同半径的环形。对于高压转子的 8 级叶轮的轮缘的半径 r_w、上段环形外圆半径 r_1、下段环形外圆半径 r_2、叶轮（转盘）与隔板（静止环形板）轴向尺寸 S 的设计数据分别列于表 6-1 和表 6-2。

表 6-1　　高压转子动叶片进汽侧叶轮设计数据

级号	叶轮轮缘半径 r_w (mm)	上段环形外圆半径 r_1 (mm)	下段环形外圆半径 r_2 (mm)	叶轮与隔板轴向尺寸 S (mm)
1	500	500	363	4.0
2	500	500	363	3.5
3	500	500	363	3.5
4	500	500	363	4.0
5	496	496	363	4.0
6	496	496	363	4.5
7	496	496	363	4.5
8	496	496	363	5.0

表 6-2　　高压转子动叶片出汽侧叶轮设计数据

级号	叶轮轮缘半径 r_w (mm)	上段环形外圆半径 r_1 (mm)	下段环形外圆半径 r_2 (mm)	叶轮与隔板轴向尺寸 S (mm)
1	500	500	363	12.5
2	500	500	363	12.5
3	500	500	363	12.5
4	500	500	363	13.5
5	496	496	363	15.5
6	496	496	363	17.0
7	496	496	363	18.0
8	496	496	363	20.0

(2) 计算结果：该型号超超临界一次再热汽轮机高压转子在 100%TMCR 工况下，采用小空间叶轮模型计算叶轮表面传热系数。对这 8 级叶轮，均有旋转雷诺数 $Re_\omega > 2\times10^5$，第 1 级～第 8 级叶轮表面传热系数 h_{r12} 的计算结果列于表 6-3。

表 6-3　　高压转子叶轮表面传热系数的计算结果

级号	动叶片进汽侧叶轮表面		动叶片出汽侧叶轮表面	
	上段叶轮 h_{r12} [W/(m²·K)]	下段叶轮 h_{r12} [W/(m²·K)]	上段叶轮 h_{r12} [W/(m²·K)]	下段叶轮 h_{r12} [W/(m²·K)]
1	14 662.7	11 532.3	10 694.1	8411.0
2	13 080.5	10 287.9	9367.2	7367.4
3	11 428.5	8988.6	8165.6	6422.3
4	9629.5	7573.7	6961.8	5475.5
5	8339.7	6598.8	5443.7	4830.7
6	7026.3	5596.6	4910.4	3885.4
7	6058.8	4794.1	4167.4	3297.5
8	5085.2	4023.7	3481.7	2754.9

（3）分析与讨论：从表 6-3 的计算结果知，对于同一级叶轮，动叶片进汽侧叶轮的表面传热系数比动叶片出汽侧叶轮轮面大，原因在于动叶片进汽侧叶轮表面的蒸汽参数比出汽侧高；对于同一侧叶轮表面，上段叶轮的表面传热系数比下段叶轮大，原因在于上段叶轮的环形外圆半径大，对应叶轮的旋转雷诺数和表面传热系数也比较大。

第四节　叶轮轮缘传热计算方法

本节介绍了汽轮机转子叶轮轮缘的表面传热系数计算方法，把汽轮机动叶片对叶轮轮缘的传热简化为肋片传热模型，使用肋片传热模型计算汽轮机动叶片流道的等效表面传热系数，采用圆筒壁模型计算动叶片中间体传热过程的叶轮轮缘传热系数，应用于汽轮机转子叶轮轮缘传热系数计算和转子稳态温度场、瞬态温度场与应力场的有限元数值计算。

一、叶轮轮缘传热近似计算

在汽轮机转子的叶轮轮缘部位安装有叶片，结构复杂，经验公式给出轮缘的表面传热系数的计算方法和计算结果有一定的差异。本章参考文献[3]建议高压转子各级叶轮轮缘的表面传热系数取为 349W/(m^2・K)[300kcal/(m^2・h・K)]，中压转子各级叶轮轮缘的表面传热系数取为 116W/(m^2・K)[100kcal/(m^2・h・K)]，低压转子各级叶轮轮缘的表面传热系数取为 35W/(m^2・K)[30kcal/(m^2・h・K)]。这种方法没有考虑同一根转子各级叶片蒸汽参数差异引起叶轮轮缘传热系数的差异，也没有考虑汽轮机负荷变动时各级叶轮轮缘的表面传热系数的差异，只是一种近似方法。

本章参考文献[4，5]给出了国外某公司汽轮机叶轮轮缘的传热系数的计算方法，在假设动叶片叶根与转子叶根槽紧密接触前提下，推荐叶轮轮缘的表面传热系数 h 的计算公式为

$$h=\frac{2\lambda_{\mathrm{b}}}{9\pi r_{\mathrm{w}}} \tag{6-50}$$

式中　λ_{b}——工作温度下叶片材料的热导率；

r_{w}——轮缘半径。

虽然式（6-50）考虑了叶片材料热导率随叶片工作温度的变化，但没有考虑汽轮机负荷、通流部分蒸汽参数对叶轮轮缘传热系数的影响，也是一种近似方法。

过去国内生产的国产型汽轮机大多为冲动式汽轮机，叶轮轮缘距离转子的弹性槽与叶轮根部等寿命薄弱部位比较远，叶轮轮缘传热系数的近似计算有可能对转子温度场、热应力场的有限元数值计算和寿命设计的结果影响比较小。国内生产的引进型 300MW 和 600MW 汽轮机为反动式汽轮机，从西门子、西屋、ABB、ALSTOM 和三菱等国外公司进口的汽轮机也为反动式汽轮机，反动式汽轮机动叶片大多直接安装在转鼓的环形内外径相差较小的叶轮上，叶轮轮缘的传热系数计算精度直接影响汽轮机转子寿命薄弱部位的温度场、热应力场有限元数值计算和寿命设计的准确性。

工程实践中，当不需要分析叶根槽的强度与寿命时或缺少叶根槽的详细数据时，通常简化叶轮轮缘，把汽轮机叶轮叶根槽中的叶根视为轮缘的一部分，采用轴对称力学模型分析汽轮机转子的温度场。由于汽轮机转子的叶轮轮缘部位比较多，叶轮轮缘的传热系数的简化及其计算方法，对汽轮机转子的温度场、结构强度和寿命的影响比较大。

二、自带冠和围带成组动叶片对流传热与导热

对于安装自带冠动叶片或围带成组动叶片的转子叶轮轮缘，计算动叶片流道的表面传热系数，需要考虑叶型表面、动叶片流道下端面、动叶片流道上端面以及叶顶围带表面与蒸汽的对流传热。

1. 动叶片叶型表面传热的热流量

把汽轮机动叶片对叶轮轮缘的传热简化为肋片传热模型，在不计动叶片围带与叶顶对流传热情况下，根据式（5-9）～式（5-14），计算汽轮机动叶片的叶型表面对流传热表面的平均传热系数 h_{b3}，Z_2 只动叶片从叶型表面传热到叶型底部的热流量 Φ_{b1} 可根据肋片传热模型[6]来计算，经公式推导与计算分析，得出热流量 Φ_{b1} 与热阻 R_{b1} 的计算公式分别为

$$\Phi_{b1}=Z_2\Delta t_1\ (h_{b3}\lambda_{b2}P_{b2m}F_{b2m})^{1/2}\mathrm{th}\left[H_{b2}\left(\frac{h_{b3}P_{b2m}}{\lambda_{b2}F_{b2m}}\right)^{1/2}\right] \tag{6-51}$$

$$\mathrm{th}x=\frac{e^x-e^{-x}}{e^x+e^{-x}} \tag{6-52}$$

$$R_{b1}=\frac{\Delta t_1}{\Phi_{b1}}=\frac{1}{Z_2\ (h_{b3}\lambda_{b2}P_{b2m}F_{b2m})^{1/2}\mathrm{th}\left[H_{b2}\left(\frac{h_{b3}P_{b2m}}{\lambda_{b2}F_{b2m}}\right)^{1/2}\right]} \tag{6-53}$$

式中 Z_2——动叶片数目；

h_{b3}——动叶片叶型平均的表面传热系数；

Δt_1——动叶片叶型表面金属温度与流体温度之差；

λ_{b2}——动叶片材料热导率；

P_{b2m}——动叶叶型中间截面周长；

H_{b2}——动叶片叶高；

F_{b2m}——动叶叶型中间截面面积；

R_{b1}——动叶片叶型表面传热到叶型底部的热阻。

依据汽轮机动叶片的进口流体温度和动叶片出口流体温度的算术平均值 $t_m=(t_1+t_2)/2$，确定动叶片材料热导率 λ_{b2}。

2. 动叶片流道下端面的热流量

汽轮机动叶片流道下端面与蒸汽的对流传热的热流量，也是通过导热传递到轮缘热流量的组成部分。根据式（5-18），计算汽轮机动叶片流道下端面的表面传热系数 h_{b5}，经公式推导与计算分析，得出蒸汽与叶片流道下端面的对流传热的热流量 Φ_{b2} 与热阻 R_{b2} 计算公式分别为

$$\Phi_{b2}=h_{b5}F_{b2}\Delta t_2 \tag{6-54}$$

$$F_{b2}=2\pi B_{b2}r_{b2}-Z_2F_{b2b} \tag{6-55}$$

$$R_{b2}=\frac{\Delta t_2}{\Phi_{b2}}=\frac{1}{h_{b5}F_{b2}} \tag{6-56}$$

式中 h_{b5}——蒸汽与动叶片流道下端面的表面传热系数；

F_{b2}——动叶片流道下端面的面积；

Δt_2——动叶片流道下端面温度与流体温度之差；

B_{b2}——动叶片中间体（动叶片流道下端面）轴向宽度；

r_{b2}——动叶片流道下端面半径；

Z_2——动叶片数目；

F_{b2b}——动叶片叶型底部截面面积；

R_{b2}——蒸汽与动叶片流道下端面对流传热的热阻。

3. 动叶片流道上端面的热流量

汽轮机动叶片流道上端面就是围带的内表面，动叶片流道上端面与蒸汽对流传热的热流量，通过动叶片导热到叶型底部。对于 Z_2 只动叶片，计算从动叶片流道上端面传热到叶型底部的热流量 Φ_{b3}，包括以下步骤：

（1）根据式（5-18），计算汽轮机动叶片流道上端面的表面传热系数 h_{b5}，动叶片流道上端面与蒸汽对流传热的热阻 R_1 的计算公式为

$$R_1=\frac{1}{h_{b5}F_{t2}}=\frac{1}{h_{b5}(2\pi B_{b3}r_{b1}-Z_2F_{b2t})} \tag{6-57}$$

$$F_{t2}=2\pi B_{b3}r_{b1}-Z_2F_{b2t} \tag{6-58}$$

式中 h_{b5}——蒸汽与动叶片流道上端面的表面传热系数；

F_{t2}——动叶片流道上端面对流传热表面的面积；

B_{b3}——动叶片围带轴向宽度；

r_{b1}——动叶片流道上端面（围带内表面）半径；

Z_2——动叶片数目；

F_{b2t}——动叶片叶型顶部截面面积。

（2）计算 Z_2 只动叶片导热热阻 R_2，有

$$R_2=\frac{H_{b2}}{Z_2F_{b2b}\lambda_{b2}} \tag{6-59}$$

式中 H_{b2}——动叶片叶高；

Z_2——动叶片数目；

F_{b2b}——动叶片叶型底部截面面积；

λ_{b2}——动叶片材料热导率。

（3）计算从叶片流道上端面对流传热的热流量导热至叶型底部传热的热阻 R_{b3}，有

$$R_{b3}=R_1+R_2=\frac{1}{h_{b5}(2\pi B_{b2}r_{b1}-Z_2F_{b2t})}+\frac{H_{b2}}{Z_2F_{b2b}\lambda_{b2}} \tag{6-60}$$

式中 R_1——动叶片流道上端面与蒸汽对流传热的热阻；

R_2——Z_2 只动叶片导热的热阻。

（4）经公式推导与计算分析，得出汽轮机动叶片流道上端面对流换热的热流量通过 Z_2 只动叶片从动叶片顶部导热到叶型底部的热流量 Φ_{b3} 的计算公式为

$$\Phi_{b3}=\frac{\Delta t_3}{R_{b3}}=\frac{\Delta t_3}{\dfrac{1}{h_{b5}(2\pi B_{b2}r_{b1}-Z_2F_{b2t})}+\dfrac{H_{b2}}{Z_2F_{b2b}\lambda_{b2}}} \tag{6-61}$$

式中　Δt_3——动叶片叶型顶部流体温度与叶型底部金属温度之差；

R_{b3}——叶片流道上端面对流传热的热流量导热至叶型底部的热阻。

4. 动叶片围带汽封与进汽侧表面的热流量

汽轮机动叶片围带汽封与进汽侧表面和蒸汽对流传热的热流量，通过动叶片导热到叶型底部。对于 Z_2 只动叶片，从动叶片围带汽封与进汽侧表面传热到叶型底部的热流量 Φ_{b4} 的计算包括以下步骤：

（1）根据式（5-27），计算汽轮机动叶片围带汽封的表面传热系数 h_{b7}，动叶片围带汽封与蒸汽的对流传热的热阻 R_3 的计算公式为

$$R_3=\frac{1}{2\pi B_{b3}r_{b0}h_{b7}} \tag{6-62}$$

式中　B_{b3}——动叶片围带轴向宽度；

r_{b0}——动叶片围带外表面半径；

h_{b7}——动叶片围带汽封的表面传热系数。

（2）采用圆筒壁导热模型，计算动叶片围带导热的热阻 R_4，有

$$R_4=\frac{1}{2\pi\lambda_{sb2}B_{b3}}\ln\frac{r_{b0}}{r_{b1}} \tag{6-63}$$

式中　λ_{sb2}——动叶片围带材料热导率；

B_{b3}——动叶片围带轴向宽度；

r_{b0}——动叶片围带外表面半径；

r_{b1}——动叶片围带内表面半径。

（3）根据式（6-33）和式（6-34），确定汽轮机动叶片围带进汽侧表面的表面传热系数 $h_{r11\text{-}12}$，汽轮机动叶片围带进汽侧表面的传热热阻 R_5 的计算公式为

$$R_5=\frac{1}{\pi(r_{b0}^2-r_{b1}^2)h_{r11\text{-}12}} \tag{6-64}$$

式中　r_{b0}——动叶片围带外表面半径；

r_{b1}——动叶片围带内表面半径；

$h_{r11\text{-}12}$——动叶片围带进汽侧的表面传热系数，这里 $h_{r11\text{-}12}$ 表示按照式（6-33）计算得出的 h_{r11} 或按照式（6-34）计算得出的 h_{r12}。

（4）依据串联热阻叠加原则，经公式推导与计算分析，得出从围带汽封和围带进汽侧表面与蒸汽对流传热的热流量导热至叶型底部的热阻 R_{b4} 的计算公式为

$$\begin{aligned}R_{b4}&=R_3+R_4+R_5+R_2\\&=\frac{1}{2\pi B_{b3}r_{b0}h_{b7}}+\frac{1}{2\pi\lambda_{sb2}B_{b3}}\ln\frac{r_{b0}}{r_{b1}}+\frac{1}{\pi(r_{b0}^2-r_{b1}^2)h_{r11\text{-}12}}+\frac{H_{b2}}{Z_2F_{b2b}\lambda_{b2}}\end{aligned} \tag{6-65}$$

式中 R_2——Z_2 只动叶片导热的热阻；

R_3——动叶片围带汽封与流体对流传热的热阻；

R_4——动叶片围带导热的热阻；

R_5——动叶片围带进汽侧表面与流体对流传热的热阻。

（5）经公式推导与计算分析，得出汽轮机动叶片围带汽封与进汽侧表面与蒸汽对流传热的热流量通过 Z_2 只动叶片从动叶片顶部导热至叶型底部的热流量 Φ_{b4} 的计算公式为

$$\Phi_{b4}=\frac{\Delta t_3}{R_{b4}}=\frac{\Delta t_3}{\dfrac{1}{2\pi B_{b3}r_{b0}h_{b7}}+\dfrac{1}{2\pi\lambda_{sb2}B_{b3}}\ln\dfrac{r_{b0}}{r_{b1}}+\dfrac{1}{\pi(r_{b0}^2-r_{b1}^2)h_{r11\text{-}12}}+\dfrac{H_{b2}}{Z_2F_{b2b}\lambda_{b2}}} \tag{6-66}$$

式中 Δt_3——动叶片叶型顶部进汽侧流体温度与叶型底部金属温度之差；

R_{b4}——动叶片围带汽封与进汽侧表面的对流传热的热流量导热到叶型底部的热阻。

5. 动叶片围带出汽侧表面的热流量

汽轮机动叶片围带出汽侧表面和蒸汽对流传热的热流量，通过动叶片导热到叶型底部。通常，抽汽口与补汽口之前动叶片围带和各转子末级动叶片围带的出汽侧表面采用式（6-39）和式（6-40）来计算表面传热系数，其他动叶片围带的出汽侧表面采用式（6-33）和式（6-34）计算表面传热系数。对于 Z_2 只动叶片，从动叶片围带出汽侧表面导热到叶型底部的热流量 Φ_{b5} 的计算包括以下步骤：

（1）根据式（6-33）和式（6-34），确定汽轮机小空间动叶片围带出汽侧表面的表面传热系数 $h_{r11\text{-}12}$，汽轮机小空间动叶片围带出汽侧表面的传热热阻 R_6 的计算公式为

$$R_6=\frac{1}{\pi(r_{b0}^2-r_{b1}^2)h_{r11\text{-}12}} \tag{6-67}$$

式中 r_{b0}——动叶片围带外表面半径；

r_{b1}——动叶片围带内表面半径；

$h_{r11\text{-}12}$——动叶片围带进汽侧的表面传热系数，这里 h_{r11} 为按照式（6-33）计算得出的小空间动叶片围带出汽侧的表面传热系数，h_{r12} 为按照式（6-34）计算得出的小空间动叶片围带出汽侧的表面传热系数。

（2）对于抽汽口与补汽口之前动叶片和各转子末级动叶片，根据汽轮机大空间叶轮表面传热系数计算的式（6-39）和式（6-40），确定汽轮机大空间动叶片围带出汽侧的表面传热系数 $h_{r13\text{-}14}$，汽轮机大空间动叶片围带出汽侧表面的传热热阻 R_7 的计算公式为

$$R_7=\frac{1}{\pi(r_{b0}^2-r_{b1}^2)h_{r13\text{-}14}} \tag{6-68}$$

式中 $h_{r13\text{-}14}$——大空间动叶片围带出汽侧的表面传热系数，这里 h_{r13} 为按照式（6-39）计算的大空间动叶片围带出汽侧的表面传热系数，h_{r14} 为按照式（6-40）计算的大空间动叶片围带出汽侧的表面传热系数。

（3）区分小空间动叶片围带出汽侧和大空间动叶片围带出汽侧两种情况，计算从动叶片围带出汽侧表面与蒸汽对流传热的热流量导热到叶型底部的热阻 R_{b5}。

对于小空间动叶片围带的出汽侧表面，有

$$R_{b5}=R_6+R_2=\frac{1}{\pi(r_{b0}^2-r_{b1}^2)h_{r11\text{-}12}}+\frac{H_{b2}}{Z_2F_{b2b}\lambda_{b2}} \tag{6-69}$$

对于大空间动叶片围带的出汽侧表面，有

$$R_{b5}=R_7+R_2=\frac{1}{\pi(r_{b0}^2-r_{b1}^2)h_{r13\text{-}14}}+\frac{H_{b2}}{Z_2F_{b2b}\lambda_{b2}} \tag{6-70}$$

对于小空间动叶片和大空间动叶片的围带出汽侧，采用一个公式来计算热阻R_{b5}，有

$$R_{b5}=\frac{1}{\pi(r_{b0}^2-r_{b1}^2)h_{ri}}+\frac{H_{b2}}{Z_2F_{b2b}\lambda_{b2}} \tag{6-71}$$

式中　R_2——Z_2 只动叶片的导热热阻；

R_6——小空间动叶片围带出汽侧表面的传热热阻；

R_7——大空间动叶片围带出汽侧表面的传热热阻；

$h_{r11\text{-}12}$——小空间动叶片围带出汽侧的表面传热系数；

$h_{r13\text{-}14}$——大空间动叶片围带出汽侧的表面传热系数；

h_{ri}——动叶片围带出汽侧的表面传热系数。

（4）不区分小空间动叶片和大空间动叶片两种情况，计算汽轮机动叶片围带出汽侧表面与蒸汽对流传热的热流量，经公式推导与计算分析，得出通过 Z_2 只动叶片从动叶片顶部导热至叶型底部的热流量 Φ_{b5} 的计算公式为

$$\Phi_{b5}=\frac{\Delta t_4}{R_{b5}}=\frac{\Delta t_4}{\dfrac{1}{\pi(r_{b0}^2-r_{b1}^2)h_{ri}}+\dfrac{H_{b2}}{Z_2F_{b2b}\lambda_{b2}}} \tag{6-72}$$

式中　Δt_4——动叶片叶型顶部出汽侧流体温度与叶型底部金属温度之差；

R_{b5}——围带出汽侧表面对流传热的热流量导热到叶型底部的热阻。

6. 动叶片流道与围带传热的热流量

对于汽轮机自带冠和围带成组动叶片，动叶片流道包括了动叶片叶型、动叶片流道下端面和动叶片流道上端面，汽轮机动叶片流道与围带对流传热的热流量导热至叶轮轮缘的热流量 Φ_b 由五部分组成，经公式推导与计算分析，得出 Φ_b的计算公式为

$$\begin{aligned}\Phi_b&=\Phi_{b1}+\Phi_{b2}+\Phi_{b3}+\Phi_{b4}+\Phi_{b5}\\&=Z_2\Delta t_1\ (h_{b3}\lambda_{b2}P_{b2m}F_{b2m})^{1/2}\,\mathrm{th}\left[H_{b2}\left(\frac{h_{b3}P_{b2m}}{\lambda_{b2}F_{b2m}}\right)^{1/2}\right]+h_{b5}F_{b2}\Delta t_2\\&\quad+\frac{\Delta t_3}{\dfrac{1}{h_{b5}(2\pi B_{b3}r_{b1}-Z_2F_{b2t})}+\dfrac{H_{b2}}{Z_2F_{b2b}\lambda_{b2}}}\\&\quad+\frac{\Delta t_3}{\dfrac{1}{2\pi B_{b3}r_{b0}h_{b7}}+\dfrac{1}{2\pi\lambda_{sb2}B_{b3}}\ln\dfrac{r_{b0}}{r_{b1}}+\dfrac{1}{\pi(r_{b0}^2-r_{b1}^2)h_{r11\text{-}12}}+\dfrac{H_{b2}}{Z_2F_{b2b}\lambda_{b2}}}\\&\quad+\frac{\Delta t_4}{\dfrac{1}{\pi(r_{b0}^2-r_{b1}^2)h_{ri}}+\dfrac{H_{b2}}{Z_2F_{bb}\lambda_{b2}}}\end{aligned} \tag{6-73}$$

式中　Φ_{b1}——动叶片叶型表面传热到叶型底部的热流量；

Φ_{b2}——蒸汽与动叶片流道下端面对流传热的热流量；

Φ_{b3}——动叶片流道上端面对流传热的热流量导热到叶型底部的热流量；

Φ_{b4}——围带汽封与进汽侧表面对流传热的热流量导热到叶型底部的热流量；

Φ_{b5}——围带出汽侧表面对流传热的热流量导热到叶型底部的热流量；

Δt_1——动叶片叶型表面金属温度与流体温度之差；

Δt_2——动叶片流道下端面的温度与流体温度之差；

Δt_3——动叶片叶型顶部进汽侧流体温度与叶型底部金属温度之差；

Δt_4——动叶片叶型顶部出汽侧流体温度与叶型底部金属温度之差。

7. 动叶片流道与围带的等效表面传热系数

经公式推导与计算分析，得出汽轮机动叶片流道与围带导热至叶轮轮缘的热量 Φ_b 计算公式为

$$\Phi_b = \Phi_{b1} + \Phi_{b2} + \Phi_{b3} + \Phi_{b4} + \Phi_{b5} = A_{b2} h_{e2} \Delta t_5 = 2\pi r_{b2} B_{b2} h_{e2} \Delta t_5 \tag{6-74}$$

$$A_{b2} = 2\pi r_{b2} B_{b2} = F_{b2} + Z_2 F_{b2b} \tag{6-75}$$

$$\Delta t_5 \approx \frac{\Delta t_1 + \Delta t_2 + \Delta t_3 + \Delta t_4}{4} \tag{6-76}$$

式中 h_{e2}——动叶片流道与围带的等效表面传热系数；

Δt_5——动叶片流道下端面和叶型底部的金属温度平均值与流体温度之差；

r_{b2}——动叶片流道下端面半径；

B_{b2}——动叶片中间体轴向宽度；

F_{b2}——动叶片流道下端面的面积；

Z_2——动叶片数目；

F_{b2b}——动叶片叶型底部截面面积。

严格说，Δt_1、Δt_2、Δt_3 和 Δt_4 略有差异，工程上可以认为近似等于 Δt_5，由式（6-74），经公式推导与计算分析，得出动叶片流道与围带的等效表面传热系数 h_{e2} 的计算公式为

$$\begin{aligned} h_{e2} &= \frac{\Phi_b}{A_{b2}\Delta t_5} \\ &= \frac{1}{2\pi B_b r_{b2}} \Bigg\{ Z_2 \left(h_{b3}\lambda_{b2} P_{b2m} F_{b2m}\right)^{1/2} \operatorname{th}\left[H_{b2} \left(\frac{h_{b3} P_{b2m}}{\lambda_{b2} F_{b2m}}\right)^{1/2} \right] + h_{b5} F_{b2} \\ &\quad + \frac{1}{\dfrac{1}{h_{b5}(2\pi B_{b3} r_{b1} - Z_2 F_{b2t})} + \dfrac{H_{b2}}{Z_2 F_{b2b}\lambda_{b2}}} \\ &\quad + \frac{1}{\dfrac{1}{2\pi B_{b3} r_{b0} h_{b7}} + \dfrac{1}{2\pi\lambda_{sb2} B_{b3}} \ln\dfrac{r_{b0}}{r_{b1}} + \dfrac{1}{\pi(r_{b0}^2 - r_{b1}^2) h_{r11\text{-}12}} + \dfrac{H_{b2}}{Z_2 F_{b2b}\lambda_{b2}}} \\ &\quad + \frac{1}{\dfrac{1}{\pi(r_{b0}^2 - r_{b1}^2) h_{ri}} + \dfrac{H_{b2}}{Z_2 F_{b2b}\lambda_{b2}}} \Bigg\} \end{aligned} \tag{6-77}$$

通常 $H_{b2}\left(\dfrac{h_{b3}P_{b2m}}{\lambda_{b2}F_{b2m}}\right)^{1/2}>3$，有 $\text{th}\left[H_{b2}\left(\dfrac{h_{b3}P_{b2m}}{\lambda_{b2}F_{b2m}}\right)^{1/2}\right]\approx 1$，近似得

$$h_{e2}=\frac{\Phi_b}{A_{b2}\Delta t_5}=\frac{1}{2\pi B_{b2}r_{b2}}\left\{\left[Z_2\ (h_{b3}\lambda_{b2}P_{b2m}F_{b2m})^{1/2}+h_{b5}F_{b2}+\frac{1}{\dfrac{1}{h_{b5}(2\pi B_{b3}r_{b1}-Z_2F_{b2t})}+\dfrac{H_{b2}}{Z_2F_{b2b}\lambda_{b2}}}\right]\right.$$
$$+\frac{1}{\dfrac{1}{2\pi B_{b3}r_{b0}h_{b7}}+\dfrac{1}{2\pi\lambda_{sb2}B_{b3}}\ln\dfrac{r_{b0}}{r_{b1}}+\dfrac{1}{\pi(r_{b0}^2-r_{b1}^2)h_{r11\text{-}12}}+\dfrac{H_{b2}}{Z_2F_{b2b}\lambda_{b2}}}$$
$$\left.+\frac{1}{\dfrac{1}{\pi(r_{b0}^2-r_{b1}^2)h_{ri}}+\dfrac{H_{b2}}{Z_2F_{b2b}\lambda_{b2}}}\right\}\tag{6-78}$$

汽轮机动叶片等效表面传热系数用符号 h_{e2} 表示，单位为 W/(m² · K)，其数学表达式为动叶片中间体外表面的热流量除以动叶片中间体外表面积（即动叶片中间体叶型侧面积），再除以流道下端面和叶型底部金属温度的平均值与流体温度之差的商，这里动叶片中间体外表面的热流量指的是动叶片叶型表面、动叶片流道上端面与下端面、动叶片围带进汽侧表面与出汽侧表面以及围带汽封（或自由动叶片的叶顶平面）与流体对流传热的热流量导热至叶型底部的总热流量。

三、自由动叶片对流传热与导热

对于安装自由动叶片的转子叶轮轮缘，可以处理为自带冠或围带成组动叶片流道的简化情况。计算动叶片流道的表面传热系数，需要考虑叶型表面、动叶片流道下端面、动叶片顶部表面与蒸汽的对流传热的热流量，不需要计算动叶片围带汽封、围带进汽侧和围带出汽侧同蒸汽的对流传热的热流量，也没有动叶片流道上端面与蒸汽的对流传热。自由动叶片叶型表面与动叶片流道下端面与蒸汽对流传热的热流量计算方法，与自带冠或围带成组动叶片的计算方法相类似。

1. 自由动叶片顶部表面对流传热的热流量

汽轮机自由动叶片顶部表面与蒸汽对流传热的热流量，通过动叶片的导热到叶型底部。对于 Z_2 只动叶片，从动叶片顶部外表面传热到叶型底部的热流量 Φ_{b6} 的计算包括以下步骤：

(1) 对于没有围带与汽封片的自由动叶片叶顶表面，根据式（5-20）计算汽轮机动叶片叶顶的表面传热系数 h_{b6}。对于 Z_2 只动叶片，动叶片叶顶表面与蒸汽对流传热的热阻 R_8 的计算公式为

$$R_8=\frac{1}{Z_2F_{b2t}h_{b6}}\tag{6-79}$$

式中　Z_2——动叶片数目；

F_{b2t}——动叶片叶型顶部截面面积；

h_{b6}——自由动叶片叶顶表面传热系数。

（2）计算从自由动叶片叶顶表面与蒸汽对流传热的热流量导热到叶型底部的热阻 R_{b6}，有

$$R_{b6}=R_8+R_2=\frac{1}{Z_2F_{b2t}h_{b6}}+\frac{H_{b2}}{Z_2F_{b2b}\lambda_{b2}} \tag{6-80}$$

式中 R_2——Z_2 只动叶片导热的热阻；

R_8——叶顶表面与蒸汽的对流传热的热阻；

H_{b2}——动叶片叶高；

F_{b2b}——动叶片叶型底部截面面积；

λ_{b2}——动叶片材料热导率。

（3）汽轮机自由动叶片顶部表面与蒸汽对流传热的热流量，通过 Z_2 只动叶片从动叶片顶部表面对流传热的热流量导热至叶型底部的热流量 Φ_{b6} 的计算公式为

$$\Phi_{b6}=\frac{\Delta t_3}{R_{b6}}=\frac{\Delta t_3}{\dfrac{1}{Z_2F_{b2t}h_{b6}}+\dfrac{H_{b2}}{Z_2F_{b2b}\lambda_{b2}}} \tag{6-81}$$

式中 Δt_3——动叶片叶型顶部流体温度与叶型底部金属温度之差；

R_{b6}——自由动叶片叶顶表面对流传热的热流量导热到叶型底部的热阻。

2. 自由动叶片流道传热的热流量

对于汽轮机自由动叶片，动叶片流道包括了动叶片叶型和动叶片流道下端面，汽轮机动叶片流道和叶顶表面与流体对流传热的热流量导热至叶轮轮缘的热流量 Φ_{b0} 由三部分组成，经公式推导与计算分析，得出 Φ_{b0} 的计算公式为

$$\begin{aligned}\Phi_{b0}&=\Phi_{b1}+\Phi_{b2}+\Phi_{b6}\\&=Z_2\Delta t_1\,(h_{b3}\lambda_{b2}P_{b2m}F_{b2m})^{1/2}\,\mathrm{th}\left[H_{b2}\left(\frac{h_{b3}P_{b2m}}{\lambda_{b2}F_{b2m}}\right)^{1/2}\right]\\&\quad+h_{b5}F_{b2}\Delta t_2+\frac{\Delta t_3}{\dfrac{1}{Z_2F_{b2t}h_{b6}}+\dfrac{H_{b2}}{Z_2F_{b2b}\lambda_{b2}}}\end{aligned} \tag{6-82}$$

式中 Φ_{b1}——动叶片叶型表面传热到叶型底部的热流量；

Φ_{b2}——蒸汽与动叶片流道下端面对流传热的热流量；

Φ_{b6}——动叶片顶部表面对流传热导热到叶型底部的热流量；

Δt_1——动叶片叶型表面金属温度与流体温度之差；

Δt_2——动叶片流道下端面的温度与流体温度之差；

Δt_3——动叶片叶型顶部流体温度与叶型底部金属温度之差。

3. 自由动叶片叶顶与流道的等效表面传热系数

经公式推导与计算分析，得出汽轮机自由动叶片流道传导给叶轮轮缘的热量 Φ_{b0} 计算公式为

$$\Phi_{b0}=\Phi_{b1}+\Phi_{b2}+\Phi_{b6}=A_{b2}h_{e2}\Delta t_5=2\pi r_{b2}B_{b2}h_{e2}\Delta t_5 \tag{6-83}$$

$$A_{b2}=2\pi r_{b2}B_{b2}=F_{b2}+Z_2F_{b2b} \tag{6-84}$$

$$\Delta t_5\approx\frac{\Delta t_1+\Delta t_2+\Delta t_3}{3} \tag{6-85}$$

式中　h_{e2}——自由动叶片流道的等效表面传热系数；

Δt_5——动叶片流道下端面和叶型底部的金属温度平均值与流体温度之差；

r_{b2}——动叶片流道下端面的半径；

B_{b2}——动叶片中间体轴向宽度；

F_{b2}——动叶片流道下端面的面积；

Z_2——动叶片数目；

F_{b2b}——动叶片叶型底部截面面积。

严格说，Δt_1、Δt_2 和 Δt_3 略有差异，工程上可以认为近似等于 Δt_5，由式（6-83），经公式推导与计算分析，得出自由动叶片流道的等效表面传热系数 h_{e2} 的计算公式为

$$h_{e2}=\frac{\Phi_{b0}}{A_{b2}\Delta t_5}=\frac{1}{2\pi B_{b2}r_{b2}}$$

$$\left\{Z_2\ (h_{b3}\lambda_{b2}P_{b2m}F_{b2m})^{1/2}\mathrm{th}\left[H_{b2}\left(\frac{h_{b3}P_{b2m}}{\lambda_{b2}F_{b2m}}\right)^{1/2}\right]+h_{b5}F_{b2}+\frac{\Delta t_3}{\dfrac{1}{Z_2F_{b2t}h_{b6}}+\dfrac{H_{b2}}{Z_2F_{b2b}\lambda_{b2}}}\right\} \tag{6-86}$$

通常 $H_{b2}\left(\frac{h_{b3}P_{b2m}}{\lambda_{b2}F_{b2m}}\right)^{1/2}>3$，有 $\mathrm{th}\left[H_{b2}\left(\frac{h_{b3}P_{b2m}}{\lambda_{b2}F_{b2m}}\right)^{1/2}\right]\approx 1$，近似得

$$h_{e2}=\frac{\Phi_{b0}}{A_{b2}\Delta t_5}=\frac{1}{2\pi B_{b2}r_{b2}}\left\{Z_2\ (h_{b3}\lambda_{b2}P_{b2m}F_{b2m})^{1/2}+h_{b5}F_{b2}+\frac{\Delta t_3}{\dfrac{1}{Z_2F_{b2t}h_{b6}}+\dfrac{H_{b2}}{Z_2F_{b2b}\lambda_{b2}}}\right\} \tag{6-87}$$

四、叶轮轮缘单层圆筒壁传热过程

（一）动叶片中间体计算模型

在汽轮机动叶片的叶型底面半径 r_{b2} 与叶轮轮缘半径 r_w 之间的动叶片部分称为动叶片中间体。动叶片中间体进汽侧与出汽侧与蒸汽对流传热，同叶轮与蒸汽对流传热一样，区分为小空间动叶片中间体表面和大空间动叶片中间体表面。动叶片中间体与隔板（或静叶片）的轴向尺寸 $S\ll$ 轮缘半径 r_2，为小空间动叶片中间体表面；不满足 $S\ll r_2$ 的要求，则为大空间动叶片中间体表面。在汽轮机转子上，抽汽口与补汽口前面的动叶片中间体表面、调节级动叶片中间体表面以及超高压转子、高压转子、中压转子和低压转子的最后一级动叶片中间体出汽侧表面，属于大空间动叶片中间体表面。

汽轮机动叶片安装在转子叶轮叶根槽中，叶轮轮缘被动叶片遮盖。蒸汽与动叶片叶型和流道上下端面、动叶片围带或自由动叶片叶顶的对流传热量是通过动叶片的中间体和叶根导热给汽轮机转子叶轮的叶根槽，叶根与叶根槽之间存在接触热阻。在汽轮机转子温度场和热应力场的有限元数值计算的力学模型中，通常将叶轮轮缘简化，假定叶根与叶根槽的热导率相等，把转子叶根槽中的叶根视为轮缘的一部分，采用轴对称力学模型[7]。如图 6-3 所示，把叶轮轮缘的外半径（即轮缘半径 r_w）表面的传热边界近似处理为与蒸汽对流传热的第三类边界条件。动叶片中间体传热过程的传热系数 k 就可以采用圆筒壁模型来简化计算。

（二）叶轮轮缘的传热系数

1. 动叶片中间体壁厚为（$r_{b2}-r_w$）圆筒壁外侧的对流传热热阻

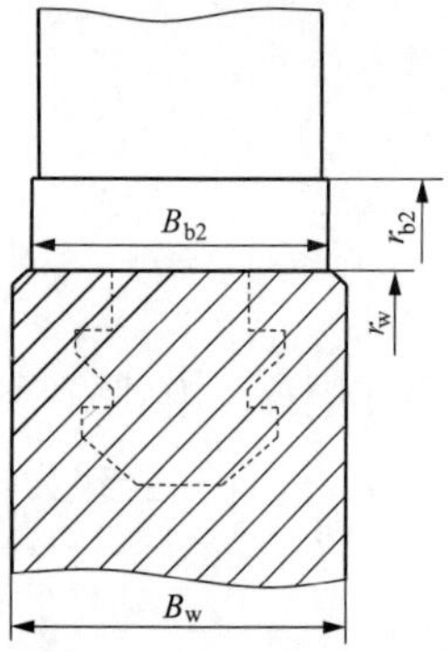

图 6-3　叶轮轮缘结构示意图

如图 6-3 所示，对于动叶片中间体的内半径为 r_w（即叶轮轮缘半径）、外半径为 r_{b2} 的圆筒壁，其外表面对流传热热阻 R_9 的计算公式为

$$R_9=\frac{1}{2\pi r_{b2}B_{b2}h_{e2}} \tag{6-88}$$

式中　r_{b2}——动叶片中间体外半径，即动叶片流道下端面半径；

B_{b2}——动叶片中间体（动叶片流道下端面）轴向宽度；

h_{e2}——动叶片流道与围带的等效表面传热系数。

2. 动叶片中间体壁厚为（$r_{b2}-r_w$）圆筒壁进汽侧表面对流传热热阻

对于动叶片叶型底部至轮缘外径之间的动叶片中间体部分，即壁厚为（$r_{b2}-r_w$）圆筒壁进汽侧表面，属于小空间转盘，采用式（6-33）和式（6-34），确定汽轮机动叶片中间体圆筒壁进汽侧的表面传热系数 $h_{r11\text{-}12}$，汽轮机动叶片中间体壁厚为（$r_{b2}-r_w$）的圆筒壁进汽侧表面的对流传热热阻 R_{10} 的计算公式为

$$R_{10}=\frac{1}{\pi(r_{b2}^2-r_w^2)h_{r11\text{-}12}} \tag{6-89}$$

式中　$h_{r11\text{-}12}$——动叶片中间体进汽侧表面的表面传热系数。

3. 动叶片中间体壁厚为（$r_{b2}-r_w$）圆筒壁出汽侧表面的对流传热热阻

对于大空间动叶片中间体壁厚为（$r_{b2}-r_w$）圆筒壁出汽侧表面，采用式（6-39）和式（6-40）计算动叶片中间体圆筒壁出汽侧表面的表面传热系数 $h_{r13\text{-}14}$；其他动叶片中间体出汽侧表面为小空间动叶片中间体出汽侧表面，采用式（6-33）和式（6-34）计算动叶片中间体圆筒壁出汽侧表面的计算传热系数 $h_{r11\text{-}12}$。汽轮机动叶片中间体壁厚为（$r_{b2}-r_w$）圆筒壁出汽侧表面的对流传热热阻 R_{11} 的计算公式为

$$R_{11}=\frac{1}{\pi(r_{b2}^2-r_w^2)h_{r11\text{-}14}} \tag{6-90}$$

式中　$h_{r11\text{-}14}$——动叶片中间体壁厚为（$r_{b2}-r_w$）圆筒壁出汽侧的表面传热系数，对于小空间动叶片中间体表面 $h_{r11\text{-}14}$ 取 $h_{r11\text{-}12}$，对于大空间动叶片中间体表面 $h_{r11\text{-}14}$ 取 $h_{r13\text{-}14}$。

4. 不考虑叶根接触热阻的动叶片中间体壁厚为（$r_{b2}-r_w$）圆筒壁的导热热阻

不考虑动叶片叶根与转子叶根槽接触热阻的动叶片中间体壁厚为（$r_{b2}-r_w$）圆筒壁导热热阻 R_{12} 的计算公式为

$$R_{12}=\frac{1}{2\pi B_{b2}\lambda_{b2}}\ln\frac{r_{b2}}{r_w} \tag{6-91}$$

式中　λ_{b2}——动叶片材料热导率；

r_{b2}——动叶片中间体外半径，即动叶流道下端面半径；

r_w——动叶片中间体内半径，即轮缘半径。

5. 考虑叶根与轮缘接触热阻的壁厚为（$r_{b2}-r_w$）动叶片中间体圆筒壁的导热热阻

通过试验确定不同叶根形式的接触热阻试验常数 $C_{b10\text{-}12}$，考虑叶根与转子叶根槽的接触热阻后，动叶片中间体圆筒壁导热热阻有所增大，动叶片中间体圆筒壁的实际导热热阻 R_{13} 的计算公式为

$$R_{13}=C_{b10-12}R_{12}=\frac{C_{b10-12}}{2\pi B_{b2}\lambda_{b2}}\ln\frac{r_{b2}}{r_w} \tag{6-92}$$

式中　$C_{b10\text{-}12}$——不同形式叶根接触热阻的试验常数。

6. 传热过程总热阻

根据串联热阻叠加原则，经公式推导与计算分析，得出动叶片中间体圆筒壁传热过程的总热阻 R_r 的计算公式为

$$\begin{aligned}R_r&=R_9+R_{10}+R_{11}+R_{13}\\&=\frac{1}{2\pi r_{b2}B_{b2}h_{e2}}+\frac{1}{\pi(r_{b2}^2-r_w^2)h_{r11\text{-}12}}+\frac{1}{\pi(r_{b2}^2-r_w^2)h_{r11\text{-}14}}+\frac{C_{10\text{-}12}}{2\pi B_{b2}\lambda_{b2}}\ln\frac{r_{b2}}{r_w}\end{aligned} \tag{6-93}$$

7. 轮缘表面传热系数

通常轮缘的轴向宽度 B_w 与叶片中间体轴向宽度 B_{b2} 并不一致，经公式推导与计算分析，得出以叶轮轮缘外表面积 $F_w=2\pi r_w B_w$（即动叶片中间体圆筒壁内表面面积）为基准的动叶片中间体传热过程的传热系数 k_2 的计算公式为

$$\begin{aligned}k_2&=\frac{1}{F_wR_r}=\frac{1}{2\pi r_wB_wR_r}\\&=\frac{1}{2\pi r_wB_w}\left[\frac{1}{2\pi r_{b2}B_{b2}h_{e2}}+\frac{1}{\pi(r_{b2}^2-r_w^2)h_{r11\text{-}12}}+\frac{1}{\pi(r_{b2}^2-r_w^2)h_{r11\text{-}14}}+\frac{C_{10\text{-}12}}{2\pi B_{b2}\lambda_{b2}}\ln\frac{r_{b2}}{r_w}\right]^{-1}\\&=\left[\frac{r_wB_w}{r_{b2}B_{b2}h_{e2}}+\frac{2r_wB_w}{(r_{b2}^2-r_w^2)h_{r11\text{-}12}}+\frac{2r_wB_w}{(r_{b2}^2-r_w^2)h_{r11\text{-}14}}+\frac{r_wB_wC_{10\text{-}12}}{B_{b2}\lambda_{b2}}\ln\frac{r_{b2}}{r_w}\right]^{-1}\end{aligned} \tag{6-94}$$

式中　B_w——轮缘的轴向宽度。

从第四章第三节给出应用实例的计算结果知，采用单层壁或多层壁模型计算得出的以某一外表面积为基准的传热过程的传热系数，与该表面的等效表面传热系数相等。采用单层圆筒壁模型计算得出的动叶片中间体的传热过程的传热系数 k_2，可以作为叶轮轮缘表面的等效表面传热系数。汽轮机转子叶轮轮缘部位，可以近似处理为与蒸汽对流传热的第三类边界条件。单层圆筒壁传热过程的传热系数 k_2 可以作为汽轮机叶轮轮缘传热第三类边界条件的等效表面传热系数。

五、应用实例

1. 超超临界汽轮机高压转子与中压转子的叶轮轮缘

（1）已知参数：某型号超超临界一次再热汽轮机的高压转子与中压转子各有 12 级叶轮，第 1 级～第 12 级动叶片均采用反动式叶型，动叶片采用倒 T 型或双倒 T 型叶根。

对于高压转子与中压转子的12级叶轮，叶轮轮缘的半径 r_w 与轮缘的轴向宽度 B_w 的设计数据列于表6-4。

表 6-4　　　　高压转子与中压转子的设计数据

级号	高压转子		中压转子	
	叶轮轮缘半径 r_w (mm)	轮缘的轴向宽度 B_w (mm)	叶轮轮缘半径 r_w (mm)	轮缘的轴向宽度 B_w (mm)
1	447	56.0	525	50.0
2	439	44.8	514	50.2
3	439	52.9	517	50.2
4	439	81.1	521	56.2
5	439	56.3	525	50.2
6	439	63.5	529	50.2
7	439	62.6	532	50.2
8	439	59.3	536	56.2
9	439	60.9	540	56.2
10	439	60.5	543	60.2
11	439	60.1	561	56.2
12	439	64.6	563	60.0

（2）计算结果：该型号超超临界一次再热汽轮机高压转子在100%TMCR工况、75%TMCR工况与50%TMCR工况下，第1级至第12级叶轮轮缘的表面传热系数 k_2 的计算结果列于表6-5。该型号超超临界一次再热汽轮机中压转子在100%TMCR工况、75%TMCR工况、50%TMCR工况与35%TMCR工况下，第1级至第12级叶轮轮缘的表面传热系数 k_2 的计算结果列于表6-6。

表 6-5　　　　高压转子叶轮轮缘表面传热系数的计算结果

级号	100%TMCR工况 k_2 [W/(m^2·K)]	75%TMCR工况 k_2 [W/(m^2·K)]	50%TMCR工况 k_2 [W/(m^2·K)]
1	2571.8	2524.1	2446.2
2	725.7	722.6	716.3
3	715.8	713.5	707.8
4	770.3	763.3	751.9
5	1019.2	1010.0	994.1
6	1014.7	1004.2	986.5
7	1014.1	1003.3	985.2
8	1013.1	1001.9	983.5
9	1011.5	999.9	980.6
10	1009.0	996.5	976.1
11	1006.4	993.2	971.6
12	1002.8	988.4	965.0

（3）分析与讨论：从表6-5和表6-6的计算结果知，对于同一级叶轮轮缘，随着汽轮

机功率逐步减小，动叶片中间体传热过程的传热系数 k_2 呈减小趋势。

表 6-6　　中压转子叶轮轮缘表面传热系数的计算结果

级号	100%TMCR 工况 k_2 [W/(m^2·K)]	75%TMCR 工况 k_2 [W/(m^2·K)]	50%TMCR 工况 k_2 [W/(m^2·K)]	35%TMCR 工况 k_2 [W/(m^2·K)]
1	12 889.3	9715.7	7250.5	5812.8
2	635.8	612.8	600.0	577.3
3	842.7	830.9	800.1	778.0
4	851.0	820.3	790.3	760.8
5	859.1	825.0	793.6	763.5
6	839.5	803.9	771.7	741.4
7	832.0	795.1	762.0	730.9
8	760.7	727.4	695.9	669.9
9	783.7	752.2	718.3	690.4
10	770.1	743.7	707.8	677.9
11	768.1	727.3	686.2	652.3
12	767.3	719.6	675.5	637.1

2. 超临界汽轮机高中压合缸转子的叶轮轮缘

（1）计算模型：某型号超临界汽轮机高中压合缸转子，调节级为冲动式叶片，高压转子最后一级、中压转子第一级与中压转子最后一级叶片均为反动式叶片。所采用的汽轮机叶轮轮缘的传热系数计算方法，考虑了蒸汽与动叶叶型表面的强制对流传热、蒸汽与动叶流道与围带的强制对流传热、动叶片中间体进汽侧与出汽侧表面强制对流传热、动叶片中间体的导热、叶根与叶根槽的接触热阻以及不同负荷下通流部分蒸汽参数变化的影响。

（2）计算结果：该汽轮机高中压转子调节级、高压最后一级、中压第一级和中压最后一级轮缘表面传热系数的计算结果列于表 6-7。为了进行比较，按本章参考文献[3－5]得出的传热系数也列于表 6-7。

表 6-7　　汽轮机叶轮轮缘传热系数的计算结果

计算工况	叶根型式	参考文献［3］方法 k_2 [W/(m^2·K)]	参考文献［4，5］方法* k_2 [W/(m^2·K)]	本节方法 k_2 [W/(m^2·K)]
调节级 100%TMCR 工况	叉型	349	3.34	1063
调节级 50%TMCR 工况	叉型	349	3.24	1023
高压最后一级 100%TMCR 工况	倒 T 型	349	3.91	469
高压最后一级 50%TMCR 工况	倒 T 型	349	3.85	451
中压第一级 100%TMCR 工况	枞树型	116	3.46	2391
中压第一级 50%TMCR 工况	枞树型	116	3.46	2065
中压最后一级 100%TMCR 工况	枞树型	116	3.38	2232
中压最后一级 50%TMCR 工况	枞树型	116	3.39	1789

* 本章参考文献[4]方法的计算结果与本章参考文献[5]给出计算结果的数量级相同。

（3）分析与讨论：从表 6-7 的计算结果知，对于同一级叶轮轮缘，随着汽轮机功率逐步减小，叶轮轮缘的表面传热系数 k_2 呈减小趋势。高压转子叶轮轮缘表面传热系数小的原因在于高压转子调节级采用的叉型叶根接触热阻试验常数 C_{b11} 和高压转子最后一级采用的倒 T 型叶根接触热阻试验常数 C_{b10} 比较大，而中压转子第一级与中压转子最后一级采用的纵树型叶根接触热阻试验常数 C_{b12} 比较小。应用汽轮机转子叶轮轮缘的传热系数计算方法，可以确定汽轮机转子不同级数、不同工况下叶轮轮缘的传热系数，为汽轮机转子温度场与应力场的有限元数值计算提供了传热边界条件，为汽轮机转子寿命设计提供了基础数据。汽轮机转子叶轮轮缘传热系数的计算方法，原则上也可应用于燃气轮机、航空发动机和轴流压气机转子叶轮轮缘的传热系数计算。

参 考 文 献

[1] Швец И. Т.，Дыбан Е. П. Воэдушное охлаждение деталей гаэовых турбин. Киев：Наукова думка，1974.

[2] PTM 24. 020. 16-73. Турбины паровые стационарные. Расчет температурных полей роторов и цилиндров паровых турбин методом злектромоделирования. М.：М-во тяжелого，знерг. и трансп. матиностроеня，1974.

[3] 西安交通大学，浙江大学．大型汽轮机的启停及试验调整．北京：电力工业出版社，1982.

[4] 张保衡．大容量火电机组寿命管理与调峰运行．北京：水利电力出版社，1988.

[5] 余耀，王静飞．125MW 汽轮机低压转子剩余寿命及安全风险研究．上海汽轮机，1996（4）：9-18.

[6] 陶文铨．传热学．5 版．北京：高等教育出版社，2019.

[7] 史进渊，邓志成，杨宇，等．大功率汽轮机叶轮轮缘传热系数的研究．动力工程，2007，27（2）：153-156.

第七章　汽轮机蒸汽腔室传热计算方法

本章介绍了汽轮机蒸汽腔室表面传热系数的计算方法，给出了抽汽腔室、进汽腔室与排汽腔室、主汽调节阀的阀壳内表面和外表面的传热系数计算公式，应用于汽轮机汽缸、超高压主汽调节阀、高压主汽调节阀与中压主汽调节阀的传热与冷却设计以及温度场与应力场研究。

第一节　抽汽腔室传热计算方法

本节介绍了汽轮机抽汽腔室表面传热系数的计算方法，给出了汽轮机内缸抽汽腔室强制对流内表面传热系数的计算公式，以及特征尺寸、特征速度与定性温度的取值和流体物性参数的确定方法，应用于汽轮机超高压汽缸、高压汽缸、中压汽缸与低压汽缸的内缸抽汽腔室的表面传热系数计算和这些部件稳态温度场、瞬态温度场与应力场的有限元数值计算。

一、抽汽腔室环形通道平均流速

由于汽轮机抽汽腔室环形通道的横截面沿圆周方向保持不变，流速不是常数，越接近抽汽管道口处流速越大，单管与双管抽汽的抽汽腔室流速分布的示意图分别如图 7-1 和图 7-2 所示[1]。在汽轮机抽汽腔室传热计算分析中，通常采用平均流速来计算雷诺数。汽轮机抽汽腔室环形通道的局部流量 G_φ 和局部流速 w_φ 的计算公式分别为

$$G_\varphi = \frac{G\varphi}{2\pi} \tag{7-1}$$

$$w_\varphi = \frac{G_\varphi v}{F_c} = \frac{G\varphi v}{2\pi F_c} \tag{7-2}$$

式中　G——总抽汽流量；

φ——所计算局部流速截面与抽汽管道轴线的夹角，夹角 φ 变化范围是 0°～180°（即 0～π）；

F_c——抽汽腔室环形通道的横截面积；

v——流体的比体积。

考虑在汽轮机抽汽腔室内表面传热计算公式中，雷诺数 Re 的指数 $n=0.8$，求局部流速 $w_\varphi^{0.8}$ 沿着夹角 $\varphi=0\sim\pi$ 的积分平均值，可以得出汽轮机抽汽腔室环形通道的平均流

速 w 的计算公式为

$$w^{0.8}=\frac{1}{\pi}\int_{0}^{\pi}w_{\varphi}^{0.8}\mathrm{d}\varphi=\frac{1}{\pi}\int_{0}^{\pi}\left(\frac{Gv}{2\pi F_{c}}\right)^{0.8}\varphi^{0.8}\mathrm{d}\varphi=\left(\frac{Gv}{4.17F_{c}}\right)^{0.8} \tag{7-3}$$

$$w=\frac{Gv}{4.17F_{c}} \tag{7-4}$$

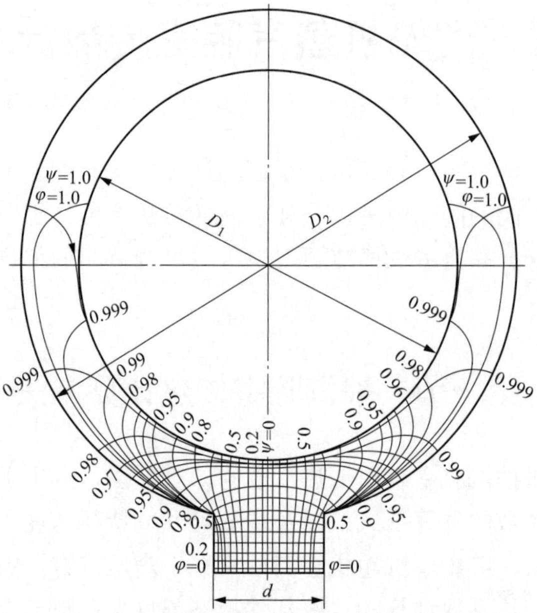

图 7-1　单管抽汽的抽汽腔室流速分布的示意图

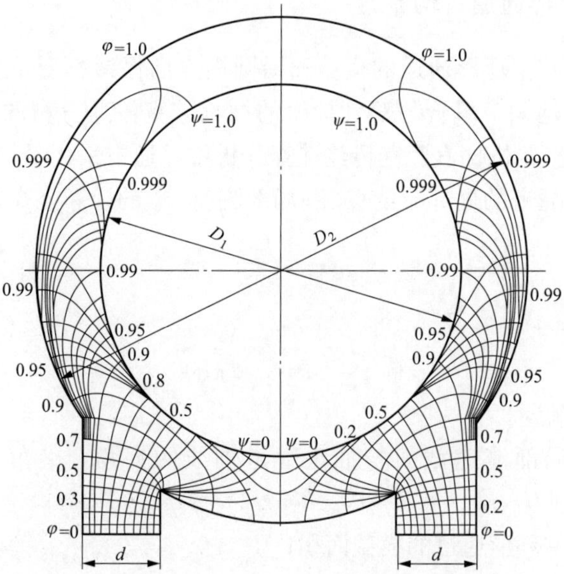

图 7-2　双管抽汽的抽汽腔室流速分布的示意图

二、抽汽腔室内表面对流传热

在本章参考文献［1］研究结果的基础上，经公式推导与计算分析，得出汽轮机抽汽腔室内表面对流传热努塞尔数 Nu 的计算公式为

$$Nu = C_{v1}\frac{Re^{0.8}}{Gr_{\delta}}[1+0.06(\overline{G}-3)^{1.3}] \tag{7-5}$$

$$Re = \frac{d_{e}\times w}{\nu} \tag{7-6}$$

$$Gr_{\delta} = \frac{g\beta\delta t d_{e}^{3}}{\nu^{2}} \tag{7-7}$$

$$\overline{G} = \frac{Gr_{\delta}}{Re}\left(\frac{\varphi}{90}\right)^{-0.3} \tag{7-8}$$

$$d_{e} = \frac{4F_{c}}{P} \tag{7-9}$$

$$\delta t = t_{w} - t_{f} \tag{7-10}$$

式中　Nu——抽汽腔室内表面对流传热的努塞尔数；

C_{v1}——试验常数；

Re——流体雷诺数；

Gr_{δ}——格拉晓夫数；

$\overline{G}$——Gr_{δ} 与 Re 之比；

d_{e}——当量直径；

ν——流体运动黏度；

g——重力加速度，9.8m/s^2；

β——体胀系数；

F_{c}——抽汽腔室环形通道的横截面积；

P——抽汽腔室环形通道的横截面积湿润周长；

t_{w}——抽汽腔室环形通道内壁温度；

t_{f}——流体温度。

当 $Gr_{\delta}/Re<3$ 时，$\overline{G}$ 对抽汽腔室传热影响比较小，式（7-5）简化为

$$Nu = C_{v1}Re^{0.8}Gr_{\delta}^{-1} \tag{7-11}$$

在汽轮机抽汽腔室内表面传热系数的计算公式中，特征尺寸取抽汽腔室环形通道横截面的当量直径 d_{e}，流体雷诺数的特征速度取抽汽腔室环形通道的平均流速 w，定性温度取汽轮机的抽汽温度 t_{f}，依据定性温度 t_{f} 和抽汽压力 p_{f} 来确定流体的 Pr、λ、ν 等物性参数。

对于空气、过热蒸汽等符合理想气体性质的气体，$\beta\approx 1/T_{f}=1/(273+t_{f})$。对于低压缸最后一级抽汽腔室和压水堆核电汽轮机高压缸的抽汽腔室，当抽汽为湿蒸汽时，不符合理想气体性质的气体，建议按式（4-6）确定 β。

三、抽汽腔室内表面传热系数

汽轮机抽汽腔室内表面对流的表面传热系数 h_{v1} 的计算公式为

$$h_{v1} = \frac{Nu\lambda}{d_e} \tag{7-12}$$

式中 Nu——抽汽腔室内表面对流传热的努塞尔数，按照式（7-5）或式（7-11）计算；

λ——流体热导率。

第二节　进排汽腔室传热计算方法

本节介绍了汽轮机进汽腔室与排汽腔室的内表面传热系数计算方法，给出了汽轮机进汽腔室与排汽腔室内表面传热系数的计算公式，以及特征尺寸、特征速度与定性温度的取值和流体物性参数的确定方法，应用于汽轮机超高压汽缸、高压汽缸、中压汽缸与低压汽缸的进汽腔室与排汽腔室的表面传热系数计算和这些部件稳态温度场、瞬态温度场与应力场的有限元数值计算。

一、进汽腔室内表面对流传热

1. 对流传热的表面传热系数

在本章参考文献［2］研究结果的基础上，经公式推导与计算分析，得出汽轮机进汽腔室内表面的表面传热系数 h_{v2} 和努塞尔数 Nu 的计算公式分别为

$$h_{v2} = \frac{C_{v2} Re^{0.8} Pr^{0.43} \lambda}{d_2} \tag{7-13}$$

$$Nu = C_{v2} Re^{0.8} Pr^{0.43} \tag{7-14}$$

$$Re = \frac{d_2 \times w}{\nu} \tag{7-15}$$

式中 C_{v2}——试验常数；

Re——流体雷诺数；

Pr——流体普朗特数；

λ——流体热导率；

d_2——进汽腔室入口导管内径；

Nu——进汽腔室内表面对流传热的努塞尔数；

w——进汽腔室入口导管流体平均流速；

ν——流体运动黏度。

在进汽腔室内表面传热系数的计算公式中，特征尺寸取进汽腔室入口导管内径 d_2，流体雷诺数的特征速度取进汽腔室入口导管中流体的平均流速 w，定性温度取第一级静叶片前流体温度 t_0，依据定性温度 t_0 和第一级静叶片前流体压力 p_0 来确定流体的 Pr、λ、ν 等物性参数。

2. 多根导管进汽的特征速度

对于汽轮机的超高压进汽腔室、高压进汽腔室与中压进汽腔室，工程上通常有多根入口导管。在假设多根入口导管直径相同的条件下，进汽腔室入口导管流体的平均流速 w 的计算公式为

$$w=\frac{G_0\times v}{m\pi\left(\frac{d_2}{2}\right)^2} \tag{7-16}$$

式中　G_0——进汽总流量；

v——进汽比体积；

m——进汽腔室入口导管数量；

d_2——进汽腔室入口导管内径。

3. 多根导管进汽的特征尺寸

对于汽轮机的超高压进汽腔室、高压进汽腔室与中压进汽腔室，工程上通常有 2 根、4 根或 6 根入口导管。在假设多根入口导管直径相同的条件下，对于多根进汽导管，采用式（7-9）来确定的进汽腔室 m 根入口导管的当量直径 d_e，具体计算公式为

$$d_e=\frac{4F_c}{P}=\frac{m\times 4\pi\left(\frac{d_2}{2}\right)^2}{m\pi d_2}=d_2 \tag{7-17}$$

由式（7-17）知，在多根入口导管直径相同的条件下，汽轮机进汽腔室 m 根入口导管的当量直径 d_e 为单根入口导管内径 d_2，也就是说有多根相同直径入口导管的汽轮机进汽腔室的特征尺寸为单根入口导管内径 d_2。

二、排汽腔室内表面对流传热

1. 排汽腔室环形通道平均流速

汽轮机外缸排汽腔室环形通道的局部流量 G_φ、局部流速 w_φ、平均流速 w 的计算公式与式（7-1）、式（7-2）和式（7-4）相同。

2. 排汽腔室内表面特征数方程

在本章参考文献［1］研究结果的基础上，经公式推导与计算分析，得出汽轮机外缸排汽腔室内表面对流传热努塞尔数 Nu 的计算公式为

$$Nu=C_{v3}\frac{Re^{0.8}}{Gr_\delta}\left[1+1.32\left(\overline{G}-3\right)^{0.9}\right] \tag{7-18}$$

式中　Nu——外缸排汽腔室内表面对流传热努塞尔数；

C_{v3}——试验常数。

在式（7-18）中，格拉晓夫数 Gr_δ、流体雷诺数 Re、Gr_δ 与 Re 之比 $\overline{G}$、当量直径 d_e、体胀系数 β 等物理量的确定方法，与抽汽腔室相同。

在汽轮机外缸排汽腔室内表面对流传热系数的计算公式中，特征尺寸取外缸排汽腔室环形通道最小横截面的当量直径 d_e，流体雷诺数的特征速度取外缸排汽腔室环形通道的平均流速 w，定性温度取外缸排汽腔室蒸汽温度 t_f，依据定性温度 t_f 和外缸排汽压力

p_f 来确定流体的 Pr、λ、ν 等物性参数。

对于空气、过热蒸汽等符合理想气体性质的气体，$\beta \approx 1/T_f = 1/(273+t_f)$。对于汽轮机低压外缸与压水堆核电汽轮机高压缸的排汽缸，排汽为湿蒸汽时，不符合理想气体性质的气体，建议按照式（4-6）确定 β。

3. 外缸排汽腔室内表面传热系数

汽轮机外缸排汽腔室内表面对流传热系数 h_{v3} 的计算公式为

$$h_{v3} = \frac{Nu\lambda}{d_e} = \frac{C_{v3}Re^{0.8}\lambda}{d_e Gr_\delta}\left[1 + 1.32\,(\overline{G} - 3)^{0.9})\right] \tag{7-19}$$

式中 Nu——外缸排汽腔室内表面对流传热的努塞尔数；

λ——流体热导率。

三、应用实例

（1）已知参数：某型号超超临界一次再热 1000MW 汽轮机的高压进汽腔室，进汽入口导管数量 $m=2$，进汽腔室入口导管内径 $d_2=0.38$m，高压进汽腔室在 100%TMCR（汽轮机最大连续功率）工况、70%TMCR 工况与 50%TMCR 工况下进汽总流量 G_0 与入口导管流体的平均流速 w 列于表 7-1。

表 7-1　高压进汽腔室设计数据

项目	100%TMCR 工况	75%TMCR 工况	50%TMCR 工况
进汽总流量 G_0(t/h)	2733.0	1977.1	1289.2
入口导管流体的平均流速 w(m/s)	45.53	46.67	47.47

（2）计算结果：该型号超超临界一次再热汽轮机高压进汽腔室在 100%TMCR 工况、70%TMCR 工况与 50%TMCR 工况下，高压进汽腔室内表面的表面传热系数 h_{v2} 的计算结果列于表 7-2。

表 7-2　高压进汽腔室表面传热系数的计算结果

项目	100%TMCR 工况	75%TMCR 工况	50%TMCR 工况
高压进汽腔室内表面传热系数 h_{v2}[W/(m^2·K)]	14 296.1	10 173.4	6739.5

（3）分析与讨论：从表 7-2 的计算结果知，对于高压进汽腔室，随着汽轮机功率逐步下降，进汽腔室的表面传热系数呈减小趋势，原因在于汽轮机进汽流量与蒸汽参数随着汽轮机功率的下降而减少。

第三节　主汽调节阀内表面传热计算方法

本节介绍了汽轮机主汽调节阀内表面传热系数计算方法，给出了主汽阀内表面和调节阀内表面传热系数的计算公式，以及特征尺寸、特征速度与定性温度的取值以及流体物性参数的确定方法，应用于汽轮机超高压主汽调节阀、高压主汽调节阀、中压主汽调节阀与补汽阀的表面传热系数计算和这些部件稳态温度场、瞬态温度场与应力场的有限元数值计算。

一、主汽阀内表面对流传热

1. 主汽阀的阀壳内表面传热系数

汽轮机主汽调节阀的示意图如图 7-3 所示，主汽调节阀内表面包括主汽阀内表面、主汽阀蒸汽管道内表面、主汽阀安装阀座处阀壳内表面、调节阀内表面和调节阀蒸汽管道内表面。

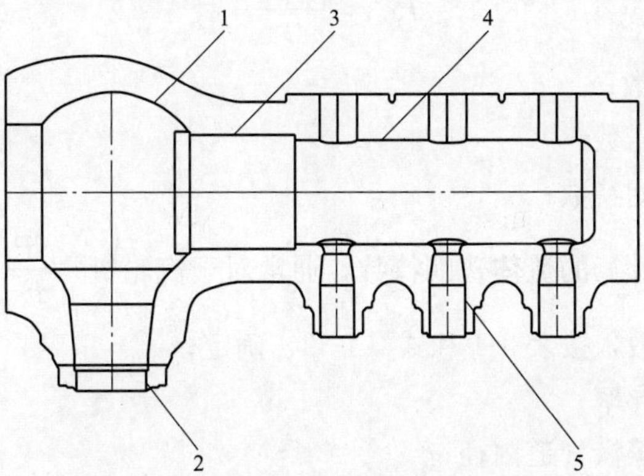

图 7-3　汽轮机主汽调节阀的示意图

1—主汽阀内表面；2—主汽阀蒸汽管道内表面；3—主汽阀安装阀座处阀壳内表面；4—调节阀内表面；5—调节阀蒸汽管道内表面

在本章参考文献［2］研究结果的基础上，经公式推导与计算分析，得出汽轮机主汽阀内表面传热系数 h_{v4} 和努塞尔数 Nu 的计算公式分别为

$$h_{v4}=\frac{C_{v4}Re^{0.8}Pr^{0.43}\lambda}{d_2} \tag{7-20}$$

$$Nu=C_{v4}Re^{0.8}Pr^{0.43} \tag{7-21}$$

$$Re=\frac{d_2\times w}{\nu} \tag{7-22}$$

式中　C_{v4}——试验常数；

Re——流体雷诺数；

Pr——流体普朗特数；

λ——流体热导率；

d_2——主汽阀进汽管道内径；

Nu——主汽阀内表面对流传热的努塞尔数；

w——主汽阀进汽管流体的平均流速；

ν——流体运动黏度。

在主汽阀内表面传热系数的计算公式中，特征尺寸取主汽阀进汽管道内径 d_2，流体雷诺数的特征速度取主汽阀进汽管流体的平均流速 w，定性温度取主汽阀进汽管道内流体温度 t_g，依据定性温度 t_g 和对应的流体压力 p_g 来确定流体的 Pr、λ、ν 等物性参数。

2. 主汽阀蒸汽管道内表面传热系数

对于汽轮机主汽阀进汽管道和出汽管道，$Re>2\times10^4$，按照式（4-37）和式（4-40），经公式推导与计算分析，得出计算主汽阀进汽管道内表面传热系数 h_{v5} 的公式为

$$h_{v5}=\frac{C_{p6}Re^{0.8}Pr^{0.43}\left(\frac{Pr}{Pr_w}\right)^{0.25}\varepsilon\lambda}{d_2} \tag{7-23}$$

$$Re=\frac{d_2\times w}{\nu} \tag{7-24}$$

式中 C_{p6}——试验常数；

Re——流体雷诺数；

Pr——流体普朗特数；

Pr_w——按壁温计算的流体普朗特数，通常对于汽轮机，$\left(\frac{Pr}{Pr_w}\right)^{0.25}\approx1$；

ε——修正系数，按表 4-1 和式（4-39）确定；

λ——流体热导率；

d_2——主汽阀蒸汽管道内径；

w——主汽阀进汽管流体平均流速；

ν——流体运动黏度。

在主汽阀蒸汽管道内表面传热系数的计算公式中，特征尺寸取主汽阀蒸汽管道内径 d_2，流体雷诺数的特征速度取主汽阀进汽管流体平均流速 w，定性温度取主汽阀蒸汽管道内流体温度 t_g，依据定性温度 t_g 和对应的流体压力 p_g 来确定流体的 Pr、λ、ν 等物性参数。

3. 主汽阀阀座内表面传热系数

把汽轮机主汽阀的阀座简化为圆筒壁，阀座圆筒壁内直径为 d_1、外直径为 d_2，阀座圆筒壁内侧面的表面传热系数 h_{v6} 可以按照式（7-23）计算，特征尺寸取主汽阀的阀座圆筒壁内直径 d_1，流体雷诺数的特征速度取主汽阀的阀座处流速 w，定性温度取主汽阀进汽管道内流体温度 t_g，依据定性温度 t_g 和对应的流体压力 p_g 来确定流体的 Pr、λ、ν 等物性参数。

4. 主汽阀安装阀座处阀壳内表面传热系数

工程上，计算汽轮机主汽阀的阀壳温度场与应力场时，去掉阀座，在主汽阀的阀壳上阀座对应部位近似处理为与蒸汽对流传热的第三类边界条件，就需要计算以阀座外表面为基准的阀座圆筒壁传热过程的传热系数。汽轮机主汽阀的阀座圆筒壁的内直径为 d_1，圆筒壁外直径为 d_2。根据圆筒壁传热过程和传热热阻的计算方法，得出阀座圆筒壁内表面对流传热热阻 R_1 和圆筒壁导热热阻 R_2 的计算公式分别为

$$R_1=\frac{1}{A_1h_{v6}}=\frac{1}{\pi d_1lh_{v6}} \tag{7-25}$$

$$R_2=\frac{C_{v5}}{2\pi\lambda_0 l}\ln\frac{d_2}{d_1} \tag{7-26}$$

$$A_1=\pi d_1 l \tag{7-27}$$

式中 A_1——阀座圆筒壁内侧面积；

h_{v6}——阀座圆筒壁内表面传热系数；

d_1——阀座圆筒壁内直径；

l——阀座圆筒壁长度；

C_{v5}——与阀座接触热阻有关的试验常数；

λ_0——阀座材料热导率；

d_2——阀座圆筒壁外直径。

阀座简化为圆筒壁后，以阀座圆筒壁外侧面积为基准的传热过程总热阻 R_0 和表面传热系数 k_3 的计算公式分别为

$$R_0=R_1+R_2=\frac{1}{\pi d_1 l h_{v6}}+\frac{C_{v5}}{2\pi\lambda_0 l}\ln\frac{d_2}{d_1} \tag{7-28}$$

$$k_3=(A_2R_0)^{-1}=\left(\frac{d_2}{d_1h_{v6}}+\frac{C_{v5}d_2}{2\lambda_0}\ln\frac{d_2}{d_1}\right)^{-1} \tag{7-29}$$

$$A_2=\pi d_2 l \tag{7-30}$$

式中 A_2——阀座圆筒壁外侧面积。

二、调节阀内表面对流传热

1. 调节阀阀壳内表面传热系数

汽轮机调节阀内表面传热系数 h_{v7} 的计算公式与汽轮机主汽阀内表面传热系数 h_{v4} 的计算公式（7-20）相同，特征尺寸取调节阀进汽管道内径 d_2，流体雷诺数的特征速度取调节阀进汽管的流体的平均流速 w，定性温度取调节阀进汽管道内流体温度 t_g，依据定性温度 t_g 和对应的流体压力 p_g（即主汽阀座后蒸汽压力）来确定流体的 Pr、λ、ν 等物性参数。在汽轮机运行过程中，由于主汽阀滤网有一定压损，考虑主汽阀及滤网压损以及滤网等焓节流后，确定调节阀进汽管道内的流体压力 p_g 和流体温度 t_g。

2. 调节阀蒸汽管道内表面对流传热系数

汽轮机调节阀进汽管道与出汽管道的内表面对流传热系数 h_{v8} 的计算公式与汽轮机主汽阀蒸汽管道内表面对流传热系数 h_{v5} 的计算公式（7-23）相同，特征尺寸取调节阀蒸汽管道内径 d_2，流体雷诺数的特征速度取调节阀进汽管的流体的平均流速 w，定性温度取调节阀蒸汽管道内流体温度 t_g，依据定性温度 t_g 和对应的流体压力 p_g（即主汽阀座后蒸汽压力）来确定流体的 Pr、λ、ν 等物性参数。

3. 调节阀阀座内表面传热系数

汽轮机调节阀阀座内表面对流传热系数 h_{v9} 可以按照式（7-23）计算，特征尺寸取调节汽阀的阀座圆筒壁内直径为 d_1，流体雷诺数的特征速度取调节阀的阀座处流速 w，定性温度取调节阀进汽管道内流体温度 t_g，依据定性温度 t_g 和调节阀进汽管道内流体压力 p_g（即主汽阀座后蒸汽压力）来确定流体的 Pr、λ、ν 等物性参数。需要注意的是有些

型号汽轮机的主汽调节阀，一个主汽阀对应几个调节阀，不同工况下各个调节阀的开度不同，流量也不同；各个调节阀的特征速度不相同，各个调节阀座内表面的对流传热系数也不相同。

4. 调节阀安装阀座处阀壳内表面传热系数

工程上，计算汽轮机调节阀的阀壳温度场与应力场时，去掉阀座，把调节阀的阀壳上阀座对应部位近似处理为与蒸汽对流传热的第三类边界条件。汽轮机调节阀的阀座圆筒壁的内直径为 d_1、圆筒壁外直径为 d_2，可以根据各个调节阀的结构尺寸和参数，采用式（7-29）计算以调节阀的阀座圆筒壁传热过程以调节阀阀座圆筒壁外表面为基准的阀座圆筒壁传热过程的热系数 k_3。

三、应用实例

（1）已知参数：某型号超超临界一次再热 1000MW 汽轮机有 2 个高压主汽调节阀，每个主汽调节阀有 1 根主汽阀进汽管道、1 个主汽阀球壁、1 根调节阀进汽管道、1 个调节阀球壁和 1 根调节阀出汽管道。主汽阀进汽管道内径为 0.280m，调节阀进汽管道内径为 0.300m，调节阀出汽管道内径为 0.205m。

（2）计算结果：该型号超超临界汽轮机高压主汽调节阀在 100%TMCR（汽轮机最大连续功率）工况、75%TMCR 工况、50%TMCR 工况与 35%TMCR 工况下，主汽阀内表面的表面传热系数 h_{v4}、调节阀内表面的表面传热系数 h_{v7} 与调节阀出汽管道内表面的表面传热系数 h_{v8} 的计算结果列于表 7-3。

表 7-3　　高压主汽调节阀表面传热系数的计算结果

部　位	100%TMCR 工况	75%TMCR 工况	50%TMCR 工况	35%TMCR 工况
主汽阀内表面 h_{v4}[W/(m^2·K)]	13 800.92	9318.80	6162.29	4710.10
调节阀内表面 h_{v7}[W/(m^2·K)]	13 200.76	8914.37	5894.44	4504.45
调节阀出汽管道内表面 h_{v8}[W/(m^2·K)]	24 618.65	16 625.33	10 994.36	8402.02

（3）分析与讨论：从表 7-3 的计算结果知，对于高压主汽调节阀同一部位，随着汽轮机功率逐步减小，高压主汽调节阀的表面传热系数呈减小趋势；对于该高压主汽调节阀的三个部位，调节阀出汽管道内表面的表面传热系数 h_{v8} 最大，调节阀内表面的表面传热系数 h_{v7} 最小，主汽阀内表面的表面传热系数 h_{v4} 介于两者之间。原因是在主汽阀进汽管道内径、调节阀进汽管道内径和调节阀出汽管道内径中，调节阀出汽管道内径最小，调节阀进汽管道内径最大，主汽阀进汽管道内径介于两者之间。相同进汽流量对应的调节阀出汽管道的流速比较大，对应的雷诺数与表面传热系数也比较大。

第四节　主汽调节阀外表面传热计算方法

本节介绍了汽轮机主汽调节阀外表面传热系数计算方法，给出了主汽调节阀保温结构外表面、主汽调节阀传热过程的传热系数和主汽调节阀外表面的等效表面传热系数的计算公式，以及特征尺寸、特征速度与定性温度的取值和流体物性参数的确定方法，应用于汽轮机超高压主汽调节阀、高压主汽调节阀、中压主汽调节阀与补汽阀的表面传热系数计算和这些部件稳态温度场、瞬态温度场与应力场的有限元数值计算。

一、保温结构外表面复合传热

1. 汽轮机的保温结构

在汽轮机本体及其附件表面设计保温结构目的和意义，一是减少散热损失，提高机组热效率；二是减小汽轮机上下缸温差，保证机组安全可靠运行；三是降低汽轮机本体及其附件表面温度，改善现场工作条件；四是对调峰和两班制运行机组，缩短暖机与起动时间，减少起动过程造成的能量损失。按照汽轮机保温结构的设计要求，当环境空气温度为25℃时，汽轮机保温结构外表面的最高温度不超过50℃。

汽轮机本体及其附件的保温范围是汽轮机的主汽阀、调节阀、蒸汽管道、汽缸、法兰等部件。如超超临界一次再热汽轮机，需要设计保温结构的部件有高压主汽调节阀、中压主汽调节阀、高压汽缸、中压汽缸、中低压连通管道、低压缸汽封等。汽轮机的保温结构，一般应由保温层和保护层组成。汽轮机保温结构的保温层材料通常采用硅酸铝棉制品等，如硅酸铝耐火纤维毡、硅酸铝耐火纤维毯或硅酸盐保温棉。汽轮机保温结构的保护层材料，应具有抗腐蚀性强、强度高、使用年限长等性能。汽轮机保温结构的保护层材料通常采用不锈钢薄板、铝合金薄板或阻燃硅胶布等。

2. 保温结构外表面的复合传热系数

根据 GB 50264—2013《工业设备及管道绝热工程设计规范》[3]和 DL/T 5072—2019《发电厂保温油漆设计规程》[4]，汽轮机超高压主汽调节阀、高压主汽调节阀与中压主汽调节阀保温结构外表面的复合传热系数 h_{v10} 为辐射传热系数 h_{v11} 与自然对流的表面传热系数 h_{v12} 之和，其计算公式为

$$h_{v10}=h_{v11}+h_{v12} \tag{7-31}$$

按照式（4-51），汽轮机超高压主汽调节阀、高压主汽调节阀与中压主汽调节阀的保温结构外表面辐射传热系数 h_{v11} 的计算公式为

$$h_{v11}=\frac{5.67\varepsilon}{t_{w4}-t_a}\left[\left(\frac{273+t_{w4}}{100}\right)^4-\left(\frac{273+t_a}{100}\right)^4\right] \tag{7-32}$$

式中 ε——保温结构外表面材料发射率（黑度）；

t_{w4}——保温结构外表面温度；

t_a——环境温度。

汽轮机高压主汽调节阀与中压主汽调节阀的保温结构，设置在汽轮机的隔声罩内，无风，风速可以取为 $W=0\text{m/s}$，$Wd_4=0\text{m}^2\text{/s}$。根据式（4-52），汽轮机超高压主汽调节阀、高压主汽调节阀与中压主汽调节阀的保温结构外表面对流传热的表面传热系数 h_{v12} 的计算公式为

$$h_{v12}=\frac{26.4}{\sqrt{297-0.5(t_{w4}+t_a)}}\left(\frac{t_{w4}-t_a}{d_4}\right)^{0.25} \tag{7-33}$$

式中　d_4——保温结构外直径。

二、主汽调节阀双层壁传热过程

1. 主汽调节阀的结构形状

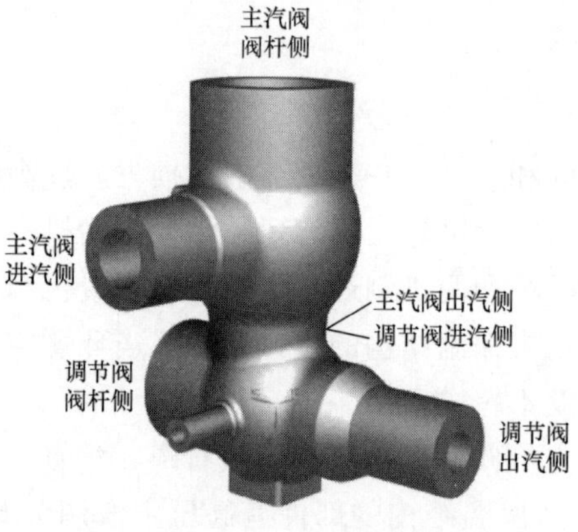

图 7-4　汽轮机主汽调节阀的结构

汽轮机主汽调节阀的结构如图 7-4 所示，主汽阀阀杆侧、主汽阀进汽侧、主汽阀出汽侧均为圆筒壁结构，主汽阀阀杆侧与主汽阀出汽侧之间为球型结构。调节阀阀杆侧、调节阀进汽侧、调节阀出汽侧均为圆筒壁结构，调节阀阀杆侧与调节阀出汽侧之间为球型结构。主汽阀的出汽管道就是调节阀的进汽管道，也可以简化为圆筒壁。

2. 主汽调节阀双层圆筒壁传热过程

汽轮机主汽阀与调节阀的圆筒壁由双层圆筒壁组成，内层圆筒壁为金属材料，外层圆筒壁为保温结构。在不考虑保温结构内表面与主汽调节阀外表面接触热阻的前提下，根据式（1-53），以中间接触面积 $\pi d_3 l$ 为基准的双层圆筒壁传热过程的传热系数 k_3 的计算公式为

$$k_3=\frac{1}{\dfrac{d_3}{d_2 h_{v5}}+\dfrac{d_3}{2\lambda_1}\ln\dfrac{d_3}{d_2}+\dfrac{d_3}{2\lambda_2}\ln\dfrac{d_4}{d_3}+\dfrac{d_3}{d_4 h_{v10}}} \tag{7-34}$$

式中　d_3——双层圆筒壁接触面直径，即内层圆筒壁外直径、外层圆筒壁内直径；

d_2——双层圆筒壁内直径；

h_{v5}——内层圆筒壁内表面传热系数，按式（7-23）计算；

λ_1——内层圆筒壁（第 1 层圆筒壁）材料的热导率；

λ_2——外层圆筒壁（第 2 层圆筒壁）材料的热导率；

d_4——外层圆筒壁外直径；

h_{v10}——外层圆筒壁外表面复合传热系数，按式（7-31）计算。

根据式（1-52），以保温结构外表面积 $\pi d_4 l$ 为基准的双层圆筒壁传热过程的传热系数 k_4 的计算公式为

$$k_4=\frac{1}{\dfrac{d_4}{d_2 h_{v5}}+\dfrac{d_4}{2\lambda_1}\ln\dfrac{d_3}{d_2}+\dfrac{d_4}{2\lambda_2}\ln\dfrac{d_4}{d_3}+\dfrac{1}{h_{v10}}} \tag{7-35}$$

内层圆筒壁外表面热流密度 q_3 与外层圆筒壁外表面热流密度 q_4 的计算公式分别为

$$q_3=k_3(t_g-t_a) \tag{7-36}$$

$$q_4=k_4(t_g-t_a) \tag{7-37}$$

式中　t_g——内层圆筒壁内侧高温流体温度；

t_a——外层圆筒壁外侧低温流体温度，即环境温度。

3. 主汽调节阀双层球壁传热过程

汽轮机主汽阀与调节阀的球壳由双层球壁组成，内层球壁为金属材料，外层球壁为保温结构。假设球壁内侧为高温流体，热量由壁面内侧高温流体通过双层球壁传递到壁面外侧低温流体，在不考虑保温结构内表面与主汽调节阀球壳外表面接触热阻的前提下，根据式（1-45），以双层球壁中间接触面积 πd_3^2 为基准的双层球壁传热过程的传热系数 k_3 的计算公式为

$$k_3=\frac{1}{\dfrac{d_3^2}{d_2^2 h_{v4}}+\dfrac{d_3^2}{2\lambda_1}\left(\dfrac{1}{d_2}-\dfrac{1}{d_3}\right)+\dfrac{d_3^2}{2\lambda_2}\left(\dfrac{1}{d_3}-\dfrac{1}{d_4}\right)+\dfrac{d_3^2}{d_4^2 h_{v10}}} \tag{7-38}$$

式中　d_3——双层球壁接触面直径，即内层球壁外直径、外层球壁内直径；

d_2——内层球壁内直径；

h_{v4}——内层球壁内表面传热系数，按式（7-20）计算；

λ_1——内层球壁材料的热导率；

λ_2——外层球壁材料的热导率；

d_4——外层球壁外直径；

h_{v10}——外层球壁外表面的复合传热系数，按式（7-31）计算。

假设双层球壁之间接触良好，无接触热阻，根据式（1-44），以双层球壁外表面积 πd_4^2 为基准的双层球壁传热过程的传热系数 k_4 的计算公式为

$$k_4=\frac{1}{\dfrac{d_4^2}{d_2^2 h_{v4}}+\dfrac{d_4^2}{2\lambda_1}\left(\dfrac{1}{d_2}-\dfrac{1}{d_3}\right)+\dfrac{d_4^2}{2\lambda_2}\left(\dfrac{1}{d_3}-\dfrac{1}{d_4}\right)+\dfrac{1}{h_{v10}}} \tag{7-39}$$

内层球壁外表面热流密度 q_3 与外层球壁外表面热流密度 q_4 的计算公式分别为

$$q_3=k_3(t_g-t_a) \tag{7-40}$$

$$q_4=k_4(t_g-t_a) \tag{7-41}$$

式中　t_g——内层球壁内侧高温流体温度；

t_a——外层球壁外侧低温流体温度，即环境温度。

4. 外表面等效表面传热系数

对于设计有保温结构的汽轮机主汽调节阀，不考虑保温结构的影响，主汽调节阀外表面（即内层壁外表面）的表面的热流密度 q_3 可以表示为

$$q_3=h_{e0}(t_{w3}-t_a) \tag{7-42}$$

式中　t_{w3}——主汽调节阀内层壁外表面温度；

h_{e0}——汽轮机主汽调节阀内层壁外表面的等效表面传热系数。

汽轮机主汽调节阀内层壁外表面的等效表面传热系数用符号 h_{e0} 表示，单位为 $W/(m^2\cdot K)$。从式（7-42）知，汽轮机主汽调节阀内层壁外表面的等效表面传热系数 h_{e0}，可以表示为主汽调节阀内层壁外表面热流密度 q_3 除以（$t_{w3}-t_a$）（主汽调节阀内层壁外表面温度 t_{w3} 与保温结构外侧低温流体温度 t_a 之差）的商。依据式（7-40）和式（7-42），经公式推导与计算分析，得出设计有保温结构的汽轮机主汽调节阀内层壁外表面的等效表面传热系数 h_{e0} 的计算公式为

$$h_{e0}=\frac{q_3}{t_{w3}-t_a}=\frac{k_3(t_g-t_a)}{t_{w3}-t_a} \tag{7-43}$$

从式（7-43）知，当主汽调节阀内层壁外表面温度 t_{w3} 与主汽调节阀内侧高温流体温度 t_g 近似相等时，主汽调节阀内层壁外表面的等效表面传热系数 h_{e0} 与主汽调节阀双层圆筒壁传热过程的传热系数 k_3 近似相等。

从第四章第三节给出应用实例的计算结果知，采用多层壁模型计算得出的以内层壁外表面积为基准的传热过程的传热系数 k_3，与该表面的等效表面传热系数 h_{e0} 相等。汽轮机主汽调节阀内层壁外表面，可以近似处理为与空气对流传热的第三类边界条件。双层壁传热过程的传热系数 k_3，可以作为汽轮机主汽调节阀内层壁外表面传热第三类边界条件的等效表面传热系数。

三、应用实例

某型号超超临界一次再热 1000MW 汽轮机的高压主汽调节阀壳，阀壳结构如图 7-4 所示。主汽阀结构简化模型示意图如图 7-5 所示，调节阀结构简化模型示意图如图 7-6 所示，带有保温结构的主汽阀出汽管道与调节阀进汽管道结构简化模型示意图如图 7-7 所示。

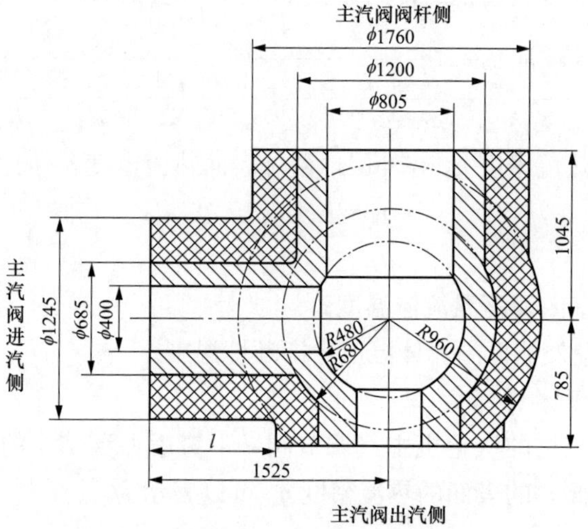

图 7-5　主汽阀结构简化模型示意图

1. 100%TMCR 工况

（1）已知参数：主汽阀球壳内径 $d_2=960\text{mm}=0.96\text{m}$，主汽阀球壳外径 $d_3=1360\text{mm}=1.36\text{m}$。保温层厚度 $\delta=0.28\text{m}$，保温结构外径 $d_4=1920\text{mm}=1.92\text{m}$，球壁材料为 ZGCr10MoVNbN，在 100%TMCR 工况的主蒸汽温度 $t_g=600℃$，主汽阀球壳内表面传热系数 $h_{v4}=13\,800.92\text{W}/(\text{m}^2\cdot\text{K})$。保温材料选取硅酸铝棉制品，保护层材料选用不锈钢薄板，保温结构外表面材料发射率（黑度）取 $\varepsilon=0.3$，主汽阀位于汽轮机隔声罩内无风，保温结构外表面的环境温度 $t_a=25℃$。

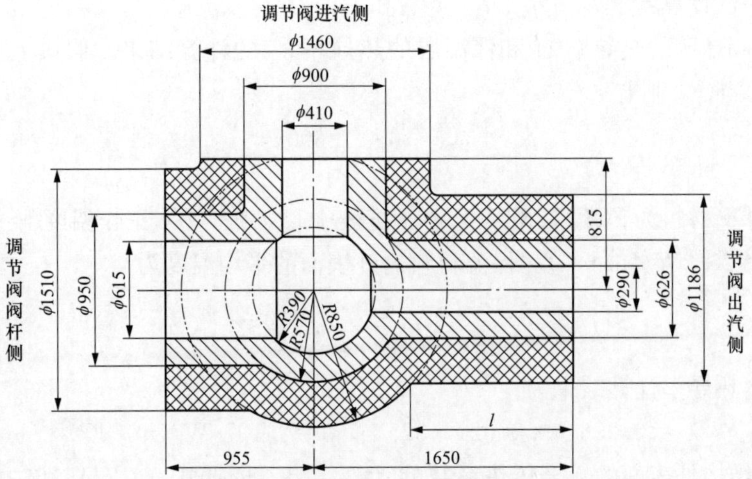

图 7-6　调节阀结构简化模型示意图

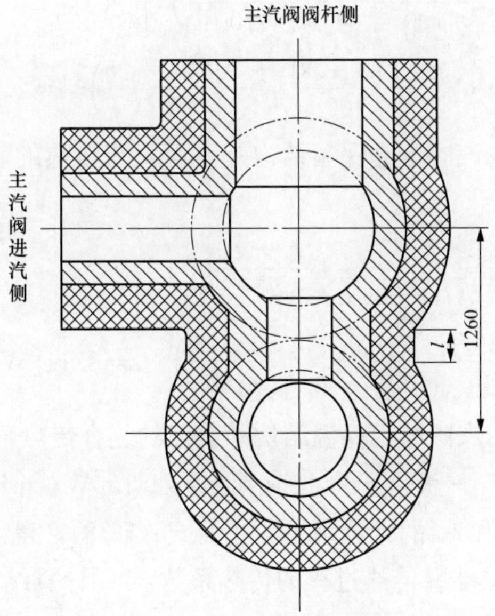

图 7-7　带有保温结构的主汽阀出汽管道与调节阀进汽管道结构简化模型示意图

求该主汽阀球壳内表面温度 t_{w2}、主汽阀球壳外表面温度 t_{w3}、主汽阀球壳保温结构外表面温度 t_{w4}、以主汽阀球壳内层壁外表面积为基准的传热系数 k_3 和热流密度 q_3。

(2) 计算模型与方法：假设主汽阀球壳外表面与保温层之间以及保温层与保护层之间接触良好，无接触热阻；把主汽阀球壳与保温结构处理为双层球壁传热过程的计算模型。在硅酸铝棉制品作保温材料的内外表面温度平均值 $t_m \leqslant 400℃$，硅酸铝棉制品材料热导率 $\lambda_2 = 0.056 + 0.0002 \times (t_m - 70)$ W/(m·K)[3]。由于主汽阀球壳内表面温度 t_{w2}、主汽阀球壳外表面温度 t_{w3} 和保温结构外表面温度 t_{w4} 均是待定温度，故采用迭代法确定 k_3、q_3、t_{w2}、t_{w3} 和 t_{w4}。

(3) 第一次计算：求 k_3、q_3、t_{w2}、t_{w3}和 t_{w4}。

1) 主汽阀球壁的热导率 λ_1 和保温层的热导率 λ_2 的计算结果。假设 $t_{w2}=t_{w3}=t_g=600℃$，$t_{w4}=50℃$，则有

$$t_{m1}=\frac{t_{w2}+t_{w3}}{2}=\frac{600+600}{2}=600(℃)$$

主汽阀球壁材料为 ZGCr10MoVNbN，查表 1-15，在 600℃工作温度下主汽阀球壁材料热导率 $\lambda_1=26.2\text{W/(m·K)}$。保温材料内外表面的平均温度为

$$t_{m2}=\frac{t_{w3}+t_{w4}}{2}=\frac{600+50}{2}=325(℃)$$

保温材料热导率计算结果为

$$\lambda_2=0.056+0.0002\times(325-70)=0.107[\text{W/(m·K)}]$$

2) 保温结构外表面的复合传热系数的计算结果。依据式 (7-32)，该主汽阀球壳保温结构外表面的辐射传热系数 h_{v11}的计算结果为

$$\begin{aligned}h_{v11}&=\frac{5.67\varepsilon}{t_{w4}-t_a}\left[\left(\frac{273+t_{w4}}{100}\right)^4-\left(\frac{273+t_a}{100}\right)^4\right]\\&=\frac{5.67\times0.3}{50-25}\times\left[\left(\frac{273+50}{100}\right)^4-\left(\frac{273+25}{100}\right)^4\right]=2.04[\text{W/(m}^2\text{·K)}]\end{aligned}$$

按照式 (7-33)，该主汽阀球壳保温结构外表面对流传热的表面传热系数 h_{v12}的计算结果为

$$\begin{aligned}h_{v12}&=\frac{26.4}{\sqrt{297-0.5(t_{w4}+t_a)}}\left(\frac{t_{w4}-t_a}{d_4}\right)^{0.25}\\&=\frac{26.4}{\sqrt{297-0.5(50+25)}}\times\left(\frac{50-25}{1.92}\right)^{0.25}=3.11[\text{W/(m}^2\text{·K)}]\end{aligned}$$

根据式 (7-31)，该主汽阀球壳保温结构外表面的复合传热系数 h_{v10}的计算结果为

$$h_{v10}=h_{v11}+h_{v12}=2.04+3.11=5.15[\text{W/(m}^2\text{·K)}]$$

3) k_3、q_3、t_{w2}、t_{w3}和 t_{w4}的计算结果。按照式 (7-38)，得出以主汽阀球壳内层壁外表面积 $\pi d_3 l$ 为基准的双层球壁传热过程的传热系数 k_3 的计算结果为

$$\begin{aligned}k_3&=\left[\frac{d_3^2}{d_2^2h_{v4}}+\frac{d_3^2}{2\lambda_1}\left(\frac{1}{d_2}-\frac{1}{d_3}\right)+\frac{d_3^2}{2\lambda_2}\left(\frac{1}{d_3}-\frac{1}{d_4}\right)+\frac{d_3^2}{d_4^2h_{v10}}\right]^{-1}\\&=\left[\frac{1.36^2}{0.96^2\times13\,800.92}+\frac{1.36^2}{2\times26.2}\times\left(\frac{1}{0.96}-\frac{1}{1.36}\right)+\frac{1.36^2}{2\times0.107}\times\right.\\&\quad\left.\left(\frac{1}{1.36}-\frac{1}{1.92}\right)+\frac{1.36^2}{1.92^2\times5.15}\right]^{-1}\\&=0.509\,692\,643\,4[\text{W/(m}^2\text{·K)}]\end{aligned}$$

确定双层球壁传热过程的传热系数 k_3 后，可以计算主汽阀双层球壁的 q_3、t_{w2}、t_{w3}和 t_{w4}。按照式 (7-40)，q_3 的计算结果为

$$q_3=k_3(t_g-t_a)=0.509\,692\,643\,4\times(600-25)=293.07(\text{W/m}^2)$$

考虑主汽阀球壁热流量 $\Phi=\pi d_3^2q_3=\pi d_2^2q_2=\pi d_2^2h_{v4}(t_g-t_{w2})$，有

$$t_{w2}=t_g-\frac{d_3^2q_3}{d_2^2h_{v4}}=600-\frac{1.36^2\times 293.07}{0.96^2\times 13\,800.92}=599.96(℃)$$

依据 $\Phi=\pi d_3^2q_3=\dfrac{t_{w2}-t_{w3}}{\dfrac{1}{2\pi\lambda_1}\left(\dfrac{1}{d_2}-\dfrac{1}{d_3}\right)}$，得出

$$t_{w3}=t_{w2}-\frac{\pi d_3^2q_3}{2\pi\lambda_1}\left(\frac{1}{d_2}-\frac{1}{d_3}\right)=t_{w2}-\frac{d_3^2q_3}{2\lambda_1}\left(\frac{1}{d_2}-\frac{1}{d_3}\right)$$

$$=599.96-\frac{1.36^2\times 293.07}{2\times 26.2}\times\left(\frac{1}{0.96}-\frac{1}{1.36}\right)=596.79(℃)$$

鉴于 $\Phi=\pi d_3^2q_3=\pi d_4^2q_4=\pi d_4^2h_{v10}(t_{w4}-t_a)$，有

$$t_{w4}=t_a+\frac{d_3^2q_3}{d_4^2h_{v10}}=25+\frac{1.36^2\times 293.07}{1.92^2\times 5.15}=53.55(℃)$$

(4) 第二次计算：求 k_3、q_3、t_{w2}、t_{w3} 和 t_{w4}。

1) 主汽阀球壁的热导率 λ_1 和保温层的热导率 λ_2 的计算结果。依据第一次迭代计算得出的 t_{w2}、t_{w3} 和 t_{w4}，有

$$t_{m1}=\frac{t_{w2}+t_{w3}}{2}=\frac{599.96+596.79}{2}=598.375(℃)$$

主汽阀球壁材料为 ZGCr10MoVNbN，查表 1-15，有

$$\lambda_1=27.7+\frac{26.2-27.7}{100}\times(598.375-500)=26.224\,375[\mathrm{W/(m\cdot K)}]$$

$$t_{m2}=\frac{t_{w3}+t_{w4}}{2}=\frac{596.79+53.55}{2}=325.17(℃)$$

保温材料热导率计算结果为

$$\lambda_2=0.056+0.0002\times(325.17-70)=0.107\,034[\mathrm{W/(m\cdot K)}]$$

2) 保温结构外表面的复合传热系数计算结果。依据式 (7-32)，该主汽阀球壳保温结构外表面的辐射传热系数 h_{v11} 的计算结果为

$$h_{v11}=\frac{5.67\varepsilon}{t_{w4}-t_a}\left[\left(\frac{273+t_{w4}}{100}\right)^4-\left(\frac{273+t_a}{100}\right)^4\right]$$

$$=\frac{5.67\times 0.3}{53.55-25}\times\left[\left(\frac{273+53.55}{100}\right)^4-\left(\frac{273+25}{100}\right)^4\right]=2.08[\mathrm{W/(m^2\cdot K)}]$$

按照式 (7-33)，该主汽阀球壳保温结构外表面对流传热的表面传热系数 h_{v12} 的计算结果为

$$h_{v12}=\frac{26.4}{\sqrt{297-0.5(t_{w4}+t_a)}}\left(\frac{t_{w4}-t_a}{d_4}\right)^{0.25}$$

$$=\frac{26.4}{\sqrt{297-0.5(53.55+25)}}\times\left(\frac{53.55-25}{1.92}\right)^{0.25}=3.23[\mathrm{W/(m^2\cdot K)}]$$

根据式 (7-31)，该主汽阀球壳保温结构外表面的复合传热系数 h_{v10} 的计算结果为

$$h_{v10}=h_{v11}+h_{v12}=2.08+3.23=5.31[\mathrm{W/(m^2\cdot K)}]$$

3) k_3、q_3、t_{w2}、t_{w3} 和 t_{w4} 的计算结果。按照式 (7-38)，得出以主汽阀球壳内层壁外

表面积 $\pi d_3 l$ 为基准的双层球壁传热过程的传热系数 k_3 的计算结果为

$$k_3=\left[\frac{d_3^2}{d_2^2 h_{v4}}+\frac{d_3^2}{2\lambda_1}\left(\frac{1}{d_2}-\frac{1}{d_3}\right)+\frac{d_3^2}{2\lambda_2}\left(\frac{1}{d_3}-\frac{1}{d_4}\right)+\frac{d_3^2}{d_4^2 h_{v10}}\right]^{-1}$$

$$=\left[\frac{1.36^2}{0.96^2\times 13\ 800.92}+\frac{1.36^2}{2\times 26.224\ 375}\times\left(\frac{1}{0.96}-\frac{1}{1.36}\right)\right.$$

$$\left.+\frac{1.36^2}{2\times 0.107\ 034}\times\left(\frac{1}{1.36}-\frac{1}{1.92}\right)+\frac{1.36^2}{1.92^2\times 5.31}\right]^{-1}$$

$$=0.510\ 612\ 498[\mathrm{W/(m^2\cdot K)}]$$

确定双层球壁传热过程的传热系数 k_3 后，可以计算主汽阀双层球壁的 q_3、t_{w2}、t_{w3} 和 t_{w4} 的计算结果分别为

$$q_3=k_3(t_g-t_a)=0.510\ 612\ 498\times(600-25)=293.60(\mathrm{W/m})^2$$

$$t_{w2}=t_g-\frac{d_3^2 q_3}{d_2^2 h_{v4}}=600-\frac{1.36^2\times 293.60}{0.96^2\times 13\ 800.92}=599.96(℃)$$

$$t_{w3}=t_{w2}-\frac{d_3^2 q_3}{2\lambda_1}\left(\frac{1}{d_2}-\frac{1}{d_3}\right)=599.96-\frac{1.36^2\times 293.60}{2\times 26.224\ 375}\times\left(\frac{1}{0.96}-\frac{1}{1.36}\right)=596.79(℃)$$

$$t_{w4}=t_a+\frac{d_3^2 q_3}{d_4^2 h_{v10}}=25+\frac{1.36^2\times 293.60}{1.92^2\times 5.31}=52.74(℃)$$

（5）第三次计算：求 k_3、q_3、t_{w2}、t_{w3} 和 t_{w4}。

1）主汽阀球壁的热导率 λ_1 和保温层的热导率 λ_2 的计算结果。依据第二次迭代计算得出的 t_{w2}、t_{w3} 和 t_{w4}，有

$$t_{m1}=\frac{t_{w2}+t_{w3}}{2}=\frac{599.96+596.79}{2}=598.375(℃)$$

主汽阀球壁材料为 ZGCr10MoVNbN，查表 1-15，有

$$\lambda_1=27.7+\frac{26.2-27.7}{100}\times(598.375-500)=26.224\ 375[\mathrm{W/(m\cdot K)}]$$

$$t_{m2}=\frac{t_{w3}+t_{w4}}{2}=\frac{596.79+52.74}{2}=324.765(℃)$$

保温材料热导率计算结果为

$$\lambda_2=0.056+0.0002\times(324.765-70)=0.106\ 953[\mathrm{W/(m\cdot K)}]$$

2）保温结构外表面的复合传热系数计算结果。依据式（7-32），该主汽阀球壳保温结构外表面的辐射传热系数 h_{v11} 的计算结果为

$$h_{v11}=\frac{5.67\varepsilon}{t_{w4}-t_a}\left[\left(\frac{273+t_{w4}}{100}\right)^4-\left(\frac{273+t_a}{100}\right)^4\right]$$

$$=\frac{5.67\times 0.3}{52.74-25}\times\left[\left(\frac{273+52.74}{100}\right)^4-\left(\frac{273+25}{100}\right)^4\right]=2.07[\mathrm{W/(m^2\cdot K)}]$$

按照式（7-33），该主汽阀球壳保温结构外表面对流传热的表面传热系数 h_{v12} 的计算结果为

$$h_{v12}=\frac{26.4}{\sqrt{297-0.5(t_{w4}+t_a)}}\left(\frac{t_{w4}-t_a}{d_4}\right)^{0.25}$$

$$=\frac{26.4}{\sqrt{297-0.5(52.74+25)}}\times\left(\frac{52.74-25}{1.92}\right)^{0.25}=3.20[\mathrm{W/(m^2\cdot K)}]$$

根据式（7-31），该主汽阀球壳保温结构外表面的复合传热系数 h_{v10} 的计算结果为

$$h_{v10}=h_{v11}+h_{v12}=2.07+3.20=5.27[\mathrm{W/(m^2\cdot K)}]$$

3）k_3、q_3、t_{w2}、t_{w3} 和 t_{w4} 的计算结果。按照式（7-38），得出以主汽阀球壳内层壁外表面积 $\pi d_3 l$ 为基准的双层球壁传热过程的传热系数 k_3 的计算结果为

$$k_3=\left[\frac{d_3^2}{d_2^2h_{v4}}+\frac{d_3^2}{2\lambda_1}\left(\frac{1}{d_2}-\frac{1}{d_3}\right)+\frac{d_3^2}{2\lambda_2}\left(\frac{1}{d_3}-\frac{1}{d_4}\right)+\frac{d_3^2}{d_4^2h_{v10}}\right]^{-1}$$

$$=\left[\frac{1.36^2}{0.96^2\times 13\,800.92}+\frac{1.36^2}{2\times 26.224\,375}\times\left(\frac{1}{0.96}-\frac{1}{1.36}\right)\right.$$

$$\left.+\frac{1.36^2}{2\times 0.106\,593}\times\left(\frac{1}{1.36}-\frac{1}{1.92}\right)+\frac{1.36^2}{1.92^2\times 5.27}\right]^{-1}$$

$$=0.508\,436\,039[\mathrm{W/(m^2\cdot K)}]$$

确定双层球壁传热过程的传热系数 k_3 后，可以计算主汽阀双层球壁的 q_3、t_{w2}、t_{w3} 和 t_{w4} 的计算结果分别为

$$q_3=k_3(t_g-t_a)=0.508\,436\,039\times(600-25)=292.35\ (\mathrm{W/m^2})$$

$$t_{w2}=t_g-\frac{d_3^2q_3}{d_2^2h_{v4}}=600-\frac{1.36^2\times 292.35}{0.96^2\times 13\,800.92}=599.96(℃)$$

$$t_{w3}=t_{w2}-\frac{d_3^2q_3}{2\lambda_1}\left(\frac{1}{d_2}-\frac{1}{d_3}\right)=599.96-\frac{1.36^2\times 292.35}{2\times 26.224\,375}\times\left(\frac{1}{0.96}-\frac{1}{1.36}\right)=596.80(℃)$$

$$t_{w4}=t_a+\frac{d_3^2q_3}{d_4^2h_{v10}}=25+\frac{1.36^2\times 292.35}{1.92^2\times 5.27}=52.83(℃)$$

（6）第四次计算：求 k_3、q_3、t_{w2}、t_{w3} 和 t_{w4}。

1）主汽阀球壁的热导率 λ_1 和保温层的热导率 λ_2 的计算结果。依据第三次迭代计算得出的 t_{w2}、t_{w3} 和 t_{w4}，有

$$t_{m1}=\frac{t_{w2}+t_{w3}}{2}=\frac{599.96+596.80}{2}=598.38(℃)$$

主汽阀球壁材料为 ZGCr10MoVNbN，查表 1-15，有

$$\lambda_1=27.7+\frac{26.2-27.7}{100}\times(598.38-500)=26.2243[\mathrm{W/(m\cdot K)}]$$

$$t_{m2}=\frac{t_{w3}+t_{w4}}{2}=\frac{596.80+52.83}{2}=324.815(℃)$$

保温材料热导率计算结果为

$$\lambda_2=0.056+0.0002\times(324.815-70)=0.106\,963[\mathrm{W/(m\cdot K)}]$$

2）保温结构外表面的复合传热系数的计算结果。依据式（7-32），该主汽阀球壳保温结构外表面的辐射传热系数 h_{v11} 的计算结果为

$$h_{v11}=\frac{5.67\varepsilon}{t_{w4}-t_a}\left[\left(\frac{273+t_{w4}}{100}\right)^4-\left(\frac{273+t_a}{100}\right)^4\right]$$

$$=\frac{5.67\times 0.3}{52.83-25}\times\left[\left(\frac{273+52.83}{100}\right)^4-\left(\frac{273+25}{100}\right)^4\right]=2.07[\mathrm{W/(m^2\cdot K)}]$$

按照式（7-33），该主汽阀球壳保温结构外表面对流传热的表面传热系数 h_{v12} 的计算结果为

$$h_{v12}=\frac{26.4}{\sqrt{297-0.5(t_{w4}+t_a)}}\left(\frac{t_{w4}-t_a}{d_4}\right)^{0.25}$$

$$=\frac{26.4}{\sqrt{297-0.5(52.83+25)}}\times\left(\frac{52.83-25}{1.92}\right)^{0.25}=3.21[\mathrm{W/(m^2\cdot K)}]$$

根据式（7-31），该主汽阀球壳保温结构外表面的复合传热系数 h_{v10} 的计算结果为

$$h_{v10}=h_{v11}+h_{v12}=2.07+3.21=5.28[\mathrm{W/(m^2\cdot K)}]$$

3）k_3、q_3、t_{w2}、t_{w3} 和 t_{w4} 的计算结果。按照式（7-38），得出以主汽阀球壳内层壁外表面积 $\pi d_3 l$ 为基准的双层球壁传热过程的传热系数 k_3 的计算结果为

$$k_3=\left[\frac{d_3^2}{d_2^2 h_{v4}}+\frac{d_3^2}{2\lambda_1}\left(\frac{1}{d_2}-\frac{1}{d_3}\right)+\frac{d_3^2}{2\lambda_2}\left(\frac{1}{d_3}-\frac{1}{d_4}\right)+\frac{d_3^2}{d_4^2 h_{v10}}\right]^{-1}$$

$$=\left[\frac{1.36^2}{0.96^2\times 13\,800.92}+\frac{1.36^2}{2\times 26.2243}\times\left(\frac{1}{0.96}-\frac{1}{1.36}\right)\right.$$

$$\left.+\frac{1.36^2}{2\times 0.106\,963}\times\left(\frac{1}{1.36}-\frac{1}{1.92}\right)+\frac{1.36^2}{1.92^2\times 5.28}\right]^{-1}$$

$$=0.510\,152\,243\,1[\mathrm{W/(m^2\cdot K)}]$$

确定双层球壁传热过程的传热系数 k_3 后，可以计算主汽阀双层球壁的 q_3、t_{w2}、t_{w3} 和 t_{w4} 的计算结果分别为

$$q_3=k_3(t_g-t_a)=0.510\,152\,243\,1\times(600-25)=293.34(\mathrm{W/m^2})$$

$$t_{w2}=t_g-\frac{d_3^2 q_3}{d_2^2 h_{v4}}=600-\frac{1.36^2\times 293.34}{0.96^2\times 13\,800.92}=599.96(℃)$$

$$t_{w3}=t_{w2}-\frac{d_3^2 q_3}{2\lambda_1}\left(\frac{1}{d_2}-\frac{1}{d_3}\right)=599.96-\frac{1.36^2\times 293.34}{2\times 26.2243}\times\left(\frac{1}{0.96}-\frac{1}{1.36}\right)=596.79(℃)$$

$$t_{w4}=t_a+\frac{d_3^2 q_3}{d_4^2 h_{v10}}=25+\frac{1.36^2\times 293.34}{1.92^2\times 5.28}=52.87(℃)$$

（7）第五次计算：求 k_3、q_3、t_{w2}、t_{w3} 和 t_{w4}。

1）主汽阀球壁的热导率 λ_1 和保温层的热导率 λ_2 的计算结果。依据第四次迭代计算得出的 t_{w2}、t_{w3} 和 t_{w4}，有

$$t_{m1}=\frac{t_{w2}+t_{w3}}{2}=\frac{599.96+596.79}{2}=598.375(℃)$$

主汽阀球壁材料为 ZGCr10MoVNbN，查表 1-15，有

$$\lambda_1=27.7+\frac{26.2-27.7}{100}\times(598.375-500)=26.224\,375[\mathrm{W/(m\cdot K)}]$$

$$t_{m2}=\frac{t_{w3}+t_{w4}}{2}=\frac{596.79+52.87}{2}=324.83(℃)$$

保温材料热导率计算结果为

$$\lambda_2 = 0.056 + 0.0002 \times (324.83 - 70) = 0.106\ 966[\mathrm{W/(m \cdot K)}]$$

2）保温结构外表面的复合传热系数的计算结果。依据式（7-32），该主汽阀球壳保温结构外表面的辐射传热系数 h_{v11} 的计算结果为

$$h_{v11} = \frac{5.67\varepsilon}{t_{w4} - t_a}\left[\left(\frac{273 + t_{w4}}{100}\right)^4 - \left(\frac{273 + t_a}{100}\right)^4\right]$$

$$= \frac{5.67 \times 0.3}{52.87 - 25} \times \left[\left(\frac{273 + 52.87}{100}\right)^4 - \left(\frac{273 + 25}{100}\right)^4\right] = 2.07[\mathrm{W/(m^2 \cdot K)}]$$

按照式（7-33），该主汽阀球壳保温结构外表面对流传热的表面传热系数 h_{v12} 的计算结果为

$$h_{v12} = \frac{26.4}{\sqrt{297 - 0.5(t_{w4} + t_a)}}\left(\frac{t_{w4} - t_a}{d_4}\right)^{0.25}$$

$$= \frac{26.4}{\sqrt{297 - 0.5(52.87 + 25)}} \times \left(\frac{52.87 - 25}{1.92}\right)^{0.25} = 3.21[\mathrm{W/(m^2 \cdot K)}]$$

根据式（7-31），该主汽阀球壳保温结构外表面的复合传热系数 h_{v10} 的计算结果为

$$h_{v10} = h_{v11} + h_{v12} = 2.07 + 3.21 = 5.28[\mathrm{W/(m^2 \cdot K)}]$$

3）k_3、q_3、t_{w2}、t_{w3} 和 t_{w4} 的计算结果。按照式（7-38），得出以主汽阀球壳内层壁外表面积 $\pi d_3 l$ 为基准的双层球壁传热过程的传热系数 k_3 的计算结果为

$$k_3 = \left[\frac{d_3^2}{d_2^2 h_{v4}} + \frac{d_3^2}{2\lambda_1}\left(\frac{1}{d_2} - \frac{1}{d_3}\right) + \frac{d_3^2}{2\lambda_2}\left(\frac{1}{d_3} - \frac{1}{d_4}\right) + \frac{d_3^2}{d_4^2 h_{v10}}\right]^{-1}$$

$$= \left[\frac{1.36^2}{0.96^2 \times 13\ 800.92} + \frac{1.36^2}{2 \times 26.224\ 375} \times \left(\frac{1}{0.96} - \frac{1}{1.36}\right)\right.$$

$$\left. + \frac{1.36^2}{2 \times 0.106\ 966} \times \left(\frac{1}{1.36} - \frac{1}{1.92}\right) + \frac{1.36^2}{1.92^2 \times 5.28}\right]^{-1}$$

$$= 0.510\ 165\ 785\ 9[\mathrm{W/(m^2 \cdot K)}]$$

确定双层球壁传热过程的传热系数 k_3 后，可以计算主汽阀双层球壁的 q_3、t_{w2}、t_{w3} 和 t_{w4} 的计算结果分别为

$$q_3 = k_3(t_g - t_a) = 0.510\ 165\ 785\ 9 \times (600 - 25) = 293.35(\mathrm{W/m^2})$$

$$t_{w2} = t_g - \frac{d_3^2 q_3}{d_2^2 h_{v4}} = 600 - \frac{1.36^2 \times 293.35}{0.96^2 \times 13\ 800.92} = 599.96(℃)$$

$$t_{w3} = t_{w2} - \frac{d_3^2 q_3}{2\lambda_1}\left(\frac{1}{d_2} - \frac{1}{d_3}\right) = 599.96 - \frac{1.36^2 \times 293.35}{2 \times 26.224\ 375} \times \left(\frac{1}{0.96} - \frac{1}{1.36}\right) = 596.79(℃)$$

$$t_{w4} = t_a + \frac{d_3^2 q_3}{d_4^2 h_{v10}} = 25 + \frac{1.36^2 \times 293.35}{1.92^2 \times 5.28} = 52.88(℃)$$

（8）第六次计算：求 k_3、q_3、t_{w2}、t_{w3} 和 t_{w4}。

1）主汽阀球壁的热导率 λ_1 和保温层的热导率 λ_2 的计算结果。依据第五次迭代计算得出的 t_{w2}、t_{w3} 和 t_{w4}，有

$$t_{m1} = \frac{t_{w2} + t_{w3}}{2} = \frac{599.96 + 596.79}{2} = 598.375(℃)$$

主汽阀球壁材料为 ZGCr10MoVNbN，查表 1-15，有

$$\lambda_1 = 27.7 + \frac{26.2 - 27.7}{100} \times (598.375 - 500) = 26.224\ 375[\mathrm{W/(m \cdot K)}]$$

$$t_{m2} = \frac{t_{w3} + t_{w4}}{2} = \frac{596.79 + 52.88}{2} = 324.835(℃)$$

保温材料热导率计算结果为

$$\lambda_2 = 0.056 + 0.0002 \times (324.83 - 70) = 0.106\ 967[\mathrm{W/(m \cdot K)}]$$

2）保温结构外表面的复合传热系数的计算结果。依据式（7-32），该主汽阀球壳保温结构外表面的辐射传热系数 h_{v11} 的计算结果为

$$h_{v11} = \frac{5.67\varepsilon}{t_{w4} - t_a}\left[\left(\frac{273 + t_{w4}}{100}\right)^4 - \left(\frac{273 + t_a}{100}\right)^4\right]$$
$$= \frac{5.67 \times 0.3}{52.88 - 25} \times \left[\left(\frac{273 + 52.88}{100}\right)^4 - \left(\frac{273 + 25}{100}\right)^4\right] = 2.07[\mathrm{W/(m^2 \cdot K)}]$$

按照式（7-33），该主汽阀球壳保温结构外表面对流传热的表面传热系数 h_{v12} 的计算结果为

$$h_{v12} = \frac{26.4}{\sqrt{297 - 0.5(t_{w4} + t_a)}}\left(\frac{t_{w4} - t_a}{d_4}\right)^{0.25}$$
$$= \frac{26.4}{\sqrt{297 - 0.5(52.88 + 25)}} \times \left(\frac{52.88 - 25}{1.92}\right)^{0.25} = 3.21[\mathrm{W/(m^2 \cdot K)}]$$

根据式（7-31），该主汽阀球壳保温结构外表面的复合传热系数 h_{v10} 的计算结果为

$$h_{v10} = h_{v11} + h_{v12} = 2.07 + 3.21 = 5.28[\mathrm{W/(m^2 \cdot K)}]$$

3）k_3、q_3、t_{w2}、t_{w3} 和 t_{w4} 的计算结果。按照式（7-38），得出以主汽阀球壳内层壁外表面积 $\pi d_3 l$ 为基准的双层球壁传热过程的传热系数 k_3 的计算结果为

$$k_3 = \left[\frac{d_3^2}{d_2^2 h_{v4}} + \frac{d_3^2}{2\lambda_1}\left(\frac{1}{d_2} - \frac{1}{d_3}\right) + \frac{d_3^2}{2\lambda_2}\left(\frac{1}{d_3} - \frac{1}{d_4}\right) + \frac{d_3^2}{d_4^2 h_{v10}}\right]^{-1}$$
$$= \left[\frac{1.36^2}{0.96^2 \times 13\ 800.92} + \frac{1.36^2}{2 \times 26.224\ 375} \times \left(\frac{1}{0.96} - \frac{1}{1.36}\right)\right.$$
$$\left. + \frac{1.36^2}{2 \times 0.106\ 967} \times \left(\frac{1}{1.36} - \frac{1}{1.92}\right) + \frac{1.36^2}{1.92^2 \times 5.28}\right]^{-1}$$
$$= 0.510\ 170\ 297[\mathrm{W/(m^2 \cdot K)}]$$

确定双层球壁传热过程的传热系数 k_3 后，可以计算主汽阀双层球壁的 q_3、t_{w2}、t_{w3} 和 t_{w4} 的计算结果分别为

$$q_3 = k_3(t_g - t_a) = 0.510\ 170\ 297 \times (600 - 25) = 293.35(\mathrm{W/m^2})$$

$$t_{w2} = t_g - \frac{d_3^2 q_3}{d_2^2 h_{v4}} = 600 - \frac{1.36^2 \times 293.35}{0.96^2 \times 13\ 800.92} = 599.96(℃)$$

$$t_{w3} = t_{w2} - \frac{d_3^2 q_3}{2\lambda_1}\left(\frac{1}{d_2} - \frac{1}{d_3}\right) = 599.96 - \frac{1.36^2 \times 293.35}{2 \times 26.224\ 375} \times \left(\frac{1}{0.96} - \frac{1}{1.36}\right) = 596.79(℃)$$

$$t_{w4} = t_a + \frac{d_3^2 q_3}{d_4^2 h_{v10}} = 25 + \frac{1.36^2 \times 293.35}{1.92^2 \times 5.28} = 52.88(℃)$$

鉴于该主汽阀球壁第六次 t_{w2}、t_{w3} 和 t_{w4} 的迭代计算值与输入值一致，迭代计算结束，

第六次计算的结果为最终计算结果。

4）主汽阀内层壁外表面的等效表面传热系数 h_{e0} 的计算结果。依据式（7-43），得出设计有保温结构的汽轮机主汽阀内层壁外表面的等效表面传热系数 h_{e0} 的计算结果为

$$h_{e0}=\frac{q_3}{t_{w3}-t_a}=\frac{293.35}{596.79-25}=0.51[\mathrm{W/(m^2\cdot K)}]$$

5）最终计算结果：经过六次迭代计算，得出该主汽阀球壁内表面温度 $t_{w2}=599.96$℃、主汽阀球壁外表面温度 $t_{w3}=596.79$℃、主汽阀球壁保温结构外表面温度 $t_{w4}=52.88$℃，以主汽阀球壁内层壁外表面积为基准的传热系数 $k_3=0.51\mathrm{W/(m^2\cdot K)}$、主汽阀球壁外表面热流密度 $q_3=293.35\mathrm{W/m^2}$，主汽阀内层壁外表面的等效表面传热系数 $h_{e0}=0.51\mathrm{W/(m^2\cdot K)}$。

（9）主汽阀进汽管、调节阀进汽管、调节阀球壁和调节阀出汽管。

1）已知参数。该型号汽轮机主汽调节阀的主汽阀进汽管、主汽阀球壁、主汽阀出汽管与调节阀进汽管、调节阀球壁和调节阀出汽管的内表面直径 d_2、外表面直径 d_3、保温层厚度 δ、保温结构外径 d_4 等已知设计数据列于表 7-4，圆筒壁与球壁材料为 ZGCr10MoVNbN，在 100%TMCR 工况的主蒸汽温度 $t_g=600$℃。保温层材料选取硅酸铝棉制品，保护层材料选用不锈钢薄板，保温结构外表面材料发射率（黑度）$\varepsilon=0.3$，汽轮机主汽调节阀在隔声罩内无风速 $W=0\mathrm{m/s}$，保温结构外表面的环境温度 $t_a=25$℃。

表 7-4　　主汽调节阀原设计数据

序号	项　目	主汽阀进汽管	主汽阀球壁	主汽阀出汽管与调节阀进汽管	调节阀球壁	调节阀出汽管
1	表面直径 d_2(m)	0.40	0.96	0.41	0.78	0.29
2	外表面直径 d_3(m)	0.685	1.36	0.90	1.14	0.626
3	保温层厚度 δ(m)	0.28	0.28	0.28	0.28	0.28
4	保温结构外径 d_4(m)	1.245	1.92	1.46	1.70	1.186
5	保温结构外表面材料发射率（黑度）ε	0.3	0.3	0.3	0.3	0.3
6	风速 W(m/s)	0	0	0	0	0
7	环境温度 t_a(℃)	25	25	25	25	25

2）100%TMCR 工况计算结果。在 100%TMCR 工况下，采用迭代法计算得出该型号汽轮机主汽调节阀的主汽阀进汽管、主汽阀球壁、主汽阀出汽管与调节阀进汽管、调节阀球壁和调节阀出汽管的内表面温度 t_{w2}、外表面温度 t_{w3}、保温结构外表面温度 t_{w4} 和以主汽调节阀内层壁外表面积为基准的传热系数 k_3 和外表面热流密度 q_3 以及主汽调节阀内层壁外表面等效传热系数 h_{e0} 的计算结果列于表 7-5。

3）分析与讨论。从表 7-5 知，在 100%TMCR 工况下该型号汽轮机主汽调节阀的保温结构外表面温度 t_{w4} 超过 DL/T 5072—2019 规定的 50℃的上限[4]，100%TMCR 工况下保温结构材料与厚度的设计是不合适的。

表 7-5　100%TMCR 工况主汽调节阀原设计表面温度与热流密度的计算结果

序号	项　目	主汽阀进汽管	主汽阀球壁	主汽阀出汽管与调节阀进汽管	调节阀球壁	调节阀出汽管
1	主蒸汽温度 t_g(℃)	600	600	600	600	600
2	内表面温度 t_{w2}(℃)	599.96	599.96	599.96	599.97	599.97
3	外表面温度 t_{w3}(℃)	597.96	596.79	596.36	596.85	597.30
4	保温结构外表面温度 t_{w4}(℃)	52.82	52.88	54.47	51.30	52.20
5	传热系数 k_3[W/(m² · K)]	0.50	0.51	0.46	0.54	0.51
6	热流密度 q_3(W/m²)	285.25	293.35	266.53	310.34	291.48
7	等效表面传热系数 h_{e0}[W/(m² · K)]	0.50	0.51	0.47	0.54	0.51
8	等效表面传热系数与传热过程传热系数之差 ($h_{e0}-k_3$) [W/(m² · K)]	0	0	0.01	0	0

2. 部分负荷工况

(1) 75%TMCR 工况的计算结果：对于相同的超超临界一次再热 1000MW 汽轮机主汽调节阀的主汽阀进汽管、主汽阀球壁、主汽阀出汽管与调节阀进汽管、调节阀球壁和调节阀出汽管，在 75%TMCR 工况下，采用迭代法计算得出的内表面温度 t_{w2}、外表面温度 t_{w3}、保温结构外表面温度 t_{w4} 和以主汽调节阀内层壁外表面积为基准的传热系数 k_3 和外表面热流密度 q_3 以及主汽调节阀内层壁外表面等效传热系数 h_{e0} 的计算结果列于表 7-6。

表 7-6　75%TMCR 工况主汽调节阀原设计表面温度与热流密度的计算结果

序号	项　目	主汽阀进汽管	主汽阀球壁	主汽阀出汽管与调节阀进汽管	调节阀球壁	调节阀出汽管
1	主蒸汽温度 t_g(℃)	590	590	590	590	590
2	内表面温度 t_{w2}(℃)	589.95	589.96	589.94	589.95	589.96
3	外表面温度 t_{w3}(℃)	588.01	586.89	586.46	586.94	587.37
4	保温结构外表面温度 t_{w4}(℃)	52.21	52.28	54.70	50.72	51.98
5	传热系数 k_3[W/(m² · K)]	0.49	0.51	0.46	0.54	0.50
6	热流密度 q_3(W/m²)	277.60	285.49	258.91	302.03	283.75
7	等效表面传热系数 h_{e0}[W/(m² · K)]	0.49	0.51	0.46	0.54	0.50
8	等效表面传热系数与传热过程传热系数之差 ($h_{e0}-k_3$) [W/(m² · K)]	0	0	0	0	0

(2) 50%TMCR 工况的计算结果：对于相同的超超临界一次再热 1000MW 汽轮机主汽调节阀的主汽阀进汽管、主汽阀球壁、主汽阀出汽管与调节阀进汽管、调节阀球壁和调节阀出汽管，在 50%TMCR 工况下，采用迭代法计算得出的内表面温度 t_{w2}、外表面温度 t_{w3}、保温结构外表面温度 t_{w4} 和以主汽调节阀内层壁外表面积为基准的传热系数 k_3 和外表面热流密度 q_3 以及主汽调节阀内层壁外表面等效传热系数 h_{e0} 的计算结果列

于表 7-7。

表 7-7　　50%TMCR 工况主汽调节阀原设计表面温度与热流密度的计算结果

序号	项　目	主汽阀进汽管	主汽阀球壁	主汽阀出汽管与调节阀进汽管	调节阀球壁	调节阀出汽管
1	主蒸汽温度 t_g(℃)	580	580	580	580	580
2	内表面温度 t_{w2}(℃)	579.92	579.94	579.91	579.93	579.95
3	外表面温度 t_{w3}(℃)	578.05	576.97	576.54	577.01	577.44
4	保温结构外表面温度 t_{w4}(℃)	51.60	51.67	53.19	50.14	51.01
5	传热系数 k_3[W/(m²·K)]	0.49	0.50	0.45	0.53	0.50
6	热流密度 q_3(W/m²)	270.03	277.73	252.34	293.82	275.96
7	等效表面传热系数 h_{e0}[W/(m²·K)]	0.49	0.50	0.46	0.53	0.50
8	等效表面传热系数与传热过程传热系数之差 ($h_{e0}-k_3$)[W/(m²·K)]	0	0	0	0.01	0

(3) 35%TMCR 工况的计算结果：对于相同的超超临界一次再热 1000MW 汽轮机主汽调节阀的主汽阀进汽管、主汽阀球壁、主汽阀出汽管与调节阀进汽管、调节阀球壁和调节阀出汽管，在 35%TMCR 工况下，采用迭代法计算得出的内表面温度 t_{w2}、外表面温度 t_{w3}、保温结构外表面温度 t_{w4} 和以主汽调节阀内层壁外表面积为基准的传热系数 k_3 和外表面热流密度 q_3 以及主汽调节阀内层壁外表面等效传热系数 h_{e0} 的计算结果列于表 7-8。

表 7-8　　35%TMCR 工况主汽调节阀原设计表面温度与热流密度的计算结果

序号	项　目	主汽阀进汽管	主汽阀球壁	主汽阀出汽管与调节阀进汽管	调节阀球壁	调节阀出汽管
1	主蒸汽温度 t_g(℃)	570	570	570	570	570
2	内表面温度 t_{w2}(℃)	569.90	569.92	569.88	569.91	569.93
3	外表面温度 t_{w3}(℃)	568.09	567.05	566.63	567.09	567.51
4	保温结构外表面温度 t_{w4}(℃)	51.00	51.06	52.55	49.57	50.42
5	传热系数 k_3[W/(m²·K)]	0.48	0.50	0.45	0.52	0.49
6	热流密度 q_3(W/m²)	262.57	270.06	245.38	285.70	268.34
7	等效表面传热系数 h_{e0}[W/(m²·K)]	0.48	0.50	0.45	0.53	0.49
8	等效表面传热系数与传热过程传热系数之差 ($h_{e0}-k_3$)[W/(m²·K)]	0	0	0	0.01	0

(4) 计算结果分析与讨论：从表 7-5～表 7-8 的计算结果知，该型号汽轮机的主汽阀进汽管、主汽阀球壁、主汽阀出汽管与调节阀进汽管、调节阀球壁和调节阀出汽管的保温结构外表面温度 t_{w4} 超过 DL/T 5072—2019 规定的 50℃的上限[4]，在 35%～100%TMCR 工况下，保温层硅酸铝棉制品厚度的设计是不合适的，需要增加保温层的厚度。

3. 增加保温层厚度的计算结果

(1) 已知参数：针对该型号汽轮机主汽调节阀，增加保温层厚度的主汽阀进汽管、主汽阀出汽管与调节阀进汽管、调节阀球壁和调节阀出汽管以及主汽阀球壁的内表面直径 d_2、外表面直径 d_3、保温层厚度 δ、保温结构外径 d_4 等已知设计数据列于表 7-9，圆筒壁与球壁材料为 ZGCr10MoVNbN。保温层材料选取硅酸铝棉制品，保护层材料选用不锈钢薄板，经计算分析保温层厚度 $\delta=340\text{mm}=0.34\text{m}$，保温结构外表面材料发射率（黑度）取 $\varepsilon=0.3$，汽轮机主汽调节阀在隔声罩内无风速 $W=0\text{m/s}$，保温结构外表面的环境温度 $t_a=25℃$。

表 7-9　主汽调节阀增加保温层厚度设计数据

序号	项　目	主汽阀进汽管	主汽阀球壁	主汽阀出汽管与调节阀进汽管	调节阀球壁	调节阀出汽管
1	表面直径 d_2(m)	0.40	0.96	0.41	0.78	0.29
2	外表面直径 d_3(m)	0.685	1.36	0.90	1.14	0.626
3	保温层厚度 δ(m)	0.34	0.34	0.34	0.34	0.34
4	保温结构外径 d_4(m)	1.365	2.04	1.58	1.82	1.306
5	保温结构外表面材料发射率（黑度）ε	0.3	0.3	0.3	0.3	0.3
6	风速 W(m/s)	0	0	0	0	0
7	环境温度 t_a(℃)	25	25	25	25	25

(2) 100%TMCR 工况计算结果：在 100%TMCR 工况下，采用迭代法计算得出该型号汽轮机主汽调节阀的主汽阀进汽管、主汽阀球壁、主汽阀出汽管与调节阀进汽管、调节阀球壁和调节阀出汽管的内表面温度 t_{w2}、外表面温度 t_{w3}、保温结构外表面温度 t_{w4} 和以主汽调节阀内层壁外表面积为基准的传热系数 k_3 和外表面热流密度 q_3 以及主汽调节阀内层壁外表面等效传热系数 h_{e0} 的计算结果列于表 7-10。

表 7-10　100%TMCR 工况主汽调节阀增加保温层厚度表面温度与热流密度的计算结果

序号	项　目	主汽阀进汽管	主汽阀球壁	主汽阀出汽管与调节阀进汽管	调节阀球壁	调节阀出汽管
1	主蒸汽温度 t_g(℃)	600	600	600	600	600
2	内表面温度 t_{w2}(℃)	599.97	599.97	599.96	599.97	599.98
3	外表面温度 t_{w3}(℃)	598.22	597.18	596.85	597.21	597.64
4	主蒸汽温度与内表面温度之差 (t_g-t_{w2})(℃)	0.03	0.03	0.04	0.03	0.02
5	主蒸汽温度与外表面温度之差 (t_g-t_{w3})(℃)	1.78	2.82	3.15	2.79	2.36
6	内外表面温度之差 $(t_{w2}-t_{w3})$(℃)	1.75	2.79	3.11	2.76	2.34
7	保温结构外表面温度 t_{w4}(℃)	48.30	47.89	49.47	46.45	47.76
8	传热系数 k_3[W/(m^2·K)]	0.43	0.45	0.40	0.48	0.44
9	热流密度 q_3(W/m^2)	248.36	258.10	230.41	275.07	254.52
10	等效表面传热系数 h_{e0}[W/(m^2·K)]	0.43	0.45	0.40	0.48	0.44
11	等效表面传热系数与传热过程传热系数之差 $(h_{e0}-k_3)$[W/(m^2·K)]	0	0	0	0	0

（3）75%TMCR 工况的计算结果：对于相同的超超临界一次再热 1000MW 汽轮机主汽调节阀的主汽阀进汽管、主汽阀球壁、主汽阀出汽管与调节阀进汽管、调节阀球壁和调节阀出汽管，在 75%TMCR 工况下，采用迭代法计算得出的内表面温度 t_{w2}、外表面温度 t_{w3}、保温结构外表面温度 t_{w4} 和以主汽调节阀内层壁外表面积为基准的传热系数 k_3 和外表面热流密度 q_3 以及主汽调节阀内层壁外表面等效传热系数 h_{e0} 的计算结果列于表7-11。

表 7-11　75%TMCR 工况主汽调节阀增加保温层厚度表面温度与热流密度的计算结果

序号	项　目	主汽阀进汽管	主汽阀球壁	主汽阀出汽管与调节阀进汽管	调节阀球壁	调节阀出汽管
1	主蒸汽温度 t_g(℃)	590	590	590	590	590
2	内表面温度 t_{w2}(℃)	589.96	589.96	589.94	589.96	589.97
3	外表面温度 t_{w3}(℃)	588.27	587.26	586.92	587.29	587.69
4	主蒸汽温度与内表面温度之差 (t_g-t_{w2})(℃)	0.04	0.04	0.06	0.04	0.03
5	主蒸汽温度与外表面温度之差 (t_g-t_{w3})(℃)	1.73	2.74	3.08	2.71	2.31
6	内外表面温度之差 $(t_{w2}-t_{w3})$(℃)	1.69	2.70	3.02	2.67	2.28
7	保温结构外表面温度 t_{w4}(℃)	47.78	47.38	49.15	45.97	46.83
8	传热系数 k_3[W/(m^2·K)]	0.43	0.44	0.40	0.47	0.44
9	热流密度 q_3(W/m^2)	241.70	251.19	225.09	267.70	249.08
10	等效表面传热系数 h_{e0}[W/(m^2·K)]	0.43	0.45	0.40	0.48	0.44
11	等效表面传热系数与传热过程传热系数之差 $(h_{e0}-k_3)$ [W/(m^2·K)]	0	0.01	0	0.01	0

（4）50%TMCR 工况的计算结果。对于相同的超超临界一次再热 1000MW 汽轮机主汽调节阀的主汽阀进汽管、主汽阀球壁、主汽阀出汽管与调节阀进汽管、调节阀球壁和调节阀出汽管，在 50%TMCR 工况下，采用迭代法计算得出的内表面温度 t_{w2}、外表面温度 t_{w3}、保温结构外表面温度 t_{w4} 和以主汽调节阀内层壁外表面积为基准的传热系数 k_3 和外表面热流密度 q_3 以及主汽调节阀内层壁外表面等效传热系数 h_{e0} 的计算结果列于表7-12。

表 7-12　50%TMCR 工况主汽调节阀增加保温层厚度表面温度与热流密度的计算结果

序号	项　目	主汽阀进汽管	主汽阀球壁	主汽阀出汽管与调节阀进汽管	调节阀球壁	调节阀出汽管
1	主蒸汽温度 t_g(℃)	580	580	580	580	580
2	内表面温度 t_{w2}(℃)	579.93	579.94	579.92	579.94	579.95
3	外表面温度 t_{w3}(℃)	578.30	577.33	577.01	577.35	577.76
4	主蒸汽温度与内表面温度之差 (t_g-t_{w2})(℃)	0.07	0.06	0.08	0.06	0.05
5	主蒸汽温度与外表面温度之差 (t_g-t_{w3})(℃)	1.70	2.67	2.99	2.65	2.24

续表

序号	项目	主汽阀进汽管	主汽阀球壁	主汽阀出汽管与调节阀进汽管	调节阀球壁	调节阀出汽管
6	内外表面温度之差 $(t_{w2}-t_{w3})$(℃)	1.63	2.61	2.91	2.59	2.19
7	保温结构外表面温度 t_{w4}(℃)	47.27	46.87	48.68	45.50	46.76
8	传热系数 k_3[W/(m^2·K)]	0.42	0.44	0.39	0.47	0.43
9	热流密度 q_3(W/m^2)	235.12	244.36	218.15	260.42	240.97
10	等效表面传热系数 h_{e0}[W/(m^2·K)]	0.42	0.44	0.40	0.47	0.44
11	等效表面传热系数与传热过程传热系数之差 $(h_{e0}-k_3)$ [W/(m^2·K)]	0	0	0.01	0	0.01

(5) 35%TMCR 工况的计算结果：对于相同的超超临界一次再热 1000MW 汽轮机主汽调节阀的主汽阀进汽管、主汽阀球壁、主汽阀出汽管与调节阀进汽管、调节阀球壁和调节阀出汽管，在 35%TMCR 工况下，采用迭代法计算得出的内表面温度 t_{w2}、外表面温度 t_{w3}、保温结构外表面温度 t_{w4} 和以主汽调节阀内层壁外表面积为基准的传热系数 k_3 和外表面热流密度 q_3 以及主汽调节阀内层壁外表面等效传热系数 h_{e0} 的计算结果列于表7-13。

表 7-13　35%TMCR 工况主汽调节阀增加保温层厚度表面温度与热流密度的计算结果

序号	项目	主汽阀进汽管	主汽阀球壁	主汽阀出汽管与调节阀进汽管	调节阀球壁	调节阀出汽管
1	主蒸汽温度 t_g(℃)	570	570	570	570	570
2	内表面温度 t_{w2}(℃)	569.92	569.93	569.90	569.92	569.94
3	外表面温度 t_{w3}(℃)	568.34	567.40	567.08	567.42	567.82
4	主蒸汽温度与内表面温度之差 (t_g-t_{w2})(℃)	0.08	0.07	0.10	0.08	0.06
5	主蒸汽温度与外表面温度之差 (t_g-t_{w3})(℃)	1.66	2.60	2.92	2.58	2.18
6	内外表面温度之差 $(t_{w2}-t_{w3})$(℃)	1.58	2.53	2.82	2.50	2.12
7	保温结构外表面温度 t_{w4}(℃)	46.76	46.37	48.14	45.03	46.26
8	传热系数 k_3[W/(m^2·K)]	0.42	0.44	0.39	0.46	0.43
9	热流密度 q_3(W/m^2)	228.62	237.62	212.13	253.23	234.32
10	等效表面传热系数 h_{e0}[W/(m^2·K)]	0.42	0.44	0.39	0.47	0.43
11	等效表面传热系数与传热过程传热系数之差 $(h_{e0}-k_3)$ [W/(m^2·K)]	0	0	0	0.01	0

4. 分析与讨论

(1) 该型号主汽调节阀保温层原设计为厚度 0.28m 的硅酸铝棉制品，从表 7-5～表 7-8 的计算结果知，在 35%～100%TMCR 的稳态工况下，该型号汽轮机的主汽阀进汽管、主汽阀球壁、主汽阀出汽管与调节阀进汽管、调节阀球壁和调节阀出汽管的保温结构外表面温度 t_{w4} 超过 DL/T 5072—2019 规定的 50℃的上限[4]，保温层厚度的原设计是不合适的。

（2）改进设计把该型号主汽调节阀保温层硅酸铝棉制品的厚度增加到0.34m，从表7-10～表7-13的计算结果知，在汽轮机35%～100%TMCR的稳态工况下，该型号汽轮机的主汽阀进汽管、主汽阀球壁、主汽阀出汽管与调节阀进汽管、调节阀球壁和调节阀出汽管的保温结构外表面温度t_{w4}的变化范围为45.03～49.47℃，该型号汽轮机主蒸调节阀的保温结构改进后外表面温度均小于DL/T 5072—2019规定的50℃的上限[4]，保温层厚度的改进设计是合适的。

（3）从表7-10～表7-13知，在汽轮机35%～100%TMCR的稳态工况下，主汽调节阀内表面温度与主蒸汽温度相差0.02～0.10℃，主汽调节阀外表面温度与主蒸汽温度相差1.66～3.15℃，主汽调节阀内外壁面温差的范围为1.58～3.11℃。表明在汽轮机额定负荷工况和部分负荷工况的稳态运行过程中，主汽调节阀内外壁面温差很小，热应力也很小，主要损伤模式为蠕变损伤。工程上，在汽轮机的起动、停机与负荷变动的瞬态过程，主汽调节阀内外壁面温差很大，热应力也很大，主要损伤模式为低周疲劳损伤。

（4）对于汽轮机部件的传热过程，传热系数k_3的计算公式为$k_3=(AR)^{-1}$，这里A为传热系数计算的基准面积，R为传热过程总热阻。在主汽调节阀传热系数的计算过程中，假设主汽调节阀与保温层之间以及保温层与保护层之间接触良好且无接触热阻。实际上，在主汽调节阀的实际传热过程中，主汽调节阀外壁与保温层内壁之间存在接触热阻，在保温层外表面与保护层之间也存在接触热阻。由于实际热阻大于该应用实例计算得出的热阻，实际双层壁传热过程的传热系数小于应用实例的计算结果。

（5）从表7-10～表7-13知，在汽轮机35%～100%TMCR的稳态工况下，主汽调节阀外表面的热流密度q_3的变化范围为212.13～275.07W/m^2，表明在汽轮机额定负荷工况和部分负荷工况，主汽调节阀外表面的热流密度不为0。传统方法认为主汽调节阀外表面加装了保温结构，把主汽调节阀外壁面处理为热流密度为零的第二类边界条件（即绝热边界条件）。计算结果表明，在不同负荷工况下，主汽调节阀外表面的热流密度q_3的变化范围为212.13～275.07W/m^2。因此，在汽轮机的起动、停机与负荷变动的瞬态过程计算主汽调节阀的稳态与瞬态温度场的有限元数值计算中，把主汽调节阀外表面处理为热流密度为零的方法不符合工程实际。

（6）从表7-5～表7-8和表7-10～表7-13的计算结果知，在汽轮机35%～100%TMCR的稳态工况，以主汽调节阀内层壁外表面积为基准的双层壁传热过程的传热系数k_3分别为0.39～0.54W/(m^2·K)。该主汽调节阀内层壁外表面的等效表面传热系数h_{e0}与以内层壁外表面积为基准的双层壁传热过程的传热系数k_3之差（$h_{e0}-k_3$）为0～0.01W/(m^2·K)，工程上可以认为h_{e0}与k_3相等。该型号汽轮机主汽调节阀以内层壁外表面积为基准的双层壁传热过程的传热系数k_3不为0，内层壁外表面的等效表面传热系数也不为0。传统方法认为主汽调节阀外表面加装了保温结构，把主汽调节阀处理为内层壁外表面传热系数为0的第三类边界条件不符合工程实际。

（7）汽轮机主汽调节阀传热计算方法的验证。工程上通常采用现场实测阀壳表面温度与传热计算表面温度对比，来验证主汽调节阀传热计算方法的误差。对于某型号

1000MW 主汽调节阀的阀壳，点火与冲转的瞬态过程，阀壳表面温度计算值与实测值的最大相对误差 2.83%；从并网至 400MW 的瞬态过程，与实测值相比，计算值的最大相对误差 1.59%；400～1000MW 的瞬态过程，与实测值相比，计算值的最大相对误差 1.26%。主汽调节阀的阀壳表面温度计算的相对误差不超过 3%，表明阀壳传热计算精度工程上可以接受。

参 考 文 献

[1] Швец И. Т.，Дыбан Е. П. Воэдушное охлаждение деталей гаэовых турбин. Киев：Наукова думка，1974.

[2] Плоткин Е. Р.，Лейерович А. Ш. Пусковые Режимы Паровых Турбин Энерго-облоков Пэдательство. Энергия，1980.

[3] 中华人民共和国住房和城乡建设部．工业设备及管道绝热工程设计规范：GB 50264—2013. 北京：中国计划出版社，2013.

[4] 国家能源局．发电厂保温油漆设计规程：DL/T 5072—2019. 北京：中国计划出版社，2019.

第八章　汽轮机静叶片与隔板传热计算方法

本章介绍了反动式汽轮机静叶片与冲动式汽轮机隔板的表面传热系数计算方法，给出了静叶片的叶型和流道上端面与下端面、静叶片中间体与围带的两侧表面、隔板外环与隔板体的两侧表面、汽封部位的表面传热系数计算公式，应用于汽轮机静叶片、隔板与内缸的传热与冷却设计以及温度场与应力场研究。

第一节　静叶片传热计算方法

本节介绍了反动式汽轮机静叶片对流传热的表面传热系数的计算方法，给出了静叶片的叶型和流道上端面与下端面、静叶片中间体侧表面、静叶片围带侧表面、静叶片汽封的表面传热系数计算公式和流体物性参数的确定方法，应用于反动式汽轮机静叶片与内缸的表面传热系数计算和稳态温度场、瞬态温度场与应力场的有限元数值计算。

一、静叶片叶型与上下端面的对流传热

1. 反动式汽轮机静叶片

反动式汽轮机静叶片的示意图如图 8-1 所示，反动式汽轮机的静叶片由静叶片中间体 2、静叶片叶型 5 和静叶片围带 7 组成。汽轮机静叶片流道有两个端面，一个是靠近汽轮机内缸侧的流道端面称为上端面 4，另一个是靠近汽轮机转子侧的流道端面称为下端面 9。静叶片安装内缸 1 上，静叶片流道上端面 4 与内缸 1 的内表面之间部分称为静叶片中间体 2，静叶片流道下端面 9 与转子 12 的外表面之间部分称为静叶片围带 7。静叶片中间体 2 的进汽侧表面是静叶片中间体表面 3，静叶片中间体 2 的出汽侧表面是中间体表面 8。静叶片围带 7 的进汽侧表面是围带表面 6，静叶片围带 7 的出汽侧表面是围带表面 10，静叶片围带 7 的汽封表面是汽封表面 11。

2. 叶型表面与流道上下端面

对于反动式汽轮机的静叶片叶型表面，采用式（5-1），计算静叶片叶型平均表面传热系数 h_{b1}。对于反动式汽轮机的静叶片流道的下端面和上端面，采用式（5-7），计算静叶片流道上端面与下端面的表面传热系数 h_{b2}。反动式汽轮机的静叶片的叶型与流道上端面与下端面的表面传热计算的特征尺寸、特征速度、定性温度与流体物性参数的确定方法，与式（5-1）和式（5-7）计算静叶片流道的表面传热系数所采用的方法相同。

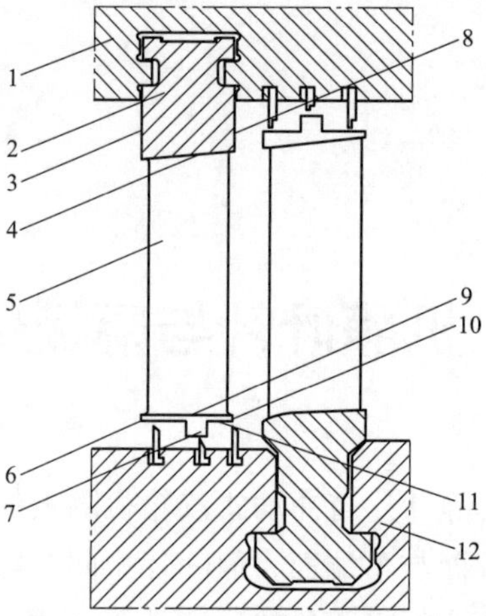

图 8-1　反动式汽轮机静叶片的示意图

1—内缸；2—静叶片中间体；3—静叶片中间体进汽侧表面；4—静叶片流道上端面；5—静叶片叶型；6—静叶片围带进汽侧表面；7—静叶片围带；8—静叶片中间体出汽侧表面；9—静叶片流道下端面；10—静叶片围带出汽侧表面；11—静叶片围带汽封表面；12—转子

二、静叶片中间体与围带的两侧表面

反动式汽轮机静叶片中间体，位于静叶片流道上端面与内缸之间，反动式汽轮机静叶片围带，位于静叶片流道下端面与转子侧静叶片汽封之间。静叶片中间体与静叶片围带的侧表面传热系数的计算方法相同。

反动式汽轮机第一级静叶片、抽汽口与补汽口后面的静叶片进汽侧表面，属于大空间静叶片中间体与围带的侧表面[1,2]。反动式汽轮机其他静叶片的进汽侧表面和所有静叶片的出汽侧表面，属于小空间围带与静叶片中间体的侧表面。

1. 小空间静叶片中间体与围带的侧表面

在反动式汽轮机的静叶片中，所有静叶片的出汽侧表面，由于静叶片与叶轮的轴向尺寸 $S \ll$ 轮缘半径 r_2，属于小空间静叶片中间体与围带的侧表面。除了第一级静叶片、抽汽口与补汽口后面的静叶片之外，其他静叶片的进汽侧表面也属于小空间静叶片中间体与围带的侧表面。

在式（2-15）、式（2-16）和式（2-43）的基础上，依据叶轮旋转雷诺数的不同，经公式推动和计算分析，得出以下两个小空间静叶片中间体与围带的侧表面传热系数 h_{d1} 和 h_{d2} 的计算公式。

（1）$Re_\omega < 2\times10^5$，则

$$h_{d1}=\frac{C_6C_{19}Re_\omega^{0.5}Pr^{0.6}\left(\frac{S}{r}\right)^{-0.25}\lambda}{r}=\frac{C_{d1}Re_\omega^{0.5}Pr^{0.6}\left(\frac{S}{r}\right)^{-0.25}\lambda}{r} \tag{8-1}$$

（2）$Re_\omega > 2\times10^5$，则

$$h_{d2}=\frac{C_7C_{19}Re_{\omega}^{0.75}Pr^{0.6}\left(\frac{S}{r}\right)^{-0.25}\lambda}{r}=\frac{C_{d2}Re_{\omega}^{0.75}Pr^{0.6}\left(\frac{S}{r}\right)^{-0.25}\lambda}{r} \tag{8-2}$$

$$Re_{\omega}=\frac{ru}{\nu}=\frac{r^2\omega}{\nu} \tag{8-3}$$

$$u=r\omega \tag{8-4}$$

$$C_{d1}=C_6\times C_{19} \tag{8-5}$$

$$C_{d2}=C_7\times C_{19} \tag{8-6}$$

式中　Re_{ω}——旋转雷诺数；

C_6、C_7、C_{19}——试验常数；

Pr——流体普朗特数；

S——静叶片与叶轮的轴向尺寸；

r——静叶片中间体与围带的侧表面的计算半径；

λ——流体热导率；

u——半径 r 处圆周速度；

ν——流体运动黏度；

ω——叶轮旋转角速度。

在上述小空间静叶片中间体与围带的两侧表面传热系数的计算公式中，特征尺寸取静叶片中间体或静叶片围带的侧表面的计算半径，静叶片中间体的计算半径取内缸内半径（即静叶片中间体汽缸侧半径），静叶片围带的计算半径取静叶片流道下端面半径（即静叶片围带叶型侧半径），旋转雷诺数的特征速度取计算半径处圆周速度。静叶片中间体的进汽侧表面的定性温度取本级静叶片叶型顶部进汽的蒸汽温度，出汽侧表面的定性温度取本级静叶片与动叶片之间对应叶型顶部出汽的蒸汽温度。静叶片围带的进汽侧表面的定性温度取本级静叶片叶型底部进汽的蒸汽温度，出汽侧表面的定性温度取本级静叶片与动叶片之间对应叶型底部出汽的蒸汽温度。依据定性温度和对应的通流部分压力，确定流体的 Pr、λ、ν 等物性参数。

2. 大空间静叶片中间体与围带的侧表面

反动式汽轮机第一级静叶片、抽汽口与补汽口后面的静叶片的进汽侧表面，由于静叶片与叶轮的轴向尺寸 S 比较大，不满足 $S\ll$ 轮缘半径 r_2，属于大空间静叶片中间体与围带的侧表面。在式（2-19）、式（2-20）和式（2-43）的基础上，根据叶轮旋转雷诺数的不同，经公式推动和计算分析，得出以下两个大空间静叶片中间体与围带的侧表面的表面传热系数 h_{d3} 的和 h_{d4} 的计算公式。

（1）$Re_{\omega}<2\times10^5$，则

$$h_{d3}=\frac{C_8C_{19}Re_{\omega}^{0.5}Pr^{0.6}\lambda}{r}=\frac{C_{d3}Re_{\omega}^{0.5}Pr^{0.6}\lambda}{r} \tag{8-7}$$

（2）$Re_{\omega}>2\times10^5$，则

$$h_{d4}=\frac{C_9C_{19}Re_{\omega}^{0.8}Pr^{0.6}\lambda}{r}=\frac{C_{d4}Re_{\omega}^{0.8}Pr^{0.6}\lambda}{r} \tag{8-8}$$

$$Re_{\omega}=\frac{ru}{\nu}=\frac{r^{2}\omega}{\nu} \tag{8-9}$$

$$u=r\omega \tag{8-10}$$

$$C_{d3}=C_{8}\times C_{19} \tag{8-11}$$

$$C_{d4}=C_{9}\times C_{19} \tag{8-12}$$

式中　C_8、C_9、C_{19}——试验常数。

在上述大空间静叶片中间体与围带的进汽侧表面传热系数的计算公式中，特征尺寸取静叶片中间体或静叶片围带的侧表面的计算半径，静叶片中间体的计算半径取内缸内半径，静叶片围带的计算半径取静叶片流道下端面半径，旋转雷诺数的特征速度取计算半径处圆周速度。静叶片中间体的进汽侧表面的定性温度取本级静叶片叶型顶部进汽的蒸汽温度，静叶片围带的进汽侧表面的定性温度取本级静叶片叶型底部进汽的蒸汽温度。依据定性温度和对应的通流部分压力，确定流体的 Pr、λ、ν 等物性参数。

三、静叶片汽封部位对流传热

在反动式汽轮机的静叶片的围带上，汽封的齿数少于 8，属于少齿数曲径汽封。对于雷诺数 Re 的范围为 $2.5\times10^{3}\sim2.5\times10^{4}$ 的汽轮机静叶片汽封或隔板汽封，根据式（3-18）与式（3-21），经公式推动和计算分析，得出汽轮机静叶片汽封的表面传热系数 h_{d5} 的计算公式为

$$h_{d5}=\frac{C_{g8}C_{g10}Re^{0.9}Pr^{0.43}\left(\dfrac{\delta}{H}\right)^{-0.7}\lambda}{2kH}=\frac{C_{d5}Re^{0.9}Pr^{0.43}\left(\dfrac{\delta}{H}\right)^{-0.7}\lambda}{2kH} \tag{8-13}$$

$$Re=\frac{2H\times w}{\nu} \tag{8-14}$$

$$C_{d5}=C_{g8}\times C_{g10} \tag{8-15}$$

式中　C_{g8}、C_{g10}——试验常数；

Re——流体雷诺数；

Pr——流体普朗特数；

δ——汽封径向间隙；

H——汽封室高度；

λ——流体热导率；

k——汽封传热修正系数，高低齿曲径汽封取 $k=0.63$，光轴平齿汽封取 $k=1.27$；

w——汽封腔室的流体平均流速；

ν——流体运动黏度。

在上述静叶片汽封部位的表面传热系数的计算公式中，特征尺寸取两倍汽封室高度 $2H$，流体雷诺数的特征速度取汽封腔室的流体平均流速 w，定性温度取汽封进口流体温度 t_0 与汽封出口流体温度 t_z 的算术平均值 $t_f=(t_0+t_z)/2$，依据定性温度 t_f 和汽封进口流体的压力 p_0 来确定流体的 Pr、λ、ν 等物性参数。

对于雷诺数 Re 的范围超出 $2.5\times10^3\sim2.5\times10^4$ 大多数汽轮机的静叶片汽封，仍然按照式（3-10）～式（3-14）和式（3-16）来计算静叶片汽封的表面传热系数，不再赘述。

四、应用实例

1. 静叶片叶型表面与流道上下端面

（1）已知参数：某型号超超临界一次再热 1000MW 汽轮机的中压汽缸，采用反动式静叶片，静叶片轴向宽度 B_1、静叶片叶栅弦长 b_1、静叶片节距 t_1 等部分设计数据列于表 8-1。

表 8-1　中压汽缸静叶片设计数据

级号	轴向宽度 B_1(mm)	叶栅弦长 b_1(mm)	静叶片节距 t_1(mm)
1	65.0	105.0	71.4
2	50.0	58.0	43.9
3	45.0	48.9	37.3
4	45.0	53.4	48.8
5	42.6	48.7	37.0
6	42.2	47.6	37.9
7	42.4	47.5	38.2
8	42.4	46.9	38.1
9	41.3	45.9	38.7
10	47.1	51.5	41.7
11	45.0	48.9	39.0
12	46.9	53.6	44.5
13	51.0	56.2	45.3

（2）计算结果：该型号超超临界一次再热 1000MW 汽轮机在 100%TMCR 工况、75%TMCR 工况、50%TMCR 工况和 35%TMCR 工况下，中压汽缸静叶片叶型平均表面传热系 h_{b1} 计算结果列于表 8-2，中压汽缸静叶片流道上端面和下端面的表面传热系数 h_{b2} 计算结果列于表 8-3。

（3）分析与讨论：从表 8-2 和表 8-3 的计算结果知，在同一负荷工况，随着级数增大，静叶片叶型对流传热的平均表面传热系数 h_{b1} 和静叶片流道上端面和下端面对流传热的表面传热系数 h_{b2} 总体上呈减小趋势，原因在于随着级数增大通流部分蒸汽参数降低；在不同负荷工况，对于同一级静叶片，随着负荷减小，h_{b1} 和 h_{b2} 呈减小趋势，原因在于负荷下降后通流部分蒸汽参数减小；对于同一级静叶片，静叶片流道上下端面对流传热的表面传热系数 h_{b2} 比叶型对流传热的平均表面传热系数 h_{b1} 大，原因可能是静叶片上端面和下端面形成附面层、流动阻力增大导致对流传热强化。

表 8-2　　中压汽缸静叶片叶型平均表面传热系数计算结果

级号	100%TMCR 工况 h_{b1} [W/(m^2 · K)]	75%TMCR 工况 h_{b1} [W/(m^2 · K)]	50%TMCR 工况 h_{b1} [W/(m^2 · K)]	35%TMCR 工况 h_{b1} [W/(m^2 · K)]
1	3787.0	3191.6	2409.0	1940.9
2	4281.8	3137.6	2375.7	1917.0
3	4112.3	3024.0	2292.4	1851.0
4	3226.6	2335.3	1773.3	1432.3
5	3249.9	2348.5	1813.2	1444.6
6	3143.5	2274.8	1735.6	1404.0
7	2970.2	2153.3	1648.7	1335.6
8	2742.5	1991.0	1531.7	1242.8
9	2643.3	1929.4	1494.8	1216.0
10	2325.2	1713.9	1336.5	1089.3
11	1730.7	1271.0	989.3	806.8
12	1579.7	1147.5	891.5	727.2
13	1366.6	1016.0	787.9	642.6

表 8-3　　中压汽缸静叶片流道上端面和下端面的表面传热系数计算结果

级号	100%TMCR 工况 h_{b2} [W/(m^2 · K)]	75%TMCR 工况 h_{b2} [W/(m^2 · K)]	50%TMCR 工况 h_{b2} [W/(m^2 · K)]	35%TMCR 工况 h_{b2} [W/(m^2 · K)]
1	16 602.7	13 449.7	9625.8	7474.1
2	15 189.6	10 561.2	7583.2	5898.2
3	12 870.2	8989.0	6462.4	5030.5
4	12 354.2	8472.9	6102.0	4751.5
5	11 645.9	7972.4	5755.1	4485.6
6	10 791.2	7398.3	5355.7	4177.7
7	9605.8	6599.2	4795.3	3746.6
8	8749.3	6019.3	4396.7	3441.1
9	8018.1	5548.4	4084.4	3206.2
10	6906.5	4832.0	3583.2	2819.0
11	5431.0	3785.7	2801.3	2205.3
12	4761.6	3277.5	2419.9	1905.3
13	3982.7	2807.5	2067.7	1627.8

2. 静叶片中间体与围带的侧表面

(1) 已知参数：某型号超超临界一次再热 1000MW 汽轮机的中压汽缸，采用反动式静叶片，静叶片中间体的计算半径取内缸内半径 r_0，静叶片围带的计算半径取叶型流道下端面半径 r_1。静叶片中间体和围带的进汽侧与上一级动叶片的围带与叶轮出汽侧的轴

向尺寸 S_1、静叶片中间体和围带的出汽侧与本级动叶片的围带与叶轮进汽侧的轴向尺寸 S_2、静叶片中间体计算半径 r_0、静叶片围带计算半径 r_1 等部分设计数据列于表 8-4。

表 8-4　　中压汽缸静叶片中间体与围带设计数据

级号	进汽侧的轴向尺寸 S_1（mm）	出汽侧轴向尺寸 S_2（mm）	中间体计算半径 r_0（mm）	围带计算半径 r_1（mm）
1	—	5.0	628.0	535.0
2	11.0	5.0	634.5	531.5
3	11.0	5.0	646.5	535.0
4	11.0	5.0	663.5	538.2
5	11.0	5.0	685.0	542.5
6	12.0	6.0	711.5	546.5
7	12.0	6.0	741.5	557.0
8	13.0	6.0	759.5	562.0
9	13.0	6.0	778.0	567.0
10	14.0	7.0	797.0	572.0
11	15.0	7.0	818.0	577.5
12	16.0	8.0	838.5	581.0
13	17.0	9.0	860.5	581.0

（2）计算结果：该型号超超临界一次再热 1000MW 汽轮机在 100%TMCR 工况、75%TMCR 工况、50%TMCR 工况和 35%TMCR 工况下，中压汽缸静叶片中间体与围带进汽侧的表面传热系数 h_{d2} 计算结果列于表 8-5，中压汽缸静叶片中间体与围带出汽侧的表面传热系数 h_{d2} 计算结果列于表 8-6。由于第 1 级静叶片安装在喷嘴室，表 8-5 只给出第 2 级～第 13 级静叶片中间体与围带进汽侧的表面传热系数的计算结果，而表 8-6 给出了第 1 级～第 13 级静叶片中间体与围带出汽侧的表面传热系数的计算结果。

（3）分析与讨论：从表 8-5 和表 8-6 的计算结果知，在同一负荷工况，随着级数增大，静叶片进汽侧和出汽侧的表面传热系数 h_{d2} 呈减小趋势，原因在于蒸汽参数逐级下降；在同一负荷工况，对于同一级静叶片的同一侧面，中间体的 h_{d2} 比围带的 h_{d2} 大，原因在于静叶片中间体的旋转雷诺数比静叶片围带大；在同一负荷工况，对于同一级静叶片的中间体与围带出汽侧的 h_{d2} 比进汽侧 h_{d2} 大，原因在于静叶片中间体和围带的出汽侧与本级动叶片的围带与叶轮进汽侧的轴向尺寸 S_2 比静叶片中间体和围带的进汽侧与上一级动叶片的围带与叶轮出汽侧的轴向尺寸 S_1 小，按照式（8-1）和式（8-2）计算，S_2 小对应的表面传热系数比较大；对于不同负荷工况，对于同一级静叶片的同一部位，随着负荷减小，h_{d2} 呈减小趋势，原因在于蒸汽参数随着负荷减小而下降。

表 8-5　　中压汽缸静叶片中间体与围带进汽侧的表面传热系数计算结果

级号	部位	100%TMCR 工况 h_{d2} [W/(m² · K)]	75%TMCR 工况 h_{d2} [W/(m² · K)]	50%TMCR 工况 h_{d2} [W/(m² · K)]	35%TMCR 工况 h_{d2} [W/(m² · K))]
2	中间体进汽侧表面	1603.1	1128.5	826.0	650.9
	围带进汽侧表面	1403.7	988.1	723.2	570.3
3	中间体进汽侧表面	1475.8	1017.7	770.6	607.8
	围带进汽侧表面	1280.5	912.3	668.6	527.4
4	中间体进汽侧表面	1408.0	981.1	719.8	568.2
	围带进汽侧表面	1203.5	838.5	615.3	485.6
5	中间体进汽侧表面	1287.6	908.3	658.6	519.8
	围带进汽侧表面	1081.0	762.6	552.9	436.4
6	中间体进汽侧表面	1165.1	836.4	615.4	485.9
	围带进汽侧表面	983.7	686.2	504.9	398.7
7	中间体进汽侧表面	1109.8	775.1	573.7	453.9
	围带进汽侧表面	895.5	625.4	462.9	366.2
8	中间体进汽侧表面	991.0	692.8	515.1	408.2
	围带进汽侧表面	790.6	552.7	410.9	325.7
9	中间体进汽侧表面	893.5	627.3	469.8	372.2
	围带进汽侧表面	704.9	494.8	370.6	294.4
10	中间体进汽侧表面	781.3	554.8	419.4	334.3
	围带进汽侧表面	609.2	432.6	314.0	260.7
11	中间体进汽侧表面	681.3	486.5	367.0	292.6
	围带进汽侧表面	524.7	374.7	282.7	225.3
12	中间体进汽侧表面	598.0	420.7	316.7	252.5
	围带进汽侧表面	454.1	319.5	240.6	191.8
13	中间体进汽侧表面	516.4	361.3	271.1	216.2
	围带进汽侧表面	384.7	269.1	202.0	161.1

表 8-6　　中压汽缸静叶片中间体与围带出汽侧的表面传热系数计算结果

级号	级号	100%TMCR 工况 h_{d2} [W/(m² · K)]	75%TMCR 工况 h_{d2} [W/(m² · K)]	50%TMCR 工况 h_{d2} [W/(m² · K)]	35%TMCR 工况 h_{d2} [W/(m² · K)]
1	中间体出汽侧表面	1988.4	1533.8	1121.1	882.5
	围带出汽侧表面	1763.2	1360.1	994.1	782.6
2	中间体出汽侧表面	1841.6	1317.8	965.3	760.9
	围带出汽侧表面	1613.7	1153.8	845.2	666.3
3	中间体出汽侧表面	1724.3	1225.5	882.8	708.9
	围带出汽侧表面	1496.1	1063.3	766.0	615.0

续表

级号	级号	100%TMCR 工况 h_{d2} [W/(m²·K)]	75%TMCR 工况 h_{d2} [W/(m²·K)]	50%TMCR 工况 h_{d2} [W/(m²·K)]	35%TMCR 工况 h_{d2} [W/(m²·K)]
4	中间体出汽侧表面	1621.5	1140.5	838.2	661.2
	围带出汽侧表面	1385.9	978.8	716.4	565.1
5	中间体出汽侧表面	1509.6	1060.7	781.3	617.3
	围带出汽侧表面	1267.4	890.5	655.9	518.2
6	中间体出汽侧表面	1337.3	941.9	695.2	550.2
	围带出汽侧表面	1097.2	772.8	570.9	451.4
7	中间体出汽侧表面	1305.5	872.5	647.4	512.7
	围带出汽侧表面	1000.2	704.0	522.4	413.7
8	中间体出汽侧表面	1123.8	793.1	591.8	469.4
	围带出汽侧表面	896.6	632.7	472.1	374.5
9	中间体出汽侧表面	990.8	716.3	538.8	428.9
	围带出汽侧表面	781.5	565.0	425.0	338.3
10	中间体出汽侧表面	810.8	617.7	466.6	371.6
	围带出汽侧表面	670.7	481.6	363.8	289.6
11	中间体出汽侧表面	775.0	546.9	412.3	328.8
	围带出汽侧表面	596.9	421.2	317.6	253.3
12	中间体出汽侧表面	661.0	462.9	384.3	276.7
	围带出汽侧表面	502.0	351.5	264.5	210.1
13	中间体出汽侧表面	564.1	421.9	316.6	252.3
	围带出汽侧表面	420.2	314.3	235.8	187.9

第二节　隔板传热计算方法

本节介绍了冲动式汽轮机隔板表面传热系数的计算方法，给出了静叶片的叶型与流道上端面与下端面、隔板外环与隔板体侧表面、隔板汽封的表面传热系数计算公式和流体物性参数的确定方法，应用于冲动式汽轮机隔板与内缸的表面传热系数计算和稳态温度场、瞬态温度场与应力场的有限元数值计算。

一、隔板静叶片叶型与流道上下端面的对流传热

1. 冲动式汽轮机隔板

冲动式汽轮机隔板的示意图如图 8-2 所示，冲动式汽轮机的隔板由隔板外环 2、静叶片叶型 5 和隔板体 7 组成。隔板静叶片流道有两个端面，一个是靠近汽轮机内缸侧的流道端面，称为上端面 4；另一个是靠近汽轮机转子侧的流道端面，称为下端面 9。隔板安装在内缸 1 上，静叶片流道上端面 4 与内缸 1 的内表面之间部分称为隔板外环 2，静叶片

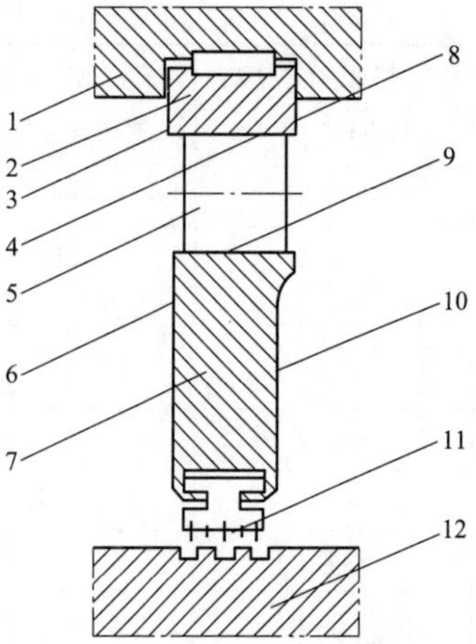

图 8-2 冲动式汽轮机隔板的示意图
1—内缸；2—隔板外环；3—隔板外环进汽侧表面；
4—静叶片流道上端面；5—静叶片叶型；
6—隔板体进汽侧表面；7—隔板体；
8—隔板外环出汽侧表面；9—静叶片流道下端面；
10—隔板体出汽侧表面；
11—隔板汽封表面；12—转子

流道下端面 9 与转子 12 的外表面之间隔板部分称为隔板体 7。隔板外环 2 的进汽侧表面是部位 3，隔板外环 2 的出汽侧表面是部位 8。隔板体 7 的进汽侧表面是隔板体表面 6，隔板体 7 的出汽侧表面是隔板体出汽侧表面 10，隔板体的汽封部位是表面 11。

2. 叶型表面与流道上下端面

对于冲动式汽轮机隔板的静叶片叶型表面，采用式（5-1），计算静叶片叶型平均表面传热系数 h_{b1}。对于冲动式汽轮机隔板的静叶片流道的下端面和上端面，采用式（5-7），计算静叶片流道上端面和下端面的表面传热系数 h_{b2}。冲动式汽轮机的静叶片叶型与流道的表面传热计算的特征尺寸、特征速度、定性温度与流体物性参数的确定方法，与式（5-1）和式（5-7）计算静叶片流道表面传热系数所采用的方法相同。

二、隔板外环与隔板体的两侧表面

在冲动式汽轮机隔板的隔板体与隔板外环侧表面传热系数的计算方面，依据隔板与叶轮的轴向尺寸与轮缘半径，区分小空间隔板体与隔板外环侧表面和大空间隔板体与隔板外环侧表面[1,2]。只有当隔板与叶轮的轴向尺寸 $S \ll$ 轮缘半径 r_2，属于小空间隔板体与隔板外环侧表面。不满足 $S \ll r_2$，则属于大空间隔板体与隔板外环侧表面。

在冲动式汽轮机的隔板中，所有隔板体与隔板外环的出汽侧表面，由于隔板与叶轮的轴向尺寸 $S \ll$ 轮缘半径 r_2，属于小空间隔板体与隔板外环的侧表面。除了第一级隔板、抽汽口与补汽口后面的隔板之外，其他隔板体与隔板外环的进汽侧表面也属于小空隔板体与隔板外环的侧表面。根据叶轮旋转雷诺数的不同，小空间隔板体与隔板外环侧表面的表面传热系数 h_{d1} 和 h_{d2} 的计算公式与式（8-1）和式（8-2）相同。

冲动式汽轮机第一级隔板、抽汽口补汽口后面的隔板体与隔板外环的进汽侧表面，由于隔板与叶轮的轴向尺寸 S 比较大，不满足 $S \ll$ 轮缘半径 r_2，属于大空间隔板体与隔板外环的侧表面。根据旋转雷诺数的不同，大空间隔板体与隔板外环的侧表面的表面传热系数 h_{d3} 的和 h_{d4} 的计算公式与在根据式（8-7）和式（8-8）相同。

冲动式汽轮机隔板外环与隔板体的表面传热系数的计算方法相同。对于隔板外环的侧表面，可以按照内缸内半径计算叶轮旋转雷诺数和隔板外环侧表面的表面传热系数。对于汽轮机的隔板体的侧表面，可以按照静叶片流道下端面半径计算叶轮旋转雷诺数和隔板体侧表面的表面传热系数；对于环形面积比较大的隔板体，也可以分成几个不同半径的环形，分别计算叶轮旋转雷诺数和隔板体侧表面的表面传热系数。

在冲动式汽轮机隔板外环与隔板体的表面传热系数的计算方法中，特征尺寸取隔板体或隔板外环的侧表面计算半径，隔板外环的计算半径取内缸内半径，隔板体的计算半径取静叶片流道下端面半径，旋转雷诺数的特征速度计算半径处圆周速度。冲动式汽轮机隔板外环的进汽侧表面的定性温度取本级静叶片顶部进汽的蒸汽温度，隔板外环出汽侧表面的定性温度取本级静叶片与动叶片之间对应叶型顶部出汽的蒸汽温度。冲动式汽轮机隔板体的进汽侧表面的定性温度取本级静叶片叶型底部进汽的蒸汽温度，隔板体出汽侧表面的定性温度取本级静叶片与动叶片之间对应叶型底部出汽的蒸汽温度。依据定性温度和对应的通流部分压力，确定流体的 Pr、λ、ν 等物性参数。

三、隔板汽封部位对流传热

冲动式汽轮机隔板的转子侧，安装有隔板汽封，汽封的齿数少于 8，属于少齿数曲径汽封。对于雷诺数 Re 的范围为 $2.5\times10^3\sim2.5\times10^4$ 的汽轮机静叶片汽封或隔板汽封，根据式（3-18）和式（3-21），计算汽轮机隔板汽封的表面传热系数 h_{d5}，计算公式与式（8-13）相同。

在上述隔板汽封部位的表面传热系数的计算公式中，特征尺寸取两倍汽封室高度 $2H$，流体雷诺数的特征速度取汽封腔室的流体平均流速 w，定性温度取汽封进口流体温度 t_0 与汽封出口流体温度 t_z 的算术平均值 $t_f=(t_0+t_z)/2$，依据定性温度 t_f 和汽封进口流体的压力 p_0 来确定流体的 Pr、λ、ν 等物性参数。

对于雷诺数 Re 的范围超出 $2.5\times10^3\sim2.5\times10^4$ 大多数汽轮机的隔板汽封，仍然按照式（3-10）～式（3-14）和式（3-16）来计算隔板汽封的表面传热系数，不再赘述。

四、应用实例

1. 隔板静叶片叶型表面与流道下端面

（1）已知参数：某型号超超临界一次再热汽轮机的高压汽缸与中压汽缸，冲动式汽轮机，高压缸隔板静叶片轴向宽度 B_1、静叶片叶栅弦长 b_1、静叶片节距 t_1 等部分设计数据列于表 8-7，中压缸隔板静叶片轴向宽度 B_1、静叶片叶栅弦长 b_1、静叶片节距 t_1 等部分设计数据列于表 8-8。

表 8-7　　高压汽缸隔板静叶片设计数据

级号	轴向宽度 B_1(mm)	叶栅弦长 b_1(mm)	静叶片节距 t_1(mm)
1	65.8	111.0	76.8
2	120.0	44.2	29.1
3	120.0	44.2	29.3
4	120.0	44.2	29.5
5	100.0	120.3	61.6
6	100.0	120.3	62.3
7	99.0	152.9	97.5
8	99.0	152.9	98.8

表 8-8　　中压汽缸隔板静叶片设计数据

级号	轴向宽度 B_1(mm)	叶栅弦长 b_1(mm)	静叶片节距 t_1(mm)
1	86.1	130.0	80.9
2	104.1	155.0	91.8
3	107.5	157.9	97.4
4	107.5	158.9	95.6
5	108.3	157.5	101.8
6	107.9	157.6	100.1
7	115.1	162.6	103.0

（2）计算结果：该型号超超临界一次再热汽轮机在100%TMCR工况、75%TMCR工况、50%TMCR工况和35%TMCR工况下，高压汽缸静叶片叶型平均表面传热系 h_{b1} 计算结果列于表8-9，中压汽缸静叶片流道的上端面和下端面的表面传热系数 h_{b2} 计算结果列于表8-10。高压汽缸隔板静叶片流道的上端面和下端面的表面传热系数计算结果列于表8-11，中压汽缸隔板静叶片流道的上端面和下端面的表面传热系数计算结果列于表8-12。

（3）分析与讨论：从表8-9～表8-12的计算结果知：在同一负荷工况，随着级数增大，静叶片叶型对流传热的平均表面传热系数 h_{b1} 和静叶片流道端面对流传热的表面传热系数 h_{b2} 总体上呈减小趋势，原因在于随着级数增大通流部分蒸汽参数降低，原因在于负荷减小后叶片级蒸汽参数下降；对于不同负荷工况，对于同一级静叶片，随着负荷减小，h_{b1} 和 h_{b2} 呈减小趋势；对于同一级静叶片，静叶片流道端面对流传热的表面传热系数 h_{b2} 比叶型对流传热的平均表面传热系数 h_{b1} 大，原因有可能是静叶片上下端面形成附面层、流动阻力增大导致对流传热强化。

表 8-9　　高压汽缸隔板静叶片叶型平均表面传热系数的计算结果

级号	100%TMCR 工况 h_{b1} [W/(m²·K)]	75%TMCR 工况 h_{b1} [W/(m²·K)]	50%TMCR 工况 h_{b1} [W/(m²·K)]	35%TMCR 工况 h_{b1} [W/(m²·K)]
1	14 067.3	9820.8	6811.8	4678.6
2	9796.9	6959.9	4919.3	3432.2
3	7839.8	5454.5	3902.7	2729.6
4	6923.8	4957.0	3549.6	2486.6
5	5859.2	4201.7	3018.0	2116.5
6	5124.0	3666.7	2639.7	1851.2
7	4970.9	3586.9	2607.6	1841.0
8	4375.6	3195.6	2354.9	1677.8

表 8-10　　中压汽缸隔板静叶片叶型平均表面传热系数的计算结果

级号	100%TMCR 工况 h_{b1} [W/(m²·K)]	75%TMCR 工况 h_{b1} [W/(m²·K)]	50%TMCR 工况 h_{b1} [W/(m²·K)]	35%TMCR 工况 h_{b1} [W/(m²·K)]
1	3373.3	2729.3	2117.5	1551.2
2	2636.4	2074.0	1543.7	1097.2
3	2299.2	1806.5	1338.4	946.3
4	1873.2	1471.3	1084.6	765.9
5	1561.6	1224.5	894.6	647.7
6	1257.6	992.5	775.7	577.1
7	973.4	786.3	621.1	440.7

表 8-11　　高压汽缸隔板静叶片流道的上端面和下端面的表面传热系数计算结果

级号	100%TMCR 工况 h_{b2} [W/(m²·K)]	75%TMCR 工况 h_{b2} [W/(m²·K)]	50%TMCR 工况 h_{b2} [W/(m²·K)]	35%TMCR 工况 h_{b2} [W/(m²·K)]
1	82 530.3	55 976.6	37 199.5	24 171.9
2	72 248.9	49 369.1	33 271.2	21 775.4
3	62 660.6	42 792.3	28 963.4	18 993.1
4	54 090.6	37 150.0	25 197.7	16 557.0
5	39 387.0	27 115.1	18 439.1	12 136.9
6	33 902.0	23 347.5	15 904.4	10 475.5
7	28 729.1	20 031.4	13 777.8	9156.7
8	24 399.8	17 043.6	11 761.0	7830.2

表 8-12　　中压汽缸隔板静叶片流道的上端面和下端面的表面传热系数计算结果

级号	100%TMCR 工况 h_{b2} [W/(m²·K)]	75%TMCR 工况 h_{b2} [W/(m²·K)]	50%TMCR 工况 h_{b2} [W/(m²·K)]	35%TMCR 工况 h_{b2} [W/(m²·K)]
1	17 347.2	13 111.1	9327.8	6372.0
2	13 755.4	10 353.5	7308.8	4764.7
3	11 159.5	8400.8	5922.8	4020.8
4	8853.7	6682.3	4721.6	3211.9
5	6974.6	5260.4	3706.1	2534.3
6	5412.2	4157.6	3101.3	2136.1
7	4061.7	3133.5	2239.4	1596.3

2. 隔板外环与隔板体的侧表面

(1) 已知参数：某型号超超临界一次再热汽轮机的高压汽缸与中压汽缸，冲动式汽轮机，隔板外环计算半径取内缸内半径，隔板体计算半径取叶型流道下端面半径。高压汽缸与中压汽缸的隔板外环与隔板体的进汽侧与上一级动叶片的围带与叶轮出汽侧的轴

向尺寸 S_1、隔板外环与隔板体的出汽侧与本级动叶片的围带与叶轮进汽侧的轴向尺寸 S_2、隔板外环的计算半径 r_0、隔板体计算半径 r_1 等部分设计数据分别列于表 8-13 和表 8-14。

表 8-13　　高压汽缸隔板外环与隔板体的设计数据

级号	S_1(mm)	S_2(mm)	r_0(mm)	r_1(mm)
1	—	4.0	593.0	513.0
2	12.5	3.5	630.2	464.0
3	12.5	3.5	621.7	458.0
4	12.5	4.0	627.7	450.0
5	13.5	4.0	727.0	440.0
6	15.5	4.5	644.2	429.0
7	17.0	4.5	650.6	423.0
8	18.0	5.0	667.2	407.0

表 8-14　　中压汽缸隔板外环与隔板体的设计数据

级号	S_1(mm)	S_2(mm)	r_0(mm)	r_1(mm)
1	20.0	8.5	795.3	668.8
2	10.0	8.6	842.2	668.8
3	10.5	8.0	858.0	668.0
4	10.0	5.0	927.0	668.0
5	11.0	5.0	955.5	668.0
6	10.0	5.0	996.0	668.0
7	9.0	5.0	1046.0	668.0

(2) 计算结果：该型号超超临界一次再热汽轮机在 100%TMCR 工况、75%TMCR 工况、50%TMCR 工况和 35%TMCR 工况下，高压汽缸隔板外环与隔板体进汽侧的表面传热系数 h_{d2} 计算结果列于表 8-15，中压汽缸隔板外环与隔板体进汽侧的表面传热系数 h_{d2} 计算结果列于表 8-16，高压汽缸隔板外环与隔板体出汽侧的表面传热系数 h_{d2} 计算结果列于表 8-17，中压汽缸隔板外环与隔板体出汽侧的表面传热系数 h_{d2} 计算结果列于表 8-18。由于第 1 级静叶片安装在进汽室，表 8-15 只给出高压隔板第 2 级～第 8 级隔板外环与隔板体进汽侧的表面传热系数的计算结果，而表 8-17 给出了高压隔板第 1 级～第 8 级隔板外环与隔板体出汽侧的表面传热系数的计算结果。

(3) 分析与讨论：从表 8-15～表 8-18 的计算结果知，在同一负荷工况，高压缸隔板进汽侧和出汽侧的表面传热系数 h_{d2} 比中压隔板大，原因在于高压缸蒸汽压力比中压缸高；在同一负荷工况，随着级数增大，高压隔板与中压隔板的进汽侧和出汽侧的表面传

热系数 h_{d2} 呈减小趋势，原因在于蒸汽参数逐级下降；在同一负荷工况，对于同一级隔板的同一侧面，隔板外环的 h_{d2} 比隔板体的 h_{d2} 大，原因在于隔板外环的旋转雷诺数比隔板体大；在同一负荷工况，对于同一级隔板外环与隔板体出汽侧的 h_{d2} 比进汽侧 h_{d2} 大，原因在于隔板外环与隔板体的出汽侧与本级叶轮进汽侧的轴向尺寸 S_2 比隔板外环与隔板体的进汽侧与上一级叶轮出汽侧的轴向尺寸 S_1 小；对于不同负荷工况，对于同一级隔板的同一部位，随着负荷减小，h_{d2} 呈减小趋势，原因在于蒸汽参数随着负荷减小而下降。

表 8-15　　高压汽缸隔板外环与隔板体进汽侧的表面传热系数计算结果

级号	部位	100%TMCR 工况 h_{d2} [W/(m² · K)]	75%TMCR 工况 h_{d2} [W/(m² · K)]	50%TMCR 工况 h_{d2} [W/(m² · K)]	35%TMCR 工况 h_{d2} [W/(m² · K)]
2	隔板外环进汽侧表面	6360.9	4358.4	2954.9	1959.4
	隔板体进汽侧表面	4018.7	2753.5	1866.8	1237.9
3	隔板外环进汽侧表面	5526.8	3800.6	2585.3	1919.1
	隔板体进汽侧表面	3494.6	2403.2	1634.7	1087.0
4	隔板外环进汽侧表面	4854.1	3349.9	2284.8	1523.5
	隔板体进汽侧表面	2946.5	2033.4	1386.9	924.8
5	隔板外环进汽侧表面	4622.4	3200.7	2187.8	1463.1
	隔板体进汽侧表面	2176.5	1507.0	1030.1	688.9
6	隔板外环进汽侧表面	3544.2	2462.2	1686.7	1130.9
	隔板体进汽侧表面	1926.1	1338.0	916.0	614.0
7	隔板外环进汽侧表面	3018.8	2105.0	1444.1	971.5
	隔板体进汽侧表面	1582.6	1103.8	757.1	509.3
8	隔板外环进汽侧表面	2611.6	1822.0	1247.1	839.8
	隔板体进汽侧表面	1244.3	868.1	594.2	400.1

表 8-16　　中压汽缸隔板外环与隔板体进汽侧的表面传热系数计算结果

级号	部位	100%TMCR 工况 h_{d2} [W/(m² · K)]	75%TMCR 工况 h_{d2} [W/(m² · K)]	50%TMCR 工况 h_{d2} [W/(m² · K)]	35%TMCR 工况 h_{d2} [W/(m² · K)]
1	隔板外环进汽侧表面	1675.3	1280.8	926.2	653.8
	隔板体进汽侧表面	1292.0	987.7	714.3	504.2
2	隔板外环进汽侧表面	1740.8	1333.8	967.5	683.5
	隔板体进汽侧表面	1231.9	943.8	684.7	483.7
3	隔板外环进汽侧表面	1437.3	1104.3	804.6	569.1
	隔板体进汽侧表面	1231.9	758.6	552.7	391.0
4	隔板外环进汽侧表面	1257.3	970.1	712.1	504.6
	隔板体进汽侧表面	769.1	593.4	435.6	308.7
5	隔板外环进汽侧表面	1014.0	786.0	583.5	414.0
	隔板体进汽侧表面	592.7	459.5	341.1	242.0

续表

级号	部位	100%TMCR 工况 h_{d2} [W/(m² · K)]	75%TMCR 工况 h_{d2} [W/(m² · K)]	50%TMCR 工况 h_{d2} [W/(m² · K)]	35%TMCR 工况 h_{d2} [W/(m² · K)]
6	隔板外环进汽侧表面	854.7	668.4	505.9	359.3
	隔板体进汽侧表面	469.5	367.1	277.8	197.4
7	隔板外环进汽侧表面	717.9	561.9	425.8	303.0
	隔板体进汽侧表面	366.4	286.8	217.3	154.6

表 8-17　高压汽缸隔板外环与隔板体出汽侧的表面传热系数计算结果

级号	级号	100%TMCR 工况 h_{d2} [W/(m² · K)]	75%TMCR 工况 h_{d2} [W/(m² · K)]	50%TMCR 工况 h_{d2} [W/(m² · K)]	35%TMCR 工况 h_{d2} [W/(m² · K)]
1	隔板外环出汽侧表面	8332.0	5687.8	3856.6	2549.8
	隔板体出汽侧表面	7473.9	5102.0	3459.4	2287.2
2	隔板外环出汽侧表面	7780.0	5339.1	3625.1	2407.8
	隔板体出汽侧表面	6183.8	4243.7	2881.4	1913.8
3	隔板外环出汽侧表面	6728.5	4633.3	3154.6	2101.0
	隔板体出汽侧表面	5350.3	3684.3	2508.4	1670.7
4	隔板外环出汽侧表面	5710.3	3946.7	2692.8	1798.6
	隔板体出汽侧表面	4448.9	3074.9	2097.9	1401.3
5	隔板外环出汽侧表面	5554.7	3852.3	2634.0	1764.2
	隔板体出汽侧表面	3811.5	2643.4	1807.4	1210.6
6	隔板外环出汽侧表面	4274.2	2975.3	2037.7	1369.5
	隔板体出汽侧表面	3150.9	2193.3	1502.1	1009.6
7	隔板外环出汽侧表面	3713.0	2584.9	1766.4	1188.1
	隔板体出汽侧表面	2688.4	1871.6	1279.0	860.2
8	隔板外环出汽侧表面	3175.9	2211.1	1505.9	1013.4
	隔板体出汽侧表面	2192.1	1526.2	1039.4	699.5

表 8-18　中压汽缸隔板外环与隔板体出汽侧的表面传热系数计算结果

级号	级号	100%TMCR 工况 h_{d2} [W/(m² · K)]	75%TMCR 工况 h_{d2} [W/(m² · K)]	50%TMCR 工况 h_{d2} [W/(m² · K)]	35%TMCR 工况 h_{d2} [W/(m² · K)]
1	隔板外环出汽侧表面	1779.7	1362.9	987.9	698.8
	隔板体出汽侧表面	1562.9	1196.8	876.5	613.7
2	隔板外环出汽侧表面	1541.1	1183.0	861.9	609.8
	隔板体出汽侧表面	1296.4	995.2	725.0	513.0
3	隔板外环出汽侧表面	1307.8	1008.3	739.7	524.3
	隔板体出汽侧表面	1084.0	835.8	613.1	434.5

续表

级号	级号	100%TMCR 工况 h_{d2} [W/(m²·K)]	75%TMCR 工况 h_{d2} [W/(m²·K)]	50%TMCR 工况 h_{d2} [W/(m²·K)]	35%TMCR 工况 h_{d2} W/(m²·K)]
4	隔板外环出汽侧表面	1269.5	982.9	728.8	516.6
	隔板体出汽侧表面	992.9	768.7	570.0	404.1
5	隔板外环出汽侧表面	1049.7	819.2	617.1	437.9
	隔板体出汽侧表面	802.6	626.3	471.8	334.8
6	隔板外环出汽侧表面	863.0	674.8	511.3	364.2
	隔板体出汽侧表面	639.6	500.1	379.0	269.9
7	隔板外环出汽侧表面	709.6	556.7	422.4	301.3
	隔板体出汽侧表面	506.9	397.7	301.8	215.2

3. 隔板汽封

(1) 已知参数：某型号超超临界一次再热汽轮机的高压汽缸与中压汽缸，冲动式汽轮机的隔板汽封，均采用高低齿曲径汽封，如图 3-7 所示。高压缸隔板汽封设计数据列于表 8-19，中压缸隔板汽封设计数据列于表 8-20。

表 8-19　　　　高压隔板汽封设计数据

级号	汽封齿数 z(个)	汽封径向间隙 δ(mm)	汽封室高度 H(mm)
1	4	1.50	13.00
2	28	0.55	6.55
3	28	0.55	6.55
4	28	0.55	6.55
5	20	0.55	6.55
6	20	0.55	6.55
7	20	0.55	6.55
8	20	0.55	6.55

表 8-20　　　　中压隔板汽封设计数据

级号	汽封齿数 z(个)	汽封径向间隙 δ(mm)	汽封室高度 H(mm)
1	19	0.55	6.55
2	19	0.55	6.55
3	19	0.55	6.55
4	20	0.55	6.55
5	20	0.55	6.55
6	20	0.55	6.55
7	20	0.55	6.55

(2) 计算结果：该型号汽轮机除高压第 1 级隔板外，其他隔板汽封的齿数 z 为 19、

20 或 28，不属于少齿数汽封，按照式（3-10）～式（3-14）和式（3-16）来计算隔板汽封的表面传热系数 h_{d5}。该型号超超临界汽轮机在 100%TMCR 工况、75%TMCR 工况、50%TMCR 工况和 35%TMCR 工况下，高压隔板汽封部位的表面传热系数 h_{d5} 的计算结果列于表 8-21，中压隔板汽封部位的表面传热系数 h_{d5} 的计算结果列于表 8-22。

表 8-21　　高压隔板汽封表面传热系数的计算结果

级号	100%TMCR 工况 h_{d5} [W/(m² · K)]	75%TMCR 工况 h_{d5} [W/(m² · K)]	50%TMCR 工况 h_{d5} [W/(m² · K)]	35%TMCR 工况 h_{d5} [W/(m² · K)]
1	37 822.7	26 657.9	18 347.9	12 538.5
2	17 448.3	12 374.7	8700.1	5971.4
3	15 428.0	10 990.3	7760.0	5341.6
4	13 418.1	9593.9	6797.7	4689.7
5	12 989.1	9317.8	6616.3	4575.8
6	11 280.5	8107.5	5771.8	3994.3
7	9801.9	7128.6	5117.2	3573.1
8	8384.9	6099.3	4380.6	3061.4

表 8-22　　中压隔板汽封的表面传热系数的计算结果

级号	100%TMCR 工况 h_{d5} [W/(m² · K)]	75%TMCR 工况 h_{d5} [W/(m² · K)]	50%TMCR 工况 h_{d5} [W/(m² · K)]	35%TMCR 工况 h_{d5} [W/(m² · K)]
1	6288.2	4896.2	3612.0	2563.4
2	5270.5	4110.4	3032.2	2155.9
3	4319.8	3369.3	2485.5	1767.8
4	3428.8	2686.0	1985.5	1418.2
5	2730.1	2136.7	1582.1	1131.7
6	2154.2	1721.2	1334.5	951.5
7	1661.2	1322.6	1026.2	733.1

（3）分析与讨论：从表 8-21 和表 8-22 的计算结果知，在同一负荷工况，高压缸隔板汽封的表面传热系数 h_{d5} 比中压隔板汽封大，原因在于高压缸蒸汽压力比中压缸高；在同一负荷工况，随着级数增大，高压隔板汽封与中压隔板汽封的表面传热系数 h_{d5} 呈减小趋势，原因在于蒸汽参数逐级下降；对于不同负荷工况，对于同一级静叶片的同一部位，随着负荷减小，h_{d5} 呈减小趋势，原因在于蒸汽参数随着负荷减小而下降。

参 考 文 献

[1] 史进渊，杨宇，邓志成，等．超临界和超超临界汽轮机汽缸传热系数的研究．动力工程，2006，26（1）：1-5.

[2] 史进渊，杨宇，邓志成，等．大功率电站汽轮机寿命预测与可靠性设计．北京：中国电力出版社，2011.

第九章　汽轮机汽缸传热计算方法

本章介绍了汽轮机汽缸表面传热系数的计算方法，给出了汽轮机内缸内表面、内缸外表面、外缸内表面和外缸外表面的表面传热系数计算公式，应用于汽轮机超高压汽缸、高压汽缸、中压汽缸和低压汽缸的传热与冷却设计分析以及温度场与应力场研究。

第一节　内缸内表面传热计算方法

本节介绍了汽轮机内缸内表面传热系数的计算方法，给出了内缸进汽通道与排汽通道内表面、内缸蒸汽室内表面、静叶片与动叶片之前内缸光滑内表面、内缸叶顶汽封部位、内缸抽汽腔室内表面、内缸安装静叶片或隔板部位的表面传热系数计算公式和流体物性参数的确定方法，应用于汽轮机内缸内表面传热系数计算和汽轮机内缸的稳态温度场、瞬态温度场与应力场的有限元数值计算。

一、内缸进汽通道与排汽通道内表面对流传热

汽轮机内缸的进汽通道，包括超高压内缸、高压内缸、中压内缸与低压内缸的径向进汽通道、切向进汽通道、垂直进汽通道、水平进汽通道等。同一台汽轮机内缸的进汽通道根数与汽轮机调节阀数目相同，通常汽轮机内缸的进汽通道设计为圆形管道。

汽轮机内缸的排汽通道包括超高压内缸、高压内缸、中压内缸与低压内缸的最后一级动叶片之后的轴向排汽通道。汽轮机的单流内缸只有一个轴向排汽通道，双流内缸有两个轴向排汽通道，通常汽轮机内缸的排汽通道设计为圆环形扩压管，以减少排汽损失。

对于汽轮机内缸的进汽通道与排汽通道内表面，根据式（4-37）和式（4-40），经公式推导与计算分析，得出汽轮机内缸进汽通道与排汽通道的内表面传热系数 h_{c1} 的计算公式为

$$h_{c1}=\frac{Nu\lambda}{d_e} \tag{9-1}$$

$$Nu=C_{p6}Re^{0.8}Pr^{0.43}\left(\frac{Pr}{Pr_w}\right)^{0.25}\varepsilon \tag{9-2}$$

$$Re=\frac{d_e\times w}{\nu} \tag{9-3}$$

式中　Nu——内缸进汽通道与排汽通道内部强制对流传热的努塞尔数；

λ——流体热导率；

d_e——内缸进汽通道或排汽通道的当量直径；

C_{p6}——试验常数；

Re——流体雷诺数；

Pr——流体普朗特数；

Pr_w——按表面温计算的流体普朗特数，通常对于汽轮机，$\left(\frac{Pr}{Pr_w}\right)^{0.25}\approx 1$；

ε——修正系数；

w——内缸进汽通道或排汽通道的内部流体平均流速；

ν——流体运动黏度。

由于汽轮机内缸进汽通道与排汽通道比较短，当 $l/d<50$ 或 $l/d_e<50$，在式（9-2）中，$\varepsilon=\varepsilon_l$。$\varepsilon_l$ 为管道长度修正系数，取决于雷诺数 Re 和从进口截面起算的相对距离 l/d 或 l/d_e，具体数值列于表 4-1。

在汽轮机内缸进汽通道与排汽通道内部强制对流传热系数的计算公式中，特征尺寸取进汽通道与排汽通道当量直径 d_e，流体雷诺数的特征速度取进汽通道排汽通道的内部流体平均流速 w，定性温度取进汽通道与排汽通道进口截面流体平均温度 t_1 与出口截面流体平均温度 t_2 的算术平均值 $t_f=(t_1+t_2)/2$，依据定性温度 t_f 和进汽通道与排汽通道进口流体的压力 p_1 来确定流体的 Pr、λ、ν 等物性参数，依据进汽通道与排汽通道表面温 t_w 和进汽通道与排汽通道的进口流体的压力 p_1 来确定流体的 Pr_w。

二、内缸进汽蒸汽室内表面对流传热

汽轮机内缸进汽的蒸汽室，包括超高压内缸、高压内缸、中压内缸与低压内缸的环形蒸汽室。根据式（7-13），经公式推导与计算分析，得出汽轮机内缸进汽的蒸汽室内表面的对流传热系数 h_{c2} 的计算公式为

$$h_{c2}=\frac{C_{v2}Re^{0.8}Pr^{0.43}\lambda}{d_e} \tag{9-4}$$

$$Re=\frac{d_e\times w}{\nu} \tag{9-5}$$

$$d_e=\frac{4F_c}{P} \tag{9-6}$$

$$w=\frac{G}{\rho F_c} \tag{9-7}$$

式中　C_{v2}——试验常数；

Re——流体雷诺数；

Pr——流体普朗特数；

λ——流体热导率；

d_e——蒸汽室进汽管道的当量直径；

w——蒸汽室进汽管道流体的平均流速；

ν——流体运动黏度；

F_c——蒸汽室进汽管道的总面积；

P——蒸汽室进汽管道的总湿润周长；

G——蒸汽室进汽管道的总流量；

ρ——流体密度。

通常汽轮机内缸进汽蒸汽室有 2～6 根进汽管道，假设一个内缸的蒸汽室有 n 根进汽圆形管道，且每根进汽管道的内径 d_2 均相同，则汽轮机内缸进汽蒸汽室进汽管道的当量直径 d_e 的计算公式为

$$d_e=\frac{4F_c}{P}=\frac{4n\pi}{n\pi d_2}\left(\frac{d_2}{2}\right)^2=d_2 \tag{9-8}$$

在汽轮机内缸进汽蒸汽室表面传热系数的计算公式中，特征尺寸取蒸汽室进汽管道的当量直径 d_e，雷诺数的特征速度取内缸进汽蒸汽室进汽管道内流体的平均流速 w，定性温度取内缸蒸汽室内（即首级静叶片前）流体温度 t_{01}，依据定性温度 t_{01} 和内缸进汽蒸汽室压力 p_{01} 来确定流体的 Pr、λ、ν 等物性参数。

三、静叶片与动叶片之前内缸光滑内表面对流传热

汽轮机第一级静叶片之前的内缸光滑表面，属于汽轮机内缸进汽蒸汽室，其内表面对流传热系数的计算公式见式（9-4）。汽轮机各级动叶片之前的内缸光滑表面，以及从第二级静叶片起汽轮机各级静叶片与动叶片之前的内缸光滑表面，称之为静叶片与动叶片之前的光滑内表面。

根据式（2-1）～式（2-8）和式（2-13），经公式推导与计算分析，得出汽轮机静叶片、动叶片之前内缸光滑表面对流传热系数 h_{c3} 的计算公式为

$$h_{c3}=\frac{C_5 Nu\lambda}{2(r_2-r_1)}=\frac{C_5(A_1+A_2)Re^{0.8}Pr^{0.43}\lambda}{2(r_2-r_1)}=\frac{C_{c1}Re^{0.8}Pr^{0.43}\lambda}{2(r_2-r_1)} \tag{9-9}$$

$$Re=Re_z\left\{1+\left[C_1\left(\frac{r_2-r_1}{r_1}\right)^{-0.3}\right]^2\frac{Re_\omega^2}{Re_z^2}\right\}^{0.5} \tag{9-10}$$

$$C_{c1}=C_5(A_1+A_2) \tag{9-11}$$

式中 C_1、C_5——试验常数；

λ——流体热导率；

r_2——内缸内半径；

r_1——转轴外半径；

A_1——按照式（2-6）计算的数据；

A_2——按照式（2-7）计算的数据；

Re——同流体流动与转轴旋转有关的雷诺数；

Pr——流体普朗特数；

Re_z——流体雷诺数，按照式（2-3）计算；

Re_ω——旋转雷诺数，按照式（2-4）计算。

在以上内缸光滑内表面传热系数的计算公式中，特征尺寸取转子外表面与内缸内表面之间径向尺寸的两倍 $2(r_2-r_1)$，流体雷诺数的特征速度取流体轴向流速，旋转雷诺数的特征速度取转轴外表面的圆周速度，定性温度取环形空间沿轴向流体平均温度 t_f，依据定性温度 t_f 和环形空间沿轴向流体平均压力 p_f 来确定流体的 Pr、λ、ν 等物性参数。

四、内缸汽封部位对流传热

1. 内缸表面叶顶汽封部位

在汽轮机内缸内表面，动叶片叶顶汽封对应的部位比较多，其表面传热系数也比较大。由于动叶片叶顶汽封的齿数少于 8，属于少齿数曲径汽封，其结构示意图如图 3-7 和图 3-8 所示，动叶片叶顶汽封的示意图如图 9-1 所示。

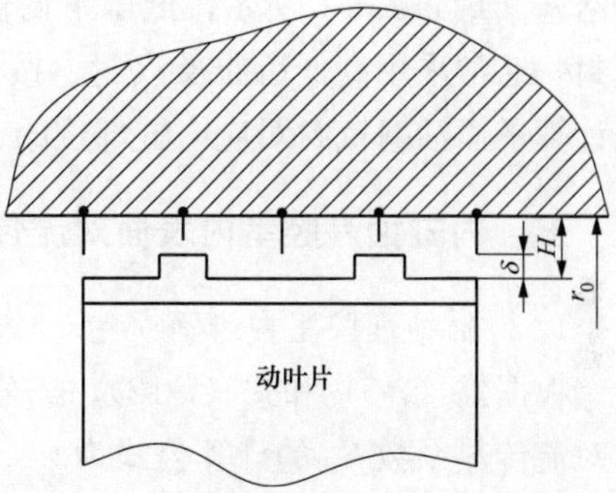

图 9-1　动叶片叶顶汽封的示意图

对于雷诺数 Re 的范围为 $2.5\times10^3\sim2.5\times10^4$ 的汽轮机动叶片叶顶汽封，根据式（3-18）和式（3-21），经公式推导与计算分析，得出汽轮机动叶片叶顶汽封对应的内缸部位的表面传热系数 h_{c4} 的计算公式为

$$h_{c4}=\frac{C_{g8}C_{g10}Re^{0.9}Pr^{0.43}\left(\frac{\delta}{H}\right)^{-0.7}\lambda}{2kH}=\frac{C_{c2}Re^{0.9}Pr^{0.43}\left(\frac{\delta}{H}\right)^{-0.7}\lambda}{2kH} \tag{9-12}$$

$$Re=\frac{2H\times w}{\nu} \tag{9-13}$$

$$C_{c2}=C_{g8}\times C_{g10} \tag{9-14}$$

式中　C_{g8}、C_{g10}——试验常数；

Re——流体雷诺数；

Pr——流体普朗特数；

δ——汽封径向间隙；

H——汽封室高度；

λ——流体热导率；

k——汽封传热修正系数，高低齿曲径汽封取 $k=0.63$，光轴平齿汽封取 $k=1.27$；

w——汽封腔室的流体平均流速；

ν——流体运动黏度。

在汽轮机叶顶汽封部位对应的内缸内表面传热系数的计算公式中，特征尺寸取两倍汽封室高度 $2H$，流体雷诺数的特征速度取汽封腔室的流体平均流速 w，汽轮机内缸叶顶汽封的定性温度取汽封进口流体温度 t_0 与出口的流体温度 t_z 的算术平均值 $t_f=(t_0+$

$t_z)/2$，依据定性温度 t_f 和汽封进口流体的压力 p_0 来确定流体的 Pr、λ、ν 等物性参数。

对于雷诺数 Re 的范围超出 $2.5\times10^3\sim2.5\times10^4$ 大多数汽轮机的叶顶汽封，按照式（3-10）～式（3-14）和式（3-16）来计算动叶片叶顶汽封对应的内缸部位的表面传热系数 h_{c4}，式（3-10）～式（3-14）的计算公式中特征尺寸为 2 倍汽封径向间隙 2δ，流体雷诺数的特征速度取汽封孔口的流体速度。

2. 内缸表面平衡活塞汽封部位

对于反动式汽轮机的高中压合缸结构，其平衡活塞汽封如图 3-5 所示，高压平衡活塞汽封位于高压缸进汽侧，中压平衡活塞汽封位于中压缸进汽侧。反动式汽轮机低压平衡活塞汽封如图 3-6 所示，低压平衡活塞汽封位于低压缸出汽侧。汽轮机内缸平衡活塞汽封，通常采用高低齿曲径汽封，按照式（3-10）、式（3-11）、式（3-12）和式（3-16）来计算平衡活塞汽封对应内缸部位的表面传热系数，不再赘述。

五、内缸抽汽腔室内表面对流传热

1. 内缸抽汽腔室内表面

根据式（7-5）和式（7-12），经公式推导与计算分析，得出汽轮机内缸抽汽腔室内表面对流传热系数 h_{c5} 的计算公式为

$$h_{c5}=\frac{Nu\lambda}{d_e}=\frac{C_{v1}Re^{0.8}\lambda}{Gr_\delta d_e}[1+0.06(\overline{G}-3)^{1.3}] \tag{9-15}$$

$$Re=\frac{d_e\times w}{\nu} \tag{9-16}$$

$$Gr_\delta=\frac{g\beta\delta t d_e^3}{\nu^2} \tag{9-17}$$

$$\overline{G}=\frac{Gr_\delta}{Re}\left(\frac{\varphi}{90}\right)^{-0.3} \tag{9-18}$$

$$\delta t=t_w-t_f \tag{9-19}$$

式中 Nu——内缸抽汽腔室内表面对流传热的努塞尔数；

λ——流体热导率；

d_e——当量直径；

C_{v1}——试验常数；

Re——流体雷诺数；

Gr_δ——格拉晓夫数；

$\overline{G}$——Gr_δ 与 Re 之比；

w——抽汽腔室环形通道的平均流速，按照式（7-4）计算；

ν——流体运动黏度；

g——重力加速度，9.8m/s^2；

β——体胀系数；

t_w——抽汽腔室环形通道内表面温度；

t_f——流体温度；

φ——所计算局部流速截面与抽汽管道轴线的夹角。

在汽轮机内缸抽汽腔室内表面对流传热系数的计算公式中，特征尺寸取抽汽腔室环形通道横截面的当量直径 d_e，流体雷诺数的特征速度取抽汽腔室环形通道的平均流速 w，定性温度取汽轮机的抽汽温度 t_f，依据定性温度 t_f 和抽汽压力 p_f 来确定流体的 Pr、λ、ν 等物性参数。

2. 内缸抽汽管道内表面

汽轮机内缸抽汽管道内表面传热系数 h_{c6} 的计算公式，与汽轮机内缸进汽通道与排汽通道内表面的对流传热系数 h_{c1} 计算的式（9-1）相同。由于汽轮机内缸的抽汽管道都比较短，需要考虑表 4-1 给出的管道长度修正系数 ε_l。

六、内缸安装静叶片部位传热过程

反动式汽轮机的汽缸内缸内表面安装有静叶片，内缸安装静叶片部位的表面传热系数的计算公式，考虑了静叶片流道传热、静叶片汽封的传热、静叶片围带两侧表面传热与静叶片中间体两侧表面传热以及静叶片叶根的接触热阻，这里静叶片流道包括了静叶片叶型、静叶片流道的上端面和下端面，为了简化计算，文中假设静叶片的流道、围带、中间体的轴向宽度相同并用 B_{b1} 表示，通过计算静叶片流道、围带、中间体的传热过程总热流量和总热阻来计算内缸安装静叶片部位的传热系数 k_3。

从第四章第三节给出应用实例和第七章第四节给出应用实例计算结果知，采用单层壁或多层壁模型计算得出的以内层壁外表面积为基准的传热过程的传热系数 k_3，与该表面的等效表面传热系数 h_{e0} 相等。反动式汽轮机内缸安装静叶片的部位，可以近似处理为与蒸汽对流传热的第三类边界条件。圆筒壁传热过程的传热系数 k_3，可以作为反动式汽轮机内缸安装静叶片的部位传热第三类边界条件的等效表面传热系数。

（一）静叶片叶型表面传热的热流量

把汽轮机静叶片对内缸的传热简化为肋片传热模型，在只考虑静叶片叶型表面对流传热的情况下，根据式（5-1）～式（5-5），计算汽轮机静叶片叶型的平均表面传热系数 h_{b1}，Z_1 只静叶片从叶型表面传热到叶型顶部的热流量 Φ_{b1} 可根据肋片传热模型[1,2]来计算，经公式推导与计算分析，得出热流量 Φ_{b1} 与热阻 R_{b1} 的计算公式分别为

$$\Phi_{b1}=Z_1\Delta t_1\ (h_{b1}\lambda_{b1}P_{b1m}F_{b1m})^{1/2}\,\mathrm{th}\left[H_{b1}\left(\frac{h_{b1}P_{b1m}}{\lambda_{b1}F_{b1m}}\right)^{1/2}\right] \tag{9-20}$$

$$\mathrm{th}x=\frac{e^x-e^{-x}}{e^x+e^{-x}} \tag{9-21}$$

$$R_{b1}=\frac{\Delta t_1}{\Phi_{b1}}=\frac{1}{Z_1\ (h_{b1}\lambda_{b1}P_{b1m}F_{b1m})^{1/2}\,\mathrm{th}\left[H_{b1}\left(\dfrac{h_{b1}P_{b1m}}{\lambda_{b1}F_{b1m}}\right)^{1/2}\right]} \tag{9-22}$$

式中 Z_1——静叶片数目；

Δt_1——静叶片叶型表面金属温度与流体温度之差；

h_{b1}——叶型平均的表面传热系数；

λ_{b1}——静叶片材料热导率；

P_{b1m}——静叶片叶型中间截面周长；

F_{b1m}——静叶片叶型中间截面面积；

H_{b1}——静叶片叶高；

R_{b1}——静叶片叶型表面传热到叶型顶部的热阻。

（二）静叶片流道上端面的热流量

汽轮机静叶片流道上端面是静叶片中间体的内表面，即静叶片流道的汽缸侧表面。汽轮机静叶片流道上端面与蒸汽的对流传热的热流量，也是通过静叶片中间体导热至内缸热流量的组成部分。根据式（5-7），计算汽轮机静叶片流道上端面的表面传热系数h_{b2}，经公式推导与计算分析，得出蒸汽与静叶片流道上端面的对流传热的热流量Φ_{b2}与热阻R_{b2}计算公式分别为

$$\Phi_{b2}=h_{b2}F_{t1}\Delta t_2 \tag{9-23}$$

$$F_{t1}=2\pi B_{b1}r_{b2}-Z_1F_{b1t} \tag{9-24}$$

$$R_{b2}=\frac{\Delta t_2}{\Phi_{b2}}=\frac{1}{h_{b2}F_{t1}} \tag{9-25}$$

式中　h_{b2}——蒸汽与静叶片流道上端面的表面传热系数；

F_{t1}——静叶片流道上端面的面积；

Δt_2——静叶片流道上端面金属温度与流体温度之差；

B_{b1}——静叶片流道上端面轴向宽度；

r_{b2}——静叶片流道上端面的半径；

Z_1——静叶片数目；

F_{b1t}——静叶片叶型汽缸侧顶部截面面积；

R_{b2}——蒸汽与静叶片流道上端面对流传热的热阻。

（三）静叶片流道下端面的热流量

汽轮机静叶片流道下端面是静叶片围带的叶型侧表面，静叶片流道下端面与蒸汽对流传热的热流量，通过静叶片导热到叶型顶部。对于Z_1只静叶片，从静叶片流道下端面传热到汽缸侧叶型顶部的热流量Φ_{b3}的计算包括以下步骤：

（1）根据式（5-7）计算汽轮机静叶片流道下端面的表面传热系数h_{b2}，并计算静叶片流道下端面与蒸汽的对流传热的热阻R_1，有

$$R_1=\frac{1}{h_{b2}F_{b1}}=\frac{1}{h_{b2}(2\pi B_{b1}r_{b1}-Z_1F_{b1b})} \tag{9-26}$$

$$F_{b1}=2\pi B_{b1}r_{b1}-Z_1F_{b1b} \tag{9-27}$$

式中　h_{b2}——蒸汽与静叶片流道下端面的表面传热系数；

F_{b1}——静叶片流道下端面对流传热表面的面积；

B_{b1}——静叶片围带轴向宽度；

r_{b1}——静叶片流道下端面的半径；

Z_1——静叶片数目；

F_{b1b}——静叶片转子侧叶型底部截面面积。

（2）计算 Z_1 只静叶片导热热阻 R_2，有

$$R_2 = \frac{H_{b1}}{Z_1 F_{b1t} \lambda_{b1}} \tag{9-28}$$

式中　H_{b1}——静叶片叶高；

F_{b1t}——静叶片汽缸侧叶型顶部截面面积；

Z_1——静叶片数目；

λ_{b1}——静叶片材料热导率。

（3）计算从静叶片流道下端面对流传热的热流量导热至汽缸侧叶型顶部传热的热阻 R_{b3}，有

$$R_{b3} = R_1 + R_2 = \frac{1}{h_{b2}(2\pi B_{b1} r_{b1} - Z_1 F_{b1b})} + \frac{H_{b1}}{Z_1 F_{b1t} \lambda_{b1}} \tag{9-29}$$

式中　R_1——静叶片流道下端面与蒸汽的对流传热的热阻；

R_2——Z_1 只静叶片导热的热阻。

（4）经公式推导与计算分析，得出汽轮机静叶片流道下端面的对流换热的热流量通过 Z_1 只静叶片从静叶片转子侧叶型底部导热至汽缸侧叶型顶部的热流量 Φ_{b3} 的计算公式为

$$\Phi_{b3} = \frac{\Delta t_3}{R_{b3}} = \frac{\Delta t_3}{\dfrac{1}{h_{b2}(2\pi B_{b1} r_{b1} - Z_1 F_{b1b})} + \dfrac{H_{b1}}{Z_1 F_{b1t} \lambda_{b1}}} \tag{9-30}$$

式中　Δt_3——静叶片转子侧叶型底部流体温度与汽缸侧叶型顶部金属温度之差；

R_{b3}——叶片流道转子侧下端面对流传热的热流量导热至内缸侧叶型顶部的热阻。

（四）静叶片围带汽封与出汽侧表面的热流量

汽轮机转子侧静叶片围带汽封及围带出汽侧表面和蒸汽对流传热的热流量，通过静叶片的导热到汽缸侧叶型顶部。对于 Z_1 只静叶片，从静叶片围带汽封与出汽侧表面传热到叶型顶部的热流量 Φ_{b4} 的计算包括以下步骤：

（1）根据式（8-13），计算汽轮机静叶片围带汽封的表面传热系数 h_{d5}，计算静叶片围带汽封与蒸汽的对流传热的热阻 R_3，有

$$R_3 = \frac{1}{2\pi B_{b1} r_{b0} h_{d5}} \tag{9-31}$$

式中　B_{b1}——静叶片围带轴向宽度；

r_{b0}——静叶片转子侧围带外表面的半径；

h_{d5}——静叶片围带汽封的表面传热系数。

（2）采用圆筒壁导热模型，计算静叶片围带导热的热阻 R_4，有

$$R_4 = \frac{1}{2\pi \lambda_{sb1} B_{b1}} \ln \frac{r_{b1}}{r_{b0}} \tag{9-32}$$

式中　B_{b1}——静叶片围带轴向宽度；

λ_{sb1}——静叶片围带材料热导率；

r_{b1}——静叶片流道下端面半径；

r_{b0}——静叶片围带转子侧表面的半径。

（3）采用式（8-1）和式（8-2），确定汽轮机静叶片围带出汽侧表面的表面传热系数 $h_{d1\text{-}2}$，汽轮机静叶片围带出汽侧表面的传热热阻 R_5 的计算公式为

$$R_5=\frac{1}{\pi(r_{b1}^2-r_{b0}^2)h_{d1-2}} \tag{9-33}$$

式中 r_{b1}——静叶片流道下端面半径；

r_{b0}——静叶片围带转子侧表面的半径；

$h_{d1\text{-}2}$——静叶片围带出汽侧的表面传热系数，这里 h_{d1} 是按照式（8-1）计算得出静叶片围带出汽侧的表面传热系数，h_{d2} 是按照式（8-2）计算得出静叶片围带出汽侧的表面传热系数。

（4）依据串联热阻叠加原则，经公式推导与计算分析，得出从围带汽封与出汽侧表面与蒸汽对流传热的热流量导热至叶型顶部的热阻 R_{b4} 的计算公式为

$$\begin{aligned}R_{b4}&=R_3+R_4+R_5+R_2\\&=\frac{1}{2\pi B_{b1}r_{b0}h_{d5}}+\frac{1}{2\pi\lambda_{sb1}B_{b1}}\ln\frac{r_{b1}}{r_{b0}}+\frac{1}{\pi(r_{b1}^2-r_{b0}^2)h_{d1-2}}+\frac{H_{b1}}{Z_1F_{b1t}\lambda_{b1}}\end{aligned} \tag{9-34}$$

式中 R_2——Z_1 只静叶片导热的热阻；

R_3——静叶片围带汽封与蒸汽的对流传热的热阻；

R_4——静叶片围带导热的热阻；

R_5——静叶片围带出汽侧表面的传热热阻。

（5）经公式推导与计算分析，得出汽轮机静叶片围带汽封与出汽侧表面与蒸汽对流传热的热流量通过 Z_1 只静叶片从静叶片叶型底部导热至叶型顶部的热流量 Φ_{b4} 的计算公式为

$$\Phi_{b4}=\frac{\Delta t_3}{R_{b4}}=\frac{\Delta t_3}{\dfrac{1}{2\pi B_{b1}r_{b0}h_{d5}}+\dfrac{1}{2\pi\lambda_{sb1}B_{b1}}\ln\dfrac{r_{b1}}{r_{b0}}+\dfrac{1}{\pi(r_{b1}^2-r_{b0}^2)h_{d1\text{-}2}}+\dfrac{H_{b1}}{Z_1F_{b1t}\lambda_{b1}}} \tag{9-35}$$

式中 Δt_3——静叶片叶型底部出汽侧流体温度与叶型顶部金属温度之差；

R_{b4}——静叶片围带汽封与出汽侧表面的对流传热量导热到叶型顶部的热阻。

（五）静叶片围带进汽侧表面的热流量

汽轮机静叶片围带进汽侧表面和蒸汽对流传热的热流量，通过静叶片的导热到内缸侧叶型顶部。通常，抽汽口与补汽口后静叶片围带进汽侧表面采用式（8-7）和式（8-8）计算传热系数，其他静叶片围带的进汽侧表面采用式（8-1）和式（8-2）计算静叶片围带进汽侧的表面传热系数。对于 Z_1 只静叶片，从静叶片围带进汽侧表面传热到内缸侧叶型顶部的热流量 Φ_{b5} 的计算包括以下步骤：

（1）对于小空间静叶片围带进汽侧表面传热热阻与计算小空间静叶片围带出汽侧表

面传热热阻 R_5 的式（9-33）相同，只是计算 $h_{d1\text{-}2}$ 的静叶片围带与叶轮轴向尺寸和流体物性参数有所差异。

（2）对于第一级静叶片、抽汽口与补汽口之后的静叶片，采用式（8-7）和式（8-8），确定汽轮机大空间静叶片围带进汽侧的表面传热系数 $h_{d3\text{-}4}$，汽轮机大空间静叶片围带进汽侧表面的传热热阻 R_6 的计算公式为

$$R_6 = \frac{1}{\pi(r_{b1}^2 - r_{b0}^2)h_{d3\text{-}4}} \tag{9-36}$$

式中 r_{b1}——静叶片流道下端面半径；

r_{b0}——转子侧静叶片围带表面半径；

$h_{d3\text{-}4}$——大空间静叶片围带进汽侧的表面传热系数，这里 h_{d3} 是按照式（8-7）计算得出静叶片围带进汽侧的表面传热系数，h_{d4} 是按照式（8-8）计算得出静叶片围带进汽侧的表面传热系数。

（3）区分小空间静叶片围带和大空间静叶片围带两种情况，计算从静叶片围带进汽侧表面与蒸汽对流传热的热流量导热到叶型底部的热阻 R_{b5}。

对于小空间静叶片围带的进汽侧表面，有

$$R_{b5} = R_5 + R_2 = \frac{1}{\pi(r_{b1}^2 - r_{b0}^2)h_{d1\text{-}2}} + \frac{H_{b1}}{Z_1 F_{b1t}\lambda_{b1}} \tag{9-37}$$

对于大空间静叶片围带的进汽侧表面，有

$$R_{b5} = R_6 + R_2 = \frac{1}{\pi(r_{b1}^2 - r_{b0}^2)h_{d3\text{-}4}} + \frac{H_{b1}}{Z_1 F_{b1t}\lambda_{b1}} \tag{9-38}$$

对于小空间静叶片围带和大空间静叶片围带，采用一个公式来计算围带进汽侧表面的传热热阻 R_{b5}，有

$$R_{b5} = \frac{1}{\pi(r_{b1}^2 - r_{b0}^2)h_{di}} + \frac{H_{b1}}{Z_1 F_{b1t}\lambda_{b1}} \tag{9-39}$$

式中 R_5——小空间静叶片围带进汽侧表面的传热热阻；

R_2——Z_1 只静叶片导热的热阻；

$h_{d1\text{-}2}$——小空间静叶片围带进汽侧的表面传热系数；

R_6——大空间静叶片围带进汽侧表面的传热热阻；

$h_{d3\text{-}4}$——大空间静叶片围带进汽侧的表面传热系数；

h_{di}——静叶片围带进汽侧的表面传热系数。

（4）不区分小空间静叶片围带和大空间静叶片围带两种情况，经公式推导与计算分析，得出计算汽轮机静叶片围带进汽侧表面与蒸汽对流传热的热流量通过 Z_1 只静叶片从静叶片底部导热至叶型顶部的热流量 Φ_{b5} 的计算公式为

$$\Phi_{b5} = \frac{\Delta t_4}{R_{b5}} = \frac{\Delta t_4}{\dfrac{1}{\pi(r_{b1}^2 - r_{b0}^2)h_{di}} + \dfrac{H_{b1}}{Z_1 F_{b1t}\lambda_{b1}}} \tag{9-40}$$

式中 Δt_4——静叶片转子侧叶型底部进汽侧流体温度与汽缸侧叶型顶部金属温度之差；

R_{b5}——静叶片围带进汽侧表面对流传热的热流量导热至内缸侧叶型顶部的热阻。

（六）静叶片流道与围带传热的热流量

对于反动式汽轮机，汽轮机静叶片流道包括叶型、静叶片流道上端面和叶片流道下端面，静叶片流道及围带传导给内缸的热流量 Φ_b 由五部分组成，经公式推导与计算分析，得出 Φ_b 的计算公式为

$$\begin{aligned}\Phi_b &= \Phi_{b1}+\Phi_{b2}+\Phi_{b3}+\Phi_{b4}+\Phi_{b5}\\ &= Z_1\Delta t_1\,(h_{b1}\lambda_{b1}P_{b1m}F_{b1m})^{1/2}\,\mathrm{th}\left[H_{b1}\left(\frac{h_{b1}P_{b1m}}{\lambda_{b1}F_{b1m}}\right)^{1/2}\right]+h_{b2}F_{t1}\Delta t_2\\ &\quad+\frac{\Delta t_3}{\dfrac{1}{h_{b2}(2\pi B_{b1}r_{b1}-Z_1F_{b1b})}+\dfrac{H_{b1}}{Z_1F_{b1t}\lambda_{b1}}}\\ &\quad+\frac{\Delta t_3}{\dfrac{1}{2\pi B_{b1}r_{b0}h_{d5}}+\dfrac{1}{2\pi\lambda_{sb1}B_{b1}}\ln\dfrac{r_{b1}}{r_{b0}}+\dfrac{1}{\pi(r_{b1}^2-r_{b0}^2)h_{d1\text{-}2}}+\dfrac{H_{b1}}{Z_1F_{b1t}\lambda_{b1}}}\\ &\quad+\frac{\Delta t_4}{\dfrac{1}{\pi(r_{b1}^2-r_{b0}^2)h_{di}}+\dfrac{H_{b1}}{Z_1F_{b1t}\lambda_{b1}}}\end{aligned}\tag{9-41}$$

式中 Φ_{b1}——静叶片叶型表面传热到叶型顶部的热流量；

Φ_{b2}——蒸汽与静叶片流道上端面对流传热的热流量；

Φ_{b3}——静叶片流道下端面对流传热的热流量导热到叶型顶部的热流量；

Φ_{b4}——围带汽封与出汽侧表面对流传热的热流量导热到叶型顶部的热流量；

Φ_{b5}——围带进汽侧表面对流传热的热流量导热到叶型顶部的热流量；

Δt_1——静叶片叶型表面金属温度与流体温度之差；

Δt_2——静叶片流道上端面的温度与流体温度之差；

Δt_3——静叶片叶型底部出汽侧流体温度与叶型顶部金属温度之差；

Δt_4——静叶片叶型底部进汽侧流体温度与汽缸侧叶型顶部金属温度之差。

（七）静叶片流道与围带的等效表面传热系数

汽轮机静叶片流道包括了静叶片叶型、静叶片流道上端面和静叶片流道下端面，经公式推导与计算分析，得出静叶片流道与围带对流传热的热流量导热至内缸的热量 Φ_b 的计算公式为

$$\Phi_b=\Phi_{b1}+\Phi_{b2}+\Phi_{b3}+\Phi_{b4}+\Phi_{b5}=A_{b1}h_{e1}\Delta t_5=2\pi r_{b2}B_{b1}h_{e1}\Delta t_5 \tag{9-42}$$

$$A_{b1}=2\pi r_{b2}B_{b1}=F_{b1}+Z_1F_{b1t} \tag{9-43}$$

$$\Delta t_5\approx\frac{\Delta t_1+\Delta t_2+\Delta t_3+\Delta t_4}{4} \tag{9-44}$$

式中 Δt_5——静叶片流道上端面与叶型顶部的金属温度平均值与流体温度的差；

r_{b2}——静叶片流道上端面的半径；

h_{e1}——静叶片流道、汽封与围带的等效表面传热系数；

B_{b1}——静叶片轴向宽度；

F_{b1}——静叶片流道上端面的面积；

Z_1——静叶片数目；

F_{b1t}——静叶片叶型顶部截面面积。

严格地说，Δt_1、Δt_2、Δt_3 和 Δt_4 略有差异，工程上可以认为近似等于 Δt_5，依据式（9-42），经公式推导与计算分析，得出静叶片流道与围带的等效表面传热系数 h_{e1} 的计算公式为

$$\begin{aligned} h_{e1} &= \frac{\Phi_b}{A_{b1}\Delta t_5} \\ &= \frac{1}{2\pi r_{b2}B_{b1}}\left\{Z_1\ (h_{b1}\lambda_{b1}P_{b1m}F_{b1m})^{1/2}\,\mathrm{th}\left[H_{b1}\left(\frac{h_{b1}P_{b1m}}{\lambda_{b1}F_{b1m}}\right)^{1/2}\right]+h_{b2}F_{t1}\right. \\ &\quad+\frac{1}{\dfrac{1}{h_{b2}(2\pi B_{b1}r_{b1}-Z_1F_{b1b})}+\dfrac{H_{b1}}{Z_1F_{b1t}\lambda_{b1}}} \\ &\quad+\frac{1}{\dfrac{1}{2\pi B_{b1}r_{b0}h_{d5}}+\dfrac{1}{2\pi\lambda_{sb1}B_{b1}}\ln\dfrac{r_{b1}}{r_{b0}}+\dfrac{1}{\pi(r_{b1}^2-r_{b0}^2)h_{d1\text{-}2}}+\dfrac{H_{b1}}{Z_1F_{b1t}\lambda_{b1}}} \\ &\quad\left.+\frac{1}{\dfrac{1}{\pi(r_{b1}^2-r_{b0}^2)h_{di}}+\dfrac{H_{b1}}{Z_1F_{b1t}\lambda_{b1}}}\right\} \end{aligned} \tag{9-45}$$

通常 $H_{b1}\left(\dfrac{h_{b1}P_{b1m}}{\lambda_{b1}F_{b1m}}\right)^{1/2}>3$，有 $\mathrm{th}\left[H_{b1}\left(\dfrac{h_{b1}P_{b1m}}{\lambda_{b1}F_{b1m}}\right)^{1/2}\right]\approx 1$，近似得

$$\begin{aligned} h_{e1} = \frac{\Phi_b}{A_{b1}\Delta t_5} &= \frac{1}{2\pi r_{b2}B_{b1}}\left\{Z_1\ (h_{b1}\lambda_{b1}P_{b1m}F_{b1m})^{1/2}+h_{b2}F_{t1}+\frac{1}{\dfrac{1}{h_{b2}(2\pi B_{b1}r_{b1}-Z_1F_{b1b})}+\dfrac{H_{b1}}{Z_1F_{b1t}\lambda_{b1}}}\right. \\ &\quad+\frac{1}{\dfrac{1}{2\pi B_{b1}r_{b0}h_{d5}}+\dfrac{1}{2\pi\lambda_{sb1}B_{b1}}\ln\dfrac{r_{b1}}{r_{b0}}+\dfrac{1}{\pi(r_{b1}^2-r_{b0}^2)h_{d1\text{-}2}}+\dfrac{H_{b1}}{Z_1F_{b1t}\lambda_{b1}}} \\ &\quad\left.+\frac{1}{\dfrac{1}{\pi(r_{b1}^2-r_{b0}^2)h_{di}}+\dfrac{H_{b1}}{Z_1F_{b1t}\lambda_{b1}}}\right\} \end{aligned} \tag{9-46}$$

汽轮机静叶片等效表面传热系数用符号 h_{e1} 表示，单位为 $W/(m^2 \cdot K)$，其数学表达式为静叶片中间体内表面的热流量除以静叶片中间内表面积（即静叶片中间体叶型侧面积）、再除以流道上端面和叶型顶部金属温度的平均值与流体温度之差的商，这里静叶片中间体内表面的热流量指的是静叶片叶型表面、静叶片流道上端面与下端面、静叶片围带进汽侧表面与出汽侧表面以及围带汽封与流体对流传热的热流量导热至叶型顶部的总热流量。

（八）内缸安装静叶片部位对流传热与导热

静叶片安装在汽轮机内缸的叶根槽中，蒸汽与静叶片叶型、流道上端面与下端面、

围带两侧表面以及围带汽封的对流传热的热流量是通过静叶片的中间体和叶根导热至汽轮机内缸，静叶片的中间体两侧表面与蒸汽也有对流传热，静叶片叶根与内缸之间存在接触热阻。在汽轮机内缸温度场和热应力场的有限元数值计算的力学模型中，通常将内缸简化，假定静叶片叶根与内缸的热导率相等，把静叶片叶根槽中的叶根视为内缸的一部分。将内缸内半径 r_0（即静叶片中间体外半径）表面的传热边界近似处理为与蒸汽对流传热的第三类边界条件，内缸安装静叶片部位的传热系数 k_3 可采用静叶片中间体传热过程的圆筒壁模型来简化计算。

1. 静叶片中间体壁厚为（r_0-r_{b2}）圆筒壁外侧的对流传热热阻

对于静叶片中间体的内半径为 r_{b2}、外半径 r_0（即内缸内半径）的圆筒壁，其内表面对流传热热阻 R_7 的计算公式为

$$R_7=\frac{1}{2\pi r_{b2}B_{b1}h_{e1}} \tag{9-47}$$

式中 r_{b2}——静叶片中间体的内半径，静叶片流道上端面的半径；

B_{b1}——静叶片轴向宽度；

h_{e1}——静叶片流道、汽封及围带的等效表面传热系数。

2. 静叶片中间体壁厚为（r_0-r_{b2}）圆筒壁出汽侧表面的传热热阻

对于静叶片叶型顶部至内缸内半径之间的静叶片中间体部分，即壁厚为（r_0-r_{b2}）圆筒壁出汽侧表面，属于小空间静叶片中间体侧表面，采用式（8-1）和式（8-2），确定汽轮机静叶片中间体圆筒壁出汽侧的表面传热系数 $h_{d1\text{-}2}$，汽轮机静叶片中间体壁厚为（r_0-r_{b2}）圆筒壁出汽侧表面的传热热阻 R_8 的计算公式为

$$R_8=\frac{1}{\pi(r_0^2-r_{b2}^2)h_{d1\text{-}2}} \tag{9-48}$$

式中 $h_{d1\text{-}2}$——静叶片中间体出汽侧的表面传热系数，这里 h_{d1} 是按照式（8-1）计算得出静叶片中间体出汽侧的表面传热系数，h_{d2} 是按照式（8-2）计算得出静叶片中间体出汽侧的表面传热系数。

3. 静叶片中间体壁厚为（r_0-r_{b2}）圆筒壁进汽侧表面的传热热阻

对于第一级静叶片、抽汽口与补汽口之后的静叶片叶型顶部半径 r_{b2} 至内缸内半径 r_0 之间的中间体部分，即壁厚为（r_0-r_{b2}）圆筒壁进汽侧表面，属于大空间静叶片中间体侧表面，采用式（8-7）和式（8-8），计算静叶片中间体圆筒壁进汽侧的表面传热系数 $h_{d3\text{-}4}$，其他小空间静叶片中间体进汽侧表面采用式（8-1）和式（8-2），计算小空间静叶片中间体圆筒壁进汽侧的表面传热系数 $h_{d1\text{-}2}$。汽轮机静叶片中间体壁厚为（$r_{b2}-r_w$）圆筒壁进汽侧表面的传热热阻 R_9 的计算公式为

$$R_9=\frac{1}{\pi(r_0^2-r_{b2}^2)h_{di}} \tag{9-49}$$

式中 h_{di}——静叶片中间体壁厚为（r_0-r_{b2}）圆筒壁进汽侧表面的表面传热系数，对于

小空间静叶片中间体 h_{di} 取 $h_{d1\text{-}2}$，对于大空间静叶片中间体 h_{di} 取 $h_{d3\text{-}4}$，这里 h_{d1} 是按照式（8-1）计算得出静叶片中间体进汽侧的表面传热系数，h_{d2} 是按照式（8-2）计算得出静叶片中间体进汽侧的表面传热系数，h_{d3} 是按照式（8-7）计算得出静叶片中间体进汽侧的表面传热系数，h_{d4} 是按照式（8-8）计算得出静叶片中间体进汽侧的表面传热系数。

4. 不考虑叶根接触热阻的中间体壁厚为（r_0-r_{b2}）圆筒壁的导热热阻

不考虑静叶片叶根接触热阻的中间体壁厚为（r_0-r_{b2}）圆筒壁导热热阻 R_{10} 的计算公式为

$$R_{10}=\frac{1}{2\pi B_{b1}\lambda_{b1}}\ln\frac{r_0}{r_{b2}} \tag{9-50}$$

式中 λ_{b1}——静叶片材料的热导率；

r_0——静叶片中间体外半径，即内缸内半径；

r_{b2}——静叶片中间体内半径，即静叶片流道上端面的半径。

5. 考虑叶根与内缸接触热阻的壁厚为（r_0-r_{b2}）中间体圆筒壁的导热热阻

通过试验确定静叶片到T型叶根形式的接触热阻试验常数 C_{b10} 后，考虑静叶片叶根与内缸的接触热阻后，静叶片中间体圆筒壁导热热阻有所增大，静叶片中间体圆筒壁的实际导热热阻 R_{11} 的计算公式为

$$R_{11}=C_{b10}R_{10}=\frac{C_{b10}}{2\pi B_{b1}\lambda_{b1}}\ln\frac{r_0}{r_{b2}} \tag{9-51}$$

式中 C_{b10}——到T型叶根的接触热阻试验常数。

6. 传热过程总热阻

根据串联热阻叠加原则，经公式推导与计算分析，得出静叶片中间体圆筒壁的传热过程总热阻 R_r 的计算公式为

$$\begin{aligned}R_r&=R_7+R_8+R_9+R_{11}\\&=\frac{1}{2\pi r_{b2}B_{b1}h_{e1}}+\frac{1}{\pi(r_0^2-r_{b2}^2)h_{d1\text{-}2}}+\frac{1}{\pi(r_0^2-r_{b2}^2)h_{di}}+\frac{C_{b10}}{2\pi B_{b1}\lambda_{b1}}\ln\frac{r_0}{r_{b2}}\end{aligned} \tag{9-52}$$

7. 安装静叶片部位的传热系数

假定内缸安装静叶片的轴向宽度为 B_{b1}，经公式推导与计算分析，得出以静叶片中间体外表面面积 $F_0=2\pi r_0B_{b1}$（即静叶片中间体圆筒壁外表面面积）为基准的内缸安装静叶片部位的静叶片中间体传热过程的表面传热系数 k_3 的计算公式为

$$\begin{aligned}k_3&=\frac{1}{F_0R_r}=\frac{1}{2\pi r_0B_{b1}R_r}\\&=\frac{1}{2\pi r_0B_{b1}}\left[\frac{1}{2\pi r_{b2}B_{b1}h_{e1}}+\frac{1}{\pi(r_0^2-r_{b2}^2)h_{d2\text{-}3}}+\frac{1}{\pi(r_0^2-r_{b2}^2)h_{di}}+\frac{C_{b10}}{2\pi B_{b1}\lambda_{b1}}\ln\frac{r_0}{r_{b2}}\right]^{-1}\\&=\left[\frac{r_0}{r_{b2}h_{e1}}+\frac{2r_0B_{b1}}{(r_0^2-r_{b2}^2)h_{d2\text{-}3}}+\frac{2r_0B_{b1}}{(r_0^2-r_{b2}^2)h_{di}}+\frac{r_0C_{b10}}{\lambda_{b1}}\ln\frac{r_0}{r_{b2}}\right]^{-1}\end{aligned} \tag{9-53}$$

七、内缸安装隔板部位传热过程

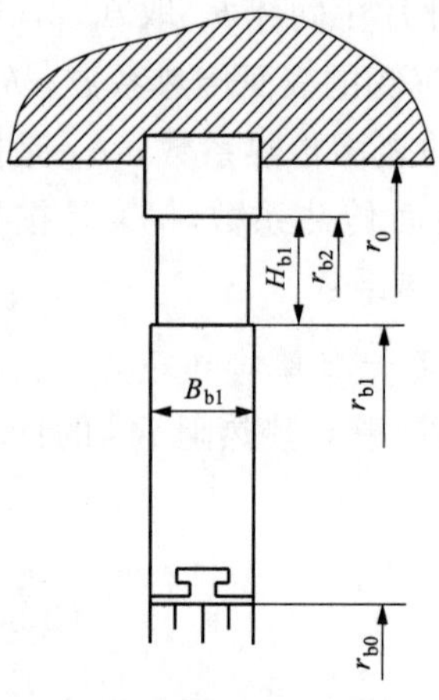

图 9-2 隔板结构示意图

冲动式汽轮机的隔板示意图如图 9-2 所示，汽轮机隔板由隔板外环、静叶片流道、隔板体和隔板汽封组成，B_{b1} 为隔板轴向宽度，把隔板汽封处理为隔板体的一部分，r_{b0} 为隔板体内表面的半径，r_{b1} 为隔板静叶片流道下端面的半径，r_{b2} 为隔板静叶片流道上端面的半径，r_0 为内缸（或隔板套）内半径。汽轮机隔板安装在汽缸的隔板槽或安装在隔板套上，内缸（或隔板套）安装隔板部位的传热系数的计算公式，考虑了静叶片流道传热、隔板汽封的传热、隔板体两侧的表面传热与隔板外环两侧的表面传热以及隔板外环与汽缸的接触热阻。为了简化计算，假设隔板外环、隔板体轴向宽度相同，并用 B_{b1} 表示。通过计算隔板传热的热流量与热阻来计算内缸（或隔板套）安装隔板部位的传热系数 k_3。

从第四章第三节给出应用实例和第七章第四节给出应用实例的计算结果知，采用单层壁和多层壁模型计算得出的以某一外表面积为基准的传热过程的传热系数 k_3，与该表面的等效表面传热系数 h_{e0} 相等。冲动式汽轮机内缸安装隔板的部位，可以近似处理为与蒸汽对流传热的第三类边界条件。圆筒壁传热过程的传热系数 k_3，可以作为冲动式汽轮机内缸安装隔板的部位传热第三类边界条件的等效表面传热系数。

（一）隔板静叶片叶型表面传热的热流量

把汽轮机静叶片对隔板的传热简化为肋片传热模型，根据式（5-1）～式（5-5），计算汽轮机静叶片的叶型表面对流传热表面的平均表面传热系数 h_{b1}，依据式（9-20）和式（9-22）计算 Z_1 只静叶片从叶型表面传热到叶型顶部的热流量 Φ_{b1} 与热阻 R_{b1}。

（二）隔板静叶片流道上端面的热流量

汽轮机隔板的静叶片流道上端面是隔板外环的内表面，即静叶片流道的汽缸侧表面。汽轮机隔板静叶片流道上端面与蒸汽的对流传热的热流量，也是通过隔板外环导热至内缸热流量的组成部分。根据式（5-7），计算汽轮机隔板静叶片流道上端面的表面传热系数 h_{b2}，按照式（9-23）和式（9-25）计算蒸汽与隔板静叶片流道上端面的对流传热的热流量 Φ_{b2} 与热阻 R_{b2}。

（三）隔板静叶片流道下端面的热流量

汽轮机隔板的静叶片流道下端面是隔板体的外表面，即静叶片流道的转子侧表面。隔板静叶片流道下端面与蒸汽对流传热的热流量，通过静叶片导热至叶型顶部。按照式（9-30）计算静叶片流道下端面与蒸汽的对流传热量并通过 Z_1 只静叶片导热至隔板静叶片叶型顶部的热流量 Φ_{b3}，按照式（9-29）计算隔板静叶片流道下端面与蒸汽的对流传热量并通过 Z_1 只静叶片导热至隔板静叶片叶型顶部的热阻 R_{b3}。

（四）隔板汽封与隔板体出汽侧表面的热流量

汽轮机隔板汽封及隔板体出汽侧表面和蒸汽对流传热的热流量，通过 Z_1 只静叶片的导热至隔板静叶片叶型顶部。按照式（9-35）计算隔板汽封及隔板体出汽侧表面和蒸汽对流传热的热流量并通过 Z_1 只静叶片导热至隔板静叶片叶型顶部的热流量 Φ_{b4}。按照式（9-34）计算隔板汽封及隔板体出汽侧表面和蒸汽对流传热的热流量并通过 Z_1 只静叶片导热至隔板静叶片叶型顶部的热阻 R_{b4}。

（五）隔板体进汽侧表面的热流量

汽轮机隔板体进汽侧表面和蒸汽对流传热的热流量，通过静叶片的导热至隔板静叶片叶型顶部。通常，第一级隔板、抽汽口与补汽口之后的隔板体进汽侧表面采用式（8-7）和式（8-8）计算表面传热系数，其他隔板体进汽侧表面采用式（8-1）和式（8-2）计算表面传热系数。根据式（9-40）计算汽轮机隔板体进汽侧表面与蒸汽对流传热的热流量并通过 Z_1 只静叶片从静叶片底部导热到叶型顶部的热流量 Φ_{b5}。按照式（9-39），计算隔板体进汽侧表面与蒸汽对流传热热流量通过 Z_1 只静叶片从静叶片底部传热到叶型顶部的热阻 R_{b5}。

（六）隔板的静叶片流道与隔板体的传热热流量

对于汽轮机隔板的静叶片流道及隔板体导热至叶型顶部的热流量 Φ_b 由五部分组成，经公式推导与计算分析，得出 Φ_b 的计算公式分别为

$$\Phi_b = \Phi_{b1} + \Phi_{b2} + \Phi_{b3} + \Phi_{b4} + \Phi_{b5} \tag{9-54}$$

式中　Φ_{b1}——静叶片叶型表面导热到叶型顶部的热流量；

Φ_{b2}——蒸汽与静叶片流道上端面对流传热的热流量；

Φ_{b3}——静叶片流道下端面对流传热的热流量导热到叶型顶部的热流量；

Φ_{b4}——隔板汽封与隔板体出汽侧表面对流传热的热流量导热到叶型顶部的热流量；

Φ_{b5}——隔板体进汽侧表面对流传热的热流量导热到叶型顶部的热流量。

（七）静叶片流道与隔板体的等效表面传热系数

经公式推导与计算分析，得出汽轮机隔板的静叶片流道与隔板体导热至叶型顶部的热流量 Φ_b 和等效表面传热系数 h_{e1} 的计算公式分别为

$$\Phi_b = \Phi_{b1} + \Phi_{b2} + \Phi_{b3} + \Phi_{b4} + \Phi_{b5} = A_{b1} h_{e1} \Delta t_5 = 2\pi r_{b2} B_{b1} h_{e1} \Delta t_5 \tag{9-55}$$

$$h_{e1} = \frac{\Phi_{b1} + \Phi_{b2} + \Phi_{b3} + \Phi_{b4} + \Phi_{b5}}{A_{b1} \Delta t_5} = \frac{\Phi_{b1} + \Phi_{b2} + \Phi_{b3} + \Phi_{b4} + \Phi_{b5}}{2\pi r_{b2} B_{b1} \Delta t_5} \tag{9-56}$$

$$A_{b1} = 2\pi r_{b2} B_{b1} = F_{b1} + Z_1 F_{b1t} \tag{9-57}$$

$$\Delta t_5 \approx \frac{\Delta t_1 + \Delta t_2 + \Delta t_3 + \Delta t_4}{4} \tag{9-58}$$

式中　h_{e1}——隔板静叶片流道、隔板汽封与隔板体的等效表面传热系数；

Δt_5——隔板静叶片流道上端面与叶型顶部的金属温度平均值与流体温度的差；

r_{b2}——隔板静叶片流道上端面的半径；

B_{b1}——隔板外环轴向宽度；

F_{b1}——隔板静叶片流道上端面的面积；

Z_1——隔板静叶片数目；

F_{b1t}——隔板静叶片叶型顶部截面面积；

Δt_1——隔板静叶片叶型表面金属温度与流体温度之差；

Δt_2——隔板静叶片流道上端面金属温度与流体温度之差；

Δt_3——隔板静叶片叶型底部出汽侧流体温度与叶型顶部金属温度之差；

Δt_4——隔板静叶片叶型底部进汽侧流体温度与叶型顶部金属温度之差。

严格地说，Δt_1、Δt_2、Δt_3 和 Δt_4 略有差异，工程上可以认为近似等于 Δt_5，汽轮机隔板的静叶片流道与隔板体等效表面传热系数 h_{e1} 计算公式同反动式汽轮机静叶片流道与围带的等效表面传热系数计算公式式（9-45）与式（9-46）相类似。

（八）内缸安装隔板部位对流传热与导热

汽轮机隔板安装在内缸（或隔板套）的隔板槽中，蒸汽与隔板的静叶片叶型、静叶片流道下端面和上端面、隔板汽封和隔板体两侧表面的对流传热的热流量是通过隔板外环导热至汽轮机内缸（或隔板套），隔板外环两侧表面与蒸汽也有对流传热，隔板外环与内缸之间存在接触热阻。在汽轮机内缸温度场和热应力场的有限元数值计算的力学模型中，通常将内缸简化，假定隔板与内缸（或隔板套）的热导率相等，把隔板槽中的隔板视为内缸（或隔板套）的一部分。将内缸（或隔板套）内半径 r_0 表面的传热边界近似处理为与蒸汽对流传热的第三类边界条件，汽轮机内缸安装隔板部位的表面传热系数 k_3 可采用隔板外环传热过程的圆筒壁模型来简化计算。

1. 隔板外环壁厚为（r_0-r_{b2}）圆筒壁外侧的对流传热热阻

对于隔板外环内半径为 r_{b2}、外半径为 r_0（即内缸内半径）的圆筒壁，其内表面对流传热热阻 R_{12} 的计算公式为

$$R_{12}=\frac{1}{2\pi r_{b2}B_{b1}h_{e1}} \tag{9-59}$$

式中 r_{b2}——隔板外环内半径，即隔板静叶片流道上端面的半径；

B_{b1}——隔板外环轴向宽度；

h_{e1}——隔板的静叶片流道、隔板汽封与隔板体的等效表面传热系数。

2. 隔板外环壁厚为（r_0-r_{b2}）圆筒壁出汽侧表面的传热热阻

对于汽轮机隔板外环部分，即壁厚为（r_0-r_{b2}）圆筒壁出汽侧表面，属于小空间隔板外环侧表面，采用式（8-1）和式（8-2），确定汽轮机隔板外环圆筒壁出汽侧的表面传热系数 $h_{d1\text{-}2}$，汽轮机隔板外环壁厚为（r_0-r_{b2}）圆筒壁出汽侧表面的传热热阻 R_{13} 的计算公式为

$$R_{13}=\frac{1}{\pi(r_0^2-r_{b2}^2)h_{d1\text{-}2}} \tag{9-60}$$

式中 $h_{d1\text{-}2}$——隔板外环排侧的表面传热系数，这里 h_{d1} 是按照式（8-1）计算得出隔板外环出汽侧的表面传热系数，h_{d2} 是按照式（8-2）计算得出隔板外环出汽侧的表面传热系数。

3. 隔板外环壁厚为（r_0-r_{b2}）圆筒壁进汽侧表面的传热热阻

对于第一级隔板、抽汽口与补汽口之后的隔板外环（半径 r_{b2} 至半径 r_0）部分，即壁

厚为（r_0-r_{b2}）圆筒壁进汽侧表面，属于大空间隔板外环侧表面，采用式（8-7）和式（8-8），计算大空间隔板外环圆筒壁进汽侧表面的表面传热系数 $h_{d3\text{-}4}$，其他小空间隔板外环进汽侧表面采用式（8-1）和式（8-2），计算小空间隔板外环圆筒壁进汽侧的表面传热系数 $h_{d1\text{-}2}$。汽轮机隔板外环壁厚为（$r_{b2}-r_w$）圆筒壁进汽侧表面的传热热阻 R_{14} 的计算公式为

$$R_{14}=\frac{1}{\pi(r_0^2-r_{b2}^2)h_{di}} \tag{9-61}$$

式中　h_{di}——隔板外环壁厚为（r_0-r_{b2}）圆筒壁进汽侧的表面传热系数，对于小空间隔板外环 h_{di} 取 $h_{d1\text{-}2}$，对于大空间隔板外环 h_{di} 取 $h_{d3\text{-}4}$，这里 h_{d1} 是按照式（8-1）计算得出隔板外环进汽侧的表面传热系数，h_{d2} 是按照式（8-2）计算得出隔板外环进汽侧的表面传热系数，h_{d3} 是按照式（8-7）计算得出隔板外环进汽侧的表面传热系数，h_{d4} 是按照式（8-8）计算得出隔板外环进汽侧的表面传热系数。

4. 不考虑隔板槽接触热阻的隔板外环壁厚为（r_0-r_{b2}）圆筒壁的导热热阻

假定隔板体、隔板静叶片与隔板外环材料的热导率均为 λ_{b1}，不考虑隔板槽接触热阻的隔板外环壁厚为（r_0-r_{b2}）圆筒壁导热热阻 R_{15} 的计算公式为

$$R_{15}=\frac{1}{2\pi B_{b1}\lambda_{b1}}\ln\frac{r_0}{r_{b2}} \tag{9-62}$$

式中　λ_{b1}——隔板外环材料的热导率；

r_0——隔板外环外半径，即内缸（或隔板套）内半径；

r_{b2}——隔板外环内半径，即隔板静叶片流道上端面的半径。

5. 考虑隔板槽接触热阻的壁厚为（r_0-r_{b2}）隔板外环圆筒壁的导热热阻

通过试验确定隔板槽接触热阻试验常数 C_{c3} 后，考虑隔板槽的接触热阻后，隔板外环圆筒壁导热热阻有所增大，隔板外环圆筒壁的实际导热热阻 R_{16} 的计算公式为

$$R_{16}=C_{c3}R_{10}=\frac{C_{c3}}{2\pi B_{b1}\lambda_{b1}}\ln\frac{r_0}{r_{b2}} \tag{9-63}$$

式中　C_{c3}——隔板槽的接触热阻试验常数。

6. 传热过程总热阻

根据串联热阻叠加原则，经公式推导与计算分析，得隔板外环圆筒壁的传热过程总热阻 R_0 的计算公式为

$$\begin{aligned}R_0&=R_{12}+R_{13}+R_{14}+R_{16}\\&=\frac{1}{2\pi r_{b2}B_{b1}h_{e1}}+\frac{1}{\pi(r_0^2-r_{b2}^2)h_{d1\text{-}2}}+\frac{1}{\pi(r_0^2-r_{b2}^2)h_{di}}+\frac{C_{c3}}{2\pi B_{b1}\lambda_{b1}}\ln\frac{r_0}{r_{b2}}\end{aligned} \tag{9-64}$$

7. 安装隔板部位传热系数

假定内缸（或隔板套）安装隔板的轴向宽度为 B_{b1}，经公式推导与计算分析，得以隔板外环外表面面积 $F_0=2\pi r_0B_{b1}$（即圆筒壁外表面面积）为基准的内缸（或隔板套）安装隔板部位的传热过程的传热系数 k_3 的计算公式为

$$k_3=\frac{1}{F_0R_0}=\frac{1}{2\pi r_0B_{b1}R_0}$$
$$=\frac{1}{2\pi r_0B_{b1}}\left[\frac{1}{2\pi r_{b2}B_{b1}h_{e1}}+\frac{1}{\pi(r_0^2-r_{b2}^2)h_{d1\text{-}2}}+\frac{1}{\pi(r_0^2-r_{b2}^2)h_{di}}+\frac{C_{c3}}{2\pi B_{b1}\lambda_{b1}}\ln\frac{r_0}{r_{b2}}\right]^{-1}$$
$$=\left[\frac{r_0}{r_{b2}h_{e1}}+\frac{2r_0B_{b1}}{(r_0^2-r_{b2}^2)h_{d2\text{-}3}}+\frac{2r_0B_{b1}}{(r_0^2-r_{b2}^2)h_{di}}+\frac{r_0C_{b10}}{\lambda_{b1}}\ln\frac{r_0}{r_{b2}}\right]^{-1} \tag{9-65}$$

八、应用实例

1. 内缸叶顶汽封部位

（1）已知参数：某型号超超临界一次再热汽轮机的高压汽缸与中压汽缸，冲动式汽轮机的动叶片叶顶汽封均采用高低齿曲径汽封的示意图，如图 3-7 和图 9-1 所示。高压内缸动叶片叶顶汽封设计数据列于表 9-1，中压内缸动叶片叶顶汽封设计数据列于表 9-2。

表 9-1　　高压内缸动叶片叶顶汽封设计数据

级号	汽封齿数 z（个）	汽封径向间隙 δ（mm）	汽封室高度 H（mm）
1	13	1.20	8.30
2	5	0.90	8.00
3	5	0.90	8.00
4	5	0.90	8.00
5	5	1.20	8.30
6	5	1.20	8.30
7	5	1.20	8.30
8	5	1.20	8.30

表 9-2　　中压内缸动叶片叶顶汽封设计数据

级号	汽封齿数 z（个）	汽封径向间隙 δ（mm）	汽封室高度 H（mm）
1	5	1.00	8.00
2	5	1.00	8.00
3	5	1.00	8.00
4	5	1.00	8.00
5	5	1.00	8.00
6	5	1.00	8.00
7	5	1.00	8.00

（2）计算结果：对于该型号超超临界一次再热汽轮机高压内缸动叶片叶顶汽封与中

压内缸动叶片叶顶汽封，按照式（9-12）来计算叶顶汽封对应的内缸内表面传热系数 h_{c4}。该型号超超临界汽轮机在100%TMCR工况、75%TMCR工况、50%TMCR工况和35%TMCR工况下，高压内缸动叶片叶顶汽封部位的表面传热系数 h_{c4} 计算结果列于表9-3，中压内缸动叶片叶顶汽封部位的表面传热系数 h_{c4} 计算结果列于表9-4。

表 9-3　高压内缸动叶片叶顶汽封部位的表面传热系数计算结果

级号	100%TMCR工况 h_{c4} [W/(m^2·K)]	75%TMCR工况 h_{c4} [W/(m^2·K)]	50%TMCR工况 h_{c4} [W/(m^2·K)]	35%TMCR工况 h_{c4} [W/(m^2·K)]
1	14 333.7	9879.7	7223.3	4891.9
2	14 454.7	10 022.5	6869.1	4627.3
3	13 184.5	9210.7	6346.9	4318.0
4	11 976.5	8442.5	5855.3	3986.6
5	11 478.9	8144.6	5688.3	3903.2
6	10 349.0	7400.9	5178.4	3579.4
7	9059.2	6479.2	4518.9	3123.4
8	8213.1	5891.6	4135.8	2860.0

表 9-4　中压内缸动叶片叶顶汽封部位的表面传热系数计算结果

级号	100%TMCR工况 h_{c4} [W/(m^2·K)]	75%TMCR工况 h_{c4} [W/(m^2·K)]	50%TMCR工况 h_{c4} [W/(m^2·K)]	35%TMCR工况 h_{c4} [W/(m^2·K)]
1	5416.2	4220.6	3118.7	2260.2
2	4875.9	3802.2	2823.7	2023.4
3	4216.9	3310.8	2460.9	1763.3
4	3580.7	2810.8	2120.0	1512.5
5	3061.4	2422.6	1819.5	1304.2
6	2514.3	2004.3	1555.5	1123.5
7	2095.2	1679.4	1300.6	928.3

（3）分析与讨论：从表9-3和表9-4的计算结果知，在同一负荷工况，高压内缸动叶片叶顶汽封部位的表面传热系数 h_{c4} 比中压内缸动叶片叶顶汽封部位汽封大，原因在于高压缸蒸汽压力比中压缸高；在同一负荷工况，随着级数增大，高压内缸动叶片叶顶汽封部位与中压内缸动叶片叶顶汽封部位的表面传热系数 h_{c4} 呈减小趋势，原因在于蒸汽参数逐级下降；对于不同负荷工况，对于同一级动叶片的叶顶汽封部位，随着负荷减小，h_{c4} 呈减小趋势，原因在于蒸汽参数随着负荷减小而下降。

2. 内缸光滑表面与安装隔板部位

（1）计算结果：某型号超临界600MW汽轮机[1,2]，调节级动叶片后光滑表面的表面传热系数 h_{c3}，高压缸的第一级、中间级和最后一级对应的高压内缸安装静叶片部位的静叶片中间体传热过程的传热系数 k_3 以及高压缸最后一级动叶片后光滑表面的表面传热系数 h_{c3} 的计算结果列于表9-5。

表 9-5　　汽轮机内缸安装静叶片部位与光滑表面的表面传热系数的计算结果

汽缸内表面部位	100%TMCR 工况	92%TMCR 工况	66%TMCR 工况	34%TMCR 工况
调节级动叶片后光滑表面 h_{c3}[W/(m² · K)]	11 528.3	10 649.6	7268.9	3686.8
高压缸第一级静叶片部位 k_3[W/(m² · K)]	1235.1	1231.9	1212.0	1156.5
高压缸中间级静叶片部位 k_3[W/(m² · K)]	1132.4	1129.1	1108.1	1050.7
高压缸最后一级静叶片部位 k_3[W/(m² · K)]	1016.6	1012.7	985.5	914.8
高压缸最后一级动叶片后光滑表面 h_{c3}[W/(m² · K)]	5558.9	5181.4	3589.2	1858.3

（2）分析与讨论：汽轮机内缸内表面传热系数的计算方法，考虑了蒸汽与汽封、蒸汽与缸壁、蒸汽与静叶片流道、蒸汽与隔板体和隔板外环的强制对流传热，考虑了隔板体、静叶片和隔板外环的导热、隔板与汽缸的接触热阻，以及不同负荷下通流部分蒸汽参数变化的影响，使得内缸内表面传热系数的计算结果更符合工程实际。使用汽轮机内缸表面传热系数的计算方法，可以计算亚临界、超临界和超超临界汽轮机内缸内表面的不同部位和不同工况的面传热系数，为汽轮机内缸温度场与热应力场的有限元数值计算提供了传热边界条件，为汽轮机内缸的传热与冷却设计和寿命设计提供了基础数据。汽轮机内缸内表面传热系数的计算方法，原则上也可应用于燃气轮机、航空发动机和轴流压气机气缸或壳体内表面的传热系数计算。

第二节　内缸外表面传热计算方法

本节介绍了汽轮机内缸外表面传热系数的计算方法，给出了汽轮机内缸外表面对流传热、内缸外表面辐射传热、加装隔热罩的内缸外表面的表面传热系数计算公式，应用于汽轮机内缸外表面复合传热系数计算和汽轮机内缸的稳态温度场、瞬态温度场与应力场的有限元数值计算。

一、内缸外表面对流传热

1. 内缸外表面强制对流传热

汽轮机的冷却蒸汽或排汽流过汽缸夹层时，汽缸夹层存在强制对流传热现象。如某型号超超临界一次再热 1000MW 汽轮机的中压缸，排汽通过汽缸夹层流向外缸中部的排汽管。当汽缸夹层有大量冷却蒸汽流过且汽轮机汽缸夹层存在强制对流传热现象时，在本章参考文献［3］研究结果的基础上，经公式推导与计算分析，得出汽缸夹层强制对流内缸外表面传热系数 h_{c6} 的计算公式为

$$h_{c6}=\frac{Nu\lambda}{2(r_2-r_1)} \tag{9-66}$$

$$Nu=C_{c4}Re^{0.8}Pr^{0.43} \tag{9-67}$$

$$Re=\frac{2(r_2-r_1)w}{\nu} \tag{9-68}$$

$$w=\frac{G_c}{\pi(r_2^2-r_1^2)\rho} \tag{9-69}$$

式中　Nu——汽缸夹层强制对流传热的努塞尔数；

λ——流体热导率；

r_2——外缸内半径；

r_1——内缸外半径；

C_{c4}——试验常数；

Re——流体雷诺数；

Pr——流体普朗特数；

w——汽缸夹层流体的平均流速；

ν——流体运动黏度；

G_c——汽缸夹层蒸汽流量；

ρ——流体密度。

在汽轮机汽缸夹层强制对流的表面传热系数的计算公式中，特征尺寸是内外缸夹层径向尺寸的两倍 $2(r_2-r_1)$，流体雷诺数的特征速度取汽缸夹层流体的平均流速 w，定性温度取汽缸夹层流体温度 t_g，依据定性温度 t_g 和环形空间流体压力 p_g 来确定流体的 Pr、λ、ν 等物性参数。

2. 内缸外表面小流量冷却对流传热

当汽轮机汽缸夹层冷却蒸汽流量与轴封漏气量有关时，汽缸夹层的冷却蒸汽流量非常小，汽缸夹层的传热有两项，一是蒸汽冷却的强制对流传热，二是受重力作用的自然对流传热。汽缸夹层小流量冷却对流传热主要影响因素是流体雷诺数 Re、流体格拉晓夫数 Gr 等。当汽缸夹层有冷却蒸汽流过时，在本章参考文献［4］研究结果的基础上经公式推导与计算分析，得出汽缸夹层小流量冷却的内缸外表面对流传热的努塞尔数 Nu 的计算公式为

$$Nu = C_{c5} Re^{1.15} Gr_{\Delta}^{-0.15} \left[1 + 0.16\left(\frac{Gr_{\Delta}}{Re} - 3\right)^{0.8}\right]\left[1 - C_{c6}\left(1.5 - \frac{\delta t}{\Delta t}\right)\right] \tag{9-70}$$

$$Re = \frac{2(r_2 - r_1)w}{\nu} = \frac{d_e w}{\nu} \tag{9-71}$$

$$Gr_{\Delta} = \frac{g\beta \Delta t d_e^3}{\nu^2} \tag{9-72}$$

$$d_e = 2(r_2 - r_1) \tag{9-73}$$

$$\delta t = t_{w1} - t_f \tag{9-74}$$

$$\Delta t = t_{w1} - t_{w2} \tag{9-75}$$

式中　Nu——内缸外表面对流传热的努塞尔数；

C_{c5}、C_{c6}——试验常数；

Re——流体雷诺数；

Gr_{Δ}——格拉晓夫数；

r_2——外缸内半径；

r_1——内缸外半径；

w——汽缸夹层流体的平均流速；

ν——流体运动黏度；

d_e——当量直径；

g——重力加速度，9.8m/s^2；

β——体胀系数；

t_{w1}——内缸外表面温度；

t_f——汽缸夹层流体温度；

t_{w2}——外缸内表面温度。

当 $Gr_\Delta/Re>3$ 和 $\delta t/\Delta t\geqslant1.5$ 时，式（9-70）简化为

$$Nu=C_{c5}Re^{1.15}Gr_\Delta^{-0.15}\left[1+0.16\left(\frac{Gr_\Delta}{Re}-3\right)^{0.8}\right] \tag{9-76}$$

当 $Gr_\Delta/Re<3$ 和 $\delta t/\Delta t\geqslant1.5$ 时，式（9-70）简化为

$$Nu=C_{c5}Re^{1.15}Gr_\Delta^{-0.15} \tag{9-77}$$

在汽轮机汽缸夹层小流量冷却的表面传热系数计算公式中，特征尺寸为内外缸夹层径向尺寸的两倍 $2(r_2-r_1)$，流体雷诺数的特征速度取汽缸夹层流体的平均流速 w，定性温度取汽缸夹层流体温度 t_g，依据定性温度 t_g 和环形空间流体压力 p_g 来确定流体的 Pr、λ、ν 等物性参数。

对于空气、过热蒸汽等符合理想气体性质的气体，$\beta\approx1/T_\delta=1/(273+t_\delta)$，这里 t_δ 为内缸外表面温度 t_{w1} 和外缸内表面温度 t_{w2} 的算术平均值 $t_\delta=(t_{w1}+t_{w2})/2$。

由于低压缸的内外缸夹层的蒸汽为湿蒸汽，不符合理想气体性质的气体，建议按照式（4-6）确定 β。

汽缸夹层小流量冷却的内缸外表面传热系数 h_{c7} 的计算公式为

$$h_{c7}=\frac{Nu\lambda}{d_e} \tag{9-78}$$

式中 λ——流体热导率；

Nu——夹层小流量冷却的内缸外表面对流传热的努塞尔数，按照式（9-70）、式（9-76）和式（9-77）计算。

采用迭代法计算夹层小流量冷却的内缸外表面传热系数 h_{c7} 时，需要先假定内缸外表面温度 t_{w1} 和外缸内表面温度 t_{w2}，得到表面传热系数 h_{c7} 后，再计算出 t_{w1} 和 t_{w2}，并与假定值进行比较。当其与假定值不等时，利用前一次计算得出的 t_{w1} 和 t_{w2}，重新计算 h_{c7}、t_{w1} 和 t_{w2}。如此反复多次迭，直至前后两次 t_{w1} 和 t_{w2} 数值相等或差值小于某一规定值时，计算结束，得出夹层小流量冷却的内缸外表面传热系数 h_{c7}。在计算内缸外表面传热系数 h_{c7} 时，考虑不同的轴向位置对应的内缸外表面温度 t_{w1} 有所不同，可以沿轴向把内缸划分为几段，分别进行算 h_{c7}、t_{w1} 和 t_{w2} 的计算分析。

3. 内缸外表面自然对流

当汽轮机汽缸夹层充满蒸汽但没有冷却蒸汽流过时，冷却蒸汽流量等于零，汽缸夹层的传热同自然对流有关。在汽缸夹层没有冷却蒸汽流过情况下，对于汽轮机内缸与外缸构成的筒状夹层环形空间，依据式（4-45），经公式推导与计算分析，得出自然对流传热系数 h_{c8} 的计算公式为

$$h_{c8}=\frac{Nu\lambda}{d_e}=\frac{C_{p8}\ (Gr_{\Delta}Pr)^{\frac{1}{4}}\lambda}{d_e} \tag{9-79}$$

$$Gr_{\Delta}=\frac{g\beta\Delta t d_e^3}{\nu^2} \tag{9-80}$$

$$\Delta t=t_{w1}-t_{w2} \tag{9-81}$$

$$t_{\delta}=\frac{1}{2}(t_{w1}+t_{w2}) \tag{9-82}$$

式中　Nu——筒状夹层环形空间自然对流的努塞尔数；

λ——流体热导率；

d_e——汽缸夹层等效直径，按式（9-73）计算；

C_{p8}——试验常数；

Gr_{Δ}——格拉晓夫数；

Pr——流体普朗特数；

g——重力加速度，9.8m/s^2；

β——体胀系数；

ν——流体运动黏度；

t_{w1}——内缸外表面温度；

t_{w2}——外缸内表面温度；

t_{δ}——内缸外表面温度 t_{w1} 和外缸内表面温度 t_{w2} 的算术平均值。

在汽缸夹层环形空间内缸外表面自然对流传热系数的计算公式中，特征尺寸取汽缸夹层环形空间的当量直径 $d_e=(d_2-d_1)=2(r_2-r_1)=2\delta$；对于汽缸夹层为过热蒸汽的高压缸和中压缸，定性温度取汽缸夹层内缸外表面温度 t_{w1} 与外缸内表面温度 t_{w2} 的算术平均值 $t_{\delta}=(t_{w1}+t_{w2})/2$；对于汽缸夹层为饱和蒸汽低压缸，定性温度取汽缸夹层的饱和蒸汽温度。依据定性温度和汽缸夹层环形空间流体压力 p_g 来确定流体的 Pr、λ、ν 等物性参数。

对于符合理想气体性质的气体，如空气、过热蒸汽等，体胀系数 $\beta\approx 1/T_{\delta}=1/(273+t_{\delta})$。对于湿蒸汽等其他流体，可以采用式（4-6）确定 β。

二、内缸外表面与蒸汽的辐射传热

（1）计算内缸外表面辐射传热的平均射线程长 s_1。汽轮机汽缸夹层环形空间内缸外表面辐射传热的平均射线程长 s_1 的计算公式为

$$s_1=\frac{3.6V}{A_1}=\frac{3.6\pi l\left(\frac{d_2^2}{4}-\frac{d_1^2}{4}\right)}{\pi l d_1}=\frac{3.6(d_2^2-d_1^2)}{4d_1} \tag{9-83}$$

式中　V——蒸汽容积；

A_1——内缸外表面的面积；

l——汽缸夹层轴向长度；

d_2——汽缸夹层的外缸内径；

d_1——汽缸夹层的内缸外径。

（2）计算平均射线程长 s_1 与汽缸夹层水蒸气压力 p_{H_2O} 的乘积 $p_{H_2O}\times s_1=p_{H_2O}s_1$。依据水蒸气温度 T_g 和 $p_{H_2O}s_1$，查图 1-2，确定把水蒸气压力外推到零的理想情况下水蒸气的发射率为

$$\varepsilon_{H_2O}^{*}=f(T_g,p_{H_2O}s_1) \tag{9-84}$$

（3）据查图 1-3，引进水蒸气压力修正系数 C_{H_2O}，水蒸气的发射率 ε_{H_2O} 的计算公式为

$$\varepsilon_{H_2O}=C_{H_2O}\varepsilon_{H_2O}^{*} \tag{9-85}$$

（4）计算汽缸夹层水蒸气压力 p_{H_2O}、平均射线程长 s_1 和温度比 $\dfrac{T_{w1}}{T_g}$ 三者的乘积 $p_{H_2O}\times s_1\times\dfrac{T_{w1}}{T_g}=p_{H_2O}s_1\dfrac{T_{w1}}{T_g}$，计算水蒸气吸收比 α_{H_2O}。采用内缸外表面温度 T_{w1} 作为横坐标代替图 1-2 的水蒸气温度 T_g，$p_{H_2O}s_1\dfrac{T_{w1}}{T_g}$ 代替图 1-2 的曲线 $p_{H_2O}s$，查图 1-2 确定水蒸气的发射率 $\varepsilon_{H_2O}^{*}=f\left(T_{w1},\ p_{H_2O}s_1\dfrac{T_{w1}}{T_g}\right)$，计算水蒸气吸收比 α_{H_2O} 的经验公式为

$$\alpha_{H_2O}=C_{H_2O}\alpha_{H_2O}^{*} \tag{9-86}$$

$$\alpha_{H_2O}^{*}=\left(\frac{T_g}{T_{w1}}\right)^{0.45}\varepsilon_{H_2O}^{*}=\left(\frac{T_g}{T_{w1}}\right)^{0.45}f\left(T_{w1},p_{H_2O}s_1\frac{T_{w1}}{T_g}\right) \tag{9-87}$$

式中　C_{H_2O}——水蒸气压力修正系数；

T_g——汽缸夹层水蒸气热力学温度；

T_{w1}——内缸外表面热力学温度；

p_{H_2O}——汽缸夹层水蒸气压力；

s_1——内缸外表面平均射线程长。

（5）考虑汽缸夹层内缸外表面热力学温度 T_{w1} 高于汽缸夹层蒸汽温度 T_g，在本章参考文献［5-7］研究结果的基础上，经公式推导与计算分析，得出内缸外表面与蒸汽辐射换热的热流密度 q 的计算公式为

$$q=\varepsilon'_{w1}\sigma(\alpha_{H_2O}T_{w1}-\varepsilon_{H_2O}T_g)=\varepsilon'_{w1}C_0\left[\alpha_{H_2O}\left(\frac{T_{w1}}{100}\right)^4-\varepsilon_{H_2O}\left(\frac{T_g}{100}\right)^4\right] \tag{9-88}$$

$$\varepsilon'_{w1}=\left(\frac{\varepsilon_1+1}{2}\right) \tag{9-89}$$

式中　ε'_{w1}——内缸外表面灰体壁面的有效发射率；

σ——斯特藩-玻耳兹曼常数，$\sigma=5.67\times10^{-8}\mathrm{W/(m^2\cdot K^4)}$；

α_{H_2O}——水蒸气吸收比；

ε_{H_2O}——水蒸气发射率；

C_0——黑体辐射系数，$C_0=5.67\mathrm{W/(m^2\cdot K^4)}$；

ε_1——内缸外表面材料发射率，按照表 9-6 取值。

根据本章参考文献［3］，汽轮机汽缸、阀壳与蒸汽管道材料的发射率（黑度）列于

表 9-6。

表 9-6　　汽轮机汽缸、阀壳与蒸汽管道材料的发射率

材料	表面粗糙度 (μm)	表面状态	试样温度(℃)								
			350	400	450	500	550	600	650	700	750
生铁	12.5	氧化（重复加载）	—	—	0.88	0.88	0.88	0.88	0.89	0.89	0.89
钢	0.8	氧化（重复加载）	0.75	0.75	0.76	0.77	0.77	0.78	0.79	0.79	—
20	12.5	氧化（重复加载）	0.90	0.91	0.91	0.92	0.92	0.93	0.94	0.94	—
20	0.8	氧化（重复加载）	0.69	0.69	0.70	0.71	0.71	0.72	0.72	—	—
30	0.8	强烈氧化，锈痕（多次加载）	0.77	0.78	0.79	0.80	0.81	0.82	0.83	0.84	—
30	12.5	氧化，重复加载	—	—	0.91	0.92	0.93	0.94	0.95	0.96	—
30	0.8	氧化（重复加载）	0.77	0.77	0.77	0.78	0.78	0.78	0.78	0.79	—
45	12.5	氧化（重复加载）	—	—	0.82	0.82	0.83	0.84	0.84	0.85	—
45	0.8	氧化（重复加载）	0.75	0.76	0.76	0.77	0.78	0.78	0.79	0.80	—
45	0.8	强烈氧化，锈痕（多次加载）	0.94	0.94	0.95	0.96	0.96	0.97	0.97	0.98	—
12Cr1MoV	12.5	氧化（重复加载）	—	—	0.79	0.83	0.85	0.88	0.89	0.90	—
12Cr1MoV	0.8	氧化（重复加载）	—	0.84	0.85	0.86	0.88	0.89	0.89	0.89	—
12Cr1MoV	0.8	强烈氧化（多次加载）	0.95	0.96	0.96	0.97	0.97	0.97	0.98	—	—
1Cr18Ni9Ti	锻体	没有氧化（一次加载）	—	—	0.35	0.37	0.40	0.43	0.48	0.59	—
1Cr18Ni9Ti	锻体	氧化（重复加载）	—	0.59	0.59	0.59	0.59	0.60	0.62	0.67	—
1Cr18Ni9Ti	0.8	没有氧化（重复加载）	—	—	0.30	0.30	0.31	0.33	0.37	0.44	—
1Cr18Ni9Ti	0.8	氧化（重复加载）	—	—	0.32	0.32	0.32	0.33	0.36	0.41	0.42
1Cr18Ni9Ti	0.8	强烈氧化（多次加载）	—	—	0.43	0.44	0.46	0.48	0.50	0.58	0.57

（6）经公式推导与计算分析，得出水蒸气与内缸外表面辐射传热系数 h_{c9} 的计算公式为

$$h_{c9}=\frac{q}{T_{w1}-T_{g}}=\frac{\varepsilon'_{w1}\sigma(\alpha_{H_2O}T_{w1}-\varepsilon_{H_2O}T_{g})}{T_{w1}-T_{g}}$$

$$=\frac{0.5(\varepsilon_1+1)C_0}{T_{w1}-T_{g}}\left[\alpha_{H_2O}\left(\frac{T_{w1}}{100}\right)^4-\varepsilon_{H_2O}\left(\frac{T_{g}}{100}\right)^4\right] \tag{9-90}$$

考虑汽轮机汽缸夹层充满蒸汽，假设 ε_{H_2O} 与 α_{H_2O} 近似相等，即 $\varepsilon_{H_2O}=\alpha_{H_2O}$，有

$$h_{c9}=\frac{0.5(\varepsilon_1+1)\varepsilon_{H_2O}C_0}{T_{w1}-T_{g}}\left[\left(\frac{T_{w1}}{100}\right)^4-\left(\frac{T_{g}}{100}\right)^4\right]$$

$$=\frac{0.5(\varepsilon_1+1)\varepsilon_{H_2O}C_0}{t_{w1}-t_{g}}\left[\left(\frac{T_{w1}}{100}\right)^4-\left(\frac{T_{g}}{100}\right)^4\right] \tag{9-91}$$

式（9-91）与本章参考文献［3］给出的公式一致。

三、内缸外表面与外缸内表面的辐射传热

汽轮机内缸外表面 A_1 和外缸内表面 A_2 近似处理为圆柱面，汽轮机内缸外表面 A_1

和外缸内表面 A_2 间的辐射传热量 $\Phi_{1,2}$ 的计算公式为

$$\begin{aligned}\Phi_{1,2}&=A_1C_0\left[\left(\frac{273+t_{w1}}{100}\right)^4-\left(\frac{273+t_{w2}}{100}\right)^4\right]\left[\frac{1}{\varepsilon_1}+\frac{A_1}{A_2}\left(\frac{1}{\varepsilon_2}-1\right)\right]^{-1}\\&=A_1C_0\left[\left(\frac{273+t_{w1}}{100}\right)^4-\left(\frac{273+t_{w2}}{100}\right)^4\right]\left[\frac{1}{\varepsilon_1}+\frac{d_1^2}{d_2^2}\left(\frac{1}{\varepsilon_2}-1\right)\right]^{-1}\end{aligned}\tag{9-92}$$

以内缸外表面 A_1 作为计算面积，内缸外表面的辐射传热系数 h_{c10} 的计算公式为

$$\begin{aligned}h_{c10}&=\frac{\Phi_{1,2}}{A_1(t_{w1}-t_{w2})}=\frac{C_0}{t_{w1}-t_{w2}}\left[\left(\frac{273+t_{w1}}{100}\right)^4-\left(\frac{273+t_{w2}}{100}\right)^4\right]\left[\frac{1}{\varepsilon_1}+\frac{A_1}{A_2}\left(\frac{1}{\varepsilon_2}-1\right)\right]^{-1}\\&=\frac{5.67}{t_{w1}-t_{w2}}\left[\left(\frac{273+t_{w1}}{100}\right)^4-\left(\frac{273+t_{w2}}{100}\right)^4\right]\left[\frac{1}{\varepsilon_1}+\frac{d_1^2}{d_2^2}\left(\frac{1}{\varepsilon_2}-1\right)\right]^{-1}\end{aligned}\tag{9-93}$$

式中 A_1——内缸外表面的面积；

t_{w1}——内缸外表面温度；

t_{w2}——外缸内表面温度；

ε_1——内缸外表面材料发射率（黑度），按照表 9-6 取值；

A_2——外缸内表面的面积；

ε_2——外缸内表面材料发射率（黑度），按照表 9-6 取值；

d_1——内缸外表面的直径；

d_2——外缸内表面的直径。

当内缸与外缸材料牌号相同或钢种相近且工作温度相同的情况下，$\varepsilon_1=\varepsilon_2$，式（9-93）可以简化为

$$h_{c10}=\frac{C_0\varepsilon_1}{t_{w1}-t_{w2}}\left[\left(\frac{273+t_{w1}}{100}\right)^4-\left(\frac{273+t_{w2}}{100}\right)^4\right]\left[1+\frac{d_1^2}{d_2^2}(1-\varepsilon_1)\right]^{-1}\tag{9-94}$$

依据式（9-79）～式（9-94）计算汽缸夹层内缸外表面传热系数 h_{c8}、h_{c9} 和 h_{c10} 时，采用迭代法计算，需要先假定内缸外表面温度 t_{w1} 与外缸内表面温度 t_{w2}，得到表面传热系数 h_{c8} 或辐射传热系数 h_{c9} 和 h_{c10} 后，再计算出 t_{w1} 与 t_{w2}，并与假定值进行比较。当其与假定值不等时，利用前一次计算得出的 t_{w1} 与 t_{w2}，重新计算表面传热系数 h_{c8} 或辐射传热系数 h_{c9} 和 h_{c10}、t_{w1} 与 t_{w2}。如此反复多次迭代，直至前后两次 t_{w1} 与 t_{w2} 相等或差值小于某一规定值时，计算结束，得出汽缸夹层环形空间自然对流的表面传热系数 h_{c8} 或辐射传热系数 h_{c9} 和 h_{c10}。在计算内缸外表面传热系数 h_{c8}、h_{c9} 和 h_{c10} 时，考虑不同的轴向位置对应的内缸外表面温度 t_{w1} 有所不同，可以沿轴向把内缸与外缸划分为几段，分别进行 h_{c8}、h_{c9}、h_{c10}、t_{w1} 和 t_{w2} 的计算分析。

四、内缸外表面复合传热

根据计算分析结果，通常汽缸夹层对流传热的表面传热系数比较小，辐射传热不能忽略不计，需要考虑辐射传热。按照以下三种情况，计算汽缸夹层内缸外表面的复合传热系数。

（1）在汽缸夹层有强制对流传热时，内缸外表面的复合传热系数 h_{c11} 的计算公式为

$$h_{c11}=h_{c6}+h_{c9}+h_{c10} \tag{9-95}$$

式中　h_{c6}——汽缸夹层强制对流的内缸外表面传热系数；

h_{c9}——内缸外表面与蒸汽的辐射传热系数；

h_{c10}——内缸外表面与外缸内表面的辐射传热系数。

（2）在汽缸夹层有小流量冷却时，内缸外表面的复合传热系数 h_{c12} 的计算公式为

$$h_{c12}=h_{c7}+h_{c9}+h_{c10} \tag{9-96}$$

式中　h_{c7}——汽缸夹层小流量冷却的内缸外表面传热系数。

（3）在汽缸夹层有自然对流时，内缸外表面的复合传热系数 h_{c13} 的计算公式为

$$h_{c13}=h_{c8}+h_{c9}+h_{c10} \tag{9-97}$$

式中　h_{c8}——汽缸夹层自然对流的内缸外表面传热系数。

五、加装隔热罩的内缸外表面传热系数

汽轮机内缸外表面加装隔热罩后，有利于减少汽轮机内缸的内外表面温差，并降低汽轮机内缸的热应力与热变形。对于红套环筒形缸结构的高压内缸，在红套环外侧采用了隔热罩。当进汽温度与排汽温度之差超过 350℃时，建议在内缸外表面加装隔热罩，以降低汽轮机内缸的热应力与热变形。对于采用隔热罩的汽轮机内缸外表面，可以把隔热罩处理为另外一层汽缸。考虑内缸与隔热罩之间的夹层没有冷却蒸汽流过，辐射传热系数与对流传热系数的数量级相等，推荐采用汽缸夹层考虑自然对流与辐射传热计算夹层内缸外表面传热系数的式（9-97），近似计算加装隔热罩的内缸外表面传热系数 h_{c13}。

六、应用实例

1. 高压内缸外表面

（1）已知参数：某型号超超临界一次再热汽轮机的高压内缸外表面的直径 d_1 为 1.80m，外缸内表面的直径 d_2 为 1.82m；高压内缸与外缸材料属于铁素体钢，铸钢表面粗糙度为 12.5μm，高压内缸外表面平均温度 $t_{w1}=478.85$℃，查表 9-6 中铁素体钢（12Cr1MoV）的发射率并采用插值法确定 ε_1 为 0.81；高压外缸内表面温度取自本章第四节应用实例采用迭代法的计算结果 $t_{w2}=359.32$℃，查表 9-6 中铁素体钢（12Cr1MoV）的发射率并依据确定 ε_2 为 0.79；在 100%TMCR 工况下，高压排汽温度 $t_g=360.40$℃，高压汽缸夹层环形空间流体压力 p_g 取高压缸排汽压力为 5.95MPa。

（2）高压内缸外表面自然对流传热计算结果：高压内缸外表面与高压外缸内表面的表面温差 Δt 计算结果为

$$\Delta t=t_{w1}-t_{w2}=478.85-359.32=119.53(℃)$$

高压内缸外表面与高压外缸内表面的平均表面温度 t_δ 计算结果为

$$t_\delta=\frac{1}{2}(t_{w1}+t_{w2})=\frac{478.85+359.32}{2}=419.085(℃)$$

高压内缸夹层为过热蒸汽，可以处理为理想气体，体胀系数 β 的计算结果为

$$\beta=\frac{1}{T_\delta}=\frac{1}{273+t_\delta}=\frac{1}{273+419.085}=0.001\,444\,909\,224$$

高压汽缸夹层特征尺寸 d_e 计算结果为

$$d_e = d_2 - d_1 = 1.82 - 1.80 = 0.02(\mathrm{m})$$

由定性温度 $t_\delta = 419.085$℃和高压缸排汽压力 $p_g = 5.95\mathrm{MPa}$，查水蒸气性质表，有

普朗特数 $Pr = 0.9997$

热导率 $\lambda = 0.063\ 028\ 8\ [\mathrm{W/(m \cdot K)}]$

运动黏度 $\nu = 1.2540 \times 10^{-6}\ (\mathrm{m^2/s})$

依据式（9-80），格拉晓夫数 Gr_Δ 计算结果为

$$Gr_\Delta = \frac{g\beta \Delta t d_e^3}{\nu^2} = \frac{9.8 \times 0.001\ 444\ 909\ 224 \times 119.53 \times 0.02^3}{1.2540^2 \times 10^{-12}} = 8\ 610\ 700.297$$

采用式（9-79），C_{p8} 取为 0.18，高压汽缸筒状夹层环形空间自然对流的内缸外表面传热系数 h_{c8} 的计算结果为

$$h_{c8} = \frac{Nu\lambda}{d_e} = \frac{C_{p8}\ (Gr_\Delta Pr)^{\frac{1}{4}}\lambda}{d_e} = \frac{0.18 \times (8\ 610\ 700.297 \times 0.9997)^{0.25} \times 0.063\ 028\ 8}{0.02}$$
$$= 30.73[\mathrm{W/(m^2 \cdot K)}]$$

（3）高压内缸外表面与蒸汽的辐射传热计算结果：应用式（9-83），得出高压内缸外表面辐射传热的平均射线程长 s_1 的计算结果为

$$s_1 = \frac{3.6(d_2^2 - d_1^2)}{4d_1} = \frac{3.6 \times (1.82^2 - 1.80^2)}{4 \times 1.8} = 0.0362(\mathrm{m})$$

高压汽缸夹层水蒸气压力 p_{H_2O} 等于高压缸排汽压力 p_g，有

$$p_{H_2O} = p_g = 5.95\mathrm{MPa} = 59.5 \times 10^5(\mathrm{Pa})$$

s_1 与高压汽缸夹层水蒸气压力 p_{H_2O} 的乘积 $p_{H_2O} \times s_1 = p_{H_2O}s_1$ 的计算结果为

$$p_{H_2O}s_1 = p_{H_2O} \times s_1 = 59.5 \times 10^5 \times 0.0362 = 2.1539 \times 10^5(\mathrm{Pa \cdot m})$$

考虑高压汽缸夹层水蒸气的总压与分压相等，有

$$\frac{(p + p_{H_2O})}{2} = 59.5 \times 10^5(\mathrm{Pa})$$

由 $p_{H_2O}s_1 = 2.1539 \times 10^5\mathrm{Pa \cdot m}$ 和 $(p + p_{H_2O})/2 = 59.5 \times 10^5\mathrm{Pa}$，查图 1-3 确定水蒸气压力修正系数 C_{H_2O}。由于 $(p + p_{H_2O})/2 = 59.5 \times 10^5\mathrm{Pa}$ 超出图 1-3 的曲线范围，取图 1-3 的上限压力和 $p_{H_2O}s_1 = 2.1539 \times 10^5\mathrm{Pa \cdot m}$，有 $C_{H_2O} = 1.266$。

由 $T_g = 273 + 360.4 = 633.4$（K）和 $p_{H_2O}s_1 = 2.1539 \times 10^5\mathrm{Pa \cdot m}$，查图 1-2 确定把水蒸气压力外推到零的理想情况下水蒸气的发射率 $\varepsilon_{H_2O}^* = 0.493$。

根据式（9-85），水蒸气的发射率 ε_{H_2O} 的计算结果为

$$\varepsilon_{H_2O} = C_{H_2O}\varepsilon_{H_2O}^* = 1.266 \times 0.493 = 0.624$$

依据式（9-91），高压内缸外表面与蒸汽的辐射传热系数 h_{c9} 计算结果为

$$h_{c9} = \frac{0.5(\varepsilon_1 + 1)\varepsilon_{H_2O}C_0}{t_{w1} - t_g}\left[\left(\frac{T_{w1}}{100}\right)^4 - \left(\frac{T_g}{100}\right)^4\right]$$
$$= \frac{0.5 \times (0.81 + 1) \times 0.624 \times 5.67}{478.85 - 360.40} \times \left[\left(\frac{273 + 478.85}{100}\right)^4 - \left(\frac{273 + 360.40}{100}\right)^4\right]$$
$$= 42.86[\mathrm{W/(m^2 \cdot K)}]$$

（4）高压内缸外表面与外缸内表面辐射传热的计算结果：根据式（9-93），该型号汽轮机高压内缸外表面与外缸内表面的辐射传热系数 h_{c10} 的计算结果为

$$h_{c10}=\frac{C_0}{t_{w1}-t_{w2}}\left[\left(\frac{273+t_{w1}}{100}\right)^4-\left(\frac{273+t_{w2}}{100}\right)^4\right]\left[\frac{1}{\varepsilon_1}+\frac{d_1^2}{d_2^2}\left(\frac{1}{\varepsilon_2}-1\right)\right]^{-1}$$

$$=\frac{5.67}{478.85-359.32}\times\left[\left(\frac{273+478.85}{100}\right)^4-\left(\frac{273+359.32}{100}\right)^4\right]\times$$

$$\left[\frac{1}{0.81}+\frac{1.80^2}{1.82^2}\left(\frac{1}{0.79}-1\right)\right]^{-1}$$

$$=50.68[\mathrm{W/(m^2\cdot K)}]$$

（5）高压内缸外表面的复合传热系数计算结果：在高压汽缸夹层充满蒸汽且只有自然对流时，高压内缸外表面的复合传热系数 h_{c13} 的计算结果为

$$h_{c13}=h_{c8}+h_{c9}+h_{c10}=30.73+42.86+50.68=124.27[\mathrm{W/(m^2\cdot K)}]$$

（6）分析与讨论：从该实例的计算结果知，在高压内缸外表面没有冷却蒸汽流动的情况下，高压内缸外表面自然对流表面传热系数的计算结果、高压内缸外表面与蒸汽的辐射传热系数的计算结果、高压内缸外表面与外缸内表面辐射传热系数的计算结果，三者数量级相同。在高压内缸外表面没有冷却蒸汽流动的情况下，汽轮机高压内缸的温度场、应力场的有限元数值计算中，需要考虑高压内缸外表面自然对流传热、高压内缸外表面与蒸汽的辐射传热，以及高压内缸外表面与外缸内表面的辐射传热。

2. 中压内缸外表面

（1）已知参数：某型号超超临界一次再热汽轮机的中压内缸外表面的直径 d_1 为 2.40m，外缸内表面的直径 d_2 为 3.14m；中压内缸与外缸材料属于铁素体钢，铸钢表面粗糙度为 12.5μm，中压内缸外表面平均温度 $t_{w1}=443.05$℃，中压外缸内表面温度取自本章第四节应用实例采用迭代法的计算结果 $t_{w2}=285.92$℃，查表 9-6 中铁素体钢（12Cr1MoV）在 450℃以下的发射率 ε_1 和 ε_2 均可取为 0.79；在 100%TMCR 工况下，中压排汽温度 $t_g=286.61$℃，中压汽缸夹层环形空间流体压力 p_g 取中压缸排汽压力为 0.611MPa，双流中压内缸外表面流过中压排汽，中压排汽与中压内缸外表面强制对流传热，中压汽缸夹层强制对流内缸外表面传热系数 $h_{c6}=544.36\mathrm{W/(m^2\cdot K)}$。

（2）中压内缸外表面与蒸汽的辐射传热计算结果：应用式（9-83），得出中压内缸外表面辐射传热的平均射线程长 s_1 的计算结果为

$$s_1=\frac{3.6(d_2^2-d_1^2)}{4d_1}=\frac{3.6\times(3.14^2-2.40^2)}{4\times2.40}=1.537\,35(\mathrm{m})$$

中压汽缸夹层水蒸气压力 p_{H_2O} 等于中压缸排汽压力 p_g，有

$$p_{H_2O}=p_g=0.611\mathrm{MPa}=6.11\times10^5(\mathrm{Pa})$$

s_1 与中压汽缸夹层水蒸气压力 p_{H_2O} 的乘积 $p_{H_2O}\times s_1=p_{H_2O}s_1$ 的计算结果为

$$p_{H_2O}s_1=p_{H_2O}\times s_1=6.11\times10^5\times1.537\,35=9.3932\times10^5(\mathrm{Pa\cdot m})$$

考虑汽缸夹层水蒸气的总压与分压相等，有

$$\frac{p+p_{H_2O}}{2}=6.11\times10^5(\mathrm{Pa})$$

由 $p_{H_2O}s_1=9.3932\times10^5\text{Pa}\cdot\text{m}$ 和 $(p+p_{H_2O})/2=6.11\times10^5\text{Pa}$，查图 1-3 确定水蒸气压力修正系数 C_{H_2O}。由于 $(p+p_{H_2O})/2=6.11\times10^5\text{Pa}$ 和 $p_{H_2O}s_1=9.3932\times10^5\text{Pa}\cdot\text{m}$ 均超出图 1-3 的曲线范围，取图 1-3 中上限压力和图 1-3 的 $p_{H_2O}s_1$ 上限值，有 $C_{H_2O}=1.236$。

由 $T_g=273+286.1=559.1\text{K}$ 和 $p_{H_2O}s_1=9.3932\times10^5\text{Pa}\cdot\text{m}$，$p_{H_2O}s_1=9.3932\times10^5\text{Pa}\cdot\text{m}$ 均超出图 1-2 的曲线范围，取图 1-2 的 $p_{H_2O}s_1$ 上限值，查图 1-2 确定把水蒸气压力外推到零的理想情况下水蒸气的发射率 $\varepsilon^*_{H_2O}=0.600$。

根据式（9-85），水蒸气的发射率 ε_{H_2O} 的计算结果为

$$\varepsilon_{H_2O}=C_{H_2O}\varepsilon^*_{H_2O}=1.236\times0.600=0.742$$

依据式（9-91）中压内缸外表面与蒸汽的辐射传热系数 h_{c9} 计算结果为

$$\begin{aligned}h_{c9}&=\frac{0.5(\varepsilon_1+1)\varepsilon_{H_2O}C_0}{t_{w1}-t_g}\left[\left(\frac{T_{w1}}{100}\right)^4-\left(\frac{T_g}{100}\right)^4\right]\\&=\frac{0.5\times(0.79+1)\times0.742\times5.67}{443.05-286.10}\times\left[\left(\frac{273+443.05}{100}\right)^4-\left(\frac{273+286.10}{100}\right)^4\right]\\&=39.63[\text{W}/(\text{m}^2\cdot\text{K})]\end{aligned}$$

（3）中压内缸外表面与外缸内表面辐射传热的计算结果：根据式（9-93），该型号汽轮机中压内缸外表面与外缸内表面的辐射传热系数 h_{c10} 的计算结果为

$$\begin{aligned}h_{c10}&=\frac{C_0}{t_{w1}-t_{w2}}\left[\left(\frac{273+t_{w1}}{100}\right)^4-\left(\frac{273+t_{w2}}{100}\right)^4\right]\left[\frac{1}{\varepsilon_1}+\frac{d_1^2}{d_2^2}\left(\frac{1}{\varepsilon_2}-1\right)\right]^{-1}\\&=\frac{5.67}{440.35-285.92}\times\left[\left(\frac{273+440.35}{100}\right)^4-\left(\frac{273+285.92}{100}\right)^4\right]\times\\&\quad\left[\frac{1}{0.0.79}+\frac{2.40^2}{3.14^2}\left(\frac{1}{0.79}-1\right)\right]^{-1}\\&=41.97[\text{W}/(\text{m}^2\cdot\text{K})]\end{aligned}$$

（4）中压内缸外表面的复合传热系数 h_{c11} 的计算结果：在中压汽缸夹层有中压排汽流过且发生强制对流时，中压内缸外表面的复合传热系数 h_{c11} 的计算结果为

$$h_{c11}=h_{c6}+h_{c9}+h_{c10}=544.36+39.63+41.97=625.96[\text{W}/(\text{m}^2\cdot\text{K})]$$

（5）分析与讨论：从该应用实例的计算结果知，在中压内缸外表面有冷却蒸汽流动的情况下，中压内缸外表面强制对流表面传热系数计算结果，比中压内缸外表面与蒸汽的辐射传热系数的计算结果和中压内缸外表面与外缸内表面辐射传热系数的计算结果大一个数量级。中压内缸外表面与蒸汽的辐射传热系数计算结果和中压内缸外表面与外缸内表面辐射传热系数的计算结果的数量级相同。在中压内缸外表面有冷却蒸汽流动的情况下，在汽轮机中压内缸的温度场、应力场的有限元数值计算中，需要考虑中压内缸外表面强制对流传热、中压内缸外表面与蒸汽的辐射传热，以及中压内缸外表面与外缸内

表面的辐射传热。

(6) 汽轮机中压内缸传热计算方法的验证：工程上通常采用现场实测汽缸表面温度与传热计算表面温度的对比，来验证中压内缸传热计算方法的误差。对于某型号1000MW中压内缸，点火与冲转的瞬态过程，中压内缸表面温度计算值与实测值的最大相对误差2.66%；从并网至400MW的瞬态过程，与实测值相比，计算值的最大相对误差2.49%；400～1000MW的瞬态过程，与实测值相比，计算值的最大相对误差2.71%。中压内缸表面温度计算的相对误差不超过3%，表明中压内缸传热计算精度工程上可以接受。

3. 低压内缸外表面

(1) 已知参数：某型号核电汽轮机的低压内缸外表面的直径 d_1 为6.77m，外缸内表面的直径 d_2 为13.93m；低压内缸外表面平均温度 $t_{w1}=151.69$℃，当汽轮机厂房内风速为0时，低压外缸内表面温度取自本章第四节应用实例采用迭代法的计算结果 $t_{w2}=28.92$℃；汽轮机低压内缸与外缸材料均为碳钢，对于碳钢板表面粗糙度取为12.5μm，查表9-6中碳钢（20号钢）在350℃以下的发射率 ε_1 和 ε_2 均取为0.90。在100%TMCR工况下，低压汽缸夹层环形空间流体压力 p_g 取低压内缸排汽压力为0.005 78MPa，低压排汽干度 $x=0.897$，低压排汽温度 $t_g=35.48$℃。

(2) 低压内缸外表面自然对流传热计算结果：低压内缸外表面与低压外缸内表面的表面温差 Δt 计算结果为

$$\Delta t=t_{w1}-t_{w2}=151.69-28.92=122.77(℃)$$

低压内缸夹层定性温度取低压缸排汽温度，有

$$t_\delta=t_g=35.48℃$$

低压内缸夹层为饱和蒸汽，不能处理为理想气体，采用式（4-6）计算体胀系数 β。由 $p_g=0.005\ 78$MPa（$t_g=35.48$℃）和饱和蒸汽干度 $x=0.897$，查水蒸气性质表，得比容 $\upsilon_m=22.052\ 769\text{m}^3/\text{kg}$；由 $p_g=0.005\ 78$MPa 和（t_g+1）$=36.48$℃，查水蒸气性质表，得比容 $\upsilon_{m+1}=24.665\ 809\ 3\text{m}^3/\text{kg}$，体胀系数 β 计算结果为

$$\beta=-\frac{1}{\rho}\left(\frac{\partial\rho}{\partial T}\right)_p=-\frac{1}{\rho}\left(\frac{\Delta\rho}{\Delta T}\right)_p\approx\left(1-\frac{\upsilon_m}{\upsilon_{m+1}}\right)_p=1-\frac{22.052\ 769}{24.665\ 809\ 3}=0.105\ 947\ 748\ 4$$

低压汽缸夹层特征尺寸 d_e 计算结果为

$$d_e=d_2-d_1=13.93-6.77=7.16(\text{m})$$

由于低压汽缸夹层饱和蒸汽的 Pr、λ 和 ν 无法确定，建议由低压缸排汽压力 $p_g=0.005\ 78$MPa（$t_g=35.48$℃）和蒸汽温度（$t_g+0.001$）$=35.481$℃查水蒸气性质表确定 Pr、λ 和 ν，有

普朗特数　$$Pr=1.0164$$

热导率　$$\lambda=0.019\ 270\ 2\text{W}/(\text{m}\cdot\text{K})$$

运动黏度　$$\nu=250.0702\times10^{-6}\text{m}^2/\text{s}$$

依据式（9-80），格拉晓夫数 Gr_{Δ} 计算结果为

$$Gr_{\Delta}=\frac{g\beta\Delta td_{e}^{3}}{\nu^{2}}=\frac{9.8\times0.1059377484\times122.77\times7.16^{3}}{250.0702^{2}\times10^{-12}}=7.481423746\times10^{11}$$

采用式（9-79），低压汽缸筒状夹层环形空间自然对流的内缸外表面传热系数 h_{c8} 的计算结果为

$$h_{c8}=\frac{Nu\lambda}{d_{e}}=\frac{C_{p8}\ (Gr_{\Delta}Pr)^{\frac{1}{4}}\lambda}{d_{e}}$$
$$=\frac{0.18\times(7.481423746\times10^{11}\times1.0164)^{0.25}\times0.0192702}{7.16}=0.45[\mathrm{W/(m^2\cdot K)}]$$

（3）低压内缸外表面与蒸汽的辐射传热计算结果：应用式（9-83），得出低压内缸外表面辐射传热的平均射线程长 s_1 的计算结果为

$$s_1=\frac{3.6(d_2^2-d_1^2)}{4d_1}=\frac{3.6\times(13.93^2-6.77^2)}{4\times6.77}=19.7032(\mathrm{m})$$

低压汽缸夹层水蒸气压力 p_{H_2O} 等于低压缸排汽压力 p_g，有

$$p_{H_2O}=p_g=0.00578\mathrm{MPa}=0.0578\times10^5\mathrm{Pa}$$

s_1 与低压汽缸夹层水蒸气压力 p_{H_2O} 的乘积 $p_{H_2O}\times s_1=p_{H_2O}s_1$ 的计算结果为

$$p_{H_2O}s_1=p_{H_2O}\times s_1=0.0578\times10^5\times19.7032=1.1388\times10^5(\mathrm{Pa\cdot m})$$

考虑汽缸夹层水蒸气的总压与分压相等，有

$$\frac{(p+p_{H_2O})}{2}=0.0578\times10^5(\mathrm{Pa})$$

由 $p_{H_2O}s_1=1.1388\times10^5\mathrm{Pa\cdot m}$ 和 $(p+p_{H_2O})/2=0.0578\times10^5\mathrm{Pa}$，查图 1-3 确定水蒸气压力修正系数 C_{H_2O}，有 $C_{H_2O}=0.563$。

由 $T_g=273+35.48=308.48$（K）和 $p_{H_2O}s_1=1.1388\times10^5\mathrm{Pa\cdot m}$，查图 1-2 确定把水蒸气压力外推到零的理想情况下水蒸气的发射率 $\varepsilon_{H_2O}^{*}=0.645$。

根据式（9-85），水蒸气的发射率 ε_{H_2O} 的计算结果为

$$\varepsilon_{H_2O}=C_{H_2O}\varepsilon_{H_2O}^{*}=0.563\times0.645=0.363$$

依据式（9-91），低压内缸外表面与蒸汽的辐射传热传热系数 h_{c9} 计算结果为

$$h_{c9}=\frac{0.5(\varepsilon_1+1)\varepsilon_{H_2O}C_0}{t_{w1}-t_g}\left[\left(\frac{T_{w1}}{100}\right)^4-\left(\frac{T_g}{100}\right)^4\right]$$
$$=\frac{0.5\times(0.90+1)\times0.363\times5.67}{151.695-35.48}\times\left[\left(\frac{273+151.69}{100}\right)^4-\left(\frac{273+35.48}{100}\right)^4\right]$$
$$=3.95[\mathrm{W/(m^2\cdot K)}]$$

（4）低压内缸外表面与外缸内表面辐射传热的计算结果：根据式（9-93），该型号汽轮机低压内缸外表面与外缸内表面的辐射传热系数 h_{c10} 的计算结果为

$$h_{c10}=\frac{C_0}{t_{w1}-t_{w2}}\left[\left(\frac{273+t_{w1}}{100}\right)^4-\left(\frac{273+t_{w2}}{100}\right)^4\right]\left[\frac{1}{\varepsilon_1}+\frac{d_1^2}{d_2^2}\left(\frac{1}{\varepsilon_2}-1\right)\right]^{-1}$$
$$=\frac{5.67}{151.69-28.92}\times\left[\left(\frac{273+151.69}{100}\right)^4-\left(\frac{273+28.92}{100}\right)^4\right]\times\left[\frac{1}{0.90}+\frac{6.77^2}{13.93^2}\left(\frac{1}{0.90}-1\right)\right]^{-1}$$

$= 9.84[W/(m^2 \cdot K)]$

（5）低压内缸外表面的复合传热系数 h_{c13} 的计算结果：在低压汽缸夹层充满蒸汽且只有自然对流时，低压内缸外表面的复合传热系数 h_{c13} 的计算结果为

$$h_{c13} = h_{c8} + h_{c9} + h_{c10} = 0.45 + 3.95 + 9.84 = 14.24[W/(m^2 \cdot K)]$$

（6）分析与讨论：从以上计算结果知，在低压内缸外表面与外缸内表面之间充满汽轮机排汽的情况下，低压内缸外表面自然对流表面传热系数、低压内缸外表面与蒸汽的辐射传热系数以及低压内缸外表面与低压外缸内表面辐射传热系数都比较小。在汽轮机低压内缸的温度场、应力场的有限元数值计算中，需要考虑低压内缸外表面与低压外缸内表面的辐射传热、低压内缸外表面与蒸汽的辐射传热，以及低压内缸外表面自然对流传热。

第三节　外缸内表面传热计算方法

本节介绍了汽轮机外缸内表面传热系数的计算方法，给出了外缸蒸汽管道内表面、小空间外缸内表面、外缸垂直端面、外缸轴封部位、汽缸夹层外缸内表面、加装隔热罩的外缸内表面、排汽腔室内表面的表面传热系数的计算公式和流体物性参数的确定方法，应用于汽轮机外缸内表面复合传热系数计算和汽轮机外缸的稳态温度场、瞬态温度场与应力场的有限元数值计算。

一、外缸蒸汽管道内表面对流传热

汽轮机外缸的进汽管道内表面、抽汽管道内表面和高中压缸排汽管道内表面的传热，属于蒸汽管道内表面强制对流传热，采用式（4-36）、式（4-37）和式（4-40），计算汽轮机外缸蒸汽管道内表面传热系数 h_{c14}。

二、小空间外缸内表面对流传热

在汽轮机外缸上，轴封两侧的光轴对应的外缸光滑内表面，$(r_2 - r_1)/r_1 \leqslant 0.3$，属于小空间外缸内表面。对于汽轮机轴承与轴封之间光轴以及轴封与首级叶轮进汽侧轮面之间光轴对应的外缸内表面属于小空间外缸内表面，光轴旋转的表面圆周速度远远超过环形空间流体轴向流动速度，根据式（2-11）和式（2-13），经公式推导与计算分析，得出小空间外缸内表面的表面传热系数 h_{c15} 的计算公式为

$$h_{c15} = \frac{C_3 C_5 \left(\dfrac{r_2 - r_1}{r_1}\right)^{0.4} Re_{\omega}^{0.8} Pr^{0.33} \lambda}{2(r_2 - r_1)} = \frac{C_{c7} \left(\dfrac{r_2 - r_1}{r_1}\right)^{0.4} Re_{\omega}^{0.8} Pr^{0.33} \lambda}{2(r_2 - r_1)} \tag{9-98}$$

$$Re_{\omega} = \frac{2(r_2 - r_1)u}{\nu} \tag{9-99}$$

$$C_{c7} = C_3 \times C_5 \tag{9-100}$$

式中　C_3、C_5——试验常数；

Re_{ω}——旋转雷诺数；

Pr——流体普朗特数；

λ——流体热导率；

r_2——外缸内半径；

r_1——转轴外半径；

u——转轴外表面圆周速度；

ν——流体运动黏度。

在汽缸夹层小空间外缸内表面的表面传热系数的计算公式中，特征尺寸取转轴外表面与外缸内表面之间径向尺寸的两倍，即两倍外缸内表面半径与转轴外表面半径之差$2(r_2-r_1)$，旋转雷诺数的特征速度取转轴外表面的圆周速度，定性温度取环形空间沿轴向流体平均温度t_f，依据定性温度t_f和环形空间沿轴向流体平均压力p_f来确定流体的Pr、λ、ν等物性参数。

三、外缸垂直端面的表面传热系数

对于反动式汽轮机转子出汽侧对应的外缸垂直端面，依据旋转端面与外缸垂直端面的轴向尺寸S与垂直端面外半径r_2之比和Re_ω的不同，采用式（2-35）～式（2-41）和式（2-43），经公式推导与计算分析，得出汽轮机外缸垂直端面的表面传热系数h_{c16}的计算公式为

$$h_{16}=\frac{C_{c8}Nu\lambda}{r} \tag{9-101}$$

$$Nu=C_iRe_\omega^m Pr^n\left(\frac{S}{r}\right)^l \tag{9-102}$$

$$Re_\omega=\frac{ru}{\nu}=\frac{r^2\omega}{\nu} \tag{9-103}$$

$$u=r\omega \tag{9-104}$$

$$C_{c8}=C_i\times C_{19} \tag{9-105}$$

式中 C_i、C_{19}、m、n、l——试验常数；

Nu——外缸垂直端面对流传热的努塞尔数；

λ——流体热导率；

r——某一环形外圆半径；

Re_ω——旋转雷诺数；

Pr——流体普朗特数；

S——旋转端面与外缸垂直端面的轴向尺寸；

u——旋转端面半径r处圆周速度；

ν——流体运动黏度；

ω——转盘旋转角速度。

在以上计算公式中，特征尺寸取某一环形垂直端面外圆半径r，旋转雷诺数的特征速度取旋转端面半径r处圆周速度u，定性温度取旋转端面与外缸垂直端面之间的流体温度，据定性温度和对应的流体压力来确定流体的Pr、λ、ν等物性参数。对于反动式

汽轮机平衡活塞两侧的外缸垂直端面以及转子出汽侧对应的外缸垂直端面，由于环形面积比较大，建议分成几个不同半径的环形，取不同的环形外圆半径，分别计算旋转雷诺数和外缸垂直端面的表面传热系数。

四、外缸内表面轴封部位对流传热

1. 高压缸与中压外缸内表面轴封部位对流传热

汽轮机高压外缸和中压外缸的内表面轴封部位，分别如图 3-1 和图 3-2 所示。汽轮机外缸汽封包括外缸两侧轴封与外缸平衡活塞汽封，平衡活塞汽封示意图如图 3-5 和图 3-6 所示。对于高中压合缸的汽缸，外缸轴封部位还包括了高压缸与中压缸的中间轴封，也称过桥汽封，如图 3-4 所示。通常，高压缸与中压缸轴封采用高低齿曲径汽封，高低齿曲径汽封示意图如图 3-9 所示。

根据式（3-10）～式（3-12）和式（3-16），依据雷诺数 Re 的不同，经公式推导与计算分析，得出汽轮机高中压外缸内表面轴封部位的表面传热系数 h_{c17}、h_{c18} 和 h_{c19} 的计算公式。

（1）$Re<2\times10^2$，则

$$h_{c17}=\frac{C_{g1}C_{g7}Re^{0.5}Pr^{0.43}\left(\frac{\delta}{H}\right)^{0.56}\lambda}{2\delta}=\frac{C_{c9}Re^{0.5}Pr^{0.43}\left(\frac{\delta}{H}\right)^{0.56}\lambda}{2\delta}\tag{9-106}$$

（2）$2\times10^2\leqslant Re<6\times10^3$，则

$$h_{c18}=\frac{C_{g2}C_{g7}Re^{0.5}Pr^{0.43}\left(\frac{\delta}{H}\right)^{0.56}\lambda}{2\delta}=\frac{C_{c10}Re^{0.5}Pr^{0.43}\left(\frac{\delta}{H}\right)^{0.56}\lambda}{2\delta}\tag{9-107}$$

（3）$Re\geqslant6\times10^3$，则

$$h_{c19}=\frac{C_{g3}C_{g7}Re^{0.5}Pr^{0.43}\left(\frac{\delta}{H}\right)^{0.56}\lambda}{2\delta}=\frac{C_{c11}Re^{0.5}Pr^{0.43}\left(\frac{\delta}{H}\right)^{0.56}\lambda}{2\delta}\tag{9-108}$$

$$Re=\frac{2\delta\times w}{\nu}\tag{9-109}$$

$$C_{c9}=C_{g1}\times C_{g7}\tag{9-110}$$

$$C_{c10}=C_{g2}\times C_{g7}\tag{9-111}$$

$$C_{c11}=C_{g3}\times C_{g7}\tag{9-112}$$

式中　Re——流体雷诺数；
C_{g1}、C_{g2}、C_{g3}、C_{g7}——试验常数；
Pr——流体普朗特数；
δ——汽封径向间隙；
H——汽封室高度；
λ——流体热导率；
w——汽封孔口的流体流速；
ν——流体运动黏度。

在汽轮机外缸内表面高低齿曲径汽封传热系数的计算公式中，特征尺寸取两倍汽封径向间隙 2δ，流体雷诺数的特征速度取汽封孔口的流体流速 w，定性温度取汽封进口流体温度 t_0 与汽封出口流体温度 t_z 的算术平均值 $t_f=(t_0+t_z)/2$，依据定性温度 t_f 和汽封进口流体的压力 p_0 来确定流体的 Pr、λ、ν 等物性参数。

2. 低压外缸内表面轴封部位对流传热

汽轮机低压外缸内表面的轴封如图 3-3 所示，考虑汽轮机低压转子的胀差比较大，通常采用光轴平齿汽封。光轴平齿汽封示意图如图 3-11 所示。

根据式（3-13）、式（3-14）和式（3-16），依据雷诺数 Re 的不同，经公式推导与计算分析，得出汽轮机低压外缸内表面轴封部位的表面传热系数 h_{c20} 和 h_{c21} 的计算公式。

（1）$2.4\times10^2\leqslant Re<8.7\times10^3$，则

$$h_{c20}=\frac{C_{g4}C_{g7}Re^{0.6}Pr^{0.43}\left(\frac{\delta}{S}\right)^{0.085}\left(\frac{\delta}{H}\right)^{0.075}\lambda}{2\delta}=\frac{C_{c12}Re^{0.6}Pr^{0.43}\left(\frac{\delta}{S}\right)^{0.085}\left(\frac{\delta}{H}\right)^{0.075}\lambda}{2\delta} \tag{9-113}$$

（2）$8.7\times10^3\leqslant Re<1.7\times10^5$，则

$$h_{c21}=\frac{C_{g5}C_{g7}Re^{0.8}Pr^{0.43}\left(\frac{\delta}{S}\right)^{0.1}\left(\frac{\delta}{H}\right)^{0.1}\lambda}{2\delta}=\frac{C_{c13}Re^{0.8}Pr^{0.43}\left(\frac{\delta}{S}\right)^{0.1}\left(\frac{\delta}{H}\right)^{0.1}\lambda}{2\delta} \tag{9-114}$$

$$Re=\frac{2\delta\times w}{\nu} \tag{9-115}$$

$$C_{c12}=C_{g4}\times C_{g7} \tag{9-116}$$

$$C_{c13}=C_{g5}\times C_{g7} \tag{9-117}$$

式中 Re——流体雷诺数；
C_{g4}、C_{g5}、C_{g7}——试验常数；
Pr——流体普朗特数；
δ——汽封径向间隙；
S——两个汽封齿之间的轴向尺寸；
H——汽封室高度；
λ——流体热导率；
w——汽封孔口的流体流速；
ν——流体运动黏度。

在汽轮机低压外缸内表面轴封部位的表面传热系数计算公式中，特征尺寸取两倍汽封径向间隙 2δ，流体雷诺数的特征速度取汽封孔口的流体流速 w，定性温度取汽封进口流体温度 t_0 与出口的流体温度 t_z 的算术平均值 $t_f=(t_0+t_z)/2$，依据定性温度 t_f 和汽封进口流体的压力 p_0 来确定流体的 Pr、λ、ν 等物性参数。

五、外缸排汽腔室内表面对流传热

汽轮机外缸排汽腔室环形通道的局部流量 G_φ、局部流速 w_φ 与平均流速 w 的计算公

式与式（7-1）、式（7-2）和式（7-4）相同。根据式（7-18），经公式推导与计算分析，得出汽轮机外缸排汽腔室内表面对流传热系数 h_{c22} 的计算公式为

$$h_{c22}=\frac{Nu\lambda}{d_e}=\frac{C_{v3}Re^{0.8}\lambda}{d_e Gr_\delta}\left[1+1.32\,(\overline{G}-3)^{0.9}\right] \tag{9-118}$$

$$Re=\frac{d_e\times w}{\nu} \tag{9-119}$$

$$Gr_\delta=\frac{g\beta\delta t d_e^3}{\nu^2} \tag{9-120}$$

$$\overline{G}=\frac{Gr_\delta}{Re}\left(\frac{\varphi}{90}\right)^{-0.3} \tag{9-121}$$

$$d_e=\frac{4F_c}{P} \tag{9-122}$$

$$\delta t=t_g-t_{w2} \tag{9-123}$$

式中 Nu——外缸排汽腔室内表面对流传热的努塞尔数；
λ——流体热导率；
d_e——当量直径；
C_{v3}——试验常数；
Re——流体雷诺数；
Gr_δ——格拉晓夫数；
$\overline{G}$——Gr_δ 与 Re 之比；
w——排汽腔室环形通道的平均流速，按式（7-4）计算；
ν——流体运动黏度；
g——重力加速度，$9.8\mathrm{m/s^2}$；
β——体胀系数；
φ——所计算局部流速截面与排汽通道轴线的夹角；
F_c——排汽腔室环形通道的横截面积；
P——排汽腔室环形通道的横截面积湿润周长；
t_g——流体温度；
t_{w2}——排汽腔室环形通道内表面温度。

在汽轮机外缸排汽腔室内表面对流传热系数的计算公式中，特征尺寸取外缸排汽腔室环形通道最小横截面的当量直径 d_e，流体雷诺数的特征速度取外缸排汽腔室环形通道的平均流速 w，定性温度取外缸排汽腔室蒸汽温度 t_g，依据定性温度 t_g 和外缸排汽压力 p_g 来确定流体的 Pr、λ、ν 等物性参数。

对于空气、过热蒸汽等符合理想气体性质的气体，$\beta\approx1/T_g=1/(273+t_g)$。对于低压外缸的排汽缸，排汽为湿蒸汽时，不符合理想气体性质的气体，建议按照式（4-6）确定 β。

六、外缸内表面对流传热

1. 外缸内表面强制对流传热

汽轮机的冷却蒸汽或排汽流过汽缸夹层时，汽缸夹层存在强制对流传热现象。当汽轮机汽缸夹层有大量冷却蒸汽流过、汽缸夹层存在强制对流传热现象时，经公式推导与计算分析，得出汽缸夹层外缸内表面对流传热系数 h_{c23} 的计算公式为

$$h_{c23}=\frac{Nu\lambda}{2(r_2-r_1)} \tag{9-124}$$

$$Nu=C_{c14}Re^{0.8}Pr^{0.43} \tag{9-125}$$

$$Re=\frac{2(r_2-r_1)w}{\nu} \tag{9-126}$$

$$w=\frac{G_c}{\pi(r_2^2-r_1^2)\rho} \tag{9-127}$$

式中 Nu——汽缸夹层强制对流传热的努塞尔数；

λ——流体热导率；

r_2——外缸内半径；

r_1——内缸外半径；

C_{c14}——试验常数；

Re——流体雷诺数；

Pr——流体普朗特数；

w——汽缸夹层流体的平均流速；

ν——流体运动黏度；

G_c——汽缸夹层蒸汽流量；

ρ——流体密度。

在汽轮机汽缸夹层强制对流传热系数的计算公式中，特征尺寸取内外缸夹层径向尺寸的两倍 $2(r_2-r_1)$，流体雷诺数的特征速度取汽缸夹层流体的平均流速 w，定性温度取汽缸夹层流体温度 t_g，依据定性温度 t_g 和环形空间流体压力 p_g 来确定流体的 Pr、λ、ν 等物性参数。

2. 外缸内表面小流量冷却对流传热

当汽轮机汽缸夹层冷却蒸汽流量与轴封漏气量有关时，冷却蒸汽流量非常小，汽缸夹层的传热与蒸汽冷却的强制对流传热和受重力作用的自然对流传热有关。汽缸夹层小流量冷却对流传热主要影响因素是流体雷诺数 Re、流体格拉晓夫数 Gr 等。根据式（9-70）～式（9-75），经公式推导与计算分析，得出汽缸夹层小流量冷却的外缸内表面对流传热努塞尔数 Nu 的计算公式为

$$Nu=C_{c15}Re^{1.15}Gr_{\Delta}^{-0.15}\left[1+0.16\left(\frac{Gr_{\Delta}}{Re}-3\right)^{0.8}\right]\times\left[1-C_{c16}\left(1.5-\frac{\delta t}{\Delta t}\right)\right] \tag{9-128}$$

$$Re=\frac{2(r_2-r_1)w}{\nu}=\frac{d_e w}{\nu} \tag{9-129}$$

$$Gr_{\Delta}=\frac{g\beta\Delta t d_{e}^{3}}{\nu^{2}} \tag{9-130}$$

$$d_{e}=2(r_{2}-r_{1}) \tag{9-131}$$

$$\delta t=t_{w1}-t_{g} \tag{9-132}$$

$$\Delta t=t_{w1}-t_{w2} \tag{9-133}$$

$$t_{\delta}=\frac{t_{w1}+t_{w2}}{2} \tag{9-134}$$

式中 Nu——外缸内表面对流传热的努塞尔数；

C_{c15}、C_{c16}——试验常数；

Re——流体雷诺数；

Gr_{Δ}——格拉晓夫数；

r_{2}——外缸内半径；

r_{1}——内缸外半径；

w——汽缸夹层流体的平均流速；

ν——流体运动黏度；

d_{e}——当量直径；

g——重力加速度，9.8m/s²；

β——体胀系数；

t_{w1}——内缸外表面温度；

t_{g}——汽缸夹层流体温度；

t_{w2}——外缸内表面温度。

当 $Gr_{\Delta}/Re>3$ 和 $\delta t/\Delta t\geqslant 1.5$ 时，式（9-128）简化为

$$Nu=C_{c15}Re^{1.15}Gr_{\Delta}^{-0.15}\left[1+0.16\left(\frac{Gr_{\Delta}}{Re}-3\right)^{0.8}\right] \tag{9-135}$$

当 $Gr_{\Delta}/Re<3$ 和 $\delta t/\Delta t\geqslant 1.5$ 时，式（9-128）简化为

$$Nu=C_{c15}Re^{1.15}Gr_{\Delta}^{-0.15} \tag{9-136}$$

在汽轮机汽缸夹层小流量冷却的外缸内表面传热系数的计算公式中，特征尺寸取内外缸夹层径向尺寸的两倍 $2(r_{2}-r_{1})$，流体雷诺特征速度取汽缸夹层流体的平均流速，定性温度取汽缸夹层流体温度 t_{g}，依据定性温度 t_{g} 和环形夹层空间流体压力 p_{g} 来确定流体的 Pr、λ、ν 等物性参数。

对于空气、过热蒸汽等符合理想气体性质的气体，$\beta\approx 1/T_{\delta}=1/(273+t_{\delta})$，这里 t_{δ} 为按照式（9-134）计算的平均温度。对于低压缸外缸，当汽缸夹层为湿蒸汽时，不符合理想气体性质的气体，建议按式（4-6）确定 β。

汽缸夹层小流量冷却的外缸内表面对流传热系数的表面传热系数 h_{c24} 的计算公式为

$$h_{c24}=\frac{Nu\lambda}{d_{e}} \tag{9-137}$$

式中 Nu——夹层小流量冷却的外缸内表面对流传热的努塞尔数，按照式（9-128）、式（9-135）和式（9-136）计算；

λ——流体热导率。

采用式（9-128）、式（9-135）和式（9-136）计算汽缸夹层小流量冷却外缸内表面对流传热的努塞尔数 Nu 时，采用迭代法，需要先假定内缸外表面温度 t_{w1} 和外缸内表面温度 t_{w2}，得到外缸内表面传热系数 h_{c24} 后，再计算出 t_{w1} 和 t_{w2}，并与假定值进行比较。当其与假定值不等时，利用前一次计算得出的 t_{w1} 和 t_{w2}，重新计算表面传热系数 h_{c24}、t_{w1} 和 t_{w2}。如此反复多次迭代，直至前后两次数值相等或差值小于某一规定值时，计算结束，得出汽轮机外缸内表面对流传热系数 h_{c24}。在计算外缸内表面传热系数 h_{c24} 时，考虑不同的轴向位置对应的内缸外表面温度 t_{w1} 有所不同，可以沿轴向把内缸与外缸划分为几段，分别进行 h_{c24}、t_{w1} 和 t_{w2} 的计算分析。

3. 外缸内表面自然对流

依据式（4-45），对于内外汽缸构成的筒状夹层环形空间，经公式推导与计算分析，得出外缸内表面自然对流传热系数 h_{c25} 的计算公式为

$$h_{c25}=\frac{Nu\lambda}{d_e}=\frac{C_{p8}\ (Gr_{\Delta}Pr)^{\frac{1}{4}}\lambda}{d_e} \tag{9-138}$$

$$Gr_{\Delta}=\frac{g\beta\Delta t d_e^3}{\nu^2} \tag{9-139}$$

$$\Delta t=t_{w1}-t_{w2} \tag{9-140}$$

$$t_{\delta}=\frac{1}{2}(t_{w1}+t_{w2}) \tag{9-141}$$

式中 Nu——筒状夹层环形空间自然对流的努塞尔数；

λ——流体热导率；

C_{p8}——试验常数；

Gr_{Δ}——格拉晓夫数；

Pr——流体普朗特数；

g——重力加速度，9.8m/s^2；

β——体胀系数；

d_e——汽缸夹层等效直径，按式（9-73）计算；

ν——流体运动黏度；

t_{w1}——内缸外表面温度；

t_{w2}——外缸内表面温度；

t_{δ}——内缸外表面温度 t_{w1} 和外缸内表面温度 t_{w2} 的算术平均值。

在汽缸夹层环形空间外缸内表面自然对流对流传热系数的计算公式中，特征尺寸取汽缸夹层环形空间的当量直径 $d_e=(d_2-d_1)=2(r_2-r_1)=2\delta$，定性温度取汽缸夹层内缸外表面温度 t_{w1} 与外缸内表面温度 t_{w2} 的算术平均值 $t_{\delta}=(t_{w1}+t_{w2})/2$；对于汽缸夹层为饱和蒸汽低压缸，定性温度取汽缸夹层的饱和蒸汽温度 t_g。依据定性温度 t_g 和汽缸夹层环形空间流体压力 p_g 来确定流体的 Pr、λ、ν 等物性参数。

对于符合理想气体性质的气体，如空气、过热蒸汽等，体胀系数 $\beta\approx 1/T_{\delta}=1/$

$(273+t_\delta)$。对于湿蒸汽等其他流体，可以采用式（4-6）确定 β。

七、外缸内表面与蒸汽的辐射传热

（1）计算外缸内表面辐射传热的平均射线程长 s_2。经公式推导与计算分析，得出汽轮机汽缸夹层环形空间外缸内表面辐射传热的平均射线程长 s_2 的计算公式为

$$s_2=\frac{3.6V}{A_2}=\frac{3.6\pi l\left(\frac{d_2^2}{4}-\frac{d_1^2}{4}\right)}{\pi l d_2}=\frac{3.6(d_2^2-d_1^2)}{4d_2} \tag{9-142}$$

式中　V——蒸汽容积；

A_2——外缸内表面的面积；

l——汽缸夹层轴向长度；

d_2——汽缸夹层的外缸内径；

d_1——汽缸夹层的内缸外径。

（2）计算平均射线程长 s_2 与汽缸夹层水蒸气压力 p_{H_2O} 的乘积 $p_{H_2O}\times s_2=p_{H_2O}s_2$。依据水蒸气温度 T_g 和 $p_{H_2O}s_2$，查图 1-2，确定把水蒸气压力外推到零的理想情况下水蒸气的发射率为

$$\varepsilon_{H_2O}^*=f(T_g,p_{H_2O}s_2) \tag{9-143}$$

（3）查图 1-3，引进水蒸气压力修正系数 C_{H_2O}，水蒸气的发射率 ε_{H_2O} 的计算公式为

$$\varepsilon_{H_2O}=C_{H_2O}\varepsilon_{H_2O}^* \tag{9-144}$$

（4）计算汽缸夹层水蒸气压力 p_{H_2O}、平均射线程长 s_2 和温度比 $\frac{T_{w2}}{T_g}$ 三者的乘积 $p_{H_2O}\times s_2\times\frac{T_{w2}}{T_g}=p_{H_2O}s_2\frac{T_{w2}}{T_g}$，计算水蒸气吸收比 α_{H_2O}。采用外缸内表面温度 T_{w2} 作为横坐标代替图 1-2 的水蒸气温度 T_g，采用 $p_{H_2O}s_2\frac{T_{w2}}{T_g}$ 代替图 1-2 的曲线 $p_{H_2O}s$，查图 1-2 确定水蒸气的发射率 $\varepsilon_{H_2O}^*=f\left(T_{w2},\ p_{H_2O}s_2\frac{T_{w2}}{T_g}\right)$，计算水蒸气吸收比 α_{H_2O} 的经验公式为

$$\alpha_{H_2O}=C_{H_2O}\alpha_{H_2O}^* \tag{9-145}$$

$$\alpha_{H_2O}^*=\left(\frac{T_g}{T_{w2}}\right)^{0.45}\varepsilon_{H_2O}^*=\left(\frac{T_g}{T_{w2}}\right)^{0.45}f\left(T_{w2},p_{H_2O}s_2\frac{T_{w2}}{T_g}\right) \tag{9-146}$$

式中　C_{H_2O}——水蒸气压力修正系数；

T_g——汽缸夹层水蒸气热力学温度；

T_{w2}——外缸内表面热力学温度；

p_{H_2O}——汽缸夹层水蒸气压力；

s_2——外缸内表面平均射线程长。

（5）考虑汽缸夹层蒸汽热力学温度 T_g 高于外缸内表面温度 T_{w2}，在本章参考文献

[5-7] 研究结果的基础上，经公式推导与计算分析，得出外缸内表面与蒸汽的辐射换热热流密度 q 的计算公式为

$$q=\varepsilon'_{w2}\sigma(\varepsilon_{H_2O}T_g-\alpha_{H_2O}T_{w2})=\varepsilon'_{w2}C_0\left[\varepsilon_{H_2O}\left(\frac{T_g}{100}\right)^4-\alpha_{H_2O}\left(\frac{T_{w2}}{100}\right)^4\right] \tag{9-147}$$

$$\varepsilon'_{w2}=\left(\frac{\varepsilon_2+1}{2}\right) \tag{9-148}$$

式中 ε'_{w2} ——外缸内表面灰体壁面的有效发射率；

σ——斯特藩-玻耳兹曼常数，$\sigma=5.67\times10^{-8}\mathrm{W/(m^2\cdot K^4)}$；

ε_{H_2O} ——水蒸气发射率；

α_{H_2O} ——水蒸气吸收比；

C_0 ——黑体辐射系数，$C_0=5.67\mathrm{W/(m^2\cdot K^4)}$；

ε_2 ——外缸内表面材料发射率，按表 9-6 取值。

(6) 水蒸气与外缸内表面辐射传热系数 h_{c26} 的计算公式为

$$h_{c26}=\frac{q}{T_g-T_{w2}}=\frac{\varepsilon'_{w2}\sigma(\varepsilon_{H_2O}T_g-\alpha_{H_2O}T_{w2})}{T_g-T_{w2}}$$

$$=\frac{0.5(\varepsilon_2+1)C_0}{T_g-T_{w2}}\left[\varepsilon_{H_2O}\left(\frac{T_g}{100}\right)^4-\alpha_{H_2O}\left(\frac{T_{w2}}{100}\right)^4\right] \tag{9-149}$$

考虑汽轮机汽缸夹层充满蒸汽，假设 ε_{H_2O} 与 α_{H_2O} 近似相等，即 $\varepsilon_{H_2O}=\alpha_{H_2O}$ ，有

$$h_{c26}=\frac{0.5(\varepsilon_2+1)\varepsilon_{H_2O}C_0}{T_g-T_{w2}}\left[\left(\frac{T_g}{100}\right)^4-\left(\frac{T_{w2}}{100}\right)^4\right] \tag{9-150}$$

式 (9-150) 与本章参考文献 [3] 给出的公式一致。

八、外缸内表面与内缸外表面的辐射传热

汽轮机内缸外表面 A_1 和外缸内表面 A_2 近似处理为圆柱面，式 (9-92) 给出了以内缸外表面 A_1 作为计算面积，汽轮机内缸外表面 A_1 和外缸内表面 A_2 间的辐射的传热量 $\Phi_{1,2}$ 的计算公式为

$$\Phi_{1,2}=C_0A_1\left[\left(\frac{273+t_{w1}}{100}\right)^4-\left(\frac{273+t_{w2}}{100}\right)^4\right]\left[\frac{1}{\varepsilon_1}+\frac{A_1}{A_2}\left(\frac{1}{\varepsilon_2}-1\right)\right]^{-1}$$

$$=C_0A_1\left[\left(\frac{273+t_{w1}}{100}\right)^4-\left(\frac{273+t_{w2}}{100}\right)^4\right]\left[\frac{1}{\varepsilon_1}+\frac{d_1^2}{d_2^2}\left(\frac{1}{\varepsilon_2}-1\right)\right]^{-1} \tag{9-151}$$

以外缸内表面 A_2 作为计算面积，内缸外表面 A_1 和外缸内表面 A_2 间的辐射传热的热流密度 $q_{1,2}$ 的计算公式为

$$q_{1,2}=\frac{\Phi_{1,2}}{A_2}=\frac{C_0A_1}{A_2}\left[\left(\frac{273+t_{w1}}{100}\right)^4-\left(\frac{273+t_{w2}}{100}\right)^4\right]\left[\frac{1}{\varepsilon_1}+\frac{A_1}{A_2}\left(\frac{1}{\varepsilon_2}-1\right)\right]^{-1}$$

$$=\frac{C_0 d_1^2}{d_2^2}\left[\left(\frac{273+t_{w1}}{100}\right)^4-\left(\frac{273+t_{w2}}{100}\right)^4\right]\left[\frac{1}{\varepsilon_1}+\frac{d_1^2}{d_2^2}\left(\frac{1}{\varepsilon_2}-1\right)\right]^{-1} \tag{9-152}$$

以外缸内表面 A_2 作为计算面积，外缸内表面与内缸外表面的辐射传热系数 h_{c27} 的计算公式为

$$h_{c27}=\frac{q_{1,2}}{(t_{w1}-t_{w2})}$$

$$=\frac{C_0 A_1}{(t_{w1}-t_{w2})A_2}\left[\left(\frac{273+t_{w1}}{100}\right)^4-\left(\frac{273+t_{w2}}{100}\right)^4\right]\left[\frac{1}{\varepsilon_1}+\frac{A_1}{A_2}\left(\frac{1}{\varepsilon_2}-1\right)\right]^{-1}$$

$$=\frac{5.67 d_1^2}{(t_{w1}-t_{w2})d_2^2}\left[\left(\frac{273+t_{w1}}{100}\right)^4-\left(\frac{273+t_{w2}}{100}\right)^4\right]\left[\frac{1}{\varepsilon_1}+\frac{d_1^2}{d_2^2}\left(\frac{1}{\varepsilon_2}-1\right)\right]^{-1} \tag{9-153}$$

式中　A_1——内缸外表面的面积；

t_{w1}——内缸外表面温度；

t_{w2}——外缸内表面温度；

ε_1——内缸外表面材料发射率（黑度），按照表 9-6 取值；

A_2——外缸内表面的面积；

ε_2——外缸内表面材料发射率（黑度），按照表 9-6 取值；

d_1——内缸外表面直径；

d_2——外缸内表面直径。

采用式（9-138）～式（9-153）计算汽缸夹层外缸内表面传热系数 h_{c25}、h_{c26} 和 h_{c27} 时，考虑外缸内表面温度 t_{w1} 与外缸内表面温度 t_{w2} 未知，需要先假定 t_{w1} 与 t_{w2}，采用迭代法计算，得到外缸内表面传热系数 h_{c25}、h_{c26} 和 h_{c27} 后，再计算出 t_{w1} 与 t_{w2}，并与假定值进行比较。当其与假定值不等时，利用前一次计算得出的 t_{w1} 与 t_{w2}，重新计算表面传热系数 h_{c25}、h_{c26}、h_{c27}、t_{w1} 与 t_{w2}。如此反复多次迭代，直至前后两次 t_{w1} 与 t_{w2} 相等或差值小于某一规定值时，计算结束，得出汽缸夹层环形空间自然对流表面传热系数 h_{c25} 与辐射传热系数 h_{c26} 和 h_{c27}。在计算外缸内表面传热系数 h_{c25}、h_{c26} 和 h_{c27} 时，考虑不同的轴向位置对应的内缸外表面温度 t_{w1} 有所不同，可以沿轴向把外缸与内缸划分为几段，分别进行算 h_{c25}、h_{c26}、h_{c27}、t_{w1} 和 t_{w2} 的计算分析。

九、外缸内表面复合传热

根据计算分析结果，通常汽缸夹层对流传热的表面传热系数比较小，辐射传热不能忽略不计，需要考虑辐射传热。按照以下三种情况，计算汽缸夹层外缸内表面的复合传热系数。

（1）在汽缸夹层有强制对流传热时，外缸内表面的复合传热系数 h_{c28} 的计算公式为

$$h_{c28}=h_{c23}+h_{c26}+h_{c27} \tag{9-154}$$

式中　h_{c23}——汽缸夹层强制对流的外缸内表面传热系数；

h_{c26}——外缸内表面与蒸汽的辐射传热系数；

h_{c27}——外缸内表面与内缸外表面的辐射传热系数。

（2）在汽缸夹层有小流量冷却时，外缸内表面的复合传热系数 h_{c29} 的计算公式为

$$h_{c29}=h_{c24}+h_{c26}+h_{c27} \tag{9-155}$$

式中 h_{c24}——汽缸夹层小流量冷却的外缸内表面传热系数。

（3）在汽缸夹层有自然对流时，外缸内表面的复合传热系数 h_{c30} 的计算公式为

$$h_{c30}=h_{c25}+h_{c26}+h_{c27} \tag{9-156}$$

式中 h_{c25}——汽缸夹层自然对流的外缸内表面传热系数。

十、加装隔热罩的外缸内表面传热系数

汽轮机内缸外表面加装隔热罩后，有利于减少汽轮机内缸的内外表面温差，并降低汽轮机内缸的热应力与热变形。对于汽轮机内缸采用隔热罩的汽轮机外缸内表面，可以把隔热罩处理为另外一层汽缸。当外缸与隔热罩之间的夹层存在强制对流传热时，按照式（9-154）计算外缸内表面的复合传热系数 h_{c28}；当外缸与隔热罩之间的夹层有小流量冷却时，按照式（9-155）计算外缸内表面的复合传热系数 h_{c29}；当外缸与隔热罩之间的夹层没有冷却蒸汽流过时，存在自然对流与辐射传热时，按照式（9-156）计算外缸内表面对流传热系数 h_{c30}。

十一、应用实例

1. 高压外缸内表面

（1）已知参数：某型号超超临界一次再热汽轮机的高压外缸内表面的直径 d_2 为 1.82m，内缸外表面的直径 d_1 为 1.80m；高压外缸与内缸材料属于铁素体钢，铸钢表面粗糙度为 12.5μm，高压外缸内表面温度取自本章第四节应用实例，采用迭代法的计算结果 $t_{w2}=359.32$℃，查表 9-6 中铁素体钢（12Cr1MoV）的发射率 ε_2 为 0.79；高压内缸外表面平均温度 $t_{w1}=478.85$℃，查表 9-6 中铁素体钢（12Cr1MoV）的发射率并采用插值法确定 ε_1 为 0.81。在 100%TMCR 工况下，高压排汽温度 $t_g=360.40$℃，高压汽缸夹层环形空间流体压力 p_g 取高压缸排汽压力为 5.95MPa。

（2）高压外缸内表面自然对流传热计算结果：高压内缸外表面与高压外缸内表面的表面温差 Δt 计算结果为

$$\Delta t=t_{w1}-t_{w2}=478.85-359.32=119.53(℃)$$

高压内缸外表面与高压外缸内表面的平均表面温度 t_δ 计算结果为

$$t_\delta=\frac{1}{2}(t_{w1}+t_{w2})=\frac{478.85+359.32}{2}=419.085(℃)$$

高压外缸夹层为过热蒸汽，可以处理为理想气体，体胀系数 β 的计算结果为

$$\beta=\frac{1}{T_\delta}=\frac{1}{273+t_\delta}=\frac{1}{273+419.085}=0.001\,444\,909\,224$$

高压汽缸夹层特征尺寸 d_e 计算结果为

$$d_e=d_2-d_1=1.82-1.80=0.02(\text{m})$$

由定性温度 $t_\delta=419.085$℃和高压缸排汽压力 $p_g=5.95$MPa，查水蒸气性质表，有普朗特数

$$Pr=0.9997$$

热导率　　　　　　　　$\lambda=0.0630288\text{W}/(\text{m}\cdot\text{K})$

运动黏度　　　　　　　　$\nu=1.2540\times10^{-6}\text{m}^2/\text{s}$

依据式（9-139），格拉晓夫数 Gr_{Δ} 计算结果为

$$Gr_{\Delta}=\frac{g\beta\Delta t d_{\text{e}}^3}{\nu^2}=\frac{9.8\times0.001444909224\times119.53\times0.02^3}{1.2540^2\times10^{-12}}=8610700.297$$

采用式（9-138），高压汽缸筒状夹层环形空间自然对流的表面传热系数 h_{c25} 的计算结果为

$$h_{\text{c25}}=\frac{Nu\lambda}{d_{\text{e}}}=\frac{C_{\text{p8}}(Gr_{\Delta}Pr)^{\frac{1}{4}}\lambda}{d_{\text{e}}}=\frac{0.18\times(8610700.297\times0.9997)^{0.25}\times0.0630288}{0.02}$$

$$=30.73[\text{W}/(\text{m}^2\cdot\text{K})]$$

（3）高压外缸内表面与蒸汽的辐射传热计算结果：应用式（9-142），得出高压外缸内表面辐射传热的平均射线程长 s_2 的计算结果为

$$s_2=\frac{3.6(d_2^2-d_1^2)}{4d_2}=\frac{3.6\times(1.82^2-1.80^2)}{4\times1.82}=0.0358(\text{m})$$

高压汽缸夹层水蒸气压力 $p_{\text{H}_2\text{O}}$ 等于高压缸排汽压力 p_{g}，有

$$p_{\text{H}_2\text{O}}=p_{\text{g}}=5.95\text{MPa}=59.5\times10^5(\text{Pa})$$

s_2 与高压汽缸夹层水蒸气压力 $p_{\text{H}_2\text{O}}$ 的乘积 $p_{\text{H}_2\text{O}}\times s_2=p_{\text{H}_2\text{O}}s_2$ 的计算结果为

$$p_{\text{H}_2\text{O}}s_2=p_{\text{H}_2\text{O}}\times s_2=59.5\times10^5\times0.0358=2.1301\times10^5(\text{Pa}\cdot\text{m})$$

考虑高压汽缸夹层水蒸气的总压与分压相等，有

$$\frac{p+p_{\text{H}_2\text{O}}}{2}=59.5\times10^5(\text{Pa})$$

由 $p_{\text{H}_2\text{O}}s_2=2.1301\times10^5\text{Pa}\cdot\text{m}$ 和 $(p+p_{\text{H}_2\text{O}})/2=59.5\times10^5\text{Pa}$，查图 1-3 确定水蒸气压力修正系数 $C_{\text{H}_2\text{O}}$。由于 $(p+p_{\text{H}_2\text{O}})/2=59.5\times10^5\text{Pa}$ 超出图 1-3 的曲线范围，取图 1-3 的上限压力和 $p_{\text{H}_2\text{O}}s_2=2.1301\times10^5\text{Pa}\cdot\text{m}$，有 $C_{\text{H}_2\text{O}}=1.279$。

由 $T_{\text{g}}=273+360.4=633.4\text{K}$ 和 $p_{\text{H}_2\text{O}}s_2=2.1301\times10^5\text{Pa}\cdot\text{m}$，查图 1-2 确定把水蒸气压力外推到零的理想情况下水蒸气的发射率为 $\varepsilon_{\text{H}_2\text{O}}^*=0.492$。

根据式（9-144），水蒸气的发射率 $\varepsilon_{\text{H}_2\text{O}}$ 的计算结果为

$$\varepsilon_{\text{H}_2\text{O}}=C_{\text{H}_2\text{O}}\varepsilon_{\text{H}_2\text{O}}^*=1.279\times0.492=0.629$$

依据式（9-150），高压外缸内表面与蒸汽的辐射传热系数 h_{c26} 计算结果为

$$h_{\text{c26}}=\frac{0.5(\varepsilon_2+1)\varepsilon_{\text{H}_2\text{O}}C_0}{t_{\text{g}}-t_{\text{w2}}}\left[\left(\frac{T_{\text{g}}}{100}\right)^4-\left(\frac{T_{\text{w2}}}{100}\right)^4\right]$$

$$=\frac{0.5\times(0.79+1)\times0.629\times5.67}{360.40-359.32}\times\left[\left(\frac{273+360.40}{100}\right)^4-\left(\frac{273+359.32}{100}\right)^4\right]$$

$$=32.36[\text{W}/(\text{m}^2\cdot\text{K})]$$

（4）高压外缸内表面与内缸外表面辐射传热的计算结果：根据式（9-153），该型号汽轮机高压外缸内表面与内缸外表面的辐射传热系数 h_{c27} 的计算结果为

$$h_{c27}=\frac{C_0d_1^2}{(t_{w1}-t_{w2})d_2^2}\left[\left(\frac{273+t_{w1}}{100}\right)^4-\left(\frac{273+t_{w2}}{100}\right)^4\right]\left[\frac{1}{\varepsilon_1}+\frac{d_1^2}{d_2^2}\left(\frac{1}{\varepsilon_2}-1\right)\right]^{-1}$$

$$=\frac{5.67\times1.80^2}{(478.85-359.32)\times1.82^2}\times\left[\left(\frac{273+478.85}{100}\right)^4-\left(\frac{273+359.32}{100}\right)^4\right]\times\left[\frac{1}{0.81}+\frac{1.80^2}{1.82^2}\left(\frac{1}{0.79}-1\right)\right]^{-1}$$

$$=49.57[\mathrm{W/(m^2\cdot K)}]$$

(5) 高压外缸内表面的复合传热系数计算结果：在高压汽缸夹层充满蒸汽且有自然对流时，高压内缸外表面的复合传热系数 h_{c30} 的计算结果为

$$h_{c30}=h_{c25}+h_{c26}+h_{c27}=30.73+32.36+49.57=112.66[\mathrm{W/(m^2\cdot K)}]$$

(6) 分析与讨论：从该应用实例的计算结果知，在高压外缸内表面没有冷却蒸汽流动的情况下，高压外缸内表面自然对流表面传热系数的计算结果、高压外缸内表面与蒸汽的辐射传热系数的计算结果、高压外缸内表面与内缸外表面辐射传热系数的计算结果，三者数量级相同。在高压外缸内表面没有冷却蒸汽流动的情况下，汽轮机高压外缸的温度场、应力场的有限元数值计算中，需要考虑高压外缸内表面自然对流传热、高压外缸内表面与蒸汽的辐射传热，以及高压外缸内表面与内缸外表面辐射传热。

2. 中压外缸内表面

(1) 已知参数：某型号超超临界一次再热汽轮机的中压外缸内表面的直径 d_2 为 3.14m，内缸外表面的直径 d_1 为 2.40m；中压外缸与内缸材料属于铁素体钢，铸钢表面粗糙度为 12.5μm，中压外缸内表面温度取自本章第四节应用实例采用迭代法的计算结果 $t_{w2}=285.92$℃，中压内缸外表面平均温度 $t_{w1}=443.05$℃，查表 9-6 中铁素体钢（12Cr1MoV）在 450℃以下的发射率 ε_1 和 ε_2 均可取为 0.79。在 100%TMCR 工况下，中压排汽温度 $t_g=286.61$℃，中压汽缸夹层环形空间流体压力 p_g 取中压汽缸排汽压力为 0.611MPa，双流中压外缸内表面流过中压排汽，中压排汽与中压外缸内表面强制对流传热，中压汽缸夹层强制对流外缸内表面传热系数 $h_{c23}=569.87\mathrm{W/(m^2\cdot K)}$。

(2) 中压外缸内表面与蒸汽的辐射传热计算结果：应用式（9-142），得出中压外缸内表面辐射传热的平均射线程长 s_2 的计算结果为

$$s_2=\frac{3.6(d_2^2-d_1^2)}{4d_2}=\frac{3.6\times(3.14^2-2.40^2)}{4\times3.14}=1.175\ 04(\mathrm{m})$$

中压汽缸夹层水蒸气压力 p_{H_2O} 等于中压缸排汽压力 p_g，有

$$p_{H_2O}=p_g=0.611\mathrm{MPa}=6.11\times10^5\mathrm{Pa}$$

s_2 与中压汽缸夹层水蒸气压力 p_{H_2O} 的乘积 $p_{H_2O}\times s_2=p_{H_2O}s_2$ 的计算结果为

$$p_{H_2O}s_2=p_{H_2O}\times s_2=6.11\times10^5\times1.175\ 04=7.1795\times10^5(\mathrm{Pa\cdot m})$$

考虑汽缸夹层水蒸气的总压与分压相等，有

$$\frac{p+p_{H_2O}}{2}=6.11\times10^5\mathrm{Pa}$$

由 $p_{H_2O}s_2=7.1795\times10^5\mathrm{Pa\cdot m}$ 和 $(p+p_{H_2O})/2=6.11\times10^5\mathrm{Pa}$，查图 1-3 确定水蒸气压力修正系数 C_{H_2O}。由于 $(p+p_{H_2O})/2=6.11\times10^5\mathrm{Pa}$ 和 $p_{H_2O}s_2=7.1795\times10^5\mathrm{Pa\cdot m}$ 均超

出图 1-3 的曲线范围，取图 1-3 中上限压力和图 1-3 的 $p_{H_2O}s_2$ 上限值，有 $C_{H_2O}=1.236$。

由 $T_g=273+286.1=559.1$（K）和 $p_{H_2O}s_2=7.1795\times10^5\text{Pa}\cdot\text{m}$，$p_{H_2O}s_2=7.1795\times10^5\text{Pa}\cdot\text{m}$ 均超出图 1-2 的曲线范围，取图 1-2 的 $p_{H_2O}s_2$ 上限值，查图 1-2 确定把水蒸气压力外推到零的理想情况下水蒸气的发射率为 $\varepsilon^*_{H_2O}=0.600$。

根据式（9-144），水蒸气的发射率 ε_{H_2O} 的计算结果为

$$\varepsilon_{H_2O}=C_{H_2O}\varepsilon^*_{H_2O}=1.236\times0.600=0.742$$

依据式（9-150）中压外缸内表面与蒸汽的辐射传热系数 h_{c26} 的计算结果为

$$\begin{aligned}h_{c26}&=\frac{0.5(\varepsilon_1+1)\varepsilon_{H_2O}C_0}{t_g-t_{w1}}\left[\left(\frac{T_g}{100}\right)^4-\left(\frac{T_{w1}}{100}\right)^4\right]\\&=\frac{0.5\times(0.79+1)\times0.742\times5.67}{286.10-285.92}\times\left[\left(\frac{273+286.10}{100}\right)^4-\left(\frac{273+285.92}{100}\right)^4\right]\\&=26.31[\text{W}/(\text{m}^2\cdot\text{K})]\end{aligned}$$

（3）中压外缸内表面与内缸外表面辐射传热的计算结果：根据式（9-153），该型号汽轮机中压外缸内表面与内缸外表面的辐射传热系数 h_{c27} 的计算结果为

$$\begin{aligned}h_{c27}&=\frac{C_0d_1^2}{(t_{w1}-t_{w2})d_2^2}\left[\left(\frac{273+t_{w1}}{100}\right)^4-\left(\frac{273+t_{w2}}{100}\right)^4\right]\left[\frac{1}{\varepsilon_1}+\frac{d_1^2}{d_2^2}\left(\frac{1}{\varepsilon_2}-1\right)\right]^{-1}\\&=\frac{5.67\times2.40^2}{(440.35-285.92)\times3.14^2}\times\left[\left(\frac{273+440.35}{100}\right)^4-\left(\frac{273+285.92}{100}\right)^4\right]\times\\&\quad\left[\frac{1}{0.0.79}+\frac{2.40^2}{3.14^2}\left(\frac{1}{0.79}-1\right)\right]^{-1}\\&=24.52[\text{W}/(\text{m}^2\cdot\text{K})]\end{aligned}$$

（4）中压外缸内表面的复合传热系数 h_{c31} 的计算结果：在中压汽缸夹层有强制对流时，中压外缸内表面的复合传热系数 h_{c28} 的计算结果为

$$h_{c28}=h_{c23}+h_{c26}+h_{c27}=569.87+26.31+24.52=620.70[\text{W}/\text{m}^2\cdot\text{K}]$$

（5）分析与讨论：从该应用实例的计算结果知，在中压外缸内表面有冷却蒸汽流动的情况下，中压外缸内表面强制对流表面传热系数计算结果，比中压外缸内表面与蒸汽的辐射传热系数的计算结果和中压外缸内表面与内缸外表面辐射传热系数的计算结果，大一个数量级。中压外缸内表面与蒸汽的辐射传热系数计算结果和中压外缸内表面与内缸外表面辐射传热系数的计算结果的数量级相同。在中压外缸内表面有冷却蒸汽流动的情况下，汽轮机中压外缸的温度场、应力场的有限元数值计算中，需要考虑中压外缸内表面强制对流表面传热系数、中压外缸内表面与蒸汽的辐射传热，以及中压外缸内表面与内缸外表面的辐射传热。

3. 低压外缸内表面

（1）已知参数：某型号核电汽轮机的低压外缸内表面的直径 d_2 为 13.93m，内缸外表面的直径 d_1 为 6.77m；当汽轮机厂房内风速取 0.5m/s 时低压外缸内表面温度取自本章第四节应用实例采用迭代法的计算结果 $t_{w2}=28.92$℃，低压内缸外表面平均温度 $t_{w1}=$

151.69℃，汽轮机低压内缸与外缸材料均为碳钢Q235B，对于碳钢板表面粗糙度取为12.5μm，查表9-6中碳钢（20号钢）在350℃以下的发射率ε_1和ε_2均取为0.90。在100% TMCR工况下，低压汽缸夹层环形空间流体压力p_g取低压内缸排汽压力为0.005 78MPa，低压排汽干度$x=0.897$，低压排汽温度$t_g=35.48$℃。

（2）低压内缸外表面自然对流传热计算结果：低压内缸外表面与低压外缸内表面的表面温差Δt计算结果为

$$\Delta t = t_{w1} - t_{w2} = 151.69 - 28.92 = 122.77(℃)$$

低压外缸夹层定性温度取低压缸排汽温度，有

$$t_\delta = t_g = 35.48℃$$

低压外缸夹层为饱和蒸汽，不能处理为理想气体，采用式（4-6）计算体胀系数β。由$p_g=0.005\ 78$MPa（$t_g=35.48$℃）和饱和蒸汽干度$x=0.897$，查水蒸气性质表，得比容$\upsilon_m=22.052\ 769\text{m}^3/\text{kg}$；由$p_g=0.005\ 78$MPa和（$t_g+1$）$=36.48$℃，查水蒸气性质表，得比容$\upsilon_{m+1}=24.665\ 809\ 3\text{m}^3/\text{kg}$，体胀系数$\beta$计算结果为

$$\beta = -\frac{1}{\rho}\left(\frac{\partial \rho}{\partial T}\right)_p = -\frac{1}{\rho}\left(\frac{\Delta \rho}{\Delta T}\right)_p \approx \left[1-\frac{\upsilon_m}{\upsilon_{m+1}}\right]_p = 1-\frac{22.052\ 769}{24.665\ 809\ 3}$$
$$= 0.105\ 947\ 748\ 4$$

低压汽缸缸夹层特征尺寸d_e计算结果为

$$d_e = d_2 - d_1 = 13.93 - 6.77 = 7.16(\text{m})$$

由于低压汽缸夹层饱和蒸汽的Pr、λ和ν无法确定，建议由低压缸排汽压力$p_g=0.005\ 78$MPa（$t_g=35.48$℃）和蒸汽温度（$t_g+0.001$）$=35.481$℃查水蒸气性质表确定Pr、λ和ν，有

普朗特数　　$Pr=1.0164$

热导率　　$\lambda=0.019\ 270\ 2\text{W}/(\text{m}\cdot\text{K})$

运动黏度　　$\nu=250.0702\times10^{-6}\text{m}^2/\text{s}$

依据式（9-139），格拉晓夫数Gr_Δ计算结果为

$$Gr_\Delta = \frac{g\beta\Delta t d_e^3}{\nu^2} = \frac{9.8\times0.105\ 937\ 748\ 4\times122.77\times7.16^3}{250.0702^2\times10^{-12}} = 7.481\ 423\ 746\times10^{11}$$

采用式（9-138），低压汽缸筒状夹层环形空间自然对流的外缸内表面传热系数h_{c25}的计算结果为

$$h_{c25} = \frac{Nu\lambda}{d_e} = \frac{C_{p8}(Gr_\Delta Pr)^{\frac{1}{4}}\lambda}{d_e} = \frac{0.18\times(7.481\ 423\ 746\times10^{11}\times1.0164)^{0.25}\times0.019\ 270\ 2}{7.16}$$
$$= 0.45\text{W}/(\text{m}^2\cdot\text{K})$$

（3）低压外缸内表面与蒸汽的辐射传热计算结果：应用式（9-142），得出低压外缸内表面辐射传热的平均射线程长s_2的计算结果为

$$s_2 = \frac{3.6(d_2^2 - d_1^2)}{4d_2} = \frac{3.6\times(13.93^2-6.77^2)}{4\times13.93} = 9.5758(\text{m})$$

低压汽缸夹层水蒸气压力 p_{H_2O} 等于低压缸排汽压力 p_g，有

$$p_{H_2O}=p_g=0.00578\text{MPa}=0.0578\times10^5\text{Pa}$$

s_2 与低压汽缸夹层水蒸气压力 p_{H_2O} 的乘积 $p_{H_2O}\times s_2=p_{H_2O}s_2$ 的计算结果为

$$p_{H_2O}s_2=p_{H_2O}\times s_2=0.0578\times10^5\times9.5758=0.5535\times10^5(\text{Pa}\cdot\text{m})$$

考虑汽缸夹层水蒸气的总压与分压相等，有

$$\frac{p+p_{H_2O}}{2}=0.0578\times10^5\text{Pa}$$

由 $p_{H_2O}s_2=0.5535\times10^5\text{Pa}\cdot\text{m}$ 和 $(p+p_{H_2O})/2=0.0578\times10^5\text{Pa}$，查图 1-3 确定水蒸气压力修正系数 C_{H_2O}，有 $C_{H_2O}=0.490$。

由 $T_g=273+35.48=308.48$（K）和 $p_{H_2O}s_2=0.5535\times10^5\text{Pa}\cdot\text{m}$，查图 1-2 确定把水蒸气压力外推到零的理想情况下水蒸气的发射率为 $\varepsilon^*_{H_2O}=0.344$。

根据式（9-144），水蒸气的发射率 ε_{H_2O} 的计算结果为

$$\varepsilon_{H_2O}=C_{H_2O}\varepsilon^*_{H_2O}=0.490\times0.344=0.169$$

依据式（9-150），低压外缸内表面与蒸汽的辐射传热系数 h_{c26} 计算结果为

$$\begin{aligned}h_{c26}&=\frac{0.5(\varepsilon_1+1)\varepsilon_{H_2O}C_0}{t_g-t_{w2}}\left[\left(\frac{T_g}{100}\right)^4-\left(\frac{T_{w2}}{100}\right)^4\right]\\&=\frac{0.5\times(0.90+1)\times0.169\times5.67}{35.48-28.92}\times\left[\left(\frac{273+35.48}{100}\right)^4-\left(\frac{273+28.92}{100}\right)^4\right]\\&=1.04[\text{W}/(\text{m}^2\cdot\text{K})]\end{aligned}$$

（4）低压外缸内表面与内缸外表面辐射传热的计算结果：根据式（9-153），该型号汽轮机低压外缸内表面与内缸外表面的辐射传热系数 h_{c27} 的计算结果为

$$\begin{aligned}h_{c27}&=\frac{C_0d_1^2}{(t_{w1}-t_{w2})d_2^2}\left[\left(\frac{273+t_{w1}}{100}\right)^4-\left(\frac{273+t_{w2}}{100}\right)^4\right]\left[\frac{1}{\varepsilon_1}+\frac{d_1^2}{d_2^2}\left(\frac{1}{\varepsilon_2}-1\right)\right]^{-1}\\&=\frac{5.67\times6.77^2}{(151.69-28.92)\times13.93^2}\times\left[\left(\frac{273+151.69}{100}\right)^4-\left(\frac{273+28.92}{100}\right)^4\right]\times\\&\quad\left[\frac{1}{0.90}+\frac{6.77^2}{13.93^2}\left(\frac{1}{0.90}-1\right)\right]^{-1}\\&=2.32[\text{W}/(\text{m}^2\cdot\text{K})]\end{aligned}$$

（5）低压汽缸内表面的复合传热系数 h_{c30} 的计算结果：在低压汽缸夹层充满蒸汽且只有自然对流时，低压外缸内表面的复合传热系数 h_{c30} 的计算结果为

$$h_{c30}=h_{c25}+h_{c26}+h_{c27}=0.45+1.04+2.32=3.81[\text{W}/(\text{m}^2\cdot\text{K})]$$

（6）分析与讨论：从以上计算结果知，在低压内缸外表面与外缸内表面之间充满汽轮机排汽的情况下，低压外缸内表面自然对流表面传热系数、低压外缸内表面与蒸汽的辐射传热系数以及低压内缸外表面与低压外缸内表面辐射传热系数都比较小。在汽轮机低压外缸的温度场、应力场的有限元数值计算中，需要考虑低压外缸内表面与低压内缸外表面的辐射传热、低压外缸内表面与蒸汽的辐射传热，以及低压外缸内表面自然对流传热。

第四节　外缸外表面传热计算方法

本节介绍了汽轮机外缸外表面传热系数的计算方法，给出了高压外缸与中压缸外缸的保温结构外表面的复合传热系数和高压外缸与中压缸外缸外表面的等效表面传热系数的计算公式，以及低压外缸外表面、外缸蒸汽管道外表面的表面传热系数的计算公式和流体物性参数的确定方法，应用于汽轮机外缸外表面传热系数计算和汽轮机外缸的稳态温度场、瞬态温度场与应力场的有限元数值计算。

一、高压外缸与中压外缸双层圆筒壁传热过程

1. 高压外缸与中压外缸保温结构外表面复合传热

汽轮机超高压外缸、高压外缸与中压外缸保温结构外表面的复合传热系数 h_{c31} 为辐射传热系数 h_{c32} 与对流传热的表面传热系数 h_{c33} 之和，其计算公式为

$$h_{c31}=h_{c32}+h_{c33} \tag{9-157}$$

按照式（4-51），计算汽轮机超高压外缸、高压外缸与中压外缸保温结构外表面辐射传热系数 h_{c32} 的公式为

$$h_{c32}=\frac{5.67\varepsilon}{t_{w4}-t_a}\left[\left(\frac{273+t_{w4}}{100}\right)^4-\left(\frac{273+t_a}{100}\right)^4\right] \tag{9-158}$$

式中　ε——保温结构外表面材料发射率（黑度）；

t_{w4}——保温结构外表面温度；

t_a——环境温度。

汽轮机超高压外缸、高压外缸与中压外缸的保温结构，设置在汽轮机的隔声罩内，无风。根据式（4-52），计算汽轮机高压外缸与中压外缸保温结构外表面对流传热的表面传热系数 h_{c33} 的计算公式为

$$h_{c33}=\frac{26.4}{\sqrt{297-0.5(t_{w4}+t_a)}}\left(\frac{t_{w4}-t_a}{d_4}\right)^{0.25} \tag{9-159}$$

式中　d_4——保温结构外直径，m。

2. 高压外缸与中压外缸双层圆筒壁传热过程

大多数汽轮机超高压外缸、高压外缸与中压外缸的外表面是圆柱形，或可以近似处理为圆筒壁。圆筒壁保温结构的厚度为 δ，保温结构圆筒壁外表面直径为 d_4。在不考虑保温结构内表面与汽轮机外缸外表面接触热阻的前提下，采用双层圆筒壁传热模型，可以确定汽轮机超高压外缸、高压外缸与中压外缸的双层圆筒壁传热过程的传热系数。依据外缸与保温结构双层圆筒壁传热过程和传热热阻的计算方法，经公式推导与计算分析，得出超高压外缸、高压外缸与中压外缸的汽缸内表面对流传热热阻 R_1、外缸圆筒壁导热热阻 R_2、保温结构的圆筒壁导热热阻 R_3、保温结构外表面复合传热热阻 R_4 的计算公式分别为

$$R_1=\frac{1}{h_2A_2}=\frac{1}{\pi d_2lh_2} \tag{9-160}$$

$$R_2=\frac{1}{2\pi\lambda_1 l}\ln\frac{d_3}{d_2} \tag{9-161}$$

$$R_3=\frac{1}{2\pi\lambda_2 l}\ln\frac{d_4}{d_3} \tag{9-162}$$

$$R_4=\frac{1}{h_{c31}A_4}=\frac{1}{\pi d_4 l h_{c31}} \tag{9-163}$$

式中　h_2——超高压外缸、高压外缸与中压外缸的内表面的复合传热系数，依据汽缸夹层有强制对流传热、小流量冷却或自然对流，分别按照式（9-154）、式（9-155）和式（9-156）计算；

A_2——超高压外缸、高压外缸与中压外缸圆筒壁内侧面积；

d_2——超高压外缸、高压外缸与中压外缸的内表面直径；

l——超高压外缸、高压外缸与中压外缸的双层圆筒壁长度；

λ_1——超高压外缸、高压外缸与中压外缸的材料热导率；

d_3——超高压外缸、高压外缸与中压外缸的外表面直径；

λ_2——超高压外缸、高压外缸与中压外缸的保温材料热导率；

d_4——超高压外缸、高压外缸与中压外缸的保温结构外表面直径；

h_{c31}——超高压外缸、高压外缸与中压外缸的保温结构外表面传热系数；

A_4——超高压外缸、高压外缸与中压外缸的保温结构圆筒壁外侧面积。

汽轮机超高压外缸、高压外缸、中压外缸与保温结构简化为双层圆筒壁传热模型后，经公式推导与计算分析，得出蒸汽热量由外缸内侧传热到保温结构外侧的传热过程总热阻 R_0 的计算公式为

$$R_0=R_1+R_2+R_3+R_4=\frac{1}{\pi d_2 l h_2}+\frac{1}{2\pi\lambda_1 l}\ln\frac{d_3}{d_2}+\frac{1}{2\pi\lambda_2 l}\ln\frac{d_4}{d_3}+\frac{1}{\pi d_4 l h_{c31}} \tag{9-164}$$

参照式（1-53）给出的双层圆筒壁传热过程的计算模型，经公式推导与计算分析，得出以超高压外缸、高压外缸或中压外缸外表面积 $\pi d_3 l$ 为基准的双层圆筒壁传热过程的传热系数 k_3 的计算公式为

$$k_3=(\pi d_3 l R_0)^{-1}=\left(\frac{d_3}{d_2 h_2}+\frac{d_3}{2\lambda_1}\ln\frac{d_3}{d_2}+\frac{d_3}{2\lambda_2}\ln\frac{d_4}{d_3}+\frac{d_3}{d_4 h_{c31}}\right)^{-1} \tag{9-165}$$

3. 硅酸铝棉制品热导率

根据 GB 50264—2013[8]，当 $t_m \leqslant 400℃$时，硅酸铝棉制品热导率 λ_2 的计算公式为

$$\lambda_2=0.056+0.0002(t_m-70) \tag{9-166}$$

$$t_{m2}=\frac{t_{w3}+t_{w4}}{2} \tag{9-167}$$

式中　t_{m2}——保温结构内外表面温度的平均值；

t_{w3}——保温结构内表面温度，即外缸外表面温度；

t_{w4}——保温结构外表面温度。

4. 内层壁外表面的热流密度

对于高压外缸或中压外缸与保温结构的双层圆筒壁传热过程的计算模型，假设外缸

外表面与保温层之间以及保温层与保护层之间接触良好，无接触热阻。确定双层圆筒壁传热过程的传热系数 k_3 后，按照式（1-56），高压外缸或中压外缸的外表面热流密度 q_3 的计算公式为

$$q_3 = k_3(t_g - t_a) \tag{9-168}$$

式中　t_g——外缸内侧高温流体温度；

t_a——保温结构外侧低温流体温度。

5. 外表面等效表面传热系数

对于设计有保温结构的汽轮机高压外缸或中压外缸，不考虑保温结构的影响，高压外缸或中压外缸内层壁外表面的热流密度 q_3 可以表示为

$$q_3 = h_{e0}(t_{w3} - t_a) \tag{9-169}$$

式中　h_{e0}——高压外缸或中压外缸内层壁外表面的等效表面传热系数；

t_{w3}——高压外缸或中压外缸的内层壁外表面温度。

汽轮机高压外缸或中压外缸等高温部件内层壁外表面的等效表面传热系数用符号 h_{e0} 表示，单位 W/(m^2·K)。从式（9-169）知，汽轮机高压外缸或中压外缸内层壁外表面的等效表面传热系数 h_{e0}，可以表示为高压外缸或中压外缸内层壁外表面热流密度 q_3 除以（$t_{w3} - t_a$）（高压外缸或中压外缸内层壁外表面温度 t_{w3} 与保温结构外侧低温流体温度 t_a 之差）的商。依据式（9-168）和式（9-169），经公式推导与计算分析，得出设计有保温结构的汽轮机高压外缸或中压外缸内层壁外表面的等效表面传热系数 h_{e0} 的计算公式为

$$h_{e0} = \frac{q_3}{t_{w3} - t_a} = \frac{k_3(t_g - t_a)}{t_{w3} - t_a} \tag{9-170}$$

从式（9-170）知，当高压外缸或中压外缸内层壁外表面温度 t_{w3} 与外缸内侧高温流体温度 t_g 近似相等时，高压外缸或中压外缸内层壁外表面的等效表面传热系数 h_{e0} 与高压外缸或中压外缸的双层圆筒壁传热过程的传热系数 k_3 近似相等。

从本书第四章第三节给出应用实例和本书第七章第四节给出应用实例的计算结果知，采用多层壁模型计算得出的以内层壁外表面积为基准的传热过程的传热系数 k_3，与该表面的等效表面传热系数 h_{e0} 相等。汽轮机高压外缸或中压外缸内层壁外表面，可以近似处理为与空气对流传热的第三类边界条件。双层圆筒壁传热过程的传热系数 k_3，可以作为汽轮机高压外缸或中压外缸内层壁外表面传热第三类边界条件的等效表面传热系数。

二、低压外缸单层圆筒壁传热过程

1. 低压外缸外表面复合传热系数

汽轮机低压外缸没有保温层与隔声罩壳，汽轮机低压外缸外表面的复合传热系数 h_{c34} 为辐射传热系数 h_{c35} 与对流传热的表面传热系数 h_{c36} 之和，其计算公式为

$$h_{c34} = h_{c35} + h_{c36} \tag{9-171}$$

汽轮机低压外缸外表面的辐射传热系数 h_{c35} 的计算公式为

$$h_{c35} = \frac{5.67\varepsilon}{t_{w3} - t_a}\left[\left(\frac{273 + t_{w3}}{100}\right)^4 - \left(\frac{273 + t_a}{100}\right)^4\right] \tag{9-172}$$

式中　ε——低压外缸外表面材料发射率（黑度）；

t_{w3}——低压外缸外表面温度；

t_a——环境温度。

根据 GB 50264—2013[8]，依据汽轮机厂房风速 W 的不同，外表面直径为 d_3 的低压外缸外表面的对流传热系数 h_{c36} 有以下三个计算公式。

（1）当汽轮机厂房内风速 W 与低压外缸外表面直径 d_3 的乘积 $Wd_3=0$ 时，低压外缸外表面的对流传热的表面传热系数 h_{c36} 的计算公式为

$$h_{c36}=\frac{26.4}{\sqrt{297-0.5(t_{w3}+t_a)}}\left(\frac{t_{w3}-t_a}{d_3}\right)^{0.25} \tag{9-173}$$

式中　d_3——低压外缸外表面直径。

（2）当汽轮机厂房内风速 W 与低压外缸外表面直径 d_3 的乘积 Wd_3 小于或等于 $0.8\text{m}^2/\text{s}$ 时，h_{c36} 计算公式为

$$h_{c36}=\frac{0.08}{d_3}+4.2\frac{W^{0.618}}{d_3^{0.382}} \tag{9-174}$$

式中　W——汽轮机厂房内风速；

d_3——低压外缸外表面直径。

（3）当汽轮机厂房内风速 W 与低压外缸外表面直径 d_3 的乘积 Wd_3 大于 $0.8\text{m}^2/\text{s}$ 时，h_{c36} 计算公式为

$$h_{c36}=4.53\frac{W^{0.805}}{d_3^{0.195}} \tag{9-175}$$

2. 低压外缸的单层圆筒壁传热过程

汽轮机低压外缸没有保温结构，上半缸为圆柱形，近似处理为圆筒壁。汽轮机低压外缸与低压缸内缸的夹层，充满汽轮机低压缸的排汽。低压外缸内表面的复合传热，包括低压汽缸夹层的自然对流传热、外缸内表面与蒸汽的辐射传热以及外缸内表面与内缸外表面的辐射传热，采用式（9-156）计算低压外缸内表面的复合传热系数 h_{c30}。根据式（1-47），经公式推导与计算分析，低压外缸圆筒壁长度用符号 l 表示，得出以低压外缸外表面积 $\pi d_3 l$ 为基准的单层圆筒壁传热过程的传热系数 k_3 的计算公式为

$$k_3=\left(\frac{d_3}{d_2 h_{30}}+\frac{d_3}{2\lambda_1}\ln\frac{d_3}{d_2}+\frac{1}{h_{c34}}\right)^{-1} \tag{9-176}$$

式中　d_3——低压外缸的外表面直径；

d_2——低压外缸的内表面直径；

h_{30}——低压外缸内表面复合传热系数；

λ_1——低压外缸的材料热导率；

h_{c34}——低压外缸的外表面复合传热系数。

三、外缸蒸汽管道双层圆筒壁传热过程

汽轮机外缸的进汽管道外表面、抽汽管道外表面和高压缸与中压缸排汽管道外表面设计保温结构，采用式（9-157），计算蒸汽管道保温结构外表面传热系数 h_{c31}。汽轮机外

缸的进汽管道内表面、抽汽管道内表面和高中压缸排汽管道内表面的传热，属于蒸汽管道内表面强制对流传热，采用式（4-36）、式（4-37）和式（4-40），计算汽轮机外缸蒸汽管道内表面传热系数 h_{c14}。对于外缸蒸汽管道外表面（进汽管道外表面、抽汽管道外表面、排汽管道外表面），采用双层圆筒壁导热模型和式（9-165），在不考虑保温结构内表面与蒸汽管道外表面接触热阻的前提下，经公式推导与计算分析，得出以外缸蒸汽管道外表面积 $\pi d_3 l$ 为基准的双层圆筒壁传热过程的传热系数 k_3 与汽轮机外缸蒸汽管道外表面热流密度 q_3 的计算公式分别为

$$k_3=(\pi d_3 l R_0)^{-1}=\left(\frac{d_3}{d_2 h_{c14}}+\frac{d_3}{2\lambda_1}\ln\frac{d_3}{d_2}+\frac{d_3}{2\lambda_2}\ln\frac{d_4}{d_3}+\frac{d_3}{d_4 h_{c31}}\right)^{-1} \tag{9-177}$$

$$q_3=k_3(t_g-t_a) \tag{9-178}$$

式中 d_3——外缸蒸汽管道的外表面直径；

l——外缸蒸汽管道的双层圆筒壁长度；

R_0——外缸蒸汽管道内侧蒸汽热流量传热到保温结构外侧传热过程的总热阻；

d_2——外缸蒸汽管道的内表面直径；

h_{c14}——外缸蒸汽管道内表面强制对流的表面传热系数；

λ_1——外缸蒸汽管道的材料热导率；

λ_2——外缸蒸汽管道的保温结构材料热导率；

d_4——外缸蒸汽管道的保温结构外表面直径；

h_{c31}——外缸蒸汽管道的保温结构外表面的复合传热系数；

t_g——外缸蒸汽管道内流体温度；

t_a——环境温度。

四、应用实例

1. 高压外缸外表面

（1）已知参数：某型号超超临界一次再热汽轮机的高压外缸外表面的直径 d_3 为 2.12m，外缸内表面的直径 d_2 为 1.82m，内缸外表面的直径 d_1 为 1.80m。保温结构包括保温层与保护层，选取硅酸铝棉制品为保温材料，保温层厚度为 0.28m，高压外缸保温结构外径 d_4 为 2.68m，保温层的保护层选用不锈钢板，其发射率（黑度）$\varepsilon=0.3$。高压外缸与内缸材料属于铁素体钢，铸钢表面粗糙度为 12.5μm，高压内缸外表面平均温度 $t_{w1}=478.85$℃，查表 9-6 中铁素体钢（12Cr1MoV）的发射率并采用插值法确定 ε_1 为 0.81；高压排汽温度 $t_g=360.40$℃，高压外缸内表面温度 $t_{w2}<t_g$，查表 9-6 中铁素体钢（12Cr1MoV）的发射率（黑度）ε_2 为 0.79。高压汽缸夹层没有冷却蒸汽流过，在 100%TMCR 工况下，高压缸排汽温度 $t_g=360.40$℃，高压汽缸夹层环形空间流体压力 p_g 取高压缸排汽压力为 5.95MPa。

求以高压外缸外表面积 $\pi d_3 l$ 为基准的外缸与保温结构双层圆筒壁传热过程的传热系数 k_3 和热流密度 q_3、高压外缸内表面温度 t_{w2}、高压外缸与保温材料中间接触面温度 t_{w3} 和高压外缸保温结构外表面温度 t_{w4}。

（2）计算模型与方法：假设高压外缸与保温层之间以及保温层与保护层之间接触良

好，无接触热阻；把高压外缸与保温结构处理为双层圆筒壁传热过程的计算模型。保温材料内外表面温度平均值 $t_m \leqslant 400$℃，硅酸铝棉制品材料热导率 $\lambda_2 = 0.056 + 0.0002 \times (t_m - 70)$ W/(m·K)[8]。由于高压外缸内表面温度 t_{w2}、高压外缸外表面温度 t_{w3} 和保温结构外表面温度 t_{w4} 均为待定温度，需要采用迭代法确定这些表面温度后，再计算以高压外缸外表面积为基准的外缸与保温结构双层圆筒壁传热过程的传热系数 k_3 和热流密度 q_3。

（3）第一次计算：求 k_3、q_3、t_{w2}、t_{w3} 和 t_{w4}。

1）高压外缸的热导率 λ_1 和保温层的热导率 λ_2 的计算结果。假设 $t_{w2} = t_{w3} = t_g = 360.40$℃，$t_{w4} = 50$℃，则有

$$t_{m1} = \frac{t_{w2} + t_{w3}}{2} = \frac{360.40 + 360.40}{2} = 360.40(℃)$$

高压外缸材料为 ZG1Cr10MoVNbN，查表 1-15，有

$$\lambda_1 = 27.1 + \frac{28.0 - 27.1}{100} \times (360.40 - 300) = 27.6436[\mathrm{W/(m \cdot K)}]$$

$$t_{m2} = \frac{t_{w3} + t_{w4}}{2} = \frac{360.40 + 50}{2} = 205.20(℃)$$

按照式（9-166），有

$$\begin{aligned}\lambda_2 &= 0.056 + 0.0002(t_{m2} - 70) \\ &= 0.056 + 0.0002 \times (205.20 - 70) = 0.08304[\mathrm{W/(m \cdot K)}]\end{aligned}$$

2）保温结构外表面的复合传热系数的计算结果。依据式（9-158），高压外缸保温结构外表面的辐射传热系数 h_{c32} 的计算结果为

$$\begin{aligned}h_{c32} &= \frac{5.67\varepsilon}{t_{w4} - t_a}\left[\left(\frac{273 + t_{w4}}{100}\right)^4 - \left(\frac{273 + t_a}{100}\right)^4\right] \\ &= \frac{5.67 \times 0.3}{50 - 25} \times \left[\left(\frac{273 + 50}{100}\right)^4 - \left(\frac{273 + 25}{100}\right)^4\right] = 2.04[\mathrm{W/(m^2 \cdot K)}]\end{aligned}$$

高压外缸的保温结构，设置在汽轮机的隔声罩内，无风，按照式（9-159），该汽轮机高压外缸保温结构外表面对流传热的表面传热系数 h_{c33} 的计算结果为

$$\begin{aligned}h_{c33} &= \frac{26.4}{\sqrt{297 - 0.5(t_{w4} + t_a)}}\left(\frac{t_{w4} - t_a}{d_4}\right)^{0.25} \\ &= \frac{26.4}{\sqrt{297 - 0.5(50 + 25)}} \times \left(\frac{50 - 25}{2.68}\right)^{0.25} = 2.86[\mathrm{W/(m^2 \cdot K)}]\end{aligned}$$

根据式（9-157），高压外缸保温结构外表面的复合传热系数 h_{c31} 的计算结果为

$$h_{c31} = h_{c32} + h_{c33} = 2.04 + 2.86 = 4.90[\mathrm{W/(m^2 \cdot K)}]$$

3）外缸内表面自然对流传热系数的计算结果。高压汽缸夹层没有冷却蒸汽流过，高压汽缸夹层充满蒸汽，按照式（9-138）计算自然对流传热系数 h_{c25}。高压内缸外表面与高压外缸内表面的温差 Δt 计算结果为

$$\Delta t = t_{w1} - t_{w2} = 478.85 - 360.40 = 118.45(℃)$$

高压内缸外表面与高压外缸内表面的平均表面温度 t_δ 计算结果为

$$t_\delta = \frac{1}{2}(t_{w1} + t_{w2}) = \frac{478.85 + 360.40}{2} = 419.625(℃)$$

高压外缸夹层为过热蒸汽，可以处理为理想气体，体胀系数 β 的计算结果为

$$\beta=\frac{1}{T_{\delta}}=\frac{1}{273+t_{\delta}}=\frac{1}{273+419.625}=0.001\ 443\ 782\ 711$$

高压汽缸夹层特征尺寸 d_e 计算结果为

$$d_e=d_2-d_1=1.82-1.80=0.02(\mathrm{m})$$

由定性温度 $t_{\delta}=419.625$℃和高压缸排汽压力 $p_g=5.95$MPa，查水蒸气性质表，有

普朗特数 $Pr=0.9992$

热导率 $\lambda=0.063\ 007\ 5\mathrm{W/(m\cdot K)}$

运动黏度 $\nu=1.2565\times10^{-6}\mathrm{m^2/s}$

依据式（9-139），格拉晓夫数 Gr_{Δ} 计算结果为

$$Gr_{\Delta}=\frac{g\beta\Delta td_e^3}{\nu^2}=\frac{9.8\times0.001\ 443\ 782\ 711\times118.45\times0.02^3}{1.2565^2\times10^{-12}}=8\ 492\ 347.658$$

采用式（9-138），高压汽缸筒状夹层环形空间自然对流的外缸内表面传热系数 h_{c25} 的计算结果为

$$h_{c25}=\frac{Nu\lambda}{d_e}=\frac{C_{p8}\ (Gr_{\Delta}Pr)^{\frac{1}{4}}\lambda}{d_e}=\frac{0.18\times(8\ 492\ 347.658\times0.9992)^{0.25}\times0.063\ 079\ 5}{0.02}$$
$$=30.64[\mathrm{W/(m^2\cdot K)}]$$

4）高压外缸内表面与蒸汽的辐射传热系数的计算结果。由于第一次计算假设 $t_{w2}=t_g=360.40$℃，所以第一次计算，高压外缸内表面与蒸汽的辐射传热计算结果为 $h_{c26}=0$。

5）高压外缸内表面与高压内缸外表面辐射传热系数的计算结果。根据式（9-153），该型号汽轮机高压外缸内表面与内缸外表面的辐射传热系数 h_{c27} 的计算结果为

$$h_{c27}=\frac{C_0d_1^2}{(t_{w1}-t_{w2})d_2^2}\left[\left(\frac{273+t_{w1}}{100}\right)^4-\left(\frac{273+t_{w2}}{100}\right)^4\right]\left[\frac{1}{\varepsilon_1}+\frac{d_1^2}{d_2^2}\left(\frac{1}{\varepsilon_2}-1\right)\right]^{-1}$$
$$=\frac{5.67\times1.80^2}{(478.85-360.40)\times1.82^2}\times\left[\left(\frac{273+478.85}{100}\right)^4-\left(\frac{273+360.40}{100}\right)^4\right]\times$$
$$\left[\frac{1}{0.81}+\frac{1.80^2}{1.82^2}\left(\frac{1}{0.79}-1\right)\right]^{-1}$$
$$=49.68[\mathrm{W/(m^2\cdot K)}]$$

6）高压外缸内表面的复合传热系数的计算结果。在高压汽缸夹层充满蒸汽且只有自然对流时，根据式（9-156），高压外缸内表面的复合传热系数 $h_2=h_{c30}$ 的计算结果为

$$h_2=h_{c30}=h_{c25}+h_{c26}+h_{c27}=30.64+0+49.68=80.32[\mathrm{W/(m^2\cdot K)}]$$

7）k_3、q_3、t_{w2}、t_{w3} 和 t_{w4} 的计算结果。根据式（9-165），以高压外缸外表面积 πd_3l 为基准的双层圆筒壁传热过程的传热系数 k_3 的计算结果为

$$k_3=\left(\frac{d_3}{d_2h_2}+\frac{d_3}{2\lambda_1}\ln\frac{d_3}{d_2}+\frac{d_3}{2\lambda_2}\ln\frac{d_4}{d_3}+\frac{d_3}{d_4h_{c31}}\right)^{-1}$$
$$=\left(\frac{2.12}{1.82\times80.32}+\frac{2.12}{2\times27.6436}\ln\frac{2.12}{1.82}+\frac{2.12}{2\times0.083\ 04}\ln\frac{2.68}{2.12}+\frac{2.12}{2.68\times4.90}\right)^{-1}$$
$$=0.315\ 069\ 784[\mathrm{W/(m^2\cdot K)}]$$

确定双层圆筒壁传热过程的传热系数 k_3 后，可以计算高压外缸双层圆筒壁的 q_3、t_{w2}、t_{w3} 和 t_{w4}。按照式（9-178），q_3 的计算结果为

$$q_3 = k_3(t_g - t_a) = 0.315\,069\,784 \times (360.40 - 25) = 105.67\,(\mathrm{W/m^2})$$

考虑高压外缸热流量 $\Phi = \pi d_3 l q_3 = \pi d_2 l q_2 = \pi d_2 l h_2 (t_g - t_{w2})$，有

$$t_{w2} = t_g - \frac{d_3 q_3}{d_2 h_2} = 360.40 - \frac{2.12 \times 105.67}{1.82 \times 80.32} = 358.87(℃)$$

依据 $t_{w2} - t_{w3} = \dfrac{\Phi}{2\pi\lambda_1 l}\ln\dfrac{d_3}{d_2} = \dfrac{\pi d_3 l q_3}{2\pi\lambda_1 l}\ln\dfrac{d_3}{d_2} = \dfrac{d_3 q_3}{2\lambda_1}\ln\dfrac{d_3}{d_2}$，得出

$$t_{w3} = t_{w2} - \frac{d_3 q_3}{2\lambda_1}\ln\frac{d_3}{d_2} = 358.87 - \frac{2.12 \times 105.67}{2 \times 27.6436}\ln\frac{2.12}{1.82} = 358.25(℃)$$

鉴于 $\Phi = \pi d_3 l q_3 = \pi d_4 l q_4 = \pi d_4 l h_{c31}(t_{w4} - t_a)$，有

$$t_{w4} = t_a + \frac{d_3 q_3}{d_4 h_{c31}} = 25 + \frac{2.12 \times 105.67}{2.68 \times 4.90} = 42.06(℃)$$

（4）第二次计算：求 k_3、q_3、t_{w2}、t_{w3} 和 t_{w4}。

1）高压外缸的热导率 λ_1 和保温层的热导率 λ_2 的计算结果。依据第一次迭代计算得出的 t_{w2}、t_{w3} 和 t_{w4}，有

$$t_{m1} = \frac{t_{w2} + t_{w3}}{2} = \frac{358.87 + 358.25}{2} = 358.56(℃)$$

高压外缸材料为 ZG1Cr10MoVNbN，查表 1-15，有

$$\lambda_1 = 27.1 + \frac{28.0 - 27.1}{100} \times (358.56 - 300) = 27.627\,04[\mathrm{W/(m \cdot K)}]$$

$$t_{m2} = \frac{t_{w3} + t_{w4}}{2} = \frac{358.25 + 42.06}{2} = 200.155(℃)$$

按照式（9-166），有

$$\begin{aligned}\lambda_2 &= 0.056 + 0.0002(t_{m2} - 70) = 0.056 + 0.0002 \times (200.155 - 70)\\ &= 0.082\,031[\mathrm{W/(m \cdot K)}]\end{aligned}$$

2）保温结构外表面的复合传热系数的计算结果。依据式（9-158），高压外缸保温结构外表面的辐射传热系数 h_{c32} 的计算结果为

$$\begin{aligned}h_{c32} &= \frac{5.67\varepsilon}{t_{w4} - t_a}\left[\left(\frac{273 + t_{w4}}{100}\right)^4 - \left(\frac{273 + t_a}{100}\right)^4\right]\\ &= \frac{5.67 \times 0.3}{42.06 - 25} \times \left[\left(\frac{273 + 42.06}{100}\right)^4 - \left(\frac{273 + 25}{100}\right)^4\right] = 1.96[\mathrm{W/(m^2 \cdot K)}]\end{aligned}$$

高压外缸的保温结构，设置在汽轮机的隔声罩内，无风，按照式（9-159），该汽轮机高压外缸保温结构外表面的自然对流的表面传热系数 h_{c33} 的计算结果为

$$\begin{aligned}h_{c33} &= \frac{26.4}{\sqrt{297 - 0.5(t_{w4} + t_a)}}\left(\frac{t_{w4} - t_a}{d_4}\right)^{0.25}\\ &= \frac{26.4}{\sqrt{297 - 0.5(42.06 + 25)}} \times \left(\frac{42.06 - 25}{2.68}\right)^{0.25} = 2.58[\mathrm{W/(m^2 \cdot K)}]\end{aligned}$$

根据式（9-157），高压外缸保温结构外表面的复合传热系数 h_{c31} 的计算结果为

$$h_{c31}=h_{c32}+h_{c33}=1.96+2.58=4.54[\mathrm{W/(m^2\cdot K)}]$$

3）外缸内表面自然对流的表面传热系数的计算结果。高压汽缸夹层没有冷却蒸汽流过，高压汽缸夹层充满蒸汽，按照式（9-138）计算自然对流传热系数 h_{c25}。高压内缸外表面与高压外缸内表面的温差 Δt 计算结果为

$$\Delta t=t_{w1}-t_{w2}=478.85-358.87=119.98(℃)$$

高压内缸外表面与高压外缸内表面的平均表面温度 t_δ 计算结果为

$$t_\delta=\frac{1}{2}(t_{w1}+t_{w2})=\frac{478.85+358.87}{2}=418.86(℃)$$

高压外缸夹层为过热蒸汽，可以处理为理想气体，体胀系数 β 的计算结果为

$$\beta=\frac{1}{T_\delta}=\frac{1}{273+t_\delta}=\frac{1}{273+418.86}=0.001\ 445\ 379\ 123$$

高压汽缸夹层特征尺寸 d_e 计算结果为

$$d_e=d_2-d_1=1.82-1.80=0.02(\mathrm{m})$$

由定性温度 $t_\delta=418.86$℃和高压缸排汽压力 $p_g=5.95\mathrm{MPa}$，查水蒸气性质表，有

普朗特数 $Pr=0.9999$

热导率 $\lambda=0.063\ 007\ 7\mathrm{W/(m\cdot K)}$

运动黏度 $\nu=1.2529\times10^{-6}\mathrm{m^2/s}$

依据式（9-139），格拉晓夫数 Gr_Δ 计算结果为

$$Gr_\Delta=\frac{g\beta\Delta t d_e^3}{\nu^2}=\frac{9.8\times0.001\ 445\ 379\ 123\times119.98\times0.02^3}{1.2529^2\times10^{-12}}=8\ 661\ 116.48$$

采用式（9-138），高压汽缸筒状夹层环形空间自然对流的表面传热系数 h_{c25} 的计算结果为

$$h_{c25}=\frac{Nu\lambda}{d_e}=\frac{C_{p8}\ (Gr_\Delta Pr)^{\frac{1}{4}}\lambda}{d_e}=\frac{0.18\times(8\ 661\ 116.48\times0.9999)^{0.25}\times0.063\ 007\ 7}{0.02}$$
$$=30.76[\mathrm{W/(m^2\cdot K)}]$$

4）高压外缸内表面与蒸汽的辐射传热系数的计算结果。由于第二次计算 t_{w2} 取第一次迭代的计算结果 $t_{w2}=358.87$℃，计算高压外缸内表面与蒸汽的辐射传热计算结果为 h_{c26}。

依据式（9-142），得出高压外缸内表面辐射传热的平均射线程长 s_2 的计算结果为

$$s_2=\frac{3.6(d_2^2-d_1^2)}{4d_2}=\frac{3.6\times(1.82^2-1.80^2)}{4\times1.82}=0.0358(\mathrm{m})$$

高压汽缸夹层水蒸气压力 p_{H_2O} 等于高压缸排汽压力 p_g，有

$$p_{H_2O}=p_g=5.95\mathrm{MPa}=59.5\times10^5\mathrm{Pa}$$

s_2 与高压汽缸夹层水蒸气压力 p_{H_2O} 的乘积 $p_{H_2O}\times s_2=p_{H_2O}s_2$ 的计算结果为

$$p_{H_2O}s_2=p_{H_2O}\times s_2=59.5\times10^5\times0.0358=2.1301\times10^5(\mathrm{Pa\cdot m})$$

考虑高压汽缸夹层水蒸气的总压与分压相等，有

$$\frac{p+p_{H_2O}}{2}=59.5\times10^5(\mathrm{Pa})$$

由 $p_{H_2O}s_2=2.1301\times10^5\text{Pa}\cdot\text{m}$ 和 $(p+p_{H_2O})/2=59.5\times10^5\text{Pa}$，查图 1-3 确定水蒸气压力修正系数 C_{H_2O}。由于 $(p+p_{H_2O})/2=59.5\times10^5\text{Pa}$ 超出图 1-3 的曲线范围，取图 1-3 的上限压力和 $p_{H_2O}s_2=2.1301\times10^5\text{Pa}\cdot\text{m}$，有 $C_{H_2O}=1.279$。

由 $T_g=273+360.4=633.4\text{K}$ 和 $p_{H_2O}s_2=2.1301\times10^5\text{Pa}\cdot\text{m}$，查图 1-2 确定把水蒸气压力外推到零的理想情况下水蒸气的发射率为 $\varepsilon^*_{H_2O}=0.492$。

根据式（9-144），水蒸气的发射率 ε_{H_2O} 的计算结果为

$$\varepsilon_{H_2O}=C_{H_2O}\varepsilon^*_{H_2O}=1.279\times0.492=0.629$$

依据式（9-150），水蒸气与高压外缸内表面的辐射传热系数 h_{c26} 的计算结果为

$$h_{c26}=\frac{0.5(\varepsilon_2+1)\varepsilon_{H_2O}C_0}{t_g-t_{w2}}\left[\left(\frac{T_g}{100}\right)^4-\left(\frac{T_{w2}}{100}\right)^4\right]$$
$$=\frac{0.5\times(0.79+1)\times0.629\times5.67}{360.40-358.87}\times\left[\left(\frac{273+360.40}{100}\right)^4-\left(\frac{273+358.87}{100}\right)^4\right]$$
$$=32.33[\text{W}/(\text{m}^2\cdot\text{K})]$$

5）高压外缸内表面与高压内缸外表面辐射传热系数的计算结果。根据式（9-153），该型号汽轮机高压外缸内表面与内缸外表面的辐射传热系数 h_{c27} 的计算结果为

$$h_{c27}=\frac{C_0d_1^2}{(t_{w1}-t_{w2})d_2^2}\left[\left(\frac{273+t_{w1}}{100}\right)^4-\left(\frac{273+t_{w2}}{100}\right)^4\right]\left[\frac{1}{\varepsilon_1}+\frac{d_1^2}{d_2^2}\left(\frac{1}{\varepsilon_2}-1\right)\right]^{-1}$$
$$=\frac{5.67\times1.80^2}{(478.85-358.87)\times1.82^2}\times\left[\left(\frac{273+478.85}{100}\right)^4-\left(\frac{273+358.87}{100}\right)^4\right]\times$$
$$\left[\frac{1}{0.81}+\frac{1.80^2}{1.82^2}\left(\frac{1}{0.79}-1\right)\right]^{-1}$$
$$=49.53[\text{W}/(\text{m}^2\cdot\text{K})]$$

6）高压外缸内表面的复合传热系数的计算结果。在高压汽缸夹层充满蒸汽且只有自然对流时，根据式（9-156），高压外缸内表面的复合传热系数 $h_2=h_{c30}$ 的计算结果为

$$h_2=h_{c30}=h_{c25}+h_{c26}+h_{c27}=30.76+32.33+49.53=112.62[\text{W}/(\text{m}^2\cdot\text{K})]$$

7）k_3、q_3、t_{w2}、t_{w3} 和 t_{w4} 的计算结果。根据式（9-165），以高压外缸外表面积 $\pi d_3 l$ 为基准的双层圆筒壁传热过程的传热系数 k_3 的计算结果为

$$k_3=\left(\frac{d_3}{d_2h_2}+\frac{d_3}{2\lambda_1}\ln\frac{d_3}{d_2}+\frac{d_3}{2\lambda_2}\ln\frac{d_4}{d_3}+\frac{d_3}{d_4h_{c31}}\right)^{-1}$$
$$=\left(\frac{2.12}{1.82\times112.62}+\frac{2.12}{2\times27.62704}\ln\frac{2.12}{1.82}+\frac{2.12}{2\times0.082031}\ln\frac{2.68}{2.12}+\frac{2.12}{2.68\times4.54}\right)^{-1}$$
$$=0.31106218031[\text{W}/(\text{m}^2\cdot\text{K})]$$

确定双层圆筒壁传热过程的传热系数 k_3 后，高压外缸双层圆筒壁的 q_3、t_{w2}、t_{w3}、t_{w4} 的计算结果分别为

$$q_3=k_3(t_g-t_a)=0.3106218031\times(360.40-25)=104.18(\text{W}/\text{m}^2)$$

$$t_{w2}=t_g-\frac{d_3q_3}{d_2h_2}=360.40-\frac{2.12\times104.18}{1.82\times112.62}=359.32(^\circ\text{C})$$

$$t_{w3}=t_{w2}-\frac{d_3q_3}{2\lambda_1}\ln\frac{d_3}{d_2}=359.32-\frac{2.12\times104.18}{2\times27.62704}\ln\frac{2.12}{1.82}=358.71(^\circ\text{C})$$

$$t_{w4}=t_a+\frac{d_3q_3}{d_4h_{c31}}=25+\frac{2.12\times104.18}{2.68\times4.54}=43.15(℃)$$

（5）第三次计算：求 k_3、q_3、t_{w2}、t_{w3} 和 t_{w4}。

1）高压外缸的热导率 λ_1 和保温层的热导率 λ_2 的计算结果。依据第二次迭代计算得出的 t_{w2}、t_{w3} 和 t_{w4}，有

$$t_{m1}=\frac{t_{w2}+t_{w3}}{2}=\frac{359.32+358.71}{2}=359.015(℃)$$

高压外缸材料为 ZG1Cr10MoVNbN，查表 1-15，有

$$\lambda_1=27.1+\frac{28.0-27.1}{100}\times(359.015-300)=27.631\ 135[W/(m\cdot K)]$$

$$t_{m2}=\frac{t_{w3}+t_{w4}}{2}=\frac{358.71+43.15}{2}=200.93(℃)$$

按照式（9-166），有

$$\begin{aligned}\lambda_2&=0.056+0.0002(t_{m2}-70)=0.056+0.0002\times(200.93-70)\\&=0.082\ 186[W/(m\cdot K)]\end{aligned}$$

2）保温结构外表面的复合传热系数的计算结果。依据式（9-158），高压外缸保温结构外表面的辐射传热系数 h_{c32} 的计算结果为

$$\begin{aligned}h_{c32}&=\frac{5.67\varepsilon}{t_{w4}-t_a}\left[\left(\frac{273+t_{w4}}{100}\right)^4-\left(\frac{273+t_a}{100}\right)^4\right]\\&=\frac{5.67\times0.3}{43.15-25}\times\left[\left(\frac{273+43.15}{100}\right)^4-\left(\frac{273+25}{100}\right)^4\right]=1.97[W/(m^2\cdot K)]\end{aligned}$$

高压外缸的保温结构，设置在汽轮机的隔声罩内，无风，按照式（9-159），该汽轮机高压外缸保温结构外表面对流传热的表面传热系数 h_{c33} 的计算结果为

$$\begin{aligned}h_{c33}&=\frac{26.4}{\sqrt{297-0.5(t_{w4}+t_a)}}\left(\frac{t_{w4}-t_a}{d_4}\right)^{0.25}\\&=\frac{26.4}{\sqrt{297-0.5(43.15+25)}}\times\left(\frac{43.15-25}{2.68}\right)^{0.25}=2.63[W/(m^2\cdot K)]\end{aligned}$$

根据式（9-157），高压外缸保温结构外表面的复合传热系数 h_{c31} 的计算结果为

$$h_{c31}=h_{c32}+h_{c33}=1.97+2.63=4.60[W/(m^2\cdot K)]$$

3）外缸内表面自然对流传热系数的计算结果。高压汽缸夹层没有冷却蒸汽流过，高压汽缸夹层充满蒸汽，按照式（9-138）计算自然对流传热系数 h_{c25}。高压内缸外表面与高压外缸内表面的温差 Δt 计算结果为

$$\Delta t=t_{w1}-t_{w2}=478.85-359.32=119.53(℃)$$

高压内缸外表面与高压外缸内表面的平均表面温度 t_δ 计算结果为

$$t_\delta=\frac{1}{2}(t_{w1}+t_{w2})=\frac{478.85+359.32}{2}=419.085(℃)$$

高压外缸夹层为过热蒸汽，可以处理为理想气体，体胀系数 β 的计算结果为

$$\beta=\frac{1}{T_\delta}=\frac{1}{273+t_\delta}=\frac{1}{273+419.085}=0.001\ 444\ 909\ 224$$

高压汽缸夹层特征尺寸 d_e 计算结果为

$$d_e = d_2 - d_1 = 1.82 - 1.80 = 0.02(\mathrm{m})$$

由定性温度 $t_\delta = 419.085℃$ 和高压缸排汽压力 $p_g = 5.95\mathrm{MPa}$，查水蒸气性质表，有

普朗特数　$Pr = 0.9997$

热导率　$\lambda = 0.063\,028\,8\mathrm{W/(m \cdot K)}$

运动黏度　$\nu = 1.2540 \times 10^{-6}\mathrm{m^2/s}$

依据式（9-139），格拉晓夫数 Gr_Δ 计算结果为

$$Gr_\Delta = \frac{g\beta\Delta t d_e^3}{\nu^2} = \frac{9.8 \times 0.001\,444\,909\,224 \times 119.53 \times 0.02^3}{1.2540^2 \times 10^{-12}} = 8\,610\,700.279$$

采用式（9-138），高压汽缸筒状夹层环形空间自然对流的表面传热系数 h_{c25} 的计算结果为

$$h_{c25} = \frac{Nu\lambda}{d_e} = \frac{C_{p8}\,(Gr_\Delta Pr)^{\frac{1}{4}}\lambda}{d_e} = \frac{0.18 \times (8\,610\,700.279 \times 0.9999)^{0.25} \times 0.063\,028\,8}{0.02}$$
$$= 30.73[\mathrm{W/(m^2 \cdot K)}]$$

4）高压外缸内表面与蒸汽的辐射传热系数的计算结果。按照第三次计算 t_{w2} 取第二次迭代的计算结果 $t_{w2} = 359.32℃$，水蒸气的发射率 $\varepsilon_{H_2O} = 0.629$，计算高压外缸内表面与蒸汽的辐射传热计算结果为 h_{c26}。

依据式（9-150），水蒸气与高压外缸内表面的辐射传热系数 h_{c26} 的计算结果为

$$h_{c26} = \frac{0.5(\varepsilon_2 + 1)\varepsilon_{H_2O}C_0}{t_g - t_{w2}}\left[\left(\frac{T_g}{100}\right)^4 - \left(\frac{T_{w2}}{100}\right)^4\right]$$
$$= \frac{0.5 \times (0.79 + 1) \times 0.629 \times 5.67}{360.40 - 359.32} \times \left[\left(\frac{273 + 360.40}{100}\right)^4 - \left(\frac{273 + 359.32}{100}\right)^4\right]$$
$$= 32.36[\mathrm{W/(m^2 \cdot K)}]$$

5）高压外缸内表面与高压内缸外表面辐射传热系数的计算结果。根据式（9-153），该型号汽轮机高压外缸内表面与内缸外表面的辐射传热系数 h_{c27} 的计算结果为

$$h_{c27} = \frac{C_0 d_1^2}{(t_{w1} - t_{w2})d_2^2}\left[\left(\frac{273 + t_{w1}}{100}\right)^4 - \left(\frac{273 + t_{w2}}{100}\right)^4\right]\left[\frac{1}{\varepsilon_1} + \frac{d_1^2}{d_2^2}\left(\frac{1}{\varepsilon_2} - 1\right)\right]^{-1}$$
$$= \frac{5.67 \times 1.80^2}{(478.85 - 359.32) \times 1.82^2} \times \left[\left(\frac{273 + 478.85}{100}\right)^4 - \left(\frac{273 + 359.32}{100}\right)^4\right] \times$$
$$\left[\frac{1}{0.81} + \frac{1.80^2}{1.82^2}\left(\frac{1}{0.79} - 1\right)\right]^{-1}$$
$$= 49.57[\mathrm{W/(m^2 \cdot K)}]$$

6）高压外缸内表面的复合传热系数的计算结果。在高压汽缸夹层充满蒸汽且只有自然对流时，根据式（9-156），高压外缸内表面的复合传热系数 $h_2 = h_{c30}$ 的计算结果为

$$h_2 = h_{c30} = h_{c25} + h_{c26} + h_{c27} = 30.73 + 32.36 + 49.57 = 112.66[\mathrm{W/(m^2 \cdot K)}]$$

7）k_3、q_3、t_{w2}、t_{w3} 和 t_{w4} 的计算结果。根据式（9-165），以高压外缸外表面积 $\pi d_3 l$ 为基准的双层圆筒壁传热过程的传热系数 k_3 的计算结果为

$$k_3=\left(\frac{d_3}{d_2h_2}+\frac{d_3}{2\lambda_1}\ln\frac{d_3}{d_2}+\frac{d_3}{2\lambda_2}\ln\frac{d_4}{d_3}+\frac{d_3}{d_4h_{c31}}\right)^{-1}$$

$$=\left(\frac{2.12}{1.82\times112.66}+\frac{2.12}{2\times27.631\,135}\ln\frac{2.12}{1.82}+\frac{2.12}{2\times0.082\,186}\ln\frac{2.68}{2.12}+\frac{2.12}{2.68\times4.60}\right)^{-1}$$

$$=0.311\,394\,609\,5[\mathrm{W/(m^2\cdot K)}]$$

确定双层圆筒壁传热过程的传热系数 k_3 后，高压外缸双层圆筒壁的 q_3、t_{w2}、t_{w3}、t_{w4} 的计算结果分别为

$$q_3=k_3(t_g-t_a)=0.311\,394\,609\,5\times(360.40-25)=104.44(\mathrm{W/m^2})$$

$$t_{w2}=t_g-\frac{d_3q_3}{d_2h_2}=360.40-\frac{2.12\times104.44}{1.82\times112.66}=359.32(℃)$$

$$t_{w3}=t_{w2}-\frac{d_3q_3}{2\lambda_1}\ln\frac{d_3}{d_2}=359.32-\frac{2.12\times104.44}{2\times27.631\,135}\ln\frac{2.12}{1.82}=358.71(℃)$$

$$t_{w4}=t_a+\frac{d_3q_3}{d_4h_{c31}}=25+\frac{2.12\times104.44}{2.68\times4.60}=42.96(℃)$$

（6）第四次计算：求 k_3、q_3、t_{w2}、t_{w3} 和 t_{w4}。

1）高压外缸的热导率 λ_1 和保温层的导热系数 λ_2 的计算结果。依据第三次迭代计算得出的 t_{w2}、t_{w3} 和 t_{w4}，有

$$t_{m1}=\frac{t_{w2}+t_{w3}}{2}=\frac{359.32+358.71}{2}=359.015(℃)$$

高压外缸材料为 ZG1Cr10MoVNbN，查表 1-15，有

$$\lambda_1=27.1+\frac{28.0-27.1}{100}\times(359.015-300)=27.631\,135[\mathrm{W/(m\cdot K)}]$$

$$t_{m2}=\frac{t_{w3}+t_{w4}}{2}=\frac{358.71+42.96}{2}=200.835(℃)$$

按照式（9-166），有

$$\lambda_2=0.056+0.0002(t_{m2}-70)=0.056+0.0002\times(200.835-70)$$
$$=0.082\,167[\mathrm{W/(m\cdot K)}]$$

2）保温结构外表面的复合传热系数的计算结果。依据式（9-158），高压外缸保温结构外表面的辐射传热系数 h_{c32} 的计算结果为

$$h_{c32}=\frac{5.67\varepsilon}{t_{w4}-t_a}\left[\left(\frac{273+t_{w4}}{100}\right)^4-\left(\frac{273+t_a}{100}\right)^4\right]$$

$$=\frac{5.67\times0.3}{42.96-25}\times\left[\left(\frac{273+42.96}{100}\right)^4-\left(\frac{273+25}{100}\right)^4\right]=1.97[\mathrm{W/(m^2\cdot K)}]$$

高压外缸的保温结构，设置在汽轮机的隔声罩内，无风，按照式（9-159），该汽轮机高压外缸保温结构外表面对流传热的表面传热系数 h_{c33} 的计算结果为

$$h_{c33}=\frac{26.4}{\sqrt{297-0.5(t_{w4}+t_a)}}\left(\frac{t_{w4}-t_a}{d_4}\right)^{0.25}$$

$$=\frac{26.4}{\sqrt{297-0.5(42.96+25)}}\times\left(\frac{42.96-25}{2.68}\right)^{0.25}=2.62[\mathrm{W/(m^2\cdot K)}]$$

根据式（9-157），高压外缸保温结构外表面的复合传热系数 h_{c31} 的计算结果为

$$h_{c31}=h_{c32}+h_{c33}=1.97+2.62=4.59[\mathrm{W/(m^2\cdot K)}]$$

3）外缸内表面自然对流传热系数的计算结果。高压汽缸夹层没有冷却蒸汽流过，高压汽缸夹层充满蒸汽，按照式（9-138）计算自然对流传热系数 h_{c25}。高压内缸外表面与高压外缸内表面的温差 Δt 计算结果为

$$\Delta t=t_{w1}-t_{w2}=478.85-359.32=119.53(℃)$$

高压内缸外表面与高压外缸内表面的平均表面温度 t_δ 计算结果为

$$t_\delta=\frac{1}{2}(t_{w1}+t_{w2})=\frac{478.85+359.32}{2}=419.085(℃)$$

高压外缸夹层为过热蒸汽，可以处理为理想气体，体胀系数 β 的计算结果为

$$\beta=\frac{1}{T_\delta}=\frac{1}{273+t_\delta}=\frac{1}{273+419.085}=0.001\,444\,909\,224$$

高压汽缸夹层特征尺寸 d_e 计算结果为

$$d_e=d_2-d_1=1.82-1.80=0.02(\mathrm{m})$$

由定性温度 $t_\delta=419.085$℃和高压缸排汽压力 $p_g=5.95\mathrm{MPa}$，查水蒸气性质表，有

普朗特数　　$Pr=0.9997$

热导率　　$\lambda=0.063\,028\,8\mathrm{W/(m\cdot K)}$

运动黏度　　$\nu=1.2540\times10^{-6}\mathrm{m^2/s}$

依据式（9-139），格拉晓夫数 Gr_Δ 计算结果为

$$Gr_\Delta=\frac{g\beta\Delta t d_e^3}{\nu^2}=\frac{9.8\times0.001\,444\,909\,224\times119.53\times0.02^3}{1.2540^2\times10^{-12}}=8\,610\,700.279$$

采用式（9-138），高压汽缸筒状夹层环形空间自然对流的表面传热系数 h_{c25} 的计算结果为

$$h_{c25}=\frac{Nu\lambda}{d_e}=\frac{C_{p8}\,(Gr_\Delta Pr)^{\frac{1}{4}}\lambda}{d_e}=\frac{0.18\times(8\,610\,700.279\times0.9999)^{0.25}\times0.063\,028\,8}{0.02}$$
$$=30.73[\mathrm{W/(m^2\cdot K)}]$$

4）高压外缸内表面与蒸汽的辐射传热系数的计算结果。第四次计算 t_{w2} 取第三次迭代的计算结果 $t_{w2}=359.32$℃，水蒸气的发射率 $\varepsilon_{H_2O}=0.629$，计算高压外缸内表面与蒸汽的辐射传热计算结果为 h_{c26}。

依据式（9-150），水蒸气与高压外缸内表面的辐射传热系数 h_{c26} 的计算结果为

$$h_{c26}=\frac{0.5(\varepsilon_2+1)\varepsilon_{H_2O}C_0}{t_g-t_{w2}}\left[\left(\frac{T_g}{100}\right)^4-\left(\frac{T_{w2}}{100}\right)^4\right]$$
$$=\frac{0.5\times(0.79+1)\times0.629\times5.67}{360.40-359.32}\times\left[\left(\frac{273+360.40}{100}\right)^4-\left(\frac{273+359.32}{100}\right)^4\right]$$
$$=32.36[\mathrm{W/(m^2\cdot K)}]$$

5）高压外缸内表面与高压内缸外表面辐射传热系数的计算结果。根据式（9-153），该型号汽轮机高压外缸内表面与内缸外表面的辐射传热系数 h_{c27} 的计算结果为

$$h_{c27}=\frac{C_0 d_1^2}{(t_{w1}-t_{w2})d_2^2}\left[\left(\frac{273+t_{w1}}{100}\right)^4-\left(\frac{273+t_{w2}}{100}\right)^4\right]\left[\frac{1}{\varepsilon_1}+\frac{d_1^2}{d_2^2}\left(\frac{1}{\varepsilon_2}-1\right)\right]^{-1}$$

$$=\frac{5.67\times1.80^2}{(478.85-359.32)\times1.82^2}\times\left[\left(\frac{273+478.85}{100}\right)^4-\left(\frac{273+359.32}{100}\right)^4\right]\times$$

$$\left[\frac{1}{0.81}+\frac{1.80^2}{1.82^2}\left(\frac{1}{0.79}-1\right)\right]^{-1}$$

$$=49.57[\mathrm{W/(m^2\cdot K)}]$$

6）高压外缸内表面的复合传热系数的计算结果。在高压汽缸夹层充满蒸汽且只有自然对流时，根据式（9-156），高压外缸内表面的复合传热系数 $h_2=h_{c30}$ 的计算结果为

$$h_2=h_{c30}=h_{c25}+h_{c26}+h_{c27}=30.73+32.36+49.57=112.66[\mathrm{W/(m^2\cdot K)}]$$

7）k_3、q_3、t_{w2}、t_{w3} 和 t_{w4} 的计算结果。根据式（9-165），以高压外缸外表面积 $\pi d_3 l$ 为基准的双层圆筒壁传热过程的传热系数 k_3 的计算结果为

$$k_3=\left(\frac{d_3}{d_2h_2}+\frac{d_3}{2\lambda_1}\ln\frac{d_3}{d_2}+\frac{d_3}{2\lambda_2}\ln\frac{d_4}{d_3}+\frac{d_3}{d_4h_{c31}}\right)^{-1}$$

$$=\left(\frac{2.12}{1.82\times112.66}+\frac{2.12}{2\times27.631\,135}\ln\frac{2.12}{1.82}+\frac{2.12}{2\times0.082\,186}\ln\frac{2.68}{2.12}+\frac{2.12}{2.68\times4.59}\right)^{-1}$$

$$=0.311\,290\,528\,5[\mathrm{W/(m^2\cdot K)}]$$

确定双层圆筒壁传热过程的传热系数 k_3 后，高压外缸双层圆筒壁的 q_3、t_{w2}、t_{w3}、t_{w4} 的计算结果分别为

$$q_3=k_3(t_g-t_a)=0.311\,290\,528\,5\times(360.40-25)=104.41(\mathrm{W/m^2})$$

$$t_{w2}=t_g-\frac{d_3q_3}{d_2h_2}=360.40-\frac{2.12\times104.41}{1.82\times112.66}=359.32(℃)$$

$$t_{w3}=t_{w2}-\frac{d_3q_3}{2\lambda_1}\ln\frac{d_3}{d_2}=359.32-\frac{2.12\times104.41}{2\times27.631\,135}\ln\frac{2.12}{1.82}=358.71(℃)$$

$$t_{w4}=t_a+\frac{d_3q_3}{d_4h_{c31}}=25+\frac{2.12\times104.41}{2.68\times4.59}=42.99(℃)$$

（7）第五次计算：求 k_3、q_3、t_{w2}、t_{w3} 和 t_{w4}。

1）高压外缸的热导率 λ_1 和保温层的热导率 λ_2 的计算结果。依据第四次迭代计算得出的 t_{w2}、t_{w3} 和 t_{w4}，有

$$t_{m1}=\frac{t_{w2}+t_{w3}}{2}=\frac{359.32+358.71}{2}=359.015(℃)$$

高压外缸材料为 ZG1Cr10MoVNbN，查表 1-15，有

$$\lambda_1=27.1+\frac{28.0-27.1}{100}\times(359.015-300)=27.631\,135[\mathrm{W/(m\cdot K)}]$$

$$t_{m2}=\frac{t_{w3}+t_{w4}}{2}=\frac{358.71+42.99}{2}=200.85(℃)$$

按照式（9-166），有

$$\lambda_2=0.056+0.0002(t_{m2}-70)=0.056+0.0002\times(200.85-70)$$

$$=0.082\,17[\mathrm{W/(m\cdot K)}]$$

2）保温结构外表面的复合传热系数的计算结果。依据式（9-158），高压外缸保温结构外表面的辐射传热系数 h_{c32} 的计算结果为

$$h_{c32}=\frac{5.67\varepsilon}{t_{w4}-t_a}\left[\left(\frac{273+t_{w4}}{100}\right)^4-\left(\frac{273+t_a}{100}\right)^4\right]$$
$$=\frac{5.67\times0.3}{42.99-25}\times\left[\left(\frac{273+42.99}{100}\right)^4-\left(\frac{273+25}{100}\right)^4\right]=1.97[\mathrm{W/(m^2\cdot K)}]$$

高压外缸的保温结构，设置在汽轮机的隔声罩内，无风，按照式（9-159），该汽轮机高压外缸保温结构外表面传热系数 h_{c33} 的计算结果为

$$h_{c33}=\frac{26.4}{\sqrt{297-0.5(t_{w4}+t_a)}}\left(\frac{t_{w4}-t_a}{d_4}\right)^{0.25}$$
$$=\frac{26.4}{\sqrt{297-0.5(42.99+25)}}\times\left(\frac{42.99-25}{2.68}\right)^{0.25}=2.62[\mathrm{W/(m^2\cdot K)}]$$

根据式（9-157），高压外缸保温结构外表面的复合传热系数 h_{c31} 的计算结果为

$$h_{c31}=h_{c32}+h_{c33}=1.97+2.62=4.59[\mathrm{W/(m^2\cdot K)}]$$

3）外缸内表面自然对流传热系数的计算结果。高压汽缸夹层没有冷却蒸汽流过，高压汽缸夹层充满蒸汽，按照式（9-138）计算自然对流传热系数 h_{c25}。高压内缸外表面与高压外缸内表面的温差 Δt 计算结果为

$$\Delta t=t_{w1}-t_{w2}=478.85-359.32=119.53(℃)$$

高压内缸外表面与高压外缸内表面的平均表面温度 t_δ 计算结果为

$$t_\delta=\frac{1}{2}(t_{w1}+t_{w2})=\frac{478.85+359.32}{2}=419.085(℃)$$

高压外缸夹层为过热蒸汽，可以处理为理想气体，体胀系数 β 的计算结果为

$$\beta=\frac{1}{T_\delta}=\frac{1}{273+t_\delta}=\frac{1}{273+419.085}=0.001\,444\,909\,224$$

高压汽缸夹层特征尺寸 d_e 计算结果为

$$d_e=d_2-d_1=1.82-1.80=0.02(\mathrm{m})$$

由定性温度 $t_\delta=419.085℃$ 和高压缸排汽压力 $p_g=5.95\mathrm{MPa}$，查水蒸气性质表，有

普朗特数 $Pr=0.9997$

热导率 $\lambda=0.063\,028\,8\mathrm{W/(m\cdot K)}$

运动黏度 $\nu=1.2540\times10^{-6}\mathrm{m^2/s}$

依据式（9-139），格拉晓夫数 Gr_Δ 计算结果为

$$Gr_\Delta=\frac{g\beta\Delta t d_e^3}{\nu^2}=\frac{9.8\times0.001\,444\,909\,224\times119.53\times0.02^3}{1.2540^2\times10^{-12}}=8\,610\,700.279$$

采用式（9-138），高压汽缸筒状夹层环形空间自然对流的表面传热系数 h_{c25} 的计算结果为

$$h_{c25}=\frac{Nu\lambda}{d_e}=\frac{C_{p8}\ (Gr_\Delta Pr)^{\frac{1}{4}}\lambda}{d_e}=\frac{0.18\times(8\,610\,700.279\times0.9999)^{0.25}\times0.063\,028\,8}{0.02}$$
$$=30.73[\mathrm{W/(m^2\cdot K)}]$$

4）高压外缸内表面与蒸汽的辐射传热系数的计算结果。第五次计算 t_{w2} 取第四次迭代的计算结果 $t_{w2}=359.32℃$，水蒸气的发射率 $\varepsilon_{H_2O}=0.629$，计算高压外缸内表面与蒸汽的辐射传热计算结果为 h_{c29}。

依据式（9-150），水蒸气与高压外缸内表面的辐射传热系数 h_{c26} 的计算结果为

$$h_{c26}=\frac{0.5(\varepsilon_2+1)\varepsilon_{H_2O}C_0}{t_g-t_{w2}}\left[\left(\frac{T_g}{100}\right)^4-\left(\frac{T_{w2}}{100}\right)^4\right]$$
$$=\frac{0.5\times(0.79+1)\times0.629\times5.67}{360.40-359.32}\times\left[\left(\frac{273+360.40}{100}\right)^4-\left(\frac{273+359.32}{100}\right)^4\right]$$
$$=32.36[W/(m^2\cdot K)]$$

5）高压外缸内表面与高压内缸外表面辐射传热系数的计算结果。根据式（9-153），该型号汽轮机高压外缸内表面与内缸外表面的辐射传热系数 h_{c27} 的计算结果为

$$h_{c27}=\frac{C_0d_1^2}{(t_{w1}-t_{w2})d_2^2}\left[\left(\frac{273+t_{w1}}{100}\right)^4-\left(\frac{273+t_{w2}}{100}\right)^4\right]\left[\frac{1}{\varepsilon_1}+\frac{d_1^2}{d_2^2}\left(\frac{1}{\varepsilon_2}-1\right)\right]^{-1}$$
$$=\frac{5.67\times1.80^2}{(478.85-359.32)\times1.82^2}\times\left[\left(\frac{273+478.85}{100}\right)^4-\left(\frac{273+359.32}{100}\right)^4\right]\times$$
$$\left[\frac{1}{0.81}+\frac{1.80^2}{1.82^2}\left(\frac{1}{0.79}-1\right)\right]^{-1}$$
$$=49.57[W/(m^2\cdot K)]$$

6）高压外缸内表面的复合传热系数的计算结果。在高压汽缸夹层充满蒸汽且只有自然对流时，根据式（9-156），高压外缸内表面的复合传热系数 $h_2=h_{c30}$ 的计算结果为

$$h_2=h_{c30}=h_{c25}+h_{c26}+h_{c27}=30.73+32.36+49.57=112.66[W/(m^2\cdot K)]$$

7）k_3、q_3、t_{w2}、t_{w3} 和 t_{w4} 的计算结果。根据式（9-165），以高压外缸外表面积 $\pi d_3 l$ 为基准的双层圆筒壁传热过程的传热系数 k_3 的计算结果为

$$k_3=\left(\frac{d_3}{d_2h_2}+\frac{d_3}{2\lambda_1}\ln\frac{d_3}{d_2}+\frac{d_3}{2\lambda_2}\ln\frac{d_4}{d_3}+\frac{d_3}{d_4h_{c31}}\right)^{-1}$$
$$=\left(\frac{2.12}{1.82\times112.66}+\frac{2.12}{2\times27.631\,135}\ln\frac{2.12}{1.82}+\frac{2.12}{2\times0.082\,17}\ln\frac{2.68}{2.12}+\frac{2.12}{2.68\times4.59}\right)^{-1}$$
$$=0.311\,301\,227[W/(m^2\cdot K)]$$

确定双层圆筒壁传热过程的传热系数 k_3 后，高压外缸双层圆筒壁的 t_{w2}、t_{w3}、t_{w4} 的计算结果分别为

$$q_3=k_3(t_g-t_a)=0.311\,301\,227\times(360.40-25)=104.41(W/m^2)$$

$$t_{w2}=t_g-\frac{d_3q_3}{d_2h_2}=360.40-\frac{2.12\times104.41}{1.82\times112.66}=359.32(℃)$$

$$t_{w3}=t_{w2}-\frac{d_3q_3}{2\lambda_1}\ln\frac{d_3}{d_2}=359.32-\frac{2.12\times104.41}{2\times27.631\,135}\ln\frac{2.12}{1.82}=358.71(℃)$$

$$t_{w4}=t_a+\frac{d_3q_3}{d_4h_{c31}}=25+\frac{2.12\times104.41}{2.68\times4.59}=42.99(℃)$$

8）高压外缸内层壁外表面的等效表面传热系数 h_{e0} 的计算结果。依据式（9-170），得出设计有保温结构的汽轮机高压外缸内层壁外表面的等效表面传热系数 h_{e0} 的计算结

果为

$$h_{e0}=\frac{q_3}{t_{w3}-t_a}=\frac{104.41}{358.71-25}=0.31[W/(m^2 \cdot K)]$$

鉴于该高压外缸第五次 t_{w2}、t_{w3} 和 t_{w4} 的迭代计算值与输入值一致，迭代计算结束，第五次计算的结果为最终计算结果，该型号高压外缸表面温度与热流密度的计算结果列于表 9-7。

表 9-7　　高压外缸表面温度与热流密度的计算结果

序号	项　目	100%TMCR 工况
1	高压缸排汽温度 t_g(℃)	360.40
2	高压外缸内表面温度 t_{w2}(℃)	359.32
3	高压外缸外表面温度 t_{w3}(℃)	358.71
4	高压缸排汽温度与外缸内表面温度之差 (t_g-t_{w2})(℃)	1.08
5	高压缸排汽温度与外缸外表面温度之差 (t_g-t_{w3})(℃)	1.69
6	高压外缸内外表面温度之差 $(t_{w2}-t_{w3})$(℃)	0.61
7	保温结构外表面温度 t_{w4}(℃)	42.99
8	传热系数 k_3[W/(m² · K)]	0.31
9	热流密度 q_3(W/m²)	104.41
10	等效表面传热系数 h_{e0} [W/(m² · K)]	0.31
11	等效表面传热系数与传热过程传热系数之差 $(h_{e0}-k_3)$ [W/(m² · K)]	0

(8) 分析与讨论。

1) 最终计算结果：该汽轮机高压外缸内表面温度 $t_{w2}=359.32$℃，高压外缸外表面温度 $t_{w3}=358.71$℃，高压外缸保温结构外表面温度 $t_{w2}=42.99$℃，以高压外缸外表面积 $\pi d_3 l$ 为基准的双层圆筒壁传热过程的传热系数的计算结果 $k_3=0.31W/(m^2 \cdot K)$，高压外缸外表面的热流密度 $q_3=104.41W/m^2$。

2) 在汽轮机额定负荷工况的稳态运行过程中，在高压汽缸夹层充满高压缸排汽且没有冷却蒸汽流过的情况下，高压外缸内表面温度比排汽温度低 $(t_g-t_{w2})=(360.40-359.32)=1.08$(℃)；高压外缸外表面温度比排汽温度低 $(t_g-t_{w3})=(360.40-358.71)=1.69$(℃)。由于高压外缸外表面加装了保温结构，高压外缸内表面温度、外表面温度与高压排汽温度相差很小。

3) 在汽轮机额定负荷工况的稳态运行过程中，高压外缸内外表面温差 $\Delta t=t_{w2}-t_{w3}=359.32-358.71=0.61$(℃)。表明在汽轮机额定负荷工况的稳态运行过程中，高压外缸内外表面温差很小，热应力也很小，主要损伤模式为蠕变损伤。工程上，在汽轮机的起动、停机与负荷变动的瞬态过程，高压外缸内外表面温差很大，热应力也很大，主要损伤模式为低周疲劳损伤。

4）在汽轮机额定负荷工况的稳态运行过程中，高压外缸保温结构外表面温度 $t_{w4}=42.99$℃，该型号汽轮机高压外缸保温结构外表面温度均小于 DL/T 5072—2019 规定的 50℃的上限[9]。

5）对于汽轮机部件的传热过程，传热系数 k 的计算公式为 $k=(AR)^{-1}$，这里 A 为传热系数计算的基准面积，R 为传热过程总热阻。在高压外缸传热系数的计算过程中，假设高压外缸外表面与保温层之间以及保温层与保护层之间接触良好且无接触热阻。实际上，在汽轮机高压外缸的实际传热过程中，高压外缸外表面与保温层内壁之间存在接触热阻，在保温层外表面与保护层之间也存在接触热阻。由于实际热阻大于该应用实例计算得出的热阻，实际双层圆筒壁传热过程的传热系数小于实例计算结果。

6）在汽轮机额定负荷工况，以高压外缸外表面积 $\pi d_3 l$ 为基准的双层圆筒壁传热过程的传热系数 $k_3=0.31\mathrm{W/(m^2\cdot K)}$，高压外缸外表面的热流密度 $q_3=104.41\mathrm{W/m^2}$。在汽轮机的起动、停机与负荷变动的瞬态过程计算高压外缸外表面的稳态和瞬态温度场的有限元数值计算中，考虑到高压外缸外表面加装了保温结构，传统方法把高压外缸外表面处理为热流密度为零的第二类边界条件（即绝热边界条件）是不合理的，这种处理方法不符合工程实际。

7）从表 9-7 的计算结果知，在汽轮机 100％TMCR 的稳态工况，以高压外缸内层壁外表面积为基准的双层圆筒壁传热过程的传热系数 k_3 为 $0.31\mathrm{W/(m^2\cdot K)}$，该高压外缸内层壁外表面的等效表面传热系数 h_{e0} 与 k_3 相等。该型号汽轮机高压外缸以内层壁外表面积为基准的双层壁传热过程的传热系数 k_3 不为 0，高压外缸外表面的等效表面传热系数也不为 0。传统方法认为高压外缸外表面加装了保温结构，把高压外缸处理为外表面传热系数为 0 的第三类边界条件不符合工程实际。

2. 中压外缸内表面

（1）已知参数：某型号超超临界一次再热汽轮机的中压外缸外表面的直径 d_3 为 3.62m，外缸内表面的直径 d_2 为 3.14m，内缸外表面的直径 d_1 为 2.40m。保温结构包括保温层与保护层，选取硅酸铝棉制品作为保温材料，保温层厚度为 0.20m，中压外缸保温结构外径 d_4 为 4.02m，保温层的保护层选用不锈钢板，其发射率（黑度）$\varepsilon=0.3$。中压外缸材料为 ZG15Cr1Mo1V，中压外缸与内缸材料属于铁素体钢，铸钢表面粗糙度为 12.5μm，中压内缸外表面平均温度 $t_{w1}=443.05$℃，查表 9-6 中铁素体钢（12Cr1MoV）在 450℃以下的发射率（黑度）ε_1 和 ε_2 均可取为 0.79。在 100％TMCR 工况下，中压排汽温度 $t_g=286.61$℃，中压汽缸夹层环形空间流体压力 p_g 取中压汽缸排汽压力为 0.611MPa，双流中压外缸内表面流过中压排汽，中压排汽与中压外缸内表面强制对流传热，中压汽缸夹层强制对流外缸内表面传热系数 $h_{c23}=569.87\mathrm{W/(m^2\cdot K)}$。

求以中压外缸外表面积 $\pi d_3 l$ 为基准的外缸与保温结构双层圆筒壁传热过程的传热系数 k_3 和热流密度 q_3、中压外缸内表面温度 t_{w2}、中压外缸与保温材料中间接触面温度 t_{w3} 和中压外缸保温结构外表面温度 t_{w4}。

（2）计算模型与方法：假设中压外缸与保温层之间以及保温层与保护层之间接触良好，无接触热阻；把中压外缸与保温结构处理为双层圆筒壁传热过程的计算模型。保温材料内外表面温度平均值 $t_m \leqslant 400℃$，硅酸铝棉制品材料热导率 $\lambda_2 = 0.056 + 0.0002 \times (t_m - 70)$ W/(m·K)[8]。由于中压外缸内表面温度 t_{w2}、中压外缸外表面温度 t_{w3} 和保温结构外表面温度 t_{w4} 均是待定温度，需要采用迭代法确定这些表面温度后，再计算以中压外缸外表面积为基准的外缸与保温结构双层圆筒壁传热过程的传热系数 k_3。

(3) 第一次计算：求 k_3、q_3、t_{w2}、t_{w3} 和 t_{w4}。

1) 中压外缸的热导率 λ_1 和保温层的热导率 λ_2 的计算结果。假设 $t_{w2} = t_{w3} = t_g = 286.10℃$，$t_{w4} = 50℃$，则有

$$t_{m1} = \frac{t_{w2} + t_{w3}}{2} = \frac{286.10 + 286.10}{2} = 286.10(℃)$$

中压外缸材料为 ZG15Cr1Mo1V，查表 1-15，有

$$\lambda_1 = 46.1 + \frac{43.5 - 46.1}{100} \times (286.10 - 200) = 43.8614[\mathrm{W/(m \cdot K)}]$$

$$t_{m2} = \frac{t_{w3} + t_{w4}}{2} = \frac{286.10 + 50}{2} = 168.05(℃)$$

按照式 (9-166)，有

$$\begin{aligned}\lambda_2 &= 0.056 + 0.0002(t_{m2} - 70) = 0.056 + 0.0002 \times (168.05 - 70) \\ &= 0.075\,61[\mathrm{W/(m \cdot K)}]\end{aligned}$$

2) 保温结构外表面的复合传热系数的计算结果。依据式 (9-158)，中压外缸保温结构外表面的辐射传热系数 h_{c32} 的计算结果为

$$\begin{aligned}h_{c32} &= \frac{5.67\varepsilon}{t_{w4} - t_a}\left[\left(\frac{273 + t_{w4}}{100}\right)^4 - \left(\frac{273 + t_a}{100}\right)^4\right] \\ &= \frac{5.67 \times 0.3}{50 - 25} \times \left[\left(\frac{273 + 50}{100}\right)^4 - \left(\frac{273 + 25}{100}\right)^4\right] = 2.04[\mathrm{W/(m^2 \cdot K)}]\end{aligned}$$

中压外缸的保温结构，设置在汽轮机的隔声罩内，无风，按照式 (9-159)，该汽轮机中压外缸保温结构外表面对流传热的表面传热系数 h_{c33} 的计算结果为

$$\begin{aligned}h_{c33} &= \frac{26.4}{\sqrt{297 - 0.5(t_{w4} + t_a)}}\left(\frac{t_{w4} - t_a}{d_4}\right)^{0.25} \\ &= \frac{26.4}{\sqrt{297 - 0.5(50 + 25)}} \times \left(\frac{50 - 25}{4.02}\right)^{0.25} = 2.59[\mathrm{W/(m^2 \cdot K)}]\end{aligned}$$

根据式 (9-157)，中压外缸保温结构外表面的复合传热系数 h_{c31} 的计算结果为

$$h_{c31} = h_{c32} + h_{c33} = 2.04 + 2.59 = 4.63[\mathrm{W/(m^2 \cdot K)}]$$

3) 中压汽缸夹层强制对流外缸内表面传热系数的计算结果已知 $h_{c23} = 569.87\mathrm{W/(m^2 \cdot K)}$。

4) 中压外缸内表面与蒸汽的辐射传热系数的计算结果。由于第一次计算假设 $t_{w2} = t_g = 286.10℃$，所以第一次计算，中压外缸内表面与蒸汽的辐射传热计算结果为 $h_{c26} = 0$。

5) 中压外缸内表面与中压内缸外表面辐射传热系数的计算结果。根据式 (9-153)，该型号汽轮机中压外缸内表面与内缸外表面的辐射传热系数 h_{c27} 的计算结果为

$$h_{c27} = \frac{C_0 d_1^2}{(t_{w1} - t_{w2}) d_2^2}\left[\left(\frac{273 + t_{w1}}{100}\right)^4 - \left(\frac{273 + t_{w2}}{100}\right)^4\right]\left[\frac{1}{\varepsilon_1} + \frac{d_1^2}{d_2^2}\left(\frac{1}{\varepsilon_2} - 1\right)\right]^{-1}$$

$$=\frac{5.67\times 2.40^2}{(443.05-286.10)\times 3.14^2}\times\left[\left(\frac{273+443.05}{100}\right)^4-\left(\frac{273+286.10}{100}\right)^4\right]\times$$
$$\left[\frac{1}{0.79}+\frac{2.40^2}{3.13^2}\left(\frac{1}{0.79}-1\right)\right]^{-1}$$
$$=24.53\mathrm{W/(m^2\cdot K)}$$

6）中压外缸内表面的复合传热系数的计算结果。在中压汽缸夹层流过中压排汽发生强制对流传热时，根据式（9-154），中压内缸外表面的复合传热系数 $h_2=h_{c28}$ 的计算结果为

$$h_2=h_{c28}=h_{c23}+h_{c26}+h_{c27}=569.87+0+24.53=594.40[\mathrm{W/(m^2\cdot K)}]$$

7）k_3、q_3、t_{w2}、t_{w3} 和 t_{w4} 的计算结果。根据式（9-165），以中压外缸外表面积 $\pi d_3 l$ 为基准的双层圆筒壁传热过程的传热系数 k_3 的计算结果为

$$k_3=\left(\frac{d_3}{d_2h_2}+\frac{d_3}{2\lambda_1}\ln\frac{d_3}{d_2}+\frac{d_3}{2\lambda_2}\ln\frac{d_4}{d_3}+\frac{d_3}{d_4h_{c31}}\right)^{-1}$$
$$=\left(\frac{3.62}{3.14\times 594.40}+\frac{3.62}{2\times 43.8614}\ln\frac{3.62}{3.14}+\frac{3.62}{2\times 0.075\,61}\ln\frac{4.02}{3.62}+\frac{3.62}{4.02\times 4.63}\right)^{-1}$$
$$=0.368\,832\,355\,9[\mathrm{W/(m^2\cdot K)}]$$

确定双层圆筒壁传热过程的传热系数 k_3 后，可以计算中压外缸双层圆筒壁的 q_3、t_{w2}、t_{w3} 和 t_{w4}。按照式（9-178），q_3 的计算结果为

$$q_3=k_3(t_g-t_a)=0.368\,832\,355\,9\times(286.10-25)=96.30(\mathrm{W/m^2})$$

考虑 $\Phi=\pi d_3 l q_3=\pi d_2 l q_2=\pi d_2 l h_2(t_g-t_{w2})$，有

$$t_{w2}=t_g-\frac{d_3q_3}{d_2h_2}=286.10-\frac{3.62\times 96.30}{3.14\times 594.40}=285.91(℃)$$

依据 $t_{w2}-t_{w3}=\dfrac{\Phi}{2\pi\lambda_1 l}\ln\dfrac{d_3}{d_2}=\dfrac{\pi d_3 l q_3}{2\pi\lambda_1 l}\ln\dfrac{d_3}{d_2}=\dfrac{d_3q_3}{2\lambda_1}\ln\dfrac{d_3}{d_2}$，得出

$$t_{w3}=t_{w2}-\frac{d_3q_3}{2\lambda_1}\ln\frac{d_3}{d_2}=285.91-\frac{3.62\times 96.37}{2\times 43.8614}\ln\frac{3.62}{3.14}=285.34(℃)$$

鉴于 $\Phi=\pi d_3 l q_3=\pi d_4 l q_4=\pi d_4 l h_{c31}(t_{w4}-t_a)$，有

$$t_{w4}=t_a+\frac{d_3q_3}{d_4h_{c31}}=25+\frac{3.62\times 96.30}{4.02\times 4.63}=43.73(℃)$$

（4）第二次计算：求 k_3、q_3、t_{w2}、t_{w3} 和 t_{w4}。

1）中压外缸的热导率 λ_1 和保温层的热导率 λ_2 的计算结果。依据第一次迭代计算得出的 t_{w2}、t_{w3} 和 t_{w4}，有

$$t_{m1}=\frac{t_{w2}+t_{w3}}{2}=\frac{285.91+285.34}{2}=285.625(℃)$$

中压外缸材料为ZG15Cr1Mo1V，查表1-15，有

$$\lambda_1=46.1+\frac{43.5-46.1}{100}\times(265.625-200)=43.873\,75[\mathrm{W/(m\cdot K)}]$$

$$t_{m2}=\frac{t_{w3}+t_{w4}}{2}=\frac{285.34+43.73}{2}=164.535(℃)$$

按照式（9-166），有

$$\lambda_2 = 0.056 + 0.0002(t_{m2} - 70) = 0.056 + 0.0002 \times (164.535 - 70) = 0.074\ 907[\mathrm{W/(m \cdot K)}]$$

2）保温结构外表面的复合传热系数的计算结果。依据式（9-158），中压外缸保温结构外表面的辐射传热系数 h_{c32} 的计算结果为

$$h_{c32} = \frac{5.67\varepsilon}{t_{w4} - t_a}\left[\left(\frac{273 + t_{w4}}{100}\right)^4 - \left(\frac{273 + t_a}{100}\right)^4\right]$$

$$= \frac{5.67 \times 0.3}{43.73 - 25} \times \left[\left(\frac{273 + 43.73}{100}\right)^4 - \left(\frac{273 + 25}{100}\right)^4\right] = 1.98[\mathrm{W/(m^2 \cdot K)}]$$

中压外缸的保温结构，设置在汽轮机的隔声罩内，无风，按照式（9-159），该汽轮机中压外缸保温结构外表面对流传热的表面传热系数 h_{c33} 的计算结果为

$$h_{c33} = \frac{26.4}{\sqrt{297 - 0.5(t_{w4} + t_a)}}\left(\frac{t_{w4} - t_a}{d_4}\right)^{0.25}$$

$$= \frac{26.4}{\sqrt{297 - 0.5(43.73 + 25)}} \times \left(\frac{43.73 - 25}{4.02}\right)^{0.25} = 2.39[\mathrm{W/(m^2 \cdot K)}]$$

根据式（9-157），中压外缸保温结构外表面的复合传热系数 h_{c31} 的计算结果为

$$h_{c31} = h_{c32} + h_{c33} = 1.98 + 2.39 = 4.37[\mathrm{W/(m^2 \cdot K)}]$$

3）中压汽缸夹层强制对流外缸内表面传热系数的计算结果已知 $h_{c23} = 569.87\mathrm{W/(m^2 \cdot K)}$。

4）中压外缸内表面与蒸汽的辐射传热系数的计算结果。由于第二次计算 t_{w2} 取第一次迭代的计算结果 $t_{w2} = 285.91$℃，计算中压外缸内表面与蒸汽的辐射传热计算结果为 h_{c26}。

应用式（9-142），得出中压外缸内表面辐射传热的平均射线程长 s_2 的计算结果为

$$s_2 = \frac{3.6(d_2^2 - d_1^2)}{4d_2} = \frac{3.6 \times (3.14^2 - 2.40^2)}{4 \times 3.14} = 1.175\ 04(\mathrm{m})$$

中压汽缸夹层水蒸气压力 p_{H_2O} 等于中压缸排汽压力 p_g，有

$$p_{H_2O} = p_g = 0.611\mathrm{MPa} = 6.11 \times 10^5(\mathrm{Pa})$$

s_2 与中压汽缸夹层水蒸气压力 p_{H_2O} 的乘积 $p_{H_2O} \times s_2 = p_{H_2O}s_2$ 的计算结果为

$$p_{H_2O}s_2 = p_{H_2O} \times s_2 = 6.11 \times 10^5 \times 1.175\ 04 = 7.1795 \times 10^5(\mathrm{Pa \cdot m})$$

考虑汽缸夹层水蒸气的总压与分压相等，有

$$\frac{p + p_{H_2O}}{2} = 6.11 \times 10^5(\mathrm{Pa})$$

由 $p_{H_2O}s_2 = 7.1795 \times 10^5\mathrm{Pa \cdot m}$ 和 $(p + p_{H_2O})/2 = 6.11 \times 10^5\mathrm{Pa}$，查图 1-3 确定水蒸气压力修正系数 C_{H_2O}。由于 $(p + p_{H_2O})/2 = 6.11 \times 10^5\mathrm{Pa}$ 和 $p_{H_2O}s_2 = 7.1795 \times 10^5\mathrm{Pa \cdot m}$ 均超出图 1-3 的曲线范围，取图 1-3 中上限压力和图 1-3 的 $p_{H_2O}s_2$ 上限值，有 $C_{H_2O} = 1.236$。

由 $T_g = 273 + 286.1 = 559.1\mathrm{K}$ 和 $p_{H_2O}s_2 = 7.1795 \times 10^5\mathrm{Pa \cdot m}$，$p_{H_2O}s_2 = 7.1795 \times 10^5\mathrm{Pa \cdot m}$ 均超出图 1-2 的曲线范围，取图 1-2 的 $p_{H_2O}s_2$ 上限值，查图 1-2 确定把水蒸气压力外推到零的理想情况下水蒸气的发射率为 $\varepsilon_{H_2O}^* = 0.600$。

根据式（9-144），水蒸气的发射率 ε_{H_2O} 的计算结果为

$$\varepsilon_{H_2O}=C_{H_2O}\varepsilon^*_{H_2O}=1.236\times0.600=0.742$$

依据式（9-150）中压外缸内表面与蒸汽的辐射传热系数 h_{c26} 计算结果为

$$h_{c26}=\frac{0.5(\varepsilon_2+1)\varepsilon_{H_2O}C_0}{t_g-t_{w1}}\left[\left(\frac{T_g}{100}\right)^4-\left(\frac{T_{w1}}{100}\right)^4\right]$$
$$=\frac{0.5\times(0.79+1)\times0.742\times5.67}{286.10-285.91}\times\left[\left(\frac{273+286.10}{100}\right)^4-\left(\frac{273+285.91}{100}\right)^4\right]$$
$$=26.31\mathrm{W/(m^2\cdot K)}$$

5）中压外缸内表面与中压内缸外表面辐射传热系数的计算结果。根据式（9-153），该型号汽轮机中压外缸内表面与内缸外表面的辐射传热系数 h_{c27} 的计算结果为

$$h_{c27}=\frac{C_0d_1^2}{(t_{w1}-t_{w2})d_2^2}\left[\left(\frac{273+t_{w1}}{100}\right)^4-\left(\frac{273+t_{w2}}{100}\right)^4\right]\left[\frac{1}{\varepsilon_1}+\frac{d_1^2}{d_2^2}\left(\frac{1}{\varepsilon_2}-1\right)\right]^{-1}$$
$$=\frac{5.67\times2.40^2}{(443.05-285.91)\times3.14^2}\times\left[\left(\frac{273+443.05}{100}\right)^4-\left(\frac{273+285.91}{100}\right)^4\right]\times$$
$$\left[\frac{1}{0.79}+\frac{2.40^2}{3.13^2}\left(\frac{1}{0.79}-1\right)\right]^{-1}$$
$$=24.52[\mathrm{W/(m^2\cdot K)}]$$

6）中压外缸内表面的复合传热系数的计算结果。在中压汽缸夹层流过中压排汽发生强制对流传热时，根据式（9-154），中压内缸外表面的复合传热系数 $h_2=h_{c28}$ 的计算结果为

$$h_2=h_{c28}=h_{c23}+h_{c26}+h_{c27}=569.87+26.31+24.52=620.70[\mathrm{W/(m^2\cdot K)}]$$

7）k_3、q_3、t_{w2}、t_{w3} 和 t_{w4} 的计算结果。根据式（9-165），以中压外缸外表面积 πd_3l 为基准的双层圆筒壁传热过程的传热系数 k_3 的计算结果为

$$k_3=\left(\frac{d_3}{d_2h_2}+\frac{d_3}{2\lambda_1}\ln\frac{d_3}{d_2}+\frac{d_3}{2\lambda_2}\ln\frac{d_4}{d_3}+\frac{d_3}{d_4h_{c31}}\right)^{-1}$$
$$=\left(\frac{3.62}{3.14\times620.70}+\frac{3.62}{2\times43.873\ 75}\ln\frac{3.62}{3.14}+\frac{3.62}{2\times0.074\ 907}\ln\frac{4.02}{3.62}+\frac{3.62}{4.02\times4.37}\right)^{-1}$$
$$=0.364\ 127\ 189[\mathrm{W/(m^2\cdot K)}]$$

确定双层圆筒壁传热过程的传热系数 k_3 后，中压外缸双层圆筒壁的 t_{w2}、t_{w3}、t_{w4} 的计算结果分别为

$$q_3=k_3(t_g-t_a)=0.364\ 127\ 189\times(286.10-25)=95.07\ (\mathrm{W/m^2})$$

$$t_{w2}=t_g-\frac{d_3q_3}{d_2h_2}=286.10-\frac{3.62\times95.07}{3.14\times620.70}=285.92(℃)$$

$$t_{w3}=t_{w2}-\frac{d_3q_3}{2\lambda_1}\ln\frac{d_3}{d_2}=285.92-\frac{3.62\times95.07}{2\times43.873\ 75}\ln\frac{3.62}{3.14}=285.36(℃)$$

$$t_{w4}=t_a+\frac{d_3q_3}{d_4h_{c31}}=25+\frac{3.62\times95.07}{4.02\times4.37}=44.59(℃)$$

（5）第三次计算：求 k_3、q_3、t_{w2}、t_{w3} 和 t_{w4}。

1）中压外缸的热导率 λ_1 和保温层的热导率 λ_2 的计算结果。依据第二次迭代计算得

出的 t_{w2}、t_{w3} 和 t_{w4}，有

$$t_{m1}=\frac{t_{w2}+t_{w3}}{2}=\frac{285.92+285.36}{2}=285.64(℃)$$

中压外缸材料为 ZG15Cr1Mo1V，查表 1-15，有

$$\lambda_1=46.1+\frac{43.5-46.1}{100}\times(285.64-200)=43.873\ 36[W/(m\cdot K)]$$

$$t_{m2}=\frac{t_{w3}+t_{w4}}{2}=\frac{285.36+44.59}{2}=164.975(℃)$$

按照式（9-166），有

$$\lambda_2=0.056+0.0002(t_{m2}-70)=0.056+0.0002\times(164.975-70)$$
$$=0.074\ 995[W/(m\cdot K)]$$

2）保温结构外表面的复合传热系数的计算结果。依据式（9-158），中压外缸保温结构外表面的辐射传热系数 h_{c32} 的计算结果为

$$h_{c32}=\frac{5.67\varepsilon}{t_{w4}-t_a}\left[\left(\frac{273+t_{w4}}{100}\right)^4-\left(\frac{273+t_a}{100}\right)^4\right]$$
$$=\frac{5.67\times0.3}{44.59-25}\times\left[\left(\frac{273+44.59}{100}\right)^4-\left(\frac{273+25}{100}\right)^4\right]=1.99[W/(m^2\cdot K)]$$

中压外缸的保温结构，设置在汽轮机的隔声罩内，无风，按照式（9-159），该汽轮机中压外缸保温结构外表面对流传热的表面传热系数 h_{c33} 的计算结果为

$$h_{c33}=\frac{26.4}{\sqrt{297-0.5(t_{w4}+t_a)}}\left(\frac{t_{w4}-t_a}{d_4}\right)^{0.25}$$
$$=\frac{26.4}{\sqrt{297-0.5(44.59+25)}}\times\left(\frac{44.59-25}{4.02}\right)^{0.25}$$
$$=2.42[W/(m^2\cdot K)]$$

根据式（9-157），中压外缸保温结构外表面的复合传热系数 h_{c31} 的计算结果为

$$h_{c31}=h_{c32}+h_{c33}=1.99+2.42=4.41[W/(m^2\cdot K)]$$

3）中压汽缸夹层强制对流外缸内表面传热系数的计算结果已知 $h_{c23}=569.87W/(m^2\cdot K)$。

4）中压外缸内表面与蒸汽的辐射传热系数的计算结果。第三次计算 t_{w2} 取第二次迭代的计算结果 $t_{w2}=285.92℃$，水蒸气的发射率 $\varepsilon_{H_2O}=0.742$，计算中压外缸内表面与蒸汽的辐射传热计算结果为 h_{c26}。

依据式（9-150）中压外缸内表面与蒸汽的辐射传热系数 h_{c26} 计算结果为

$$h_{c26}=\frac{0.5(\varepsilon_2+1)\varepsilon_{H_2O}C_0}{t_g-t_{w1}}\left[\left(\frac{T_g}{100}\right)^4-\left(\frac{T_{w1}}{100}\right)^4\right]$$
$$=\frac{0.5\times(0.79+1)\times0.742\times5.67}{286.10-285.92}\times\left[\left(\frac{273+286.10}{100}\right)^4-\left(\frac{273+285.92}{100}\right)^4\right]$$
$$=26.31[W/(m^2\cdot K)]$$

5）中压外缸内表面与中压内缸外表面辐射传热系数的计算结果。根据式（9-153），该型号汽轮机中压外缸内表面与内缸外表面的辐射传热系数 h_{c27} 的计算结果为

$$h_{c27}=\frac{C_0 d_1^2}{(t_{w1}-t_{w2})d_2^2}\left[\left(\frac{273+t_{w1}}{100}\right)^4-\left(\frac{273+t_{w2}}{100}\right)^4\right]\left[\frac{1}{\varepsilon_1}+\frac{d_1^2}{d_2^2}\left(\frac{1}{\varepsilon_2}-1\right)\right]^{-1}$$

$$=\frac{5.67\times 2.40^2}{(443.05-285.92)\times 3.14^2}\times\left[\left(\frac{273+443.05}{100}\right)^4-\left(\frac{273+285.92}{100}\right)^4\right]\times\left[\frac{1}{0.79}+\frac{2.40^2}{3.13^2}\left(\frac{1}{0.79}-1\right)\right]^{-1}$$

$$=24.52[\mathrm{W/(m^2\cdot K)}]$$

6）中压外缸内表面的复合传热系数计算结果。在中压汽缸夹层流过中压排汽发生强制对流传热时，根据式（9-154），中压内缸外表面的复合传热系数 $h_2=h_{c28}$ 的计算结果为

$$h_2=h_{c28}=h_{c23}+h_{c26}+h_{c27}=569.87+26.31+24.52=620.70[\mathrm{W/(m^2\cdot K)}]$$

7）k_3、q_3、t_{w2}、t_{w3} 和 t_{w4} 的计算结果。根据式（9-165），以中压外缸外表面积 $\pi d_3 l$ 为基准的双层圆筒壁传热过程的传热系数 k_3 的计算结果为

$$k_3=\left(\frac{d_3}{d_2 h_2}+\frac{d_3}{2\lambda_1}\ln\frac{d_3}{d_2}+\frac{d_3}{2\lambda_2}\ln\frac{d_4}{d_3}+\frac{d_3}{d_4 h_{c31}}\right)^{-1}$$

$$=\left(\frac{3.62}{3.14\times 620.70}+\frac{3.62}{2\times 43.873\,36}\ln\frac{3.62}{3.14}+\frac{3.62}{2\times 0.074\,995}\ln\frac{4.02}{3.62}+\frac{3.62}{4.02\times 4.41}\right)^{-1}$$

$$=0.364\,770\,140\,5[\mathrm{W/(m^2\cdot K)}]$$

确定双层圆筒壁传热过程的传热系数 k_3 后，中压外缸双层圆筒壁的 t_{w2}、t_{w3}、t_{w4} 的计算结果分别为

$$q_3=k_3(t_g-t_a)=0.364\,770\,140\,5\times(286.10-25)=95.24(\mathrm{W/m^2})$$

$$t_{w2}=t_g-\frac{d_3 q_3}{d_2 h_2}=286.10-\frac{3.62\times 95.24}{3.14\times 620.70}=285.92(℃)$$

$$t_{w3}=t_{w2}-\frac{d_3 q_3}{2\lambda_1}\ln\frac{d_3}{d_2}=285.92-\frac{3.62\times 95.24}{2\times 43.873\,36}\ln\frac{3.62}{3.14}=285.36(℃)$$

$$t_{w4}=t_a+\frac{d_3 q_3}{d_4 h_{c31}}=25+\frac{3.62\times 95.24}{4.02\times 4.41}=44.45(℃)$$

（6）第四次计算：求 k_3、q_3、t_{w2}、t_{w3} 和 t_{w4}。

1）中压外缸的热导率 λ_1 和保温层的热导率 λ_2 的计算结果。依据第三次迭代计算得出的 t_{w2}、t_{w3} 和 t_{w4}，有

$$t_{m1}=\frac{t_{w2}+t_{w3}}{2}=\frac{285.92+285.36}{2}=285.64(℃)$$

中压外缸材料为 ZG15Cr1Mo1V，查表 1-15，有

$$\lambda_1=46.1+\frac{43.5-46.1}{100}\times(285.64-200)=43.873\,36[\mathrm{W/(m\cdot K)}]$$

$$t_{m2}=\frac{t_{w3}+t_{w4}}{2}=\frac{285.36+44.45}{2}=164.905(℃)$$

按照式（9-166），有

$$\lambda_2 = 0.056 + 0.0002(t_{m2} - 70) = 0.056 + 0.0002 \times (164.905 - 70)$$
$$= 0.074\,981[W/(m \cdot K)]$$

2）保温结构外表面的复合传热系数的计算结果。依据式（9-158），中压外缸保温结构外表面的辐射传热系数 h_{c32} 的计算结果为

$$h_{c32} = \frac{5.67\varepsilon}{t_{w4} - t_a}\left[\left(\frac{273 + t_{w4}}{100}\right)^4 - \left(\frac{273 + t_a}{100}\right)^4\right]$$
$$= \frac{5.67 \times 0.3}{44.45 - 25} \times \left[\left(\frac{273 + 44.45}{100}\right)^4 - \left(\frac{273 + 25}{100}\right)^4\right] = 1.99[W/(m^2 \cdot K)]$$

中压外缸的保温结构，设置在汽轮机的隔声罩内，无风，按照式（9-159），该汽轮机中压外缸保温结构外表面对流传热的传热系数 h_{c33} 的计算结果为

$$h_{c33} = \frac{26.4}{\sqrt{297 - 0.5(t_{w4} + t_a)}}\left(\frac{t_{w4} - t_a}{d_4}\right)^{0.25}$$
$$= \frac{26.4}{\sqrt{297 - 0.5(44.45 + 25)}} \times \left(\frac{44.45 - 25}{4.02}\right)^{0.25} = 2.42[W/(m^2 \cdot K)]$$

根据式（9-157），中压外缸保温结构外表面的复合传热系数 h_{c31} 的计算结果为

$$h_{c31} = h_{c32} + h_{c33} = 1.99 + 2.42 = 4.41[W/(m^2 \cdot K)]$$

3）中压汽缸夹层强制对流外缸内表面传热系数的计算结果已知 $h_{c23} = 569.87 W/(m^2 \cdot K)$。

4）中压外缸内表面与蒸汽的辐射传热计算结果。第四次计算 t_{w2} 取第三次迭代的计算结果 $t_{w2} = 285.92℃$，水蒸气的发射率 $\varepsilon_{H_2O} = 0.742$，计算中压外缸内表面与蒸汽的辐射传热计算结果为 h_{c26}。

依据式（9-150）中压外缸内表面与蒸汽的辐射传热系数 h_{c26} 计算结果为

$$h_{c26} = \frac{0.5(\varepsilon_2 + 1)\varepsilon_{H_2O} C_0}{t_g - t_{w1}}\left[\left(\frac{T_g}{100}\right)^4 - \left(\frac{T_{w1}}{100}\right)^4\right]$$
$$= \frac{0.5 \times (0.79 + 1) \times 0.742 \times 5.67}{286.10 - 285.92} \times \left[\left(\frac{273 + 286.10}{100}\right)^4 - \left(\frac{273 + 285.92}{100}\right)^4\right]$$
$$= 26.31[W/(m^2 \cdot K)]$$

5）中压外缸内表面与中压内缸外表面辐射传热系数的计算结果。根据式（9-153），该型号汽轮机中压外缸内表面与内缸外表面的辐射传热系数 h_{c27} 的计算结果为

$$h_{c27} = \frac{C_0 d_1^2}{(t_{w1} - t_{w2}) d_2^2}\left[\left(\frac{273 + t_{w1}}{100}\right)^4 - \left(\frac{273 + t_{w2}}{100}\right)^4\right]\left[\frac{1}{\varepsilon_1} + \frac{d_1^2}{d_2^2}\left(\frac{1}{\varepsilon_2} - 1\right)\right]^{-1}$$
$$= \frac{5.67 \times 2.40^2}{(443.05 - 285.92) \times 3.14^2} \times \left[\left(\frac{273 + 443.05}{100}\right)^4 - \left(\frac{273 + 285.92}{100}\right)^4\right] \times$$
$$\left[\frac{1}{0.79} + \frac{2.40^2}{3.13^2}\left(\frac{1}{0.79} - 1\right)\right]^{-1}$$

$=24.52[W/(m^2 \cdot K)]$

6）中压外缸内表面的复合传热系数的计算结果。在中压汽缸夹层流过中压排汽发生强制对流传热时，根据式（9-154），中压内缸外表面的复合传热系数 $h_2=h_{c28}$ 的计算结果为

$$h_2=h_{c28}=h_{c23}+h_{c26}+h_{c27}=569.87+26.31+24.52=620.70[W/(m^2 \cdot K)]$$

7）k_3、q_3、t_{w2}、t_{w3} 和 t_{w4} 的计算结果。根据式（9-165），以中压外缸外表面积 $\pi d_3 l$ 为基准的双层圆筒壁传热过程的传热系数 k_3 的计算结果为

$$k_3=\left(\frac{d_3}{d_2 h_2}+\frac{d_3}{2\lambda_1}\ln\frac{d_3}{d_2}+\frac{d_3}{2\lambda_2}\ln\frac{d_4}{d_3}+\frac{d_3}{d_4 h_{c31}}\right)^{-1}$$
$$=\left(\frac{3.62}{3.14\times 620.70}+\frac{3.62}{2\times 43.873\ 36}\ln\frac{3.62}{3.14}+\frac{3.62}{2\times 0.074\ 981}\ln\frac{4.02}{3.62}+\frac{3.62}{4.02\times 4.41}\right)^{-1}$$
$$=0.364\ 707\ 308[W/(m^2 \cdot K)]$$

确定双层圆筒壁传热过程的传热系数 k_3 后，中压外缸双层圆筒壁的 q_3、t_{w2}、t_{w3}、t_{w4} 的计算结果分别为

$$q_3=k_3(t_g-t_a)=0.364\ 707\ 308\times(286.10-25)=95.23(W/m^2)$$

$$t_{w2}=t_g-\frac{d_3 q_3}{d_2 h_2}=286.10-\frac{3.62\times 95.23}{3.14\times 620.70}=285.92(℃)$$

$$t_{w3}=t_{w2}-\frac{d_3 q_3}{2\lambda_1}\ln\frac{d_3}{d_2}=285.92-\frac{3.62\times 95.23}{2\times 43.873\ 36}\ln\frac{3.62}{3.14}=285.36(℃)$$

$$t_{w4}=t_a+\frac{d_3 q_3}{d_4 h_{c31}}=25+\frac{3.62\times 95.23}{4.02\times 4.41}=44.45(℃)$$

8）中压外缸内层壁外表面的等效表面传热系数 h_{e0} 的计算结果。依据式（9-170），得出设计有保温结构的汽轮机中压外缸内层壁外表面的等效表面传热系数 h_{e0} 的计算结果为

$$h_{e0}=\frac{q_3}{t_{w3}-t_a}=\frac{95.23}{285.36-25}=0.37[W/(m^2 \cdot K)]$$

鉴于该中压外缸第四次 t_{w2}、t_{w3} 和 t_{w4} 的迭代计算值与输入值一致，迭代计算结束，第四次计算的结果为最终计算结果，该型号中压外缸表面温度与热流密度的计算结果列于表 9-8。

表 9-8　中压外缸表面温度与热流密度的计算结果

序号	项　目	100％TMCR 工况
1	中压缸排汽温度 t_g(℃)	286.10
2	中压外缸内表面温度 t_{w2}(℃)	285.92
3	中压外缸外表面温度 t_{w3}(℃)	285.36
4	中压缸排汽温度与外缸内表面温度之差（t_g-t_{w2})(℃)	0.18
5	中压缸排汽温度与外缸外表面温度之差（t_g-t_{w3})(℃)	0.74

续表

序号	项　目	100%TMCR 工况
6	中压外缸内外表面温度之差（$t_{w2}-t_{w3}$）(℃)	0.56
7	保温结构外表面温度 t_{w4}(℃)	44.45
8	传热系数 k_3 [W/(m² · K)]	0.36
9	热流密度 q_3(W/m²)	95.23
10	等效表面传热系数 h_{e0}[W/(m² · K)]	0.37
11	等效表面传热系数与传热过程传热系数之差（$h_{e0}-k_3$）[W/(m² · K)]	0.01

（7）分析与讨论。

1）最终计算结果：该汽轮机中压外缸内表面温度 $t_{w2}=285.92$℃，中压外缸外表面温度 $t_{w3}=285.36$℃，中压外缸保温结构外表面温度 $t_{w4}=44.45$℃，以中压外缸外表面积 $\pi d_3 l$ 为基准的双层圆筒壁传热过程的传热系数的计算结果 $k_3=0.36\text{W}/(\text{m}^2\cdot\text{K})$，中压外缸外表面的热流密度 $q_3=95.23\text{W}/\text{m}^2$。

2）在汽轮机额定负荷工况的稳态运行过程中，在中压汽缸夹层有中压排汽流过强制对流传热的情况下，中压外缸内表面温度比排汽温度低（t_g-t_{w2}）=(286.10−285.92)=0.18(℃)；中压外缸外表面温度比排汽温度低（t_g-t_{w3}）=(286.10−285.36)=0.74(℃)。由于中压外缸外表面加装了保温结构，中压外缸内表面温度、外表面温度与中压排汽温度相差很小。

3）在汽轮机额定负荷工况的稳态运行过程中，中压外缸内外表面温差 $\Delta t=t_{w2}-t_{w3}=285.82-285.36=0.56$(℃)。表明在汽轮机额定负荷工况的稳态运行过程中，中压外缸内外壁面温差很小，热应力也很小，主要损伤模式为蠕变损伤。工程上，在汽轮机的起动、停机与负荷变动的瞬态过程，中压外缸内外壁面温差很大，热应力也很大，主要损伤模式为低周疲劳损伤。

4）在汽轮机额定负荷工况的稳态运行过程中，中压外缸保温结构外表面温度 $t_{w4}=44.45$℃，该型号汽轮机中压外缸保温结构外表面温度均小于 DL/T 5072—2019 规定的50℃的上限[9]。

5）对于汽轮机部件的传热过程，传热系数 k 的计算公式为 $k=(AR)^{-1}$，这里 A 为传热系数计算的基准面积，R 为传热过程总热阻。在中压外缸传热系数的计算过程中，假设中压外缸外表面与保温层之间以及保温层与保护层之间接触良好且无接触热阻。实际上，在汽轮机中压外缸的实际传热过程中，中压外缸外表面与保温层内壁之间存在接触热阻，在保温层外表面与保护层之间也存在接触热阻。由于实际热阻大于该应用实例计算得出的热阻，实际双层圆筒壁传热过程的传热系数小于实例计算结果。

6）在汽轮机额定负荷工况，以中压外缸外表面积 $\pi d_3 l$ 为基准的双层圆筒壁传热过程的传热系数 $k_3=0.36\text{W}/(\text{m}^2\cdot\text{K})$，中压外缸外表面的热流密度 $q_3=95.23\text{W}/\text{m}^2$。在汽轮机的起动、停机与负荷变动的瞬态过程计算中压外缸外表面的稳态和瞬态温度场的有限元数值计算中，虽然中压外缸外表面加装了保温结构，传统方法把中压外缸外表面处理为热流密度为零的第二类边界条件（即绝热边界条件）是不合理的，这种处理方法不符合工程实际。

7）从表 9-8 的计算结果知，在汽轮机 100%TMCR 的稳态工况，以中压外缸内层壁外表面积为基准的双层圆筒壁传热过程的传热系数 k_3 为 0.36W/(m^2·K)。该中压外缸内层壁外表面的等效表面传热系数 h_{e0} 与以内层壁外表面积为基准的双层壁传热过程的传热系数 k_3 之差（$h_{e0}-k_3$）为 0.01W/(m^2·K)，工程上可以认为 h_{e0} 与 k_3 相等。该型号汽轮机中压外缸以内层壁外表面积为基准的双层壁传热过程的传热系数 k_3 不为 0，中压外缸外表面的等效表面传热系数也不为 0。传统方法认为中压外缸外表面加装了保温结构，把中压外缸处理为外表面传热系数为 0 的第三类边界条件不符合工程实际。

3. 低压外缸外表面

（1）已知参数：某型号核电汽轮机的低压外缸外表面的直径 d_3 为 14.00m，外缸内表面的直径 d_2 为 13.93m，内缸外表面的直径 d_1 为 6.77m。汽轮机低压内缸与外缸材料均为碳钢 Q235B，对于碳钢板表面粗糙度取为 12.5μm，查表 9-6 中碳钢（20 号钢）在 350℃以下的发射率（黑度）ε_1 和 ε_2 均取为 0.90。低压外缸无保温结构，低压外缸外表面涂有油漆，查表 4-4 中油漆外表面发射率取 $\varepsilon=0.85$。在 100%TMCR 工况下，低压内缸外表面平均温度 $t_{w1}=151.69$℃，低压汽缸夹层环形空间低压排汽压力 p_g 为 0.005 78MPa，低压排汽干度 $x=0.897$，低压排汽温度 $t_g=35.48$℃。

求以低压外缸外表面积 $\pi d_3 l$ 为基准的低压外缸单层圆筒壁传热过程的传热系数 k_3 和热流密度 q_3、低压外缸内表面温度 t_{w2} 和低压外缸外表面温度 t_{w3}。

（2）计算模型与方法：假设汽轮机厂房风速为 0，把低压外缸结构处理为单层圆筒壁传热过程的计算模型。由于低压外缸内表面温度 t_{w2} 和低压外缸外表面温度 t_{w3} 是待定温度，需要采用迭代法确定这些表面温度后，再计算以低压外缸外表面积为基准的外缸单层圆筒壁传热过程的传热系数 k_3。

（3）第一次计算：求 k_3、q_3、t_{w2} 和 t_{w3}。

1）高压外缸的热导率 λ_1 得计算结果。假设外缸内表面 t_{w2} 与外缸外表面 t_{w3} 温度相等，且比低压排汽温度低 $t_g=35.48$℃ 低 3℃，即 $t_{w2}=t_{w3}=t_g-3=(35.48-3)=32.48$(℃)，则有

$$t_{m1}=\frac{t_{w2}+t_{w3}}{2}=\frac{32.48+32.48}{2}=32.48(℃)$$

低压外缸材料均为碳钢 Q235B，查表 1-15，有

$$\lambda_1=60.4+\frac{58.0-60.4}{80}\times(32.48-20)=60.0256[\mathrm{W/(m\cdot K)}]$$

2）低压外缸外表面的复合传热系数的计算结果。依据式（9-172），低压外缸外表面的辐射传热系数 h_{c35} 的计算结果为

$$\begin{aligned}h_{c35}&=\frac{5.67\varepsilon}{t_{w3}-t_a}\left[\left(\frac{273+t_{w3}}{100}\right)^4-\left(\frac{273+t_a}{100}\right)^4\right]\\&=\frac{5.67\times0.85}{32.48-25}\times\left[\left(\frac{273+32.48}{100}\right)^4-\left(\frac{273+25}{100}\right)^4\right]=5.30[\mathrm{W/(m^2\cdot K)}]\end{aligned}$$

已经假定汽轮机厂房内风速为 0，按照式（9-173），该汽轮机低压外缸外表面对流传

热的表面传热系数h_{c36}的计算结果为

$$h_{c36}=\frac{26.4}{\sqrt{297-0.5(t_{w3}+t_a)}}\left(\frac{t_{w3}-t_a}{d_4}\right)^{0.25}$$

$$=\frac{26.4}{\sqrt{297-0.5(32.48+25)}}\times\left(\frac{32.48-25}{2.68}\right)^{0.25}=1.38[\mathrm{W/(m^2\cdot K)}]$$

根据式（9-171），低压外缸外表面的复合传热系数h_{c34}的计算结果为

$$h_{c34}=h_{c35}+h_{c36}=5.30+1.38=6.68[\mathrm{W/(m^2\cdot K)}]$$

3）外缸内表面自然对流传热系数的计算结果。低压汽缸夹层没有冷却蒸汽流过，低压汽缸夹层充满排汽，按照式（9-138）计算自然对流传热系数h_{c25}。低压内缸外表面与低压外缸内表面的温差Δt计算结果为

$$\Delta t=t_{w1}-t_{w2}=151.69-32.48=119.21(^\circ\mathrm{C})$$

低压外缸夹层定性温度取低压缸排汽温度，有

$$t_g=35.48^\circ\mathrm{C}$$

低压外缸夹层为饱和蒸汽，不能处理为理想气体，采用式（4-6）计算体胀系数β。由$p_g=0.005\ 78\mathrm{MPa}$（$t_g=35.48^\circ\mathrm{C}$）和饱和蒸汽干度$x=0.897$，查水蒸气性质表，得比体积$\upsilon_m=22.052\ 769\mathrm{m^3/kg}$；由$p_g=0.005\ 78\mathrm{MPa}$和（$t_g+1$）$=36.48^\circ\mathrm{C}$，查水蒸气性质表，得比体积$\upsilon_{m+1}=24.665\ 809\ 3\mathrm{m^3/kg}$，体胀系数$\beta$计算结果为

$$\beta=-\frac{1}{\rho}\left(\frac{\partial\rho}{\partial T}\right)_p=-\frac{1}{\rho}\left(\frac{\Delta\rho}{\Delta T}\right)_p\approx\left(1-\frac{\upsilon_m}{\upsilon_{m+1}}\right)_p=1-\frac{22.052\ 769}{24.665\ 809\ 3}=0.105\ 937\ 748\ 4$$

低压汽外缸夹层特征尺寸d_e计算结果为

$$d_e=d_2-d_1=13.93-6.77=7.16(\mathrm{m})$$

由于低压汽缸夹层饱和蒸汽的Pr、λ和ν无法确定，建议由低压缸排汽压力$p_g=0.005\ 78\mathrm{MPa}$（$t_g=35.48^\circ\mathrm{C}$）和蒸汽温度（$t_g+0.001$）$=35.481^\circ\mathrm{C}$查水蒸气性质表确定$Pr$、$\lambda$和$\nu$，有

普朗特数　　$Pr=1.0164$

热导率　　$\lambda=0.019\ 270\ 2\mathrm{W/(m\cdot K)}$

运动黏度　　$\nu=250.0702\times10^{-6}\mathrm{m^2/s}$

依据式（9-139），格拉晓夫数Gr_Δ计算结果为

$$Gr_\Delta=\frac{g\beta\Delta t d_e^3}{\nu^2}=\frac{9.8\times0.105\ 937\ 748\ 4\times119.21\times7.16^3}{250.0702^2\times10^{-12}}=7.264\ 482\ 567\times10^{11}$$

采用式（9-138），低压汽缸筒状夹层环形空间自然对流的外缸内表面传热系数h_{c25}的计算结果为

$$h_{c25}=\frac{Nu\lambda}{d_e}=\frac{C_{p8}\ (Gr_\Delta Pr)^{\frac{1}{4}}\lambda}{d_e}$$

$$=\frac{0.18\times(7.264\ 482\ 567\times10^{11}\times1.0164)^{0.25}\times0.019\ 270\ 2}{7.16}=0.45[\mathrm{W/(m^2\cdot K)}]$$

4）低压外缸内表面与蒸汽的辐射传热系数的计算结果。应用式（9-142），得出低压

外缸内表面辐射传热的平均射线程长 s_2 的计算结果为

$$s_2=\frac{3.6(d_2^2-d_1^2)}{4d_2}=\frac{3.6\times(13.93^2-6.77^2)}{4\times13.93}=9.5758(\mathrm{m})$$

低压汽缸夹层水蒸气压力 p_{H_2O} 等于低压缸排汽压力 p_g，有

$$p_{H_2O}=p_g=0.005\ 78\mathrm{MPa}=0.0578\times10^5\mathrm{Pa}$$

s_2 与低压汽缸夹层水蒸气压力 p_{H_2O} 的乘积 $p_{H_2O}\times s_2=p_{H_2O}s_2$ 的计算结果为

$$p_{H_2O}s_2=p_{H_2O}\times s_2=0.0578\times10^5\times9.5758=0.5535\times10^5(\mathrm{Pa\cdot m})$$

考虑汽缸夹层水蒸气的总压与分压相等，有

$$\frac{p+p_{H_2O}}{2}=0.0578\times10^5\mathrm{Pa}$$

由 $p_{H_2O}s_2=0.5535\times10^5\mathrm{Pa\cdot m}$ 和 $(p+p_{H_2O})/2=0.0578\times10^5\mathrm{Pa}$，查图 1-3 确定水蒸气压力修正系数 C_{H_2O}，有 $C_{H_2O}=0.490$。

由 $T_g=273+35.48=308.48\mathrm{K}$ 和 $p_{H_2O}s_2=0.5535\times10^5\mathrm{Pa\cdot m}$，查图 1-2 确定把水蒸气压力外推到零的理想情况下水蒸气的发射率为 $\varepsilon_{H_2O}^*=0.344$。

根据式（9-144），水蒸气的发射率 ε_{H_2O} 的计算结果为

$$\varepsilon_{H_2O}=C_{H_2O}\varepsilon_{H_2O}^*=0.490\times0.344=0.169$$

依据式（9-150），低压外缸内表面与蒸汽的辐射传热系数 h_{c26} 计算结果为

$$\begin{aligned}h_{c26}&=\frac{0.5(\varepsilon_2+1)\varepsilon_{H_2O}C_0}{t_g-t_{w2}}\left[\left(\frac{T_g}{100}\right)^4-\left(\frac{T_{w2}}{100}\right)^4\right]\\&=\frac{0.5\times(0.90+1)\times0.169\times5.67}{35.48-32.48}\times\left[\left(\frac{273+35.48}{100}\right)^4-\left(\frac{273+32.48}{100}\right)^4\right]\\&=1.05[\mathrm{W/(m^2\cdot K)}]\end{aligned}$$

5）低压外缸内表面与内缸外表面辐射传热系数的计算结果。根据式（9-153），该型号汽轮机低压外缸内表面与内缸外表面的辐射传热系数 h_{c27} 的计算结果为

$$\begin{aligned}h_{c27}&=\frac{C_0d_1^2}{(t_{w1}-t_{w2})d_2^2}\left[\left(\frac{273+t_{w1}}{100}\right)^4-\left(\frac{273+t_{w2}}{100}\right)^4\right]\left[\frac{1}{\varepsilon_1}+\frac{d_1^2}{d_2^2}\left(\frac{1}{\varepsilon_2}-1\right)\right]^{-1}\\&=\frac{5.67\times6.77^2}{(151.69-32.48)\times13.93^2}\times\left[\left(\frac{273+151.69}{100}\right)^4-\left(\frac{273+32.48}{100}\right)^4\right]\times\\&\quad\left[\frac{1}{0.90}+\frac{6.77^2}{13.93^2}\left(\frac{1}{0.90}-1\right)\right]^{-1}\\&=2.35[\mathrm{W/(m^2\cdot K)}]\end{aligned}$$

6）低压外缸内表面的复合传热系数的计算结果。在低压汽缸夹层充满蒸汽且只有自然对流时，根据式（9-156），低压外缸的内表面的复合传热系数 h_{c30} 的计算结果为

$$h_{c30}=h_{c25}+h_{c26}+h_{c27}=0.45+1.05+2.35=3.85[\mathrm{W/(m^2\cdot K)}]$$

7）k_3、q_3、t_{w2} 和 t_{w3} 的计算结果。根据式（9-176），以低压外缸外表面积 πd_3l 为基准的单层圆筒壁传热过程的传热系数 k_3 的计算结果为

$$k_3=\left(\frac{d_3}{d_2h_{c30}}+\frac{d_3}{2\lambda_1}\ln\frac{d_3}{d_2}+\frac{1}{h_{c34}}\right)^{-1}$$

$$=\left(\frac{14.00}{13.93\times 3.85}+\frac{14.00}{2\times 60.0256}\ln\frac{14.00}{13.93}+\frac{1}{6.68}\right)^{-1}$$

$$=2.431\,134\,274[\mathrm{W/(m^2\cdot K)}]$$

确定单层圆筒壁传热过程的传热系数 k_3 后，可以计算低压外缸单层圆筒壁的 q_3、t_{w2}和 t_{w3}。按照式（9-178），q_3 的计算结果为

$$q_3=k_3(t_g-t_a)=2.431\,134\,274\times(35.48-25)=25.48(\mathrm{W/m^2})$$

考虑 $\Phi=\pi d_3lq_3=\pi d_2lq_2=\pi d_2lh_{c30}(t_g-t_{w2})$，有

$$t_{w2}=t_g-\frac{d_3q_3}{d_2h_{c30}}=35.48-\frac{14.00\times 25.48}{13.93\times 3.85}=28.83(℃)$$

鉴于 $q_3=h_{c34}(t_{w3}-t_a)$，有

$$t_{w3}=t_a+\frac{q_3}{h_{c34}}=25+\frac{25.48}{6.68}=28.81(℃)$$

（4）第二次计算：求 k_3、q_3、t_{w2}和 t_{w3}。

1）高低压外缸的热导率 λ_1 的计算结果。外缸内表面 t_{w2}与外缸外表面 t_{w3}温度取第一次迭代计算结果，$t_{w2}=28.83℃$，$t_{w3}=28.81℃$，则有

$$t_{m1}=\frac{t_{w2}+t_{w3}}{2}=\frac{28.83+28.81}{2}=28.82(℃)$$

低压外缸材料均为碳钢 Q235B，查表 1-15，有

$$\lambda_1=60.4+\frac{58.0-60.4}{80}\times(28.82-20)=60.1354[\mathrm{W/(m\cdot K)}]$$

2）低压外缸外表面的复合传热系数的计算结果。依据式（9-172），低压外缸外表面的辐射传热系数 h_{c35}的计算结果为

$$h_{c35}=\frac{5.67\varepsilon}{t_{w1}-t_a}\left[\left(\frac{273+t_{w1}}{100}\right)^4-\left(\frac{273+t_a}{100}\right)^4\right]$$

$$=\frac{5.67\times 0.85}{28.81-25}\times\left[\left(\frac{273+28.81}{100}\right)^4-\left(\frac{273+25}{100}\right)^4\right]=5.20[\mathrm{W/(m^2\cdot K)}]$$

已经假定汽轮机厂房内风速为 0，按照式（9-173），该汽轮机低压外缸外表面对流传热的表面传热系数 h_{c36}的计算结果为

$$h_{c36}=\frac{26.4}{\sqrt{297-0.5(t_{w3}+t_a)}}\left(\frac{t_{w3}-t_a}{d_4}\right)^{0.25}$$

$$=\frac{26.4}{\sqrt{297-0.5(28.81+25)}}\times\left(\frac{28.81-25}{2.68}\right)^{0.25}=1.16[\mathrm{W/(m^2\cdot K)}]$$

根据式（9-171），低压外缸外表面的复合传热系数 h_{c34}的计算结果为

$$h_{c34}=h_{c35}+h_{c36}=5.20+1.16=6.36[\mathrm{W/(m^2\cdot K)}]$$

3）外缸内表面自然对流传热系数的计算结果。低压汽缸夹层没有冷却蒸汽流过，低压汽缸夹层充满排汽，按照式（9-138）计算自然对流传热系数 h_{c25}。低压内缸外表面与低压外缸内表面的温差 Δt 计算结果为

$$\Delta t=t_{w1}-t_{w2}=151.69-28.83=122.86(℃)$$

低压外缸夹层定性温度取低压缸排汽温度，有

$$t_g = 35.48℃$$

低压外缸夹层为饱和蒸汽，不能处理为理想气体，采用式（4-6）计算体胀系数 β。由 $p_g = 0.005\ 78\text{MPa}$（$t_g = 35.48℃$）和饱和蒸汽干度 $x = 0.897$，查水蒸气性质表，得比体积 $\upsilon_m = 22.052\ 769\text{m}^3/\text{kg}$；由 $p_g = 0.005\ 78\text{MPa}$ 和（$t_g + 1$）$= 36.48℃$，查水蒸气性质表，得比体积 $\upsilon_{m+1} = 24.665\ 809\ 3\text{m}^3/\text{kg}$，体胀系数 β 计算结果为

$$\beta = -\frac{1}{\rho}\left(\frac{\partial \rho}{\partial T}\right)_p = -\frac{1}{\rho}\left(\frac{\Delta \rho}{\Delta T}\right)_p \approx \left(1 - \frac{\upsilon_m}{\upsilon_{m+1}}\right)_p = 1 - \frac{22.052\ 769}{24.665\ 809\ 3}$$
$$= 0.105\ 937\ 748\ 4$$

低压汽缸夹层特征尺寸 d_e 计算结果为

$$d_e = d_2 - d_1 = 13.93 - 6.77 = 7.16(\text{m})$$

由于低压汽缸夹层饱和蒸汽的 Pr、λ 和 ν 无法确定，建议由低压缸排汽压力 $p_g = 0.005\ 78\text{MPa}(t_g = 35.48℃)$ 和蒸汽温度（$t_g + 0.001$）$= 35.481℃$ 查水蒸气性质表确定 Pr、λ 和 ν，有

普朗特数 $Pr = 1.0164$

热导率 $\lambda = 0.019\ 270\ 2\text{W}/(\text{m} \cdot \text{K})$

运动黏度 $\nu = 250.0702 \times 10^{-6}\text{m}^2/\text{s}$

依据式（9-139），格拉晓夫数 Gr_Δ 计算结果为

$$Gr_\Delta = \frac{g\beta \Delta t d_e^3}{\nu^2} = \frac{9.8 \times 0.105\ 937\ 748\ 4 \times 122.86 \times 7.16^3}{250.0702^2 \times 10^{-12}} = 7.448\ 150\ 328 \times 10^{11}$$

采用式（9-138），低压汽缸筒状夹层环形空间自然对流的外缸内表面传热系数 h_{c25} 的计算结果为

$$h_{c25} = \frac{Nu\lambda}{d_e} = \frac{C_{p8}\ (Gr_\Delta Pr)^{\frac{1}{4}}\lambda}{d_e} = \frac{0.18 \times (7.448\ 150\ 328 \times 10^{11} \times 1.0164)^{0.25} \times 0.019\ 270\ 2}{7.16}$$
$$= 0.45[\text{W}/(\text{m}^2 \cdot \text{K})]$$

4）低压外缸内表面与蒸汽的辐射传热系数的计算结果。第二次计算 t_{w2} 取第一次迭代的计算结果 $t_{w2} = 28.83℃$，水蒸气的发射率 $\varepsilon_{H_2O} = 0.169$，计算低压外缸内表面与蒸汽的辐射传热计算结果为 h_{c29}。

依据式（9-150），低压外缸内表面与蒸汽的辐射传热系数 h_{c26} 计算结果为

$$h_{c26} = \frac{0.5(\varepsilon_1 + 1)\varepsilon_{H_2O}C_0}{t_g - t_{w2}}\left[\left(\frac{T_g}{100}\right)^4 - \left(\frac{T_{w2}}{100}\right)^4\right]$$
$$= \frac{0.5 \times (0.90 + 1) \times 0.169 \times 5.67}{35.48 - 28.83} \times \left[\left(\frac{273 + 35.48}{100}\right)^4 - \left(\frac{273 + 28.83}{100}\right)^4\right]$$
$$= 1.03[\text{W}/(\text{m}^2 \cdot \text{K})]$$

5）低压外缸内表面与内缸外表面辐射传热系数的计算结果。根据式（9-153），该型号汽轮机低压外缸内表面与内缸外表面的辐射传热系数 h_{c27} 的计算结果为

$$h_{c27} = \frac{C_0 d_1^2}{(t_{w1} - t_{w2})d_2^2}\left[\left(\frac{273 + t_{w1}}{100}\right)^4 - \left(\frac{273 + t_{w2}}{100}\right)^4\right]\left[\frac{1}{\varepsilon_1} + \frac{d_1^2}{d_2^2}\left(\frac{1}{\varepsilon_2} - 1\right)\right]^{-1}$$

$$=\frac{5.67\times 6.77^2}{(151.69-28.83)\times 13.93^2}\times\left[\left(\frac{273+151.69}{100}\right)^4-\left(\frac{273+28.83}{100}\right)^4\right]\times$$

$$\left[\frac{1}{0.90}+\frac{6.77^2}{13.93^2}\left(\frac{1}{0.90}-1\right)\right]^{-1}$$

$$=2.32[\mathrm{W/(m^2\cdot K)}]$$

6）低压外缸内表面的复合传热系数的计算结果。在低压汽缸夹层充满蒸汽且只有自然对流时，根据式（9-156），低压外缸的内表面的复合传热系数 h_{c30} 的计算结果为

$$h_{c30}=h_{c25}+h_{c26}+h_{c27}=0.45+1.03+2.32=3.80[\mathrm{W/(m^2\cdot K)}]$$

7）k_3、q_3、t_{w2} 和 t_{w3} 的计算结果。根据式（9-176），以低压外缸外表面积 $\pi d_3 l$ 为基准的单层圆筒壁传热过程的传热系数 k_3 的计算结果为

$$k_3=\left(\frac{d_3}{d_2 h_{c30}}+\frac{d_3}{2\lambda_1}\ln\frac{d_3}{d_2}+\frac{1}{h_{c34}}\right)^{-1}$$

$$=\left(\frac{14.00}{13.93\times 3.80}+\frac{14.00}{2\times 60.1345}\ln\frac{14.00}{13.93}+\frac{1}{6.36}\right)^{-1}=2.368\,004\,58[\mathrm{W/(m^2\cdot K)}]$$

确定单层圆筒壁传热过程的传热系数 k_3 后，低压压外缸单层圆筒壁的 q_3、t_{w2} 和 t_{w3} 的计算结果分别为

$$q_3=k_3(t_g-t_a)=2.368\,004\,58\times(35.48-25)=24.82(\mathrm{W/m})^2$$

$$t_{w2}=t_g-\frac{d_3 q_3}{d_2 h_{c30}}=35.48-\frac{14.00\times 24.82}{13.93\times 3.80}=28.92(℃)$$

$$t_{w3}=t_a+\frac{q_3}{h_{c34}}=25+\frac{24.82}{6.36}=28.90(℃)$$

（5）第三次计算：求 k_3、q_3、t_{w2} 和 t_{w3}。

1）高压外缸的热导率 λ_1 的计算结果。外缸内表面 t_{w2} 与外缸外表面 t_{w3} 温度取第二次迭代计算结果，$t_{w2}=28.92$℃，$t_{w3}=28.90$℃，则有

$$t_{m1}=\frac{t_{w2}+t_{w3}}{2}=\frac{28.92+28.90}{2}=28.91(℃)$$

低压外缸材料均为碳钢 Q235B，查表 1-15，有

$$\lambda_1=60.4+\frac{58.0-60.4}{80}\times(28.91-20)=60.1327[\mathrm{W/(m\cdot K)}]$$

2）低压外缸外表面的复合传热系数的计算结果。依据式（9-172），低压外缸外表面的辐射传热系数 h_{c35} 的计算结果为

$$h_{c35}=\frac{5.67\varepsilon}{t_{w3}-t_a}\left[\left(\frac{273+t_{w3}}{100}\right)^4-\left(\frac{273+t_a}{100}\right)^4\right]$$

$$=\frac{5.67\times 0.85}{28.90-25}\times\left[\left(\frac{273+28.90}{100}\right)^4-\left(\frac{273+25}{100}\right)^4\right]=5.20[\mathrm{W/(m^2\cdot K)}]$$

已经假定汽轮机厂房内风速为 0，按照式（9-173），该汽轮机低压外缸外表面传热系数 h_{c36} 的计算结果为

$$h_{c36}=\frac{26.4}{\sqrt{297-0.5(t_{w3}+t_a)}}\left(\frac{t_{w3}-t_a}{d_4}\right)^{0.25}$$

$$=\frac{26.4}{\sqrt{297-0.5(28.90+25)}}\times\left(\frac{28.90-25}{2.68}\right)^{0.25}=1.17[\mathrm{W/(m^2\cdot K)}]$$

根据式（9-171），低压外缸外表面的复合传热系数 h_{c34} 的计算结果为

$$h_{c34}=h_{c35}+h_{c36}=5.20+1.17=6.37[\mathrm{W/(m^2\cdot K)}]$$

3）外缸内表面自然对流传热系数的计算结果。低压汽缸夹层没有冷却蒸汽流过，低压汽缸夹层充满蒸汽，按照式（9-138）计算自然对流传热系数 h_{c25}。低压内缸外表面与低压外缸内表面的温差 Δt 计算结果为

$$\Delta t=t_{w1}-t_{w2}=151.69-28.92=122.77(℃)$$

低压外缸夹层定性温度取低压缸排汽温度，有

$$t_g=35.48℃$$

低压外缸夹层为饱和蒸汽，不能处理为理想气体，采用式（4-6）计算体胀系数 β。由 $p_g=0.005\,78\mathrm{MPa}(t_g=35.48℃)$ 和饱和蒸汽干度 $x=0.897$，查水蒸气性质表，得比体积 $\upsilon_m=22.052\,769\mathrm{m^3/kg}$；由 $p_g=0.005\,78\mathrm{MPa}$ 和 $(t_g+1)=36.48℃$，查水蒸气性质表，得比体积 $\upsilon_{m+1}=24.665\,809\,3\mathrm{m^3/kg}$，体胀系数 β 计算结果为

$$\beta=-\frac{1}{\rho}\left(\frac{\partial\rho}{\partial T}\right)_p=-\frac{1}{\rho}\left(\frac{\Delta\rho}{\Delta T}\right)_p\approx\left(1-\frac{\upsilon_m}{\upsilon_{m+1}}\right)_p=1-\frac{22.052\,769}{24.665\,809\,3}=0.105\,937\,748\,4$$

低压汽缸夹层特征尺寸 d_e 计算结果为

$$d_e=d_2-d_1=13.93-6.77=7.16(\mathrm{m})$$

由于低压汽缸夹层饱和蒸汽的 Pr、λ 和 ν 无法确定，建议由低压缸排汽压力 $p_g=0.005\,78\mathrm{MPa}(t_g=35.48℃)$ 和流体温度 $(t_g+0.001)=35.481℃$ 查水蒸气性质表确定 Pr、λ 和 ν，有

普朗特数 $Pr=1.0164$

热导率 $\lambda=0.019\,270\,2\mathrm{W/(m\cdot K)}$

运动黏度 $\nu=250.0702\times10^{-6}\mathrm{m^2/s}$

依据式（9-139），格拉晓夫数 Gr_Δ 计算结果为

$$Gr_\Delta=\frac{g\beta\Delta t d_e^3}{\nu^2}=\frac{9.8\times0.105\,937\,748\,4\times122.77\times7.16^3}{250.0702^2\times10^{-12}}=7.481\,423\,746\times10^{11}$$

采用式（9-138），低压汽缸筒状夹层环形空间自然对流的外缸内表面传热系数 h_{c25} 的计算结果为

$$h_{c25}=\frac{Nu\lambda}{d_e}=\frac{C_{p8}(Gr_\Delta Pr)^{\frac{1}{4}}\lambda}{d_e}=\frac{0.18\times(7.481\,423\,746\times10^{11}\times1.0164)^{0.25}\times0.019\,270\,2}{7.16}$$
$$=0.45[\mathrm{W/(m^2\cdot K)}]$$

4）低压外缸内表面与蒸汽的辐射传热系数的计算结果。第三次计算 t_{w2} 取第二次迭代的计算结果 $t_{w2}=28.92℃$，水蒸气的发射率 $\varepsilon_{H_2O}=0.169$，计算低压外缸内表面与蒸汽的辐射传热计算结果为 h_{c26}。

依据式（9-150），低压外缸内表面与蒸汽的辐射传热系数 h_{c26} 计算结果为

$$h_{c26}=\frac{0.5(\varepsilon_1+1)\varepsilon_{H_2O}C_0}{t_g-t_{w2}}\left[\left(\frac{T_g}{100}\right)^4-\left(\frac{T_{w2}}{100}\right)^4\right]$$

$$=\frac{0.5\times(0.90+1)\times 0.169\times 5.67}{35.48-28.92}\times\left[\left(\frac{273+35.48}{100}\right)^4-\left(\frac{273+28.92}{100}\right)^4\right]$$

$$=1.04[W/(m^2\cdot K)]$$

5）低压外缸内表面与内缸外表面辐射传热系数的计算结果。根据式（9-153），该型号汽轮机低压外缸内表面与内缸外表面的辐射传热系数 h_{c27} 的计算结果为

$$h_{c27}=\frac{C_0 d_1^2}{(t_{w1}-t_{w2})d_2^2}\left[\left(\frac{273+t_{w1}}{100}\right)^4-\left(\frac{273+t_{w2}}{100}\right)^4\right]\left[\frac{1}{\varepsilon_1}+\frac{d_1^2}{d_2^2}\left(\frac{1}{\varepsilon_2}-1\right)\right]^{-1}$$

$$=\frac{5.67\times 6.77^2}{(151.69-28.92)\times 13.93^2}\times\left[\left(\frac{273+151.69}{100}\right)^4-\left(\frac{273+28.92}{100}\right)^4\right]\times$$

$$\left[\frac{1}{0.90}+\frac{6.77^2}{13.93^2}\left(\frac{1}{0.90}-1\right)\right]^{-1}$$

$$=2.32[W/(m^2\cdot K)]$$

6）低压外缸内表面的复合传热系数的计算结果。在低压汽缸夹层充满蒸汽且只有自然对流时，根据式（9-156），低压外缸内表面的复合传热系数 h_{c30} 的计算结果为

$$h_{c30}=h_{c25}+h_{c26}+h_{c27}=0.45+1.04+2.32=3.81[W/(m^2\cdot K)]$$

7）k_3、q_3、t_{w2} 和 t_{w3} 的计算结果。根据式（9-176），以低压外缸外表面积 $\pi d_3 l$ 为基准的单层圆筒壁传热过程的传热系数 k_3 的计算结果为

$$k_3=\left(\frac{d_3}{d_2 h_{c30}}+\frac{d_3}{2\lambda_1}\ln\frac{d_3}{d_2}+\frac{1}{h_{c34}}\right)^{-1}$$

$$=\left(\frac{14.00}{13.93\times 3.81}+\frac{14.00}{2\times 60.1327}\ln\frac{14.00}{13.93}+\frac{1}{6.37}\right)^{-1}=2.373\,298\,64[W/(m^2\cdot K)]$$

确定单层圆筒壁传热过程的传热系数 k_3 后，低压压外缸单层圆筒壁的 q_3、t_{w2} 和 t_{w3} 的计算结果分别为

$$q_3=k_3(t_g-t_a)=2.373\,298\,64\times(35.48-25)=24.87(W/m^2)$$

$$t_{w2}=t_g-\frac{d_3 q_3}{d_2 h_{c30}}=35.48-\frac{14.00\times 24.87}{13.93\times 3.81}=28.92(℃)$$

$$t_{w3}=t_a+\frac{q_3}{h_{c34}}=25+\frac{24.87}{6.37}=28.90(℃)$$

鉴于该低压外缸第三次 t_{w2}、t_{w3} 和 t_{w4} 的迭代计算值与输入值一致，迭代计算结束，第三次计算的结果为最终计算结果。汽轮机厂房内风速为 0m/s 时，该型号低压压外缸表面温度与热流密度的计算结果列于表 9-9。

表 9-9　低压外缸表面温度与热流密度的计算结果

序号	项　　目	100%TMCR 工况
1	低压缸排汽温度 t_g(℃)	35.48
2	低压外缸内表面温度 t_{w2}(℃)	28.92
3	低压外缸外表面温度 t_{w3}(℃)	28.90
4	低压缸排汽温度与内表面温度之差（t_g-t_{w2})(℃)	6.56

续表

序号	项　目	100%TMCR 工况
5	低压缸排汽温度与外缸外表面温度之差（t_g-t_{w3}）(℃)	6.58
6	低压外缸内外表面温度之差（$t_{w2}-t_{w3}$）(℃)	0.02
7	低压外缸外表面热流密度 q_3(W/m^2)	24.87
8	低压外缸传热系数 k_3[W/(m^2·K)]	0.36
9	低压外缸外表面传热系数 h_{c40}[W/(m^2·K)]	6.37

（6）分析与讨论。

1）最终计算结果：该汽轮机低压外缸内表面温度 t_{w2}＝28.92℃，低压外缸外表面温度 t_{w3}＝28.90℃，以中压外缸外表面积 $\pi d_3 l$ 为基准的双层圆筒壁传热过程的传热系数的计算结果 k_3＝ 2.37W/(m^2·K)，低压外缸外表面的热流密度 q_3＝24.87W/m^2。

2）在低压内缸外表面与外缸内表面之间充满汽轮机排汽的情况下，该低压外缸内表面自然对流表面传热系数、低压内缸外表面与蒸汽的辐射传热系数以及低压内缸外表面与低压外缸内表面辐射传热系数分别为 0.45W/(m^2·K)、1.04W/(m^2·K) 和 2.32W/(m^2·K)，三者都很小，但三者接近。在汽轮机低压外缸的温度场、应力场的有限元数值计算中，需要考虑低压外缸内表面与低压内缸外表面辐射传热、低压外缸内表面与蒸汽的辐射传热系数以及低压外缸内表面自然对流表面传热系数。该低压外缸外表面复合传热系数为 6.37W/(m^2·K)。

3）在汽轮机额定负荷工况的稳态运行过程中，该低压外缸内表面温度比排汽温度低（t_g-t_{w2})＝(35.48－28.92)＝6.56(℃)；低压外缸外表面温度比排汽温度低（t_g-t_{w3})＝(35.48－28.90)＝6.58(℃)。由于低压外缸外表面温度 t_{w3}＝28.90℃小于 50℃，不需要采用保温结构。

4）在汽轮机额定负荷工况的稳态运行过程中，该低压外缸内外表面温差 $\Delta t=t_{w2}-t_{w3}$＝28.92－28.90＝0.02(℃)。表明在汽轮机额定负荷工况的稳态运行过程中，中压外缸内外壁面温差很小，热应力也很小。

5）在汽轮机额定负荷工况，以低压外缸外表面积 $\pi d_3 l$ 为基准的单层圆筒壁传热过程的传热系数为 k_3＝ 2.37W/(m^2·K)，低压外缸外表面的热流密度为 q_3＝24.87W/m^2，该低压外缸外表面传热系数 h_{c34}＝6.37W/(m^2·K)。在汽轮机的起动、停机与负荷变动的瞬态过程计算低压外缸外表面的稳态温度场和瞬态温度场的有限元数值计算中，传统方法把低压压外缸外表面处理为表面传热系数为零的第三类边界条件是不合理的，这种处理方法不符合工程实际。

4. 三种型号汽轮机低压外缸

（1）已知参数：选三种型号汽轮机的低压外缸为分析对象，某型号超超临界一次再热 1000MW 汽轮机、核电 1000MW 汽轮机和亚临界空冷 300MW 汽轮机的低压外缸，在 100%TMCR 工况下，结构尺寸与额定工况排汽参数的设计数据列于表 9-10。汽轮机低压外缸外表面涂油漆，根据表 4-4，发射率（黑度）取 ε＝0.85。

表 9-10 三种型号汽轮机低压外缸的设计数据

序号	名　称	超超临界一次再热汽轮机	核电汽轮机	亚临界空冷汽轮机
1	汽轮机功率（MW）	1000	1000	300
2	低压外缸外表面直径 d_3(m)	7.59	14.00	5.20
3	低压外缸内表面直径 d_2(m)	7.53	13.93	5.136
4	低压内缸外表面直径 d_1(m)	5.30	6.77	4.618
5	低压外缸材料牌号	Q235B	Q235B	20g
6	排汽压力 p_g（MPa）	0.0049	0.005 78	0.0130
7	排汽干度 x	0.9028	0.897	0.9243
8	排汽温度 t_g(℃)	32.52	35.48	51.04
9	低压内缸外表面平均温度 t_{w1}(℃)	157.56	151.69	185.52

（2）计算模型与方法：把三种型号汽轮机低压外缸结构处理为单层圆筒壁传热过程的计算模型。通常假定室内管道和设备不考虑风速为0m/s。本章参考文献［10］的计算分析，对汽轮机厂房内部，风速 W 分别给定 0.5m/s、1.5m/s 和 3.0m/s，开展自然通风方案研究。在汽轮机稳态额定工况，假定汽轮机厂房风速分别为0m/s、0.5m/s、1.5m/s 和 3.0m/s，开展汽轮机低压外缸外表面对流传热系数的计算分析。考虑到低压外缸没有保温层与隔声罩壳，汽轮机厂房的环境温度随着季节的不同有所差异，环境温度取t_a＝25℃。

（3）计算结果：在100％TMCR 工况下，三种型号汽轮机低压外缸内表面与外表面传热系数的计算结果列于表 9-11，三种型号汽轮机低压外缸内表面与外表面的温度计算结果列于表 9-12。

表 9-11 三种型号汽轮机低压外缸的内表面与外表面传热系数的计算结果

风速 W	名　称	超超临界一次再热汽轮机 1000MW	核电汽轮机 1000MW	亚临界空冷汽轮机 300MW
0m/s	热流密度 q_3（W/m^2）	23.20	24.87	116.50
	外缸内表面传热系数$_{c30}$[W/(m^2·K)]	5.92	3.81	11.01
	外缸外表面传热系数$_{c34}$[W/(m^2·K)]	6.52	6.37	7.63
0.5m/s	热流密度 q_3(W/m^2)	23.87	25.40	114.35
	外缸内表面传热系 h_{c30}[W/(m^2·K)]	5.91	3.81	11.02
	外缸外表面传热系 h_{c34}[W/(m^2·K)]	6.94	6.75	7.39
1.5m/s	热流密度 q_3(W/m^2)	27.09	27.80	135.03
	外缸内表面传热系数$_{c30}$[W/(m^2·K)]	5.90	3.80	10.96
	外缸外表面传热系数$_{c34}$[W/(m^2·K)]	9.41	8.94	10.01
3.0m/s	热流密度 q_3(W/m^2)	29.94	29.88	154.72
	外缸内表面传热系数$_{c30}$[W/(m^2·K)]	5.90	3.79	10.90
	外缸外表面传热系数$_{c34}$[W/(m^2·K)]	12.55	11.72	13.36

表 9-12　　三种型号汽轮机低压外缸内表面与外表面的温度计算结果

风速 W	名　　称	超超临界汽轮机 1000MW	核电汽轮机 1000MW	亚临界空冷汽轮机 300MW
0m/s	外缸内表面温度 t_{w2}(℃)	28.57	28.92	40.33
	外缸外表面温度 t_{w3}(℃)	28.56	28.90	40.26
	低压排汽温度与外缸内表面温度之差 (t_g-t_{w2}) (℃)	3.95	6.56	10.71
	低压排汽温度与外缸外表面温度之差 (t_g-t_{w3}) (℃)	3.96	6.58	10.78
	低压外缸内外表面温度之差 $(t_{w2}-t_{w3})$ (℃)	0.01	0.02	0.07
0.5m/s	外缸内表面温度 t_{w2}(℃)	28.45	28.78	40.53
	外缸外表面温度 t_{w3}(℃)	28.44	28.76	40.47
	低压排汽温度与外缸内表面温度之差 (t_g-t_{w2}) (℃)	4.07	6.70	10.51
	低压排汽温度与外缸外表面温度之差 (t_g-t_{w3}) (℃)	4.08	6.72	10.57
	低压外缸内外表面温度之差 $(t_{w2}-t_{w3})$ (℃)	0.01	0.02	0.06
1.5m/s	外缸内表面温度 t_{w2}(℃)	27.89	28.13	38.56
	外缸外表面温度 t_{w3}(℃)	27.88	28.11	38.49
	低压排汽温度与外缸内表面温度之差 (t_g-t_{w2}) (℃)	4.63	7.35	12.48
	低压排汽温度与外缸外表面温度之差 (t_g-t_{w3}) (℃)	4.64	7.37	12.55
	低压外缸内外表面温度之差 $(t_{w2}-t_{w3})$ (℃)	0.01	0.02	0.07
3.0m/s	外缸内表面温度 t_{w2}(℃)	27.40	27.57	36.66
	外缸外表面温度 t_{w3}(℃)	27.39	27.55	36.58
	低压排汽温度与外缸内表面温度之差 (t_g-t_{w2}) (℃)	5.12	7.91	14.38
	低压排汽温度与外缸外表面温度之差 (t_g-t_{w3}) (℃)	5.13	7.93	14.46
	低压外缸内外表面温度之差 $(t_{w2}-t_{w3})$ (℃)	0.01	0.02	0.08
汽轮机低压缸排汽温度 t_g(℃)		32.52	35.48	51.04

(4) 外缸的内表面与外表面传热系数计算结果的分析与讨论：从表 9-11 计算结果知，

在100％TMCR工况下，对应汽轮机厂房的不同风速，超超临界一次再热1000MW汽轮机低压外缸外表面传热系数h_{c34}的范围是6.52～12.55W/(m^2·K)，超超临界一次再热1000MW汽轮机低压外缸内表面传热系数h_{c30}的范围是5.90～5.92W/(m^2·K)；核电1000MW汽轮机低压外缸外表面传热系数h_{c34}的范围是6.37～11.72W/(m^2·K)，核电1000MW汽轮机低压外缸内表面传热系数h_{c30}的范围是3.79～3.81W(m^2·K)；亚临界300MW空冷汽轮机低压外缸外表面传热系数h_{c34}的范围是7.39～13.36W/(m^2·K)，亚临界300MW空冷汽轮机低压外缸内表面传热系数h_{c30}的范围是10.90～11.01W/(m^2·K)。

（5）外缸的内表面与外表面温度计算结果的分析与讨论：从表9-12计算结果知，在100％TMCR工况下，对应汽轮机厂房的不同风速，超超临界一次再热1000MW汽轮机低压外缸外表面温度t_{w3}的范围是27.39～28.56℃，超超临界一次再热1000MW汽轮机低压外缸内表面温度t_{w2}的范围是27.40～28.57℃；核电1000MW汽轮机低压外缸外表面温度t_{w3}的范围是27.55～28.90℃，核电1000MW汽轮机低压外缸内表面温度t_{w2}的范围是27.57～28.92℃；亚临界300MW空冷汽轮机低压外缸外表面温度t_{w3}的范围是36.58～40.26℃，亚临界300MW空冷汽轮机低压外缸内表面温度t_{w2}的范围是36.66～40.33℃。这三种型号汽轮机低压外缸的外表面温度均小于50℃的上限，符合DL/T 5072—2019[9]的规定，汽轮机低压外缸外表面没有必要设计保温结构。

参　考　文　献

[1] 史进渊，杨宇，邓志成，等．超临界和超超临界汽轮机汽缸传热系数的研究．动力工程，2006，26（1）：1-5.

[2] 史进渊，杨宇，邓志成，等．大功率电站汽轮机寿命预测与可靠性设计．北京：中国电力出版社，2011.

[3] PTM 24.020.16-73. Турбины паровые стационарные. Расчет температурных полей роторов и цилиндров паровых турбин методом злектромоделирования. М.：М-во тяжелого，знерг. и трансп. матиностроеня，1974.

[4] Зысина-Моложен Л. М.，Зысин Л. В.，Поляк М. Л. Теплообмен в турбомашинах. Л.：Машиностроение，1974.

[5] 陶文铨．传热学．5版，北京：高等教育出版社，2019.

[6] 赵镇南．传热学．北京：高等教育出版社，2003.

[7] 郑亚，陈军，鞠玉涛，等．固体火箭发动机传热学．北京：北京航空航天大学出版社，2006.

[8] 中华人民共和国住房和城乡建设部．工业设备及管道绝热工程设计规范：GB 50264—2013. 北京：中国计划出版社，2013.

[9] 国家能源局．发电厂保温油漆设计规程：DL/T 5072—2019. 北京：中国计划出版社，2019.

[10] 王建新．大型汽轮机房人工环境的仿真和通风调节方案的研究．浙江大学硕士学位论文，2005.

第十章　汽轮机冷却结构设计方法

本章介绍了汽轮机冷却结构的设计方法，给出了汽轮机的高温部件冷却结构设计、高温转子的冷却结构设计、高温管道的冷却结构设计和部件冷却流量的计算方法，应用于汽轮机的超高压转子、高压转子、中压转子、超高压汽缸、高压汽缸、中压汽缸、超高压喷嘴室、高压喷嘴室、中压喷嘴室、高温蒸汽管道等高温部件的传热与冷却设计以及冷却结构的优化改进。

第一节　高温部件冷却结构设计

本节介绍了汽轮机冷却结构设计的技术背景与关键技术，分析了汽轮机的高温部件遮热罩、蒸汽室与高压转子、中压转子与低压转子以及高中压缸的冷却结构的技术特点，应用于汽轮机高温部件的蒸汽冷却结构的改进设计。

一、汽轮机冷却结构设计的技术背景

随着科学技术的进步和材料技术的发展，超临界和超超临界汽轮机的主蒸汽温度和再热蒸汽温度呈增长的趋势[1]。随着蒸汽温度的升高，材料的力学性能有所下降，为了保证超临界和超超临界汽轮机的高温部件有足够的强度和寿命，除了采用高温强度好的钢材之外，还应采用蒸汽冷却技术和冷却结构设计。蒸汽冷却技术是采用温度比较低的蒸汽，如高压排汽、高压抽汽或动叶片后蒸汽来冷却超临界和超超临界汽轮机高温部件，以降低超临界和超超临界汽轮机高温部件的工作温度。

在工程实践中，对于汽轮机的高温部件，CrMoV 钢应用于 566℃、12%Cr 钢应用于 600℃、奥氏体钢应用于 650℃，均需要采用蒸汽冷却技术。对于蒸汽参数为 16.7MPa/538℃/538℃的亚临界汽轮机，高温部件使用 CrMoV 钢，可以不采用蒸汽冷却技术。对于蒸汽参数为 24.2MPa/566℃/566℃的超临界汽轮机，高温部件使用 12%Cr 钢，可以不采用蒸汽冷却技术，但使用 CrMoV 钢必须采用蒸汽冷却技术。对于蒸汽参数为 25～28MPa/600℃/620℃的超超临界汽轮机，高温部件使用 12%Cr 钢，需要采用蒸汽冷却技术。超临界和超超临界汽轮机的喷嘴室、转子、汽缸等高温部件采用蒸汽冷却技术，既可以提高现有材料使用等级，充分利用材料的高温力学性能，又可以延长这些部件的设计寿命。

在超临界和超超临界汽轮机的起动、停机和负荷变动的过程中，汽轮机高温部件承

受相当大的热应力，最大热应力通常位于汽轮机高温部件的高温部位的应力集中处。采用蒸汽冷却技术是在起停过程中降低汽轮机高温部件瞬态热应力的有效方法。采用蒸汽冷却技术，可以有效降低汽轮机高温部件高温部位的工作温度和高温部件的温度差，在其他条件相同的情况下可以降低高温部件的热应力，可以延长高温部件的设计寿命。高温部件的冷却结构设计与蒸汽冷却技术现已成为汽轮机高温部件长寿命设计的关键技术之一[1,2]，通过先进的冷却结构与蒸汽冷却技术的研究和应用，实现超临界和超超临界汽轮机高温部件工作温度的下降，是提高汽轮机运行灵活性和保障汽轮机安全运行的重要技术手段之一。

二、汽轮机冷却结构设计关键技术

1. 冷却参数设计

(1) 在冷却蒸汽参数的选取方面，冷却通道进口处冷却蒸汽的温度应低于高温部件的高温部位的工作温度；冷却通道进口处冷却蒸汽的压力应高于冷却通道出口处蒸汽压力，以保证冷却蒸汽流过；冷却蒸汽的流速（或流量）不宜过大，对流传热系数不宜过大，以避免比较强的对流传热引起过大的热应力。

(2) 在高温部件冷却结构的设计方面，级的反动度、叶型根部反动度、冷却通道的面积、汽封间隙、平衡孔的尺寸与形状等因素对冷却流量影响比较大，应通过结构设计和计算分析，合理分配冷却蒸汽的流量。

(3) 采用蒸汽冷却技术，影响超临界和超超临界汽轮机的经济性，设计中应尽可能选用少量冷却蒸汽，对汽轮机高温部件的高温部位进行冷却。

(4) 采用蒸汽冷却技术后，对转子轴向推力的变化还应进行相应的计算分析和设计校核。

总之，对于冷却参数的选取、冷却通道面积的设计、冷却蒸汽流量的分配、蒸汽冷却对汽轮机经济性与转子轴向推力影响等蒸汽冷却的关键技术，需要进行详细的计算分析研究，目的是为高温部件冷却方案的优化改进提供依据。

2. 部件温度场和应力场的有限元计算分析

对于超临界和超超临界汽轮机的转子、汽缸与喷嘴室，建立两维或三维有限元计算力学模型，给定传热边界条件和力边界条件，进行瞬态温度场计算、稳态温度场计算与热应力场计算以及包括力载荷与热载荷引起综合应力场计算，可以定量分析和评定不同冷却结构设计方案的冷却效果，可以为超临界和超超临界汽轮机高温部件冷却结构的优化设计提供依据。

汽轮机高温部件的温度场和应力场的有限元计算分析以及寿命设计工作，已积累的经验可以应用于汽轮机高温部件冷却结构设计与冷却方案优化改进。亚临界汽轮机转子的温度场和热应力场的计算通常使用轴对称有限元计算力学模型，采用蒸汽冷却技术的汽轮机转子的温度场与热应力场的计算应使用三维有限元计算力学模型。冷却蒸汽与高温部位的传热分析研究以及高温部件温度场与热应力场的分析工作是汽轮机高温部件结构安全性设计评审与冷却方案优化改进的重要技术手段。

3. 冷却效果的测量与验证

汽轮机设计与制造过程中在汽轮机的高压喷嘴室、中压蒸汽室、内缸等部件的表面设计并安装温度测点，在汽轮机投入运行后验证这些部件蒸汽冷却的效果。对于反动式汽轮机，在第 2 级和第 3 级静叶片上打孔，设计并安装温度测点，测量静叶环内表面工作温度，在线监视汽轮机通流部分的蒸汽温度。采用热电偶在线监视汽轮机高温部件的金属温度。热电偶安装在特殊保护管内，穿过缸壁，焊在汽缸上。在汽轮机投入运行后，验证汽轮机超高压转子、高压转子或中压转子等高温部件蒸汽冷却的技术效果。

三、汽轮机高温部件的遮热罩

1. 进汽连接管道遮热罩

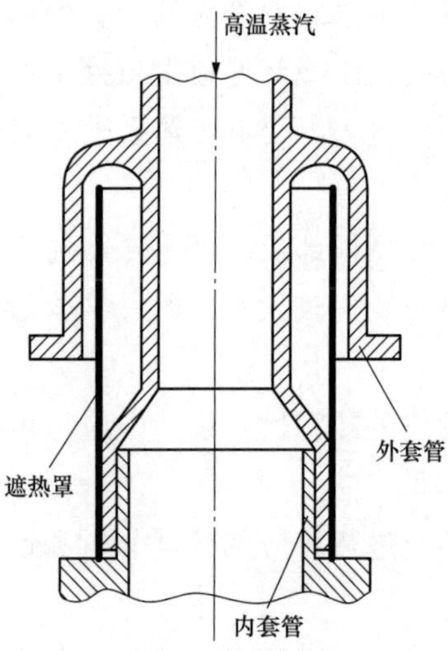

图 10-1　进汽管道遮热罩的示意图

汽轮机进汽连接管道采用遮热罩来减少内外套管之间辐射换热[3]。某型号国产 300MW 汽轮机高压进汽管道遮热罩的示意图如图 10-1 所示。高压进汽连接管道的内套管与高压内缸连接，外套管与高压外缸连接。高温主蒸汽进入内套管并流入汽轮机的高压内缸，内套管的表面温度比较高。在汽轮机高压进汽连接管道的内套管与外套管之间设计一个用耐热钢制成的圆筒形遮热罩，可以减少内套管与外套管之间的辐传换热。

2. 高压内缸遮热罩

瑞士的 BBC（布朗勃法瑞）公司从 1960 开始使用红套环筒形高压内缸结构，1988 年起 ABB 公司生产的汽轮机和 2000 年起欧洲 ALSTOM（阿尔斯通）公司生产的汽轮机，采用了红套环筒形高压内缸结构。例如，ABB 超临界 600MW 超临界高压内缸采用了无法兰螺栓连接的红套环结构，使用了 7 道红套环，如图 10-2 所示。超超临界汽轮机的主蒸汽压力达 28～35MPa 时，高压内缸中分面法兰的高温螺栓强度很难满足现有汽轮机设计规范的要求。汽轮机采用红套环的圆筒形高压内缸，高压内缸为对称圆筒形结构，温度场分布均匀，热应力减小，便于快速起动和变工况，提高了汽轮机的灵活性。从 2013 年起，国内有的汽轮机制造企业研制的主蒸汽压力在 28MPa 及以上的超超临界 660MW 和 1000MW 汽轮机也采用了红套环的筒形高压内缸结构[4]。

汽轮机所采用的红套环筒形高压内缸，在红套环外侧紧贴红套环设计全周遮热罩。汽轮机内缸工作温度处在汽轮机高压缸进汽温度和排汽温度之间，内缸内表面与外表面温差较大，若不采用遮热罩，在汽轮机稳态工况运行时，高压内缸的内表面、外表面及红套环处产生较大的热应力。在汽轮机的起动、停机与负荷变动等瞬态工况时高压内缸与红套环的热应力更大，影响汽轮机的灵活运行和使用寿命。因此，在筒形内缸红套环外表面设计隔热罩，阻隔高压缸排汽对高压内缸外表面的大范围强迫冷却，使得高压内缸内表面与外表面温度场相对均匀，可以减小内缸与红套环结构在径向（壁厚方向）的温度梯度，降低高压内缸的热应力。

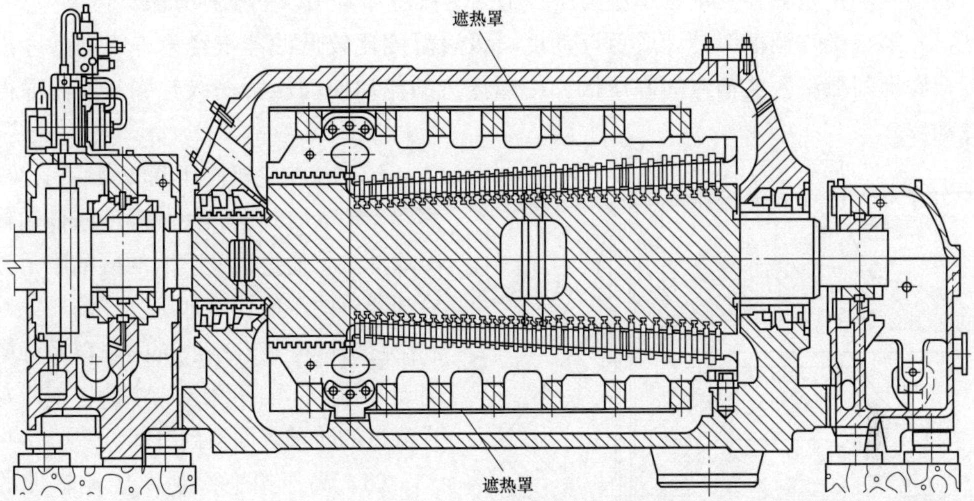

图 10-2　高压缸遮热罩的示意图

3. 中压内缸遮热罩

某型号超超临界一次再热 1000MW 汽轮机的双流中压缸，再热蒸汽从中压缸中部侧面两个进汽口进入汽轮机，中压缸的排汽口布置在双流中压缸中间的顶部[5]。中压缸结构紧凑，整个中压外缸承受中压排汽的温度和压力。当汽轮机中压缸的进汽温度与排汽温度之差超过 350℃时，可以在中压内缸的外表面设置遮热罩，如图 10-3 所示，其主要作用：一是减少中压内缸与中压外缸的辐射传热；二是降低中压内缸的内表面与外表面的温度差，以减少汽轮机中压内缸的热应力与热变形。

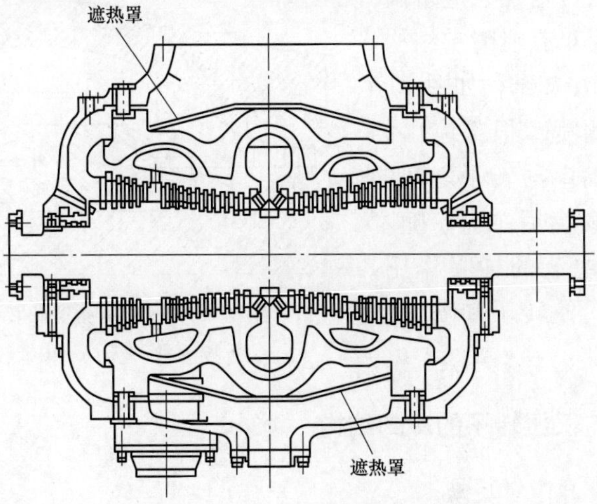

图 10-3　中压缸遮热罩的示意图

四、蒸汽室和高压转子的冷却结构

1. 蒸汽室与高压转子单流结构

超临界和超超临界汽轮机单流高压转子的蒸汽冷却常用以下三种方法。

（1）第一级叶型根部设计成负反动度，级后温度比较低的蒸汽经第一级动叶片枞树型叶根底部间隙流入前轴封的高压侧。冷却蒸汽的流动使高压第一级轮缘和前轮面得到了冷却。

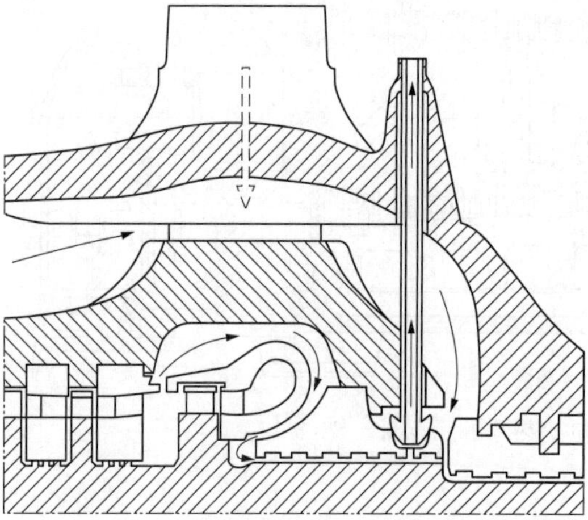

图 10-4　单流喷嘴室的冷却结构

（2）从汽轮机高压调节阀后引出少量蒸汽，喷入凝结水，使其温度降低后作为冷却蒸汽，通过改变喷入的凝结水量控制冷却蒸汽的温度。冷却蒸汽经高压第一级和第二级动叶片叶根底部间隙以及静叶片与动叶片之间的间隙流入主流，使冷却蒸汽流过的转子表面得到冷却。

（3）高压第一级后温度比较低的蒸汽的一小部分，经喷嘴室与内缸之间的腔室，回流至高压第一级前轮面和前轴封之间的空间，使喷嘴室、内缸和第一级叶轮的前轮面得到冷却[6]，单流喷嘴室的冷却结构如图 10-4 所示。

2. 第一级双流与压力级单流结构

高压第一级采用双流式结构，高压第二级以后的压力级采用单流结构。采用双流第一级的优点是每只动叶片所承担的负荷减少一半，喷嘴室和动叶片的应力有所减少，对于大功率超临界和超超临界汽轮机可以使用现有实际运行经验的动叶片。但采用双流喷嘴室的缺点是叶片数目增加、造价高、轴承跨度增大。采用双流喷嘴室结构，喷嘴室和高压转子的冷却结构如图 10-5 所示[7]，从前轴封侧喷嘴根部流出的小部分蒸汽，经喷嘴室与转子之间的腔室流入另外一侧喷嘴后主流。随着转子的转动，由于主流的抽吸作用，腔室中的蒸汽流出，使转子和喷嘴室得到冷却。

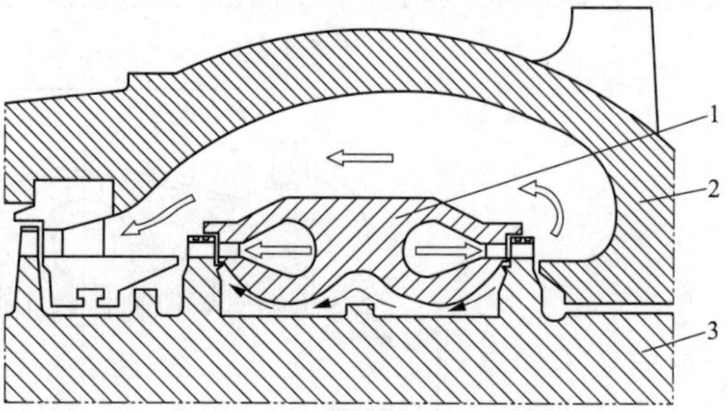

图 10-5　双流喷嘴室和转子的冷却结构

1—喷嘴室；2—高压内缸；3—高压转子

五、中压转子与低压转子的冷却结构

1. 中压第一级设计为负反动度

超临界和超超临界汽轮机双流式中压缸具有比较高的再热汽温，在转子中间，2 个第一级叶轮组成封闭空间，由于转动产生的热量使转子温度上升。中压转子采用双流式结构后，中压第一级叶型根部可设计成负反动度。在叶型根部，负反动度使得动叶片根部出汽侧的压力比静叶根部出汽侧的压力高，使得做了功而降低了温度的动叶片出口的蒸汽经动叶片叶型根部和枞树型叶根底部间隙流向静叶片出口。这种汽流的循环流动使轮缘和转子的表面得到了冷却。但是，叶型根部采用负反动度也有不足之处，就是叶型高度有所增加，引起叶根离心应力的增加抵消了一部分蒸汽冷却的效果，不采用叶型根部负反动度的动叶片叶高为采用叶型根部负反动度动叶片叶高的80%～90%。

2. 冲动式汽轮机双流中压转子

冲动式汽轮机双流中压转子的冷却结构如图10-6所示[8]，高压汽轮机的抽汽通过中压汽轮机前两级的隔板汽封、前两级动叶片枞树型叶根底部间隙或叶轮的冷却孔以及前级叶轮前后轮面，使中压转子高温部位得到了冷却。

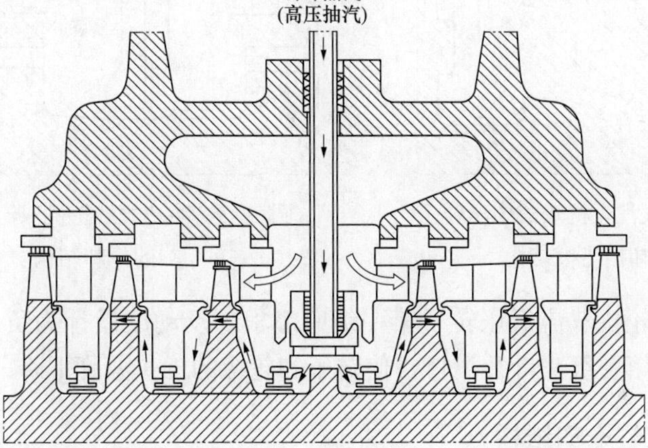

图10-6　冲动式汽轮机双流中压转子的冷却结构

3. 采用涡流冷却挡热板结构

在反动式双流中压转子进汽部分的中压第1级静叶内径处设计涡流冷却挡热板，使中压转子进汽区工作温度下降。中压转子涡流冷却挡热板结构如图10-7所示[9]，中压第1级的反动度设计得比普通反动级小，使流经中压第1级静叶片的蒸汽温度下降幅度增大，第1级静叶片出口温度下降。在静叶片内径处的挡热板上设计4个切向孔，静叶片出口的蒸汽经过4个切向孔进入挡热板与转子之间的区域发生膨胀，使转子表面温度下降。扣除蒸汽在挡热板与转子表面之间摩擦产生热量的影响后，双流第1级动叶片之间的中压转子表面温度约下降15℃。

4. 低压转子的冷却结构

(1) 3.5%NiCrMoV(30Cr2Ni4MoV) 钢在350℃以上高温长期服役会发生回火脆化现象，不宜在实际工作温度高于350℃条件下长期使用。亚临界汽轮机再热蒸汽温度为538℃，超临界汽轮机再热蒸汽温度为566℃，通常低压缸进汽温度不会超过350℃。超超临界汽轮机再热蒸汽温度为600℃，低压缸进汽温度有可能超过350℃。为了防止超超临界汽轮机低压转子产生回火脆化，低压转子可采用超纯净冶炼技术生产的超纯净

NiCrMoV钢；或采用低压转子的蒸汽冷却技术，把低压转子的工作温度降下来。对于冲动式汽轮机双流式低压转子，采用特殊结构的隔板使低压进汽与低压转子隔开。低压转子的冷却结构如图10-8所示[6]，采用专门设计的第一级叶轮平衡孔的特殊结构形式，使第一级动叶片后低于350℃的蒸汽通过叶轮平衡孔，再流入第一级静叶片和动叶片之间，对低压转子进行冷却。在平衡孔的地方，由于叶轮的转动，圆周速度约为200m/s，把吸入的动压变成叶轮两侧的压差，温度比较低的蒸汽持续流动冷却了低压转子。

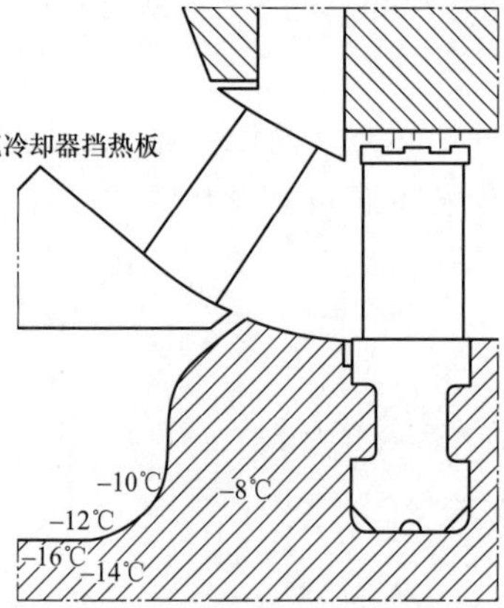

图10-7 反动式汽轮机双流中压转子涡流冷却挡热板结构

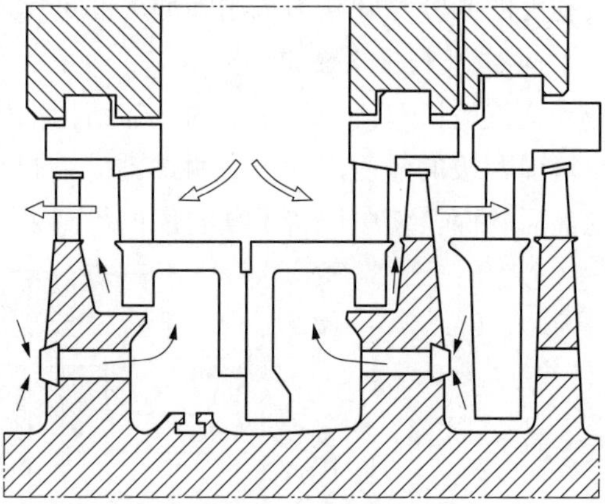
图10-8 冲动式汽轮机双流低压转子的冷却结构

(2) 反动式汽轮机双流低压转子第一级叶型根部反动度设计为负值，动叶片出口温度较低蒸汽回流至第一级静叶片出口，使转子和轮缘的工作温度下降。

六、高中压汽缸冷却结构

1. 负反动度的第一级叶型根部设计

不论是反动式超临界和超超临界汽轮机还是冲动式超临界和超超临界汽轮机，高压第一级喷嘴和动叶片大多采用冲动级。采用冲动级使高压第一级喷嘴有相当大的焓降，使调节级后的蒸汽压力和温度都有比较大的下降，使内缸承受的热负荷下降，从而使内缸壁厚减薄，中分面螺栓尺寸减小。

把高压第一级叶型根部设计成负反动度，使第一级动叶片出口较冷蒸汽的一小部分，经喷嘴室与动叶片之间的间隙回流至前轮面和前轴封之间的腔室，高压转子第一级叶轮也会受到这股冷却蒸汽的冷却。

2. 高压汽缸夹层冷却

高压汽缸夹层冷却蒸汽流过如图10-4所示[6]的高压内缸外表面，对于主蒸汽压力为25MPa的超超临界汽轮机，调节级后压力约为22MPa，内缸承受压差约为13MPa，外缸承受压力约为9MPa，高压缸排汽压力约为5MPa。从高压缸通流部分引出部分9MPa蒸汽在内外汽缸夹层中流动，可以冷却内缸，限制内缸向外缸的热对流和热辐射。汽缸夹层应设计小的蒸汽流量，内缸外表面和外缸内表面对流传热的表面传热系数不宜过大。应注意防止汽缸的高温部位被过度冷却反而引起比较大的热应力；避免内缸外表面过大的对流传热，以减小内缸的热应力和热变形。内缸安装在外缸内，内缸应能够自由膨胀，两个汽缸的对中由水平中分面处的支承和垂直中心线上的键来保证。

3. 中压汽缸夹层冷却与遮热罩

中压汽缸夹层冷却结构如图 10-9 所示[10]，中压内缸内表面再热蒸汽温度为 593℃，中压内缸外表面流过约 460℃的中压抽汽。中压内缸内表面与外表面的金属温度差比较大，运行中热应力有可能引起内缸热变形。

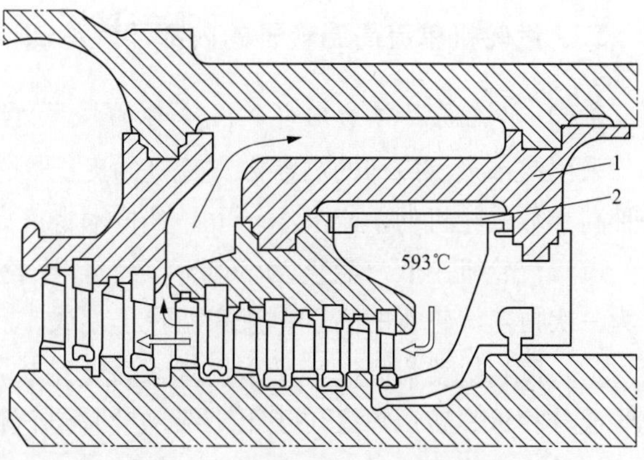

图 10-9　中压汽缸夹层冷却结构

1—中压内缸；2—遮热罩

为了减小中压内缸内表面与外表面的金属温度差，在中压内缸内表面处设计一个遮热罩，可以减少中压缸进汽与中压内缸内表面的对流传热系数。国外运行机组的测量数据[10]，验证了采用遮热罩后中压内缸内外表面金属温度差减小的效果。

第二节　高温转子冷却结构设计

本节介绍了汽轮机转子内部蒸汽冷却的技术背景、单流高温转子和双流高温转子的内部蒸汽冷却的技术方案与技术效果，给出了单流高温转子和双流高温转子的内部蒸汽冷却的应用实例，应用于 660～760℃汽轮机高温转子的冷却结构设计。

一、汽轮机转子内部蒸汽冷却的技术背景

对于主蒸汽温度为 660～740℃、功率为 600～1500MW 的高参数汽轮机，一次再热汽轮机的高压转子和二次再热的超高压转子，均为单流高温转子。对于主蒸汽温度为 660～740℃的高参数汽轮机，在其单流高温转子上安装第 1 级动叶片至第 5 级动叶片的区域，工作温度超过 650℃。锻造与焊接性能良好的奥氏体钢的工作温度的上限为 650℃，无法在主蒸汽温度为 660～740℃的高参数汽轮机的单流高温转子上使用。

对于再热蒸汽温度为 680～760℃、功率为 600～1500MW 的高参数汽轮机，一次再热汽轮机的中压转子、二次再热的高压转子与中压转子，均为双流高温转子。对于再热蒸汽温度为 680～760℃的高参数汽轮机，在其双流高温转子上安装第 1 级动叶片至第 6 级动叶片的区域，工作温度超过 650℃。

高参数汽轮机的现有技术方案，是单流高温转子和双流高温转子采用镍基合金焊接转子结构。采用镍基合金制造高参数汽轮机的焊接单流高温转子与双流高温转子，面临两大技术难题，一是镍基合金大型锻件的锻造与焊接技术难度比较大，造价昂贵；二是全球镍资源少，难以大批量制造高参数汽轮机的单流高温转子与双流高温转子。

二、汽轮机单流高温转子的内部蒸汽冷却

（一）单流高温转子内部蒸汽冷却的技术方案

采用内部蒸汽冷却的高参数汽轮机的奥氏体钢单流高温转子[11]，其技术方案是提供一种高参数汽轮机的单流高温转子，其技术特征如下：

（1）汽轮机主蒸汽温度为660～740℃，汽轮机功率为600～1500MW，单流高温转子为一次再热汽轮机的高压单流高温转子，或二次再热汽轮机超高压单流高温转子。

（2）汽轮机单流高温转子采用焊接转子结构，母材奥氏体钢，焊材化学成分与母材化学成分相近。转子焊缝位于第1级动叶片进汽侧与转子平衡活塞之间，且靠近第1级动叶片的进汽侧。

（3）单流高温转子的冷却蒸汽，取自锅炉中间过热器的集箱，冷却蒸汽的压力高于主蒸汽压力，冷却蒸汽温度为500～600℃。单流高温转子的冷却蒸汽的进汽部位，设计在第1级动叶片进汽侧与转子平衡活塞之间，且靠近平衡活塞的一侧，冷却蒸汽通过均布轴向圆孔进入焊接转子的高温段内部腔室，轴向圆孔直径为10～50mm，沿圆周方向两个轴向圆孔的圆心之间距离大于2倍轴向圆孔直径。

（4）进入单流高温转子的高温段内部腔室的冷却蒸汽，通过均布径向圆孔流出，冷却转子叶根槽和动叶片出汽侧的转子，以降低单流高温转子高温段的工作温度，径向圆孔直径为5～30mm，在焊接转子高温段内部腔室表面沿圆周方向两个径向圆孔的圆心之间距离大于2倍径向圆孔直径。每当汽轮机通流部分蒸汽温度比奥氏体钢工作温度每升高10～20℃，需要在单流高温转子上新增加1级动叶片进行蒸汽冷却，在转子叶根槽和动叶片出汽侧设计两排径向圆孔进行蒸汽冷却。

（5）汽轮机主蒸汽温度为660℃，在单流高温转子上安装第1级动叶片的转子叶根槽和动叶片出汽侧设计两排径向圆孔进行蒸汽冷却，径向圆孔直径取为5～10mm，在焊接转子高温段内部腔室表面沿圆周方向两个径向圆孔的圆心之间距离大于2倍径向圆孔直径。

（6）汽轮机主蒸汽温度为680℃，在单流高温转子上安装第1级动叶片与第2级动叶片的转子叶根槽和动叶片出汽侧设计四排径向圆孔进行蒸汽冷却，680℃汽轮机高压单流高温焊接转子内部冷却结构示意图如图10-10所示。安装第1级动叶片的转子叶根槽和第1级动叶片出汽侧设计的两排直径取为10～15mm的径向圆孔，安装第2级动叶片的转子叶根槽和第2级动叶片出汽侧设计的两排直径取为5～10mm的径向圆孔，在焊接转子高温段内部腔室表面沿圆周方向两个径向圆孔的圆心之间距离大于2倍径向圆孔直径。

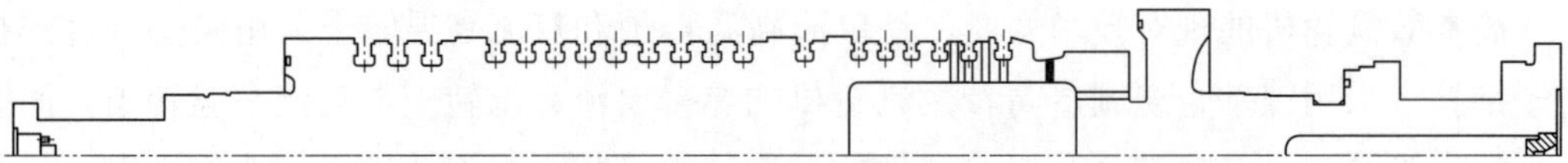

图10-10　主蒸汽温度为680℃汽轮机高压单流高温焊接转子内部冷却结构示意图

（7）汽轮机主蒸汽温度为700℃，在单流高温转子上安装第1级动叶片、第2级动叶片与第3级动叶片的转子叶根槽和动叶片出汽侧设计六排径向圆孔进行蒸汽冷却，700℃汽轮机高压单流高温焊接转子内部冷却结构示意图如图10-11所示。安装第1级动叶片的转子叶根槽和第1级动叶片出汽侧设计两排直径为15～20mm的径向圆孔，安装第2级动叶片的转子叶根槽和第2级动叶片出汽侧设计两排直径为10～15mm的径向圆孔，安装第3级动叶片的转子叶根槽和第3级动叶片出汽侧设计两排直径为5～10mm的径向圆孔，在焊接转子高温段内部腔室表面沿圆周方向两个径向圆孔的圆心之间距离大于2倍径向圆孔直径。

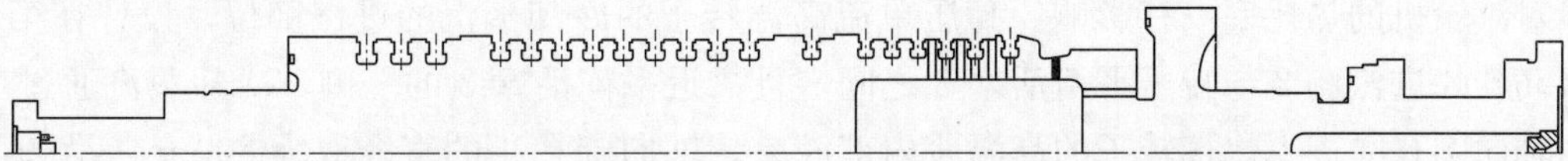

图10-11　主蒸汽温度为700℃汽轮机高压单流高温焊接转子内部冷却结构示意图

（8）汽轮机主蒸汽温度为720℃，在单流高温转子上安装第1级动叶片、第2级动叶片、第3级动叶片与第4级动叶片的转子叶根槽和动叶片出汽侧设计八排径向圆孔进行蒸汽冷却，安装第1级动叶片的转子叶根槽和第1级动叶片出汽侧设计两排直径为20～25mm的径向圆孔，安装第2级动叶片的转子叶根槽和第2级动叶片出汽侧设计两排直径为15～20mm的径向圆孔，安装第3级动叶片的转子叶根槽和第3级动叶片出汽侧设计两排直径为10～15mm的径向圆孔，安装第4级动叶片的转子叶根槽和第4级动叶片出汽侧设计两排直径为5～10mm的径向圆孔，在焊接转子高温段内部腔室表面沿圆周方向两个径向圆孔的圆心之间距离大于2倍径向圆孔直径。

（9）汽轮机主蒸汽温度为740℃，在单流高温转子上安装第1级动叶片、第2级动叶片、第3级动叶片、第4级动叶片与第5级动叶片的转子叶根槽和动叶片出汽侧设计十排径向圆孔进行蒸汽冷却，安装第1级动叶片的转子叶根槽和第1级动叶片出汽侧设计两排直径为25～30mm的径向圆孔，安装第2级动叶片的转子叶根槽和第2级动叶片出汽侧设计两排直径为20～25mm的径向圆孔，安装第3级动叶片的转子叶根槽和第3级动叶片出汽侧设计两排直径为15～20mm的径向圆孔，安装第4级动叶片的转子叶根槽和第4级动叶片出汽侧设计两排直径为10～15mm的径向圆孔，安装第5级动叶片的转子叶根槽和第5级动叶片出汽侧设计两排直径为5～10mm的径向圆孔，在焊接转子高温段内部腔室表面沿圆周方向两个径向圆孔的圆心之间距离大于2倍径向圆孔直径。

（二）单流高温转子内部蒸汽冷却的技术效果

汽轮机单流高温转子内部蒸汽冷却结构的技术优点，是采用锻造与焊接性能良好的650℃奥氏体钢焊接转子以及内部蒸汽冷却结构，实现了主蒸汽温度为660～740℃的高参数汽轮机单流高温转子的工程应用。采用奥氏体钢与蒸汽冷却结构替代镍基合金大型锻件，降低了主蒸汽温度为660～740℃的高参数汽轮机单流高温转子锻造与焊接的技术难度以及造价。冷却蒸汽取自锅炉中间过热器，冷却蒸汽的流量对汽轮机的热耗率没有影响。

（三）单流高温转子内部蒸汽冷却的应用实例

1. 实例 1

某型号 660MW 一次再热汽轮机，反动式汽轮机主蒸汽温度为 680℃，一次再热汽轮机高压单流高温焊接转子的内部蒸汽冷却结构示意图如图 10-12 所示。该高压单流高温转子采用焊接转子结构，母材为奥氏体钢 A286（UNS S66286），焊材为 A402。转子焊缝 1 位于第 1 级动叶片的进汽侧 2 与转子平衡活塞 3 之间，且靠近第 1 级动叶片的进汽侧 2。高压单流高温转子的冷却蒸汽，取自锅炉中间过热器的集箱，冷却蒸汽的压力高于主蒸汽压力，冷却蒸汽温度为 580℃。冷却蒸汽取自锅炉中间过热器，冷却蒸汽的流量对汽轮机的热耗率没有影响。高压单流高温转子的冷却蒸汽的进汽部位，设计在第 1 级动叶片进汽侧 2 与转子平衡活塞 3 之间，且靠近平衡活塞 3 的一侧，冷却蒸汽通过均布轴向圆孔 4 进入焊接转子的高温段内部腔室，轴向圆孔 4 的直径取为 20mm，沿圆周方向两个轴向圆孔的圆心之间距离大于 2 倍轴向圆孔直径。

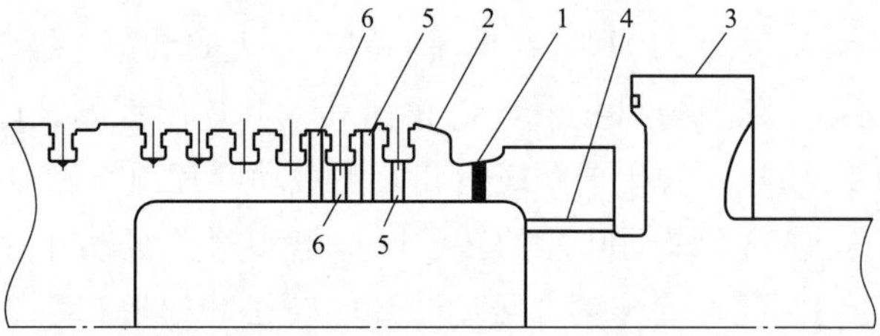

图 10-12　主蒸汽温度为 680℃的 660MW 汽轮机高压单流高温焊接转子的内部蒸汽冷却结构示意图

进入高压单流高温焊接转子的高温段内部腔室的冷却蒸汽，通过均布径向圆孔流出，冷却转子叶根槽和动叶片出汽侧的转子，以降低高压单流高温转子高温段的工作温度，径向圆孔直径为 5～15mm。该型号汽轮机主蒸汽温度为 680℃，在高压单流高温转子上安装第 1 级与第 2 级动叶片的转子叶根槽和动叶片的出汽侧设计四排径向圆孔进行蒸汽冷却，安装第 1 级动叶片的转子叶根槽和第 1 级动叶片出汽侧设计两排直径为 10～15mm 的径向圆孔 5，安装第 2 级动叶片的转子叶根槽和第 2 级动叶片出汽侧设计两排直径为 5～10mm 的径向圆孔 6，在焊接转子高温段内部腔室表面沿圆周方向两个径向圆孔的圆心之间距离大于 2 倍径向圆孔直径。

该型号 660MW 汽轮机高压单流高温技术优点，是采用锻造与焊接性能良好的 650℃奥氏体钢 A286 焊接转子以及内部蒸汽冷却结构，实现了主蒸汽温度为 680℃的高参数汽轮机高压单流高温转子的工程应用，采用奥氏体钢与蒸汽冷却结构替代镍基合金转子锻件，降低了主蒸汽温度为 680℃的一次再热汽轮机高压单流高温转子锻造与焊接的技术难度和造价。

2. 实例 2

某型号二次再热 1000MW 汽轮机主蒸汽温度为 700℃，反动式汽轮机的超高压单流高温焊接转子内部蒸汽冷却结构示意图如图 10-13 所示。该型号汽轮机超高压单流高温转子采用焊接转子结构，母材为奥氏体钢 A286(UNS S66286)，焊材为 A402。转子焊缝

1位于第1级动叶片的进汽侧2与转子平衡活塞3之间，且靠近第1级动叶片的进汽侧2。

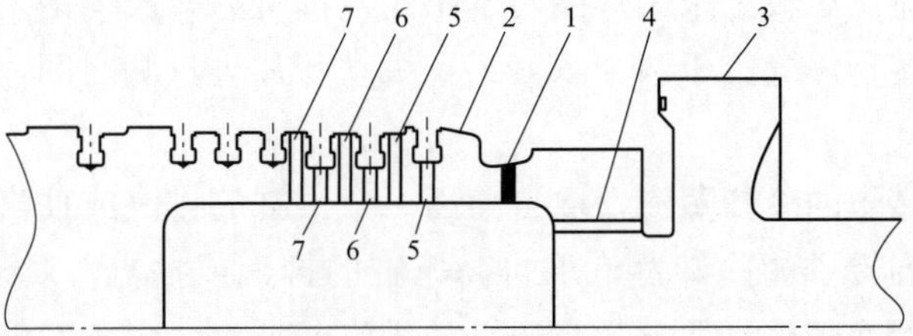

图10-13 主蒸汽温度为700℃的1000MW汽轮机超高压单流高温焊接转子内部蒸汽冷却结构示意图

超高压单流高温转子的冷却蒸汽，取自锅炉中间过热器的集箱，冷却蒸汽的压力高于主蒸汽压力，冷却蒸汽温度为560℃。冷却蒸汽取自锅炉中间过热器，冷却蒸汽的流量对汽轮机的热耗率没有影响。超高压单流高温转子的冷却蒸汽的进汽部位，设计在第1级动叶片的进汽侧2与转子平衡活塞3之间，且靠近平衡活塞3的一侧，冷却蒸汽通过均布轴向圆孔4进入焊接转子的高温段内部腔室，轴向圆孔4的直径取为30mm，沿圆周方向两个轴向圆孔圆心之间距离大于2倍轴向圆孔直径。

进入超高压单流高温焊接转子的内部腔室的冷却蒸汽，通过均布径向圆孔流出，冷却转子叶根槽和动叶片出汽侧的转子，以降低超高压单流高温转子高温段的工作温度，径向圆孔直径为5～20mm，在焊接转子高温段内部腔室表面沿圆周方向两个径向圆孔的圆心之间距离大于2倍径向圆孔直径。

该型号汽轮机主蒸汽温度为700℃，在超高压单流高温焊接转子上安装第1级动叶片、第2级动叶片与第3级动叶片的转子叶根槽和动叶片出汽侧设计六排径向圆孔进行蒸汽冷却，安装第1级动叶片的转子叶根槽和第1级动叶片出汽侧设计两排直径为15～20mm的径向圆孔5，安装第2级动叶片的转子叶根槽和第2级动叶片出汽侧设计两排直径为10～15mm的径向圆孔6，安装第3级动叶片的转子叶根槽和第3级动叶片出汽侧设计两排直径为5～10mm的径向圆孔7，在焊接转子高温段内部腔室表面沿圆周方向两个径向圆孔的圆心之间距离大于2倍径向圆孔直径。

该型号1000MW汽轮机超高压单流高温转子技术优点，是采用锻造与焊接性能良好的650℃奥氏体钢A286焊接转子以及内部蒸汽冷却结构，实现了主蒸汽温度为700℃的高参数汽轮机超高压单流高温转子的工程应用，采用奥氏体钢与蒸汽冷却结构替代镍基合金大型锻件，降低了主蒸汽温度为700℃的二次再热汽轮机超高压单流高温转子锻造与焊接的技术难度及其造价。

三、汽轮机双流高温转子的内部蒸汽冷却

1. 双流高温转子内部蒸汽冷却的技术方案

采用内部蒸汽冷却的高参数汽轮机的奥氏体钢双流高温转子[12]，其技术方案是提供一种高参数汽轮机的双流高温转子，其技术特征如下：

(1) 汽轮机再热蒸汽温度为680～760℃，汽轮机功率为600～1500MW，汽轮机双

流高温转子为一次再热的中压双流高温转子，或二次再热的高压双流高温转子与中压双流高温转子。

(2) 汽轮机双流高温转子采用焊接转子结构，母材为奥氏体钢，焊材化学成分与母材化学成分相近。转子焊缝位于两个双流第 1 级动叶片进汽侧之间，且靠近左侧第 1 级动叶片的进汽侧。

(3) 双流高温转子的冷却蒸汽，取自前面一个汽缸的排汽或抽汽。对于一次再热汽轮机，中压双流高温转子的冷却蒸汽取自高压缸的排汽或抽汽；对于二次再热汽轮机，高压双流高温转子的冷却蒸汽取自超高压缸的排汽或抽汽，中压双流高温转子的冷却蒸汽取自高压缸的排汽或抽汽。双流高温转子的冷却蒸汽，通过中压汽轮机进口的导流锥和进汽管道，进入导流锥与两个双流第 1 级动叶片进汽侧之间的空间；双流高温转子的冷却蒸汽的进汽部位，设计在两个双流第 1 级动叶片进汽侧之间，且靠近右侧第 1 级动叶片的进汽侧。

(4) 冷却蒸汽通过均布轴向圆孔进入焊接转子的高温段内部腔室，轴向圆孔直径 D 为 10～60mm，沿圆周方向两个轴向圆孔的圆心之间距离大于 $2D$。进入双流高温转子的高温段内部腔室的冷却蒸汽，通过均布径向圆孔流出，冷却转子叶根槽和动叶片出汽侧转子，以降低双流高温转子高温段的工作温度，径向圆孔直径 d 为 5～35mm，在焊接转子的高温段内腔室表面沿圆周方向两个径向圆孔的圆心之间距离大于 $2d$。汽轮机通流部分蒸汽温度比奥氏体钢工作温度每升高 10～20℃，需要在双流高温转子上新增加 1 级动叶片进行蒸汽冷却，在转子叶根槽和动叶片出汽侧设计四排径向圆孔进行蒸汽冷却。

(5) 汽轮机再热蒸汽温度为 680℃，在双流高温转子上安装第 1 级动叶片与第 2 级动叶片的转子叶根槽和动叶片出汽侧设计八排径向圆孔进行蒸汽冷却，每侧四排径向冷却圆孔，双流转子两侧八排径向冷却圆孔。安装第 1 级动叶片的转子叶根槽和第 1 级动叶片出汽侧设计的四排直径为 10～15mm 的径向圆孔，安装第 2 级动叶片的转子叶根槽和第 2 级动叶片出汽侧设计的四排直径为 5～10mm 的径向圆孔，在焊接转子的内腔室表面沿圆周方向两个径向圆孔的圆心之间距离大于 2 倍径向圆孔直径。

(6) 汽轮机再热蒸汽温度为 700℃，在双流高温转子上安装第 1 级动叶片、第 2 级动叶片与第 3 级动叶片的转子叶根槽和动叶片出汽侧设计十二排径向圆孔进行蒸汽冷却，每侧六排径向冷却圆孔，双流转子两侧十二排径向冷却圆孔。安装第 1 级动叶片的转子叶根槽和第 1 级动叶片出汽侧设计四排直径为 15～20mm 径向圆孔，安装第 2 级动叶片的转子叶根槽和第 2 级动叶片出汽侧设计四排直径为 10～15mm 的径向圆孔，安装第 3 级动叶片的转子叶根槽和第 3 级动叶片出汽侧设计四排直径为 5～10mm 的径向圆孔，在焊接转子的内腔室表面沿圆周方向两个径向圆孔的圆心之间距离大于 2 倍径向圆孔直径。

(7) 汽轮机再热蒸汽温度为 720℃，在双流高温转子上安装第 1 级动叶片、第 2 级动叶片、第 3 级动叶片与第 4 级动叶片的转子叶根槽和动叶片出汽侧设计十六排径向圆孔进行蒸汽冷却，双流转子每侧八排径向冷却圆孔，两侧十六排径向冷却圆孔。安装第 1 级动叶片的转子叶根槽和第 1 级动叶片出汽侧设计四排直径为 20～25mm 的径向圆孔，安装第 2 级动叶片的转子叶根槽和第 2 级动叶片出汽侧设计四排直径为 15～20mm 的径向圆孔，安装第 3 级动叶片的转子叶根槽和第 3 级动叶片出汽侧设计四排直径为 10～15mm 的径向圆孔，安装第 4 级动叶片的转子叶根槽和第 4 级动叶片出汽侧设计四排直径为 5～10mm 的径向圆孔，在焊接转子的内腔室表面沿圆周方向两个径向圆孔的圆心之间距离大于 2 倍径向圆孔直径，720℃汽轮机中压双流高温转子内部冷却结构示意图如图 10-14 所示。

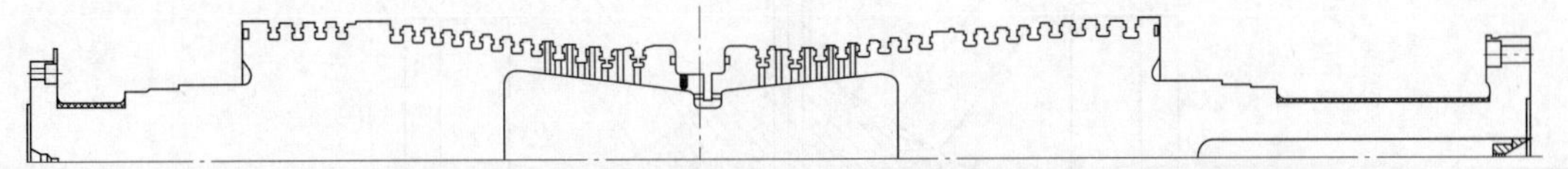

图 10-14　再热蒸汽温度为 720℃汽轮机中压双流高温转子内部冷却结构示意图

（8）汽轮机再热蒸汽温度为 740℃，在双流高温转子上安装第 1 级动叶片、第 2 级动叶片、第 3 级动叶片、第 4 级动叶片与第 5 级动叶片的转子叶根槽和动叶片出汽侧设计二十排径向圆孔进行蒸汽冷却，双流转子每侧十排径向冷却圆孔，两侧二十排径向冷却圆孔。安装第 1 级动叶片的转子叶根槽和第 1 级动叶片出汽侧设计的四排直径为 25～30mm 的径向圆孔，安装第 2 级动叶片的转子叶根槽和第 2 级动叶片出汽侧设计四排直径为 20～25mm 的径向圆孔，安装第 3 级动叶片的转子叶根槽和第 3 级动叶片出汽侧设计四排直径为 15～20mm 的径向圆孔，安装第 4 级动叶片的转子叶根槽和第 4 级动叶片出汽侧设计四排直径为 10～15mm 的径向圆孔，安装第 5 级动叶片的转子叶根槽和第 5 级动叶片出汽侧设计四排直径为 5～10mm 的径向圆孔，在焊接转子的内腔室表面沿圆周方向两个径向圆孔的圆心之间距离大于 2 倍径向圆孔直径。

（9）汽轮机再热蒸汽温度为 760℃，在双流高温转子上安装第 1 级动叶片、第 2 级动叶片、第 3 级动叶片、第 4 级动叶片、第 5 级动叶片与第 6 级动叶片的转子叶根槽和动叶片出汽侧设计二十四排径向圆孔进行蒸汽冷却，双流转子每侧十二排径向冷却圆孔，两侧二十四排径向冷却圆孔。安装第 1 级动叶片的转子叶根槽和第 1 级动叶片出汽侧设计四排直径为 30～35mm 的径向圆孔，安装第 2 级动叶片的转子叶根槽和第 2 级动叶片出汽侧设计四排直径为 25～30mm 的径向圆孔，安装第 3 级动叶片的转子叶根槽和第 3 级动叶片出汽侧设计四排直径为 20～25mm 的径向圆孔，安装第 4 级动叶片的转子叶根槽和第 4 级动叶片出汽侧设计四排直径为 15～20mm 的径向圆孔，安装第 5 级动叶片的转子叶根槽和第 5 级动叶片出汽侧设计四排直径为 10～15mm 的径向圆孔，安装第 6 级动叶片的转子叶根槽和第 6 级动叶片出汽侧设计四排直径为 5～10mm 的径向圆孔，在焊接转子的内腔室表面沿圆周方向两个径向圆孔的圆心之间距离大于 2 倍径向圆孔直径。

2. 双流高温转子内部蒸汽冷却的技术效果

汽轮机双流高温转子内部蒸汽冷却的技术优点，是对再热蒸汽温度为 680～760℃的高参数汽轮机双流高温转子，采用锻造与焊接性能良好的 650℃奥氏体钢焊接转子的内部蒸汽冷却结构，实现了工程应用。采用奥氏体钢锻件与蒸汽冷却结构替代镍基合金大型锻件，降低了 700℃等级汽轮机双流高温转子锻造与焊接的技术难度与造价。

3. 双流高温转子内部蒸汽冷却的应用实例

某型号 700℃等级 1000MW 汽轮机，二次再热蒸汽温度为 720℃，双流高温转子蒸汽冷却进汽部位示意图如图 10-15 所示，中压双流高温转子内部蒸汽冷却结构示意图如图 10-16 所示。该型号汽轮机中压双流高温转子采用焊接转子结构，母材奥氏体钢为 A286（UNS S66286），焊材为 A402。转子焊缝 1 位于两个双流第 1 级动叶片进汽侧 2 和 3 之间，且靠近左侧第 1 级动叶片的进汽侧 2。

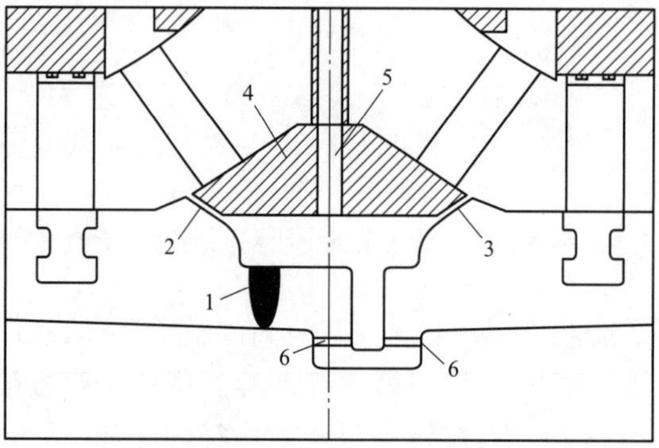

图 10-15　双流高温转子蒸汽冷却进汽部位示意图

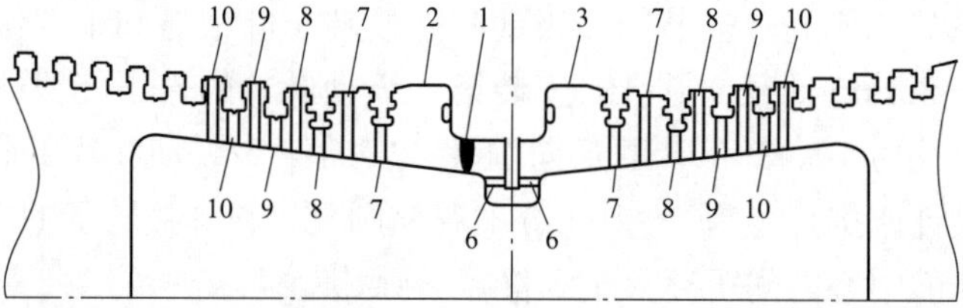

图 10-16　再热蒸汽温度为 720℃的高参数汽轮机中压双流高温转子内部蒸汽冷却结构示意图

中压双流高温转子的冷却蒸汽，取自高压缸的排汽，冷却蒸汽的压力高于二次再热中压转子的进汽压力。中压双流高温转子的冷却蒸汽，通过图 10-15 所示的中压汽轮机进口的导流锥 4 和进汽管道 5，进入图 10-15 所示的导流锥 4 与两个双流第 1 级动叶片进汽侧 2 和 3 之间的空间。中压双流高温转子的冷却蒸汽的进汽部位，设计在图 10-15 所示的两个双流第 1 级动叶片进汽侧 2 和 3 之间，且靠近右侧第 1 级动叶片的进汽侧 3；冷却蒸汽通过均布轴向圆孔 6 进入焊接转子的高温段内部腔室，轴向圆孔直径 D 取为 40mm，沿圆周方向两个轴向圆孔的圆心之间距离大于 $2D$。

进入中压双流高温转子的高温段内部腔室的冷却蒸汽，通过均布径向圆孔流出，冷却转子叶根槽和动叶片出汽侧转子，以降低中压双流高温转子高温段的工作温度，径向圆孔直径 d 取为 5～25mm，在焊接转子高温段内腔室表面沿圆周方向两个径向圆孔的圆心之间距离大于 $2d$。汽轮机通流部分蒸汽温度比奥氏体钢工作温度每升高 10～20℃，在中压双流高温转子上新增加 1 级动叶片进行蒸汽冷却，在转子叶根槽和动叶片出汽侧设计四排径向圆孔进行蒸汽冷却。

该型号汽轮机二次再热蒸汽温度为 720℃，在中压双流高温转子上安装第 1 级动叶片、第 2 级动叶片、第 3 级动叶片与第 4 级动叶片的转子叶根槽和动叶片出汽侧设计十六排径向圆孔进行蒸汽冷却，双流转子每侧八排径向冷却圆孔，两侧十六排径向冷却圆孔。安装第1级动叶片的转子叶根槽和第1级动叶片出汽侧设计四排直径为20～25mm的径向圆孔7，安装第2级动叶片的转子叶根槽和第2级动叶片出汽侧设计四排直径为15～20mm的径向圆孔8，安装第3级动叶片的转子叶根槽和第3级动叶片出汽侧设计四排直径为10～15mm的径向圆孔9，安装第4级动叶片的转子叶根槽和第4级动叶片出汽侧设计四排直径为5～10mm的径向圆孔10。

双流中压转子的冷却蒸汽取自高压缸的排汽，经热力计算，双流中压转子的冷却蒸汽流量Q_2=50t/h，B为计算常数，取值范围为0.2417～0.3417，取上限值$B=0.3417$，得出该型号汽轮机热耗率下降的值$\Delta HR=B\times Q_2=0.3417\times 50=17.085$(kJ/kWh)。二次再热蒸汽温度为720℃的高参数汽轮机，热耗率比二次再热蒸汽温度为630℃汽轮机低397kJ/kWh，中压双流高温转子的冷却蒸汽的流量为50t/h，对二次再热蒸汽温度为720℃的高参数汽轮机热耗率的影响为17.085kJ/kWh÷397kJ/kWh=4.3%。

该型号1000MW汽轮机中压双流高温转子技术优点，是采用锻造与焊接性能良好的650℃奥氏体钢A286焊接转子的内部蒸汽冷却结构，实现了二次再热蒸汽温度为720℃的高参数汽轮机中压双流高温转子的工程应用，采用奥氏体钢锻件与蒸汽冷却结构替代镍基合金大型锻件，降低了该型号汽轮机中压双流高温转子锻造与焊接的技术难度与造价。

第三节　高温管道冷却结构设计

本节介绍了高参数汽轮机高温蒸汽管道冷却的技术背景、夹层承压与隔热的640～650℃以及660～760℃高温蒸汽管道的技术方案以及技术效果，给出了夹层承压与隔热的640～650℃以及660～760℃高温蒸汽管道的应用实例，应用于640～760℃汽轮机高温蒸汽管道的冷却结构设计。

一、汽轮机蒸汽管道冷却的技术背景

对于蒸汽温度的范围为640～650℃、蒸汽压力的范围为1Pa～45MPa、发电机组功率的范围为600～1500MW的高温蒸汽管道，其工作温度超过620℃。制造与焊接性能好的P92钢的工作温度的上限为620℃，P91钢的工作温度的上限为600℃，这两种钢管无法在蒸汽温度为640～650℃高温蒸汽管道上使用。640～650℃高温蒸汽管道的现有技术方案，是采用奥氏体钢单层壁管道结构。采用奥氏体钢制造640～650℃高温蒸汽管道，造价比较贵。采用夹层承压与隔热的640～650℃高温蒸汽管道，可以节省奥氏体钢的使用量，降低640～650℃高温蒸汽管道的造价。

对于蒸汽温度的范围为660～760℃、蒸汽压力的范围为1Pa～45MPa、发电机组功率的范围为600～1500MW的高温蒸汽管道，其工作温度超过620℃。制造与焊接性能好的P92钢管与P91钢管以及奥氏体钢管，无法在蒸汽温度为660～760℃高温蒸汽管道上使用。660～760℃高温蒸汽管道的现有技术方案，是采用镍基合金单层壁管道结构。采用镍基合金制造660～760℃高温蒸汽管道，面临两大技术难题，一是镍基合金高温蒸汽

管道的制造与焊接的技术难度大，造价昂贵；二是全球镍资源较少，难以大批量制造高参数煤电机组使用的660～760℃高温蒸汽管道。采用夹层隔热与承压的660～760℃高温蒸汽管道，可以节省镍基合金的使用量，降低660～760℃高温蒸汽管道的造价。

二、夹层承压与隔热的640～650℃高温蒸汽管道

（一）640～650℃高温蒸汽管道冷却结构的技术方案

采用夹层承压与隔热的640～650℃高温蒸汽管道[13]，其技术方案是提供一种640～650℃高温蒸汽管道，其技术特征如下：

（1）所述高温蒸汽管道，蒸汽温度的范围为640～650℃，蒸汽压力的范围为1～45MPa，发电机组功率的范围为600～1500MW。所述640～650℃高温蒸汽管道为主蒸汽管道、一次再热蒸汽管道或二次再热蒸汽管道。

（2）640～650℃高温蒸汽管道采用多层壁结构，由管道内层壁、绝热层、管道中层壁、环形夹层、非整圈环形垫块、管道外层壁、保温层与保护层组成，其中管道内层壁、绝热层和管道中层壁组成管道复合壁。在640～650℃高温蒸汽管道的管道内层壁与管道中层壁之间设置绝热层的主要作用是隔热，以降低管道中层壁与管道外层壁的工作温度，管道内层壁采用奥氏体钢，管道中层壁和管道外层壁采用P92钢或P91钢，绝热层采用耐高温绝热材料及其制品。

（3）640～650℃高温蒸汽管道的管道中层壁与管道外层壁之间的环形夹层流过夹层承压流体，以降低管道复合壁的内外压差，设置管道外层壁的主要作用是承压，夹层承压流体的压力应接近、等于或略高于管道内层壁中高温蒸汽的压力。640～650℃高温蒸汽管道的夹层承压流体由发电厂内部系统或外部系统提供，以一段或多段进入和流出640～650℃高温蒸汽管道的环形夹层，夹层承压流体可以是冷却蒸汽、超临界二氧化碳、氦气等，但不限于此，也可以采用其他工质作为夹层承压流体。

（4）640～650℃高温蒸汽管道的夹层承压流体采用以下几种方法的其中之一提供：

1）640～650℃主蒸汽管道的夹层承压流体所采用的冷却蒸汽，取自锅炉过热器的进口集箱，离开环形夹层的过热蒸汽，进入锅炉过热器的蒸汽温度相近的集箱，夹层承压流体所吸收的热量可以利用。

2）640～650℃一次再热蒸汽管道的夹层承压流体所采用的冷却蒸汽，取自汽轮机超高压缸的排汽，离开环形夹层的过热蒸汽，进入锅炉一次再热器的蒸汽温度相近的集箱，夹层承压流体所吸收的热量可以利用。

3）640～650℃二次再热蒸汽管道的夹层承压流体所采用的冷却蒸汽，取自汽轮机高压缸的排汽，离开环形夹层的过热蒸汽，进入锅炉二次再热器的蒸汽温度相近的集箱，夹层承压流体所吸收的热量可以利用。

4）夹层承压流体所采用的超临界二氧化碳或氦气等工质，由外部系统提供，离开环形夹层的超临界二氧化碳或氦气等工质，温度升高，可以用来驱动二氧化碳透平或氦气透平等透平来发电。

（5）在640～650℃高温蒸汽管道的环形夹层，夹层承压流体的流动方向，与高温蒸汽的流动方向相反，夹层承压流体从汽轮机的主汽阀之前（即进汽阀处）流向锅炉过热器或再热器的蒸汽温度相近的集箱。

1）在640～650℃主蒸汽管道的环形夹层，夹层承压流体从汽轮机超高压缸的进汽阀处流向锅炉过热器的蒸汽温度相近的集箱。

2）在640～650℃一次再热蒸汽管道的环形夹层，夹层承压流体从汽轮机高压缸的进汽阀处流向锅炉一次再热器的蒸汽温度相近的集箱。

3）在640～650℃二次再热蒸汽管道的环形夹层，夹层承压流体从汽轮机中压缸的进汽阀处流向锅炉二次再热器的蒸汽温度相近的集箱。

（6）已知640～650℃高温蒸汽管道的夹层承压流体的进口温度，采用传热计算方法确定夹层承压流体的出口温度，管道中层壁与管道外层壁采用P92钢时夹层承压流体的出口温度不超过620℃，管道中层壁与管道外层壁采用P91钢时夹层承压流体的出口温度不超过600℃。640～650℃高温蒸汽管道的出口蒸汽温度为汽轮机进口额定蒸汽温度，高温蒸汽管道的进口蒸汽温度为锅炉过热器或再热器出口的额定蒸汽温度，已知汽轮机进口额定蒸汽温度，采用传热计算方法确定锅炉过热器或再热器出口的额定蒸汽温度。640～650℃高温蒸汽管道的出口蒸汽压力为汽轮机进口额定蒸汽压力，高温蒸汽管道的进口蒸汽压力为锅炉过热器或再热器出口的额定蒸汽压力，已知汽轮机进口额定蒸汽压力，采用管道沿程压损与局部压损（沿程流阻与局部流阻）的计算公式确定锅炉出口额定蒸汽压力。640～650℃高温蒸汽在管道内层壁构成的圆形管道中流动，依据高温蒸汽流量和管内流速的范围为40～60m/s的限制，确定管道内层壁的内直径D_1。

（7）依据640～650℃高温蒸汽管道的进口蒸汽温度和管道复合壁的内外表面的最大压差，确定管道内层壁的厚度δ_1、绝热层的厚度δ_2与管道中层壁的厚度δ_3。640～650℃高温蒸汽管道设置管道内层壁的主要作用是承受高温，管道内层壁的厚度δ_1的范围为5～15mm。640～650℃高温蒸汽管道设置绝热层的主要作用是隔热，绝热层紧贴管道内层壁和管道中层壁，绝热层的厚度δ_2的范围为5～20mm。640～650℃高温蒸汽管道设置管道中层壁的主要作用是防止绝热层受潮，管道中层壁的温度不超过620℃，管道中层壁的厚度δ_3的范围为3～15mm。假定绝热层内壁温度为汽轮机主蒸汽调节阀前蒸汽温度，绝热层外壁温度为汽轮机主蒸汽调节阀夹层承压流体温度，采用单层圆筒壁模型确定绝热层的厚度δ_2不到5mm。

（8）640～650℃高温蒸汽管道设置管道外层壁的主要作用是承压，依据夹层承压流体的进口压力与出口温度，确定640～650℃高温蒸汽管道的管道外层壁的厚度，管道外层壁的厚度δ_4的范围为3～90mm。640～650℃高温蒸汽管道的管道内层壁的外直径D_2为管道内层壁的内直径D_1与2倍管道内层壁的厚度δ_1之和，即$D_2=D_1+2\delta_1$。640～650℃高温蒸汽管道的管道中层壁的外直径D_3为管道内层壁的外直径D_2与2倍绝热层厚度δ_2以及2倍管道中层壁厚度δ_3之和，即$D_3=D_2+2\delta_2+2\delta_3$。

（9）在640～650℃高温蒸汽管道的环形夹层，夹层承压流体的流速的范围为

0.3～15m/s，夹层承压流体的流量取高温蒸汽流量的范围为0.3%～5%。640～650℃高温蒸汽管道的管道外层壁的内直径 D_4 大于管道中层壁的外直径 D_3，依据夹层承压流体的流速和流量确定管道外层壁的内直径 D_4。640～650℃高温蒸汽管道的管道外层壁的外直径 D_5 为管道外层壁的内直径 D_4 与2倍管道外层壁的厚度 δ_4 之和，即 $D_5 = D_4 + 2\delta_4$。

(10) 在640～650℃高温蒸汽管道的管道中层壁与管道外层壁之间的环形夹层，沿环形夹层中心线每隔4～16m，设置非整圈环形垫块，主要作用是防止管道中层壁与管道外层壁相接触，在每一设置非整圈环形垫块所在截面的沿圆周方向，非整圈环形垫块数量的范围为2～4，非整圈环形垫块材料选取P92钢或P91钢。非整圈环形垫块的内直径为管道中层壁的外直径 D_3，非整圈环形垫块的外直径为管道外层壁的内直径 D_4，非整圈环形垫块沿圆周方向宽度的范围为10～50mm，轴向长度的范围为30～60mm。

(11) 在640～650℃高温蒸汽管道的管道外层壁的外表面设置保温层，保温层紧贴管道外层壁的外表面。在保温层外表面设置保护层，保护层材料选用不锈钢薄板、铝合金薄板或镀锌薄钢板，保护层的主要功能是防水、防潮、抗大气腐蚀，保护层的厚度的范围为0.3～1.0mm。640～650℃高温蒸汽管道的保温层厚度为 δ_5 按照GB 50264—2013[14]设计，忽略保护层的厚度，高温蒸汽管道保温结构外径 D_6 为管道外层壁的外直径 D_5 与2倍管道保温层厚度 δ_5 之和，即 $D_6 = D_5 + 2\delta_5$。

（二）640～650℃高温蒸汽管道冷却结构的技术效果

对于蒸汽温度的范围为640～650℃、蒸汽压力的范围为1～45MPa的高温蒸汽管道，采用奥氏体钢、耐高温绝热材料与P92或P91钢构成的复合壁来隔热，采用中层壁与外层壁构成的环形空间来承压。采用多层壁管道结构替代全部奥氏体钢的单层壁管道，管道内层壁采用少量奥氏体钢制造，管道中层壁和管道外层壁采用P92钢或P91钢，利用复合壁隔热与环形夹层承压，实现新的技术效果是降低了640～650℃高温蒸汽管道的造价。

（三）640～650℃高温蒸汽管道冷却结构的应用实例

1. 实例1

某型号1000MW二次再热发电机组，汽轮机超高压缸的进口额定主蒸汽温度为650℃，额定主蒸汽压力为35MPa，主蒸汽流量为2841.2t/h，两根650℃主蒸汽管道布置示意图如图10-17所示，650℃主蒸汽管道1位于锅炉过热器2与汽轮机超高压缸3之间，单根主蒸汽管道1的流量为1420.6t/h。该主蒸汽管道采用多层壁管道结构的纵剖面示意图如图10-18所示，多层壁管道由管道内层壁4、绝热层5、管道中层壁6、环形夹层7、非整圈环形垫块8、管道外层壁9、保温层10与保护层11组成，其中管道内层壁4、绝热层5和管道中层壁6组成管道复合壁12。由于管道复合壁12两侧的压差比较小，管道复合壁12的厚度可以远小于管道外层壁。

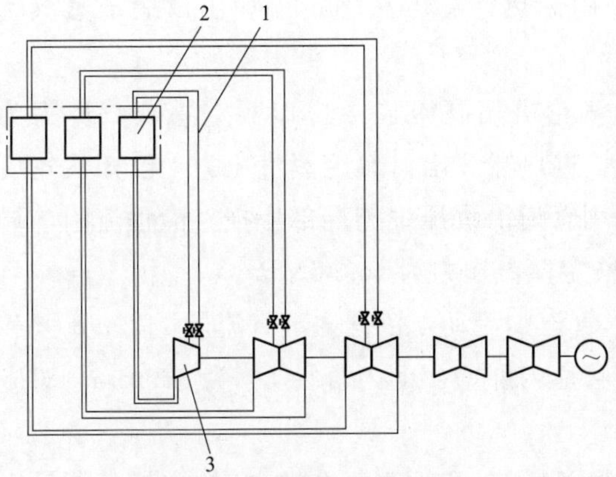

图 10-17　640～650℃主蒸汽管道布置示意图

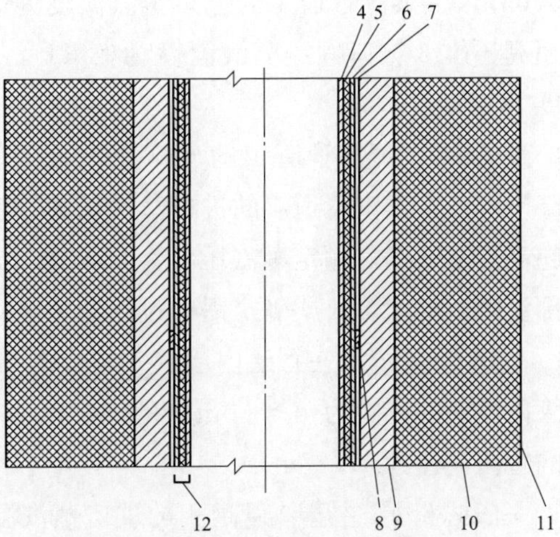

图 10-18　夹层承压与隔热的 640～650℃主蒸汽管道结构的纵剖面示意图

在图 10-17 和图 10-18 所示的 650℃主蒸汽管道 1 的管道内层壁 4 与管道中层壁 6 之间设置绝热层 5 的主要作用是隔热，以降低管道中层壁 6 与管道外层壁 9 的工作温度，管道内层壁 4 采用 Sanicro25 奥氏体钢，管道中层壁 9 和管道外层壁 9 采用 P92 钢，绝热层 5 采用耐 1000℃高温的绝热材料硅酸铝管壳制品。

650℃主蒸汽管道 1 的管道中层壁 6 与管道外层壁 9 之间的环形夹层 7 流过夹层承压流体，以降低管道复合壁 12 的内外压差，设置管道外层壁 9 的主要作用是承压，夹层承压流体的压力应接近、等于或略高于管道内层壁 4 中主蒸汽的压力。

650℃主蒸汽管道 1 的夹层承压流体由发电厂内部系统或外部系统提供，以一段或多段进入和流出 640～650℃高温蒸汽管道的环形夹层 7，夹层承压流体可以是冷却蒸汽、超临界二氧化碳、氦气等，但不限于此，也可以采用其他工质作为夹层承压流体。

650℃主蒸汽管道 1 的夹层承压流体采用的冷却蒸汽，取自图 10-17 所示的锅炉过热器 2 的进口集箱，夹层承压流体的进口压力为 36.06MPa，夹层承压流体的进口温度为 470.0℃，离开环形夹层 7 的冷却蒸汽，进入与锅炉过热器 2 的蒸汽温度相近的集箱，夹层承压流体所吸收的热量可以利用。

在 650℃主蒸汽管道 1 的环形夹层 7，夹层承压流体的流动方向，与主蒸汽的流动方向相反，夹层承压流体从汽轮机超高压缸 3 的主汽阀之前（即进汽阀处）流向锅炉过热器 2 的蒸汽温度相近的集箱。

已知 650℃主蒸汽管道 1 的夹层承压流体的进口温度为 470.0℃，采用传热计算方法确定夹层承压流体的出口温度为 485.1℃，管道中层壁 6 与管道外层壁 9 采用 P92 钢时，夹层承压流体的出口温度不超过 620℃。

650℃主蒸汽管道 1 的出口蒸汽温度为汽轮机超高压缸 3 进口额定主蒸汽温度

650℃，主蒸汽管道 1 的进口蒸汽温度为锅炉过热器 2 出口额定蒸汽温度，已知汽轮机超高压缸 3 进口额定蒸汽温度为 650℃，采用传热计算方法确定锅炉出口额定蒸汽温度为 653.6℃。

650℃主蒸汽管道 1 的出口蒸汽压力为汽轮机超高压缸 7 进口额定主蒸汽压力为 35MPa，主蒸汽管道 1 的进口蒸汽压力为锅炉过热器 2 出口额定蒸汽压力，已知汽轮机超高压缸 3 进口额定蒸汽压力为 35MPa，采用管道沿程压损与局部压损（沿程流阻与局部流阻）的计算公式确定锅炉过热器 2 出口额定蒸汽压力为 36.36MPa。

650℃主蒸汽在管道内层壁 4 构成的圆形管道中流动，依据主蒸汽流量 1420.6t/h 和管内流速的范围为 40～60m/s 的限制，确定管道内层壁 4 的内直径 D_1 为 330mm，对应的管内流速为 47.87m/s。

依据 650℃主蒸汽管道 1 的进口蒸汽温度 653.6℃和管道复合壁 12 的内外表面最大压差 1.06MPa，确定管道内层壁 4 的厚度 δ_1、绝热层 5 的厚度 δ_2 与管道中层壁 6 的厚度 δ_3。

650℃主蒸汽管道 1 设置管道内层壁 4 的主要作用是承受高温，管道内层壁 4 的厚度 δ_1 的范围为 5～15mm，该应用实例的管道内层壁 4 的厚度 δ_1 为 5mm。

650℃主蒸汽管道 1 设置绝热层 5 的主要作用是隔热，绝热层 5 紧贴管道内层壁 4 和管道中层壁 6，绝热层的厚度 δ_2 的范围为 5～20mm，该应用实例的绝热层 5 的厚度 δ_2 为 15mm。

650℃主蒸汽管道 1 设置管道中层壁 6 的主要作用是防止绝热层 5 受潮，采用 P92 钢时，管道中层壁 6 的温度不超过 620℃，采用 P91 钢时管道中层壁 6 的温度不超过 600℃，管道中层壁的厚度 δ_3 的范围为 3～15mm，该应用实例管道中层壁 6 的厚度 δ_3 为 10mm。

650℃主蒸汽管道 1 设置管道外层壁 9 的主要作用是承压，依据夹层承压流体的进口压力为 36.06MPa 与出口温度为 485.1℃，确定 650℃主蒸汽管道 1 的管道外层壁 9 的厚度，管道外层壁 9 的厚度 δ_4 为 75mm。

650℃主蒸汽管道 1 的管道内层壁 4 的外直径 D_2 为管道内层壁 4 的内直径 D_1 与 2 倍管道内层壁 4 的厚度 δ_1 之和，即 $D_2=D_1+2\delta_1=330+2\times5=340$(mm)。

650℃主蒸汽管道 1 的管道中层壁 6 的外直径 D_3 为管道内层壁 4 的外直径 D_2 与 2 倍绝热层 5 的厚度 δ_2 以及 2 倍管道中层壁 6 的厚度 δ_3 之和，即 $D_3=D_2+2\delta_2+2\delta_3=340+2\times15+2\times10=390$(mm)。

650℃主蒸汽管道 1 的环形夹层 7 的夹层承压流体的流速的范围为 0.3～15m/s，环形夹层 7 夹层承压流体的流量取主蒸汽流量的范围为 0.3%～5%，该应用实例的环形夹层 7 的夹层承压流体的流速为 1.30m/s，对应夹层承压流体的流量 10t/h 为主蒸汽流量的 0.70%。

650℃主蒸汽管道 1 的管道外层壁 9 的内直径 D_4 大于管道中层壁 6 的外直径 D_3，依据环形夹层 7 的夹层承压流体的流速 1.30m/s 和流量 10t/h 确定管道外层壁 9 的内直径

$D_4=410mm$。

650℃主蒸汽管道 1 的管道外层壁 9 的外直径 D_5 为管道外层壁 9 的内直径 D_4 与 2 倍管道外层壁 9 的厚度 δ_4 之和，即 $D_5=D_4+2\delta_4=410+2\times75=560(mm)$。

在 650℃主蒸汽管道 1 的管道中层壁 6 与管道外层壁 9 之间的环形夹层 7，沿环形夹层 7 的中心线每隔 9m，设置非整圈环形垫块 8，主要作用是防止管道中层壁 6 与管道外层壁 9 相接触，在设置非整圈环形垫块 8 所在截面的沿圆周方向，非整圈环形垫块 8 数量为 4，非整圈环形垫块 8 的材料选取 P92。

非整圈环形垫块 8 的内直径为管道中层壁 6 的外直径 $D_3=390mm$，非整圈环形垫块 8 的外直径为管道外层壁 9 的内直径 $D_4=410mm$，非整圈环形垫块 8 沿圆周方向宽度为 20mm，轴向长度为 35mm。

650℃主蒸汽管道 1 的管道外层壁 9 的外表面设置保温层 10，保温层 10 紧贴管道外层壁 9 的外表面。

保温层 10 外表面设置保护层 11，保护层 11 的材料选用不锈钢薄板，保护层 17 的主要功能是防水、防潮、抗大气腐蚀，保护层 17 的厚度为 0.7mm。

650℃高温蒸汽管道的保温层厚度为 δ_5，按照 GB 50264 设计为 280mm[14]，忽略保护层的厚度，高温蒸汽管道保温结构外径 D_6 为管道外层壁的外直径 D_5 与 2 倍管道保温层的厚度 δ_5 之和，即 $D_6=D_5+2\delta=560+2\times280=1120(mm)$。

对于环形夹层冷却蒸汽的温度变化范围为 470.0～485.1℃，中层壁和外层壁采用 P22 钢管就可以满足工作温度要求，该应用实例的中层壁和外层壁采用 P92 钢管是为了保障该主蒸汽管道有更好的安全裕度。

该应用实例，对于一根主蒸汽管道，采用 Sanicro25 奥氏体钢与 P92 钢多层壁以及夹层承压与隔热的管道结构替代全部 Sanicro25 奥氏体钢的单层壁管道，可以节省 Sanicro25 奥氏体钢 87.64t，多采用 P92 钢 118.89t。在不考虑硅酸铝管壳制品费用的情况下，Sanicro25 奥氏体钢管道价格按照 50 万元/t 计算，P92 钢管道价格按照 6 万元/t 计算，一根主蒸汽管道可以减少造价 3669 万元，一台机组两根主蒸汽管道可以减少造价 7338 万元，该应用实例实现新的技术效果是降低了 650℃主蒸汽管道的造价。

2. 实例 2

某型号 1000MW 二次再热发电机组，汽轮机高压缸的进口额定一次再热蒸汽温度为 650℃，额定一次再热蒸汽压力为 13.73MPa，一次再热蒸汽流量为 1840.6t/h，两根 650℃一次再热蒸汽管道布置示意图如图 10-19 所示，650℃一次再热蒸汽管道 13 位于锅炉一次再热器 14 与汽轮机的高压缸 15 之间，单根一次再热蒸汽管道 13 的流量为 920.3t/h。该一次再热蒸汽管道纵剖面示意图如图 10-20 所示，多层壁管道由管道内层壁 16、绝热层 17、管道中层壁 18、环形夹层 19、非整圈环形垫块 20、管道外层壁 21、保温层 22 与保护层 23 组成，其中管道内层壁 16、绝热层 17 和管道中层壁 18 组成管道复合壁 24。

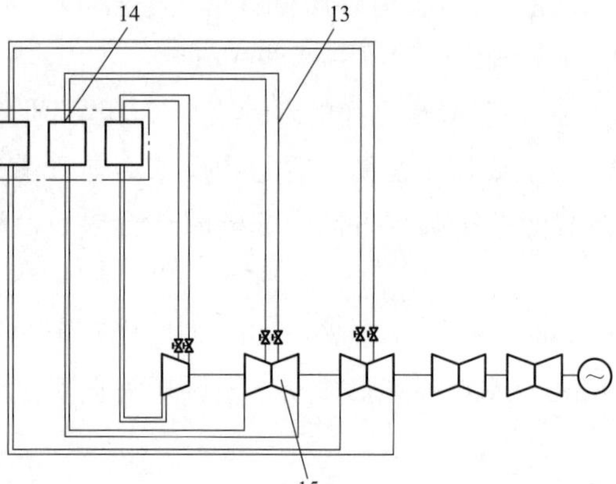

图 10-19　640～650℃一次再热蒸汽管道布置示意图

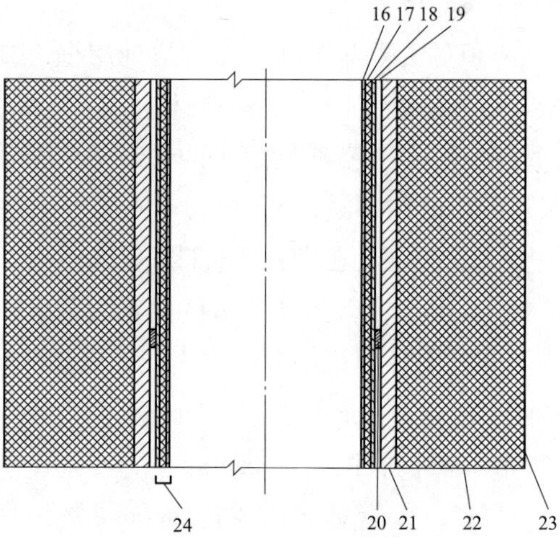

图 10-20　夹层承压与隔热的 640～650℃一次再热蒸汽管道纵剖面示意图

在 650℃一次再热蒸汽管道 13 的管道内层壁 16 与管道中层壁 18 之间设置绝热层 17 的主要作用是隔热，以降低管道中层壁 18 与管道外层壁 21 的工作温度，管道内层壁 16 采用 Sanicro25 奥氏体钢，管道中层壁 18 和管道外层壁 21 采用 P92 钢，绝热层 17 采用耐 1000℃高温的绝热材料硅酸铝管壳制品。

650℃一次再热蒸汽管道 13 的管道中层壁 18 与管道外层壁 21 之间的环形夹层 19 流过夹层承压流体，以降低管道复合壁 24 的内外压差，设置管道外层壁 21 的主要作用是承压，夹层承压流体的压力应接近、等于或略高于管道内层壁 16 中一次再热蒸汽的压力。

650℃一次再热蒸汽管道 13 的夹层承压流体由发电厂内部系统或外部系统提供，以一段或多段进入和流出 650℃一次再热蒸汽管道的环形夹层 19，夹层承压流体可以是冷再热蒸汽、超临界二氧化碳、氦气等，但不限于此，也可以采用其他工质作为夹层承压流体。

650℃一次再热蒸汽管道 13 的夹层承压流体采用的一次冷再热蒸汽，取自汽轮机超高压缸的排汽，夹层承压流体的进口压力为 14.19MPa，夹层承压流体的进口温度为 459.7℃，离开环形夹层 19 的一次冷再热蒸汽，进入与锅炉一次再热器 14 的蒸汽温度相近的集箱，夹层承压流体所吸收的热量可以利用。

在 650℃一次再热蒸汽管道 13 的环形夹层 19，夹层承压流体的流动方向，与一次再热蒸汽的流动方向相反，夹层承压流体从汽轮机高压缸 15 的主汽阀之前（即进汽阀处）流向与锅炉一次再热器 14 的蒸汽温度相近的集箱。

已知 650℃一次再热蒸汽管道 13 的夹层承压流体的进口温度为 459.7℃，采用传热计算方法确定夹层承压流体的出口温度为 500.0℃，管道中层壁 18 与管道外层壁 21 采用 P92 钢时，夹层承压流体的出口温度不超过 620℃。

650℃一次再热蒸汽管道 13 的出口蒸汽温度为汽轮机高压缸 15 进口额定一次再热蒸

汽温度为650℃，一次再热蒸汽管道13的进口蒸汽温度为锅炉一次再热器14出口额定蒸汽温度，已知汽轮机高压缸15进口额定蒸汽温度为650℃，采用传热计算方法确定锅炉一次再热器14出口额定蒸汽温度为651.4℃。

650℃一次再热蒸汽管道13的出口蒸汽压力为汽轮机高压缸15进口额定一次再热蒸汽压力为13.73MPa，一次再热蒸汽管道13的进口蒸汽压力为锅炉一次再热器14出口额定蒸汽压力，已知汽轮机高压缸15进口额定蒸汽压力为13.73MPa，采用管道沿程压损与局部压损（沿程流阻与局部流阻）的计算公式确定锅炉一次再热器14出口额定蒸汽压力为14.03MPa。

650℃一次再热蒸汽在管道内层壁16构成的圆形管道中流动，依据一次再热蒸汽流量920.3t/h和管内流速的范围为40～60m/s的限制，确定管道内层壁16的内直径D_1为416mm，对应的管内流速为54.81m/s。

依据650℃一次再热蒸汽管道13的进口蒸汽温度651.4℃和管道复合壁24的内外表面最大压差0.46MPa，确定管道内层壁16的厚度δ_1、绝热层17的厚度δ_2与管道中层壁18的厚度δ_3。

650℃一次再热蒸汽管道13设置管道内层壁16的主要作用是承受高温，管道内层壁16的厚度δ_1的范围为5～15mm，该应用实例的管道内层壁16的厚度δ_1为5mm。

650℃一次再热蒸汽管道13设置绝热层17的主要作用是隔热，绝热层17紧贴管道内层壁16和管道中层壁18，绝热层的厚度δ_2的范围为5～20mm，该应用实例的绝热层17的厚度δ_2为15mm。

650℃一次再热蒸汽管道13设置管道中层壁18的主要作用是防止绝热层17受潮，采用P92钢时，管道中层壁18的温度不超过620℃，采用P91钢时管道中层壁18的温度不超过600℃，管道中层壁的厚度δ_3的范围为3～15mm，该应用实例管道中层壁18的厚度δ_3为5mm。

650℃一次再热蒸汽管道13设置管道外层壁21的主要作用是承压，依据夹层承压流体的进口压力为14.19MPa与出口温度为500.0℃，确定650℃一次再热蒸汽管道13的管道外层壁21的厚度，管道外层壁21的厚度δ_4为30mm。

650℃一次再热蒸汽管道13的管道内层壁16的外直径D_2为管道内层壁16的内直径D_1与2倍管道内层壁16的厚度δ_1之和，即$D_2=D_1+2\delta_1=416+2\times5=426(\text{mm})$。

650℃一次再热蒸汽管道13的管道中层壁18的外直径D_3为管道内层壁16的外直径D_2与2倍绝热层17的厚度δ_2以及2倍管道中层壁18的厚度δ_3之和，即$D_3=D_2+2\delta_2+2\delta_3=426+2\times15+2\times5=466(\text{mm})$。

650℃一次再热蒸汽管道13的环形夹层19的夹层承压流体的流速的范围为0.3～15m/s，环形夹层19夹层承压流体的流量取一次再热蒸汽流量的范围为0.3%～5%，该应用实例的环形夹层19的夹层承压流体的流速为4.48m/s，对应夹层承压流体的流量10t/h为一次再热蒸汽流量的1.09%。

650℃一次再热蒸汽管道13的管道外层壁21的内直径D_4大于管道中层壁18的外直径D_3，依据环形夹层19的夹层承压流体的流速4.48m/s和流量10t/h确定管道外层壁

21 的内直径 D_4=500mm。

650℃一次再热蒸汽管道 13 的管道外层壁 21 的外直径 D_5 为管道外层壁 21 的内直径 D_4 与 2 倍管道外层壁 21 的厚度 δ_4 之和，即 $D_5=D_4+2\delta_4=500+2\times30=560$(mm)。

在 650℃一次再热蒸汽管道 13 的管道中层壁 18 与管道外层壁 21 之间的环形夹层 19，沿环形夹层 19 的中心线每隔 9m，设置非整圈环形垫块 20，主要作用是防止管道中层壁 18 与管道外层壁 21 相接触，在设置非整圈环形垫块 20 所在截面的沿圆周方向，非整圈环形垫块 20 数量取为 4，非整圈环形垫块 20 的材料选取 P92。

非整圈环形垫块 20 的内直径为管道中层壁 18 的外直径 D_3=466mm，非整圈环形垫块 20 的外直径为管道外层壁 21 的内直径 D_4=500mm，非整圈环形垫块 20 沿圆周方向宽度为 25mm，轴向长度为 40mm。

650℃一次再热蒸汽管道 13 的管道外层壁 21 的外表面设置保温层 22，保温层 22 紧贴管道外层壁 21 的外表面。

保温层 22 外表面设置保护层 23，保护层 23 的材料选用不锈钢薄板，保护层 23 的主要功能是防水、防潮、抗大气腐蚀，保护层 23 的厚度为 0.7mm。650℃高温蒸汽管道的保温层厚度为 δ_5 为 280mm，忽略保护层的厚度，高温蒸汽管道保温结构外径 D_6 为管道外层壁的外直径 D_5 与 2 倍管道保温层的厚度 δ_5 之和，即 $D_6=D_5+2\delta_5=560+2\times280=1120$(mm)。

对于环形夹层冷却蒸汽的温度变化范围为 459.7～500.0℃，中层壁和外层壁采用 P22 钢管就可以满足工作温度要求，该应用实例的中层壁和外层壁采用 P92 钢管是为了保障该一次再热蒸汽管道有更好的安全裕度。

该应用实例，对于一根一次再热蒸汽管道，采用 Sanicro25 奥氏体钢与 P92 钢多层壁以及夹层承压与隔热的管道结构替代全部 Sanicro25 奥氏体钢的单层壁管道，可以节省 Sanicro25 奥氏体钢 37.35t，多采用 P92 钢 53.87t。在不考虑硅酸铝管壳制品费用的情况下，Sanicro25 奥氏体钢管道价格按照 50 万元/t 计算，P92 钢管道价格按照 6 万元/t 计算，一根一次再热蒸汽管道可以减少造价 1544 万元，一台机组两根一次再热蒸汽管道可以减少造价 3088 万元，该应用实例实现新的技术效果是降低了 650℃一次再热蒸汽管道的造价。

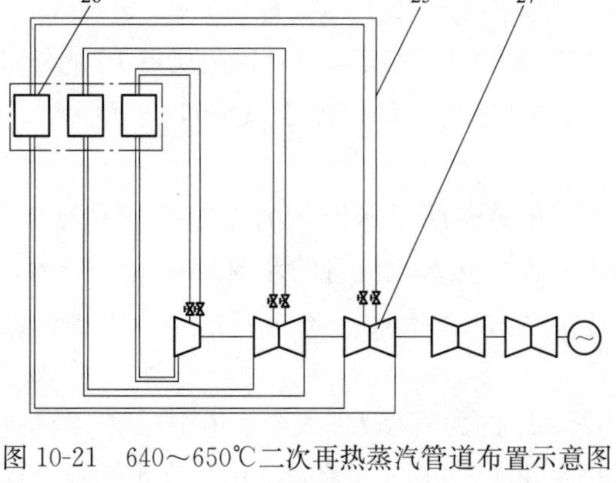

图 10-21　640～650℃二次再热蒸汽管道布置示意图

3. 实例 3

某型号 1000MW 二次再热汽轮机，汽轮机中压缸的进口额定二次再热蒸汽温度为 650℃，额定二次再热蒸汽压力为 3.32MPa，二次再热蒸汽流量为 1854.2t/h，两根 650℃二次再热蒸汽管道布置示意图如图 10-21 所示，650℃二次再热蒸汽管道 25 位于锅炉二次再热器 26 与汽轮机的中压缸 27 之间，单根二次再热蒸汽管道 25 的流量为 927.1t/h。该二次再热蒸汽管道结构的纵剖面示意图如图 10-22 所示，多层壁管道由管道内层壁 28、绝热层 29、管道中层壁 30、环形夹层 31、非整圈环形垫块 32、管道外层壁 33、保温层 34 与保护层 35 组成，其中管道内层壁 28、绝热层 29 和管道中层壁 30 组成管道复合壁 36。

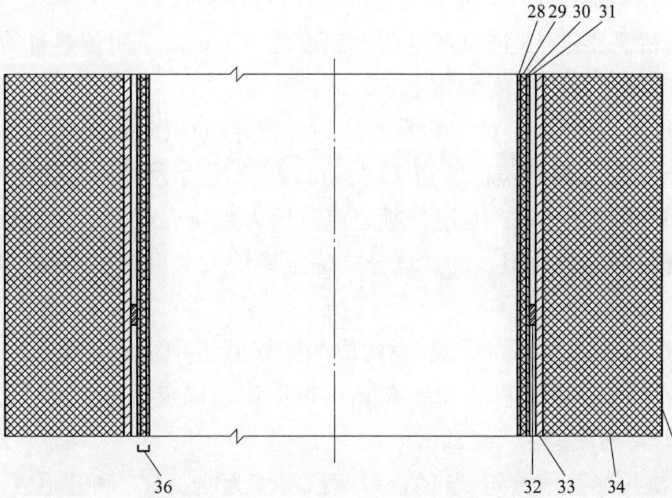

图 10-22　夹层承压与隔热的 640～650℃二次再热蒸汽管道结构的纵剖面示意图

在 650℃二次再热蒸汽管道 25 的管道内层壁 28 与管道中层壁 30 之间设置绝热层 29 的主要作用是隔热，以降低管道中层壁 30 与管道外层壁 33 的工作温度，管道内层壁 28 采用 Sanicro25 奥氏体钢，管道中层壁 30 和管道外层壁 33 采用 P92 钢，绝热层 29 采用耐 1000℃高温的绝热材料硅酸铝管壳制品。

650℃二次再热蒸汽管道 25 的管道中层壁 30 与管道外层壁 33 之间的环形夹层 31 流过夹层承压流体，以降低管道复合壁 36 的内外压差，设置管道外层壁 33 的主要作用是承压，夹层承压流体的压力应接近、等于或略高于管道内层壁 28 中二次再热蒸汽的压力。

650℃二次再热蒸汽管道 25 的夹层承压流体由发电厂内部系统或外部系统提供，以一段或多段进入和流出 650℃二次再热蒸汽管道的环形夹层 31，夹层承压流体可以是二次冷再热蒸汽、超临界二氧化碳、氦气等，但不限于此，也可以采用其他工质作为夹层承压流体。

650℃二次再热蒸汽管道 25 的夹层承压流体采用的二次冷再热蒸汽，取自汽轮机高压缸的排汽，夹层承压流体的进口压力为 3.55MPa，夹层承压流体的进口温度为 414.0℃，离开环形夹层 29 的二次冷再热蒸汽，进入与锅炉二次再热器 26 的蒸汽温度相近的集箱，夹层承压流体所吸收的热量可以利用。

在 650℃二次再热蒸汽管道 25 的环形夹层 31，夹层承压流体的流动方向，与二次再热蒸汽的流动方向相反，夹层承压流体从汽轮机中压缸 27 的主汽阀之前（即进汽阀处）流向与锅炉二次再热器 26 的蒸汽温度相近的集箱。

已知650℃二次再热蒸汽管道25的夹层承压流体的进口温度为414.0℃，采用传热计算方法确定夹层承压流体的出口温度为521.6℃，管道中层壁30与管道外层壁33采用P92钢时，夹层承压流体的出口温度不超过620℃。

650℃二次再热蒸汽管道25的出口蒸汽温度为汽轮机中压缸27进口额定二次再热蒸汽温度为650℃，二次再热蒸汽管道25的进口蒸汽温度为锅炉二次再热器26出口额定蒸汽温度，已知汽轮机高压缸15进口额定蒸汽温度为650℃，采用传热计算方法确定锅炉二次再热器26出口额定蒸汽温度为651.3℃。

650℃二次再热蒸汽管道25的出口蒸汽压力为汽轮机中压缸27进口额定二次再热蒸汽压力为3.32MPa，二次再热蒸汽管道25的进口蒸汽压力为锅炉二次再热器26出口额定蒸汽压力，已知汽轮机中压缸15进口额定蒸汽压力为3.32MPa，采用管道沿程压损与局部压损（沿程流阻与局部流阻）的计算公式确定锅炉二次再热器26出口额定蒸汽压力为3.36MPa。

650℃二次再热蒸汽在管道内层壁28构成的圆形管道中流动，依据二次再热蒸汽流量为927.1t/h和管内流速的范围为40～60m/s的限制，确定管道内层壁28的内直径D_1为854mm，对应的管内流速为56.72m/s。

依据650℃二次再热蒸汽管道25的进口蒸汽温度为651.3℃和管道复合壁36的内外表面最大压差为0.23MPa，确定管道内层壁28的厚度δ_1、绝热层29的厚度δ_2与管道中层壁30的厚度δ_3。

650℃二次再热蒸汽管道25设置管道内层壁28的主要作用是承受高温，管道内层壁28的厚度δ_1的范围为5～15mm，该应用实例的管道内层壁28的厚度δ_1为5mm。

650℃二次再热蒸汽管道25设置绝热层29的主要作用是隔热，绝热层29紧贴管道内层壁28和管道中层壁30，绝热层的厚度δ_2的范围为5～20mm，该应用实例的绝热层29的厚度δ_2为15mm。

650℃二次再热蒸汽管道25设置管道中层壁30的主要作用是防止绝热层29受潮，采用P92钢时，管道中层壁30的温度不超过620℃，采用P91钢时管道中层壁30的温度不超过600℃，管道中层壁的厚度δ_3的范围为3～15mm，该应用实例管道中层壁30的厚度δ_3为5mm。

650℃二次再热蒸汽管道25设置管道外层壁33的主要作用是承压，依据夹层承压流体的进口压力为3.55MPa与出口温度为521.6℃，确定650℃二次再热蒸汽管道25的管道外层壁33的厚度，管道外层壁33的厚度δ_4为15mm。

650℃二次再热蒸汽管道25的管道内层壁28的外直径D_2为管道内层壁28的内直径D_1与2倍管道内层壁28的厚度δ_1之和，即$D_2=D_1+2\delta_1=854+2\times5=864$(mm)。

650℃二次再热蒸汽管道25的管道中层壁30的外直径D_3为管道内层壁28的外直径D_2与2倍绝热层29的厚度δ_2以及2倍管道中层壁30的厚度δ_3之和，即$D_3=D_2+2\delta_2+2\delta_3=864+2\times15+2\times5=904$(mm)。

650℃二次再热蒸汽管道25的环形夹层31的夹层承压流体的流速的范围为0.3～15m/s，环形夹层31夹层承压流体的流量取二次再热蒸汽流量的范围为0.3%～5%，该应用实例的环形夹层 31 的夹层承压流体的流速为 5.80m/s，对应夹层承压流体的流量 10t/h 为二次再热蒸汽流量的 1.08%。

650℃二次再热蒸汽管道 25 的管道外层壁 33 的内直径 D_4 大于管道中层壁 30 的外直径 D_3，依据环形夹层 31 的夹层承压流体的流速 5.80m/s 和流量 10t/h 确定管道外层壁 33 的内直径 $D_4=935mm$。

650℃二次再热蒸汽管道 25 的管道外层壁 33 的外直径 D_5 为管道外层壁 33 的内直径 D_4 与 2 倍管道外层壁 33 的厚度 δ_4 之和，即 $D_5=D_4+2\delta_4=935+2\times15=965$(mm)。

在 650℃二次再热蒸汽管道 25 的管道中层壁 30 与管道外层壁 33 之间的环形夹层 31，沿环形夹层 31 的中心线每隔 10m，设置非整圈环形垫块 32，主要作用是防止管道中层壁 30 与管道外层壁 33 相接触，在设置非整圈环形垫块 32 所在截面的沿圆周方向，非整圈环形垫块 32 数量取为 4，非整圈环形垫块 32 的材料选取 P92。

非整圈环形垫块 32 的内直径为管道中层壁 30 的外直径 $D_3=904mm$，非整圈环形垫块 32 的外直径为管道外层壁 33 的内直径 $D_4=935mm$，非整圈环形垫块 32 沿圆周方向宽度取为 30mm，轴向长度取为 45mm。

650℃二次再热蒸汽管道 25 的管道外层壁 33 的外表面设置保温层 34，保温层 34 紧贴管道外层壁 33 的外表面。

保温层 34 外表面设置保护层 35，保护层 35 的材料选用不锈钢薄板，保护层 35 的主要功能是防水、防潮、抗大气腐蚀，保护层 35 的厚度为 0.8mm。650℃高温蒸汽管道的保温层厚度为 δ_5 设计为 280mm，忽略保护层的厚度，高温蒸汽管道保温结构外径 D_6 为管道外层壁的外直径 D_5 与 2 倍管道保温层的厚度 δ_5 之和，即 $D_6=D_5+2\delta_5=965=2\times280=1525$（mm）。

对于环形夹层冷却蒸汽的温度变化范围为 414.0～521.6℃，中层壁和外层壁采用 P22 钢管就可以满足工作温度要求，该应用实例的中层壁和外层壁采用 P92 钢管是为了保障该二次再热蒸汽管道有更好的安全裕度。

对于实例 3 的一根二次再热蒸汽管道，采用 Sanicro25 奥氏体钢与 P92 钢多层壁以及夹层承压与隔热的管道结构替代全部 Sanicro25 奥氏体钢的单层壁管道，可以节省 Sanicro25 奥氏体钢 30.48t，多采用 P92 钢 55.47t。在不考虑硅酸铝管壳制品费用的情况下，Sanicro25 奥氏体钢管道价格按照 50 万元/t 计算，P92 钢管道价格按照 6 万元/t 计算，一根二次再热蒸汽管道可以减少造价 1191 万元，一台机组两根二次再热蒸汽管道可以减少造价 2382 万元，该实例 3 实现新的技术效果是降低了 650℃二次再热蒸汽管道的造价。

三、夹层承压与隔热的 660～760℃高温蒸汽管道

（一）660～760℃高温蒸汽管道冷却结构的技术方案

采用夹层隔热与承压的 660～760℃高温蒸汽管道[15]，其技术特征如下：

（1）所述高温蒸汽管道，蒸汽温度的范围为 660～760℃，蒸汽压力的范围为 1～45MPa，发电机组功率的范围为 600～1500MW。所述 660～760℃高温蒸汽管道为主蒸汽管道、一次再热蒸汽管道，或二次再热蒸汽管道。

（2）660～760℃高温蒸汽管道采用多层壁结构，应由管道内层壁、管道中层壁和管道外层壁组成，管道内层壁采用镍基合金，管道中层壁采用 P92 钢或 P91 钢，管道外层壁采用 P92 钢或 P91 钢。660～760℃高温蒸汽管道的管道内层壁与管道中层壁之间设置绝热层，由管道内层壁、绝热层与管道中层壁构成高温蒸汽管道的管道复合壁，绝热层采用耐高温绝热材料及其制品。660～760℃高温蒸汽在管道内层壁构成的圆形管道中流动，依据高温蒸汽流量和管内流速的范围为 40～60m/s 的限制，确定管道内层壁的内直径 D_1。

（3）660～760℃高温蒸汽管道的管道中层壁与管道外层壁之间的环形夹层流过冷却流体使管道复合壁与管道外层壁承压，以降低管道复合壁的内外压差，冷却流体的压力接近、等于或略高于管道内层壁中高温蒸汽压力，冷却流体可以是冷却蒸汽、超临界二氧化碳、氦气等，但不限于此，也可以采用其他工质作为冷却流体。

（4）660～760℃高温蒸汽管道的冷却流体采用以下几种方法的其中之一提供：

1）660～760℃主蒸汽管道的冷却流体所采用的冷却蒸汽，取自锅炉过热器进口集箱，离开环形夹层的冷却蒸汽，进入锅炉过热器的蒸汽温度相近的集箱，冷却蒸汽所吸收的热量可以利用。

2）660～760℃一次再热蒸汽管道的冷却流体所采用的冷却蒸汽，取自汽轮机超高压缸的排汽，离开环形夹层的过热蒸汽，进入与锅炉一次再热器的蒸汽温度相近的集箱，冷却流体所吸收的热量可以利用。

3）660～760℃二次再热蒸汽管道的冷却流体所采用的冷却蒸汽，取自汽轮机高压缸的排汽，离开环形夹层的过热蒸汽，进入与锅炉二次再热器的蒸汽温度相近的集箱，冷却流体所吸收的热量可以利用。

4）冷却流体所采用的超临界二氧化碳或氦气等工质，由外部系统提供，离开环形夹层的超临界二氧化碳或氦气等工质，温度升高，可以用来驱动二氧化碳透平或氦气透平等透平来发电。

（5）660～760℃高温蒸汽管道的环形夹层冷却流体的流动方向，与高温蒸汽的流动方向相反，冷却流体从汽轮机主汽阀之前（即进汽阀处）流向锅炉过热器或再热器的蒸汽温度相近的集箱：

1）在 660～760℃主蒸汽管道的环形夹层，冷却流体从汽轮机超高压缸进汽阀处流向锅炉末级过热器蒸汽温度相近的集箱。

2）在 660～760℃一次再热蒸汽管道的环形夹层，冷却流体从汽轮机高压缸进汽阀处流向锅炉末级一次再热器蒸汽温度相近的集箱。

3）在 660～760℃二次再热蒸汽管道的环形夹层，冷却流体从汽轮机中压缸进汽阀处流向锅炉末级二次再热器蒸汽温度相近的集箱。

（6）660～760℃高温蒸汽管道的冷却蒸汽由发电厂内部系统或外部系统提供，以一段或多段进入和流出 660～760℃高温蒸汽管道的环形夹层。已知 660～760℃高温蒸汽管道的冷却流体的进口温度，采用传热计算方法确定冷却流体的出口温度，中层壁与外层壁采用 P92 钢时冷却流体的出口温度不超过 620℃，中层壁与外层壁采用 P91 钢时冷却流体的出口温度不超过 600℃。660～760℃高温蒸汽管道的出口蒸汽温度为汽轮机进口额定蒸汽温度，高温蒸汽管道的进口蒸汽温度为锅炉出口额定蒸汽温度，已知汽轮机进口额定蒸汽温度，采用传热计算方法确定锅炉出口额定蒸汽温度。660～760℃高温蒸汽管道的出口蒸汽压力为汽轮机进口额定蒸汽压力，高温蒸汽管道的进口蒸汽压力为锅炉出口额定蒸汽压力，已知汽轮机进口额定蒸汽压力，采用管道沿程压损与局部压损（沿程流阻与局部流阻）的计算公式确定锅炉出口额定蒸汽压力。

(7) 依据 660～760℃高温蒸汽管道的进口蒸汽温度和管道复合壁的内外表面的最大压差，确定管道内层壁的厚度 δ_1、绝热层的厚度 δ_2 与管道中层壁的厚度 δ_3。660～760℃高温蒸汽管道的管道内层壁的主要功能是承受高温，管道内层壁的厚度 δ_1 的范围为 5～15mm。660～760℃高温蒸汽管道的绝热层的主要功能是隔热，绝热层紧贴管道内层壁和管道中层壁，绝热层的厚度 δ_2 的范围为 5～20mm。660～760℃高温蒸汽管道的管道中层壁的主要功能是防止绝热层受潮，管道中层壁的温度不超过 620℃，管道中层壁的厚度 δ_3 的范围为 3～15mm。假定绝热层内壁温度为汽轮机主蒸调节阀前蒸汽温度，绝热层外壁温度为汽轮机主蒸调节阀夹层承压流体温度，采用单层圆筒壁模型确定绝热层的厚度 δ_2 不到 5mm。

(8) 660～760℃高温蒸汽管道的管道内层壁的外直径 D_2 为管道内层壁的内直径 D_1 与 2 倍管道内层壁的厚度 δ_1 之和，即 $D_2=D_1+2\delta_1$。660～760℃高温蒸汽管道的管道中层壁的外直径 D_3 为管道内层壁的外直径 D_2 与 2 倍绝热层厚度 δ_2 以及 2 倍管道中层壁厚度 δ_3 之和，即 $D_3=D_2+2\delta_2+2\delta_3$。

(9) 660～760℃高温蒸汽管道的环形夹层冷却流体的流速的范围为 0.3～15m/s，环形夹层冷却流体的流量取高温蒸汽流量的范围为 0.3%～5%。660～760℃高温蒸汽管道的管道外层壁的内直径 D_4 大于管道中层壁的外直径 D_3，依据环形夹层冷却流体的流速和流量确定管道外层壁的内直径 D_4。依据冷却流体的进口压力与出口温度，确定 660～760℃高温蒸汽管道的管道外层壁的厚度，管道外层壁厚度 δ_4 的范围为 3～80mm。660～760℃高温蒸汽管道的管道外层壁的外直径 D_5 为管道外层壁的内直径 D_4 与 2 倍管道外层壁的厚度 δ_4 之和，即 $D_5=D_4+2\delta_4$。

(10) 在 660～760℃高温蒸汽管道的管道中层壁与管道外层壁之间的环形夹层，沿环形夹层中心线每隔 5～15m，设置非整圈环形垫块，在设置非整圈环形垫块所在截面的沿圆周方向，非整圈环形垫块数量的范围为 2～4，非整圈环形垫块材料选取 P92 钢或 P91 钢，以防止管道中层壁与管道外层壁相接触。非整圈环形垫块的内直径为管道中层壁的外直径 D_3，非整圈环形垫块的外直径为管道外层壁的内直径 D_4，非整圈环形垫块沿圆周方向宽度的范围为 15～40mm，轴向长度的范围为 20～50mm。

(11) 660～760℃高温蒸汽管道的管道外层壁的外表面设置保温层，保温层紧贴管道外层壁的外表面。保温层外表面设置保护层，保护层材料选用不锈钢薄板、铝合金薄板或镀锌薄钢板，保护层的主要功能是防水、防潮、抗大气腐蚀，保护层的厚度的范围为 0.3～1.0mm。660～760℃高温蒸汽管道的保温层厚度为 δ_5 按照 GB 50264—2013[14] 设计，忽略保护层的厚度，高温蒸汽管道保温结构外径 D_6 为管道外层壁的外直径 D_5 与 2

倍管道保温层的厚度 δ_5 之和，即 $D_6=D_5+2\delta_5$。

（二）660～760℃高温蒸汽管道冷却结构的技术效果

对于蒸汽温度的范围为660～760℃、蒸汽压力的范围为1～45MPa的高温蒸汽管道，采用镍基合金、耐高温绝热材料与P92或P91钢构成的复合壁来隔热，采用中层壁与外层壁构成的环形空间来承压，采用多层壁管道结构替代全部镍基合金的单层壁管道，管道内层壁采用少量镍基合金制造，管道中层壁和管道外层壁采用P92钢或P91钢，利用复合壁隔热和环形夹层承压，实现新的技术效果是大幅度降低了660～760℃高温蒸汽管道的造价。

（三）660～760℃高温蒸汽管道冷却结构的应用实例

1. 实例1

某型号1000MW二次再热发电机组，汽轮机超高压缸进口额定主蒸汽温度为700℃，额定主蒸汽压力为35MPa，主蒸汽流量为2402.54t/h，两根700℃主蒸汽管道布置示意图如图10-23所示，700℃主蒸汽管道4位于锅炉过热器3与汽轮机超高压缸7之间，单根主蒸汽管道的流量为1201.27t/h。该主蒸汽管道横截面示意图如图10-24所示，多层壁管道由管道内层壁10、绝热层11、管道中层壁12、环形夹层13、非整圈环形垫块14、管道外层壁15、保温层16与保护层17组成。

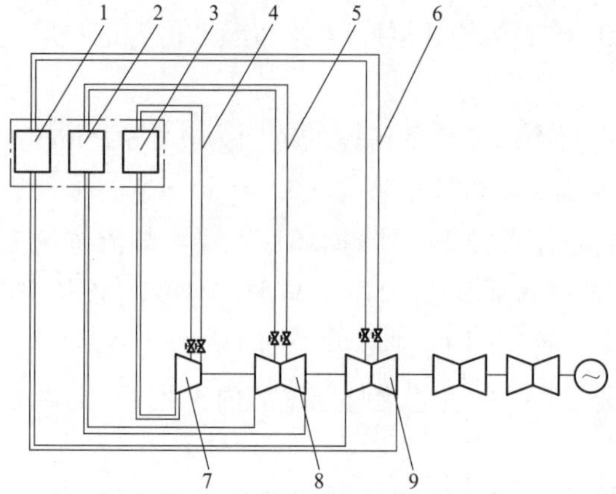

图10-23　660～760℃高温蒸汽管道布置示意图

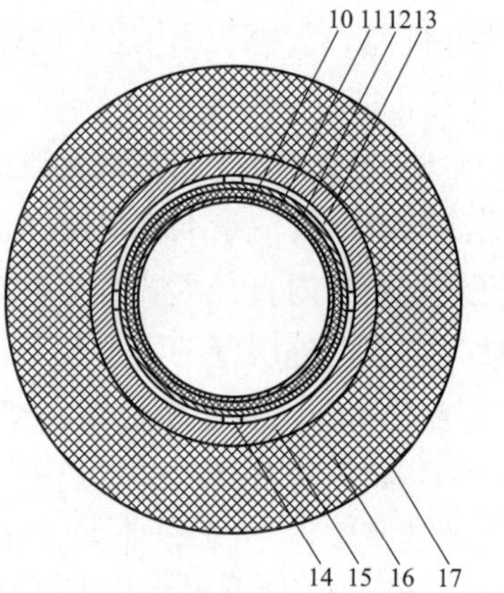

图10-24　夹层隔热与承压的660～760℃主蒸汽管道横截面示意图

700℃主蒸汽管道4采用多层壁结构，应由管道内层壁10、管道中层壁12和管道外层壁15组成，管道内层壁10采用CCA617镍基合金，管道中层壁12采用P92钢，管道外层壁15采用P92钢。

700℃主蒸汽管道4的管道内层壁10与管道中层壁12之间设置绝热层11，由管道内层壁10、绝热层11与管道中层壁12构成主蒸汽管道4的管道复合壁，绝热层11采用耐1000℃高温的绝热材料硅酸铝管壳制品。

700℃主蒸汽在管道内层壁10构成的圆形管道中流动，依据主蒸汽流量为1201.27t/h和管内流速的范围为40～60m/s的限制，确定管道内层壁10的内直径 D_1 为315mm，对应的管内流速为 48.20m/s。

700℃主蒸汽管道 4 的管道中层壁 12 与管道外层壁 15 之间的环形夹层 13 流过冷却流体使管道复合壁与管道外层壁承压，以降低管道复合壁的内外压差，冷却流体的压力接近、等于或略高于管道内层壁 10 中主蒸汽压力，冷却流体可以是冷却蒸汽、超临界二氧化碳、氦气等，但不限于此，也可以采用其他工质作为冷却流体。

700℃主蒸汽管道 4 的冷却流体采用的冷却蒸汽，取自锅炉过热器 3 的进口集箱，冷却流体的进口压力为 36.04MPa，冷却流体的进口温度为 470.0℃，离开环形夹层 13 的冷却蒸汽，进入与锅炉过热器 3 的蒸汽温度相近的集箱，冷却流体所吸收的热量可以利用。

700℃主蒸汽管道 4 的环形夹层 13 的冷却流体的流动方向，与主蒸汽的流动方向相反，在 700℃主蒸汽管道 4 的环形夹层 13，冷却流体从汽轮机超高压缸 7 的主汽阀之前（即进汽阀处）流向锅炉过热器 3 的蒸汽温度相近的集箱。

700℃主蒸汽管道 4 的冷却蒸汽由发电厂内部系统提供，以一段或多段进入和流出 700℃主蒸汽管道 4 的环形夹层 13。

已知 700℃主蒸汽管道 4 的冷却流体的进口温度为 470.0℃，采用传热计算方法确定冷却流体的出口温度为 490.8℃，冷却流体的出口温度不超过 620℃。

700℃主蒸汽管道 4 的出口蒸汽温度为汽轮机超高压缸 7 进口额定主蒸汽温度为 700℃，主蒸汽管道 4 的进口蒸汽温度为锅炉过热器 3 出口额定蒸汽温度，已知汽轮机超高压缸 7 进口额定蒸汽温度为 700℃，采用传热计算方法确定锅炉过热器 3 出口额定蒸汽温度为 704.2℃。

700℃主蒸汽管道 4 的出口蒸汽压力为汽轮机超高压缸 7 进口额定主蒸汽压力为 35MPa，主蒸汽管道 4 的进口蒸汽压力为锅炉过热器 3 出口额定蒸汽压力，已知汽轮机超高压缸 7 进口额定蒸汽压力为 35MPa，采用管道沿程压损与局部压损（沿程流阻与局部流阻）的计算公式确定锅炉过热器 3 出口额定蒸汽压力为 36.75MPa。

依据 700℃主蒸汽管道 4 的进口蒸汽温度为 704.2℃和管道复合壁的内外表面最大压差为 1.04MPa，确定管道内层壁 10 的厚度 δ_1、绝热层 11 的厚度 δ_2 与管道中层壁 12 的厚度 δ_3。

700℃主蒸汽管道 4 的管道内层壁 10 的主要功能是承受高温，管道内层壁 10 的厚度 δ_1 的范围为 5～15mm，该应用实例的管道内层壁 10 的厚度 δ_1 为 5mm。

700℃主蒸汽管道 4 的绝热层 11 的主要功能是隔热，绝热层 11 紧贴管道内层壁 10 和管道中层壁 12，绝热层的厚度 δ_2 的范围为 5～20mm，该应用实例的绝热层 11 的厚度 δ_2 为 15mm。

700℃主蒸汽管道 4 的管道中层壁 12 的主要功能是防止绝热层 11 受潮，采用 P92 钢时管道中层壁 12 的温度不超过 620℃，采用 P91 钢时管道中层壁 12 的温度不超过 600℃，管道中层壁的厚度 δ_3 的范围为 3～15mm，该应用实例管道中层壁 12 的厚度 δ_3 为 10mm。

700℃主蒸汽管道4的管道内层壁10的外直径D_2为管道内层壁10的内直径D_1与2倍管道内层壁10的厚度δ_1之和，即$D_2=D_1+2\delta_1=315+2\times5=325$(mm)。

700℃主蒸汽管道4的管道中层壁12的外直径D_3为管道内层壁10的外直径D_2与2倍绝热层11的厚度δ_2以及2倍管道中层壁12的厚度δ_3之和，即$D_3=D_2+2\delta_2+2\delta_3=325+2\times15+2\times10=375$(mm)。

700℃主蒸汽管道4的环形夹层13的冷却流体的流速的范围为0.3～15m/s，环形夹层13冷却流体的流量取主蒸汽流量的范围为0.3%～5%，该应用实例的环形夹层13的冷却流体的流速为1.93m/s，对应冷却流体的流量10t/h为主蒸汽流量的0.83%。

700℃主蒸汽管道4的管道外层壁15的内直径D_4大于管道中层壁12的外直径D_3，依据环形夹层13的冷却流体的流速1.93m/s和流量10t/h确定管道外层壁15的内直径$D_4=390$mm。依据冷却流体的进口压力为36.02MPa与出口温度为490.8℃，确定700℃主蒸汽管道4的管道外层壁15的厚度，管道外层壁15的厚度δ_4为70mm。

700℃主蒸汽管道4的管道外层壁15的外直径D_5为管道外层壁15的内直径D_4与2倍管道外层壁15的厚度δ_4之和，即$D_5=D_4+2\delta_4=390+2\times70=530$(mm)。

在700℃主蒸汽管道4的管道中层壁12与管道外层壁15之间的环形夹层13，沿环形夹层13的中心线每隔10m，设置非整圈环形垫块14，在设置非整圈环形垫块14所在截面的沿圆周方向，非整圈环形垫块14数量取为4，非整圈环形垫块14的材料选取P92，以防止管道中层壁12与管道外层壁15相接触。

非整圈环形垫块14的内直径为管道中层壁12的外直径$D_3=375$mm，非整圈环形垫块14的外直径为管道外层壁15的内直径$D_4=390$mm，非整圈环形垫块14沿圆周方向宽度取为20mm，轴向长度取为30mm。

700℃主蒸汽管道4的管道外层壁15的外表面设置保温层16，保温层16紧贴管道外层壁15的外表面。保温层16外表面设置保护层17，保护层17的材料选用不锈钢薄板，保护层17的主要功能是防水、防潮、抗大气腐蚀，保护层17的厚度为0.7mm。

700℃主蒸汽管道的保温层厚度为δ_5设计为280mm，忽略保护层的厚度，高温蒸汽管道保温结构外径D_6为管道外层壁的外直径D_5与2倍管道保温层的厚度δ_5之和，即$D_6=D_5+2\delta_5=530+2\times280=1090$(mm)。

对于环形夹层冷却蒸汽的温度变化范围为470.0～490.8℃，中层壁和外层壁采用P22钢管就可以满足工作温度要求，该应用实例的中层壁和外层壁采用P92钢管是为了保障该主蒸汽管道有更好的安全裕度。

对于实例1的一根主蒸汽管道，采用CCA617镍基合金与P92钢多层壁以及夹层隔热与承压的管道结构替代全部CCA617镍基合金的单层壁管道，可以节省CCA617镍基合金118.28t，多采用P92钢100.24t。在不考虑硅酸铝管壳制品费用的情况下，CCA617镍基合金管道价格按照150万元/t计算，P92钢管道价格按照6万元/t计算，一根主蒸汽管道可以减少造价1.714亿元，一台机组两根主蒸汽管道可以减少造价3.428亿元，实例1的技术效果是降低了700℃主蒸汽管道的造价。

2. 实例 2

某型号 1000MW 二次再热发电机组，汽轮机高压缸进口额定一次再热蒸汽温度为 720℃，额定一次再热蒸汽压力为 11.16MPa，额定一次再热蒸汽流量为 2020.38t/h，两根 720℃一次再热蒸汽管道布置示意图如图 10-23 所示，720℃一次再热蒸汽管道 5 位于锅炉一次再热器 2 与汽轮机高压缸 8 之间，单根一次再热蒸汽管道的流量为 1010.19t/h。该一次再热蒸汽管道采用多层壁管道结构的横截面示意图如图 10-25 所示，多层壁管道由管道内层壁 18、绝热层 19、管道中层壁 20、环形夹层 21、非整圈环形垫块 22、管道外层壁 23、保温层 24 与保护层 25 组成。

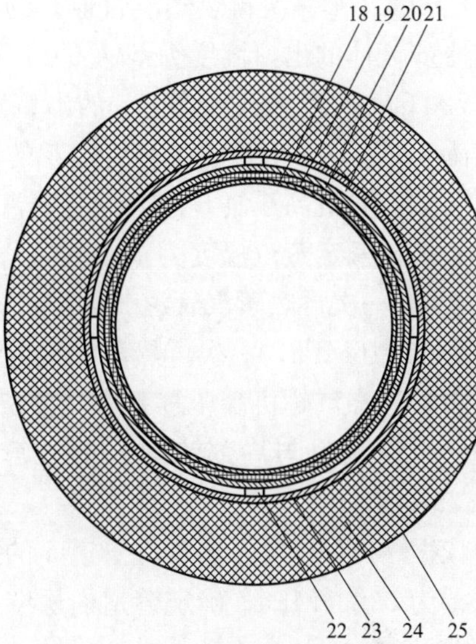

图 10-25 夹层隔热与承压的 660～760℃一次再热蒸汽管道横截面示意图

720℃一次再热蒸汽管道 5 采用多层壁结构，应由管道内层壁 18、管道中层壁 20 和管道外层壁 23 组成，管道内层壁 18 采用 CCA617 镍基合金，管道中层壁 20 采用 P92 钢，管道外层壁 23 采用 P92 钢。

720℃一次再热蒸汽管道 5 的管道内层壁 18 与管道中层壁 20 之间设置绝热层 19，由管道内层壁 18、绝热层 19 与管道中层壁 20 构成一次再热蒸汽管道 5 的管道复合壁，绝热层 19 采用耐 1000℃高温的绝热材料硅酸铝管壳制品。

720℃主蒸汽在管道内层壁 18 构成的圆形管道中流动，依据一次再热蒸汽流量为 1010.19t/h 和管道流速的范围为 40～60m/s 的限制，确定管道内层壁 18 的内直径 D_1 为 498mm，对应的管道流速为 56.57m/s。

720℃一次再热蒸汽管道 5 的管道中层壁 20 与管道外层壁 23 之间的环形夹层 21 流过冷却流体使管道复合壁与管道外层壁承压，以降低管道复合壁的内外压差，冷却流体的压力接近、等于或略高于管道内层壁 18 中一次再热蒸汽压力，冷却流体可以是一次冷再热蒸汽、超临界二氧化碳、氦气等，但不限于此，也可以采用其他工质作为冷却流体。

720℃一次再热蒸汽管道 5 的冷却流体采用的一次冷再热蒸汽，取自汽轮机超高压缸的排汽，冷却流体的进口压力为 12.4MPa，冷却流体的进口温度为 516.0℃，离开环形夹层 21 的过热蒸汽，进入与锅炉一次再热器 2 的蒸汽温度相近的集箱，冷却流体所吸收的热量可以利用。

720℃一次再热蒸汽管道 5 的环形夹层 21 的冷却流体的流动方向，与一次再热蒸汽的流动方向相反，在 720℃一次再热蒸汽管道 5 的环形夹层 21，冷却流体从汽轮机高压缸 8 的主汽阀之前（进汽阀处）流向锅炉一次再热器 2 的蒸汽温度相近的集箱。

720℃一次再热蒸汽管道 5 的冷却蒸汽由发电厂内部系统提供，以一段或多段进入和流出 720℃一次再热蒸汽管道 5 的环形夹层 21。

已知720℃一次再热蒸汽管道5的冷却流体的进口温度516.0℃，采用传热计算方法确定冷却流体的出口温度为577.5℃，冷却流体的出口温度不超过620℃。

720℃一次再热蒸汽管道5的出口蒸汽温度为汽轮机高压缸8进口额一次再热定蒸汽温度为720℃，一次再热蒸汽管道5的进口蒸汽温度为锅炉一次再热器2出口额定蒸汽温度，已知汽轮机高压缸8进口额定蒸汽温度为720℃，采用传热计算方法确定锅炉一次再热器2出口额定蒸汽温度为721.5℃。

720℃一次再热蒸汽管道5的出口蒸汽压力为汽轮机高压缸8进口额定一次再热蒸汽压力为11.16MPa，一次再热蒸汽管道5的进口蒸汽压力为锅炉一次再热器2出口额定蒸汽压力，已知汽轮机高压缸8进口额定蒸汽压力为11.16MPa，采用管道沿程压损与局部压损（沿程流阻与局部流阻）的计算公式确定锅炉一次再热器2出口额定蒸汽压力为11.51MPa。

依据720℃一次再热蒸汽管道5的进口蒸汽温度721.5℃和管道复合壁的内外表面最大压差为0.834MPa，确定管道内层壁18的厚度δ_1、绝热层19的厚度δ_2与管道中层壁20的厚度δ_3。

720℃一次再热蒸汽管道5的管道内层壁18的主要功能是承受高温，管道内层壁18的厚度δ_1的范围为5～15mm，该应用实例的管道内层壁18的厚度δ_1为5mm。

720℃一次再热蒸汽管道5的绝热层19的主要功能是隔热，绝热层19紧贴管道内层壁18和管道中层壁20，绝热层的厚度δ_2的范围为5～20mm，该应用实例的绝热层19的厚度δ_2为15mm。

720℃一次再热蒸汽管道5的管道中层壁20的主要功能是防止绝热层19受潮，采用P92钢时管道中层壁20的温度不超过620℃，采用P91钢时管道中层壁20的温度不超过600℃，管道中层壁的厚度δ_3的范围为3～15mm，该应用实例管道中层壁的厚度δ_3为5mm。

720℃一次再热蒸汽管道5的管道内层壁18的外直径D_2为管道内层壁18的内直径D_1与2倍管道内层壁18的厚度δ_1之和，即$D_2=D_1+2\delta_1=498+2\times5=508$(mm)。

720℃一次再热蒸汽管道5的管道中层壁20的外直径D_3为管道内层壁18的外直径D_2与2倍绝热层19的厚度δ_2以及2倍管道中层壁20的厚度δ_3之和，即$D_3=D_2+2\delta_2+2\delta_3=508+2\times15+2\times5=548$(mm)。

720℃一次再热蒸汽管道5的环形夹层21的冷却流体的流速的范围为0.3～15m/s，环形夹层21冷却流体的流量取主蒸汽流量的范围为0.3%～5%，该应用实例的环形夹层21的冷却流体的流速为4.97m/s，对应冷却流体的流量10t/h为一次再热蒸汽流量的0.99%。

720℃一次再热蒸汽管道5的管道外层壁23的内直径D_4大于管道中层壁20的外直径D_3，依据环形夹层21的冷却流体的流速4.97m/s和流量10t/h确定管道外层壁23的内直径$D_4=566$mm。依据冷却流体的进口压力12.4MPa与出口温度577.5℃，确定720℃一次再热蒸汽管道5的管道外层壁23的厚度，管道外层壁23的厚度δ_4为22mm。

720℃一次再热蒸汽管道5的管道外层壁23的外直径D_5为管道外层壁23的内直径D_4与2倍管道外层壁23的厚度δ_4之和，即$D_5=D_4+2\delta_4=566+2\times22=610$(mm)。

在720℃一次再热蒸汽管道5的管道中层壁20与管道外层壁23之间的环形夹层21，沿环形夹层21的中心线每隔9m，设置非整圈环形垫块22，在设置非整圈环形垫块22所在截面的沿圆周方向，非整圈环形垫块22数量取为4，非整圈环形垫块22的材料选取P92，以防止管道中层壁20与管道外层壁23相接触。

非整圈环形垫块22的内直径为管道中层壁20的外直径D_3＝548mm，非整圈环形垫块22的外直径为管道外层壁23的内直径D_4＝566mm，非整圈环形垫块22沿圆周方向宽度取为25mm，轴向长度取为35mm。

720℃一次再热蒸汽管道5的管道外层壁23的外表面设置保温层24，保温层24紧贴管道外层壁23的外表面。

保温层24外表面设置保护层25，保护层25的材料选用不锈钢薄板，保护层25的主要功能是防水、防潮、抗大气腐蚀，保护层25的厚度取为0.8mm。

720℃一次再热蒸汽管道的保温层厚度为δ_5按照GB 50264—2013[14]设计为280mm，忽略保护层的厚度，高温蒸汽管道保温结构外径D_6为管道外层壁的外直径D_5与2倍管道保温层的厚度δ_5之和，即$D_6=D_5+2\delta_5=610+2\times280=1170$（mm）。

对于环形夹层冷却蒸汽的温度变化范围为516.0～577.5℃，中层壁和外层壁采用P91钢管就可以满足工作温度要求，该应用实例的中层壁和外层壁采用P92钢管是为了保障该一次再热蒸汽管道有更好的安全裕度。

对于实例2的一根一次再热蒸汽管道，采用CCA617镍基合金与P92钢多层壁以及夹层隔热与承压的管道结构替代全部CCA617镍基合金的单层壁管道，可以节省CCA617镍基合金70.87t，多采用P92钢46.31t。在不考虑硅酸铝管壳制品费用的情况下，CCA617镍基合金管道价格按照150万元/t计算，P92钢管道价格按照6万元/t计算，一根一次再热蒸汽管道可以减少造价1.035亿元，一台机组两根一次再热蒸汽管道可以减少造价2.070亿元，实例2的技术效果是降低了720℃一次再热蒸汽管道的造价。

3. 实例3

某型号1000MW二次再热发电机组，汽轮机中压缸进口额定二次再热蒸汽温度为720℃，额定二次再热蒸汽压力为2.25MPa，额定二次再热蒸汽流量为1647.69t/h，两根720℃二次再热蒸汽管道布置示意图如图10-23所示，720℃二次再热蒸汽管道6位于锅炉二次再热器1与汽轮机中压缸9之间，单根二次再热蒸汽管道的流量为823.845t/h。该二次再热蒸汽管道横截面示意图如图10-26所示，多层壁管道由管道内层壁26、绝热层27、管道中层壁28、环形夹层29、非整圈环形垫块30、管道外层壁31、保温层32与保护层33组成。

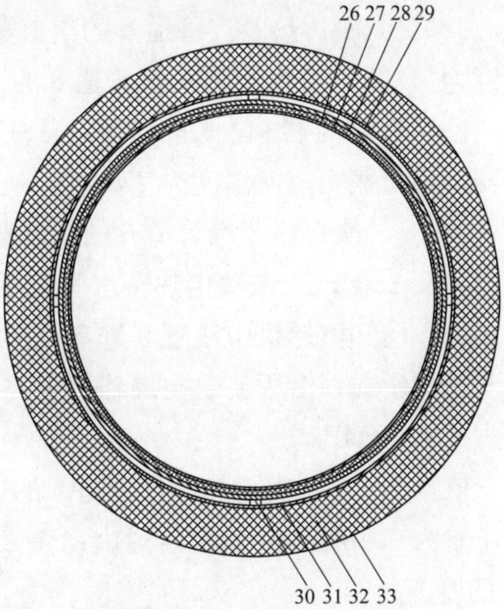

图10-26　夹层隔热与承压的660～760℃二次再热蒸汽管道横截面示意图

720℃二次再热蒸汽管道6采用多层壁结

构，应由管道内层壁 26、管道中层壁 28 和管道外层壁 31 组成，管道内层壁 26 采用 CCA617 镍基合金，管道中层壁 28 采用 P92 钢，管道外层壁 31 采用 P92 钢。

720℃二次再热蒸汽管道 6 的管道内层壁 26 与管道中层壁 28 之间设置绝热层 27，由管道内层壁 26、绝热层 27 与管道中层壁 28 构成二次再热蒸汽管道 6 的管道复合壁，绝热层 27 采用耐 1000℃高温的绝热材料硅酸铝管壳制品。

720℃二次再热蒸汽在管道内层壁 26 构成的圆形管道中流动，依据二次再热蒸汽流量为 823.845t/h 和管道流速的范围为 40～60m/s 的限制，确定管道内层壁 26 的内直径 D_1 为 1006mm，对应的管道流速为 57.49m/s。

720℃二次再热蒸汽管道 6 的管道中层壁 28 与管道外层壁 31 之间的环形夹层 29 流过冷却流体使管道复合壁与管道外层壁承压，以降低管道复合壁的内外压差，冷却流体的压力接近、等于或略高于管道内层壁 26 中二次再热蒸汽压力，冷却流体可以是二次冷再热蒸汽、超临界二氧化碳、氦气等，但不限于此，也可以采用其他工质作为冷却流体。

720℃二次再热蒸汽管道 6 的冷却流体采用的二次冷再热蒸汽，取自汽轮机高压缸的排汽，冷却流体的进口压力为 2.5MPa，冷却流体的进口温度为 465.0℃，离开环形夹层 29 的过热蒸汽，进入与锅炉二次再热器 1 的蒸汽温度相近的集箱，冷却流体所吸收的热量可以利用。

720℃二次再热蒸汽管道 6 的环形夹层 29 的冷却流体的流动方向，与二次再热蒸汽的流动方向相反，在 720℃二次再热蒸汽管道 6 的环形夹层 29，冷却流体从汽轮机中压缸 9 的主汽阀之前（即进汽阀处）流向锅炉二次再热器 1 的蒸汽温度相近的集箱。

720℃二次再热蒸汽管道 6 的冷却蒸汽由发电厂内部系统提供，以一段或多段进入和流出 720℃二次再热蒸汽管道 6 的环形夹层 29。

已知 720℃二次再热蒸汽管道 6 的冷却流体的进口温度为 465.0℃，采用传热计算方法确定冷却流体的出口温度为 608.5℃，冷却流体的出口温度不超过 620℃。

720℃二次再热蒸汽管道 6 的出口蒸汽温度为汽轮机中压缸 9 进口额定二次再热蒸汽温度为 720℃，二次再热蒸汽管道 6 的进口蒸汽温度为锅炉二次再热器 1 出口额定蒸汽温度，已知汽轮机中压缸 9 进口额定蒸汽温度为 720℃，采用传热计算方法确定锅炉二次再热器 1 出口额定蒸汽温度为 721.8℃。

720℃二次再热蒸汽管道 6 的出口蒸汽压力为汽轮机中压缸 9 进口额定二次再热蒸汽压力为 2.25MPa，二次再热蒸汽管道 6 的进口蒸汽压力为锅炉二次再热器 1 出口额定蒸汽压力，已知汽轮机中压缸 9 进口额定二次再热蒸汽压力为 2.25MPa，采用管道沿程压损与局部压损（沿程流阻与局部流阻）的计算公式确定锅炉二次再热器 1 出口额定蒸汽压力为 2.32MPa。

依据 720℃二次再热蒸汽管道 6 的进口蒸汽温度为 721.8℃和管道复合壁的内外壁最大压差为 0.18MPa，确定管道内层壁 26 的厚度 δ_1、绝热层 27 的厚度 δ_2 与管道中层壁 28 的厚度 δ_3；

720℃二次再热蒸汽管道 6 的管道内层壁 26 的主要功能是承受高温，管道内层壁 26 的厚度 δ_1 的范围为 5～15mm，该应用实例的管道内层壁 26 的厚度 δ_1 为 5mm。

720℃二次再热蒸汽管道 6 的绝热层 27 的主要功能是隔热，绝热层 27 紧贴管道内层壁 26 和管道中层壁 28，绝热层的厚度 δ_2 的范围为 5～20mm，该应用实例的绝热层 27 的厚度 δ_2 为 15mm。

720℃二次再热蒸汽管道 6 的管道中层壁 28 的主要功能是防止绝热层 27 受潮，采用 P92 钢时管道中层壁 28 的温度不超过 620℃，采用 P91 钢时管道中层壁 28 的温度不超过 600℃，管道中层壁的厚度 δ_3 的范围为 3～15mm，该应用实例管道中层壁 28 内表面壁温为 617.0℃，管道中层壁 28 的厚度 δ_3 为 5mm。

720℃二次再热蒸汽管道 6 的管道内层壁 26 的外直径 D_2 为管道内层壁 26 的内直径 D_1 与 2 倍管道内层壁 26 的厚度 δ_1 之和，即 $D_2=D_1+2\delta_1=1006+2\times5=1016$(mm)。

720℃二次再热蒸汽管道 6 的管道中层壁 28 的外直径 D_3 为管道内层壁 26 的外直径 D_2 与 2 倍绝热层 27 的厚度 δ_2 以及 2 倍管道中层壁 28 的厚度 δ_3 之和，即 $D_3=D_2+2\delta_2+2\delta_3=1016+2\times15+2\times5=1056$(mm)。

720℃二次再热蒸汽管道 6 的环形夹层 29 的冷却流体的流速的范围为 0.3～15m/s，环形夹层 29 冷却流体的流量取主蒸汽流量的范围为 0.3%～5%，该应用实例的环形夹层 29 的冷却流体的流速为 10.24m/s，对应冷却流体的流量 10t/h 为二次再热蒸汽流量的 1.21%。

720℃二次再热蒸汽管道 6 的管道外层壁 31 的内直径 D_4 大于管道中层壁 28 的外直径 D_3，依据环形夹层 29 的冷却流体的流速 10.24m/s 和流量 10t/h 确定管道外层壁 31 的内直径 $D_4=1080$mm。依据冷却流体的进口压力 2.5MPa 与出口温度 608.5℃，确定 720℃二次再热蒸汽管道 6 的管道外层壁 31 的厚度，管道外层壁 31 的厚度 δ_4 为 10mm。

720℃二次再热蒸汽管道 6 的管道外层壁 31 的外直径 D_5 为管道外层壁 31 的内直径 D_4 与 2 倍管道外层壁 31 的厚度 δ_4 之和，即 $D_5=D_4+2\delta_4=1080+2\times10=1100$(mm)。

在 720℃二次再热蒸汽管道 6 的管道中层壁 28 与管道外层壁 31 之间的环形夹层 29，沿环形夹层 29 的中心线每隔 8m，设置非整圈环形垫块 30，在设置非整圈环形垫块 30 所在截面的沿圆周方向，非整圈环形垫块 30 数量取为 4，非整圈环形垫块 30 的材料选取 P92，以防止管道中层壁 28 与管道外层壁 31 相接触。

非整圈环形垫块 30 的内直径为管道中层壁 28 的外直径 $D_3=1056$mm，非整圈环形垫块 30 的外直径为管道外层壁 31 的内直径 $D_4=1080$mm，非整圈环形垫块 30 沿圆周方向宽度取为 30mm，轴向长度取为 40mm。

720℃二次再热蒸汽管道 6 的管道外层壁 31 的外表面设置保温层 32，保温层 32 紧贴管道外层壁 31 的外表面。

720℃二次再热蒸汽管道的保温层厚度 δ_5 设计为 280mm，忽略保护层的厚度，高温蒸汽管道保温结构外径 D_6 为管道外层壁的外直径 D_5 与 2 倍管道保温层的厚度 δ_5 之和，即 $D_6=D_5+2\delta_5=1100+2\times280\text{mm}=1660$(mm)。

保温层 32 外表面设置保护层 33，保护层 33 的材料选用不锈钢薄板，保护层 33 的主要功能是防水、防潮、抗大气腐蚀，保护层 33 的厚度为 0.9mm。

对于环形夹层冷却蒸汽的温度变化范围为 465.0～608.5℃，中层壁和外层壁采用

P92 钢管就可以满足工作温度要求。

对于实例 3 的一根二次再热蒸汽管道，采用 CCA617 镍基合金与 P92 钢多层壁以及夹层隔热与承压的管道结构替代全部 CCA617 镍基合金的单层壁管道，可以节省 CCA617 镍基合金 48.97t，多采用 P92 钢 47.08t。在不考虑硅酸铝管壳制品费用的情况下，CCA617 镍基合金管道价格按照 150 万元/t 计算，P92 钢管道价格按照 6 万元/t 计算，一根二次再热蒸汽管道可以减少造价 0.706 亿元，一台机组两根二次再热蒸汽管道可以减少造价 1.412 亿元，实例 3 的技术效果是降低了 720℃二次再热蒸汽管道的造价。

第四节　部件冷却流量计算方法

本节介绍了汽轮机冷却蒸汽的流阻、压损与冷却流量的计算方法，给出了汽轮机冷却流道沿程摩擦流阻、局部流阻、旋转体流阻、串联流阻、并联流阻、串并联流阻的计算方法和汽轮机转子冷却流量计算方法，以及双流高压转子与单流高压转子的调节级叶轮泵吸冷却流阻与冷却流量的计算方法，应用于汽轮机高温部件的冷却结构设计。

一、冷却流道流阻的计算方法

1. 沿程摩擦流阻的计算方法

工程上，流阻有两大类：一类为流体与流道的摩擦损耗产生的沿程摩擦流阻，另一类是由于局部损耗引起的流阻。由于蒸汽存在黏性，当沿流道（管路或壁面）运动时，将产生摩擦阻力，它存在于整个流动过程中，工程上称之为沿程摩擦阻力，以压损 Δp 表示的沿程阻力损失可用下式表示为

$$\begin{aligned}\Delta p &= \sum_{i=1}^{n}\Delta p_i = \sum_{i=1}^{n}\lambda_i \frac{l_i}{d_{\mathrm{ei}}}\cdot\frac{\rho_i}{2}w_i^2 = \sum_{i=1}^{n}\zeta_i \frac{\rho_i}{2}w_i^2 \\ &= \sum_{i=1}^{n}\lambda_i \frac{l_i}{d_{\mathrm{ei}}}\cdot\frac{\rho_i}{2A_i^2}(A_i w_i)^2 = \sum_{i=1}^{n}\zeta_i \frac{\rho_i}{2A_i^2}(A_i w_i)^2 \\ &= \sum_{i=1}^{n} Z_i Q_i^2\end{aligned} \tag{10-1}$$

$$\zeta_i = \frac{\lambda_i l_i}{d_{\mathrm{ei}}} \tag{10-2}$$

$$Z_i = \frac{\lambda_i l_i \rho_i}{2d_{\mathrm{ei}}A_i^2} = \frac{\zeta_i\rho_i}{2A_i^2} \tag{10-3}$$

$$Q_i = A_i w_i \tag{10-4}$$

式中　Δp_i——第 i 区段沿程摩擦阻力引起的压损；

λ_i——沿程摩擦阻力损失系数，与流动形态（层流或紊流）及壁面相对粗糙度有关；

l_i——第 i 区段的管长；

d_{ei}——第 i 区段的当量直径，按照式（4-33）确定；

ρ_i——第 i 区段的流体密度；

w_i——第 i 区段的流体流速；

A_i——第 i 区段的流道面积；

ζ_i——沿程阻力系数，无量纲；

Z_i——第 i 区段的沿程摩擦流阻，其单位是 kg/m^7；

Q_i——第 i 区段的冷却蒸汽的体积流量。

2. 局部流阻的计算方法

汽轮机的冷却蒸汽沿冷却流道流动时，由于局部损耗所对应的压力降落也称为压损，用 Δp 表示，局部压损 Δp 与流阻 Z 的计算公式分别为

$$\Delta p = \zeta \frac{1}{2} \rho w^2 = \zeta \frac{\rho}{2A^2} (Aw)^2 = ZQ^2 \tag{10-5}$$

$$Z = \frac{\zeta \rho}{2A^2} \tag{10-6}$$

式中　ζ——局部阻力系数，无量纲；

ρ——流体密度；

w——流体流速；

A——流道面积；

Z——局部流阻；

Q——冷却蒸汽的体积流量。

本章参考文献[16-20]给出了无量纲局部阻力系数 ζ 的确定方法，包括入口阻力系数、出口阻力系数、截面突然扩大阻力系数、截面突然缩小阻力系数、截面逐渐扩大阻力系数、截面逐渐缩小阻力系数、流道改变方向阻力系数、直角转弯突然扩大或缩小阻力系数、流出三通支管阻力系数、流入三通支管阻力系数、闸阀阻力系数、单层滤网阻力系数、多层滤网阻力系数、曲径汽封阻力系数等，曲径汽封阻力系数按照式（3-8）计算。

按式（10-5）和式（10-6）计算压损 Δp 与流阻 Z 时，对于截面突然扩大或缩小的相应流阻，局部损耗系数对应于小截面处的流速，而流阻计算公式中的 A 要用小截面代入。

3. 旋转体流阻的计算方法

流体在汽轮机转子与动叶片的流道中流动，流体不仅受到流道中压差影响，而且还受到离心力和旋转产生的哥氏力（哥里奥里加速力）的影响，压损 Δp 与流阻 Z 的计算不同于静止流道中的数值。

（1）轴向旋转流道。当旋转流道与旋转轴线平行或旋转流道与旋转轴线的角度 β 不大时，本章参考文献[18，19]给出了轴向旋转流道有以下 3 个沿程摩擦阻力损失系数 λ_ω 的计算公式。

1）当 $\beta = 3° \sim 6°$时，对于向心流动，轴向旋转流道的沿程摩擦阻力损失系数 λ_ω 的计算公式为

$$\lambda_\omega = \lambda \left[1 + 0.017\beta \left(\frac{u}{w} \right)^{0.25\beta} \right] \tag{10-7}$$

2）当$\beta=3^\circ\sim6^\circ$时，对于离心流动，轴向旋转流道的沿程摩擦阻力损失系数λ_ω的计算公式为

$$\lambda_\omega=\lambda\left[1-0.017\beta\left(\frac{u}{w}\right)^{0.37\beta}\right] \tag{10-8}$$

3）当$\beta=0^\circ$，对于和旋转轴线平行的流动，轴向旋转流道的沿程摩擦阻力损失系数λ_ω的计算公式为

$$\lambda_\omega=\lambda\left[1-0.037\left(\frac{u}{w}\right)^{2.772}\right] \tag{10-9}$$

式中 λ_ω——旋转流道的沿程摩擦阻力损失系数；

λ——静止流道的沿程摩擦阻力损失系数；

β——旋转流道与旋转轴线的角度；

u——在旋转半径处的圆周速度；

w——流体流速。

（2）径向旋转流道。在径向旋转流道内层流（即$Re<Re_c$）时，径向旋转流道的沿程摩擦阻力损失系数λ_ω的计算公式[19-20]为

$$\lambda_\omega=\frac{64}{Re^{0.8}}\frac{u}{w}\sqrt{\frac{d_e}{R_1}} \tag{10-10}$$

$$Re_c=2300\left[1+\left(\frac{u}{w}\sqrt{\frac{d_e}{R_1}}\right)^2\right] \tag{10-11}$$

$$Re=\frac{d_e\times w}{\nu} \tag{10-12}$$

$$u=R_1\omega \tag{10-13}$$

式中 λ_ω——旋转流道的沿程摩擦阻力损失系数；

Re——按流体相对流速计算的雷诺数；

u——在旋转半径处的圆周速度；

w——流体相对流速；

d_e——旋转流道当量直径；

R_1——旋转径向流道中部截面形心至转子中心的距离；

ν——流体的运动黏度；

ω——转子旋转角速度。

（3）轴向旋转流道入口和出口。轴向旋转流道入口和出口的局部阻力系数ζ_ω的计算公式分别[19-20]为

1）轴向旋转流道入口为

$$\zeta_\omega=\zeta_{in}\left[1+0.3\frac{u}{w}-0.004\left(\frac{u}{w}\right)^2\right] \tag{10-14}$$

2）轴向旋转流道出口为

$$\zeta_\omega=\zeta_{out}\left[1+0.3\frac{u}{w}-0.004\left(\frac{u}{w}\right)^2\right] \tag{10-15}$$

式中　ζ_{in}——静止流道入口阻力系数；

Z_{out}——静止流道出口阻力系数。

(4) 旋转流道的压损与流阻。参照式（10-1）、式（10-2）、式（10-5）和式（10-6），对于旋转流道的局部阻力系数和沿程阻力系数统一用符号 ζ_ω 表示，旋转流道的沿程压损与局部压损（沿程流阻与局部流阻）统一用符号 Δp 表示，旋转流道的局部流阻与沿程流阻统一用符号 Z 表示，Δp 与 Z 的计算公式分别为

$$\Delta p = \zeta_\omega \frac{1}{2}\rho w^2 = \zeta_\omega \frac{\rho}{2A^2}(Aw)^2 = ZQ^2 \tag{10-16}$$

$$Z = \frac{\zeta_\omega \rho}{2A^2} \tag{10-17}$$

式中　Δp——局部压损或沿程压损与局部压损（沿程流阻与局部流阻）；

ζ_ω——旋转流道的局部阻力系数或沿程阻力系数，对于沿程阻力系数，有 $\zeta_\omega = \dfrac{\lambda_\omega l}{d_e}$，这里，$\lambda_\omega$ 为按照式（10-7）～式（10-10）计算得出的旋转流道的沿程摩擦阻力损失系数，d_e 为旋转流道的当量直径，l 为旋转流道的长度；

ρ——流体密度；

w——流体相对流速；

A——流道面积；

Z——局部流阻或沿程流阻；

Q——冷却流体的体积流量。

4. 串联流阻的计算方法

流体流过流道，通常有多个流阻。工程上计算分析流道的压损时，通常采用流阻联结图代替实际流道，常用的流阻联结图包括串联流阻联结图、并联流阻联结图和串并联流阻联结图。图 10-27 给出的单根流道示意图[18]，其流阻问题可用图 10-28 表示的串联流阻联结图来研究，包括入口流阻 Z_1、截面突然扩大流阻 Z_2、流道改变方向流阻 Z_3、截面突然缩小流阻 Z_4 和出口流阻 Z_5。如果管道较长，还需要考虑沿程流阻。通过流道的总压损 Δp 等于各部分压损之和，流道的合成流阻 Z_d 等于各部分流阻之和，其计算公式分别为

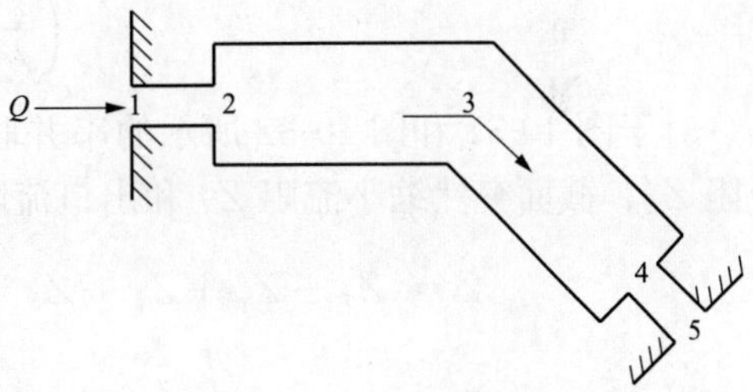

图 10-27　流道示意图

$$\Delta p = \Delta p_1 + \Delta p_2 + \Delta p_3 + \Delta p_4 + \Delta p_5 \tag{10-18}$$

$$Z_d Q^2 = Z_1 Q^2 + Z_2 Q^2 + Z_3 Q^2 + Z_4 Q^2 + Z_5 Q^2 \tag{10-19}$$

$$Z_d = Z_1 + Z_2 + Z_3 + Z_4 + Z_5 \tag{10-20}$$

串联流阻联结图如图 10-29 所示，由局部流阻和沿程流阻组成的串联系统，其合成流阻 Z_d 为各部分流阻之和，其计算公式为

$$Z_d = \sum_{i=1}^{n} Z_i \tag{10-21}$$

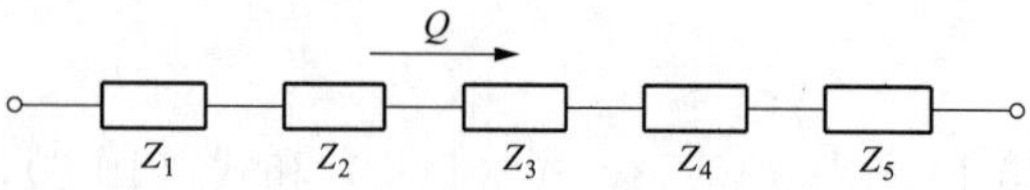

图 10-28　流阻的联结图

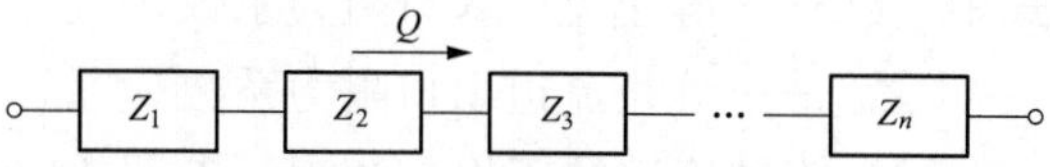

图 10-29　串联流阻联结图

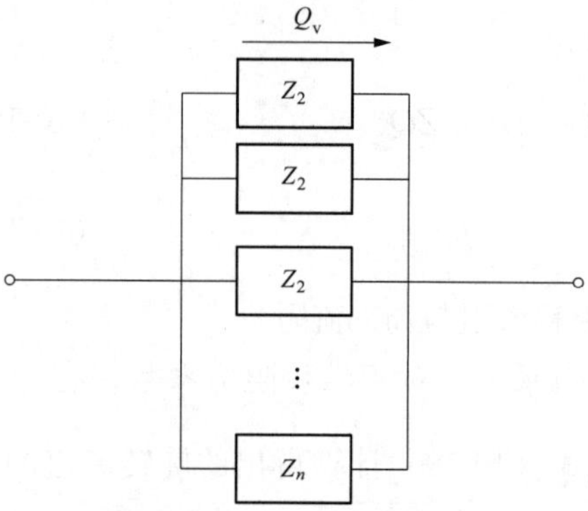

图 10-30　并联流阻联结图

5. 并联流阻的计算方法

并联流阻联结图如图 10-30 所示，当 n 个流阻并联时，合成流阻 Z_d 的计算公式为

$$Z_d=\left[\left(\sum_{i=1}^{n}\frac{1}{\sqrt{Z_i}}\right)^2\right]^{-1} \tag{10-22}$$

6. 串并联流阻的计算方法

对于 10-31 所示的串并联流道，其流阻联结图如图 10-32 所示[18]，其沿程合成流阻 Z_d 为各部分流阻之和，支路Ⅰ流阻为入口流阻 Z_2 与出口流阻 Z_3 之和，有

$$Z_Ⅰ=Z_2+Z_3 \tag{10-23}$$

支路Ⅱ流阻为入口流阻 Z_4、流道改变方向流阻 Z_5 与出口流阻 Z_6 之和，有

$$Z_Ⅱ=Z_4+Z_5+Z_6 \tag{10-24}$$

由于支路Ⅰ与支路Ⅱ有共同的入口和出口，两个支路的压降相等，支路Ⅰ与支路Ⅱ的并联流阻 Z_p 的计算公式为

$$Z_p=\frac{1}{\left(\frac{1}{\sqrt{Z_Ⅰ}}+\frac{1}{\sqrt{Z_Ⅱ}}\right)^2} \tag{10-25}$$

对于图 10-31 和图 10-32 所示的串并联流阻联结图，合成流阻由入口流阻 Z_1、并联流阻 Z_p、截面突然缩小流阻 Z_7 和出口流阻 Z_8 组成，合成流阻 Z_d 的计算公式为

$$\begin{aligned}Z_d&=Z_1+Z_p+Z_7+Z_8=Z_1+\frac{1}{\left(\frac{1}{\sqrt{Z_Ⅰ}}+\frac{1}{\sqrt{Z_Ⅱ}}\right)^2}+Z_7+Z_8\\&=Z_1+\frac{1}{\left(\frac{1}{\sqrt{Z_2+Z_3}}+\frac{1}{\sqrt{Z_4+Z_5+Z_6}}\right)^2}+Z_7+Z_8\end{aligned} \tag{10-26}$$

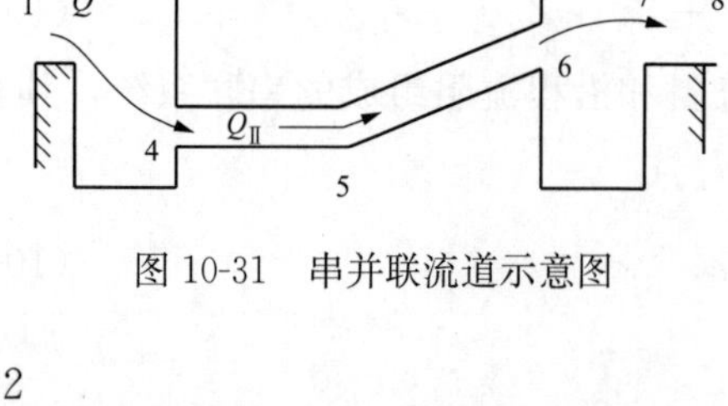

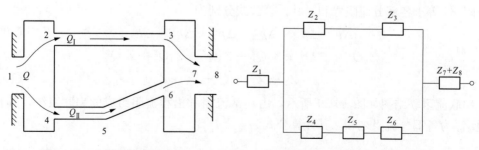

图 10-31　串并联流道示意图

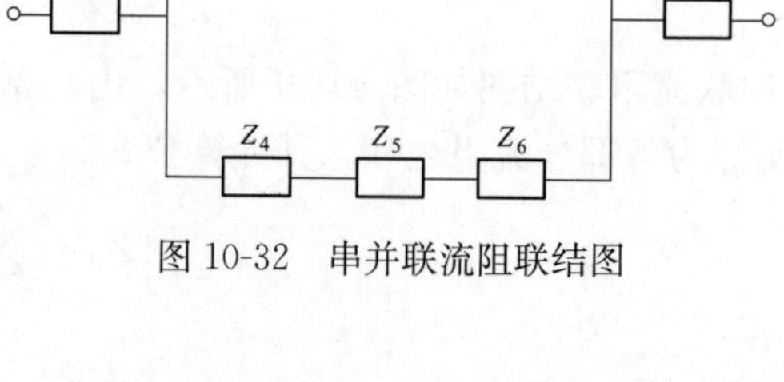

图 10-32　串并联流阻联结图

二、转子冷却流速与流量的计算方法

1. 转子冷却流速的计算方法

根据式（10-16）给出的压差（压损）与流速的关系式，有

$$w^2=\frac{2}{\zeta_\omega \rho}\Delta p \tag{10-27}$$

$$w=\sqrt{\frac{2}{\zeta_\omega \rho}}\sqrt{\Delta p}=\mu\sqrt{\Delta p} \tag{10-28}$$

$$\mu=\sqrt{\frac{2}{\zeta_\omega \rho}} \tag{10-29}$$

式中　w——流体相对流速；

ζ_ω——旋转流道的局部阻力系数；

ρ——流体密度；

μ——流量系数。

2. 转子冷却流量的计算方法

反动式汽轮机双流中压转子的冷却结构示意图如图 10-33 所示[21]，把汽轮机高压排汽或抽汽 350℃以下的蒸汽引入中压汽轮机的进口导流环下部的空间，对中压转子高温部位进行冷却。该冷却蒸汽中小部分通过第 1 级动叶片与静叶片之间的汽封流入主流；大部分冷却蒸汽通过第 1 级动叶片枞树型叶根底部间隙（也称冷却蒸汽通道或蒸汽冷却孔）流入第 2 级静叶片前和第 2 级静叶片与动叶片之间；还有一小部分冷却蒸汽通过第 2 级动叶片枞树型叶根底部间隙，流入第 3 级静叶片前和第 3 级静叶片与动叶片之间。在中压转子的冷却结构中，必须合理设计冷却蒸汽出口汽封与转子的间隙、第 1 级与第 2 级动叶片枞树型叶根底部冷却蒸汽通道面积以及第 2 级与第 3 级静叶环内侧汽封间隙，这些参数对转子的冷却效果影响比较大。轴向插入的枞树型叶根底部间隙和动叶片前后

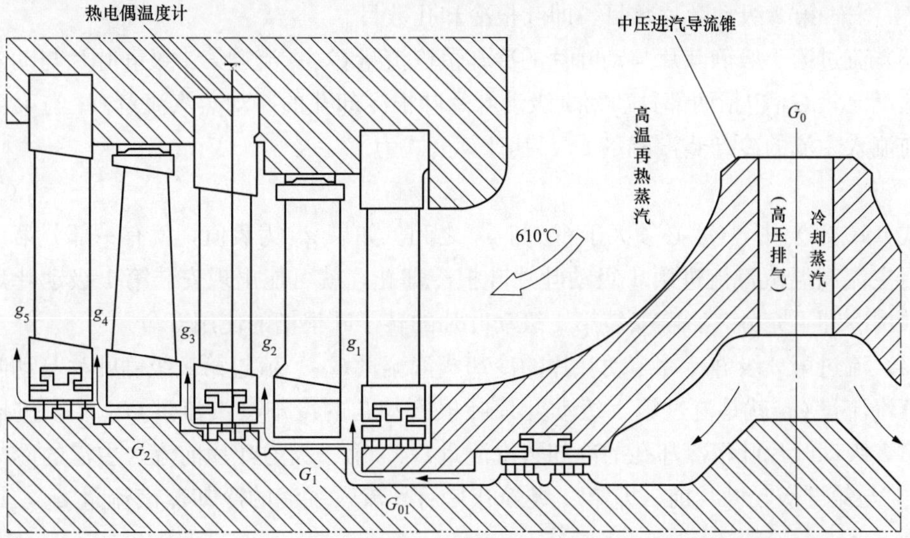

图 10-33　反动式汽轮机中压转子前三级动叶片所在部位转子的冷却结构示意图

的压差保证冷却蒸汽流过。冷却蒸汽的流动，使中压转子高温部位得到了冷却。在本章参考文献[21]研究结果的基础上，经公式推导与计算分析，得出以下汽轮机中压缸转子冷却流量的计算方法。

（1）流过第 1 级动叶片叶根冷却孔的冷却蒸汽流量 G_1。对于图 10-33 所示反动式汽轮机中压转子，流过第 1 级动叶片枞树型叶根与转子叶根槽构成的叶根冷却孔的冷却蒸汽的质量流量 G_1 计算公式为

$$G_1 = \rho_1 F_1 w_1 = \rho_1 F_1 \mu_1 \sqrt{\Delta p_1} = \rho_1 n_1 A_1 \mu_1 \sqrt{\Delta p_1} \tag{10-30}$$

式中　ρ_1——第 1 级动叶片出口蒸汽密度；

F_1——第 1 级动叶片叶根冷却孔总面积；

w_1——第 1 级动叶片叶根冷却孔冷却蒸汽相对流速；

μ_1——第 1 级动叶片叶根冷却孔流量系数；

Δp_1——第 1 级动叶片前后蒸汽压差；

n_1——第 1 级动叶片数目，即叶根冷却孔数目；

A_1——第 1 级动叶片 1 个叶根冷却孔面积。

（2）流过第 2 级动叶片叶根冷却孔的冷却蒸汽流量 G_2。流过第 2 级动叶片枞树型叶根与转子叶根槽构成的叶根冷却孔的冷却蒸汽的质量流量 G_2 计算公式为

$$G_2 = \rho_2 F_2 w_2 = \rho_2 F_2 \mu_2 \sqrt{\Delta p_2} = \rho_2 n_2 A_2 \mu_2 \sqrt{\Delta p_2} \tag{10-31}$$

式中　ρ_2——第 2 级动叶片出口蒸汽密度；

F_2——第 2 级动叶片叶根冷却孔总面积；

w_2——第 2 级动叶片叶根冷却孔冷却蒸汽相对流速；

μ_2——第 2 级动叶片叶根冷却孔流量系数；

Δp_2——第 2 级动叶片前后蒸汽压差；

A_2——第 2 级动叶片 1 个叶根冷却孔面积；

n_2——第 2 级动叶片数目，即叶根冷却孔数目。

（3）流过第 1 级静叶片与动叶片的冷却蒸汽流量 G_{01}。流过第 1 级静叶片与动叶片的冷却蒸汽流量 G_{01} 包括两部分：第 1 级动叶片叶根冷却孔的冷却蒸汽流量 G_1 与第 1 级动叶片前流入主流的冷却蒸汽流量 g_1，其计算公式为

$$G_{01} > g_1 + G_1 \tag{10-32}$$

式（10-32）中，G_{01} 必须大于 G_1 与 g_1 之和。如果 g_1 为负值，就有一部分第 1 级静叶片后主流高温蒸汽流进第 1 级动叶片叶根冷却孔，就可能出现安装第 1 级动叶片的转子叶根槽冷却不充分，影响安装第 1 级动叶片的转子叶根槽的使用寿命。

（4）流过第 2 级静叶片与动叶片的冷却蒸汽流量 G_{02}。流过第 2 级静叶片与动叶片的冷却蒸汽流量 G_{02} 就是流过第 1 级动叶片叶根冷却孔的冷却蒸汽流量 G_1。G_{02} 包括三部分：第 2 级动叶片叶根冷却孔的冷却蒸汽流量 G_2、第 2 级静叶片前流入主流的冷却蒸汽流量 g_2 与第 2 级动叶片前（即第 2 级静叶片后）流入主流的冷却蒸汽流量 g_3，其计算公式为

$$G_{02} = G_1 > g_2 + g_3 + G_2 \tag{10-33}$$

$$g_3 = \rho_3 A_3 w_3 \tag{10-34}$$

式中　ρ_3——第 2 级动叶片前（即第 2 级静叶片后）蒸汽密度；

A_3——第 2 级静叶片汽封孔口间隙面积；

w_3——第 2 级静叶片汽封孔口流速，按照式（3-1）和式（3-2）计算。

式（10-33）中，$G_{02}(G_1)$ 必须大于 G_2、g_2 与 g_3 之和。如果 g_2 或 g_3 为负值，就有一部分第 2 级静叶片前或第 2 级静叶片后主流高温蒸汽流进第 2 级动叶片叶根冷却孔，就可能出现安装第 2 级动叶片的转子叶根槽冷却不充分，影响安装第 2 级动叶片的转子叶根槽的使用寿命。

（5）流过第 3 级静叶片与动叶片的冷却蒸汽流量 G_{03}。流过第 3 级静叶片与动叶片的冷却蒸汽流量 G_{03} 就是流过第 2 级动叶片叶根冷却孔的冷却蒸汽流量 G_2。G_{03} 包括两部分：第 3 级静叶片前流入主流的冷却蒸汽流量 g_4 与第 3 级动叶片前（即第 3 级静叶片后）流入主流的冷却蒸汽流量 g_5，其计算公式为

$$G_{03} = G_2 > g_4 + g_5 \tag{10-35}$$

$$g_5 = \rho_5 A_5 w_5 \tag{10-36}$$

式中　ρ_5——第 3 级动叶片前（即第 3 级静叶片后）蒸汽密度；

A_5——第 3 级静叶片汽封孔口间隙面积；

w_5——第 3 级静叶片汽封孔口流速，按照式（3-1）和式（3-2）计算。

式（10-35）中，$G_{03}(G_2)$ 必须大于 g_4 与 g_5 之和。如果 g_4 或 g_5 为负值，就有一部分第 3 级静叶片前或第 3 级静叶片后主流高温蒸汽流过第 3 级静叶片与动叶片之间的转子表面，就有可能出现转子表面冷却不充分，影响第 3 级静叶片与动叶片之间的转子表面部位的使用寿命。

（6）双流反动式汽轮机中压转子的冷却蒸汽流量 G_0。使用高压缸的排汽作为冷却蒸汽，来冷却双流反动式汽轮机中压转子的前两级转子叶根槽，冷却蒸汽流量 G_0 包括 2 部分：第 1 级动叶片叶根冷却孔的冷却蒸汽流量 G_1、第 1 级动叶片前流入主流的冷却蒸汽流量 g_1，其计算公式为

$$G_0 = 2G_{01} > 2(g_1 + G_1) \tag{10-37}$$

式（10-37）中，$2G_{01}$ 表示双流中压转子的两侧冷却蒸汽的流量。

在该汽轮机双流中压转子冷却流量的设计计算中，需要考虑静叶片汽封长期运行的磨损状态，对 g_1、g_2、g_3、g_4、g_5、G_1、G_2、G_{01}、G_{02}、G_{03}、G_0 等流量进行充分的分析研究，来设计第 1 级与第 2 级动叶片叶根冷却孔的面积 A_1 和 A_2。

三、双流高压转子调节级叶轮泵吸冷却的流阻与流量计算方法

1. 双流高压转子的泵吸冷却结构

某型号超超临界一次再热 1000MW 汽轮机喷嘴室和双流高压转子的泵吸冷却结构示意图如图 10-34 所示[22]，调节级后蒸汽温度低于主蒸汽温度，一小部分调节级后蒸汽作为冷却蒸汽经过 180℃转弯后，流经调节级叶轮上的冷却孔（斜孔），流经喷嘴室外表面与转子之间的腔室与喷嘴室外表面返回到调节级后。该型号超超临界一次再热 1000MW

汽轮机采用高压转子双流式结构，有利于转子上的推力平衡，也有利于降低高温动叶片的应力。

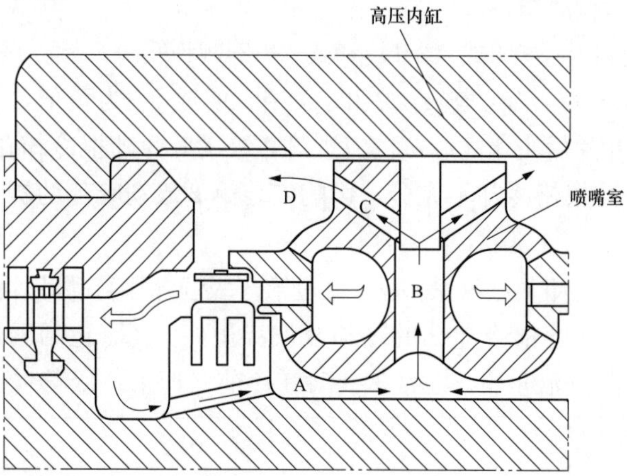

图 10-34 汽轮机调节级叶轮泵吸冷却结构示意图

调节级后一小部分蒸汽经过180°转弯后，流经调节级叶轮上的冷却孔（斜孔）和喷嘴室外表面与转子之间的腔室，再流经双流喷嘴室中间小孔返回到调节级后。在此流动过程中，冷却了高温喷嘴室和高压转子的外表面。调节级叶轮上打有斜孔，由于叶轮旋转产生离心泵的作用，把调节级出口小部分蒸汽吸过来，流过喷嘴室与转子之间的腔室，冷却了喷嘴室和高压转子高温部位的外表面。

调节级叶轮上设计有斜孔，由于叶轮转速产生离心泵的作用，把调节级出口一小部分蒸汽泵吸出来，流过喷嘴室与转子之间的腔室，冷却了喷嘴室和高压转子高温部位的外表面。把喷嘴室外表面划分为如图 10-34 所示的 A 区、B 区、C 区和 D 区共 4 个区域。在这 4 个区域中，为了确保冷却蒸汽的流动，必须满足以下关系式

$$p_A > p_B > p_C > p_D \tag{10-38}$$

式中 p_A——喷嘴室外表面 A 区蒸汽压力；

p_B——喷嘴室外表面 B 区蒸汽压力；

p_C——喷嘴室外表面 C 区蒸汽压力；

p_D——喷嘴室外表面 D 区蒸汽压力。

2. 双流高压转子泵吸冷却结构的流阻计算方法

计算汽轮机双流高压转子泵吸冷却结构的流阻和压损有两个目的，一是应用于调节级叶轮泵吸冷却结构设计，以确定泵吸结构尺寸（如叶道斜孔进汽处圆心位置的直径）；二是用来确定冷却腔室的冷却蒸汽压力。

（1）基本假设。不考虑转子旋转对冷却蒸汽流阻的影响，不考虑 D 区沿程摩擦流阻，假设沿喷嘴室外表面有 n 个冷却孔。

（2）主要流阻。图 10-34 所示汽轮机泵吸蒸汽冷却设计的流阻计算包括 A 区沿程摩擦流阻 Z_1，B 区入口流阻、变截面直角弯管流阻 Z_2，B 区沿程摩擦流阻 Z_3，C 区管道改变方向流阻、截面突然缩小流阻 Z_4，C 区沿程摩擦流阻 Z_5，C 区出口流阻 Z_6，D 区截面逐渐扩大流阻、直角转弯突然缩小流阻与出口流阻 Z_7。

（3）流阻连接图。对于图 10-34 所示的汽轮机泵吸冷却结构，标注出的流阻的泵吸冷却结构流阻的示意图如图 10-35 所示，泵吸冷却结构的原理图如图 10-36 所示，串并联流阻联结图如图 10-37 所示，图 10-37 中左侧的符号“ǂ”表示泵吸冷却。

（4）串并联流阻的计算方法。根据串联流阻与并联流阻的计算方法，如图 10-35、图 10-36 和图 10-37 所示，汽轮机泵吸冷却的串并联系统的合成流阻 Z 的计算公式为

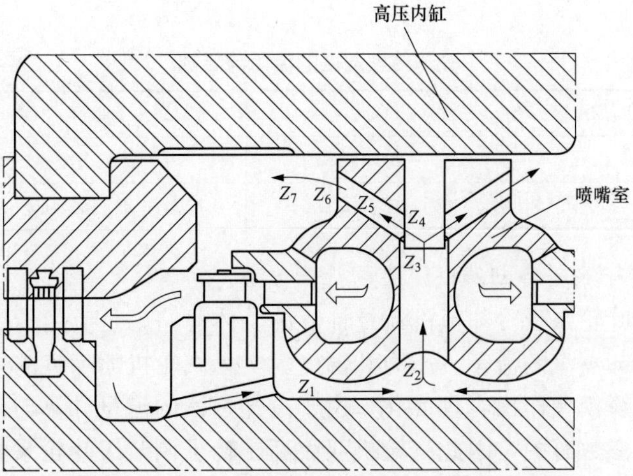

图 10-35　泵吸冷却结构流阻的示意图

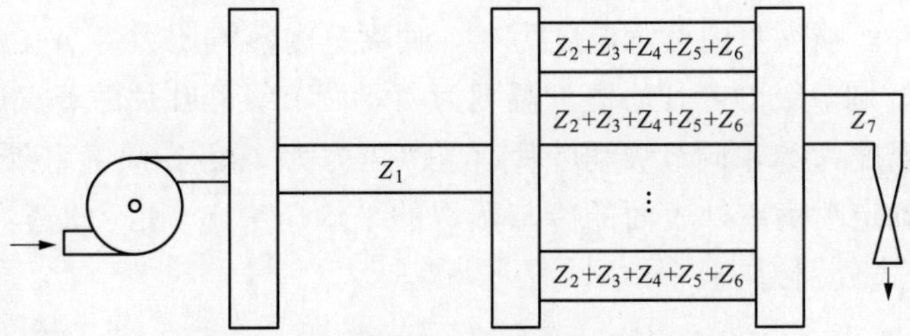

图 10-36　泵吸冷却结构流阻的原理图

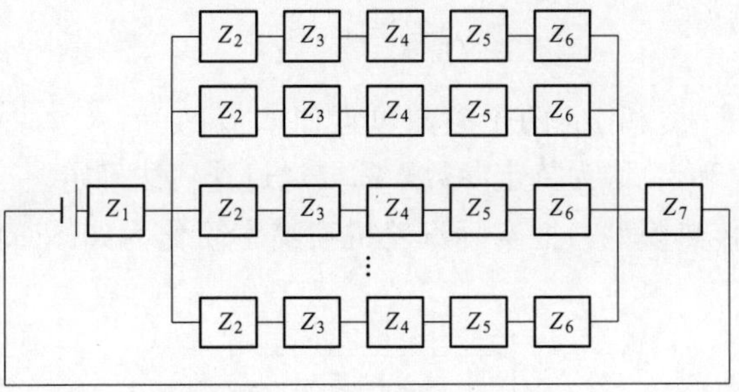

图 10-37　串并联流阻联结图

$$Z = Z_1 + \left(\sum_{i=1}^{n} \frac{1}{\sqrt{Z_2 + Z_3 + Z_4 + Z_5 + Z_6}}\right)^{-1} + Z_7 \tag{10-39}$$

式中　n——喷嘴室外表面冷却孔数目。

（5）压损的计算方法。泵吸冷却蒸汽总压损 Δp_0 的计算公式为

$$\Delta p_0 = ZQ^2 \tag{10-40}$$

式中　Z——泵吸冷却蒸汽的总流阻，kg/m^7；

　　　Q——泵吸冷却蒸汽的体积流量，m^3/s。

考虑冷却腔室 A 区、B 区、C 区、D 区这 4 个区域压力并不相等，每个区域的压力损失也不相等，冷却腔室各区流阻与压损列于表 10-1。在表 10-1 中，n 为喷嘴室外表面

冷却孔数目。

表 10-1　　冷却腔室各区的流阻与压损

序号	项目	A区	B区	C区	D区
1	流阻	Z_1	Z_2+Z_3	$Z_4+Z_5+Z_6$	Z_7
2	压损	Z_1Q^2	$(Z_2+Z_3)(Q/n)^2$	$(Z_4+Z_5+Z_6)(Q/n)^2$	Z_7Q^2

3. 双流高压转子泵吸冷却蒸汽流量的计算方法

汽轮机调节级叶轮泵吸冷却蒸汽流量计算的总体思路，是应用传热学和流体力学的基础知识，确定冷却蒸汽的流量、压力和温度。实际汽轮机喷嘴室的结构比较复杂，冷却计算中必须对计算模型作出合理简化。由于冷却蒸汽的流量计算与传热计算有关，而传热计算又与冷却参数有关，因此汽轮机双流高压转子调节级叶轮泵吸冷却蒸汽流量的计算是一个反复迭代的计算过程，只有经过多次迭代，才能确定双流高压转子调节级叶轮泵吸冷却的蒸汽流量。

（1）已知条件。喷嘴室内蒸汽温度为 t_0，喷嘴室内蒸汽压力为 p_0，喷嘴室内表面对流传热系数为 h_i，调节级静叶片后蒸汽温度为 t_1，调节级静叶片后蒸汽压力为 p_1，调节级动叶片后蒸汽温度为 t_2，调节级动叶片后蒸汽压力为 p_2。在喷嘴室外表面冷却蒸汽流的计算中，需要确定喷嘴室外表面的冷却蒸汽的平均压力 p_f 和冷却蒸汽的平均温度 t_f，p_f 和 t_f 的计算公式分别为

$$p_f=\frac{p_A+p_D}{2} \tag{10-41}$$

$$t_f=\frac{t_A+t_D}{2} \tag{10-42}$$

初步计算时，只有 t_A 和 p_D 两个参数可近似取值 $t_A=t_2$，$p_D=p_2$，其余 6 个参数 p_A、p_B、p_C、t_B、t_C 和 t_D 均为待定参数，需要通过迭代法确定。

（2）建立简化的传热模型。把实际汽轮机喷嘴室简化为如图 10-38 所示[23]的空心圆环曲面壁的传热模型。

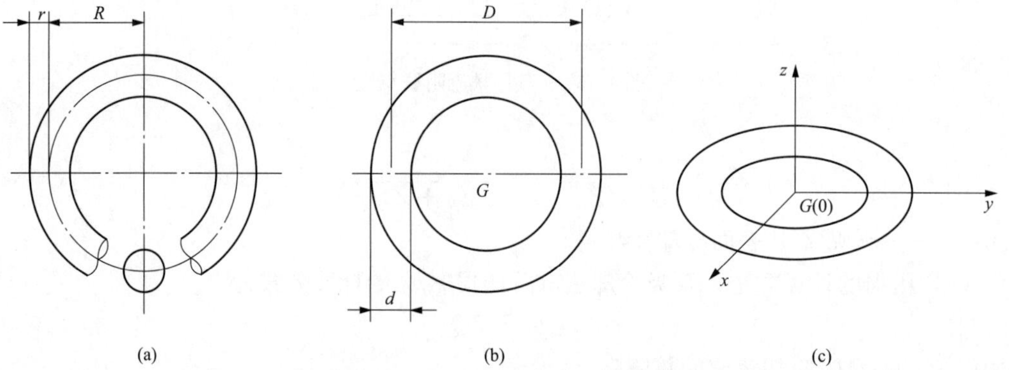

图 10-38　圆环曲面壁表面积的计算模型

(a) 空心圆环的中心半径和圆截面内半径；(b) 空心圆环的中心直径和圆截面内直径；(c) 空心圆环的三维坐标系

R—中心半径；D—中心直径；r—圆截面内半径；d—圆截面内直径

圆环内表面积 A_i 的计算公式为

$$A_i = 4\pi^2 r_i R_i = \pi^2 D_i d_i \tag{10-43}$$

式中　r_i——内圆截面半径；

R_i——内圆环中心半径；

D_i——内圆环中心直径；

d_i——内圆截面直径。

(3) 喷嘴室外表面面积 A_o 的计算方法。喷嘴室外表面蒸汽冷却的面积 A_o 等于 A 区、B 区、C 区和 D 区 4 个部分蒸汽冷却的面积之和，其计算公式为

$$A_o = F_A + F_B + F_C + F_D \tag{10-44}$$

式中　F_A——喷嘴室外表面 A 区蒸汽冷却的面积；

F_B——喷嘴室外表面 B 区蒸汽冷却的面积；

F_C——喷嘴室外表面 C 区蒸汽冷却的面积；

F_D——喷嘴室外表面 D 区蒸汽冷却的面积。

(4) 计算喷嘴室内外表面平均面积 A_m。喷嘴室内外表面的几何平均面积 A_m 的计算公式[23]为

$$A_m = \sqrt{A_i \cdot A_o} \tag{10-45}$$

式中　A_i——喷嘴室内表面面积；

A_o——喷嘴室外表面面积。

(5) 喷嘴室外表面对流传热传热系数的计算。在假设喷嘴室外表面 A 区、B 区、C 区和 D 区外壁金属温度 t_{wo} 与冷却蒸汽温度 t_f 的温差 $\Delta t = (t_{wo} - t_f)$ 近似相等的条件下，喷嘴室外表面平均对流传热系数 h_o 的近似计算公式为

$$h_o = \frac{h_A F_A + h_B F_B + h_C F_C + h_D F_D}{F_A + F_B + F_C + F_D} \tag{10-46}$$

式中　h_A——喷嘴室外表面 A 区对流传热系数；

h_B——喷嘴室外表面 B 区对流传热系数；

h_C——喷嘴室外表面 C 区对流传热系数；

h_D——喷嘴室外表面 D 区对流传热系数。

(6) 计算喷嘴室圆环的传热系数 k。以外表面为基准面的喷嘴室传热系数 k 的计算公式[23]为

$$k = \left(\frac{1}{h_i}\frac{A_o}{A_i} + \frac{\delta_w}{\lambda}\frac{A_o}{A_m} + \frac{1}{h_o}\right)^{-1} \tag{10-47}$$

式中　h_i——喷嘴室内表面对流传热系数；

δ_w——喷嘴室壁厚；

λ——喷嘴室金属的热导率，λ 由喷嘴室内壁温度 t_{wi} 和喷嘴室外壁温度 t_{wo} 的平均值，$t_w = (t_{wi} + t_{wo})/2$ 查喷嘴室金属材料物理性能来确定；

h_o——喷嘴室外表面对流传热系数（平均值）。

(7) 计算喷嘴室圆环的热流量 Φ。单位时间内通过喷嘴室圆环曲面壁的热量称为热

流量，用符号 Φ 表示。计算喷嘴室圆环的热流量 Φ 时，在第 1 次迭代计算中，先假定稳态工况喷嘴室外表面温度 t_{wo} 与喷嘴室内蒸汽温度 t_0 近似相等，热流量 Φ 的计算公式为

$$\Phi = kA_o(t_{wo} - t_f) \approx kA_o(t_0 - t_f) \tag{10-48}$$

式中　k——喷嘴室圆环曲面壁模型的传热系数；

t_{wo}——喷嘴室喷嘴室外表面温度；

t_f——喷嘴室外表面冷却蒸汽的平均温度，按照式（10-42）近似计算。

（8）计算喷嘴室的内外壁温。喷嘴室内表面壁温 t_{wi} 和外表面壁温 t_{wo} 的计算公式为

$$t_{wi} = t_0 - \frac{\Phi}{A_i h_i} \tag{10-49}$$

$$t_{wo} = t_{wi} - \frac{\Phi\delta}{A_m\lambda} = t_0 - \frac{\Phi}{A_i h_i} - \frac{\Phi\delta}{A_m\lambda} \tag{10-50}$$

式中　δ——喷嘴室壁厚；

A_m——喷嘴室内外表面的几何平均面积；

λ——喷嘴室金属的热导率。

在第 2 次迭代计算中，喷嘴室喷嘴室外表面温度 t_{wo} 取式（10-50）的计算结果。

（9）计算泵吸冷却结构的蒸汽体积流量 Q。对于 A 区不设计汽封的情况，假设不考虑冷却蒸汽把热量传递给转子和汽缸，喷嘴室传出的热量全部由冷却蒸汽带走。根据能量守恒关系，汽轮机高压转子泵吸冷却所需冷却蒸汽的质量流量 G 和体积流量 Q 的计算公式分别为

$$G = \frac{\Phi}{c\Delta t_f} \tag{10-51}$$

$$Q = \frac{G}{\rho} = \frac{\Phi}{\rho c\Delta t_f} \tag{10-52}$$

式中　Φ——喷嘴室圆环的热流量。

c——冷却蒸汽的比热容。

Δt_f——冷却蒸汽流过喷嘴室外表面的温升，Δt_f 为设计给定值，$\Delta t_f = t_D - t_A$，Δt_f 与 Q 成反比，Δt_f 大，则 Q 小；反之，Δt_f 小，则 Q 大。

ρ——流体的密度。

对于 A 区设计汽封的情况，依据汽封流速可以确定冷却蒸汽体积流量 Q，泵吸冷却结构的蒸汽体积流量 Q 的计算公式为

$$Q = A_\delta w_\delta \tag{10-53}$$

式中　A_δ——汽封孔口间隙面积；

w_δ——汽封孔口流速，按照式（3-1）和式（3-2）计算。

4. 双流高压转子泵吸冷却结构蒸汽压升的计算方法

当汽轮机高压转子调节级叶轮旋转时，调节级叶轮斜孔（叶片流道）中温度低于喷嘴室蒸汽温度的冷却蒸汽被所产生的离心力向叶轮斜孔（叶片流道）的外缘方向甩出去，调节级动叶片的叶根部后面的蒸汽又不断地从调节级叶轮斜孔内径处补充进来，形成冷却蒸汽的流动。由于离心力的作用，使得调节级叶轮斜孔出口蒸汽压力升高，以使其能克服沿程的流阻。泵吸冷却蒸汽流经喷嘴室外表面后，通过调节级动叶片顶部再回到调

节级的动叶片后。

汽轮机高压转子调节级泵吸结构可处理为具有径向叶片的离心风扇，调节叶轮上的斜孔相当于离心风扇的径向叶片之间的流道，称为叶片流道，图 10-39（a）给出了径向叶片离心风扇尺寸示意图。采用离心风扇的径向叶片的分析方法，可以确定汽轮机双流高压转子泵吸冷却的蒸汽压升[19,20]。

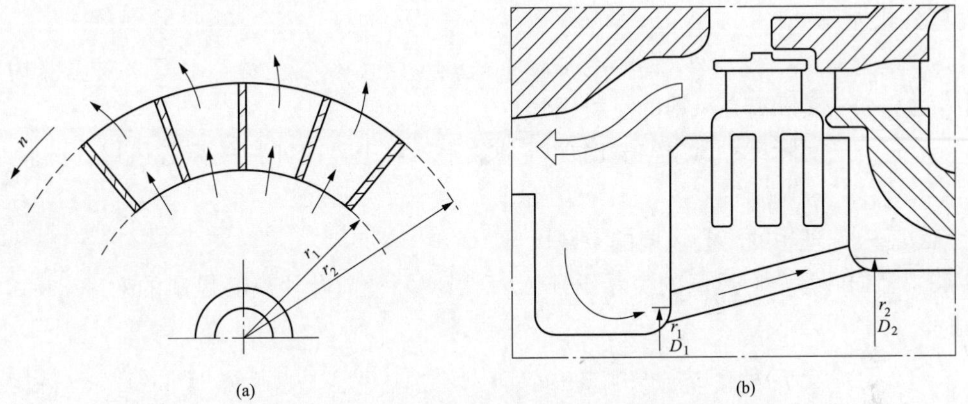

图 10-39 径向叶片的离心风扇尺寸和调节级叶轮泵吸结构形式的示意图

（a）径向叶片的离心风扇；（b）调节级叶轮的泵吸结构

（1）理想的离心风扇的空载压升。理想的离心风扇，指的是叶片数无穷多，而叶片的厚度无穷小，风扇工作时没有任何损耗。风扇空载运行是指当风扇没有流量，$Q=0$ 时，如将叶片出口都加以封闭，便可得到这种运行状态。当理想的离心风扇空载运行时，离心风扇产生的空载压升 Δp_{0L} 的计算公式为

$$\Delta p_{0L}=\rho(u_2^2-u_1^2) \tag{10-54}$$

$$u_2=\frac{\pi D_2 n_0}{60}=100\pi r_2 \tag{10-55}$$

$$u_1=\frac{\pi D_1 n_0}{60}=100\pi r_1 \tag{10-56}$$

式中 Δp_{0L}——理想的离心风扇的空载压升；

ρ——流体的密度；

u_2——叶片流道出口处圆周速度；

u_1——叶片流道进口处圆周速度；

D_2——径向叶片流道出口圆心所处位置的直径；

n_0——汽轮机的额定工作转速，$n_0=3000\text{r/min}$；

r_2——径向叶片流道出口圆心所处位置的半径；

D_1——径向叶片流道进口圆心所处位置的直径；

r_1——径向叶片流道进口圆心所处位置的半径。

式（10-54）的物理意义：叶片流道外径 r_2 处蒸汽的压力比其内径 r_1 处的压力升高 $\rho(u_2^2-u_1^2)$；通过汽轮机高压转子调节级叶轮的泵吸，在离心力的作用下，蒸汽在理想

条件下空载压力升高为$\rho(u_2^2-u_1^2)$。径向叶片的离心风扇尺寸调节级叶轮泵吸结构形式的示意图如图 10-39（b）所示。

（2）实际离心风扇的空载压升Δp_0。实际径向叶片的离心风扇，叶片数目不是无穷多，汽流进入叶片存在冲击损耗，汽流在叶道中存在摩擦损耗，汽流在入口与出口存在局部损耗。实际径向叶片离心风扇的空载升压Δp_0小于理想离心风扇的空载压升Δp_{0L}，其计算公式为

$$\Delta p_0=\eta_0\Delta p_{0L}=\eta_0\rho(u_2^2-u_1^2) \tag{10-57}$$

式中　Δp_0——实际离心风扇的空载压升；

η_0——实际离心风扇空载时的气动效率，对于径向叶片的离心风扇，试验结果$\eta_0=0.6$；

Δp_{0L}——理想的离心风扇的空载压升。

（3）径向叶片离心风扇的实际压升Δp。当实际径向叶片离心风扇的效率$\eta=0.5\sim0.8$时，有[18,20]

$$\Delta p=\eta\Delta p_0=\eta\eta_0\rho(u_2^2-u_1^2)=(0.5\sim0.8)\times0.6\times\rho(u_2^2-u_1^2) \tag{10-58}$$

（4）实际离心风扇的最大体积流量Q_{max}。实际离心风扇外部流阻为零，此时离心风扇所产生的压力升高$\Delta p=0$，而经过离心风扇的流量将达到最大值Q_{max}；根据试验数据，对于径向叶片的离心风扇，叶片流道进口和出口气流角$\beta_1=\beta_2=90°$的径向叶片，$\Delta p=0$时的最大体积流量Q_{max}的计算公式为

$$Q_{max}=0.42u_2S_2 \tag{10-59}$$

$$S_2=\pi r_a^2M \tag{10-60}$$

式中　u_2——径向叶片流道出口处圆周速度；

S_2——叶轮外径r_2处通过冷却蒸汽的叶片流道的总面积；

r_a——调节级叶轮斜孔的截面半径；

M——调节级叶轮上斜孔的数目。

（5）径向叶片离心风扇实际流量Q。根据气动特性的试验结果[18-19]，当实际径向叶片离心风扇的实际流量Q为最大体积流量Q_{max}的0.2～0.5，即系数$C=0.2\sim0.5$时风扇效率比较高，有

$$Q=CQ_{max}=(0.2\sim0.5)Q_{max} \tag{10-61}$$

5. 双流高压转子泵吸冷却结构的设计方法

汽轮机双流高压转子调节级叶轮泵吸冷却结构的设计计算，就是要确定调节级叶轮泵吸冷却结构的两个设计量，一是泵吸冷却结构叶片流道斜孔进口处圆心位置的直径D_1，另一是叶片流道斜孔数目M。

（1）泵吸冷却结构设计的已知条件。已知泵吸冷却蒸汽的体积流量Q、泵吸压升Δp(即系统总压损Δp)、泵吸叶片流道（调节叶轮斜孔）的出口处圆心的直径D_2、汽轮机的额定工作转速$n_0=3000$r/min与调节级叶轮斜孔的截面半径r_a。

（2）泵吸冷却结构设计的待定参数。泵吸冷却结构叶片流道（调节级叶轮斜孔）的进口处圆心的直径D_1与泵吸冷却结构叶片流道（调节级叶轮斜孔）的数目M。

(3) 泵吸冷却结构叶片流道进口处圆心直径 D_1 的计算方法。根据式 (10-55)、式 (10-56) 和式 (10-58) 得出泵吸冷却结构叶片流道进口处圆心直径 D_1 的计算公式为

$$D_1=\frac{60u_1}{\pi n_0}=\frac{60}{\pi n_0}\left(u_2^2-\frac{\Delta P}{\eta\times 0.6\rho}\right)^{\frac{1}{2}}=\frac{60}{\pi n_0}\left[\left(\frac{\pi D_2 n_0}{60}\right)^2-\frac{\Delta p}{\eta\times 0.6\rho}\right]^{\frac{1}{2}} \tag{10-62}$$

(4) 叶片流道数目 M 的计算方法。依据式 (10-59)、式 (10-60) 和式 (10-61)，且在式 (10-60) 系数 C 取下限值 0.2，可以得出叶片流道数目 M 的计算公式为

$$M=\frac{Q}{0.2\times 0.42u_2\pi r_a^2} \tag{10-63}$$

式中 Q——单侧泵吸冷却结构的蒸汽体积流量；

u_2——径向叶片流道处出口处圆周速度；

r_a——径向叶片流道（斜孔）截面半径。

四、单流高压转子调节级叶轮泵吸冷却蒸汽的流阻与流量计算方法

1. 单流高压转子泵吸冷却的研究对象

600MW 级汽轮机喷嘴室和单流高压转子调节级叶轮泵吸冷却结构示意图如图 10-40 所示，调节级后蒸汽温度低于主蒸汽温度，一小部分调节级后蒸汽作为冷却蒸汽经过 180℃转弯后，流经调节级叶轮上的冷却孔（斜孔）之后，再流经喷嘴室外表面与转子和内缸之间的腔室返回到调节级后。把喷嘴室外表面划分为图 10-40 所示的 A 区、B 区、C 区、D 区和 E 区共 5 个区域。在这 5 个区域中，为了确保冷却蒸汽的流动，必须满足以下关系式

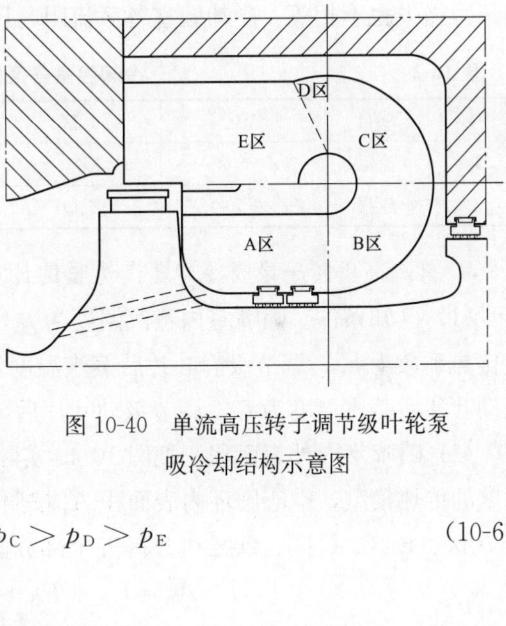

图 10-40 单流高压转子调节级叶轮泵吸冷却结构示意图

$$p_A>p_B>p_C>p_D>p_E \tag{10-64}$$

式中 p_A——喷嘴室外表面 A 区蒸汽压力；

p_B——喷嘴室外表面 B 区蒸汽压力；

p_C——喷嘴室外表面 C 区蒸汽压力；

p_D——喷嘴室外表面 D 区蒸汽压力；

p_E——喷嘴室外表面 E 区蒸汽压力。

2. 单流高压转子泵吸冷却结构流阻的计算方法

(1) 基本假设。不考虑转子旋转对冷却蒸汽流阻的影响，E 区出口压力为调节级后蒸汽压力。

(2) 主要流阻。图 10-40 所示单流高压转子泵吸蒸汽冷却设计的流阻计算包括 A 区轴封之前沿程摩擦流阻 Z_1、A 区汽封流阻 Z_2、B 区直角转弯逐渐扩大与缩小流阻 Z_3、C 区直角转弯逐渐扩大与缩小流阻 Z_4、D 区环形管道逐渐扩大流阻 Z_6、E 区沿程摩擦流阻

Z_6、E 区直角转弯突然缩小的流阻 Z_7、E 区出口流阻 Z_8。

（3）流阻连接图。对于图 10-40 所示的汽轮机单流高压转子泵吸冷却蒸汽，泵吸冷却蒸汽腔室串联流阻连接图如图 10-41 所示。

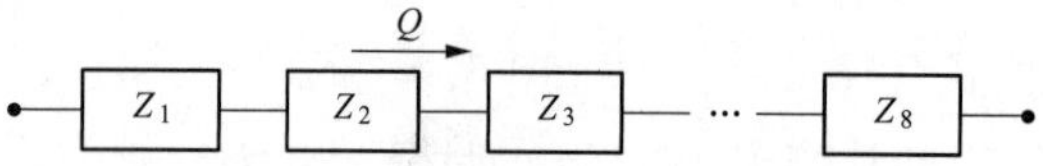

图 10-41　泵吸冷却蒸汽腔室串联流阻联结图

（4）串联流阻的计算方法。根据串联流阻的计算方法和图 10-41，汽轮机单流高压转子泵吸冷却结构的串联系统的合成流阻 Z_d 的计算公式为

$$Z_d = Z_1 + Z_2 + Z_3 + Z_4 + Z_5 + Z_6 + Z_7 + Z_8 \tag{10-65}$$

（5）压损的计算方法。泵吸冷却蒸汽总压损 Δp_0 的计算公式为

$$\Delta p_0 = Z_d Q^2 \tag{10-66}$$

式中　Z_d——泵吸冷却蒸汽腔室串联系统的合成流阻；

Q——泵吸冷却蒸汽的体积流量。

考虑冷却腔室 A 区、B 区、C 区、D 区、E 区这 5 个区域压力并不相等，每个区域的压力损失也不相等，冷却腔室各区流阻与压损列于表 10-2。

表 10-2　　冷却腔室各区的流阻与压损

序号	项目	A 区	B 区	C 区	D 区	E 区
1	流阻	Z_1+Z_2	Z_3	Z_4	Z_5	$Z_6+Z_7+Z_8$
2	压损	$(Z_2+Z_3)Q^2$	Z_3Q^2	Z_4Q^2	Z_5Q^2	$(Z_6+Z_7+Z_8)Q^2$

3. 单流高压转子泵吸冷却蒸汽流量的计算方法

（1）已知条件。喷嘴室内蒸汽温度为 t_0，喷嘴室内蒸汽压力为 p_0，喷嘴室内表面对流传热系数为 h_0，调节级静叶片后蒸汽温度为 t_1，调节级静叶片后蒸汽压力为 p_1，调节级动叶片后蒸汽温度为 t_2，调节级动叶片后蒸汽压力为 p_2。近似取值 $t_A = t_2$，$p_E = p_2$。

（2）喷嘴室内外表面积。把图 10-40 实际的喷嘴室简化为图 10-38 所示的空心圆环曲面壁的传热模型，空心圆环内表面积 A_i 按照式（10-43）计算。空心圆环外表面积 A_o 等于 A 区、B 区、C 区、D 区和 E 区五个部分蒸汽冷却的面积之和，其计算公式为

$$A_o = F_A + F_B + F_C + F_D + F_E \tag{10-67}$$

式中　F_A——喷嘴室外表面 A 区蒸汽冷却的面积；

F_B——喷嘴室外表面 B 区蒸汽冷却的面积；

F_C——喷嘴室外表面 C 区蒸汽冷却的面积；

F_D——喷嘴室外表面 D 区蒸汽冷却的面积；

F_E——喷嘴室外表面 E 区蒸汽冷却的面积。

（3）喷嘴室外表面对流传热传热系数的计算。在假设喷嘴室外表面 A 区、B 区、C 区、D 区和 E 区外壁金属温度 t_{wo} 与冷却蒸汽温度 t_f 的温差 $\Delta t = (t_{wo} - t_f)$ 近似相等的条件下，喷嘴室外表面平均对流传热系数 h_o 的计算公式为

$$h_o = \frac{h_A F_A + h_B F_B + h_C F_C + h_D F_D + h_E F_E}{F_A + F_B + F_C + F_D + F_E} \tag{10-68}$$

式中　h_o——喷嘴室外表面平均对流传热系数；

h_A——喷嘴室外表面A区对流传热系数；

h_B——喷嘴室外表面B区对流传热系数；

h_C——喷嘴室外表面C区对流传热系数；

h_D——喷嘴室外表面D区对流传热系数；

h_E——喷嘴室外表面E区对流传热系数。

(4) 按照式（10-45）计算喷嘴室内外表面平均面积 A_m，按照式（10-47）计算喷嘴室圆环的传热系数 k，按照式（10-48）与式（10-50）计算喷嘴室空心圆环的热流量 Φ 和喷嘴室的外表面壁温 t_{wo}。

(5) 按照式（10-53）计算泵吸冷却蒸汽的质量流量 Q。

4. 单流高压转子泵吸冷却结构蒸汽压升的计算方法

汽轮机单流高压转子泵吸冷却结构蒸汽压升的计算方法与双流高压转子泵吸冷却结构蒸汽压升的计算方法一致，按照式（10-54）计算理想的离心风扇的空载压升 Δp_{0L}，按照式（10-57）计算实际离心风扇的空载压升 Δp_0，按照式（10-58）计算实际离心风扇实际压升 Δp，按照式（10-59）计算实际离心风扇的最大容积流量 Q_{max}，按照式（10-61）计算径向叶片离心风扇设计的径向叶片的离心风扇的实际流量 Q。

5. 单流高压转子泵吸冷却结构的设计方法

单流高压转子泵吸冷却结构的设计方法与双流高压转子泵吸冷却结构的设计方法相同，按照式（10-62）和式（10-63）确定单流高压转子泵吸冷却结构的叶道斜孔进口处圆心位置的直径 D_1 与调节级叶轮斜孔的数目 M。

五、应用实例

某型号超超临界一次再热600MW汽轮机单流高压转子，调节级静叶片前蒸汽温度 $t_0=598.3$℃，调节级静叶片前蒸汽压力 $p_0=24.468$MPa，调节级静叶片后蒸汽温度 $t_1=557.3$℃，调节级静叶片后蒸汽压力 $p_1=19.070$MPa，调节级动叶片后蒸汽温度 $t_2=547.4$℃，调节级动叶片后蒸汽压力 $p_2=17.721$MPa，主蒸汽流量 $G=449.76$kg/s$=1619.136$t/h。根据设计结构尺寸，已知该型号600MW汽轮机单流高压转子泵吸冷却结构的叶道斜孔进口与出口处圆心位置的直径分别为 $D_1=0.714$m 和 $D_2=0.770$m，喷嘴室壁厚 $\delta_w=0.063\ 43$m，需要确定调节级叶轮斜孔的数目 M。

把喷嘴室内表面近似简化为如图10-38所示的空心圆环，喷嘴室空心圆环有关面积的计算结果列于表10-3。图10-40所示的单流高压转子泵吸冷却蒸汽腔室外表面串联系统的局部流阻与合成流阻 Z_d 的计算结果列于表10-4，A区汽封流阻 Z_2 占冷却蒸汽腔室外表面串联系统合成流阻 Z_d 的99.859%，其他7项流阻占冷却蒸汽腔室外表面串联系统合成流阻 Z_d 的0.141%。由此可见，泵吸冷却结构的蒸汽腔室外表面的主要压损是A区汽封流阻 Z_2 引起的压损，故可以把B区、C区、D区和E区近似处理为相等且等于调节级后蒸汽压力，即 $p_B=p_C=p_D=p_E=p_2=17.721$（MPa）。

表 10-3　喷嘴室空心圆环面积的计算结果

序号	项　　目	计算结果
1	喷嘴室内表面积 A_i(m²)	2.1659
2	外表面 A 区蒸汽冷却面积 F_A(m²)	0.9713
3	外表面 B 区蒸汽冷却面积 F_B(m²)	0.4892
4	外表面 C 区蒸汽冷却面积 F_C(m²)	0.8955
5	外表面 D 区蒸汽冷却面积 F_D(m²)	0.4478
6	外表面 E 区蒸汽冷却面积 F_E(m²)	0.8561
7	喷嘴室外表面蒸汽冷却面积 A_o(m²)	3.6599
8	喷嘴室内外表面平均面积 A_m(m²)	2.8155

表 10-4　冷却蒸汽腔室外表面串联系统流阻的计算结果

序号	项　　目	数值	占比
1	A 区轴封之前沿程摩擦流阻 Z_1(kg/m⁷)	1159	0.001%
2	A 区汽封流阻 Z_2(kg/m⁷)	78 100 472	99.859%
3	B 区直角转弯逐渐扩大与缩小流阻 Z_3(kg/m⁷)	6663	0.009%
4	C 区直角转弯逐渐扩大与缩小流阻 Z_4(kg/m⁷)	8120	0.010%
5	D 区环形管道逐渐扩大流阻 Z_5(kg/m⁷)	854	0.001%
6	E 区沿程摩擦流阻 Z_6(kg/m⁷)	1352	0.002%
7	E 区直角转弯突然缩小流阻 Z_7(kg/m⁷)	23 540	0.030%
8	E 区出口流阻 Z_8(kg/m⁷)	68 839	0.088%
	合成流阻 Z_d(kg/m⁷)	78 210 999	100.000%

该型号 600MW 汽轮机调节级叶轮泵吸冷却结构的蒸汽压升计算结果列于表 10-5，A 区轴封前蒸汽压力为 $p_A = p_2 + \Delta p = 17.721 + 0.049 = 17.770$(MPa)。

表 10-5　调节级叶轮泵吸冷却结构的蒸汽压升 Δp 的计算结果

序号	项　　目	计算结果
1	泵吸冷却结构的叶道斜孔进口处圆心位置的直径 D_1(m)	0.714
2	泵吸冷却结构的叶道斜孔出口处圆心位置的直径 D_2(m)	0.770
3	叶片流道进口处圆周速度 u_1(m/s)	112.15
4	叶片流道出口处圆周速度 u_2(m/s)	120.95
5	实际径向叶片离心风扇的效率 η	0.75
6	实际离心风扇空载时的气动效率 η_0	0.6
7	调节级后蒸汽的密度 ρ(kg/m³)	52.8047
8	调节级叶轮泵吸蒸汽压升 Δp(MPa)	0.049

由调节级动叶片前蒸汽压力 $p_1 = 19.07$MPa、蒸汽温度 $t_1 = 557.3$℃查水蒸气性质软件，对应的蒸汽焓值 $h_1 = 3427.65$kJ/kg。调节级静叶片后蒸汽通过调节级静叶片与动叶

片根部径向汽封漏到A区是个等焓过程，即 $h_A=h_1=3427.65\text{kJ/kg}$。由A区蒸汽压力 $p_A=17.770\text{MPa}$ 和焓 $h_A=3427.65\text{kJ/kg}$，查水蒸气性质软件，对应的A区蒸汽温度 $t_A=552.42℃$。

已经假定A区汽封后压力 $p_B=p_2=17.721\text{MPa}$，假设泵吸蒸汽压升主要用来克服A区轴封流阻，则有A区轴封出口蒸汽压力 $p_Z=p_A-\Delta p=p_B=p_2=17.721\text{MPa}$。由A区轴封出口焓 $h_Z=h_A=3427.65\text{kJ/kg}$，由 h_Z 和 p_Z 查水蒸气性质软件，得A区汽封出口蒸汽温度 $t_Z=552.23℃$。假设从喷嘴室传递到冷却蒸汽的热量通过对流传热又传递到内缸与转子等其他金属部件，从喷嘴室传递到冷却蒸汽的热量没有引起冷却蒸汽温度升高，则有B区、C区、D区和E区的蒸汽温度为 $t_B=t_C=t_D=t_E=t_Z=552.23℃$。

已知A区汽封齿数 z 和汽封间隙 δ，对于图10-40所示的带有汽封的调节级叶轮泵吸冷却结构的冷却蒸汽流量，等于流过A区汽封的蒸汽流量，计算结果列于表10-6。喷嘴室外表面压损 $\Delta p_d=Z_dQ^2=78\ 210\ 999\times0.016\ 831\ 8^2=22\ 158(\text{Pa})=0.022\text{MPa}$。

表10-6 调节级叶轮泵吸冷却结构的冷却蒸汽流量的计算结果

序号	项 目	计算结果
1	A区汽封齿数 z(个)	16
2	A区汽封间隙 δ(m)	0.000 76
3	A区汽封面积 $A_\delta(\text{m}^2)$	$1.833\ 97\times10^{-3}$
4	A区汽封流量系数 μ_L	0.85
5	A区汽封流速 w(m/s)	9.1778
6	A区汽封体积流量 $Q(\text{m}^3/\text{s})$	0.016 831 8

假设喷嘴外表面A区表面传热系数为A区汽封传热系数，喷嘴室B区至E区外表面传热系数相等，可以得出喷嘴室传热量及内外表面壁温的计算结果，列于表10-7。

表10-7 喷嘴室传热计算结果

序号	项 目	计算结果
1	喷嘴室内表面的面积 $A_i(\text{m}^2)$	2.1659
2	喷嘴室内表面传热系数 h_0 [W/(m²·K)]	15 727.4
3	外表面A区蒸汽冷却面积 $F_A(\text{m}^2)$	0.9713
4	A区外表面传热系数 h_A[W/(m²·K)]	2248.8
5	B区至E区面积之和 $F_{BE}(\text{m}^2)$	2.6886
6	B区至E区外表面传热系数 h_{BE}[W/(m²·K)]	367.6
7	喷嘴室内表面的面积 $A_o(\text{m}^2)$	3.6599
8	喷嘴室内外表面平均面积 $A_m(\text{m}^2)$	2.8155

喷嘴室外表面平均对流传热系数 h_o 的计算结果为

$$h_o=\frac{h_AF_A+h_BF_B+h_CF_C+h_DF_D+h_EF_E}{F_A+F_B+F_C+F_D+F_E}=\frac{h_AF_A+h_{BE}F_{BE}}{F_A+F_{BE}}$$

$$=\frac{2248.8\times0.9713+367.6\times2.6886}{0.9713+2.6886}=866.9[\text{W/(m}^2\cdot\text{K)}]$$

该型号 600MW 汽轮机的喷嘴室采用 9%～11%铸钢，喷嘴室平均壁温的初始值取喷嘴室内外蒸汽温度的平均值 $t_w=(t_{wi}+t_{wo})/2\approx(t_0+t_z)/2=(598.3+552.23)/2=575.27$(℃)，依据喷嘴室平均壁温 t_w 确定喷嘴室材料的热导率 λ。利用以下公式，采用迭代法确定喷嘴室的传热系数、热流量与内外壁温的计算结果，列于表 10-8。

表 10-8　　喷嘴室的传热系数、传热量与内外壁温的计算结果

序号	项目	内壁温 t_{wi} (℃)	外壁温 t_{wo} (℃)	平均壁温 t_w (℃)	热导率 λ_1[W/(m·K)]	传热系数 k [W/(m²·K)]	热流量 Φ (W)
1	第 1 次迭代	598.30	552.23	575.27	26.57	19.93	3360.4
2	第 2 次迭代	598.20	595.35	596.78	26.26	19.70	3321.6
3	第 3 次迭代	598.20	595.35	596.78	26.26	19.70	3321.6

$$k=\left(\frac{A_o}{A_i h_i}+\frac{A_o\delta_w}{A_m\lambda_1}+\frac{1}{h_o}\right)^{-1}$$

$$=\left(\frac{3.6599}{2.1659\times 15\,727.4}+\frac{3.6599\times 0.063\,43}{2.8155\lambda_1}+\frac{1}{866.9}\right)^{-1}$$

$$\Phi=kA_o(t_{wo}-t_f)\approx kA_o(t_o-t_f)=k\times 3.6599(598.3-552.23)$$

$$t_{wi}=t_o-\frac{\Phi}{A_i h_i}=598.3-\frac{\Phi}{2.1659\times 15\,727.4}$$

$$t_{wo}=t_{wi}-\frac{\Phi\delta}{A_m\lambda_1}=t_{wi}-\frac{\Phi\times 0.063\,43}{2.8155\times\lambda_1}$$

$$t_m=\frac{t_{wi}+t_{wo}}{2}$$

依据式 (10-63)，调节级叶轮斜孔的截面半径 $r_a=0.01$m，可以得出调节级叶轮最小泵吸孔的数目 M_{min} 的计算结果为

$$M_{min}=\frac{Q}{0.2\times 0.42u_2\pi r_a^2}=\frac{0.016\,831\,8}{0.2\times 0.42\times 122.208\times\pi\times 0.01^2}=5.22\approx 6$$

从以上计算结果知，该型号 600MW 汽轮机泵吸冷却蒸汽压升 $\Delta p=0.049$MPa，喷嘴室外表面冷却蒸汽流动压损 $\Delta p_d=0.022$Pa，由于 $\Delta p>\Delta p_d$，结构设计给出的泵吸冷却结构的斜孔进口与出口处圆心位置的直径是合适的；该型号 600MW 汽轮机泵吸蒸汽冷却所需要的最小泵吸孔的数目为 $M_{min}=6$ 个，实际设计取 $M=8$ 个或 9 个 $\geqslant M_{min}$ 都是合适的。

参 考 文 献

[1] 史进渊，杨宇，孙庆，等．超临界和超超临界汽轮机技术研究的新进展．动力工程，2002，23 (2)：2252-2257.

[2] 史进渊，杨宇，孙庆，等．超超临界汽轮机部件冷却技术的研究．动力工程，2003，23 (6)：

2736-2739.

[3] 陶文铨 . 传热学基础 . 北京：电力工业出版社，1981.

[4] 史进渊，汪勇，刘东旗，等 . 汽轮机红套环筒形高压内缸设计制造与检修的技术研究 . 动力工程学报，2018，38（2）：188-192.

[5] 彭泽瑛 . 引进型“HMN”超超临界百万千瓦汽轮机的技术特点 . 引进型百万千瓦超超临界汽轮机文集，上海汽轮机有限公司，2004.

[6] 上海发电设备成套设计研究所 . 1000MW 火电机组文集 . 1996.

[7] 水利电力部科学技术情报研究所 . 国外超临界压力机组文集 . 1986.

[8] 哈尔滨电站设备成套设计研究所 . 超临界火电机组译文集 . 1985.

[9] Von W Engelke，et al. Herstellerspezifische Konstruktion-smerkmale. VGB Kraftwerkstechnik，1994（4）：338-460.

[10] Tetsuya Yamamoto，Yutaka Nomiyama，et al. Operating Experience of Hokuriku Electric Power Co. Nanao Ohta No. 1 Unit. Mitsubishi juko giho，1996，33（1）：30-33.

[11] 史进渊，邓志成，徐佳敏，等 . 一种内部蒸汽冷却的高参数汽轮机的单流高温转子 . 中国，201811054760. 5，2019-1-18.

[12] 史进渊，徐佳敏，杨宇，等 . 一种内部蒸汽冷却的高参数汽轮机的双流高温转子 . 中国，201811054789. 3，2019-1-18.

[13] 史进渊，徐佳敏，蒋俊，等 . 夹层承压与隔热的 640～650℃ 高温蒸汽管道 . 中国，ZL201822069784. X，2019-9-20.

[14] 中华人民共和国住房和城乡建设部 . 工业设备及管道绝热工程设计规范：GB 50264—2013. 北京：中国计划出版社，2013.

[15] 史进渊，徐佳敏，蒋俊，等 . 夹层承压与隔热的 660～760℃ 高温蒸汽管道 . 中国，ZL201822068600. 8，2019-9-20.

[16] 华少曾，杨学宁，等 . 实用流体阻力手册 . 北京：国防工业出版社，1985.

[17] Miller D S. Internal Flow System. 2nd Edition，Published by BHR Group Limited，1990.

[18] 陈世坤 . 电机设计 . 2 版，北京：机械工业出版社，2000.

[19] 丁舜年 . 大型电机发热与冷却 . 北京：科学出版社，1992.

[20] 魏永田，孟大伟，温嘉斌 . 电机内热交换 . 北京：机械工业出版社，1998.

[21] Yoshinori Tanaka，Yoshihiro Tarutani，et al. Feature and Operating Experience of 1000MW Class Steam Turbine with Highest Efficiency in the World. Mitsubishi juko giho，2002，39（3）：132-135.

[22] Masaharu Matsukuma，Ryotaro Magoshi，et al. Design and Operating Experience of 1000MW High-Temperature Turbine Electric Power Development CO. 3 Ltd. MatsuuraNo. 2 Unit. Mitsubishi juko giho，1998，35（1）：10-13.

[23] 德意志联邦共和国工程师协会工艺与化学工程学会（德）. 传热手册 . 北京：化学工业出版社，1983.